U0258178

『十二五』國家重點圖書出版規劃項目
二〇一一—二〇二〇年國家古籍整理出版規劃項目
國家古籍整理出版專項經費資助項目

中國古農書集粹

王思明——主編

鳳凰出版社

圖書在版編目（CIP）數據

治蝗全法、捕蝗考、捕蝗彙編、捕蝗要訣、安驥集、元亨療馬集、牛經切要、抱犢集、哺記、鴿經 /（清）顧彦等撰. -- 南京 : 鳳凰出版社, 2024.5
（中國古農書集粹 / 王思明主編）
ISBN 978-7-5506-4064-1

Ⅰ. ①治… Ⅱ. ①顧… Ⅲ. ①農學－中國－古代 Ⅳ. ①S-092.2

中國國家版本館CIP數據核字(2024)第042538號

書　　名	治蝗全法 等
著　　者	(清)顧彦 等
主　　編	王思明
責任編輯	王　劍
裝幀設計	姜　嵩
責任監製	程明嬌
出版發行	鳳凰出版社(原江蘇古籍出版社) 發行部電話025-83223462
出版社地址	江蘇省南京市中央路165號,郵編:210009
印　　刷	常州市金壇古籍印刷廠有限公司 江蘇省金壇市晨風路186號,郵編:213200
開　　本	889毫米×1194毫米　1/16
印　　張	41.5
版　　次	2024年5月第1版
印　　次	2024年5月第1次印刷
標準書號	ISBN 978-7-5506-4064-1
定　　價	380.00圓

(本書凡印裝錯誤可向承印廠調換,電話:0519-82338389)

《中國古農書集粹》編委會

序

中國是世界農業的重要起源地之一，農耕文化有着上萬年的歷史，在農業方面的發明創造舉世矚目。中國幾千年的傳統文明本質上就是農業文明。農業是國民經濟中不可替代的重要的物質生產部門，在傳統社會中一直是支柱産業。農業的自然再生産與經濟再生産曾奠定了中華文明的物質基礎。在漫長的歷史進程中，中華農業文明孕育出南方水田農業文化與北方旱作農業文化、漢民族與其他少數民族農業文化等不同的發展模式。無論是哪種模式，都是人與環境協調發展的路徑選擇。中國之所以能够在十九世紀以前的一兩千年中，長期保持着世界領先的地位，就在於中國農民能够根據不斷變化的人口狀況以及自然、經濟環境作出正確的判斷和明智的選擇。

中國農業文化遺産十分豐富，包括思想、技術、生産方式以及農業遺存等。在傳統農業生産過程中，形成了以尊重自然、順應自然，天、地、人「三才」協調發展的農學指導思想；形成了以種植業爲主，種植業和養殖業相互依存、相互促進的多樣化經營格局；凸顯了「寧可少好，不可多惡」的農業經營策略和精耕細作的技術特點；蘊含了「地可使肥，又可使棘」「地力常新壯」的辯證土壤耕作理論；總結了輪作復種、間作套種和多熟種植的技術經驗；形成了北方旱地保墒栽培與南方合理管水用水相結合的農業生産模式。與世界其他國家或民族的傳統農業以及現代農學相比，中國傳統農業自身的特色明顯，既有成熟的農學理論，又有獨特的技術體系。

世代相傳的農業生產智慧與技術精華，經過一代又一代農學家的總結提高，涌現了數量龐大、種類繁多的農書。《中國農業古籍目錄》收錄存目農書十七大類，二千零八十四種。閔宗殿等學者在此基礎上又根據江蘇、浙江、安徽、江西、福建、四川、臺灣、上海等省市的地方志，整理出明清時期二百三十六種『新書目』。[一]隨着時間的推移和學者的進一步深入研究，還將會有不少沉睡在古籍中的農書被不斷地揭示出來。作爲中華農業文明的重要載體，這些古農書總結了不同歷史時期中國農業經營理念和傳統農業科技的精華，是人類寶貴的文化財富。

中國古代農書豐富多彩、源遠流長，反映了中國農業科學技術的起源、發展、演變與轉型的歷史進程與發展規律，折射出中華農業文明發展的曲折而漫長的發展歷程。這些農書中包含了豐富的農業實用技術、農業經濟智慧、農村社會發展思想等，覆蓋了農、林、牧、漁、副等諸多方面，廣泛涉及傳統社會中農業生產、農村社會、農民生活等主要領域，還記述了許許多多關於生物學、土壤學、氣候學、地理學、水利工程等自然科學原理。存世豐富的中國古農書，不僅指導了我國古代農業生產與農村社會的發展，也包含了許多當今經濟社會發展中所迫切需要解決的問題——生態保護、可持續發展、農村建設、鄉村振興等思想和理念。

作爲中國傳統農業智慧的結晶，中國古農書通過各種途徑傳播到世界各地，對世界農業文明產生了深遠影響，例如《齊民要術》在唐代已傳入日本。被譽爲『宋本中之冠』的北宋天聖年間崇文院本《齊民要術》被日本視爲『國寶』，珍藏在京都博物館。而以《齊民要術》爲对象的研究被稱爲日本『賈學』。江户時代的宮崎安貞曾依照《農政全書》的體系、格局，撰寫了適合日本國情的《農業全書》十

[一] 閔宗殿《明清農書待訪錄》，《中國科技史料》二〇〇三年第四期。

卷，成爲日本近世時期最有代表性、最系統、水準最高的農書，被稱爲『人世間一日不可或缺之書』。據不完全統計，受《農政全書》或《農業全書》影響的日本農書達四十六部之多。[一]中國古農書直接或間接地推動了當時整個日本農業技術的發展，提升了農業生產力。

朝鮮在新羅時期就可能已經引進了《齊民要術》。[二]高麗宣宗八年（一〇九一）李資義出使中國，宋哲宗（一〇八六—一一〇〇）要求他在高麗覆刊的書籍目録裏有《氾勝之書》。高麗後期的一三四九年與一三七二年，曾兩次刊印《元朝正本農桑輯要》。朝鮮太宗年間（一三六七—一四二二），學者從《農桑輯要》中抄錄養蠶部分，譯成《養蠶經驗撮要》，摘取《農桑輯要》中穀和麻的部分譯成吏讀，並以此爲底本刊印了《農書輯要》。朝鮮的《閒情錄》以《陶朱公致富奇書》爲基礎出版，《農政會要》則主要引自《授時通考》。《農家集成》《農事直説》以及姜希孟的《四時纂要》主要根據王禎《農書》等多部中國古農書編成。據不完全統計，目前韓國各文教單位收藏中國農業古籍四十種，[三]包括《齊民要術》《農政全書》《授時通考》《御製耕織圖》《江南催耕課稻編》《廣群芳譜》《農桑輯要》等。

中國古農書還通過絲綢之路傳播至歐洲各國。《農政全書》至遲在十八世紀傳入歐洲，一七三五年法國杜赫德（Jean-Baptiste Du Halde）主編的《中華帝國及華屬韃靼全志》卷二摘譯了《農政全書》卷三十一至卷三十九的《蠶桑》部分。至遲在十九世紀末，《齊民要術》已傳到歐洲。達爾文的《物種起源》和《動物和植物在家養下的變異》援引《中國紀要》中的有關事例佐證其進化論，達爾文在談到人

〔一〕韓興勇《〈農政全書〉在近世日本的影響和傳播——中日農書的比較研究》，《農業考古》二〇〇三年第一期。

〔二〕[韓]崔德卿《韓國的農書與農業技術——以朝鮮時代的農書和農法爲中心》，《中國農史》二〇〇一年第四期。

〔三〕王華夫《韓國收藏中國農業古籍概況》，《農業考古》二〇一〇年第一期。

工選擇時説：『如果以爲這種原理是近代的發現，就未免與事實相差太遠。……在一部古代的中國百科全書中，已有關於選擇原理的明確記述。』[一]而《中國紀要》中有關家畜人工選擇的内容主要來自《齊民要術》。[二]中國古農書間接地爲生物進化論提供了科學依據。英國著名學者李約瑟（Joseph Needham）編著的《中國科學技術史》第六卷『生物學與農學』分册以《齊民要術》爲重要材料，説它『即使在世界範圍内也是卓越的、傑出的、系統完整的農業科學理論與實踐的巨著』。[三]

世界上許多國家都收藏有中國古農書，如大英博物館、巴黎國家圖書館、柏林圖書館、聖彼得堡（列寧格勒）圖書館、美國國會圖書館、哈佛大學燕京圖書館、日本内閣文庫、東洋文庫等，大多珍藏有《齊民要術》《茶經》《農桑輯要》《農書》《農政全書》《授時通考》《花鏡》《植物名實圖考》等早期刻本。不少中國著名古農書還被翻譯成外文出版，如《齊民要術》有日文譯本（缺第十章），《天工開物》與《茶經》有英、日譯本，《農政全書》《授時通考》《群芳譜》的個別章節已被譯成英、法、俄等文字，《元亨療馬集》有德、法文節譯本。法蘭西學院的斯坦尼斯拉斯·儒蓮（一七九九—一八七三）翻譯的法文版《蠶桑輯要》廣爲流行，並被譯成英、德、意、俄等多種文字。顯然，中國古農書已經是全世界人民的共同財富，也是世界了解中國的重要媒介之一。

近代以來，有不少學者在古農書的搜求與整理出版方面做了大量工作。晚清務農會於光緒二十三年（一八九七）鉛印《農學叢刻》，但是收書的規模不大，僅刊古農書二十三種。一九二〇年，金陵大學在

[一][英]達爾文《物種起源》，謝蘊貞譯。科學出版社，一九七二年，第二十四—二十五頁。

[二]《中國紀要》即十八世紀在歐洲廣爲流行的全面介紹中國的法文著作《北京耶穌會士關於中國人歷史、科學、技術、風俗、習慣等紀要》。一七八〇年出版的第五卷介紹了《齊民要術》，一七八六年出版的第十一卷介紹了《齊民要術》中的養羊技術。

[三]轉引自繆啓愉《試論傳統農業與農業現代化》，《傳統文化與現代化》一九九三年第一期。

全國率先建立了農業歷史文獻的專門研究機構，在萬國鼎先生的引領下，開始了系統收集和整理中國古代農業歷史文獻的研究工作，着手編纂《先農集成》，從浩如煙海的農業古籍文獻資料中，搜集整理了三千七百多萬字的農史資料，後被分類輯成《中國農史資料》四百五十六册，是巨大的開創性工作。

民國期間，影印興起之初，《齊民要術》、王禎《農書》、《農政全書》等代表性古農學著作均有石印本或影印本。一九四九年以後，爲了保存農書珍籍，曾影印了一批國内孤本或海外回流的古農書珍本，如中華書局上海編輯所分别在《中國古代科技圖録叢編》和《中國古代版畫叢刊》的總名下，影印了《天工開物》（崇禎十年本）、《便民圖纂》（萬曆本）、《救荒本草》（嘉靖四年本）、《授衣廣訓》（嘉慶原刻本）等。上海圖書館影印了元刻大字本《農桑輯要》（孤本）。一九八二年至一九八三年，農業出版社以《中國農學珍本叢書》之名，先後影印了《全芳備祖》（日藏宋刻本），《金薯傳習録、種薯譜合刊》（前者刊本僅存福建圖書館，後者朝鮮徐有榘以漢文編寫，内存徐光啓《甘薯蔬》全文），以及《新刻注釋馬牛駝經大全集》（孤本）等。

古農書的輯佚、校勘、注釋等整理成果顯著。萬國鼎、石聲漢先生都曾對《四民月令》《氾勝之書》等進行了輯佚、整理與深入研究。到二十世紀末，具有代表性的古農書基本得到了整理，如夏緯瑛的《管子地員篇校釋》和《呂氏春秋上農等四篇校釋》，石聲漢的《齊民要術今釋》《農桑輯要校注》《農政全書校注》等，繆啓愉的《齊民要術校釋》和《四時纂要》，王毓瑚的《農桑衣食撮要》，馬宗申的《授時通考校注》等。特别是農業出版社自二十世紀五十年代一直持續到八十年代末的《中國農書叢刊》，先後出版古農書整理著作五十餘部，涉及範圍廣泛，既包括綜合性農書，也收録不少畜牧、蠶桑、水利等專業性農書。此外，中華書局、上海古籍出版社等也有相應的古農書整理著作出版。

一些有識之士還致力於古農書的編目工作。一九二四年，金陵大學毛邕、萬國鼎編著了最早的農書簡目《中國農書目錄彙編》，存佚兼收，薈萃七十餘種古農書。但因受時代和技術手段的限制，規模較小。一九四九年以後，古農書的編目、典藏等得以系統進行。一九五七年，王毓瑚的《中國農學書錄》出版（一九六四年增訂），含英咀華，精心考辨，共收農書五百多種。一九五九年，北京圖書館據全國二十五個圖書館的古農書書目彙編成《中國古農書聯合目錄》，收錄古農書及相關整理研究著作六百餘種。一九九〇年，中國農業歷史學會和中國農業博物館據各農史單位和各大圖書館所藏農書彙編成《農業古籍聯合目錄》，收書較此前更加豐富。二〇〇三年，張芳、王思明的《中國農業古籍目錄》收錄了古農書存目二千零八十四種。經過幾代人的艱辛努力，中國古農書的規模已基本摸清。上述基礎性工作爲古農書的搜求、彙集、出版奠定了堅實的基礎。

目前，以各種形式出版的中國古農書的數量和種類已經不少，具有代表性的重要農書還被反復出版。但是，仍有不少農書尚存於各館藏單位，一些孤本、珍本急待搶救出版。部分大型叢書已經注意到古農書的彙集與影印，《續修四庫全書》『子部農家類』收錄農書六十七部，《中國科學技術典籍通匯》『農學卷』影印農書四十三種。相對於存量巨大的古代農書而言，上述影印規模還十分有限。可喜的是，在鳳凰出版社和中華農業文明研究院的共同努力下，《中國古農書集粹》被列入《二〇一一—二〇二〇年國家古籍整理出版規劃》。本《集粹》是一個涉及目錄、版本、館藏、出版的系統工程，工作於二〇一二年啓動，經過近八年的醞釀與準備，影印出版在即。《集粹》原計劃收錄農書一百七十七部，後根據時代的變化以及各農書的自身價值情況，幾易其稿，最終決定收錄代表性農書一百五十二部。

《中國古農書集粹》填補了目前中國農業文獻集成方面的空白。本《集粹》所收錄的農書，歷史跨度時間長，從先秦早期的《夏小正》一直至清代末期的《撫郡農産考略》，既展現了中國古農書的萌芽、形成、發展、成熟、定型與轉型的完整過程，也反映了中華農業文明的發展進程。明清時期是中國傳統農業發展的巔峰，它繼承了中國傳統農業中許多好的東西並將其發展到極致，而這一階段的農書恰是本《集粹》收録的重點。本《集粹》還具有專業性強的特點。古農書屬大宗科技文獻，而非傳統意義的歷史文獻，本《集粹》更側重於與古代農業密切相關的技術史料的收録。本《集粹》所收農書覆蓋面廣，涵蓋了綜合性農書、時令占候、農田水利、農具、土壤耕作、大田作物、園藝作物、竹木茶、植物保護、畜牧獸醫、蠶桑、水産、食品加工、物産、農政農經、救荒賑災等諸多領域。收書規模也爲目前中國農業古籍集成之最。

《中國古農書集粹》彙集了中國古代農業科技精華，是研究中國古代農業科技的重要資料。同時，中國古農書也廣泛記載了豐富的鄉村社會狀況、多彩的民間習俗、真實的物質與文化生活，反映了中國古代農民的宗教信仰與道德觀念，體現了科技語境下的鄉村景觀。不僅是科學技術史研究不可或缺的第一手資料，還是研究傳統鄉村社會的重要依據，對歷史學、社會學、人類學、哲學、經濟學、政治學及其他社會科學都具有重要參考價值。古農書是傳統文化的重要載體，是繼承和發揚優秀農業文化遺産的主要文獻依憑，對我們認識和理解中國農業、農村、農民的發展歷程，乃至整個社會經濟與文化的歷史脉絡都具有十分重要的意義。本《集粹》不僅可以加深我們對中國農業文化、本質和規律的認識，還可以鑒古知今，把握國情，爲今天的經濟與社會發展政策的制定提供歷史智慧。

本《集粹》的出版，可以加強對中國古農書的利用與研究，加深對農業與農村現代化歷史進程的必然性和艱巨性的認識。祖先們千百年耕種這片土地所積累起來的知識和經驗，對於如今人們利用這片土地仍具有指導和借鑒作用，對今天我國農業與農村存在問題的解決也不無裨益。現代農學雖然提供了一些『普適』的原理，但這些原理要發揮作用，仍要與這個地區特殊的自然環境相適應。而且現代農學原理並不否定傳統知識和經驗的作用，也不能完全代替它們。中國這片土地孕育了有中國特色的傳統農業，積累了有自己特色的知識和經驗，有利於建立有中國特色的現代農業科技體系。人類文明是世界各個民族共同創造的，人類文明未來的發展當然要繼承各個民族已經創造的成果。中國傳統的農業知識必將對人類未來農業乃至社會的發展作出貢獻。

王思明

二〇一九年二月

目録

治蝗全法

（清）顧　彦　撰

《治蝗全法》，（清）顧彦撰。顧彦（？——一八六〇），字士美，又作侍梅，江蘇無錫人。咸豐六年（一八五六）指導村民治蝗，八年曾受聘總理金匱同仁堂事，十年庚申之變，誓與堂共存亡，死於兵亂之中。

咸豐六年無錫地區遭遇了罕見的蝗災，顧氏會同長子顧濟輯錄了簡便易行的治蝗方法三十三條，彙編成《簡明捕蝗法》，刊印了四千五百多册，分發給村民；後來又輯錄了《掘子法》《子必掘説》等，印刷、分發了八千一百多份，希望能够對村民消滅蝗蝻有所幫助。第二年又將上述内容增擴爲四卷，加添了《官司治蝗法》二十四條，又輯錄了一些前人的捕蝗成説，補充一、二卷之中所未包含的内容，定名爲《治蝗全法》。

全書共計四卷。卷一後更名爲《士民治蝗全法》，闡述了捕蝗不如捕蝻，捕蝻不如掘子，掘子不如除根的捕蝗思想，總結了蝗蟲自幼蟲至成蟲的生長發育過程，提出靈活多變的蝗蟲防治與捕滅措施，包括剷草、掘子、捕蝻、驅捕、誘捕、坑燒等技術，要求早滅速滅，消除百姓蝗乃神物，不敢捕滅的顧慮。卷二名爲《官司治蝗法》，重點介紹了北方治蝗過程中的官府職能，包括蝗災的宣傳警示、捕蝗人員的選用與機構設置、捕蝗技術傳播、籌畫捕蝗經費、廣置器具、設局收買蝗子、妨礙捕蝗行爲懲治、因捕蝗而毁壞的作物補償、官員職責等。卷三爲《蝗種必須掘除説》，包括勸民之説、上呈稟文及既往前賢捕蝗事迹與著名論説，多是針對捕蝗不力行爲與前卷所未備而補作，亦含有除根、買蝻等項。卷四曰《救濟荒歉》，收錄了顧氏本人以及前人的救荒議論，旨在與治蝗相輔而行，以濟民艱。

該書是清代篇幅最大、内容最全的治蝗專著，雖然多輯自前人成説，但是條分縷析，所採的内容都是精選治蝗之妙術與要訣，所言皆切要可行。顧氏所加的注釋與眉批，是其治蝗的切身體會，爲新添的内容。書中雖然偶爾有個别引用錯誤與重複之處，但仍不失爲捕蝗文獻集大成之作。

此書初刻於咸豐七年（一八五七），後毁於兵火。光緒十四年（一八八八）顧氏孫森書重刻於安徽皖城聚文堂，增加了伍輔祥《奏陳治蝗諸法疏》，光緒十八年（一八九二）再次刊刻，題名爲《簡明捕蝗法》。今據國家圖書館藏光緒十四年（一八八八）重刊本影印。

（熊帝兵　惠富平）

治蝗全法

常熟張保慈敬題

光緒戊子夏月重鋟

敘

余以光緒丙戌持節來皖得
聘綸仰先生綸翁職章奏
而每值記室多事亦由治之迨
江圩潰溢黄水後東蒙
詔開賑捐之例於是飛書告
羅幾無虛日大率於綸翁是
賴而外此凡有濟於民物者
雖非所職綸翁未嘗不余助
余方心焉數之今年長夏公
事稍簡綸翁出其大父竹梅
公治蝗全法示余命為之序將

重鋟諸木雖誦旣過乃知綸菊之拳〻於民物者其芳臭氣澤有自來也按公是書作於丙辰之冬成於丁巳其明年應聘總理金匱同仁堂事庚申之變板與是堂俱存亡竟嬰賊刃而卒士君子遭時不偶并丕迹之施濟之願若有物敗之者至於甘以身殉其可悲也已傳曰無平不陂無往不復不于其身于其子孫自侍梅公至綸菊三世矣詩書之澤日引月

長而善氣之涵濡渟蓄者猶未艾也吾將於是書卜之時戊子五月揚州陳彝拜敘

咸豐六年丙辰八月錫金已二百一十六年無蝗自康熙十一年壬子有蝗不爲災至斯也邑志可考而猝從江北竄至民皆以爲神相戒勿犯惟祭且拜以致田稺受害心竊傷之時即欲刊成法布告鄉里使民捕治顧倉猝不及集事至十月知地下遺有蟲子非臘雪盈尺凍之使殭或鄉人竭力掘除則次年蝗又爲害乃急率同長子濟輯除根掘子去蝻捕蝗諸法之簡便易行者三十三條彙爲一編名曰簡明捕蝗法呼將得貲五十二緡

刊印發送四千五百八十七本掘子法子必掘說等八千一百七紙以期除惡務盡第所輯之法皆就民說而於官司治蝗之法咸未之及民之父母豈無愛民如子誠欲訪求良法去害利稼以裕歲漕而阜民食者爰於今春伸紙捉筆終日撰勸買子買蝻塔布收紗借種諸啓之餘復率同長子濟輯官捕之法得二十四條別爲一卷名曰官司治蝗法附於民捕之後又更易前簡明捕蝗法曰士民治蝗法列爲第一卷以見治蝗乃士民之本分若官司之治蝗則自

聖天子以至良有司皆莫不痌瘝在抱軫恤民依是以治之惟恐不及而

國家之立法亦甚嚴且密耳豈民不應治而但當責之官長哉餘第四卷類及救荒恤疫伐蛟祈禱乃與治蝗相輔而行者也至第三卷所載則多前人成說且有可補一二兩卷所未備者

咸豐七年歲次丁巳五月五日梁溪顧彥自識并書於猶白雪齋

猶白雪齋記

考邑志錫金自崇禎丁丑戊寅己卯庚辰辛巳五年連蝗後至咸豐丙辰中距二百二十一年始復有蝗從江北猝至食禾稼且生子於地按陳芳生捕蝗法暨陸桴亭除蝗記皆言需臘雪深尺凍之使殭始來歲無患而去冬三月直無點雪古粱鴻溪怕怕子乃募貲刊發治蝗法掘子法子必掘說勸買子啓勸買蝻啓以除之而蝗以滅則其所刊猶雪也因以猶白雪名其齋而弁自記之如此時歲在彊圉大荒落皋月五日

去歲秌深蝗飛隴上天地彌漫四郊無曠雨澤愆期
本憂旱亢繼以踐蹂禾苗盡喪君也愀然謂須備防
掘子除根淩方无悉勸告誠鄉徧粘亭障聲與淚俱
情詞曉暢冓有成規勞心采訪寒宵一鐙檢求貴當
掩卷歎歔民依惻愴今覩此容畫書拚擋思惠之焦
形於顏狀盡告畫師臨摹依樣益挂田間為劉猛將

邑有劉猛將軍廟相傳能除蝗患

咸豐丁巳首夏　湇題

治蝗全法目次

卷一

卷四

治蝗全法目次終

此卷文不厭俚，以其欲民易解也。

蝝音沿。春秋螽、螟、蝝，即蝗見沈受宏捕蝗說。又陸桴亭除蝗記曰蝻於春秋爲蝝。

亦有消除蝗根法，預防蝗患法。

治蝗全法卷一

金匱顧彥士美輯

士民治蝗全法（須識字知文義人與農民講說明曉）

一、鰕魚生子水邊及水中草上。如水常大，浸草於水中，則鰕仍爲鰕，魚仍爲魚。若水不大，及雖大而忽大忽小，及雖有水而極淺，不能常浸草於水中，則草上之鰕魚子，日曬薰蒸，漸變爲蝻。（蝗初生無翅爲蝻，蝻漸大有翅爲蝗。蝗不外化生、卵生兩端，此即所謂化生者。○字典無蝻字，蝻乃俗字也。蝗亦後世之稱，若春秋則曰螽，曰螟，曰蝝而已。）不數日生翅，即爲蝗。是以大河、大湖、大蕩、水邊有草處，如水不常大盈滿，則生蝻。小河、小港、溝槽、浜底、有草處，水不常滿，忽大忽小，忽有忽無，則生蝻。蘆稞灘蕩、及一切低潮有草處，水雖常有，淺而不深，日曬易暖，則生蝻。（此等情形，皆指江南水鄉而言。若北方陸地，則其河渠盈則四溢，草隨水上，及其既涸，則草留涯際，鰕魚子之附於草者，既不得水，又得日曬薰蒸，皆變爲蝻矣。）故欲治蝗於無蝗之先者，必須於此等生蝻處所，將草盡行剷去，則蝗根既可消除，而將草攜回，更可作壅田燒火之用。農人何樂而不爲耶？如不將草壅田燒火，則必曝乾，縱火燒之，方絕蝗患，否則猶恐生蝻。切記切記。（此除蝗根法。○北方恒蝗之地，宜以此法勸諭鄉民，令恒去草。若江南則蝗不

蝻色黑，蝗色黃。

蝗性熱好淫。

堅硬高燥，前人書皆作堅垎高亢，恐民不解，故易之。○垎音劾。

洞，前人書本作孔。土微高起，前人書本作土脈墳起。

蝗性好群。

掘除蝗種法。○蝗子二字，古人文案章奏皆不避忌，今人則悉改爲蝗種，從之。

恒有，民又自能取草壅田飼魚，可無需勸諭。）

一、蝗由鰕魚子化生者，鬚在目上；由蝗卵入土孳生者，鬚在目下，可以識別。（此見陸曾禹治蝗所。○以上皆說蝗根。）

一、蝗由鰕魚子化生，及母蝗下子入土卵生者，初皆名蝻，小如蟻，又如蠶，色微黃，數日即大如蠅，色黑，群行能跳，又數日即有翅能飛，色黃，是名爲蝗。性熱好淫，能飛即每午輒媾，媾即生子。夏月氣熱，十八日、或二十日、即又成蝻，蝻又成蝗，循環不窮，故蝗多而害大。其生子也，必擇堅硬黑土地方高燥之處，以尾錐入土中，深入九分，生子十餘（皆聯綴而下，如一串牟尼珠，有線穿之，色白，又如小囊，中初止白汁，後漸凝結，遂分爲細子，百餘及至將出外，苞形如蠶，長寸餘，中子形如大麥，色皆黃，出即爲蝻。百餘，不止九十九，前人皆云蝗一生九十九子者，襲先儒注疏語耳。）即將尾抽出外，仍留洞形，如蜂窠，或土微高起。蓋因蝗性好群，群飛群食，亦群生子，故其生子之地，形如蜂窠。如遇物塞其洞，或人踏平其洞，則洞中之子有生氣上升，故其土微高起。是以蝗如生子之處，人皆易於尋覓。凡欲掘除蝗種者，法須齊集多人，分定地段，攜帶鋤鈀，四出巡視，凡見地上有無數小洞，形如蜂窠，及土微高起處，上年蝗集

種必掘說、除根種論。俱見三卷。

勸買子啓。又見三卷。

蝗、蝻、子，三者。俱喜乾畏溼。喜熱畏冷魯日畏雪。遺蝗入地應千尺。蘇東坡咏雪句。自古天災皆可人救。自古天功亦必藉人力也。

○處其土中皆有蝗種（或深寸許或深三四寸五六寸不等其土皆煖炙手可熱）立即掘出以火燒之或以水煮之使不成蝻爲功最大（此掘蝗種法）○自古治蝗多法莫不以掘子爲第一要法蓋餘法皆難而掘子則易也切不可不掘以貽後患觀彥蝗種必須掘除說及前賢掘除蝗種諸論則自明矣○咸豐六年冬彥欲人掘遺子曾以此法另刊一紙從廣發送後有蝗種在地亦宜仿照行之○又民多頑愚不肯掘子必須以錢收買乃樂從事倘官紳殷富俱不收買必須有一人摭文力勸刊印廣發始不至始終不買咸豐六年冬民不肯掘亦無人買七年立春日家儀卿鹽舉助貲刻勸收買子啓五千紙滿邑貼送捐賑總局始每升錢三十收買六百餘石北七房華氏等處亦買百餘石蝗患遂滅後如有子亦宜仿行民始踴躍肯掘

一蝗夏月生之子易成十八日或二十日即出然如八日

內遇雨則爛（喜乾惡溼也）○冬月生之子難成（畏冷也）須來春始出○然如遇臘雪或春雨則爛不成非能入地千尺也（此見陳芳生捕蝗法）惟臘雪即深尺而石下巖底雪所不到之處蝗種仍生猶須以人力掘除補天功之所不足方免蝗患（此見陸桴亭除蝗記）○又咸豐七年丁巳錫金之蝻於四月初旬將立夏始出多在山麓蓋因田間之子民已掘盡而山間則未也○又蝗種生於夏者本年即出生於秋者患延來歲苟非臘雪盈尺則驚蟄後滋生必繁爲害必大（此見周燾除蝻滅種疏）○又蝻生在白露前者不久即斃無遺患

康熙五十四年乙未。安徽桐城之蝻。四月中旬始生遍野厚尺餘。以上年之子未掘故也。見馬源捕蝗記。咸豐七年丁巳。錫金之蝻亦四月初始生。

看。捕。蘆。中。蝻。法。

若過白露不死而生子者。則其子須來春始生。土人宜各誌其處思所以預防之如至生翅而飛則撲滅難矣（此見馬源捕蝗記○以上皆說蝗種）

一蝗白露後生子於地至來春驚蟄後即出爲蝻○凡麥經其緣（音沿）齧即壞（此見陸桴亭除蝗記）故蝻不可不捕○又驚蟄後地氣和暖蝗種在地初出爲蝻形如螻蟻止能行動尚不能跳所生地面不過如席片之大此時撲捕猶易滅絕○至能跳躍蔓延寬廣則難滅矣（此見陳文恭除蝻檄）

一蝻初生大約在蘆稞蕩及麥田之間在蘆稞蕩者法應

植竹爲柵四面圍之砍去其蘆以縺枷更番擊之可以即盡○然此但指小蝻尚未能跳者言也若既稍大能跳則應分地爲隊隊用少壯五十八人分布在蘆稞蕩之三面守之後於前一面掘一溝長三四丈上闊一尺七寸下闊二尺五寸深一尺溝底每距三尺餘掘一坎然後砍去其蘆自後趕至溝乃呼三面守者合力驅之并鳴鑼以驚之蝻躍至溝即墜俟全墜即以土掩之蝻即盡矣然此但指蘆稞蕩之小者言也若寬大則應於蘆稞蕩之適中掘一長大之溝爲濠（溝大而有水爲濠蝻見水久則爛）先從

驅蝻宜徐。開溝坑蝻溝所不容立人。蝻生半翅始食稻麥。

蝻可食

看分隊法

蝻性好羣

看捕田中蝻法

此所云乾隆二十四年戶部條例者即後

濠之左一面或右一面驅盡然後再驅一面以土掩之。凡蘆塘之寬大者如掘一溝則去遠掘兩溝則工費故於塘之中間掘一溝爲濠最妙。其驅之也宜徐不可急急則旁出溝所不可立人立人則蝻見驚避又蝻出十六七日生半翅時其行如水之流將食稻麥矣法應以竹爲柵堵其兩旁而於兩旁之中埋一大缸向其來路蝻行自入缸中不能復出可即以大袋收之曝乾作鰕米食蝻可食。或和菜煮食或飼豬鴨俱易肥壯至於分隊之法每隊少壯五十人領以老成能事者四五人先探明蘆中何處有蝻立一長竿布旗以表之謂之一圍他處亦然次第表畢即令五十人如上法驅捕一日令其捕十圍縱不能盡所餘亦不過十之一二即爲害亦不大矣又日閒撲之如或散去至夜仍聚一處蝻性好羣也。次日再撲之即盡矣此捕蘆中蝻法見馬源捕蝗記。

一蝻初生如蟻在稻田麥田中者俱應用舊鞋底皮或用新舊牛皮切作鞋底釘於木棍之上蹲地打之可以應手而斃且狹小不傷稻麥若用他物則擊蝻不斃且易壞并傷稻麥故外國亦用此法此治田中蝻於如蟻時之法見陸曾禹治蝗八所及乾隆二十四年戶部條例。又蝻未能飛時鴨能食之如置鴨數

三桂所藏御史史茂奏治蝗法六條

看捕空地上蝻法

看捕田間蝻法

百於田中頃刻可盡亦江南捕蝻之一法也此亦治田中蝻法見陸桴亭除蝗記後自記語也咸豐七年四月無錫軍嶂山山上之蝻亦以鴨七八百捕頃刻即盡。

一蝻既稍大如蠅羣行能跳在空地上者則應於可開溝處先開一丈許長溝深四五尺闊三四尺其開出之土即堆於對面溝邊以爲後來塡壓之用次集多人無論老幼皆手執掃帚或竹枝柳枝三面圍喊又每五十人或三十人鳴一鑼蝻聞人聲金聲必即驚躍欲遁人即乘勢將蝻驅至溝邊執帚者掃執枝者撲執鑼者將鑼大擊不止蝻必全入溝中形如注水應即用乾柴燃火投入溝中燒之下恐尚有活者須再以前開出之土塡入壓之過一宿方妥此治空地上蝻於如蠅時之法見乾隆二十四年戶部條例及陳芳生捕蝗法陸曾禹捕蝗八所。若在田橫隴畔不能開掘長溝之處則應每田一區先用數人將蝻驅至空闊無稻麥處後用多人四面逐之令其攢聚一處以長楼条圍之再以土擁楼条外脚使無罅漏可以鑽出只留一極狹小門可以出入一人即於此小門口斜埋一大缸於地中其向楼条門口處之缸沿須與地適平然後使人入楼条內驅蝻入缸頃刻可滿不能復出裝入草袋以水煮之此治

蝻、性、向、陽。

熱應用五色旗看蝻何處多則樹赤旗何處少則樹白旗次青次黃次黑以别緩急以次捕治則曠野中一目了然齊向蝻而撲功易成此見後三卷御史史茂奏治蝗法

六條中蝻行恒東向。

蝻、性、又、向、火。

看以火誘蝻法。

出中蝻於如蝿時之法。見道光元年。順天府尹申鏡滙捕蝗章程。

一蝻性向陽晨東、午南、暮西凡開溝捕蝻。及田中捕蝻者。俱須按時刻順蝻所向驅之方易爲力否則不順必至旁出蔓延他所是以法宜用旗三五面令人執立蝻所向之方大家將蝻俱趕向有旗一方去庶不至錯亂而成功易此言捕蝻者皆須順蝻所向逐之見乾隆二十四年戸部條例若馬源捕蝗記則云蝻之行也恒東向。

一蝻性又向火蝗性亦然凡開溝捕蝻者最宜夜間用柴燒火溝邊蝻見火光必俱來赴人即從後逐入溝內以火焚之最易爲力田中捕蝻者亦宜夜間用柴燒火田畔俟蝻來赴從後逐之亦易爲力切勿因日間辛苦夜間要睡懶而不爲亦勿因購買柴草須費錢文吝而不爲致貽後悔此言凡捕蝻者須投蝻所好。夜間以火誘之見道光元年順天府尹申鏡滙捕蝗章程以上六條皆捕蝻法較之掘子已爲費事而較之捕蝗猶爲省事是以治蝗之法亦四一日除根二日掘子三日捕蝻四日捕蝗而捕蝗不如捕蝻捕蝻不如掘子掘子不如除根除根雖有聖人復起不易吾言矣又蝻非重價收買則民有捕有不捕蝻必不盡又子在地下難見不收能盡蝻在地上易見可以盡是以捕者必思所以盡之方免蝗患而其法莫妙於重價收買

一蝻苟捕除不速或不盡則生翅成蝗相率羣飛蔽天翳

看治田中蝗法

看治地上蝗法

看治空中蝗法

咸豐七年四月錫金地上之蝻亦以布作兜兜取頃刻而滿。

日所集之地寸草不留一至田中稻麥立盡故易林謂之饑蟲爲害最大而撲滅最難矣故必於未成蝗之先早捕爲妙然不過難焉已耳非不可滅也前蝗至常州數日即捕盡見陳芳生捕蝗法。法宜看蝗在何地應以何法治之假如蝗在稻田或麥田中則每日五更必聚稻麥稍上露侵體重不能飛跳此時捕之最易爲力宜即以手擄之或用畚箕綽之裝入車袋以水煮之蒸之或開地坑以火燒之此治田中蝗法見乾隆二十四年戸部條例及陸曾禹捕蝗入所即小雅大田之篇所謂秉畀炎火之法即千古治蝗之良法也。在空地上則須於可開坑處先開一極深且長且闊之坑次用板門、板槎、板壁、舂凳之類接聯如八字擺列坑之兩旁再用乾柴置火坑內後用多人手執木板高聲吶喊驅蝗入坑坑已有火則翅被火燒不能飛出然猶有能跳出者則用掃帚數十把掃入之再用柴薪蓋而燒之下恐倘有活者須再用土埋壓一夜方妥切忌但用土埋不以火燒明日蝗能穴地而出此治地上蝗法見陸曾禹捕蝗入所。及乾隆二十四年戸部條例。在空中飛騰則應用綽魚之海兜或縫布圍竹做成海兜裝一長柄從空中兜之裝入車袋煮之燒之此治空中蝗法見陸曾禹捕蝗入所及陳芳生捕蝗法。惟開坑燒蝗、及埋蝗者此即承上

看以火燒蝗法蓋坑蝗必須再用火燒也

坑中必先置火

看以土埋蝗法蓋既燒後必再土埋也

蝗性向火

看以火誘蝗法

看捕蝗之時

第一二兩節開坑燒蝗埋蝗。言將蝗納入坑後，須再以火燒之，乃死。若但以土埋而不用火燒，則明日必能穴地而出。（蝗能穴地，又能渡水。）此言坑蝗必須以火燒之。又坑中必先以柴置火，然後入蝗，蝗始不能飛出。（此言坑蝗必先置火坑內。）又燒之後，下必尚有活者，須再以土埋壓一宿，方盡死。不然，則下之活者仍能穴地出也。（此言蝗燒之後必須再用土埋。此三說俱見陸曾禹捕蝗八所及乾隆二十四年戶部條例。）

一 蝗性向火。（與蛾性同。）凡田中有蝗者，宜置柴十餘堆於田邊空處；地上有蝗者，宜置柴十餘堆於所開坑處。俟太陽落山，天色暗透後，以火燒柴，蝗即俱來撲火，翅被火燒，不能飛起，頃刻可捉無數。切勿因日間辛苦，夜間要睡懶，而不爲購買柴草，須費錢文，吝而不爲，以致後悔。（此言蝗宜於夜間捉，見道光元年順天府尹申鏡滄捕蝗章程。）

一 蝗早晨沾露不飛，（五更尤甚。）日午交媾不飛，日暮羣聚不飛。每日此三時最可捕。蝗人當於此三時竭力捕之。若辰、巳時，未、申時，皆是蝗飛難捕之時，人可於此數時休息養力。（此見李秘園捕蝗記及載乾隆二十四年戶部條例。）入夜，則以柴縱火誘而捕之。（此已見上條。此言蝗宜早晨、日午、日暮、夜間，再加以五更，共五時捕。蝗之難捕，以其飛也，故必於其沾露、交媾、羣聚、不能飛之時捕之，則唾手可得，易於爲力矣。）又天氣下雨，蝗翅

久雨爛蝗

蝗斷可捕

蝗捕可盡

看以衣物驅蝗法

蝗畏人易驅

潮溼，不能高飛，此時捕之，亦易爲力。斷宜冒雨爭先力捉，不得畏溼衣服，避匿因循，致失機會。（此言蝗宜於雨中捕，見道光元年順天府尹申鏡滄捕蝗章程。以上皆言捕蝗之時。）又蝗喜乾畏溼，喜日畏雨，如有蝗時能淫雨連旬，則蝗必爛盡，蓋雨能殺蝗也。（此言雨能殺蝗，見陸桴亭除蝗記後自記也。）

一 蝗雖天災，斷可人捕，不必驚以爲神，不敢撲滅，惟以禱祀求之，以致田禾傷損，衣食俱無。觀後三卷沈受宏捕蝗說、陸桴亭除蝗記則明矣。（此言蝗決可捕。）又蝗有討除不盡者，特人不用命耳。二語見唐相姚崇傳。人能用命，則蝗無矣，豈不能盡者耶。（此言蝗捕可盡。唐相姚崇乃千古治蝗之最力者，若千古治蝗之最嚴者，則宋之淳熙勑也。此等語皆見陳芳生捕蝗法。淳熙勑載三卷。）

一 蝗即有神，亦不外本處山川、城隍、里社、邑厲之鬼神，非蝗別有神，并非蝗即神也。詳三卷陸桴亭除蝗記。不必視蝗如神而相戒勿犯也。（此亦言蝗可捕。以上五條皆言捕蝗。）

一 蝗見樹木成林，或旌旗森列，則每翔而不集。故農家或用紅白衣裙、門帘、包袱、被單、褥單、遮陽、天幔之類，結於長竿，聚集多人，成羣結隊，執而驅之，蝗亦不下。（如有神廟旗傘、龍船旌幟，用之更妙。此以衣物驅蝗法，見陸曾禹捕蝗八所。）又蝗畏人易驅，見唐姚

蝗畏金聲砲聲

看以銅器火器驅蝗法

看禁蝗食稻麥法
稻草灰原書作稃草灰稃即稻莖也

看種蝗不食之物法
古云蝗不食三蔴三豆即此是也

看蝗可食

蝦魚子在水爲蝦魚在陸爲蝗蝻

食蝗與食蝦無異

崇傳

一蝗畏金聲亦畏砲聲農人如能用鳥鎗、鐵銃裝入火藥加以鐵砂或稻穀米麥之類擊其前行則隨後者亦畏而他去矣（推而廣之銅盆、銅脚爐、蓋亦可敲擊多即聲大。此以銅器火器驅蝗法見陸曾禹治蝗八所。以上兩條皆驅蝗法）

一每水一桶入蔴油五六兩用竹線帚灑於稻麥梢上蝗即不食（此見乾隆二十四年戶部條例）又稻草灰及石灰等分爲細末或灑或篩於稻麥梢上蝗亦不食（此禁蝗食稻麥法見陸曾禹捕蝗八所）

一菉豆、豇豆、豌豆、脂蔴、大蔴、苘（音茫）蔴、薯蕷、芋頭、桑樹及水中菱芡蝗皆不食種之且可獲利（此種蝗不食之物法見王楨農書及吳遵路事）

一蝗可和菜煮食（見范仲淹疏）可曝乾作乾蝦食味同蝦米（蝦魚子變故也）久儲不壞（蝗性熱久更佳。以上見陸曾禹捕蝗八所）陳芳生捕蝗法曰燕齊之民用爲常食登之盤飧且以饋遺并鬻於市數文錢可得一斗更有囷積以爲冬儲恒食以充朝餔者蓋因其地恒蝗其民既知蝦子一物在水爲蝦在陸爲蝗則食蝗與食蝦無異故不復疑若東南水區則彼蝗時少民不習見故有疑鬼疑神側聞食蝗而駭然者

蝗寸以上方可食

看蝗可飼畜

蝗宜四時防備

宜一面禱一面捕

豈知西北之人皆云蝗如豆大者尚不可食如長寸以上則莫不畚盛囊括負載而歸咸以供食蝗何不可食之有哉（此言蝗定可食）

一蝗斷可飼鴨又可飼猪崇禎十四年辛巳浙江嘉湖旱蝗鄉人捕以飼鴨極易肥大又山中有人畜猪無資買食試以蝗飼之其猪初重二十斤食蝗旬日頓長至五十餘斤可見世間物性畜可食者人未必可食若人可食者禽獸無不可食蝗可飼猪鴨理也推之當不止此（此言蝗可飼畜見陳芳生捕蝗法）

一蝗四時皆有不獨夏秋有之考史自春秋以至前明可見（史書某月者幾另有歷代蝗時見後三卷）惟夏秋則恒極盛耳是以春冬亦宜防範（此言蝗宜四時防備見陳芳生捕蝗法）

一遇蝗禱神只應禱本處之山川、城隍、里社、邑厲（此見陸桴亭除蝗記）以及關聖帝君、（以其護國也）火神、（以秉畀炎火。乃千古治蝗良法也）劉猛將軍（以其治蝗也。此見道光五年順天府尹朱爲弼捕蝗事宜）而已其餘淫祀無庸多及且須一面禱即一面捕切勿以爲禱必有靈可不驅捉蓋設無靈則悔無及矣（咸豐六年錫金之民即以此誤可以爲鑒。此言遇蝗宜禱捕並行不可禱而不捕且究重捕不重禱也。又蝗有禱而不食禾稼者亦有禱

禱神有靈有不靈。

官捕不如民捕之善。

捕得蝗蝻子不必定要官賞官買。

欲除蝗蝻子必須以價收買。

而仍食禾稼者如明萬曆四年六月丹陽飛蝗入境民禱於神蝗止食竹木蘆葦而不及五穀有一朱姓牲醴已具見蝗已過止不復禱須臾蝗迴嚙盡其禾而隣田一穎不損此禱而不食禾稼者也唐開元四年山東大蝗民禱而無應今咸豐六年無錫飛蝗民亦禱而無應是禱而仍食禾稼者也豈禱卽可保無虞哉惟平日時時戰兢惕厲悔過遷善惟恐得罪於鬼神則鬼神或者佑之耳

一地方官府固有應捕子、捕蝻、捕蝗之例然官雇夫捕田非所有不知愛惜往往有踏傷禾稼之病不如農民自捕自然謹慎小心可無慮此此言官捕不如民捕之善

一百姓捕得子、蝻、蝗固有可送官請賞之例官亦有應設局收買之例然如點金乏術則難無米爲炊多寡有無只可任從其便不可膠柱鼓瑟滋生事端須知自除己害乃屬分所當爲苟能田物無傷則所獲亦已多矣又何必因而漁利耶此言捕得蝗蝻及子不必定要官賞官買

一無知小民非收買必不肯捕蝗蝻子非重價收買猶不肯捕蝗蝻子官如無錢收買則地方義士應出力爲之此言蝗蝻子如官無錢買則其責在紳富倘紳富亦坐視則地方何賴有此紳富哉惟義士卽重價收買而無知之民必倘有怠緩不悅從者此則宜告知官長立提重處懲一儆百又賴租頑佃亦有利有蝗蝻藉可吞租者察實亦宜送究

蝗蝻子須鄉城皆買。

欲盡蝗蝻子必須藉官力。

賞罰宜明。

蝗蝻子皆必除。

蝗須人人皆治。

蝗蝻皆可盡之物。

一在鄉義士卽使竭力收買亦祇能去一方之害而不能徧及闔邑惟在城之紳富能亦設局力買則闔邑之害皆能全盡

一士民力買亦必告知官長出示出票責成地保令其挨田派夫力除出具限狀準於何日淨盡幷令出具除盡切結呈案備查庶幾可以全淨以上三條言蝗蝻子須以價收買又須藉官力

一紳富地保人等如有眞能出力除盡蝗蝻不至傷稼者應請官賞給冠帶或給門匾或免徭役以示獎勵人始踴躍從事不力而貽誤則懲罰之人始不敢怠玩此言賞罰當明

一陸桴亭除蝗記曰見蝗不捕待其之他是謂不仁有法不說同畏蝗如虎不敢驅撲是謂無勇是教人捕蝗也不早求治養患目前貽禍來歲是謂不智是教人掘子也陳芳生陳捕蝗之法曰前村如此後村復然一邑如此他邑復然則淨盡矣又曰臣案以上諸事皆須集合眾力無論一身一家一邑一郡不能獨成其功卽百舉一墮猶足僨事是教人人皆捕蝗也人顧可以不治蝗哉

一小民無知往往以蝗蝻爲不可盡有志治蝗者切勿誤

以德禳蝗。

蝗仍須以力治

聽其言而不力治。

一千古治蝗之力者固惟唐姚崇一人然人皆當勉效姚崇勿如倪若水盧懷愼徒爲崇之罪人也（以上三條皆言人當治蝗）（唐書姚崇傳見三卷）

一蝗皆因人心奸險傷人害人甚於蝗蟲是以天降此災如人苟能洗心滌慮遷善改過則蝗亦必不爲害如陳留耆舊傳曰高式至孝永初中蝝蝗爲災獨不食式麥是也雖不能人人皆善而一人善卽可保一家數家善卽可保一村天理如是不必以余言爲迂腐也（此消患於無形之法）

一同一鄉里而蝗有至有不至同一禾稼而蝗有食有不食卽以人之善不善分也（此見陸桴亭除蝗記）又災固可以德禳災仍須以力制如謂修德卽不必用力而災自消非也惟德修則力必有用耳（此言以德禳蝗猶須以力治蝗）

右士民治蝗法三十三條皆簡便易行古人最善之法使人人皆能實心實力按照此法以除根掘子捕蝻捕蝗則天下何至有蝗哉卽有蝗亦何至爲害哉

治蝗全法卷一終

治蝗全法卷二

金匱顧　彥士美輯

官司治蝗全法

一治蝗不外除根掘子去蝻捕蝗四法而捕蝗不如去蝻去蝻不如掘子掘子不如除根（二句見周燾除蝻滅種疏及史茂捕蝗事宜疏）是以北方有司每年於冬令水涸草枯農力閒暇之時宜多出告示諭令鄉民將徧地乾草盡行縱火燒去使草上之鰕魚子都成灰燼以絕蝗根（此見周燾除蝻滅種疏）若南方有司則宜於春間多出告示諭令鄉民將水邊水中

之草全行芟柞載歸可以壅田曬乾更可作柴否則必就地曝乾燒之以防草上之鰕魚子仍變爲蝻最爲緊要（此見陸曾禹捕蝗八所）此消除蝗根法卽預防蝗患法欲除蝗害者宜於此加意焉（此說除根）

一上年秋間如或有蝗生子於地則北方有司宜於春深風暖土脈鬆肥之時多出告示幷親身督率農民齊集多人攜帶鋤鉏四出巡視凡見地上有無數小孔形如蜂窠及土微高起處幷上年蝗集之所其土中皆有遺子應卽掘出以水煮之或以火燒之（此見周燾除蝻滅種疏）南方

有司則於深冬歲晚農閒之時應即多出告示諭令農民即皆從容挖索此見陳芳生捕蝗法不可觀望延至來春蓋因北方地寒冬月土凍堅硬難掘是以宜春南方則冬不甚寒地不甚凍較之北方大相懸殊是以冬閒即可挖掘且冬閒之子至大不過如脂麻春深之子則已長大如大麥量之數多四五十倍是以欲省買子之費者大江以南必須冬買爲妙可以費少而功多然民多愚頑非以錢米易買必不肯掘非以多錢多米易買猶不肯掘爲民父母者宜以一石粟易一石子如民猶不從應再增益

國家例價不數戶部定價見後三卷捕蝗律令即應捐廉及捐殷富湊足買易如殷富不能捐則捐田每畝若干以作買費昔竇東皋捕蝗酌歸簡易疏曰蝗子一升給米三升則挖刨自力陳芳生捕蝗法曰官司即以數石粟易一石子猶不足惜又曰得子有難易則授粟宜有等差惟總應厚給以便民樂趨其事誠哉是言爲民父母者切勿吝惜以貽民害

一買子則必設局設局則必用人陸曾禹捕蝗十宜曰局應二里一所以使民易於往來無遠涉之苦無久候之嗟無擠踏之患人應不用在官之人但令地方保甲里耆公舉而又慎選其身家溫飽老成謹飭結實可靠者一二人以總司其事二三人以勤理其事一人執筆以登記帳目出入立簿隨時記明三日一結以便稽察如有虛冒作弊不實出力者立即從重處分實在出力者旌以帛與額或給冠帶每人每日皆應給予薪水以資食用又應厚給以資贍足此皆捕蝗十宜說也彥謂鄉間二里一局果能遠近相聯自能收買無遺如鄉間不

能徧設必城中設一總局以統率四鄉則其價又須較鄉稍昂也

一用人之有弊無弊以及或賢或否一人俱難周知應用明鍾御史化成拾遺法不論何人皆許各具一紙不書姓名上寫孰賢孰否何利何弊散布於地拾而觀之取其僉同者察之信則立予處分而且周流環視時加巡察如此則不賢者亦不得不勉爲賢矣此見捕蝗十宜明御史鍾化成救荒論所爲曰司賑不可用在官人應令地方保甲甲者公舉富而好禮者州縣以賓禮往請破格優禮諭以實心任事廠內利弊陳請即行能使一廠饑民得所月給官俸旌以彩幣匾額倍之者給以冠帶或爲骨肉

贖罪。任其所欲。富室捐貲。視其多寡。與司賑者同一賞格。既諭之後。又巡歷各方。用拾遺之法。稽察得實。心在事。多方全活災民者。即刻破格薦揚。貪暴縱恣以致餓殍枕藉者。立時馳參。以故羣吏稱職。饑民多活。

一以米易子則應用淨米不得插和粞穀糠粃以錢買子則應用大錢不得插和低薄細小又應隨時訪察經手不許折扣不許遲滯（此見捕蝗十宜）

一北方無業奸民多以官雇撲捕蝻蝗得工價為己利往往於山坡僻靜處所藏匿蝗種使其滋生延衍流毒（此見周燾除蝻滅種疏）此等極惡大慼民父母斷應嚴拏重懲

一蝗種及蝻不早撲除以致長翅飛騰者州縣俱革職拏

問交部治罪府州不行查報者革職司道督撫不行查參者降三級調用不速催捕者道府降三級留任布政司降二級留任督撫降一級留任協捕委員不實力協捕貽患者革職此是現行戶部定例官員即不愛民豈可不畏處分切勿如周燾除蝻滅種疏所云上雖懸為令甲下但應以空文也（以上七條論掘子）

一子在地下難見乃掘除難盡之物雖竭力搜索而有遺漏不盡則蝻萌生矣蝻既萌生則民父母應將治蝻諸法（俱詳載一卷務詳細觀之切勿錯誤）多寫告示或刊刻板片刷印廣發

使民咸知治法一面即置備條拍（製法詳下）及鞋底皮（製法詳下）五色布旗栲栳筕箕掃帚柴草及一切捕蝻燒蝻器物散給百姓令其按法撲捕民多愚頑非以重價多粟易買民或不肯力捕此則應遵例支動公項公項不敷應再捐紳富或責成圖董地保按田分派以作捕費其有田無力出錢者可即令其出力搜捕以作捐欵如果真能實心實力為民除害民亦一定樂從惟前人緒論皆云蝻數日即生翅成蝗則捕蝻尤宜速於掘子也

國家定例必須守令親身督捕設不親捕而但委佐貳貽誤

者州縣應即革職留於本處撲捕淨盡再行開復府州不行查報者革職司道督撫不行查參者降三級調用處分極嚴州縣祇有一身豈能一時即徧及四境是宜檄委佐貳學職資其路費派定地段分任其事出力稱職者申請擢用不力遺誤者記過候罰次即二里設一公局城中設一總局慎選賢能使司其事厚給薪水以贍其身稽其出入以杜侵蝕察其賢否以明賞罰一

一如前易買遺子之法（此條語多見捕蝗十宜）

一工欲善事必先利器凡捕蝻之器皆莫妙於條拍其制

以皮編直條爲之如無皮則以麻繩代山東人謂之掛打子以之擊蝻應手可斃若用木棍竹枝等物則不特擊蝻不斃而且易壞而且損傷稻麥是以官司捕蝻如有敢以木棍竹枝等物隨便塞責者立將其人並地保一同笞責然民間多無此物則應民父母發樣幷給價值使皮匠或繩舖照製散與民人應用俟蝻盡後收回藏諸公所以備下次捕蝻之用凡常有蝻之處尤宜預製備用以免臨時周張此見竇東皋捕蝗酌歸簡易疏及陸曾禹捕蝗入所。

一捕蝻利器除編皮直條或編麻繩爲條拍外則惟舊鞋底皮或舊鞋草鞋爲最善然舊鞋底皮民間恐不能多則應給價購買牛皮裁碎如鞋底樣一牛之皮可裁數十枚釘於木棍之上蹲地打之亦應手可斃且狹小不傷田中禾稼事畢亦可收回以備後用此見捕蝗入所。

一蝻之萌生大率在蘆渚麥畦之間捕之應先渚而後畦俟麥熟刈畢再行捕畦不可先踩躪已成之麥也此見馬源捕蝗記。然捕渚應薙蘆開溝或開濠法見上一卷。設渚主有愛惜其蘆而不願薙者則照捕蝗踏傷田禾給還價值例給還價值如捕畦而有傷麥者亦給價

一捕蝻而欲不傷田麥捕蝗而欲不傷田禾法在約束人夫俱按步徐行不許參差紊亂以李郎中鍾份在山東濟陽令任捕蝗法詳三卷及申京兆鏡清捕蝗章程第一條爲法道光元年順天府尹申鏡清奏捕蝗章程第一條曰驅蝻之人如係該處村民自能愛惜田禾不肯踩躪若官雇人夫則有隨意踐踏者宜先度生蝻處所地段大小應用夫若干每名使驅一隴每十名督以一役而官親視之使皆執帚或竹枝挨隴排齊並肩而走不許參差斯蝻無遺漏之區不許紊亂斯苗無踐踏之患如有違者立即懲處。

一捕蝻捕蝗之夫宜先用本處村民必本處村民數不敷用然後再用他處人夫以本處村民則事關自己撲捕必力愛惜田禾不踏傷必少也。

一周燾除蝻滅種疏言北方有業村民有本處無蝗撥往他處捕蝗惟恐拋荒農務因而囑託鄉地向通衙役用錢買放免一二人爲賣夫免一村爲賣莊鄉地衙役飽橐肥囊再往別村仍復如故此種惡習例本應治例載三卷捕蝗律令門。彥謂役夫派諸本處應敷差遣如有不敷雇諸他處亦應量給工食

一庶民多愚官役多玩是以捕蝻捕蝗必須官府親身下鄉督率然官府親身下鄉須輕騎減從一切費用皆自

備辦不可取諸民間隨從書役家丁、轎傘等夫俱不許需索分文如敢陰違立卽斥革枷杖示衆上司以及上司委員下縣監督州縣亦應如此蓋地有蝻蝗則民已擾不得因利民而轉以病民仕値蝻蝗則官已累不得因卒官而轉以朘官也設有蠹食立卽叅革陳芳生捕蝗法曰佐貳爲此正官安在正官爲此院道安在及陸曾禹捕蝗十宜所謂立叅不職者皆爲此等言之也

一捕蝻捕蝗除正印佐貳學職及上司委員分頭下鄉督率外應責成圖董地保具限幾日捕盡不可不盡不可

曠日持久淨盡之後幷令董保出具委已捕除淨盡並無蝻蝗切結存案如有不盡立提地保枷杖示衆圖董從重示罰果能捕盡無遺患者圖董給予匾額地保賞給銀牌

一治蝗之功莫大於掘子而所以成掘子之功者惟在除蝻至盡設不盡則買子之費不啻付之逝水蝗仍不能無也然無知小民往往以蝻多爲不能盡而司捕蝗之事者亦往往誤信其言而不思所以盡之則蝻必不盡矣是以爲民父母者宜多出告示或刊發條議以使民

皆明此理庶可以剋期除盡設州縣之意亦與小民同一見解則衆民一年生計

國家鉅萬條漕皆必無着誤

國殃民莫大於是州縣豈能避其咎哉卽使咎可巧避而平旦中夜其何以自問哉以上十條論捕蝻。

一捕蝗應用筲箕早晨禾稍縴蝗海兜縴空中蝗。驅蝗應用五色旌旗、長竹銅鑼火礮鳥鎗鐵銃火藥鉛彈砂子燒蝗應用柴草等物民間所有不能敷用爲民父母者宜出價廣爲置備付民應用事畢可以收繳者仝數收繳藏備後用

至於開坑之鋤頭鐵鈀攔蝗之板門板櫈板壁春凳驅蝗之五色衣裙門帘包袱被單褥單遮陽天幔裝蝗之車袋掃蝗之掃帚民皆多有可以借用用後隨時給還禁止蝗食禾稼之麻油水桶線帚繃篩石灰稻草灰民能自買毋需官辦

一捕蝗踏傷禾稼應卽照例給還價值例載三卷捕蝗律令門。除其稅糧見捕蝗十宜。切勿吝嗇使民怨望此亦見捕蝗十宜。餘已詳捕蝻法者不贅

一蝗雖極多似不能盡其實能力捕之斷無不盡凡捕蝻

捕蝗有不盡者皆人不用命此是姚崇語見姚崇傳及平時漫不經心一旦猝遇胸無成見事無頭緒此是御史史茂捕蝗事宜疏語見後三卷蝗宜預備中但知叩禱神明虛應故事耳此見周燾除蝻滅種疏豈知平時雖漫不經心臨事豈不可即講究載籍具在爲民父母者何不姑置他事加意於此何必有心不用徒受處分爲誤國殃民之蠹耶即使處分可避而中夜捫心其能無愧悔耶

一遇蝗禱神祇應禱本處山川城隍邑厲以及 關帝、火神、劉猛將軍不必他及淫祀且須一面禱即一面捕不可稍緩

一士民治蝗一切不能不借重官力如有所請而非軼於理法之外者應即允準施行不宜執拘尤不宜遲緩

一買子買蝻買蝗之費以及捕子捕蝻捕蝗之兵役人夫工食等項銀米戶部定例原准支動公項據實報銷而地方官往往仍以無費爲辭而不敢動公者祇以例有已動項而仍滋害傷稼者則奏請著賠一語遂致不肯動公殊不知蝗是可盡之物苟能實心實力認眞撲捕收買斷斷不再滋害傷稼而致著賠何必但恐賠累而

忍縱蝗殺民耶且部例著賠原是要州縣認眞除蝗勿但糜費公項之意而州縣因例有此語轉不動公嗚呼此豈例之本意哉

一自古官賢則蝗不入其境不肖則蝗緊隨其旆觀後三卷趙抃馬援諸賢以及王莽等奸遺事可見地方有蝗官已可愧況又不實力督捕乎宜即省身修德少用刑罰暫緩追呼申雪冤枉撫郵罪囚掩埋暴露施濟貧乏庶幾可挽天災而息天怒則捕之亦易有效耳

右官司治蝗法二十四條大抵不外多出告示刊發諸法籌畫經費廣置器具迅速撲捕設局收買慎選司事厚給薪水嚴密查察毋許隱匿毋許怠緩毋許粉飾毋許侵蝕而又親身督率委員輔助諸從節省惟恐擾累立叅叢脞必獎賢能給償損壞務求淨盡是其要略也

治蝗全法卷二終

蝗一生九十九子。古語皆然，其實百餘不止九十九也。

春秋宣公十五年冬蝝生。蝝音言，即今之蝻。周正建子，春秋所謂冬，乃今八九十三月也。

治蝗全法卷三

金匱顧彥士美輯

蝗種必須掘除說（咸豐六年十二月朔。因民皆不掘子作。）

凡蝗生子於地，惟在其未出之時掘除去之，則爲力易而爲功大。何也？地下之子乃蠢然之物，既不能飛，又不能跳，且不能動，任憑人掘之除之。不同能跳之蝻、能飛之蝗，難於捉獲，故爲力易也。一蝗所生大率九十九子，交春萌生，即是九十九蝻，數日長大，即是九十九蝗。人家如能掘去一蝗所生之子，即是掘去九十九蝻、九十九蝗。不同捕得一蝻只是一蝻，捕得一蝗只是一蝗，故爲功大也。若不早掘，及至來春驚蟄後出而爲蝻，則不但捕之不如掘子之易，而且田中之麥經其蝝（音言）囓，一定即壞（此見陸道威除蝗記），至於數日成蝗，不易撲滅，更不待言矣。余等恐大家不掘，又恐大家不知掘法，故於前月即急集貲刊發掘子法單及治蝗法書，以期大家掘子。是皆思患豫防、除惡務本之一片婆心也。乃聞大家有云蝗子極多，如何掘得盡者；又有云大家弄飯喫要緊，如何有工夫掘蝗種者。嗚呼！余等正因蝗種多，故要大家掘也；余等要大家掘子，正爲大家喫飯

計也。大家如能聽余等之言，都即掘子，則何患其多？何患其不能盡？即不盡，亦勝於竟不掘。大家如不聽余等之言，都不掘蝗種，則養癰成患，來年一定再荒，吾恐有工夫亦無處弄飯喫矣。快速醒悟，及早掘除，毋仍執迷，自貽伊戚。此事最好鄉中有一仁義勇敢之士首先倡率，設立一局，收買蝗種，價即不多，民必樂於從事。一局既興，其餘各局皆不能不仿行矣。但見義即須勇爲，不必與人商酌，商酌即多阻撓疑慮，不能成矣。我錫金兩邑之大，豈竟無此一士？余等皆拭目俟之。

奉勸收買蝗種啓（咸豐七年正月初十立春日。因民既不掘子，天又一冬無雪作。○子非收買，民未必掘。後有欲民掘子者，必先勸人買子。）

凡蝗白露後生子於地，必須冬間臘雪深尺，凍之使殭，或鄉人於歲晚務閒之時出力掘除，使無遺類，然後可以無害。否則來年交驚蟄後即漸生出，其爲蝻必繁，數日即成蝗，其爲害必大。此見乾隆十七年周燾除蝻滅種疏，及康熙五十四年馬源捕蝗記，並非余等臆說，諸公不可不相信也。今一冬既毫無點雪，而鄉人又不肯掘除，則驚蟄後之必出爲蝻，爲蝻後之必先傷麥（麥經蝻囓即壞。見陸桴亭除蝗記。）已大

自古天災有三曰水曰旱曰蝗水旱皆無種不預貽禍來歲若蝗則今年種子來年復蝗可以延三五載不止是以治蝗多法以掘種爲第一要法

概可知而數日生翅成蝗後其爲害益大撲滅益難更不待言矣蝻生翅成蝗即能交而生子十八日即又成蝻數日即又成蝗循環不窮故害益大能飛則不易捉捕故撲滅益難然現距驚蟄尚有二十餘日之多使居鄉之民苟能皆依掘除蝗種法齊集多人分定地段攜帶鋤耙四出巡視凡見地上有無數小洞形如蜂窠處及土微高起處並上年蝗集處其土中皆有蝗種深寸許或二三寸五六寸不等其土溫炙手可熱立即掘出以水煮之或以火燒之尚可以除大害惟民愚不知利害且當田內大荒之後方皆致力工作謀得升合救死不暇而欲輟其求食之力以爲此

思患豫防除惡務本之舉則事雖至要至急而無如飢來驅人只可別圖不能枵腹從事其孰能因後患之大而即捨性命以爲之雖曰麥必被傷亦只得由他燒眉毛且顧眼下至麥傷再說是亦窮民萬不得已之苦情也余等日夜再四思維惟有苦勸有田有力又仁且義之君子各量己力捐集貲費於數啚或一啚中各設一局立定章程凡有掘得蝗種一升送局者即給以錢若干或粥若干或米若干或豆麥餅餌等可食之物若干使民掘子即可得食則民必樂於挖掘如此則既可除害又可救飢

凡時當荒歉皆仁者可以種德之機會況兵荒旱蝗天災重疊非種德其何以保身家消禍患耶

余等皆有心無力諸公多有力無心有力無力有心無心望天皆能察諸

更可種德一舉而三善具焉諸公何樂而不爲耶設使名借借若罔聞則去冬之租已概無收是皆蝗之害也設使去歲但旱無蝗猶不至此今夏之麥又難有望非特有田者難無田而貿易者亦未必易如自去秋年荒以來生意好否且去冬米已奇荒而今年麥又或歉則兩邑飢民益加困苦不但種田之本且恐窮極滋事難免盜竊凡欲保守自己田產者不可不於此時先事豫防也至於

官府原有應設局收買之例然自軍興四五年來府庫已虛錢糧又少兵餉尚且不足賑濟尚且無

卹如何有錢收買蝗種且即有錢收買亦必假手吏胥假手吏胥即難必有實際從來官買皆不如民買之爲善也然即民買亦必經理得人始能實有裨益倘但迫於不得已而應酬世故聊草塞責則買猶不買也嗚呼人存政舉天下事莫不需人且須人人要好始能成一好事倘惟一人有心而餘人皆不在意則此一人亦竟成無用之物猶之余等曉曉苦勸諸公如能俯從所請認真收買則蝗種竟掘矣蝗種亦竟無矣不然則余等一二人三五人之勸不徒然費唇舌費筆墨哉

此啓幸賴家儀卿鹽舉鴻逵出貲始得刊印五千紙發兩邑四百一十六鄉黏帖觀看否則書囊慳嗇尚未必即付剞劂也

又幸賴賑局董事諸君子集貲於正月廿六始以每升錢三十收買民即踴躍掘除至三月初十止共收買至六百餘石之多投之太湖蝗患以滅此誠莫大功德也然如去冬即買至多不過一百餘石即每升百文亦千緡已足費可較省何也春買之子已大如大麥細長如大麥形色皆絶似外有苞如蠶長寸餘中包如大麥者百餘冬間之子祇小如脂麻也後

有買者斷宜以早爲貴

奉勸接收買蝻啓　咸豐七年花朝日因掘未盡之子將出爲蝻刊發遺子無論多少掘除皆未必能盡必須繼以買蝻蝗患始可滅絶

蝗蟲遺子蒙鄉城好義諸　君子各出錢米設局收買民遂力掘現在各鄉俱已掘去大半祇餘十之二三大患稍除頌聲載道何善如之顧此尚未掘去之二三日來間已將出以理而論鄉人自即應各自撲滅以保田麥以免成蝗豈知此等小民竟是罔知利害抑且冥頑不靈依然袖手旁觀莫肯挺身先出則此步蝻但能行而未能飛者名步蝻數日便

生翅成蝗成蝗即交而生子春夏生之子十八日或二十日即又成蝻蝻又成蝗循環不窮則將來之蝗依舊蔽天翳日莫可如何矣爲今之計第一要鄉居之富家大戸爲一方之望者先諄諄曉諭衆民以蝻必捕除之故次即於收買蝗種之後接續買蝻庶幾民肯捉捕而蝗患可絶收買蝗種之功亦以成不然則收買蝗種之貲亦徒貲也現諸　君子已爲山九仞矣豈忍功虧一簣乎蝻亦勿定要沽者以圖省費至捕蝻法已載去冬所發治蝗書內檢查可悉不贅

此啓亦儀卿出貲刊發四月初旬蝻生儀卿又出貲印發并徧帖街衢

勸速治蝻啓　丁巳四月望日因蝻已生而人不收買作

蝗蟲已出趕緊撲捕認眞收買尚可滅絶自古天災皆可人救也如或坐視不肯上緊但惜財力甘棄稻麥又或虛應故事有名無實則此步蝻蝻初生但能跳而不能飛者名步蝻數日便生翅能飛而撲滅益難矣且能飛便能交而生子夏生之子十八日或二十日即又成蝻蝻又成蝗循環不窮害不可勝言也大家豈不知之耶

勸速蒔秧啓 丁巳四月因蝻未捕盡恐民膽怯欲不蒔秧作

蝗蝻皆捕除可盡之物只須大家能齊心竭力撲捕則毋論我錫金之蝻不足爲慮卽使他處之蝻生翅飛來亦可撲滅不足爲慮也大家不必膽小先不蒔秧以自誤自事此在有識者皆諄諄告誡而無知者皆唯唯聽從是所至要

勸速捕子啓 丁巳閏五月因蝻已生翅能飛作

蝻之大者現已生翅相率羣飛矣此物能飛卽能交交而生子夏生之子十八日或二十日卽出爲蝻蝻又成蝗蝗又生子循環不窮滋害最大現雖農務㥪忙不可不撥冗及早留心尋覓掘燬以防一化爲百滋生無數

蝗由人事說 咸豐丁巳三月刊發

考邑志錫金自崇禎十年丁丑至十四年辛巳曾五年連被蝗災去歲咸豐六年丙辰相距二百二十一年始復有蝗從江北猝至康熙十一年錫金亦有蝗因邑志云不爲災故不計是以人於治蝗之法茫然無知彥讀明史官陳明卿仁錫潛確類書云蝗起於貪乃戾氣所生不獨能害田稼而且兆主兵火皆歷歷有徵則蝗之爲害雖曰天災其實莫非人事也且長毛賊匪現在江鎮業已五年離錫金界祇百五十里潛確類書曰蝗兆兵火其說非盡無稽然而自古天災皆可人救並非天欲災人人卽不能回天也爲今之計大家俱須快自修省如有惡處快自改之如無惡處快自加勉而且兢兢業業朝乾夕惕無時不在恐懼之中庶幾可以召天和息天怒耳

附存呈請拏禁佛頭阻撓捕蝻稟丁巳五月廿六日投

爲請飭拏禁以除蝻孽事竊小民無知方以蝗蝻爲神而不敢捕乃鄉下有等匪僻佛頭吏從中煽惑言人罪孽深重是以致有蝗災倘再捉捕則罪孽更重云云以致民多束手雖其意不過欲人念佛希圖餬口而於治蝗兩字實誤事不小爲此稟乞

老父臺大人出示嚴禁并飭差查拏照妖言惑衆例懲辦一二則其餘自戢而蝻亦可捕盡矣

錫邑尊吳　批候飭地保隨時禁逐一面出示諭禁如違

提究

金邑尊姚　批蝻孽萌生各鄉雇夫撲捕方慮經費無出豈容佛頭從中煽惑斂錢入己候即出示嚴禁並飭差查拏可也

附存呈請示諭掘子稟丁巳閏五月初七日投

爲請出示曉諭以除蝗患事竊鄉愚冥頑捕蝻不盡昨日閏五月初六傍晚城中百姓已衆目共見蝗蟲數百每二三十爲一羣在天飛翔自西而東此物能飛即能交而生子夏生之子十八日或二十日即出不可不及早掘除以防生生無數錫金不恒有蝗民間未必皆曉爲此稟乞

老父臺大人迅即多出告示曉諭董保農佃務即上緊尋覓掘燬以除大害以裕

國賦以厚民生

蝻色黑

前賢名論

彥輯官民治蝗法兩卷說皆本諸前賢然僅采擇其法未能備述其全猶有愛之不忍釋者兹皆錄於左以備觀覽

絕除根種

乾隆十七年御史周燾上除蝻滅種疏曰蝗始化生繼則卵生化生者低窪之地夏秋雨水停積魚鰕卵育及水涸落鰕魚子之在於草間者沾惹泥塗不能隨流借去延及次年春夏生機未絕熱氣薰蒸陰從陽化鱗潛遂變爲羽翅而蝻萌生矣（此言隔年鰕魚子化爲蝻若陳芳生捕蝗法則言當年之鰕魚子化蝻并言南北蝗多少之異曰江以南多大水故無蝗蓋湖瀼積豬水草生之農家取以壅田即不然亦水常盈草恒在水草上鰕子惟復爲鰕而已北方之湖盈則四溢草隨水上及水既涸草留涯際鰕子之附於草者既不得水又受春夏溼熱之氣日漸鬱蒸遂變爲蝻理勢然也）其初小如蟻漸如蠅色黑數日大如蟋蟀尚無翼土人名步蝻（以其止能行未能飛也）此時撲捕猶易爲力若再數日則長翅飛騰隨風飄颺轉徙無定所集之處禾黍頓成赤地且其甚則蔽天翳日盈地數尺壅埋房屋遠望如山此時撲捕人力難施而其爲害亦不可勝言矣迨至蝗老身重不能飛翔則又羣集生子以尾深插堅土遺

此言掘子於春與下言掘子於冬者異

子地中形如小囊內包九十九子色如松子仁較脂麻加小夏生之子本年成蝻秋生之子貽禍來歲苟非冬雪盈尺凍之使殭則次年驚蟄之後滋生更繁爲害更大爲拔本塞源之計宜將化生者於水涸草枯之時縱火燒草使鰕魚子之在草者都成灰燼以絕孽芽卵生者於春深風暖土脈鬆脆之時令民於前歲蝗集之處掘地取子遵照上年（乾隆十六年也）閏五月以米易蝗之例送官給米准於公項開銷如此則小民既可除害又可餬口自必踴躍從事而且以米易種較之以米易蝗尤爲費省而功多倘能行之有效亦勸民重穀之一事也

乾隆二十四年江南山東蝗京畿道御史史茂上捕蝗事宜疏曰捕蝗不如捕蝻捕蝻不如滅種乃人多狃於目前而忽於遠慮凡當冬春無事之時有一二老成人言及蝗宜早備未有不以爲迂且緩者而不知平時漫不經心及一旦蝗蝻猝發則胸無成見事無頭緒茫然不知所措徙然東奔西走竭蹶遷延以致飛蝗四布莫可挽回是以蝗雖不常有而不可不時存一有蝗之虞皆先於閒暇無事之時作未雨綢繆之計

蝗一斗粟一斗未免太多然當民束手坐視時亦只得如此鼓舞而振起之

陳芳生捕蝗記曰蝗種傳生一石可至千石是以冬月掘除最爲急務且當農力方閒正可從容搜索官司即以數石粟易一石子亦不足惜而况不需數石乎惟掘子有難易則授粟宜有等差且應厚給使民樂趨其事

陸曾禹捕蝗八所首行總論一則言世云蝗有藁變而成者有延及而生者不知延及而生實始於藁變而成官民苟能致力水涯不容藁變則禍端絕矣

買易蝻蝗

捕除蝗孽保衛田禾原農民分内事也顧此等下愚竟不

能以理喻聖人所謂可使由不可使知是也而又難以扑責曰明刑弼教則惟有以厚給錢米誘掖之而男婦老幼始皆竭力捕治是以嘉慶十一年丙寅皖江汪稼門督部志伊任蘇撫纂荒政輯要載捕蝗法首即云厚給捕蝗曰

晉天福七年飛蝗爲災詔有蝗處不論軍民人等捕蝗一斗者即以粟一斗易之有司官員捕蝗使者不得少有措滯

宋熙寧八年八月詔有蝻蝗處委縣令佐躬親打撲如地方廣濶分差通判職官監司提舉分任其事仍募人得蝻五升或蝗一斗給細色穀一斗蝗種一升給粗色穀二升給銀錢者以中等價與之仍委官燒瘞監司差官覆按倘有穿掘打撲損傷苗種者除其税仍計價官給地主錢數

此詔給穀而又償及地主所損之苗不但免税而且償其價數仁厚之至矣

宋紹興間朱子捕蝗募民得蝗之大者一斗給錢一百文小者每升給錢五百文

蝗蝻害人除之宜早不可令其長大而肆毒也故捕蝻捕蝗者不可惜費得蝗之小者宜多給之而勿吝也蓋

小時一升大則豈止數石文公給錢大小逈異捕蝗之良法也

明崇禎十二年春無錫蝻生遍地巡撫張國維令民捕交糧長給以粟見錫金識小錄

乾隆二十四年己卯京畿道御史史茂奏治蝗法八條首條即曰鄉民撲捕蝗蝻交官一斗即應給米若干

陸曾禹捕蝗八所總論首言掘子去草次即言法在不惜常平等倉米粟換易則雖不驅民使捕而四遠自輻湊矣惟患剋減遲滯則捕者氣阻

乾隆三十五年庚寅副都御史竇東皋光鼐捕蝗酌歸簡易疏曰蝗子一升給米三升則挖刨自力

乾隆十七年壬申監察御史周燾除蝻滅種疏曰掘地取種送官給價應仿遵上年以米易蝗之令動用米穀准於公項開銷

乾隆二十五年庚辰陳文恭宏謀在蘇撫任飭除蝻檄曰挖有土中蝻子交地方官照例給價收買

陳芳生捕蝗法曰救荒要近人情假使鄉民去城數十里負蝗來易米一往一返即二日矣臣見蝗盛之時幕天匝

地一落田間便廣數里厚數尺行二三日乃盡此時蝗極易得官粟有幾且令人往返道路不如以錢近其人而易之隨收隨給即以數文錢易一石亦勸矣

乾隆十八年七月十九日奉

上諭州縣捕蝗不力既有革職拿問之定例又有不申報上司者革職之例一事而多設科條適可滋弊即堂司官或知奉法而吏胥之稱引條例上下其手或重或輕紛滋訛議年來直隸查參捕蝗不力之案辦理多未畫一即其証也至州縣捕蝗需用兵役民夫併換易收買蝻子自有費用其勤民急公者或不勞而事已濟而錙銖是較玩視民瘼者多往往藉口無力捐辦現在各省尋常事件尚得動公辦理以此要務何以轉不動支公項朕謂捕蝗不力必應遵照

皇考世宗憲皇帝諭旨重治其罪不可姑息而費用則應准其動公嗣後州縣官遇有蝗蝻不早撲除以致長翅飛騰貽害田稼者均革職拿問著為令其有所費無多自行捐辦而實能去害利稼者該督撫據實奏聞議敘其已動公項而仍滋害傷稼者奏請著賠又今歲江南各屬蝻孽萌生雖

經該督撫具奏乃從未將地方官據實題參豈非庇下而欺遠著督撫明白回奏欽此我

國家

聖諭如此而地方官有不買者此等

聖諭彼實未嘗寓目即有寓目者亦恐無用而著賠豈知苟能實心實力重價收買斷無不盡而致著賠者何為牧令者但愛財物不愛子民也

蝗斷可捕 凡民遇蝗往往以爲有神主之而不敢捕觀此可破其愚

康熙十一年壬子江南大蝗七月入蘇州民以爲神而不敢捕沈受宏聞之作捕蝗記曰甚矣其惑也夫蝗天之所以災民也天雖災即不使民之救災乎天生之民殺之所以救災也詩曰去其螟螣及其蟊賊無害我田穉田祖有神秉畀炎火此殺蝗之義也春秋曰螟曰螽曰蝝皆是物也春秋紀災而不紀治故不言捕周禮司冦刑官之職庶氏掌除毒蠱翦氏掌除蠹物蟈氏掌除鼃黽壺涿氏掌去水蟲凡爲除之法皆具毒蠱蠹物鼃黽水蟲皆可除而去

蝗獨不可去乎爲害小而去爲害大而不去周公不爾也唐開元四年山東大蝗民不敢殺拜祭之姚崇遣御史督州縣捕蝗時有議者曰蝗多除不盡崇曰除之不盡勝於養以成災黄門監盧懷慎曰凡天災安可以人力制且殺蝗多恐傷和氣崇曰奈何不忍於蝗而忍民之饑餓以死殺蝗有禍崇請當之其後復大蝗崇又命捕之汴州刺史倪若水上言禳災當以德昔劉聰嘗捕蝗而害益甚崇移書誚之曰聰僞主德不勝妖我聖朝妖不勝德弁勅捕蝗使察捕蝗勤惰以聞若水懼縱捕得蝗十四萬石蝗遂訖

息不至大饑自古捕蝗之力未有如崇者也然不聞有禍卒亦不至大饑考之史書蝗災者草木爲之消蝕人民爲之亡竄爲害曷可勝道然皆不聞其捕蝗不捕故其害至於此也則坐視其害而不捕毋寧捕之而害至乎夫天之生蝗猶天之生盜賊也盜賊之患王者必執法盡誅之而顧怯於捕蝗乎且水旱蝗皆天災也蝗不敢捕將遇水亦不敢洩乎旱亦不敢灌乎人有奇疾不藥將殺其身或告之曰子之疾天也藥之恐有天殃則遂信其言乎甚矣人之惑也考之於經證之於史察之於理宜捕乎不宜捕乎

明天子賢宰相皆捕蝗以除害而不以爲法乃怵惕於愚迂不足聽信之言多見其不知理也作捕蝗說以喻之又陸桴亭世儀除蝗記曰蝗之爲災其害甚大然所至之處有食有不食雖田在一處而截然若有界限是蓋有神焉主之非漫然而爲災也然所謂神者非蝗之自爲神又非有神焉爲蝗之長而率之來率之往或食或不食也蝗之爲物蟲焉耳其種類多其滋生速其所過赤地而無餘則其爲氣盛而其關係民生之利害也深地方之災祥也大是故所至之處必有神焉主之是神也非外來之神即本

處山川城隍里社厲壇之鬼神也神奉上帝之命以守此土則一方之吉凶豐歉神必主之故夫蝗之去蝗之來蝗之食與不食神皆有責焉此方之民而爲孝弟慈良敦樸節儉不應受氣數之厄則神必佑之而蝗不爲災此方之民而爲不孝不弟不慈不良不敦樸節儉應受氣數之厄則神必不佑而蝗以肆害抑或風俗有不齊善惡有不類氣數有不一則神必分別而勸懲之而蝗於是有或至或不至或食或不食之分是蓋冥冥之中皆有一前定之理焉不可以苟免也雖然人之於人尚許其改過而自新乃天之於人其仁愛何如者豈視其災害而不許其改過自新乎顧改過自新之道有實有文而又有曲體鬼神之情殄滅祛除之法何謂實反身修德遷善改過是也何謂文陳牲牢設酒醴是也何謂曲體鬼神之情殄滅祛除之法蓋鬼神之於民其愛護之意雖深且切乃鬼神不能自爲祛除殄滅必假手於人焉所謂天視自我民視天聽自我民聽也故古之捕蝗有呼噪鳴金鼓揭竿爲旗以驅逐之者有設坑焚火捲掃瘞埋以殄除之者皆所謂曲體鬼神之情也今人之於蝗俱畏懼束手設祭演劇而不知反身

修德祛除殄滅之道是謂得其一而未得其二故愚以爲今之欲除蝗害者凡官民士大夫皆當齋祓洗心各於其所應禱之神潔粢盛豐牢醴精虔告祝務期改過遷善以實心實意祈神佑而仿古捕蝗之法於各鄉有蝗處所祀神於壇壇旁設坎坎設燎火火不厭盛坎不厭多令老壯婦孺操響器揚旗旛噪呼驅撲蝗有赴火及聚坎旁者是神之靈之所拘也所謂田祖有神秉畀炎火是也則捲掃而瘞埋之處處如此即不能盡除亦可漸滅苟或不然束手坐待姑望其轉而之他是謂不仁畏蝗如虎不敢驅撲是謂無勇日生月息不惟養禍於目前而且遺禍於來歲是謂不智當此三空四盡之時蓄積毫無稅糧不免吾不知其何所底止也（此記後籽亭又自記曰蝗最易滋息二十日即生生即交交即復生秋冬遺種於地不值雪則次年復起故爲害最烈小民無知往往驚爲神鬼不敢撲滅故即以神道曉之雖曰權道亦至理也）

唐書姚崇傳曰開元四年山東大蝗民祭且拜坐視食苗不敢捕崇奏詩云秉彼蟊賊付畀炎火漢光武詔曰勉順時政勸督農桑去彼螟蜮以及蟊賊此除蝗詔也且蝗畏人易驅又田皆有主使自救其地必不憚勤請夜設火坑其旁且焚且瘞蝗乃可盡古有討除不勝者特人不用命

耳乃出御史為捕蝗使分道殺蝗汴州刺史倪若水上言除天災者當以德昔劉聰除蝗不克而害愈甚拒御史不應命崇移書誚之曰聰僞主德不勝祆今祆不勝德古者良守蝗避其境謂修德可免彼將無德致然乎今坐視食苗忍而不救因以無年刺史其謂何若水懼乃縱捕得蝗十四萬石時議者喧嘩帝疑復以問崇對曰庸儒泥文不知變事固有違經而合道反道而適權者昔魏世山東蝗小忍不除至人相食後秦有蝗草木皆盡牛馬至相噉毛今飛蝗所在充滿加復蕃息且河南河北家無宿藏一不獲則流離安危繫之且討蝗縱不能盡不愈於養以遺患乎帝然之黃門監盧懷慎曰凡天災安可以人力制也且殺蟲多必戾和氣願公思之崇曰昔楚王吞蛭而厥疾瘳叔敖斷蛇而福乃降今蝗幸可驅若縱之穀且盡如百姓何殺蟲救人禍歸於崇不以諉公也蝗害訖息

崇居相位刻意治蝗分也不得謂之盛事然身居人上膜視民瘼者多矣崇能圖治不得不謂之盛事而倪若水盧懷慎輩顧如是之阻撓之何智愚賢不肖之不相及至於斯也自古君子之所爲固非衆人所能識哉然

幸崇之在高崇之識明崇之力定天子之任之也亦專是以卒能除大害成大功垂大名（自古治蝗之力者以崇為最）不然幾何不為羣小人所敗也嗚呼人生世上富貴功名豈得已哉讀書明理在下獲上豈不要哉

蝗斷可食（民知蝗斷可捕又知蝗斷可食則當無不捕者矣）

唐貞觀二年六月京畿旱蝗太宗在苑中掇蝗祝之曰人以穀為命百姓有過在予一人汝但食我無害百姓將食之侍臣懼帝致疾力諫太宗曰朕願移災朕躬何疾之避卒吞之後無恙是年蝗亦不為災見集異志

陳芳生捕蝗法曰唐貞元元年夏蝗民蒸熟曝乾颺去翅足而食之。又曰今東省畿南用為常食登之盤飧臣嘗治田天津適遇此災田間小民不論蝗蝻悉將烹食城市之內用相饋遺亦有熟而乾之鬻於市者則數文錢可易一斗噉食之餘家戶囷積以為冬儲質味與乾鰕無異其朝餔不充即以此為恒食者亦至今無恙也而同時山陝之民則猶惑於祭拜以傷觸為戒謂為可食無不駴然是蓋妄信流傳謂蝗為戾氣所化而不知實乃鰕子所化是以疑鬼疑神甘受戕害東省畿南則知鰕子一物在水為

蝗須長寸以上方可食

鰕在陸爲蝗，食蝗無異食鰕，是以無疑慮也。○又曰：蝗如豆大，尚未可食，若長寸以上，則燕齊之民皆畚盛囊括，負載而歸，烹煮曝乾，以供食矣。○又曰：陳正龍言蝗可和野菜煮食，見范仲淹疏，又曝乾可代鰕米，荷力捕蝗，則既可除害，又可佐食，何憚不爲。然西北人肯食，東南人不肯食者，則以東南水區被蝗時少，人皆不習見聞故耳，豈蝗不可食哉。

任昉述異記曰：旱年魚化爲蝗。太平御覽曰：豐年蝗變爲鰕。看似怪異，而實無怪也。蓋鰕魚子在水涯，旱年水少則爲蝗，豐年水滿則爲鰕，非魚能化蝗，蝗能爲鰕也。又豐年鰕魚子仍爲鰕魚而不爲蝗，故小雅斯干之詩曰：衆維魚矣，實維豐年。凡水足宜稻豐熟之年，鰕魚必多也。

蝗可飼畜

陳芳生捕蝗法曰：明崇禎十四年辛巳，浙江嘉湖旱蝗，是年錫金亦蝗。鄉民捕以飼鴨，極易肥大。又山中有人畜猪，無貲買食，試以蝗飼之，猪初重二十斤，食蝗旬日，遽重五十餘斤。可見世間物性，畜可食者人食之未必皆宜，若人可食者，則禽獸無反不可食之理。蝗可飼猪鴨，無怪也。推之恐猶不止此，故特表而出之。陸曾禹捕蝗八所亦載此事，不及此詳盡，舍彼錄此。

蝗可糞田 民知蝗可食，又知蝗可飼畜，蝗可糞田，則當有以捕蝗爲利者矣。

乾隆三十五年庚寅，副都御史竇東皐光鼐上捕蝗酌歸簡易疏曰：蝗爛地面，長發苗麥，甚於糞壤。

蝗宜預備

乾隆二十四年己卯，江南山東蝗災，京畿道御史史茂上捕蝗事宜疏曰：竊惟事必豫而後能有功，物必備而後可無患。今歲江南山東等省飛蝗偶發，上厪

宸衷。

欽命大臣星馳督視，並查明飛蝗初起之地，嚴參重究。乾隆三十五年以前，地方如有蝗災，必須根究蝗蝻起處，予以極重處分。是時隣近州縣必互相推諉，希圖卸責，見乾隆十七年監察御史周燾除蝻滅種疏。我高宗純皇帝知其然，於乾隆三十五年庚寅六月降諭旨：嗣後捕蝗不力地方官，並就現有飛蝗之處予以處分，毋庸查究來歷，致生推諉，著爲令，並將此通諭各督撫知之，欽此。而飛蝗初起之地不必再查矣。此尚是乾隆二十四年疏，故云查初起之地。仰見我

皇上整飭吏治、恫瘝民瘼之至意。伏思蝗孽飛揚，爲害最烈，追捕不力，處分最嚴。捕蝗不如捕蝻，捕蝻不如滅種，凡屬地方官，無不周知，而往往官罹嚴譴，民受蟲災，貽禍於鄰封而莫救，追悔於事後而無及者，其故何也？蓋捕蝗蝻非鹵莽

草率而爲者也未發塞其源既萌絕其類方熾殺其勢是故生長必有其地蠕動必有其時驅除必有其人撲滅必有其器經畫必有其法乃人多狃於目前而忽於遠慮當冬春無事有一二老成歷練之人言及蝗蝻爲害宜早爲籌辦未有不以爲迂緩者平日漫不經心而一旦聞有蝗蝻則茫然不知所措意無成見事無頭緒東奔西馳竭蹶遲延以致飛蝗四布莫可挽回夫蝗不常有而地方官不可不時存一有蝗之虞故必於閑暇無事之時爲未雨綢繆之計臣伏查捜捕蝗蝻欵目備載羣書採輯八條（乾隆二十四年戸部議准。奉旨通行京畿道御史史茂條奏捕蝗法六條。想即此八條中之六條。餘尚有二條。無從查錄。）敬繕清單仰請

敕下直隸江南等省督撫各就本地情形詳悉妥議轉發各州縣飭令於閑暇無事之時將地之宜勘時之宜審人之宜備器之宜裕法之宜修者一一預爲籌畫則先時而整頓妥協自當幾而辦理裕如又何至飛蝗爲災有害田疇臣所謂豫則有功而備則無患者此也抑臣更有請者定例州縣報有蝗蝻該管上司即躬親督捕法至善也惟是地有蝗蝻則民擾官際此時則官累該上司宜加意防維曲爲

體䘏一切供迎不可責備跟役減少無令夫馬借備民間家人衙役厨轎等夫實心嚴查勿許暗中勒索則官民得專心撲捕不致旁念紛雜矣

附錄捕蝗法六條（上一二兩卷中。所云乾隆二十四年戸部條例者。即此六條是也。）

一鄉民自行撲捕蝗蝻交官應即立定章程每交蝻一斗即給米若干蝗則減半（倘有延勒則前功盡棄事必阻矣）踹損田禾則給價若干如爲期尚早可種晚禾則每畝給銀若干補種不及者每畝給米若干俱應立時給發不可遲吝

一生蝻之處如近田畝則應度地挑濬長濠寬三四尺深四五尺長倍之掘出之土堆置對面濠口宜陡不宜平濠之三面密布人夫各執響竹柳枝進步喊逐將蝻趕至濠口竭力合圍用掃帚數十盡行掃入覆以乾草發火焚之其下尚有未死須再用土填壓越宿乃可（或先置火坑內然後掃入）

一蝻性向陽辰東午南暮西凡驅蝻者須按時按向逐之方順否則亂行必致蔓延他所而且多費人力又蝻生發如在前後左右不相連接之處則應多製五色旗幟樹於有蝻之處其最多者樹赤稍少者樹黑或樹白

不拘以分別緩急依次撲治每一處淨則去一處之旗如是則曠野之中一目瞭然將向可端底功可速

一蝻初生如蟻最宜用牛皮截作鞋底式（皮一張可作數七）釘於木棍之上蹲地摑搭（音國答擊打也）可以應手而斃且狹小不傷禾稼

一蝗在稻麥田中者每日五更必盡聚稻麥梢上露侵體重不能飛躍可以手摝（音六撈擄也）之或用畚箕撈之傾入大袋置之死地又午間蝗交不飛此時捕之亦事半功倍又每水一桶入麻油五六兩帚灑禾顛蝗即不食

一燒蝗須掘一坑深寬約五尺長倍之先入乾燥柴草發火極炎然後將蝗傾入一見火氣便不能飛躍古人知但土埋仍能穴土而出故以火治之

捕宜體恤

魏文毅公裔介（字石生號貞庵柏鄉人順治丙戌進士官至大學士謚文毅）踏勘蝗荒議曰海內生靈當兵荒蹂躪之後（兵荒蹂躪是指明末言）骨立而存實萬死之餘幸出水火登衽席不意蝗災流行秦晉燕趙剝食甚慘百姓迎蝗陣而跪禱大聲悲號三春勞苦盡成枯餘慘苦之狀不忍見聞雖撫按大略奏報例應該部差官踏勘災傷（從前如此今日不然矣）方定蠲免分數但所在被災沿數千里非如潦旱單在一方一踏便明況各處被災必不能齊道里遼遠部臣差官猝難遍及小民田間狼籍有梗無穗之餘收之無實棄之可惜若勉力收之恐踏勘徒存空地蹈冒報傷災之罪若概不收拾轉眼孟冬寒氣凜冽並麥地不及耕種則來歲之生意盡矣愚以為不若責成撫按轉行道府委廉幹官員分投逐段查明確報既查之後即大張告示令百姓收拾殘禾及時種麥不至坐待查勘拋廢農業然後差官所到采訪報部分別蠲免果有虛

冒罪坐所司如此則事約易舉千里之間往返不過半月耳雖無望於西成尚有冀於來歲也不然蝗食已苦殘禾在地部查未到坐失農時煢煢小民是再傷也

陳芳生捕蝗法曰或言差官下鄉一行人從未免蠶食里民不可不戒臣以為不然蓋為民除患髮膚可捐而更率人蠶食尚可謂官乎佐貳為此正官安在正官為此院道安在不於此鞏懲一警百而因噎廢食亦復何官不可廢何事不可已耶

道光五年乙酉順天府尹朱為弼奏准捕蝗事宜六條曰

道光五年三月爲弼任順天府尹時是年正月蝻子已出經前任府尹申鏡涫大京兆責令各州縣論斤收買解府三月接印復奏

諭加緊搜捕此時春令亢旱至四月始得雨五月多雨蝗蝻愈搜愈多乃設大鑊於大堂煮而埋之未幾長翅飛騰始惟東路有之繼而四路皆有延及大宛爲弼奏出城親捕蒙

面諭約束跟役書吏此等人騷擾地方甚於蝗蟲並論十日可以捕盡爲弼卽至宛平蘆溝橋一帶村莊設立三厰叅令爲章圭之重價論斤收買以鑊煮之大興黃村來育禮賢等

處亦各設厰霍令登龍圭之又委丞倅千把外委任奔走之役嚴檄四路州縣尅期捕盡否則府尹將親來十日而兩邑及四路之蝗皆一時淨盡卽回復

命所有捕蝗事宜開列於後

一本府尹單騎就道所有書吏跟役人等自給飯食大錢二百文其番役有馬者每匹給草料錢二百文

一設厰在相近地方之廟宇先出示諭明每斤價若干須活者始給價隨時下鍋撈出再煮已煮斃者埋之此條必要活者始買大約因蝗多易得故也若蝗少不易得民方不肯捕而必要活者將阻民氣

一各州縣均自行捐資購買不准攤派地保里正

一各州縣親自督率一主厰其附近各厰委縣丞千把外委分查

一日禱 關聖帝君 火神 劉猛將軍廟

一各官弁日給俱應自備卽有上司稽察亦不准餽送食物

治蝗剔弊

周燾除蝻滅種疏曰定例蝗蝻生發責令有司撲捕有不實力從事者處分甚嚴革職拏問交部治罪是也然上懸爲令甲而下應以空文甚或甘受處分毫無補救又有司縱不愛民不能不畏處分畏處分卽不得不張皇撲捕於是差衙役糾保甲據堡戶設厰收買似亦盡心竭力不敢膜視矣然

有業之民或本村無蝗而撥往別處撲捕因懼拋荒農務則往往囑託鄉地衙役用錢買放免一二人爲賣夫免一村爲賣莊鄉地衙役飽食肥囊再往別村亦復如故若無業之奸民則以官雇捕蝗得日食工價爲己利每於山坡僻處私匿蝻種使其滋生延衍流毒以待應雇撲捕則又蹂躪田疇搶食禾稼害更甚於蝗蝻

治蝗實績

安溪李秘園郎中鍾份自著捕蝗記曰雍正十二年夏余任山東濟陽令聞直隸河間天津屬蝗蝻生癸六月初一二間飛至樂陵初五六飛至商河樂商二邑羽檄關會余飛詣濟商交界境上調吾邑恭和温柔四里鄉地預造民夫册得八百名委典史防守班役家人二十餘人在境設廠守候大書條約告示宣諭曰倘有飛蝗入境廠中傳炮為號各鄉地甲長鳴鑼齊集民夫到廠每里設大旗一枝鑼一面每甲設小旗一枝鄉約執大旗地方執鑼甲長執小旗各甲民夫隨小旗小旗隨大旗大旗隨鑼鑼東庄人齊立東邊西庄人齊立西邊各聽傳鑼一聲走一步民夫挨步徐行低頭撲捕不可踹壞田禾東邊人直撲至西盡處再轉而東西邊人直捕至東盡處再轉而西如此迴轉撲滅勤有賞惰有罰再每日東方微亮時發頭炮鄉地傳鑼催民夫盡起早飯黎明發二炮鄉地甲長帶領民夫齊集被蝗處所早晨蝗沾露不飛如法捕撲至大飯時蝗飛難捕民夫散歇日午蝗交不飛再撲未時後蝗飛復歇日暮蝗聚又捕夜昏散回一日止有此三時可捕飛蝗民夫亦

得休息之候明日聽號復然各宜遵約而行諭畢余暫回看守城池倉庫至十一日申刻飛馬報稱本日飛蝗由北入境白和里抵温里約長四里寬四里余即飭吏具文通報關會鄰封星馳六十里二更到廠查問據稟如法施行已除過半（此是前先書條約告示并宣諭之力）黎明親督捕撲是日盡滅遂犒賞民夫據實申報飛探北地飛蝗未盡余即在境隄防至十五日巳刻飛蝗又自北而來從和里連温柔兩里計長六里寬四里蔽天沿地比前倍盛余一面通報關會一面著往北再探速即親到被蝗處所發炮鳴鑼傳集原夫再傳附近之谷生土三里鄉地甲長帶民夫四百名共民夫千二百名勸勵（好非勸勵不可）協力大捕自十五至十六晚盡行撲滅無餘禾苗無損探馬亦飛報北面飛蝗已盡又復報明各憲余大加褒獎鄉地民夫每名捐賞百文逐名唱給册外尚有餘夫數十名亦一體發賞鄉地里民歡呼而散次早郡守程公亦至彼查看問被蝗何處民指其所守見禾苗如常絲毫無損大訝問故余具以告守亦贊異焉

捕蝗律令

宋淳熙敕曰諸蝗蟲初生若飛落地主鄰人隱蔽不言者

皖江汪稼門督部志伊。前於嘉慶十一年在蘇撫任中纂刻荒政輯要十卷。內第四卷全載戶部荒政則例。言例皆因時因地以制其宜。而其酌定之數則各省有同有不同。蓋災出非常。稍遲焉難免玩視民瘼之咎。官非素練稍錯

保不即時申舉撲除者各杖一百。許人告報。當職官承報不受理及受理而不即親臨撲除未盡而妄申盡淨者各加二等。諸官司荒田牧地經飛蝗住落處令佐應差募人取掘蟲子取不盡因致次年生發者杖一百。諸蝗蟲生發飛落及遺子而撲掘不盡致再生發者地主耆保各杖一百。諸給散捕取蟲蝗穀而減尅者論如吏人鄉書手攬納稅受乞財物法。諸係工人因撲掘蟲蝗乞取人戶財物者論如重錄工人因職受乞法。諸令佐遇有蟲蝗生發雖已差出而不離本界者若緣蟲蝗論罪并在任法○又詔因

穿掘打撲損苗種者除其稅。仍計價官給地主錢數毋過一頃。

大清律例、及戶部則例曰、一凡有蝗蝻之處。文武大小官員。率領多人少則無用公同及時遲則費力而且成患捕捉。務期全淨。不淨則猶不捕其雇募人夫。每名計日酌給銀數分有例見後以為飯食之資。許其報明督撫據實銷算。大價例准開銷果能立時撲滅。督撫具題照例議敘一次紀錄如蔓延為害。必根究蝗蝻起於何地及所到之處。該管地方官玩忽從事者。交部照例治罪。革職拏問交部治罪并將該督撫一併議處。此見大清律例

就輙有誤違定例之處。故將則例備載此卷。以便查照辦理。即委各官。果能於第三卷內得前事之師。則胸中已有定見。而於此卷能再加意講求務合成例。庶得心應手。以廣皇仁而救災黎。則造福匪淺矣。彥今輯治蝗全法。而謹錄治蝗定例於此。亦此意也。

一直省濱臨湖河低窪之處。向有蝗蝻之害者。責成地方官督率鄉民隨時體察。早為防範。一有蝻種萌動。即多撥兵役人夫及時撲捕。或掘地取種。或於水涸草枯之時縱火焚燒此即絕除根種法。是治蝗第一要法。設法消滅。如州縣官不早撲除以致長翅飛騰者。均革職拏問。此見戶部則例

一地方遇有蝗蝻。一面通報各上司。一面徑移鄰封州縣星馳協捕。其通報文內。即將有蝗鄉村鄰近某州縣業經移文協捕之處。逐一聲明。仍將鄰封官到境日期續報上司查核。若鄰封官推委遷延。嚴參議處。亦見戶部則例

一地方遇有蝗蝻不早撲除。以致長翅飛騰貽害苗稼者。該州縣革職拏問交部治罪。府州不行查報革職。司道督撫不行查參降三級調用。若不速催撲捕。道府降三級。布政司降二級。督撫降一級。並留任。所委協捕鄰員不實力協捕貽患者革職。至州縣捕蝗需用兵役民夫並易換收買蝻子費用。准其動公。若所費無多自行捐辦。其已動公項而仍致滋害傷稼者。奏請著賠。此見大清律例。

一換易收買蝗蝻及捕蝗兵役人夫。酌給飯食。俱准動支

公項令同城教職佐雜等官會同地方官給發開報該管上司核實報銷其有所費無多地方官自行給辦實能去害利稼者該督撫據實奏請議敘其已動公項仍致滋害傷稼者奏請着賠直隸省捕蝗人夫分別大口小口每名給錢十文米一升小口每名給錢五文米五合每錢一千每米一石俱作銀一兩長蘆所屬鹽場地方雇夫撲捕壯丁日給米一升幼丁日給米五合又老幼男婦自行捕蝻一斗給米五升○江蘇省捕蝗雇募人夫每名日給倉米一升每處每日所集人夫不得過五百名收買蝗蝻每升給錢二十文挖掘蝻種每升給錢一十文○安徽省捕蝗雇募人夫每夫一名日給米一升每處每日最多者不過五百名挖掘未出土蝻子每斗給銀五錢已出土跳躍成形者每斗給錢二十文長翅飛騰者每斗給錢四十文每草一束價銀五釐每柴一束價銀一分每日每處柴不過一百束草不過二百束。此見戸部則例。

一凡有蝗蝻地方文武員弁有能合力撲捕應時撲滅者該督撫確查具題准其紀錄一次此見處分則例。

一嗣後捕蝗不力之地方官並就現在飛蝗之處予以處分毋庸查究來踪致生推諉此乾隆三十五年五月上諭。亦見律例。

一地方遇有蝗蝻州縣官輕騎減從督率佐雜等官處處親到借民撲捕隨地住宿寺廟不得派民供應州縣報有蝗蝻該上司躬親督捕夫馬不得派自民間如違例滋擾跟役需索藉端科派者該管督撫嚴查從重治罪

此見戸部則例。

一地方官撲捕蝗蝻需用民夫不得委之胥役地保科派擾累倘農民畏向他處撲捕有妨農務句通地甲胥役囑託賣放及貧民希圖捕蝗得價私匿蝻種聽其滋生延害者均按律嚴參治罪此亦見戸部則例。

又州縣不親身力捕而委佐雜貽誤者革職留於該處捕除淨盡再行開復前東平州辦理有案此亦見律例。

一地方督捕蝗蝻凡人夫聚集處所踐傷田禾該地方官查明所損確數核給價值據實報銷此見戸部則例。

捕蝗人夫

昔乾隆二十五年直督方恪敏觀承因通州等處捕蝗之失飭司道議設護田之夫意欲官民兩便旗民一體而竇東皋光鼐謂其立法有斷不可行者四可行而未能行者一乃於乾隆三十五年爲副都御史上捕蝗酌歸簡易疏曰其議三家出夫一名十名設一夫頭百夫立一牌頭每年二月爲始七月底止令各村按日輪流巡査臣謹按册計之大興宛平二縣共應出夫七千五六百名此數千人者果盡力巡査且歷半年之久勢將荒廢本業不知衣食

於何取給今各州縣捕蝗約用人夫二三千不等少者五
六日多者十餘日酌給錢米民人猶以爲艱苦如每縣之
中令數千人枵腹原野積以半歲臣知其必不能矣且田
各有主耕作之餘查察自便令種植之戶而責之他人勞
且無益若海濱河淀濶遠之區而與尋常村莊類設又恐
推諉誤事此其不可一也又其議曰護田夫免其門差牌
頭并免大差臣竊考之旗莊本無地方雜差可免民人又
不能盡免册造護田此夫也輪派雜差亦此夫也免差既
屬空言巡查豈有實力而簿書查造胥吏或因緣爲利此

其不可二也且其議三家出夫一名計百戶之村出夫三
十名五十戶之村出夫十餘名以之巡查則病其多以之
撲捕又病其少若撥一千名必合數十村遠者不能卽至
而本村近處反有餘人例派不及臣每遇飛蝗停落目擊
心怵諭令就近加撥夫始漸集若依三家爲例則可捕之
時人夫無幾比數十里裹糧而至而蝗之遠颺已過半矣
此其不可三也且其議曰民勞病遠撥也又曰官貴慮貴
雇也其名曰護田欲不傷田禾也今依其例出夫則近村
之夫只有此數近者不足用必濟之以遠而民之勞如故

遠者不及待必出於貴雇而官之費依然且遠來當差人
常不肯盡力而爲遠地代捕又不甚惜田禾極力飭禁時
猶不免是以旗民均以爲病不願捕蝗此其不可四也至
其議曰旗民一體設立護田夫查則輪查撥則輪撥誠有
合同井守望之義矣但其法既不可行而所謂護田夫者
空名而已平日既不能輪查臨時又安能均撥且司道原
議曰旗人不統於地方官恐呼應不靈奏明通行庶知凜
遵是旗莊之難齊前司道早議及之矣而前督臣未經具
奏者不能自信故也姑允衆請嘗試之云耳既而知其果

不可行而猶以其名而存之者以護田之說臨時便於派
撥也顧飛蝗停落之時愚民無識率以喊逐爲易撲捕爲
難亦不獨旗佃爲然而民人可以法繩旗佃難於强使况
旗莊主人未嘗與知其議既無由申明約束而地方官向
莊頭取夫每稱借用出不出皆可自由其不畫一無怪也
此臣所謂可行而未能行者也臣以捕蝗察知利病竊以
爲去其法之煩擾而獨取旗民一體捕蝗一節並申明就
近村莊多集人夫著爲
功令則有護田之利而無其害此臣前奏本意也業蒙

聖旨俞允則其未能行者今已行矣而督臣乃舉二十五年之議以爲定例則臣所謂四不可行者誠恐嗣後復舉以爲例而奉行轉滋貽誤臣不揣冒昧謹就二十五年原議酌歸簡易並將查捕所見情形酌爲捕蝗宜事數條附列於後

一捕蝗人夫不必預設名數致滋煩擾但查清保甲册造村莊戸口臨時酌撥應用旗莊則理事同知查造清册交州縣存查

一捕蝗必用本村近地之人方得實用嗣後凡本村及毗連村莊在五里以内者比戸出夫計口多寡不拘名數

止酌留守望傀僱之人而已五里之外每戸酌出夫一名十里之外兩戸酌出夫一名十五里之外仍照舊例三戸出夫一名均調輪替如村莊稠密之地則五里以外皆可少撥如村莊稀少則二十里内外亦可多用若城市閑人無戸名可稽者地方官臨時酌雇添用

一牌頭每縣不過數十名因而增之大村酌設二三四名不等中村酌設一名小村則二三村酌設一名免其雜差俾領率查捕人夫

一各村田野令鄉地牌頭勸率各田戸自行巡查若海濱河淀凋遠之地則令各州縣自行酌設護田夫數名尋司巡查向來有以米易蝗子之例若蝗子一升給米三升則撥刨自力

一凡蝗蝻生發鄉地一面報官牌頭即率本村居人齊集撲捕如本村人不敷用即糾集附近毗連村莊居人協捕如能即時撲滅地方官驗明酌加賞賚如扶同隱匿一經查出即將田戸與牌頭鄉地一併治罪如近村人夫仍不敷用地方官酌撥漸遠村莊輪替協捕如蝨孽散布遠延數村則各村之人在本村撲捕各於附近村

莊撥夫協濟以次及遠仍照例會同營汎兵丁督以委員幹役則捕滅迅速而田禾亦不致損傷

一外村調撥之夫仍照舊例每名日給米一倉升或大錢十五文其奮勇出力者酌加優賞如潤遠之地須調撥遠夫者加給米錢一倍

一捕蝗器具莫善於條拍其制以皮編直條爲之或以麻繩代皮亦可東省人謂之掛打子最爲應手順天各屬向無此物宜飭發式樣使預製於平日以便應用其次則舊鞋底各屬多用之然常不齊全宜預行通飭若仍

有以木棍小枝等物塞責者卽將鄉地牌頭一併究處

一蝻子利用開溝圍逼加土掩埋蝗翅初出未能飛亦可圍捕至長成之後則宜橫排人夫尾隨追捕若乘黎明露濡殲除尤易若在禾稼之地則宜隨壠赶捕不得合圍喊逼致令驚起且易損田禾

一收買飛蝗之法向例皆用之總緣烏合之衆非得錢不肯出力耳其實掇拾收貯給價往返掩埋皆費功夫故用夫多而收效較遲惟施之老幼婦女及挨捕零星之時則善矣若本村近鄰力能護田以精壯之人持應手

之器當蝗勢厚集直前追捕較之收買一人可以當數人之用故用夫少而成功多且蝗爛地面長發苗麥甚於糞壤也

蝗以蜡祛 蜡音乍。年終祭名。禮郊特牲曰。蜡也者索也。歲十二月。合聚萬物而索饗之也。或从示作䄍非。

乾隆十八年癸酉監察御史曹地山秀先請捕蝗先行蜡祭疏曰臣竊觀邇來近畿郡縣蝗災閒發仰蒙我
皇上特遣大臣侍衛勤督地方有司實力撲捕
天語悚切懲賞攸昭毋令滋生貽害田稼似此視民如傷誠求保赤之心固
上天所垂鑒下民所共感者臣嘗讀小雅大田之詩曰去其螟螣及其蟊賊無害我田穉田祖有神秉畀炎火蓋言致禱於神默除害也唐臣姚崇遣使捕蝗引以爲證夜中設火火邊掘坑且焚且瘞宋臣朱熹亦以爲古之遺法如此他若史書所云蝗不入境又或一夕飛沉東海未必概屬附會而禮言蜡祭七曰昆蟲宋儒陳澔注爲螟蝗之屬又知螟蝗有靈亦得與於祭也蓋從來物類雖微各受一命物性雖蠢咸格於誠信及豚魚幽明合契驅虎祭鱷著有明徵

今蝗蝻螞蚱雜然並生蜎蜎蠕蠕不可勝計要亦各分造物之微命慮其害我田稼苦我百姓勢不得不遵古法竭力撲捕然食苗死不食苗亦死此則情法俱窮之時也臣諦思螟蝗得與於祭之義雖當蜡索曷若及時前者夏間少雨官司禱求不閒微應迨我
皇上虔祈甘霖立沛德且足以格
天誠自可以動物敢懇
皇上萬幾之暇
御製祭文一道頒發郡縣遇有蝗蝻之地卽行敬謹膺黄虔具酒

格張幕焚香告祭於神俾蠢茲蝗蝻限以一日二日遯跡於荒曠之野宿莽之圩各逃生命逾期不用命官吏鄉保多倍人數竭力撲滅旣以廣

聖人好生之德旨當切爲民請命之誠臣料田祖有神陰相除殄必不復留遺育以滋擾於青疇綠野中也可否仍於冬令考稽故典舉行蜡祭以合禮經之義恭候

皇上欽定抑臣更有請者舊時州縣捕蝗多係捐辦今奉

恩旨許令動公該州縣更不得藉口無力但一法立卽一弊生州縣官意必報多上司欲其報少駁詰往返愈繁案牘請嗣

後捕蝗時雇募夫役用支錢糧須令同城教職佐雜一面會同給發一面卽簽書名押開報上司查核至奏銷時准爲定據并嚴飭不得假手家人書吏致滋冒混以往年

恩賜絹米煮賑等件尚有冒銷其弊不可不預防也

蝗由政召

明史官陳明卿濬確類書曰趙抃守青州山東旱蝗自青齊及境遇風退飛墮水而死見名臣言行錄馬援爲武陵太守郡連有蝗援振貧薄賦蝗飛入海化爲魚蝦見東觀漢記曾恭爲中牟令蝗不入境宋均爲九江守山陽楚沛多蝗至九江輒四散俱見合璧徐栩爲小黃令時陳留蝗過小黃逝不集刺史行部責栩不治栩棄官蝗卽至刺史謝罪令還寺舍蝗卽皆去見謝承後漢書黃豪爲外黃令鄰縣皆蝗獨外黃無有謝夷吾爲壽張令蝗過壽張界不集許季長爲湖令蝗過縣不入皆見廣州先賢傳鄭宏爲鄒令蝗過不集見會稽典錄楊琳爲茂陵令比縣連蝗獨曲折不入茂陵見益部耆舊傳公沙穆爲魯相有蝗穆露坐界上蝗積疆畔不爲害見先賢行狀魏連爲昌邑令大蝗連熟見師覺授孝子傳又曰王荆公罷相出鎮金陵時飛蝗自北而南江東諸郡百官餞荆公於城外劉貢父後

至追之不及見榻上有一書屏遂書一絕以寄曰青苗助役兩妨農天下嗷嗷怨相公惟有蝗蟲偏感德又隨台斾過江東見合璧後漢戴封爲西華令蝗不入其界惟督郵至則蝗至督郵去則蝗去亦見合璧

歷代蝗時

陳芳生陸曾禹俱云自春秋至勝國也前明蝗災書月者一百十一書二月者二三月者三四月者十九五月者二十六月者三十一七月者二十八月者十二九月者一十二月者三則盛衰亦有時也

錫邑蝗災

考邑志。錫金自前明崇禎丁丑、戊寅、己卯、庚辰、辛巳、五年連蝗。後至我
朝康熙十一年壬子、相距三十年始有蝗。而邑志云、不爲災。則自崇禎十四年辛巳至咸豐六年丙辰中距二百二十一年。蝗始爲災也。至連蝗五年想其時必捕治無人之故

蝻蝗字考

蝻於春秋、及爾雅、曰蝝、曰蝮、曰蚼、皆蝗未有翅之稱也。蝻乃蚼字之誤。蓋因篆體蚼字與南相似。故誤作蝻。是以字典止有蚼字而無蝻字也。蝗於詩、及春秋、爾雅、俱但曰螟、曰螣、曰蟊、曰賊、曰螽。而不曰蝗。其曰蝗者。皆秦漢以後之稱

捕蝗詩記

宋歐陽文忠公修答朱寀捕蝗詩

捕蝗之術世所非。欲究此語興於誰。或云豐凶歲有數。天孽未可人力支。或言蝗多不易捕。驅民入野踐其畦。因之姦吏恣貪擾。戶到頭斂無一遺。蝗災食苗民自苦。吏虐民苗皆被之。吾嗟此語祇知一。不究其本論其皮。驅雖不盡勝養患。昔人固已決不疑。秉蟊投火况舊法。古之去惡猶如斯。既多而捕誠未易。其失安在常由遲。詵詵最說子孫眾。爲腹所孕多蚳蝝。始生朝畝暮已頃。化一爲百無根涯。口含鋒刃疾風雨。毒腸不滿疑常飢。高原下隰不知數。進退整若隨金鼙。嗟茲羽孽物共惡。不知造化其誰尸。大凡萬事悉如此。禍當早絕防其微。蠅頭出土不急捕。羽翼已就功難施。只驚羣飛自天下。不究生子由山陂。官書立法空太峻。吏愚畏罰反自欺。蓋藏十不敢申一。上心雖惻何由知。不如寬法擇良令。告蝗不隱捕以時。今苗因捕雖踐

死。明歲猶免爲蝝菑。吾嘗捕蝗見其事。較以利害曾深思。官錢二十買一斗。示以明信民爭馳。斂微成眾在人力。頃刻露積如京坻。乃知孽蟲雖甚眾。嫉惡苟銳無難爲。往時姚崇用此議。誠哉賢相得所宜。因吟君贈廣其說。爲我持之告採詩。

明宣宗捕蝗示尚書郭敦詩

蝗蝻雖微物。爲患良不細。其生實蕃滋。殄滅端非易。方秋禾黍成。芃芃各生遂。所忻歲將登。奄忽蝗已至。害苗及根節。而况葉與穗。傷哉隴畝植。民命之所係。一旦盡於斯。何

以卒年歲上帝仁下民詎非人所致修省弗敢怠民患可坐視去螟古有詩捕蝗亦有使除患與養患昔人論已備拯民於水火勗哉勿翫愒

郭敦飛蝗詩

飛蝗蔽空日無色野老田中淚垂血牽衣頓足捕不能大葉全空小枝折去年拖欠鬻男女今歲科徵向誰說官曹醉卧聞不聞歎息回頭望京闕

治蝗全法卷三終

奧諺以囤積爲堆塔言囤積貨物如塔之層層堆起也

治蝗全法卷四

金匱顧　彥士美輯

救濟荒歉

丁巳春月銳意絕蝗終日伸紙捉筆撰述治蝗諸法外亦留心荒政欲濟民艱因有勸塔布勸收紗勸借種啓之刻幸諸君子不棄芻蕘已有實效用附於此并錄汪督部志伊荒政綱目以備將來采擇焉

勸塔布啓 咸豐七年試燈節日刊發

年歲大荒貧民乏食鄉下之草根樹皮業已充食殆盡凡仗祖功宗德得以家有餘貲飽食煖衣者目擊此種情形若不急起而力拯之毋乃問心不過然自軍興歲歉以來兵餉有捐賑濟有捐平米平粥又有捐在富家亦已筋力疲憊難乎爲繼安能再另周急從井救人是以再四思維惟有奉勸有力諸

君子各量己力不拘多少收買杜布或糾合同志共開公莊使鄉人布有賣處俟將來得價銷去最爲善策何也我錫金鄉民自耕種田地外惟以織布爲生試思從前棉花

苟熟布價苟昂則彼鄉曲小民毋論男女皆只須在家搖一棉條便不必出外謀生而已不至受餓倘花貴而布賤則年成縱好生計亦難何況今之年既荒布又賤且幾無售主乎然民猶以布爲事昨有人自鄉間來言飢民得賑錢百餘文即以作本買棉花三斤餘彈軋搖織尚有微息可得升合不然則不善他業只可坐以待斃又如咸豐三年賊匪竄擾江鎮錫金震動商旅不通杜布壅滯鄉民大窘惟賴是夏有諸善士糾集衆力開設公莊收换杜布民始安帖後亦得有大利此亦前事之可師而成效之已著

者也諸殷富與其塔米塔麥買田置地但能利己不能利人以及囤煞洋錢銀子金條金器各大耗折徒自煩惱何如皆以塔布共有四善請爲諸公詳言之今日之布已賤至十文一尺矣後有銷路價豈止此是塔布一定獲利一也即目獲利不知期在何日而價賤至此本必不折不同濟人之有去無來是塔布必不損已二也而民已實受其惠不至餓死且不至窮極滋事陷於罪戾是塔布即以救貧又即所以保民亦即所以保富三也救貧保民保富則天必不負其德或賜之以財帛或賜之以科甲或賜之以孝子慈孫爲狀元宰相古曾有之今豈不能再見是塔布即所以造福四也且夫人者仁也人之所以異於禽獸者以其存心也心不仁何以爲人不行仁何以見其心之仁既有此四善願諸公皆即爲之如或另有妙法可以使布流通不至積滯價日增長則百萬生靈尤皆幸甚

道光二十九年錫金大水虹橋巷顧甦叄刻濟荒要略內有集義會說一則言呂社薛氏會集義會許貧民央中立票借以花紗使作布本俟織好賣去後還楚再行借給如無還則不准再借以防其不搖織立法最善亦

是不費之惠願諸公並仿行之

勸收紗啓 咸豐七年清明日刊發

鄉下之布現今已得江溪橋楊氏水渠秦氏北七房華氏於二月底開設花庄放寬收換彼地生民已俱不患布無去處頌聲載道矣而城中之紗則尚積滯未有去處其但會搖紗而不善織布及雖善織布而迫不及待成布即須以紗易錢米者未免向隅仍只可坐以待斃凡我仁者亦當急起而力拯之何不於城中及城外附郭處開設紗庄本錢有限舊庄力已不足難於多收定以半錢半花之法如全要花者聽

周禮大司徒以荒政十二聚萬民一曰散財即貸種之類

收換杜紗（客商不收）使但會摇紗及雖會織布而勢在窘急必須以紗即換者俱有生路則可救飢又可積德且可保本并可獲利（紗已賤至十三四文一兩後有銷路每兩即可有利三四文）願有力者皆即爲之如或能另有法可以倣各盤查局兌完紗布之稅則道路無阻客商皆來價日益長民尤幸甚

勸借稻種穀啓（咸豐七年清明日刊發）

三春欲去五夏將來俗語云立夏無乾穀轉晌四月十二日立夏凡在農家皆必須浸穀矣顧必有穀然後可以浸穀若今之農家則不但去冬之籽粒無收者固無穀可浸即稍有收而勉留稻種者亦已喫完而無穀可浸設再當賣無物借貸無門則只得將田荒棄以及貪圖價賤又求省事但買雜糧之種種植而不種稻者勢必在所俱有如此則今冬之米必少米少則於通縣之民食米價冬租生理均屬大有關礙（凡米多則四民皆好米少則四民皆壞猶之去冬只有一二分米則無不奇難矣）是以余等爲先事豫防未雨綢繆之計奉勸有力諸君子仿照借放債米之例凡貧農無穀可浸者俱每田一畝借與稻種穀五升使可及時浸種則今冬米可不少即於通縣之民食米價冬租生理均屬大有裨益而於自已

亦有利息且於天道必有福報諸公何樂而不爲耶如恐借後不還則不妨令其央中作保三面立據寫明如敢吞欠即將其產另交以償作抵蓋如此恩錢義債而猶忍喪盡天良不即歸楚則其人直是禽獸不妨從重罰懲也惟利只可加一二三至多以加四爲止切勿加五加六類於乘人之急重利盤剝（如放債米亦望如此）則非余等奉勸之本意想諸公以仁存心亦必不出此也

救飢良方（咸豐六年臘月刊送）

一黄豆七斗　脂麻三斗　水淘淨（不可多浸恐去元氣）蒸熟晒乾去殼再蒸再晒如是三次打極爛丸如胡桃大每服一丸可三日不飢（此方所費不多一料可濟千人名許眞君濟世方○此方如欲試驗須餓三四日服始效）

一赤豆一升　黄豆一斗　炒爲末每服新水下一合一日三服（計末三升即可度十日）

一黑豆　貫衆（即管仲）各一斤煮熟去衆晒乾每日空心啖五七粒則食百木枝葉皆有味可飽

一松柏葉同骨碎補（一名猴薑）去皮（忌鐵器）食有味

一扁柏葉燒成白灰每服冷水下三錢可以七日不飢口渴則飲涼水忌茶

一榆皮、檀皮爲末日服數合可以辟穀不飢

一生黄豆同槿樹葉食則不腥每日食二三合卽可度日

一山茶嫩葉焙熟水泡可食

一靑豆或黄豆用水浸胖瀝乾磨細加鹽煮食名小豆腐飯不但耐飢且大有益如不磨則搗爛煮食亦可

一油樹皮不可同糖食

一樹皮必與稻草節同食方不至閉塞而死須知

一久飢之後不可驟飽因久飢則腸必細薄驟飽則腸必

寸斷故久飢之人必須先食極薄之粥湯次食略膩之粥次食乾粥方保無患

汪稼門督部荒政綱目公名志伊字稼門安徽桐城人官至浙閩總督嘉慶十一年撫江蘇値歲歉纂荒政輯要十卷以示僚屬並垂永久法良意美是卷不及備載但錄其綱目一卷以見要領餘詳原書檢查可也

荒政者仁政也自古及今極爲詳備有預備於未荒之前者有急救於猝荒之際者有廣救於大荒之時者有力行於偏荒之地者有補救於已荒之後者全在大小官吏遵

諭旨酌時勢權緩急次第舉行迅速籌辦庶有裨於災黎耳然非提綱挈領則胸無成竹非誤卽濟非遺卽濫欲己之善其事而民之被其澤也難矣故特提荒政之綱目列於卷首

周禮十二荒政

周禮大司徒以荒政十二聚萬民一曰散財貸種食也二曰薄徵輕賦稅也三曰緩刑省刑罰也四曰弛力息徭役也五曰舍禁山澤無禁也六曰去幾去關防之幾察使百貨流通七曰眚禮殺吉禮也八曰殺哀節凶禮也九曰蕃樂謂閉藏樂器而不作十曰多婚多婚配則男女得以相保十一曰索鬼

神求廢祀而修之也十二曰除盜賊安良民也

宋從政郎董煟救荒全法

人主當行六條

一曰恐懼修省二曰減膳撤樂三曰降詔求賢四曰遣使發廩五曰省奏章而從諍諫六曰散積藏以厚黎元

宰執當行八條

一曰以調爕爲己責二曰以飢溺爲己任三曰啓人主敬畏之心四曰慮社稷顚危之漸五曰進寬征固本之言六曰建散財發粟之策七曰擇監司以察守令八曰開言路

以通下情

監司當行十條

一曰察鄰路豐熟上下、以爲告糴之備、二曰視部內災傷大小而行賑救之策、三曰通融有無四曰糾察官吏五曰寬州縣之財賦六曰發常平之滯積七曰毋崇遏糴八曰毋啓抑價九曰毋厭奏請十曰毋拘文法

太守當行十六條

一曰稽考常平以賑糶二曰准備義倉以賑濟三曰視州縣三等之饑而爲之計（小饑則勸分發廩中飢則賑濟賑糶大饑則告奏截漕乞糴貸借內帑爲糴本）四曰視鄰郡三等之熟而爲之備（纔覺旱澇卽發常平錢遣牙吏往豐熟處告糴以備賑濟米豆雜料告可）五曰申明遏糴之禁六曰寬弛抑糴之令七曰計州用之盈虛（存下一歲官吏支俸餘皆以救荒不給則告糴他邦）八曰察縣吏之能否（縣吏不職劾罷則有迎送之費姑委佐貳官以輔之不然對移他邑之賢者）九曰委諸縣各條賑濟之方十曰因民情各施賑濟之術十一曰差官禱祈十二曰存恤流民十三曰早檢放以安人情十四曰預措備以寬州用十五曰因所利以濟民饑（興修水利）（整理城垣之類）十六曰散藥餌以救民疾

牧令當行二十條

一曰方旱則誠心祈禱二曰已旱則一面申州三曰告縣不可遏阻四曰檢旱不可後時五曰申上司乞常平以賑糶六曰申上司發義倉以賑濟七曰勸富室之發廩八曰誘富民之興販九曰防滲漏之奸十曰戢虛文之弊十一曰聽客人之糶糴十二曰任米價之低昂十三曰請提督十四曰擇監視十五曰參考是非十六曰激勸功勞十七曰旌賞孝弟以勵俗（饑年骨肉不能相保有能孝養公姑竭力供養祖父母者當卽行旌奬）十八曰散施藥餌以救民十九曰寬征催二十曰除盜賊

賑邺五術

宋元祐初河東京東淮南災傷監察御史上官均言賑恤有五術一曰施與得實二曰移粟就民三曰隨厚薄施散四曰擇用官吏五曰告諭免納夏秋二稅

救荒八議

明嘉靖八年山西大饑叅政王尙絅上救荒八議一曰懸饑饉乞遣使行部問民疾苦二曰恤暴露乞有司祭瘞消釋厲氣三曰救貧民乞支散庾積秋成補還四曰停徵斂乞截留住徵以俟豐年五曰信告令乞勸分蕆粟六曰推糴買乞令無閉遏七曰謹預備乞申舊例措處積貯勿使

廪庾空虛八曰恤流亡乞所過州縣加意存恤勿使羣聚
思亂

荒政叢言

明僉事林希元疏云救荒有二難曰得人難審戶難有三
便曰極貧民便賑米次貧民便賑錢稍貧民便賑貸有六
急曰垂死貧民急饘粥疾病貧民急醫藥病起貧民急湯
米既死貧民急墓瘞遺棄小兒急收養輕重繫囚急寬恤
有三權曰借官錢以糴糶興工作以助賑貸牛種以通變
有六禁曰禁侵漁禁攘盜禁遏糴禁抑價禁宰牛禁度僧

有三戒曰戒遲緩戒拘文戒遣使

救荒二十六目

明周文襄忱救荒有六先曰先示諭先請蠲先處費先擇
人先編保甲先查貧戶有八宜曰次貧之民宜賑糶極貧
之民宜賑濟遠地之民宜賑銀垂死之民宜賑粥疾病之
人宜救藥罪繫之人宜哀矜既死之人宜募瘞務農之人
宜貸種有四權曰獎尚義之人綏四境之內興聚貧之工
除入粟之罪有五禁曰禁侵欺禁寇盜禁抑價禁溺女禁
宰牛有三戒曰戒後時戒拘文戒忘備其綱有五其目二
十有六

救荒正策

顏會元茂猷曰正策有五一曰開倉賑貸二曰截留上供
米以賑貸三曰自出米及勸糴富民賑貸四曰借庫銀循
環糶糴賑貸五曰興修水利補葺橋道賑貸令饑民傭工
得食而官府富民得集事也

凡遇辦賑稍有未是董其事者輒云救荒無善策此語
最足誤事救荒之無善策即由此語基之天下事苟能
有人何患無善策哉

救卹瘟疫

溧陽宋惠人比部(邦僡)與彥素未謀面。丁巳二月。以彥刊發治蝗諸法。謬承嘉許。屬刻辟瘟良方。言大旱後。恐不免此。宜豫防之。仁人君子之用心也。爰刊其方。幷錄袁一相卹疫四議。金閣存時疫論汪稼門惆疫遺事於左

神效辟瘟方(歲荒人饑。轉晌春末夏初。恐難免此疾。爲故先刊此驗方發送。伏願仁人君子依照第一二兩方。合藥施送。以防瘟疫。功德無量。)

官桂(伍錢去粗皮) 大黃(壹兩貳錢) 蒼朮(壹兩) 菖蒲 白芷(各陸錢)

北辛 吳萸 丁香(各肆錢) 川椒 貫眾 降香 沉香 龍骨 虎骨(各捌錢) 檀香 三柰 雄黃 硃砂 甘松(各壹兩) 上藥十九味。共研爲粗末。以絹作包佩之。能辟瘟疫邪穢之氣。名辟瘟香。

雄黃(壹兩) 丹參 鬼羽箭 眞赤小豆(各貳兩) 上藥四味。共研爲極細末。煉蜜爲丸。如桐子大。每晨空心服五丸。溫水下。能辟疫氣。名辟瘟丸

乳香 蒼朮 細辛 甘草 川芎(各壹錢) 降香 檀香末(各壹兩) 上藥七味。共研細末。傳紅棗肉爲丸。如彈子大。置爐內燒之。可辟疫氣。名辟瘟丹。

凡疫氣傳染。以芥菜子研爲末。用清水調塡臍中。卽以熱物隔衣一層熨之。至汗出卽愈。(凡傳染疫氣。皆因觸邪氣入鼻。散布經絡。初覺頭痛不適。卽須用此方治之。無不立愈。)

又凡入病家。大忌空腹。宜飲雄黃酒一二杯。更以香油調雄黃蒼朮末。塗鼻孔中。出後以紙撚探鼻取嚏。則不傳染。

又以黑豆壹撮。置水缸內。可全家無恙。

又每年四五月間。食水缸內皆宜置貫眾一個。可以不染

疾。

又每日多焚降香。及隨身佩帶。袪疫。

又疫時能忌房事。卽受病亦易解。

袁一相卹疫四議(康熙四年)

查疫疾之作。外不由於六氣之所感。內不由於七情之所傷。實係天災流行。疹癘爲祟。沿鄉傳染。闔門同疾。今奉憲臺有作何賑恤之諭。本司請備陳四議焉。謹案入告之章言災異。不言祥瑞。止於地震旱澇等類。而不及瘟疫。但查會典開載。凡遇災異。具實奏聞。又聞災異。卽奏無論大小

凡水旱災荒皆以有關民瘼而入告也今據紹興府申稱村落之中死亡殆半事關民命衰耗災異非常合應具題候部議恤伏候憲奪者一也再按各處設立醫學原以救民疾病是以醫官選自吏部醫印鑄自禮部醫學建有官署是皆

朝廷重醫道壽民生之意近來有司漫不經心不選明理知書之士使掌醫學以致醫生千百為羣但知餬口全不知書病者至死不知其故一歲之中夭札無數是豈為民父母之道今紹郡疫疾百藥無效豈藥不靈哉無明理用藥之人也似宜申飭有司振興醫學慎選醫士使掌學印庶知醫者衆劑不妄投伏候憲奪者二也再查疫疾之作實有疫鬼為厲是以周禮有十三科以療民疾內有祝由一科以驅鬼而逐疫而後世無傳焉惟是府有郡厲之祭縣有邑厲之祭凡有遭兵刃而橫傷者有死於水火盜賊者有被人取財而逼死者有被人強奪妻妾而死者有遭刑禍而負屈死者有饑餓凍死者此等鬼魂精魄未散依草附木魂杳杳以無歸意懸懸而望祭故令天下有司依時享祀本處城隍主之今雖故事徒存而有司之奉祀不虔

則無主之孤魂不享鬱勃怨憤之氣無所發洩或作祟於田間或數與為疫癘以致民受其殃此於山川社稷諸祀外尤當加意焉者似應申飭紹郡有司修省已愆感格幽神嗣後每歲春清明秋中元冬十月朔日必躬必虔幽明以和災沴不作伏候憲奪者三也再查康熙四年三月初五日欽奉

恩赦第詔使尚未入境其獄中諸犯除十惡不赦者自應監候仍撥醫藥調治其自軍罪以下均應取保候詔到之日釋放至於疫死之衆貧不能棺者或以康熙四年孤貧項下動支給與棺木以卹骸骨伏候憲奪者四也以上四議本司遵奉憲批謬陳管見統候憲臺裁奪若夫延名僧以誦經祈福選羽士以建醮禳災理或有之第於吏治不載本司不敢議也

金閑存誠時疫論

或者曰旱潦之後每有時疫其故何歟怡然子曰旱者氣鬱之所致也潦者氣逆之所致也蓋逆必決決斯潦潦必傷陰鬱必蒸蒸斯旱旱必傷陽陰陽受傷必滯而成毒毒氣潰發人物相感纏而為患疫症乃時行也曰天地無私

無私則無累而陰陽之氣宜其順而達矣其所以鬱而逆者又何故耶曰由人心致之也蓋小人之心無過貪生貪生則貪利而利有所不遂則謀計拙而憂愁潛於腎脈告援窮而惱怒聚於肝經於是乎酬酢往來同胞之和睦潛消呼吸噓噯造化之盤旋相阻始則風雨不時繼則溫寒犯令而陰氣閉於外陽乃用逆陽氣伏於中陰乃用燮此其勢此其理也然則調燮者其先調天下之財乎財不調則貧富不均民生不遂而民氣不伸陰陽其必不和也安所謂燮乎夫是以聖人首重通財而最忌壅財也賑恤罰

贖之典所以行也

此論所言深切著明頗洞見天人合一之理第小人安飽是謀未易與講陰陽之調攝或士君子居四民之首能知此意而調攝有方因以爲衆人表率耳彥因括其意而爲淺近之說曰輕財重義寡欲清心何思何慮諸病不侵

汪稼門督部憫疫遺事 此見荒政輯要

漢建武十四年會稽大疫死者萬數邑令鍾離意獨身自隱親經給醫藥 隱親謂親自隱恤之經給謂經營濟給之 所部多蒙全活

隋辛公義爲岷州刺史岷俗一人病疫闔戶避之病者多死公義欲變其俗命凡有疾者悉輿至廳中親身爲之拊摩病者愈召其家諭之曰設若相染吾殆矣諸病者子孫皆感泣而去敝風遂革合境呼爲慈母

明王文成守仁曰災疫大行無知之民惑於漸染之說至有骨肉不相顧療者湯藥饘粥不繼多饑死乃歸咎於疫夫鄉鄰之道宜出入相友守望相助疾病相扶持乃今至骨肉不相顧縣中父老豈無一二敦行孝義爲子弟倡率者乎夫民陷於罪猶且三宥致刑今吾無辜之民至於闔

門相枕藉以死爲民父母何忍坐視言之痛心中夜憂惶思所以救療之道惟在諸父老勸告子弟興行孝弟各念爾骨肉毋忍背棄灑掃爾室具爾湯藥時爾饘粥貧弗能者官給之雖已遣醫生老人分行鄉井恐亦虛文無實父老凡可佐令之不逮者悉以見告有能興行孝義者縣令當親拜其廬凡此災疫實由令之不職乖愛養之道上干天和以至於此縣令亦方有疾未能躬問疾苦父老其爲我慰勞存恤諭之以此意

宋熙寧八年吳越大饑趙抃知越州多方救濟及春人多

病疫乃作坊以處疾病之人募誠實僧人分散各坊早晚視其醫藥飲食無令失時以故人多得活凡死者又給工銀使隨處收埋不得暴露

明嘉靖時僉事林希元疏云時際凶荒民多疫癘極貧之民一食尚艱求醫問藥於何取給往時江北賑濟亦發銀買藥以濟貧民然督察無方徒資冒破臣欲令郡縣博選名醫多領藥物隨鄉開局臨症裁方多出榜文播告遠近但有饑民疾病並聽就廠領票赴局支藥有死者給銀四分令人埋葬生死沾恩矣

張清恪伯行曰骸骨不可不急爲掩埋也昔文王澤及枯骨況現經饑餓而死者乎每見有拋棄骸骨日色暴露甚爲可慘宜嚴飭城關各鄉約地保人等凡街市道路田間有拋棄骸骨俱令掩埋以順生氣蓋災祲之後每有疫疾皆因饑死人多癘氣薰蒸所致也一經掩埋不惟死者得安而生者亦免災沴之祲矣

伐除蛟患

錫金不恒有蛟而亦未嘗無蛟迹陳文恭治蛟法於左以備攻治

陳文恭公伐蛟說 公名宏謀字汝咨號榕門廣西臨桂人雍正癸卯進士官至東閣大學士諡文恭此在江西巡撫時作也

月令季夏之月命漁師伐蛟伐者何除民害也先王之愛民也至而衛民也周凡妖鳥猛獸之屬無不設官以治之蛟之爲害尤酷故聲其罪而致其討又著之爲令以詔後世也往在江南蛟患時聞廣原深谷之間大率數載一發

其最甚者宣城石峽山一日發二十餘處六安州平地水高數丈江西纓山帶湖本蛟龍所窟宅旌陽遺跡其來尚矣近世出蛟之事在元一見於新建在明一見於寧州再見於瑞州三見於廬山四見於五老峯五見於太平宮

朝一見於永寧皆紀在祥異志彰彰可考余來撫之次年適興國等處蛟水大發漂沒田禾蕩析廬舍藎焉心傷思所以案驗而剪除之未得其要領也書院主講粲先生博物君子出一編示予言蛟之情狀與所以戢之之法甚詳且核有土氣之可辨有光氣之可矚有聲音之可聽其鎮

之也有具其驅之也有方循是則蛟雖暴不難剪除矣云晉太元中司馬軌之善射雉將媒下翳此媒屢雊野敵遙應試覓所應者頭翅已成雉半身後故是蛇又武庫中忽有雉人咸怪之司空張華曰必蛇妖所作撥括之果得蛇蛻由是觀之蛇雉之變常易位其交而生蛟何疑也哉易離爲雉南方火猛烈故雉性精剛而猋悍爾雅以爲絕有力奮者蛟起之暴正胎其氣也禽經云雉交不再化書云雉不再合儀禮注謂雉交有時彼亦各有取爾矣至詩刺衛宣之淫亂則曰有鷕雉鳴謂雌雉也又曰雉鳴求其

牡者豈非求非其類而與之交與詩人之言雉蛇之明驗也蓋物感變化有未可以常理推者大約雄鳴上風雌鳴下風時運而物化恐陰陽之偏氣所孕結其爲跡也怪其爲害也亦太古聖王知其然故於季夏有命漁師伐蛟之令季夏正蛟出之候先時伐之著在月令補救之要務也鄭氏謂蛟言伐者以其有兵衛而伐之方法箋疏無聞焉歷來郡邑歲以水災告者蛟害常過半賢長吏亦無如何申請賑恤而已蓋山叟撫掌稱快且爲之印證其說曰月令季夏夏正之六月也今言蛟之出在夏秋間其可信一也志稱宏治十七年廬山鳴經三日雷電大雨蛟四出今言蛟漸起地聲響漸大候雷雨即出知向所謂山鳴乃蛟鳴也其可信二也許旌陽之鎮蛟以鐵柱今言蛟畏鐵其可信三也兵法潛師曰侵聲罪曰伐今震之以金鼓燭之以火光如雷如霆儼若六師之致討與伐之義正相合其可信四也夫以蛟之不難制若此而數千百年以來罕有言之者蓋田夫野老知而不能言文人學士鄙其事而以爲不足言司牧之官又鞅掌於簿書而不暇致詳也一旦橫流猝發載胥及溺然後開倉廩以賑卹之則已晚矣天

下狃於故常而忽於遠慮貽害可勝道哉予故亟錄其說廣爲刊布且懸示賞格有掘得者給銀十兩使僻遠鄉村之地轉相傳說人人屬耳目注精神先時而偵候臨事而周防庶幾大害可除此邦之人永蒙其福而他省之有蛟患者皆可踵而行之恐閱者不盡曉茲撮舉其徵驗攻治之法別錄於左以便觀覽焉

一徵驗之法蛟似蛇而四足細頸頸有白纓本龍屬也其孕而成形率在陵谷間乃雉與蛇當春而交精淪於地聞雷聲則入地成卵漸次下達於泉積數十年氣候已足卵

大如輪其地冬雪不存夏苗不長鳥雀不集土色赤有氣朝黄而暮黑星夜視之黑氣上沖於霄卵既成形聞雷聲自泉間漸起而上其地之色與氣亦漸顯而明未起三月前遠聞似秋蟬鳴悶在手中或如醉人聲此時蛟能動不能飛可以掘得及漸起離地面三尺許聲響漸大不過數日候雷雨即出

一攻治之法蛟之出多在夏末秋初善識者先於冬雪時視其地圍圓不存雪又素無草木復於未起二三月春夏之交觀地之色與氣掘至三五尺其卵即得大如二斛甕

預以不潔之物或鐵與犬血鎮之多備利刃剖之其害遂絕又蛟畏金鼓及火山中久雨夜立高竿掛一燈可以辟蛟夏月田間作金鼓聲以督農則蛟不起即起而作波但疊鼓鳴鉦多發火光以拒之水勢必退以上諸說皆得之經歷之故老鑿鑿有據者也

祈禱晴雨

祈禱晴雨有司恒有之事也然不得其法則不靈而水旱至矣茲集前人良法如左以備心乎民者采取焉

王槩雩說

客有問於王子曰方今旱魃爲虐自春徂夏不雨六十日矣田禾蒔者未及其半大率取諸陂塘灌輸而已膏澤將竭何以繼之即制府暨郡邑大夫軫念斯民禁屠沽息訟獄建醮壇召方士齋心祈請亦復旬日而亢陽愈驕農禾

交瘁將何法以處此乎王子曰古之憂旱恤災莫如雲漢一詩其詩八章呼號迫切別無他語惟有祈禱顧今之祈禱非古之祈禱也左傳曰龍見而雩龍者東方角宿孟夏初旬昏中始見即有雩祭是雩不待旱而歲有常祭矣秦漢以後雩始廢大旱乃一舉行然猶天子降服親詣南郊以七事自責七日乃祈岳瀆及諸山川之神能興雨者又七日祈社稷及古百辟卿士有益於人者又七日祈宗廟及古帝王有神祠者又七日祀五天帝及五人帝各依其方詩云不殄禋祀自郊徂宮上下奠瘞靡神不宗郊即天

地宫卽宗廟自天而上自地而上無不盡其奠瘞之禮也又七日不雨乃偏祈社稷山林川澤之神聚於一處命舞童六十四人皆衣元衣爲八列各執羽翿而舞每歌雲漢一章七日復如其初郡縣有司雩祭亦然但舞用六而不用八耳今人不知雩禮率聽一二黄冠妄挾符呪驅使鬼神彼黄冠者有何神術而能格昊天召風雨乎必賢有司齋戒沐浴極其虔誠復行古禮敬恭明神俾無侮怒或者天心可格而甘霖可望也客曰雩祭廢已久且歷代祭法不同今將何以折衷乎曰古者四時皆有雩祭春設壇於

東方植青旗以甲乙日爲大小蒼龍用木數夏設壇於南方植朱旗以丙丁日爲大小赤龍用火數季夏設壇於中央植黄旗以戊己日爲大小黄龍用土數秋設壇於西方植白旗以庚辛日爲大小白龍用金數冬設壇於北方植黑旗以壬癸日爲大小黑龍用水數梁武帝以爲雨旣屬陰而求之陽方不已悖乎東方爲萬物養生之始則雩壇當在東方唐太宗以爲冬旱無傷於農何以雩爲且雨屬水水能克火則雩壇當在北方此論尤確今果行雩祭宜擇水日建四通之壇於郡邑北門外高廣六尺上植黑旗

六其神玄冥祭以六黑狗酒脯佐之又以壬癸日取北方潔淨之土爲大黑龍一長六丈居中小龍五各長三尺於其外皆北嚮中間相去六尺道士六人童子三十六人皆齋三日衣黑衣手執皁旗而舞道士教童子以雲漢之詩其聲吁吁作呼號狀蓋雩之爲義卽嗟吁祈雨之謂也有司則率其寮屬及鄉先生諸生拜跪壇下七日不雨則索取境内祠廟大小遠近諸神聚於一壇而虔祀之詩所謂靡神不舉靡愛斯牲周禮所謂國有凶荒則索鬼神而祭之也雨則報以牲牢不雨則神不得返其舍山林川澤羣

公先正庶有以助我耳雖然此猶祈雨之文而非祈雨之實也古成湯禱雨桑林翦其爪髮自爲犧牲而祝曰政不節與使民疾與宮室崇與女謁盛與苞苴行與讒夫興與何不雨至斯極也後世人君以七事自責一曰理冤獄二曰輕徭賦三曰恤鰥寡四曰進賢良五曰黜奸邪六曰會合男女使無怨曠七曰減膳撤樂勞其身以爲民故東海殺孝婦大旱三年于公至一祭其墓而雨此理冤獄之驗也桑宏羊興酤榷鹽鐵之利而天下旱卜式曰宏羊爲天子大臣至與小人爭利烹宏羊天乃雨此輕徭賦之驗也

周暢爲河陽尹時久旱暢因收葬城外客死骸骼萬餘人而澍雨立降此恤鰥寡之驗也光武時汝南大旱太守鮑昱躬自往問高獲獲白以急罷三部督郵昱從之果得大雨此進賢良之驗也後漢和帝時旱幸洛陽寺錄囚知其冤滯因收洛陽令抵司隸罪左降河南尹未及還宮而大雨此黜姦邪之驗也董仲舒在江都苦旱閉吏家在百里外者行書告縣遣妻視夫而雨此會合男女之驗也東晳戴封諒輔之徒皆以守令祈雨暴身於廷至欲舉火自焚而大雨立降此勞身爲民之驗也今牧民者撫躬自察於

此七事者何有何無天人冥默之間豈無有感而遂通者乎則雩祭爲祈雨之文而七事爲祈雨之實矣客曰審如君言經史可據請錄其語以獻於郡邑賢大夫爲祈雨之助

擾龍致雨法

嘉慶十一年丙寅前蘇撫皖江汪中丞志伊纂荒政輯要內載宋淯熙時大旱知縣李伯時以擾龍事告太守以長繩繫虎骨縋於龍潭中遂得雨取之稍遲雷電隨至急令人取出乃止

又載南州久旱里人以長繩繫虎骨投有龍處入水即用數人牽掣之使不定俄頃雲起雨降蓋龍虎敵也雖枯骨猶能激效如此

徐文弼祈晴雨法　載吏治懸鏡

余嘗考漢史紀傳諸書知董相傳箕子洪範五行之學嘗時言災祥休咎預驗不爽惜其書泯滅無傳世無得而知者惟春秋繁露一書八十二章畜於好古之家多有遺缺予假而觀焉得七十四章求雨法第七十五章止雨法歲戊午關中秋旱制臺查公撫臺張公取其法禱於西郊雨

立沛越今夏復旱如其法行之雨亦立沛蓋禱而應者再矣余取其書暨武林宋氏直解刊佈所屬而弁其首且夫雩祭諸典載於春秋詳於周官古先聖人豈將以是勤民之事而聽於杳冥不可知之數哉亦誠有深識天人之理而特假是以將之是以重其事隆其制具其儀凡以通上下之交云爾易曰雲行雨施禮曰天降時雨山川出雲蓋下降上濟神功亦於是乎在亢陽違和雨澤愆期下上之交夫必有阻隔之者惟人體誠敬之性足以通之天人響應亦其理故然也江都董氏爲漢醇儒擅天人之學素矣

是書特其餘耳予茁心民事每患謭薄無以扶植且自大江以南水旱之災十有八九世之俗吏每以禱雨之禮付之僧道設壇遣將呼召風雷無一驗者彼且甘心以爲當然民死而莫之救是何心哉拊循之暇檢閱節解悉以淺近之言注於各條之下以便觀覽非惟官司可行而里社亦可行然祈天在修己德凡我僚友諸里社民庶其各存心守正毋拂天理毋紊天常則久旱而禱雨久雨而禱晴據董相之法必有應者多矣

韓夢周祈雨文

嗚呼入夏以來雨澤告愆夢周再禱於城隍之神以誠之不至而神不我德萬姓恫懼祈祝皇皇靡神不舉夢周身爲長吏惟民是司其憂其樂長吏以之其死其生長吏視之夙夜徬徨莫識所爲伏惟尊神忠義冠今古英靈鎮寰區自我

大清受命隆禮寵嘉其必將圖厥報伏念一區之民皆

皇上赤子一命之士皆爲

天子牧民況於尊神覆庇蒼黎靡有涯量夢周不揣猥陋且願爲民請命敢以十事誓於神惟神罰其吏而哀其民夢周死且不朽其一有若貪黷貨利朘民之生願罰算十年其一有若殘忍酷刑以戕民願罰算十年其一有若受請託枉是非願罰算五年其一有若驕逸弗念民戚曠厥官事願罰算五年其一有若法弗及惡以莠賊良良者弗式願罰算三年其一有若置民依農桑弗興願罰算三年其一有若學校不舉教士不以誠願罰算三年其一有若諂上以利與色思固寵位願罰算三年其一有若厥綱寡漠不在抱爲心之喪願罰算三年其一有若縱吏胥假官之威用毒虐於小民願罰算三年凡茲十事長吏有一於身實爲

惡德愆伏之由惟神殛之累事而加奪其算數用赴告於

皇天后土其疾既去其民將蘇及時大霈霖澤俾萬彙昭回民生康賴則神之恩德世世荅貺其無斁尚饗

眞文忠公禱雨書事（公名德秀字西山福建浦城縣人宋代大儒崇祀聖廟）

禱祈未效不可怠怠則不誠矣既效不可矜矜則不誠矣不效不可慍慍則不誠尤甚未效但當省己之未至曰此吾之誠淺也德薄也既效則感且懼曰我何以得此也不效則省己當彌甚曰吾奉職無狀神將罪我矣蓋天之水旱猶父母之譴責也人子見其親聲色異常戒懼畏惕當

何如耶幸而得雨則喜而不敢忘敬而不敢弛惴惴焉恐親之復我怒也故曰仁人之事親如事天事天如事親一日禱雨於仙遊山書此自警且以告親友之同致禱者

王文成公答佟太守請（公名守仁字伯安號陽明浙江餘姚人明宏治進士官至四川總制封新建伯謚文成崇祀聖廟）

古者歲旱則爲之主者減膳撤樂省獄薄賦修祀典問疾苦引咎賑乏爲民遍請於山川社稷故有叩天求雨之祭有省咎自責之文有歸誠請改之禱蓋史記所載湯以六事自責禮謂大雩帝用盛樂春秋書秋九月大雩皆此類也未聞有所謂書符呪水也後世方術之士或時有之然彼皆有高潔不朽之操特立堅忍之心雖所爲不盡合於中道亦有異於尋常是以或能致此然皆不見經傳君子猶以爲附會之談又况如今方士之流曾不少殊於市井囂頑而欲望之以爲揮斥雷電呼吸風雨之事豈不難哉僕謂執事且宜出齋廳事罷不急之務開省過之門洗簡冤滯禁抑奢繁淬誠滌慮痛自悔責爲民請於山川社稷彼方士之祈請者聽從民便但不專倚以爲重輕天道雖遠至誠而不動者未之有也

陳文恭宏謀曰時當亢陽惟有祇率儀章肅壇虔禱仰籲於天爲民請命董子春秋繁露載置龍求雨之法有應有不應遂有專任術士書符咒水事屬不經官無措手民心益恐眞王二公之說揆之義理總歸誠敬可以並行不悖至於雨多祈晴則有伐鼓用牲禜祭城門之典禮是在竭誠致敬耳

李蕃旱魃辨（山東黃縣民遇旱則以里中新喪爲魃刼而誅之惡俗也李作此辨曉之此風遂熄其所以取信於民者素也）

嗟爾民旱甚矣非魃不至此我急欲誅之以紓爾憂然以新喪當之則不可詩曰旱魃爲虐經無明注及考他書兆天下之旱者二旱一國者亦二而兆一邑之旱者四新喪不與焉其狀如狐而有翼音如鴻而名獙獙者姑逢山中有之石膏水中似鱣而一目音如鷗者女巫山中有之見則天下旱者也其旱一國者若南方之似人而目生頂上行如飛者一首兩身似蛇而名肥遺生於渾夕山者是也其狀如鴞而赤足直喙音如鵠而黃文白首人面龍身者在鍾山之東也有鳥焉似鴞而人面蜼身而犬尾在崦嵫山也西望幽都有音如牛是錞於毋逢山之大蛇也有如

蛇而四翼其音如磬是鮮山之下鮮水之鳴蛇也如是者旱一邑此皆出神異經及東西南北中諸山經非予之臆說也爾民往察之有一於此任爾率比閭族黨往誅之無赦其或仍謂新喪爲魃者是亂民也惡風也予將執國法以誅之亦無赦

禜獄致雨法 此見荒政輯要

漢昭帝時東海大旱三年人民離散莫知所從會新太守下車于公謂守曰非申孝婦之冤不可守詢之公曰郯城昔有竇氏少寡事姑極孝姑念孝婦侍奉勤苦欲其嫁婦不允姑遂自經蓋以已在妨其嫁也姑之女竟以殺母告太守按治婦乃誣服某曾力爭而勿聽咎非在是而何新守齋戒沐浴徒步往祭孝婦於塚視方畢而大雨如注至今有孝婦廟在

唐開元中楡林衛久旱非常顏眞卿爲御史行部至五原時有冤獄久不決眞卿至立辨其冤雨卽沛然而至郡人遂呼爲御史雨

明單縣有田作者其婦餉之食畢卽死其翁曰此必婦之故矣陳於官不勝箠楚遂誣服自是天久不雨許襄毅公時官山東曰獄其有冤乎乃親歷各境出獄囚遍審之至餉婦乃曰夫婦相守人之至願鴆毒殺人計之至密焉有自餉於田而鴆之者哉遂詢其所饋飲食所經道路婦曰魚湯米飯度自荆林無他異也公問時適當其夫死之際置魚作飯仍由舊路而行試狗彘無不立死者遂出其罪卽日大雨如注荆花入魚飯食之必死今已載入洗冤錄

掩骴致雨法 此亦見荒政輯要

漢周暢爲河南尹永初二年夏旱久禱無雨暢因收葬雒城傍客死骸凡萬餘應時雨歲乃稔

治蝗全法卷四終

吏科給事中伍給諫輔祥奏陳治蝗諸法疏
奏爲敬陳治蝗諸法恭請
欽定頒行直隸山東河南被蝗各省俱盡人事以弭天災
仰祈
聖鑒事竊本年飛蝗爲災
聖心焦勞晴咨周至迭奉
上諭飭令確查妥爲撫卹仰見我
皇上痌瘝民瘼之至意臣竊以爲災異者天補救者人本
年飛蝗所過之處遺種必多種遺在秋來年必出使

非事後翦除早爲籌畫則明年又復飛蝗四布貽害
非輕臣謹輯前人成法撮其大要並參以時勢臚列
數條以備
皇上採擇施行

一捕蝗不如除蝻除蝻不如滅種也蝗所自起不外化生卵生兩端化生者每在大澤之旁蘆葦之間澤水涸時蝦魚子之附於草者不能得水而得夏秋鬱熱之氣遂變爲蝗蝻此宜於水涸草枯之時縱火燒草使蝦魚子之在草者盡成灰燼以絕萌芽其卵生者每在黑土高亢及蝗集處尾入土中生下種子深不及寸外仍留孔形如蜂窠冬農歲晚務閒正可從容搜索允宜募民掘取遺種送官給米每種一升給以白米一升一升之種出爲蝗蝻不止十倍最爲費少而功多且彼小民既可除害又可餬口誰不踴躍樂從

一蝻初生尚不跳躍時其在蘆渚間者法宜植竹爲柵四周之薙其蘆以綆枷更番擊之可盡至能跳躍時則當分地爲隊隊用夫五十人在蘆渚旁之

三面以夫守之而於前掘一溝長三四丈上闊一尺七寸下闊二尺五寸深一尺溝底每距三尺餘即掘一坎然後伐其蘆自後直至溝邊於是呼三面守者合力皆驅之並鳴金以驚之蝻躍至溝即墜即以土掩之其蘆渚之寬廣者法應於中間掘一溝爲濠先驅一面盡而後再驅一面皆逼入溝而瘞之其驅也宜徐若急則旁出溝所勿容立人立人則蝻見奔回至蝻出十六七日生半翅時則其行如流水法應以竹柵堵兩旁而於中埋缸向

其來路蝻行自入缸中以袋收之曝乾可代蝦米或和菜煮食或以飼鴨飼豕皆易肥壯

一蝻翅成而飛撲滅難乎爲力矣然每日皆有三時可以捕捉黎明蝗沾露不能飛日午蝗交不能飛日暮蝗聚不能飛此三時皆可齊集村夫由東而西或由西而東迴環撲捕緩步徐行既可逐細捉除亦可不至踏傷禾稼

一定例州縣報有蝗蝻則該管上司即親赴督捕法本至善第恐供應夫馬一切皆取諸民則民困於

蝗又困於官利民而轉以病民矣應請

飭下該省督撫嚴諭該管上司並州縣下鄉督捕均須輕騎減從自備夫馬毋許書吏需索並刊刻治蝗成法曉諭村民使知按法撲滅如能有認眞督捕蝗不爲災者准其保

奏若有奉行故事督捕不力者立予叅劾如此則賞罰明而事有實際

一行蜡祭之禮以祈田祖也詩曰去其螟螣及其蟊賊無害我田穉田祖有神秉畀炎火蓋言致禱於

神以除蝗害也應請

飭下該管官於冬令舉行蜡祭虔誠致禱以祈神佑

一行瘞骨祭厲之舉以安冤魂也禮曰大兵之後必有凶年旱蝗諸災未必不由兵氣所積軍興以來兵民死者不下億萬即如直隸山東山西河南四省雖逆氛盡淨而當日賊所經過地方白骨蔽隴赤血膏原撤兵之後居民近水者掃擲洪流或棄諸荒墟鴉啄犬銜天陰鬼哭行路酸心未聞有收而瘞之者其中就戮鯨鯢固無足惜若被戕之兵

勇遭難之士女則任其殘骨暴露而莫與收埋能不上干天地之和而召乖戾之氣應請

飭下該督撫嚴飭有司親往檢勘概行收瘞表以大冢舉行祭厲之禮以平厲氣又都中菜市口素爲刑人之地自前歲以來梟示奸細以及諸兇首級不下百餘該處地狹人稠懸首纍纍腥穢塞路沴氣所積亦易釀爲旱疫諸災應請

飭下刑部凡梟示首級在半月或十日後俱飭地面官於郊外掘坑掩埋俾小民得遠惡厲而迓祥和

一整飭吏治以禳天災也昔漢臣宋均爲九江太守山陽楚浦多蝗至九江界輒東西散去馬稜爲廣陵太守蝗入江海化爲魚蝦趙熹爲平原太守青州大蝗至平原界輒死魯恭爲中牟令飛蝗避境卓茂爲密令蝗獨不入其境皆善政之所致也夫舉錯公平者督撫之責勤卹民隱者道府州縣之責今當此民力艱難之際總應以加意撫綏爲第一要義應請

飭下該督撫秉公舉劾破除情面庶吏治能蒸蒸日上即

足以禳天災而召天和

以上七條臣爲蝗災補救起見是否有當伏乞

皇上聖鑒謹

奏

咸豐六年八月二十九日奉

上諭前因直隸各州縣飛蝗爲災並河南山東各省次第

奏報迭次諭令該府尹督撫嚴飭各屬認眞撲捕刨挖遺孽以除民害並查明成災輕重核辦鐲緩撫恤事宜茲據給事中伍輔祥條奏治蝗諸法先時搜掘蝻子或臨時給價收買該管上司親往督捕務須輕騎減從不得因查災轉致擾民所奏不爲無見著各直省大吏飭令被蝗州縣實力奉行其請行祭蜡之禮以銷蝗害亦屬古制並著地方官勸率鄉民於歲暮舉行至被兵處所骸骨暴露厲氣所感亦足以致災祲著地方官隨時收瘞所有京師梟示兇犯首級歷時較久者即著步軍統領五城御史飭坊掩埋以消沴戾而迓祥和欽此

江蘇撫臺趙大中丞通飭各屬捕蝻檄 咸豐七年四月廿二日自常州府城行臺發廿三日到無錫金匱

爲專札通飭事照得蘇松等屬上年秋閒飛蝗過境停落雖據隨時撲滅深慮遺留蝗子春融變化爲麥禾之害經本部院迭飭各屬會督紳董諭令農佃實力搜挖官爲收買焚燬以期根株淨絕不啻三令五申本月初閒本部院移節常郡沿路採訪始知蝗留萌孽並未搜淨已有逐漸長成蝻動山阿田埂者可見各屬之設局收買刊刻條議盡係虛應故事掩人耳目言及念及此實堪髮指現交初夏二麥將次登場即須播種秋禾小民一年生計

國家鉅萬條漕咸出於斯若不亟早捕滅盡淨其害伊於胡底合再特札飭遵札到該縣立卽遵照遴委幹員會督地保農佃按畝按區逐細搜覓悉行捕燬務須一律淨盡俾夏麥秋禾均可無虞如敢再事玩延將來致有蟲傷禾麥者一經訪聞立卽照例嚴叅決不寬貸仍先將遵辦緣由具覆毋稍諱飾

咸豐丙辰丁巳間　先大父輯治蝗全法時森書方成童日侍鉛槧竊窺憂世之隱與皇皇然救災之誠謹誌於心歷三十餘年如昨日也庚申之歲粤逆下竄　先大父以族祖兼塘公方主行團練助防禦未可遷徙惑衆志而所董同仁堂事又爲貧寡生計所繫守之不去倉卒城陷遂嬰賊傷猶白雪齋一椽庋是板於中者同歸灰燼可勝痛哉　先父於離亂中搜得遺册志重刊行顧以戎馬倥偬繼又宦海浮沈未及遂而棄養森書兄弟自失所怙相率負米以奉偏親不克繩祖之武繼父之志且懼弆藏舊册久而散佚厥戻不滋重與比年浪迹皖江在

大中丞陳公幕下呈覽是册錫以弁言爰付手民重鋟之並在里舍重營猶白雪齋歸板其閒冀延先澤倘蒙

盛德君子廣以所未盡則又吾祖父九京之靈仰而望之者矣光緒戊子季夏之月孫森書謹識於皖城客次玉書典書銘書同校字

皖城聚文堂刻字

捕蝗考

（清）陳芳生　撰

《捕蝗考》，（清）陳芳生撰。陳芳生，字漱六，浙江仁和（今杭州市）人。書成於清康熙二十三年（一六八四）以前，是中國保存下來的最早一部捕蝗專書，《四庫全書總目提要》説它『條分縷析，頗爲詳備，雖卷佚寥寥，然頗俾於實用』。

全書包括『備蝗事宜』和『前代捕蝗法』兩部分。第一部分共有十條，前三條録自徐光啓的《除蝗疏》，後七條取自董煟《救荒活民書》中的『捕蝗法』，並附上謝繹『論蝗』一節；後部分列述宋、元、明三代捕蝗史實以及徐光啓《除蝗疏》的部分内容，最後附以陳龍正所説『蝗可和野菜煮食』以及陳芳生『自識』各一條。

該書流傳很廣，除輯入康熙二十三年《先憂集》『捕蝗第十七』外，還有《昭代叢書》《借月山房彙抄》《瓶花書屋叢書》《學海類編》《藝海珠塵》《稼圃搜奇》《宜稼堂叢書》《長恩書室叢書》本等，此外還有一些單行本和手抄本行世。今據南京圖書館藏《藝海珠塵》本影印。

（惠富平）

藝海珠塵卷一　史部政書類

南滙吳省蘭泉之輯
錢塘趙炘景安校

捕蝗考

陳芳生篹 芳生字漱六國朝浙江仁和人仕履俟考

備蝗事宜

一王禎農書言蝗不食芋桑與水中菱芡或言不食菉豆豌豆豇豆大麻檾麻芝麻薯蕷吳遵路知蝗不食豆苗且慮其遺種爲患廣收豌豆教民種植次年三四月民大獲其利

一飛蝗見樹木成行或旌旗森列每翔而不下農家多用長竿挂紅白衣裙羣逐之亦不下也又畏金聲砲聲聞之遠舉鳥銃入鐵砂或稻米擊其前行前行驚奮後者隨之去矣

一用稈草灰石灰等分細末篩羅禾稻之上蝗即不食

一蝗最難死初生如蟻之時用竹作搭非惟擊之不死且易損壞宜用舊皮鞋底或草鞋舊鞋之類蹲地掴搭應手而斃且狹小不傷損苗穜一張牛皮可裁數十枚散與甲頭復收之

一蝗在麥田禾稼深草中者每日侵晨盡聚草梢食露

體重不能飛躍宜用筲箕栲栳之屬左右抄掠傾入布袋蒸焙泡煑隨便或掘坑焚火傾入其中若只瘞埋隔宿多能穴地而出

一蝗有在光地者宜掘坑於前長闊爲佳兩傍用板及門扇接連八字擺列集衆發喊推門埠逐入坑又於對坑用掃帚十數把見其跳躍而上者盡行掃入覆以乾草發火焚之然其下終是不死須以土壓之過宿方死

一燒蝗法掘一坑深廣約五尺長倍之下用乾茅草發火正炎將袋中蝗傾入坑中一經火氣無能跳躍詩

云秉畀炎火是也

一捕蝗不可差官下鄉一行人從蠶食里正里正又只取之民戶未見捕蝗之利先被捕蝗之擾謝絳論救蝗曰竊見比日蝗蟲亘野坌入郛郭而使者數出府縣監捕驅逐蹂踐田舍民不聊生謹按春秋書螟爲哀公賦斂之虐又漢儒推蝗爲兵象臣願令公卿以下舉州府守臣而使自辟屬縣令長務求方略不限資格然後寬以約束許便宜從事期年條上理狀參考不誣奏之朝廷旌賞錄用以示激勸

一附郭鄉村即印刷捕蝗法作手榜告示每米一升換

蝗一斗不問婦人小兒攜到即時交支如此則回環數十里內者可盡

一嚴督保甲使知不可不捕然其要法只在不惜常平義倉穀米博換蝗蟲雖不驅之使捕而四遠自輻輳矣倘或尅減邀勒則捕者氣阻

前代捕蝗法

宋熙寧八年詔有蝗蝻處委縣令佐躬親打撲如地里廣闊分差通判職官監司提舉仍募人得蝻五升或蝗一斗給細穀一斗蝗種一升給粗穀二升給價錢者作中等實值仍委官燒瘞監司差官覆按以聞朱熹紹興

捕蝗募民得大者一斗給錢一百文小者每升給錢五百文

元仁宗皇慶二年復申秋耕之令蓋秋耕之利掩陽氣於地中蝗蝻遺種翻覆壞盡次年所種必盛於常禾

明永樂元年令吏部行文各處有司春初差人巡視境內遇有蝗蟲初生設法捕撲務要盡絕如或坐視致令滋蔓為患者罪之若布按二司官不行嚴督所屬巡視打捕者亦罪之每年九月行文至十月再令兵部行文軍衛永為定例宣德九年差給事中御史錦衣衛官往山東河南捕蝗萬歷四十四年御史過庭訓山東賑饑

疏捕蝗男婦皆饑餓之人如一面捕蝗一面歸家喫飯未免稽遲時候遂向市上買現成麪做餅子擔在有蝗去處不論遠近大小男婦但能捉得蝗蟲與蝗子一升者換餅三十箇又有得幽山鄰近兩縣饑民一千二十名可乘機撥用即傳告示云朝廷自去年十一月養爾等饑民使免於逃死當知報効今蝗蟲生發正爾等報効之日也自今以後能將近地蝗蟲或蝗子捕得半升者才給米麪一升爲五日之糧如無不許准給

崇禎時徐光啓除蝗疏國家不務畜積不備凶饑人事之失也凶饑之因有三曰水曰旱曰蝗地有高卑雨澤

有偏被水旱爲災尚多倖免之處惟旱極而蝗數千里間草木皆盡或牛馬幡幟皆盡其害尤慘過於水旱者也雖然水旱二災有重有輕欲求恒稔雖唐堯之世猶不可得此殆由天之所設惟蝗不然先事修備既事修救人力苟盡固可殄滅之無遺育此其與水旱異者也雖然水而得一丘一垤旱而得一井一池即單寒孤孑聊足自救惟蝗又不然必藉國家之功令必須郡邑之協心必賴千萬人之同力一身一家無戮力自免之理此又與水旱異者也總而論之蝗災甚重除之則易必合衆力共除之然後易此其大指矣謹條例如左

一蝗災之時謹按春秋至於勝國其蝗災書正月者一百十有一書二月者二書三月者三書四月者十有九書五月者二十書六月者三十一書七月者二十書八月者十二書九月者一書十二月者三是最盛於夏秋之間與百穀長養成熟之時正相值也故爲害最廣小民遇此乏絕最甚若二三月蝗者按宋史言二月開封府等百三十州縣蝗蝻復生多去歲蟄者漢書安帝永和四年五年比歲書夏蝗而六月三月書去歲蝗處復蝗子生曰蝗蝻蝗子則是去歲之種蝗非蟄蝗也聞之老農言蝗初生如粟米數日旋

大如蠅能跳躍羣行是名爲蝻又數日即羣飛是名爲蝗所止之處喙不停齧故易林名爲饑蟲也又數日孕子于地矣地下之子十八日復爲蝻蝻復爲蝗如是傳生害之所以廣也秋月下子者則依附草木枵然枯朽非能蟄藏過冬也然秋月下子者十有八九而災於冬春者百止一二則三冬之候雨雪所摧損滅者多矣其自四月以後而書災者皆本歲之初蝗非遺種也故詳其所自生與其所自滅可得殄絕之法也

一蝗生之地謹按蝗之所生必于大澤之涯然而洞庭

彭蠡具區之旁終古無蝗也必也驟盈驟涸之處如
幽涿以南長淮以北青兖以西梁宋以東諸郡之地
湖濼廣衍暵溢無常謂之涸澤蝗則生之歷稽前代
及耳目所覩記大都若此若地方被災皆有延及與
其傳生者耳畧摭往牘如元史百年之間所載災傷
路郡州縣幾及四百而西至秦晋稱平陽解州華州
各二稱隴陜河中稱絳耀同陜鳳翔岐山武功靈寶
者各一大江以南稱江浙龍興南康鎮江丹徒各一
合之二十有二於四百爲二十之一耳自萬歷三十
三年北上至天啟元年南還七年之間見蝗災者六

而莫盛於丁巳是秋奉使夏州則關陝邠岐之間徧地皆蝗而土人云百年來所無也江南人不識蝗爲何物而是年亦南至常州有司士民盡力撲滅乃盡故涸澤者蝗之原本也欲除蝗圖之此其地矣

蝗生之緣必於大澤之旁者職所見萬歷庚戌滕鄒之間皆言起於昭陽呂孟湖任邱之人言蝗起於趙堡口或言來從葦地葦之所生亦水涯也則蝗爲水種無足疑矣或言是魚子所化而職獨斷以爲蝦子何也凡倮蟲介蟲與羽蟲則能相變如螟蛉爲果蠃蛣蜣爲蟬水蛆爲蚊是也若鱗蟲能變爲異類未之

見矣此二證也爾雅翼言蝦善游而好躍蝻亦善躍此二證也物雖相變大都蛻殼即成故多相肖若蝗之形酷類蝦其身其首其紋脈肉味其子之形味無非蝦者此三證也又蠶變爲蛾蛾之子復爲蠶太平御覽言豐年蝗變爲蝦知蝦之亦變爲蝗也此四證也蝦有諸種白色而殼柔者散子於夏初赤色而殼堅者散子于夏末故蝗蝻之生亦早晚不一也江以南多大水而無蝗蓋湖瀨積瀦水草生之南方水草農家多取以壅田就不其然而湖水常盈草恒在水蝦子附子則復爲蝦而已北方之湖盈則四溢草隨

水上迨其既涸草流涯際鰕子附於草間既不得水春夏鬱蒸乘濕熱之氣變爲蝗蝻其勢然也故知蝗生於鰕鰕子之爲蝗則因於水草之積也

考昔人治蝗之法載籍所記頗多其最著者則唐之姚崇最嚴者則宋之淳熙勅也崇傳曰開元三年山東大蝗民祭且拜坐視食苗不敢捕崇奏詩云秉彼蟊賊付畀炎火漢光武詔曰勉順時政勸督農桑去彼螟蜮以及蟊賊此除蝗詔也蝗畏人易驅又田皆有主使自救其地必不憚勤請夜設火坑其旁且焚且瘞乃可盡古有討除不勝者特人不用命耳乃出

御史爲捕蝗使分道殺蝗汴州刺史倪若水上言除天災者當以德昔劉聰除蝗不克而害愈甚拒御史不應命崇移書謂之曰聰僞主德不勝妖今妖不勝德古者良守蝗避其境謂修德可免彼將無德致然乎今坐視食苗忍而不救因以無年刺史其謂德何若水懼乃縱捕得蝗十四萬石時議者諠譁帝疑復以問崇對曰庸儒泥文不知變事固有違經而合道反道而適權者昔魏世山東蝗小忍不除至人相食後秦有蝗草木皆盡牛馬至相噉毛今飛蝗所在充滿加復蕃息且河南河北家無宿藏一不獲則流離

安危繫之且討蝗縱不能盡不愈于養以遺患乎帝然之黄門監盧懷愼曰凡天災安可以人力制也宜殺蝗多必戾和氣願公思之崇曰昔楚王吞蛭而疾瘳叔敖斷蛇而福降今蝗幸可驅若縱之穀且盡如百姓何殺蟲救人禍歸于崇不以累公也蝗害訖息

宋淳熙敕諸蝗蟲初生若飛落地主鄰人隱蔽不言耆保不即時申舉撲除者各杖一百許人告報當職官承報不受理及受理而不即親臨撲除或撲除未盡而妄申盡淨者各加二等諸官司荒田牧地經飛蝗住落處令佐應差募人取掘蟲子取不盡因致次

年生發者杖一百諸蝗蟲生發飛落及遺子而撲掘不盡致再生發者地主耆保各杖一百諸給散捕取蟲蝗穀而減剋者論如吏人鄉書手攬納稅受乞財物法諸係工人因撲掘蟲蝗乞取人戶財物者論如重錄工人因職受乞法諸令佐遇有蟲蝗生發雖已差出而不離本界者若緣蟲蝗論罪并在任法又詔因穿掘打撲損苗種者除其稅仍計價官給地主錢數毋過一頃此外復有二法一曰以粟易蝗晉天福七年命百姓捕蝗一斗以粟一斗償之此類是也一曰食蝗唐貞元元年夏蝗民蒸蝗暴乾颺去翅足而

食之臣謹按蝗蟲之災不捕不止倪若水盧懷慎之說謬也不忍於蝗而忍於民之饑而死乎爲民禦災捍患正應經義亦何違經反道之有修德修刑理無相左敵國盜賊比于蝗災總爲民害寧云修德可弭一切攘却捕治之法廢而不爲也淳熙之勅初生飛落咸應申報撲除取掘悉有條章今之官民所未聞見似應依倣申嚴定爲功罪著之律令也食蝗之事載籍所書不過二三唐太宗吞蝗以爲代民受患傳述千古矣乃今東省畿南用爲常食登之盤食臣常治田天津適遇此災田間小民不論蝗蝻悉將烹食

城市之內用相餽遺亦有熟而乾之鬻於市者則數文錢可易一斗噉食之餘家戶囤積以爲冬儲質味與乾鰕無異其朝晡不充恒食此者亦至今無恙也而同時所見山陝之民猶惑於祭拜以傷觸爲戒謂爲可食即復駭然蓋妄信流傳謂戾氣所化是以疑神疑鬼甘受戕害東省畿南旣明知鰕子一物在水爲鰕在陸爲蝗即終歲食蝗與食鰕無異不復疑慮矣

一今擬先事消弭之法臣竊謂旣知蝗生之緣即當於原本處計畫令山東河南南北直隸有司衙門凡地

方有湖蕩洵窪積水之處遇霜降水落之後卽親臨勘視本年潦水所至到今水涯有水草存積卽多集夫衆侵水芟刈斂置高處風戾日曝待其乾燥以供薪燎如不堪用就地焚燒務求淨盡此須撫按道府實心主持令州縣官各各同心協力方爲有益若一方怠事就此生發蔓及他方矣姚崇所謂討除不盡者人不用命此之謂也若春夏之月居民於湖洵中捕得子鰕一石滅蝗百石乾鰕一石滅蝗千石但令民通知此理當自爲之不煩告戒矣

一水草既去鰕子之附草者可無生發矣若鰕子在地

明年春夏得水土之氣未免復生則須臨時捕治其
法有三其一臣見湖考居民言蝗初生時最易撲治
宿昔變異便成蝻子散漫跳躍勢不可遏矣法當令
居民里老時加察視但見土脈墳起便即報官集衆
撲滅此時措手力省功倍其二已成蝻子跳躍行動
便須開溝打捕其法視蝻將到處預掘長溝深廣各
二尺溝中相去丈許即作一坑以便埋掩多集人衆
不論老弱悉要趨赴沿溝擺列或持箒或持撲打器
具或持鍬鍤每五十人用一人鳴鑼其後蝻聞金聲
努力跳躍或作或止漸令近溝臨溝即大擊不止蝻

驚入溝中勢如注水衆各致力埽者自埽撲者自撲埋者自埋至溝坑俱滿而止前村如此後村復然一邑如此他邑復然當淨盡矣若蝗如豆大尚未可食長寸以上卽燕齊之民畚盛囊括負載而歸烹煮暴乾以供食也其三振羽能飛飛卽蔽天又能渡水撲治不及則視其落處糾集人衆各用繩兜兜取布囊盛貯官司以粟易之大都粟一石易蝗一石殺而埋之然論粟易則有一說先儒有言救荒莫要乎近其人假令鄉民去邑數十里負蝗易米一往一返卽二日矣臣所見蝗盛時幕天匝地一落田間廣數里厚

數尺行二三日乃盡此時蝗極易得官粟有幾乃分人往返道路乎若以銀錢近其人而易之隨收隨給即以數文錢易蝗一石民猶勸爲之矣或言差官下鄉一行人從未免蠶食里正民戶不可不戒臣以爲不然也此時爲民除患膚髮可捐更率人蠶食尚可謂官乎佐貳爲此正官安在正官爲此院道安在不於此督創一警百而懲噎廢食亦復何官不可廢何事不可已耶且一郡一邑豈乏義士若紳若弁青衿義民擇其善者無不可使亦且有自願捐貲者何必官也其給粟則以得蝗之難易爲差無須預定矣

一事後翦除之法則淳熙令之取掘蟲子是也元史食貨志亦云每年十月令州縣正官一員巡視境內有蟲蝗遺子之地多方設法除之臣按蝗蟲遺子必擇堅垎黑土高亢之處用尾栽入土中下子深不及一寸仍留孔竅且同生而羣飛羣食其下子必同時同地勢如蜂窠易尋覓也一蝗所下十餘形如豆粒中止白汁漸次充實因而分顆一粒中即有細子百餘或云一生九十九子不然也夏月之子易成八日內遇雨則爛壞否則至十八日生蝗矣冬月之子難成至春而後生蝻故遇臘雪春雨則爛壞不成亦非能

入地千尺也此種傳生一石可至千石故冬月掘除尤爲急務且農力方閑可以從容搜索官司即以數石粟易一石子猶不足惜第得子有難易受粟宜有等差且念其衝冒嚴寒尤應厚給使民樂趨其事可矣臣按已上諸事皆須集合衆力無論一身一家一邑一郡不能獨成其功即百舉一隳猶足僨事唐開元四年夏五月勅委使者詳察州縣勤惰者各以名聞由是連歲蝗災不至大饑蓋以此也臣故謂主持在各撫按勤事在各郡邑盡力在各郡邑之民所惜者北土閑曠之地土廣人稀每遇災時蝗陣如雲荒

田如海集合佃衆猶如晨星畢力討除百不及一徒有傷心慘目而已昔年蝗至常州數日而盡雖緣官勤亦因民衆以此思之乃愈見均民之不可已也

陳龍正曰蝗可和野菜煮食見於范仲淹疏又曝乾可代蝦米盡力捕之既除害又佐食何憚不爲然西北人肯食東南人不肯食亦以水區被蝗時少不習見聞故耳崇禎辛巳嘉湖旱蝗鄉民捕蝗飼鴨鴨極易肥大又山中人畜猪不能買食試以蝗飼之其猪初重二十斤旬日肥大至五十餘斤可見世間物性宜於鳥獸食者人食之未必宜若人可食者鳥獸無

反不可食之理蝗可供猪鴨無怪也推之恐不止此特表而出之

陳芳生曰蝗未作修德以弭之蝗既作必捕殺以殄之雖爲事不同而道則無二疽已發於背而進以調元氣之說曰吾何事乎刀針吾知元氣未及調而毒已內攻心肺死矣倪若水盧懷慎所見殆調元氣於疽發之際者與大約鄙劣惰懦之夫視生民之死生國家之存亡都無與於已而惟恐我之梢拂乎鬼則禍將立至使朝廷下一令曰蝗初作守令捕不盡致爲民害奪其職沒入其家以備賑則畏禍之念更切

於詔鬼而蝗可立盡淳熙之勅似猶未嚴也蓋天下之禍易於漫衍者必於初發治之則爲力易而所害不大而鄙夫非禍將切身必不肯竭力以從事故愚謂捕蝗之令必嚴其法以督之蓋亦一家哭不如一路哭之意且古良吏蝗每不入其境今有事於捕巳可愧矣捕之而復不力則良心巳無雖嚴罰豈爲過耶

捕蝗彙編

（清）陳　僅　撰

《捕蝗彙編》，（清）陳僅撰。陳僅（一七八七—一八六八），字餘山，一字漁珊，號漁山，鄞縣（今寧波市鄞州區）人，自幼穎悟，嘉慶十八年（一八一三）舉於鄉，後歷任紫陽、安康、咸寧等地知縣，官至寧陝廳同知。爲官期間，關注民生，推廣農業技術，頗受百姓愛戴，在農學、經學、詩學等領域成就顯著，撰有《詩誦》《竹林答問》《群經質》《濟荒必備》等。

道光十六年（一八三六）夏季，陳氏在紫陽知縣任上督辦捕蝗事宜，事後總結當地的捕蝗經驗，參考古代捕蝗方法，編成該書，並以按語的形式添入自己的捕蝗建議。

全書分四卷，以康熙《捕蝗說》引領全文。卷一《捕蝗八論》按蝗蟲生長發育的過程總結蝗蟲化生之始、孳生之形、潛匿之地、最盛之時、不食之物、所畏之器等生長與生活習性，也論及應該禱告的相關神靈與捕獲蝗蟲所帶來的利益。卷二《捕蝗十宜》論捕蝗的組織與管理，包括廣張告示、分派委員、多設廠局、厚給工食、明定賞罰、預頒圖法、齊備器具、急償損壞、足發買價、不分畛域等事項。卷三《捕蝗十法》詳細介紹了捕蝗的具體措施，包括成立捕蝗隊陣、佈陣捕打、平地掘溝驅趕、山地四面圍捕、水田執布綴長杆繞逐等消滅蝗蟲的方法，以及飛蝗、遺蝗、蝻種的圍剿與根除技巧。卷四分爲《史事四證》與《成法四證》兩個部分，前者輯錄了數則歷代『蝗避善政』與『修德化災』軼事，以及數例成功捕蝗的史實，後者爲前人捕蝗書的摘抄。

該書雖然較多參照已有的捕蝗成法，但是絕少機械的照搬舊說，而是立足紫陽縣捕蝗實際而作的有選擇性的運用，尤其重視蝗蟲的生長習性、捕蝗的組織與管理等内容的論述，靈活可行。書中的『應禱之神』『蝗避善政』與『修德化災』等内容顯然缺乏科學依據。

該書有道光二十五年（一八四五）四明繼雅堂重刻本，咸豐七年（一八五七）安康來鹿堂刻本等。今據南京圖書館藏道光二十五年（一八四五）四明繼雅堂重刻本影印。

（熊帝兵　惠富平）

道光乙巳秋重刊

捕蝗彙編

四明繼雅堂藏板

恭録

聖祖仁皇帝御製捕蝗說

嘗讀詩至大田之什曰去其螟螣及其蟊賊無害我田穉田祖有神秉畀炎火則知古人之惡害苗也甚矣注曰食心者螟食葉者螣食根者蟊食節者賊昔人又云此四蟲皆蝗也而實不同故分別釋之且蝗之種類最易繁衍故其爲災在旬日之間大水旱固所以害稼或過其年禾稼被隴可冀有秋乃蝗且出而爲災飛則蔽天散則徧野所至食禾黍苗盡復移煢煢小民何以堪此古人欲弭其災爰有捕蝗之法朕軫念民食宵旰不忘每於歲冬即布令民間令於隴畝之際先掘蝗種蓋是物也除之於遺種之時則易除之於生息之後則難除之於跳躍之時則易除之於飛颺之後則難除之於穉弱之時則易除之於長壯之後則難當冬而預掘蝗種所謂去惡務絕其本也至不能盡除而出土其初未能遠飛厥名曰蝻是當掘坑舉火以聚而驅之殲之昔姚崇遣使捕蝗以詩人秉畀炎火之說爲証夜中設火火邊掘坑且焚且瘞蓋祖詩人遺意也又晨興日未出時露氣沾濡翅溼而不能飛掘坑以驅之尤易爲力漢平帝時詔捕蝗者詣吏以斗石受錢朕區畫於衷務弭其害每歲命地方官吏督率農夫於冬則掘蝻蝗之種毋俾遺育於土中或時而爲災則參用

古法多方以撲滅之計其所捕多寡給錢以示勸賞古人有
言曰蝻蝗農夫得而殺之爲其害稼也以是觀之捕蝗之事
由來舊矣但自古有治人無治法惟視力行何如耳苟奉行
不力雖小災亦大爲民患朕故詳指其義爲說以示之

捕蝗彙編目錄

卷首

恭錄

聖祖仁皇帝御製捕蝗說

捕蝗彙編卷一

紫陽縣知縣陳僅編述

捕蝗八論

論化生之始

一係魚蝦遺子所化凡水涯澤畔驟盈驟涸之處魚蝦遺卵留集草叢溼土黃色者係魚子青色者係蝦子次年春水漲及其處則爲魚爲蝦游泳而去若水漫不及溼熱鬱蒸間變爲蝻子越十數日生翅而成蝗矣大約在立夏一個月前後方生不可失時

任昉述異記云江中魚化爲蝗而食五穀段成式酉陽雜俎云蝗蟲首有王字不可曉或言魚子變近之陸佃埤雅云蝗魚卵所化列子魚卵之爲蟲是也太平御覽云豐年蝗變爲蝦羅願爾雅翼言蝦好躍蝻亦好躍一僧云蝗有二鬚蝦化者鬚在目上蝗子入土孳生者鬚在目下以此可別　謹案魚卵最爲難化雖烹熟食之隨糞而出終不腐爛惟經火不能復生耳故產魚之邑宜示民食魚者必并卵食之不可棄之於地

一爲飛蝗遺孳所滋蝗至生翅能飛腹中子已盈滿不得不下其性喜燥惡溼下子多在山脚土岡堅硌黑土高亢之地以尾錐入深不及寸一生九十九子蓋蝗性羣飛羣

食其生子亦同時同地故地上必有數孔竅如蜂房易尋覓也

一說蝗至無高阜處鬧于低窪湖灘之乾實土中生子次年遇春水亦變爲魚蝦此亦不可不知至如西陽雜俎所言蝗蟲腹下有梵字或自忉利天梵天來者西域僧驗其字作木天壇法禳之此特神其說不足信也

論孳生之形

蝻子初生大如米豆中止白汁貫串如毬一交春令寖次充實因而分粒一粒中即有細子百餘十八日出土其形如蟻尚粘連成片不三日即大如蠅能跳躍羣行是名爲

蝻又七日大如蟋蟀又七日即長翅起翅成蝗而飛數日後復孕子於地十八日復爲蝻復爲蝗循環相生支蔓不絕種子在夏則本年復生在秋則患延來歲每年自四月至八月能生發數次性又最巧能結聚成團滾渡江河其傷百穀必於其要害之處此害之所以大也

陳芳生曰夏月之子易成八日內遇雨則爛壞否則至十八日生蝗矣冬月之子難成至春而後生蝻故遇臘雪春雨則爛壞不成亦非能入地千尺也

一說蝻子初生入土先後各有一蛆一引一推使之深入春氣發動則轉頭向土先後二蛆仍一引一推擁至出土二蛆皆斃　謹案蝗之孳生雖衆然其始生出土必十餘日始能高飛苟竭力豫捕不難盡殲故蝗自外來猝不及防且有寡不敵衆之勢而自本境內生者尙易於爲力若夫天心仁愛又常先幾垂象俾下民防患於未萌試占諸五行博采諸本處更事老農之口語十已可預得其五六是視在上者虛心實政爲何如耳

附占驗諸法　呂氏春秋仲春行夏令則蟲螟爲害　又孟夏行春令則蝗蟲爲災　又仲夏行春令則百螣時起　又仲冬行春令則蝗蟲爲敗　田家雜占自正月至五月五朔皆有大雨主人飢蝗起　師曠占春辰

巳日雨蝗蟲食禾稼　楊泉物理論正月朔旦有青氣雜黃有螟蟲赤氣大旱黑氣大水　便民書正月元日有霞氣主蟲蝗蠶少婦人災果蔬盛　陶朱公書二月朔日値驚蟄主蝗蟲　又驚蟄前後有雷謂之發蟄雷從巽方來主蝗蟲　又三月朔日風雨主人災百蟲生有雷主五穀熟　羣芳譜四月十六日立一大竿量月影月當中時影長五尺主夏旱四尺蝗三尺饑　田家五行占六月內有西南風主生蟲損稻（陶朱公書同）　四時占候六月雷不鳴蝗蟲生

論潛匿之地

蘆洲葦蕩窪下沮洳上年積水之區　高堅黑土中忽有浮泥鬆土墳起地覺微潮中有小孔如蜂房如線香洞　叢草荒坡停耕之地　崖旁石底不見天日之處　湖灘中高實之地　蝗性畏雨如遇驟雨必潛避於草根石罅此時急宜冒雨捕捉不可妄希天幸一俟晴霽即飛颺矣

謹案道光十六年湖北蝗患傳聞亦由水邊巖石罅中潛伏之蝗而起江行之人多見之者又是年漢陰廳蝻孽皆孳於路畔種落花生浮沙地內至次年居民掘挖花生得之報官力捕遺孽頓盡始知蝻孽無地不可潛藏查十六年十月間案奉　陝西藩憲牛　札據商州

禀稱所捕蝻子不惟鬆浮熟地比比皆有而沙灘河壩遺種尤多要在隨處搜尋不必拘執等因可見古人所論亦但舉一隅切勿藉口成言轉爲所悞

又案蝗蟲遺子一交寒露百蟲咸伏其子在土但能直下不能旁行一日三寸三日九寸入土尺餘伏而不動必至次年驚蟄始能舉發其性畏雪有雪深一尺蝗入一丈之語若其地頻爲雪壓蝻子入土深厚交春求出不能卽斃於穴內至石穴崖厂雪所不到之處終不能殺陸桴亭捕蝗記後語可證所當告戒小民不可泄視

再案賈思勰齊民要術云冬〻雨雪止輒以藺之掩地雪勿使從風飛去後雪復藺之則立春保澤凍蟲死來年宜稼田雖薄惡收可畝十石此法最妙如冬雪不厚更當依用不容忽也

論最盛之時

蝗蟲最盛莫過於夏秋之間地脈鬆溼天氣炎蒸入土蝻子旬日便能生發較春時更速當是時農夫之血汗已竭一遇而靡有孑遺芒種之節候已逾百穀則莫能栽補況蝗之爲害常與旱并小民各保已田誰肯借力驕陽長日更易乏疲自非曉以利害鼓以重賞躬親督率欲除患於已成難矣

謹案蝗災尤畏秋後田家五行占云六月內有西南風主生蟲損稻秋前損根可再抽苗秋後損者不復生矣諺云秋前生蟲損一莖發一莖秋後生蟲損了一莖無了一莖其害蓋彌遲彌大也　陳芳生曰案春秋至於勝國蝗災書月者一百一十有一內書二月者二書三月者三書四月者十九書五月者二十書六月者三十一書七月者二十書八月者十二書九月者一書十二月者三是最盛於夏秋之間與百穀長養成熟之時正相值故爲害最廣　又案隔歲復發之蝗實有蟄蝗種蝗之異觀湖北蝗患可知惟蟄蝗之發最早宋史紀于二月種

蝗稍遲漢書紀于三月本年之初蝗尤遲則多在四月以後耳

論不食之物

王禎農政全書曰蝗不食芋桑與水中菱芡或言不食菉豆豌豆大麻𥻆麻芝麻薯蕷吳遵路宋人明道末知通州知蝗不食豆苗且慮其遺種爲患廣收豌豆教民種植次年三月四月民大獲其利

謹案蝗不食蠶豆亦見農政全書陸曾禹又加以豇豆當補入考呂氏春秋云得時之麻必芒以長疏節而色陽小本而莖堅厚枲以均後熟多榮日夜分復生如此者不蝗得時之菽長而短足其羙二七以爲族多枝數

節競葉蕃食大菽則圓小菽則搏以芳稱之重食之息以香如此者不蟲是蝗螟諸蟲之不食麻豆自古有徵矣 又案羣芳譜云蝗蝻爲害草木蕩盡惟番藷根在地薦食不及縱使莖葉皆盡尚能發生若蝗信到時急發土徧壅蝗去之後滋生更易水旱不傷是天災物害皆不能爲之損人家凡有隙地但只數尺仰天見日便可種得石許此捄荒第一義也蓋番藷與芋子藷蕷同埋土中故蝗皆不食其理甚明而農書及歷來蝗災條議皆未之及因謹錄俟采僅任紫陽勸民種番藷著有甦蔣集證一書俟續刊農政全書曰用穰草灰石灰等分爲細末或灑或篩於禾稻之上蝗即不食 史侍御茂條議曰每用水一桶入芝麻油五六兩無芝麻油他油亦可帚灑禾巔蝗亦不食 又一法於上風處所燒石灰使烟氣披於禾稻之上蝗即不食烟氣既高蝗自遠避

謹案三法園蔬亦可用 此法由來已久案周禮秋官翦氏掌除蠹物以莽草熏之注莽草殺蟲者以熏之即死赤犮氏掌除牆屋以蜃灰攻之以灰灑毒之注蜃大蛤也擣其灰以坋之則走淳之以灑之則死蟈氏掌去鼃黽焚牡鞠以灰灑之則死以其烟被之則凡水蟲無聲周官無除蝗之政而於此三職引其端聖人百物而

爲之備孰謂有遺政哉 又案氾勝之術曰牽馬令就穀堆食數口以馬踐過爲種無虸蚄等蟲也此法甚奇附誌於此

論所畏之器

飛蝗見樹木成行或旌旗森列每翔而不下農家若多用長竿掛紅白衣裙羣然而逐亦不下也 又畏金聲炮聲聞之遠舉鳥銃入鐵砂或稻米擊其前行前行驚奮後行隨之而去矣 又飛蝗過多撲捕不及應於田間牽一長繩上繫銅鈴一人挽繩搖動聲響可驅之使去如未落地則鳴鑼放鎗羣驅之自不復爲災此一條見王鳳生永城捕蝗事宜

陸曾禹曰欲逐飛蝗非此數法不可以類而推爆竹流星皆其所懼紅綠紙旗亦可用也　謹案世間動物雖至神靈必有所嗜欲與所畏忌此天地所予人以制物之柄也如蛟龍畏鐵而忌虎故沉鐵以驅龍鑄鐵作牛可以捍水而擾龍之法用長繩縋虎骨於龍潭則澍雨立沛事亦見東坡詩中　此條合上蝗所不食之物條觀之古聖人所以類萬物之情通神明之德不外是矣

論應禱之神

捍禦蝗蝻原有專司之神劉猛將軍專事捍蝗血食已久各地方素有忠正衛民捍災之神又俱例有專祭平日務

敬謹祭祀以邀格饗臨時更宜祈禱以冀默助見安徽捕蝗章程

謹案捕蝗有政如專恃神助豈非大愚然伊祈大蜡饗及昆蟲豳雅大田神稱田祖周禮族師春秋祭酺注酺爲人物裁害之神翦氏掌除蠹物以攻禜攻之注攻禜祈名自漢魏以下有百蟲將軍柏翳之祀宋人立蚜蚄廟勝國以來祀劉猛將軍今載在　祀典不可廢也至本邑社稷山川城隍八蜡等神乾隆十八年曹侍御秀先有請捕蝗先行蜡祭疏皆所祈饗里社土神則百姓祈之聞佀省有禱文昌泰山者各著靈應常州府志載驅蝗使者金姑娘娘事陸曾禹亦記丹陽祀蒲大王事未宜竟付諸茫渺矣

又案　大清一統志云劉猛將軍名承忠廣東吳川人元末官指揮有功適江淮飛蝗千里揮劍逐之蝗盡死後殉節投河民祀之勅案堅瓠集引怡庵録所載宋景定以爲宋江淮制置使劉錡蘇州府志謂是錡弟鋭又一説以爲宋劉宰字平國金壇人皆杜撰不足據畿輔通志云本朝雍正二年總督李維鈞以神靈蹟顯著　奏請所在官司以仲春仲秋戊日祭之　道光十六年正月邸抄廣西省蝗蝻發生　撫憲惠率各官詣劉猛將軍廟撰文祈禱當起西北大風飛蝗抱竹銜草自行殭斃隨通飭建廟並專摺　奏請

欽頒匾額以答靈貺　是年陝西省南山各屬蝗生奉

藩憲牛　札飭設位禱祈亦有飛鳥啄食抱草自殭之異劄奉通飭建廟春秋祭告等因在案

論捕獲之利

多捕蝗蟲去其翅足或用水撩或用甑煮焙臘極乾和野菜煮食味如蝦米惟性近熱貯久後用更佳以養猪易肥且大呈之於官併獲重賞

陳龍正曰蝗可和野菜煮食見於范仲淹疏中案是羅籍疏中語崇禎辛巳年嘉湖旱蝗鄉民捕蝗飼鴨鴨最易大而且肥案亦可飼雞　又山中人養猪無錢買食捕蝗以飼之其猪初重止二十觔旬日之間至五十餘觔始知蝗可供

猪鴨此亦世間之物性有宜於此者矣　陳芳生曰唐貞觀二年夏蝗民蒸蝗暴乾颺去翅足而食之食蝗之事載籍所書不過二三乃今東省畿南用爲常食登之盤餐臣常治田天津適遇此災田間小民不論蝗蝻悉將烹食城市之內用相饋遺亦有熟而乾之鬻於市者數文錢可易一斗噉食之餘囤積以爲冬儲質味與乾蝦無異食此者至今無恙既明知蝦子一物在水爲蝦在陸爲蝗則終歲食蝗與食蝦無異不必疑慮矣

捕蝗彙編卷二

紫陽縣知縣陳　僅編述

捕蝗十宜

宜廣張告示

一定蝗價　不論男婦小兒捕蝗一斗者以米一升易之捕能跳躍蝻子一升者以米二升易之方出土成形未能跳躍者一升易米三升如挖得土內未成形蝻子一升者破格易米一斗零星呈易準此發價毋得指勒稽延如蝗來過多不能徧量秤三十觔作一石蝻與子不可一例同秤當以朱子之法爲法

陳芳生曰給粟以得蝗之難易爲差無須預定　王鳳生曰蝗捕將竣則捕者愈難欲淨盡根株自當酌增買價第須查驗本地各處蝗蝻實係稀少賣者已屬無多方可加價否恐網取隣蝗賺賣將不勝其應矣

一合人力　小民私情不一蝻孽既萌顓愚罔知利害有恐捕蝗踐踏田禾匿不報官者有妄冀蝗害不及不肯出力者有己田雖有蝻孽目前爲害甚微望其生翅遠飛貽害他方以免己累者有己田微有傷損或田業不多遂生忮忌心但護己田不肯合助者必明白曉諭并申明損禾給價之例俾知合力同心踴躍從事

一專責成　往年江南安徽捕蝗事宜有設立農長以專責成之法他省未設農長自應專責鄉約保長牌甲等人必明立章程示以賞罰其有隱匿不報遷延不捕者罪在必懲咸使周知以便使之速派人夫齊集捕捉

一戒畏葸　蝗蝻之來愚民呼爲神蟲但事祈禱不敢捕撲以爲撲則益多且有後禍不知秉畀炎火聖人豈有欺人之語驅蝗有神若人能助神以驅之神正有藉於人力何至降禍告示中務須剴切曉解使知捕蝗之利不捕之害其有怯葸不悟者當諭以福歸吾民禍歸邑宰矢天日以信之亦因愚而導之一法也

宜分派委員

一委官員　除飛報隣封協捕外州邑地方廣大一身不能徧及應委佐雜學職營弁資其路費分其地段注明底册每年冬春兩次輪委搜查如猝報蝗起印官赴捕或蝗非一處卽相機分委察其勤惰分別據實申請　上憲記功記過

一委鄉保農長　未起則飭令分段搜挖將起則飭令編齊人夫整備器具以俟有警一呼而集一鋪不足則委附近鄉保農長四面齊赴協力圍勦所謂捕蝗如捕盜當不分畛域滅此朝食也

謹案鄉地集夫最多弊竇乾隆十七年周侍御燾疏云有業之民或本村無蝗往別村撲捕惟懼拋荒農務往往囑托鄉地勾通衙役用錢買放免一二人爲賣夫一村爲賣莊鄉地衙役飽食肥囊再往別村仍復如故若無業奸民則又以官差捕蝗得日食工價爲巳利每於山坡僻處私將蝻種藏匿聽其滋生延衍流毒待應差撥捕之時蹂躪田疇搶食禾穗害更甚於蝗蝻云云此等情弊不可不預爲禁防

一委紳士　派夫督捕鄉保之事要其中良莠不齊須擇賢紳士爲鄉里尊信者數人或各處代官曉諭或察捕務

之勤惰或司廠局之出入假以事權待以優禮俾鄉保胥役知所畏憚不敢欺匿

一委至親子姪　告諭虛文不如躬親率作小民畏禍不前惟親率子姪輩至蝗蝻處所首先捕撲爲倡則愚民自不令而從惟不可使盜弄威福耳

宜多設廠局

一於有蝗各鄉適中之地擇附近寺廟公所設廠數處爲易蝗之所以多爲妙就近收買使人易於爲力令忠厚溫飽紳士社正副等或親信家屬賓友司之各帶斗一箇升子一箇秤一桿執筆者一人醇謹書吏協力者三人共勷其事

即於該廠就近處所住宿以免往返遲悞出入有簿三日一報以憑查驗使捕蝗易米者無遠涉之苦無久待之嗟無擠踏之患司廠者不得擅作威福不得冒破錢糧不得勒索措延不得委靡怠惰印官每日周流往來各廠以稽察之切勿怯暑深居一切委諸他人致成虛應

陳芳生曰先儒有言救荒莫要乎近其人假令鄉民去邑數十里負蝗易米一往一返即二日矣蝗盛時幕天匝地一落田間廣數里厚數尺行二三日乃盡此時蝗極易得官粟有幾乃令人往返道路乎若以金錢近其人而易之隨收隨給即以數文錢易蝗一石民猶勸為之矣

一挖捕在冬春之交捕蝗多在夏令人夫日夜不得休息又當嚴寒酷熱之時縱得錢米亦難謀食宜於附近廠內代為煮粥或備饅首麵饝等食更於所僱夫內量點數名運送薑湯涼水以濟其飢渴（此條見安徽捕蝗章程蓋倣過御史之法而去其弊者）

宜厚給工食

一廠中人役任事之時司廠及執筆者每日各給官斗米五升斛手二人協力一人每日共給一斗分其高下令人樂趨

一查安徽捕挖蝗蝻章程每夫一名日給官斗米一升挖掘未出土之蝻子照向例酌減每斗給銀二錢已出土跳躍成形及長翅飛騰者每斗給錢二十文他省亦大畧倣此或增或照相時酌定

謹案此條指官中雇夫捕蝗既日發口食故蝗價酌減與鄉保民人自捕呈易者不同

一鄉保農長有撥夫督捕之責雖係在公未便令枵腹從事應自撲捕之日起至撲盡日至每日優給夫價二名以資口食

一委員夫役飯食印官照賑荒例發給至印官下鄉住宿食用一切官自備辦夫役官給口食不許胥吏鄉保科派累民違者究懲

謹案鄉民繳蝗例價片刻不發即寢至離心書役辦事口食一日不敷即有所藉口故雖兩袖清風必當多方措置免致臨時周章枉招物議如邑中義士有自願捐資者聽之但不可藉端苛派耳　又案地方官捕蝗隨從人多凡差役轎夫應各製牛皮巴掌或舊鞋底一方給與隨帶諭令見即撲打以錢收買既增人力而於口食幫貼不無小補（此條參用王鳳生永城捕蝗事宜）

宜明定賞罰

一各處鄉保農長等遇有蝻孽萌動隨時報官捕除淨盡

春夏不致長發者地方官給與花紅酒醴以酬其勞如實係持身廉潔一無滋擾辦事明敏勤勞懋著者給匾示奬捕撲外來飛蝗出力者事定後亦酌量給奬如怠玩不行巡查挖捕或恐派夫撲打及官役下鄉受累隱匿不報以致生蝗爲患一經發覺除重懲外先用小枷押赴有蝗處所嚮枷罰捕事定後分別治罪捕蝗不力者同

一向係無蝗之處今忽有之鄉保地主隣人卽時迅速呈報者除易米外另給賞錢隱匿不報首告者賞鄉保地主等各予杖警隔境鄉保首先查出申報者查實重賞

一撥夫捕蝗事定後一體給賞有勤奮出衆者隨時記名

額外加犒如有應募受值但虛應故事日領錢文因以爲利卽時重懲并注册著落該鄉保追還原給工錢

一愚民如恃有撥夫撲打見蝻不肯自捕甚者故意隱匿待至長大捕買多得錢文且有等奸民將廠內已收之蝗偷去復賣或將樹葉土泥攙雜袋內希圖加重者此等奸弊最爲可惡地方官隨時查察重加懲治毋得姑息

宜預頒圖法

蝗災歲不常有捕法民不習知本地孳生尚可早爲預備若外來飛孽猝不及防調集民人以烏合之衆手忙腳亂或東打西竄或逆施紊序非惟無益而且滋害必須先將撲捕方法廣爲曉諭勿用文言奥語且繪成捕蝗圖樣多張於各廠分挂使鄉愚易曉庶人人成竹在胸得收指麾之效

宜齊備器具

挖蝻捕蝗諸器具如　鐵鍬　鐵鋤　摇帚　糞箕
土箕　簸箕　筲箕　栲栳　口袋每名大小備兩三箇　板片
門扇　枷板　響竹　竹搭　竹竿　木棍　篾席
椰枝多備　乾草多備　草束多備　石灰　稈草灰　麻油
荊條多備　紅白衣裙各編本戶號頭　魚網　長繩索多備　草鞋
牛皮裁鞋底式　舊鞋底此三物堅釘木棍上多備爲妙未釘者亦宜備用　流星多備

火炮多備　紅緑紙張多備　大小號旗鄉保牌甲等所執　瓦甕
大瓦盆　布牆　布蓬　綴布長竿　鐵鍋　水桶水貯滿
爐竈　石臼　木杵廠中用　火具　烏鎗　銅鑼寺院中鐃鈸鈴鐸等皆可借用等物或民間所自有或可借用或先期製買或該地殷實紳糧好義捐置總須照件預備足用爲度其官中營中所有臨期發交　以上諸器具鄉保農長平日前按戶催備齊全諸物各編本戶名號造册送官於春間查掘蝻子之時順便點驗務在堅固合式除紅白衣裙外諸物如有公所收貯更妙至期鄉保相事照册取給聽用

謹案搜捕蝗蝻各有宜用之器當甫經出土如蠅如蟻

結連成片用竹搭枷板擊之非惟不死且易損壞必用皮鞋底或草鞋舊鞋之類蹲地摑搭應手而斃且狹小不傷損苗種一張牛皮可裁數十枚散用復收聞外國亦有此發以上陸會禹說如已跳躍成形聚者用魚網罩定摑之散者用布牆布篷兜逐入溝可也安徽捕蝗事宜云捕蝗之法歷有成條鍋煮火焚可施於少而不能施於多梆枝掃帚可施於蠕動之時而不能施於跳躍之後布牆網絡可施於偏隅而不能施於大塊惟敝履釘於木棍之上應手而擊最見功效觀此語可以類推

竇光鼐疏曰捕蝗器具莫善於條拍其制以皮編直條

爲之或以麻繩代皮亦可東省人謂之掛打子宜預製於平日以便應用其次則舊鞋底宜預行通飭若仍有以木棍小枝等物塞責者即將鄉地牌甲一併究處

宜急償損壞

捕蝗損壞人家禾稼田地既無所收當照畝分晰踐損分數官爲給還工本但依成熟所收之數而償之先給五分餘看四邊田鄰所收而加足焉豫爲示知使之無所顧忌速爲給價勿令久於怨望況損禾給價例准開銷地方官切勿惜此小費

一謹案宋淳熙詔因穿掘打撲蟲蝗損苗種者除其稅仍計價官給地主錢數毋過一頃可見古人成法已然

宜足發買價

凡換蝗蝻不得攙和秕穀糠粃及尅減勺抄如或給銀足平足色照米價分發不許低昂若散錢亦同銀例不許攙雜小錢尅扣底串不許勒取紙筆斗斛等費不許稽延一時半刻至有等無業窮民能自在荒原僻徑水澨山陬挖蛹捕蝗到廠呈繳者即照例給易米錢勿計多寡巡視官應不時訪察有弊無弊用鍾御史拾遺法以知之公平者立賞侵欺者立罰則其弊自除案拾遺法預令饑民進見時人具一紙勿書姓名開所當興當革及官吏豪猾有無侵刻橫行散布於地即與興革處分然必擇其僉同者而後察之也

竇光鼐疏曰收買飛蝗之法向例皆用之其實掇拾收貯給價往返掩埋皆費工夫故用夫多而收效較遲惟施之老幼婦女及搜捕零星之時則善矣若本村近隣力能護田以精壯之人持應手之器當蝗勢厚集直前追捕較之收買一人可當數人之用故用夫少而成功多且蝗爛地面長發苗麥甚於糞壤也

宜不分畛域

一隣境生蝗如與本界相離不遠務親往查勘於交界處所挑築寬溝防備并雇集人夫於溝外代爲撲打即遠去數里亦勿存畛域之見但使不犯本境則用力少而成功

多即隣封亦知感德自問無蝗不入境之善政止不宜妄存希冀也

一飛蝗落地尚有地界若蝻子萌生藏匿地中既在交界處所豈能自保必無惟須親詣該地兩邑面議會捕章程各設廠夫盡力撲挖蝻子則分捕飛蝗則須合捕兜捕以免推諉而貽後患如我處捕挖淨盡而彼境一味玩延方可稟明本府移請隣府會勘亦不必遽稟以揭其短

王鳳生曰捕蝗之法固以收買爲最善倘兩邑俱有蝗蝻隣封并不收買難免鄉民混以隣蝗賺賣錢文雖畛域原無可分而舍己芸人究應先其急者故設廠須各

就有蝗之地就近查察方周

捕蝗彙編卷三

紫陽縣知縣陳　僅編述

捕蝗十法

編册齊夫法

捕蝗須用民夫若無約束便難齊心計毎鋪鄉約所管地方大小不一或分作二三處四五處毎處或用牌甲各長或緯糧爲首鄉約預於蝗蟲未到之先著令各甲長牌頭沿戸派夫覩其種地廣狹酌量出夫多少造一册簿交存各首人處俟蝗發時無論在何戸地中本戸飛報牌甲及掌册首人即傳炮爲號各牌甲速傳齊册內人夫赴蝗發

處首人照册點名有推諉不到者於名下書不到二字俟事畢鄉約稟官究懲以肅人心仍一面飛報隣接各舖預集人夫三面協力兜截不使四竄老幼婦女願協捕者聽編作餘夫一切照例

臨陣捕撲法

點名畢後即開陣捕撲然苟無紀律非惟打蝗不淨且至横損禾稼定法鄉約首人執大旗一竿旗上寫某地鄉約某人名夫若干名鑼一面在陣前督率牌頭甲長執小旗一竿旗上寫牌甲長某人民夫若干名如係差役亦寫姓名帶領本牌民夫分列兩邊有陣捕打不許亂打亂走以鑼聲爲進止小旗帶領民夫徐行徐進東邊人直捕至西盡處西邊人直捕至東盡處回環交撲有未

淨者次日黎明再撲務做李明府之法行之如此搜打在蝗旣無漏網之倖而苗亦無蹂踏之憂

謹案蝗蝻不可不捕然不度地勢不明先後不分多寡不審時刻不知方向則雜亂無序轉致蔓延豈徒無功而且有害故又逐條分列於後俾臨期擇用焉

平地捕蝗法

蝗在平地先須掘陡溝深坑於前長數丈深廣各三四尺掘起之土堆溝對面為外禦溝底徧鋪柴草兩旁用布牆布篷或用木板片門扇或用蘆席魚網沿溝排牆溝外人夫各持捕撲器具一字擺定衆夫尾蝗後吶喊鳴金持械

圍撲趕打逼至溝邊鑼鈸轟擊不止蝗蝻驚跳衆人趁勢用力埽入溝內急覆柴草烈火焚燒如恐坑底蝗多不卽死或先於溝內燃火始行驅入對溝人夫遇蝗跳躍過溝盡行埽納焚燒毋使逃竄若有旁逸於穀麥地內者須順穀麥之畛俯身就地隨摑隨逐赶入溝內焚過之後將坑溝塡土築實插標為記隔一二日再行覆看其零星錯落不成片段卽隨地掘坑驅而納之亦屬省便切忌但用土築掩活埋隔宿氣蘇穴地而出仍然為害凡捕蝗人夫勿令擁擠須間二尺或三尺站立一名則踹地寬而收效廣旣易於農力亦不致虛縻人工

山地捕蝗法

凡捕山地蝗蟲先宜相度地勢其寬衍者宜四面圍打狹長者宜上下對打橫濶者宜左右對打若在斜坡之地宜於下坡掘坎置火由上驅下倘蝗行不順隨宜酌定如在深谷迴坡草多地少之區則四面圍燒一炬可盡不必惜償價小費也

水田捕蝗法

蝗落稻田倘遇不便捕打之時惟鳴金放炮多執布縱長竿吶喊繞逐如集於稻穗禾巔須俯身循畛或用柳枝苕帚埽之或用舊鞋底摑之呼噪逐撲蝗必驚飛卽如法兜

赶使至旱地停落乃可合力捕打如正當二時不飛之際卽用筲箕栲栳之類左右抄掠傾入布囊或蒸或煮或搗或焙或石灰醃貯或掘坑焚燒其有跳落水畛者仍用木棍釘鞋底逐步摑殺為力較易大抵水田難於麥地捕蝗難於除蝻薛灰石灰麻油篩酒之法必不可少先使其不傷禾苗然後可相機捕打苟非豫事謀求臨期必致貽悞

相時捕蝗法

一捕蝗每日惟有三時五更至黎明蝗聚禾稍露浸翅重不能飛起此時撲捕為上策又午間交對不飛日落時蝗聚不飛捕之皆不可失時否則無功

一蝗初生翅尚軟弱不能奮飛即翅硬之蝗過太陽高亦多潛伏草根此時正須急捕一說蝗蝻夜間身翅沾露必於卯辰二時羣出大路或地頭向太陽晒翅此時捕捉亦較易

一蝗蝻之性最喜向陽辰東午南暮西按向逐去各順其性方易有功否則亂行多費人力勦除無序反致蔓延

一蝗性見火即撲應於隴首隙地多掘深壕三更後壕內積薪舉火蝗俱撲入趁勢堵捕可以盡殲雖日間捕撲已淨之地恐有零星散匿難於搜尋夜間再用此法始可淨絕根株

一蝗性立秋前行向西南立秋後行向東北捕捉挖溝圍牆相時順勢各有所宜

一蝗從遠處飛來其力已衰乘其初落簇聚未散不能遠飛或用栲栳簸箕攎取或急用魚網罩定速行合撲較平時散開方打者事半功倍

王鳳生曰捕初生之蝻必須聚衆圍打驅諸溝內燒燬及其生翅能飛則以圍打之夫晝夜飭令散捕若捕剩無多零星四散即責成各地戶自行撲捉三者勿紊次序亦無難于淨盡也

攔勦飛蝗法

外來飛蝗在空中高低不等人力難施惟有多帶捕蝗器具一面鎗炮齊發長竿綴縫布幅或紅綠紙等向空搖動尾其後路聲金吶喊追逐仍左右夾護禁其旁飛急分撥人夫或知會前鋪擇地勢稍曠可以施力之處迎頭攔截飛蝗去路亦用鎗炮鑼鈸搖旗呼譟四面合截前隊驚落則羣蝗隨之俱下即照前法撲打掃焚即倉猝不及掘溝但督率人夫或合撲或散撲看其所嚮何方挨步前進沿路搜尋不准間斷一處切勿縱令遠去自謂得計以致滋蔓

其與鄰境交界之處彼處有蝗每易竄入本境須于交界

有蝗處所一律開挖深溝設立窩堡撥夫守望堡外插旗寫堵捕竄蝗字樣如有蝗過界一面隨時堵捕一面飛報廠員率夫迎勦

搜捕遺蝗法

蝗蝻萌動先後不一時一州一邑之內或有數處難保處處撲淨今日捕完亦難保明後日不再續生即果一孽不留此心亦未敢遽放況夫役等積十日半月之勞率多倦怠兼之廠員勤惰不齊農長鄉保人夫奸良不等地方官督察偶疏易墮捏報奸術故凡境內遇有蝗蝻不特挖捕時應上緊赶辦即撲盡之後仍須委員督率鄉保人等不

時巡邏查看有一二遺孽卽行斬絕不可大意印官仍當遴處親探萬勿以公事已竣遽虧此一簣之功也

除蝻斷種法

一每年十月農隙諭各鄉保查地方有湖蕩水涯沮洳卑溼曾經受水之處水草積於其中者據實造册報官集人夫給工食悉行挖刈其叢草聽乾作薪如不可用就地連根翻掘縱火焚燒使草根遺子悉成灰燼永絕萌芽非特得水草炊爨之利已也

謹案水雞一名田雞亦名吠蛤卽青蛙也此物善食蝗蝻故又名護穀蟲古人禁民食水雞亦以其有功於農

捕蝗彙編　卷三　六

事也附記俟采

一飛蝗下子之地形旣高亢土復壚黑又有孔竅可尋宜於冬令未經雨雪之時飭鄉保地主居民細行尋挖入土尺餘挖得形如累黍貫串成毬中有白汁者便是將其擲破或呈官領賞於挖盡處仍用乾草將地土焚燒插標立記交春後該鄉保率地主居民再加細看見有鬆浮土堆找尋小穴立復刨挖勿留遺孽春間看過無子初夏再看以防續生

一本年有蝗處所責令地主佃戶於耡地耘草之便時加尋覓見有蝻孔卽便挖淨不可稍遲將子到官易粟聽賞如玩不搜挖次年一經出土究明起於何處將佃戶枷責地主罰出夫捕滅如違並責（此陳文恭公宏謀遺法最爲便民）

一曾經飛蝗停集之地無論荒熟本人地土責成本人搜查無人管業者責成連界業佃河堤湖灘責成鄉保及附近用水地主人跡罕到之區及官地責成鄉保官地有租戶者責成租戶各自周流搜挖倘敢玩視交春一經出土查明責懲并罰搜捕

一北地農夫於近山濱水土田瘠薄之區每種二三年卽停犁一年以蓄地脈其停犁之歲葑草叢生不異野坡每易生蝻應於二三月土膏旣動農務未忙責成地主將該

捕蝗彙編　卷三　七

土一律犁轉則蝻子自可消滅至飛蝗遺子在田內者亦復不少宜飭各業佃加工翻犁深耕倍耨務令孽種深埋出土較難旣培地利並弭災患切勿大意貽悞

謹案齊民要術掩地雪之法最易滅蝻可以倣行語見第一卷第三條下

宋陳旉農書將欲播種撒石灰渥漉泥中以去蟲螟之害

黃河潤耕耡諭曰穀旣收之後地未凍之先卽將地犁耕以受雪澤明歲無蟲患

潘曾沂豐豫莊課農區種法云三伏天太陽通熱田水

朝踏夜乾若下半日踏水先要放些進來收了田裏的
熱氣連忙放去再踏新水進來養在田裏這法則最好
不生蟲病
一飛蝗停落處所鄉保逐一標記並先將村莊保長業佃姓氏造册報官遇便下鄉按册查驗有無蟲孔會否搜挖分别賞罰以示勸懲
一收買蝗蝻民瘼攸關地方官不可自分畛域以悞人自悞如有隣縣接壤居住人民挖出蝻孽就近來縣呈繳者亦一體給價買收切勿吝費推諉道光十六年春間湖北興國州蔣牧收買江西瑞昌縣民人蝗種可以爲法

一買蝻自應設廠以便民或值閒暇之時廠局停閉人役散歸小民有挖得蝻子赴衙門呈繳者照例速行給價把門人役如有攔阻需索情事枷責革役仍須問明來歷從何處挖得共有多少有無餘孽一一查明後或立飭該地鄉保查明或親帶本人馳赴該處親查庶免鄉保蒙蔽而奸民亦不敢以隣境之蝗及預藏宿蝻欺賺買價矣
史侍御茂捕蝗事宜事疏曰捕蝗不如捕蝻捕蝻不如滅種捕蝗捕蝻非草率而爲也未發塞其源既萌絶其類方熾殺其勢生長必有其地蠕動必有其時驅除必有其器經畫必有其法故必於閑暇無事之時爲未雨綢繆之計謹案此數語捕蝗之法已備故附録之

正本清源法

一省愆過　孔穎達詩經正義以螟螣蟊賊皆長吏貪殘所致王充論衡云蟲食穀者部吏所致也食則侵漁加罰於蟲所象類之吏則蟲滅息矣今境内生蝗　上憲不加參劾許以撲捕贖罪已屬倖免若不洗心滌慮速改前愆有靦面目誠死不足惜矣
一急禱祈　禱祈未效不可怠既效不可矜不效不可愠西山先生之言所當銘諸座右素衣蔬食其文也殫力竭心其實也爲民請命何敢不誠省已悔罪何敢不懼盡捕

撲之職將以體神之意宣神之威天工人代此類是也
一理寃枉　鄒陽下獄六月飛霜孝婦沈寃三年不雨怨氣結而災眚見感召之理有必然者故欲化沴爲祥此爲首務
一寬羈禁　一户株連六親廢業一夫縲絏八口號呼況被証尚容保候餘人何事留羈押繫之苦有甚於囹圄者矣布德行仁所當加意
一省刑罰　農忙停訟盛暑減刑所以重民事順天時也況飛蝗在野宜何如感召天和呼謈盈庭忍入耳乎故盜賊爲害者懲治之捕撲不力者責罰之其餘一切爭訟到

案速為訊結茍有可矜必加出宥萬不得已亦從末減

一緩追呼　捕逐飛蝗不容稍緩時刻兼之先時防範後事搜遺黎民捄死不遑鄉保奔走靡定此時催科傳喚一切暫停俾得專心捕事

一緝盜賊　捕蝗之時傾家俱出擾攘之際宵小難防地方官於蝗發之候先出示申禁實力嚴拿屆期於捕蝗村庄處所多派幹役晝夜廵守查緝有犯必從重懲治

一任賢能　今之州縣佐貳無幾小邑惟一教官一典史汎弁之在城與否尚不可知除典史居守外教官又多皆耄不足委任勢不能不求諸地方賢紳士然必平時有知

人之明禮士之恩服民之政乃能出心力以相報否則各有身家恐呼之未必應也

一廣覘聽　平日勤恤民隱虛心下訪紳士進見隨時講求鄉保農長業佃到案公事畢後即歷歷查詢密行劄記不厭再三小民日怵聽聞自不敢怠忽從事即隣境人來亦必從容咨採得以先事堵防官以民為心民自以官之心為心若高居默坐徒恃文告寄耳目於委員未為良法也

一勤藝植　愚民之情燃眉則急痛定則忘惟在為上者申惕其害順導其利使知所以各謀其身家凡多蝗之區未來之先宜廣種何物以避害既盡之後宜補植何物以捄飢相其土宜時其節令擇王禎農書之說倣陳珦吳遵路之法宋陳珦知徐州久雨珦謂待晴種時已過募富家得豆數千石貸民布之水中水未盡涸而豆甲已露遂不艱食吳遵路事見卷一諄諄勸課任怨任勞迨大利既興偏災不害而後仁人君子之心始無憾也已

謹案後漢桓帝紀詔司隸校尉部刺史曰蝗蟲為害水變仍至五穀不登人無宿儲其令所傷郡國種蕪菁以助人食宋史查道傳知虢州蝗災道知民困極急取州麥四千斛貸民為種民困由此而蘇得盡力耕耘之事又荒政輯要載

國朝乾隆八年高文定公斌疏奏直隸各屬旱災乘雨補種蔓菁蔬菜藉以療饑且久旱得雨八九月正值普種秋麥之時民間多種一畝來春獲一畝之益尤為補捄要務並飭地方官親詣四鄉勸諭雨後廣為布種資以牛力秋麥春麥接種無悞則來春生計有資民氣可復以上三條與陳吳二公種豆之法皆前事可師者類附記之以俟臨民者採擇

捕蝗彙編卷四

史事四證

紫陽縣知縣陳　僅編述

蝗避善政

漢卓茂爲密令視民如子教化大行天下大蝗河南二十餘縣皆被其災獨不入密縣界督郵言之太守不信自出案行見乃服焉

光武時宋均爲九江太守虎皆渡江而去中元元年山陽楚沛多蝗其飛至九江界者輒東西散去由是名稱遠近

戴封字平仲對策第一擢拜議郎遷西華令時汝潁有蝗災獨不入西華界督郵行縣蝗忽大至督郵其日即去蝗亦頓除一境奇之

馬稜爲廣陵太守治化大行蝗蟲皆入江海化爲魚蝦

魯恭拜中牟令郡國螟傷稼犬牙緣界不入中牟河南尹袁安聞之疑其不實使仁恕掾肥親往廉之恭隨行阡陌俱坐桑下有雉過止其傍傍有童兒親曰兒何不捕之兒言雉方將雛親瞿然而起曰所以來者欲察君之政迹耳今蟲不犯境一異也化及鳥獸二異也豎子有仁心三異也久留徒擾賢者耳

趙熹爲平原太守青州大蝗侵入平原界輒死歲屢有年百姓歌之

宋賀德郘號戎菴湖廣荆門人宰臨邑遇荒旱設法賑濟全活數萬人鄰境之蝗蝻雲湧而臨邑獨無人皆異之至今崇祀不絕

修德化災

唐太宗時畿內有蝗上入苑中掇數枚祝之曰民以穀爲命而汝食之寧食吾之肺腸舉手欲食之左右諫曰惡物恐成疾上曰朕爲民受災何疾之避遂吞之是歲蝗不爲災

宋太宗淳化三年春正月不雨蝗三月乃雨時連歲旱蝗是年尤甚帝手詔宰相曰朕將自焚以答天譴翌日大雨蝗盡死

眞宗咸平戊年秋九月時連歲旱蝗帝問學士李廸曰旱蝗薦臻將何以濟迪言陛下土木之役過甚蝗旱之災殆天以警陛下也帝然之遂罷諸營造禁獻瑞物未幾得雨青州飛蝗赴海死積海岸數百里

梁蕭修徙梁秦二州刺史人號慈父將秋遇蝗修躬至田所深自咎責功曹史王廉勸捕之修曰此由刺史無德所致捕之何補言卒忽有飛鳥千羣蔽日而至瞬息之間飛蝗遂盡而去莫知何鳥州人表請立碑頌德

元順帝時秋七月河南武陟縣禾將熟有蝗自東來縣尹張寬仰天祝曰寧殺縣尹毋傷百姓俄而魚鷹羣飛啄食之

明永樂二十二年五月濬縣蝗蝻生知縣王士廉以失政自責齋戒率僚屬耆民禱於八蜡祠越三日有烏數萬食蝗殆盡皇太子聞而嘉之顧侍臣曰此實誠意所格耳

附録　明顧仲禮保定人幼孤事母至孝遇歲凶負母就養他鄉七年始歸時蝗蝻徧野食其田苗仲禮泣曰吾將何以爲養母之資乎言未已狂風大起蝗蟲盡被吹散苗得不傷　謹案此亦陸曾禹所記觀此事知非

獨長吏當修德化災卽民人受害者亦當改過遷善以挽回氣數陸氏所云忠孝感神捷如桴鼓怨天尤人者徒自增其罪戾誠非虛語也

責重有司

唐元宗開元四年山東大蝗民祭拜坐視食苗不敢捕宰相姚崇奏曰秉彼蟊賊付畀炎火此古除蝗詩也古人行之於前陛下用之於後古人行之所以安農陛下用之所以除害盧懷慎曰凡天災安可以人力制且殺蟲過多必戾和氣崇曰昔楚王吞蛭而厥疾瘳叔敖斷蛇而神乃降今蝗幸可驅若縱之穀且盡殺蟲活人禍歸於崇不以諉公也乃出臺臣爲捕蝗使分道殺蟲勅委使者詳察州縣勤惰者各以名聞蝗害遂息

宋謝絳論救蝗有云竊見比日蝗蟲亘野坌集入郭郭而使者數出府縣監捕驅逐蹂踐田舍民不聊生謹案春秋書蝗爲哀公賦歛之虐又漢儒推蝗爲兵象臣願令公卿以下舉州府守臣而使自辟屬縣令長務求方畧不限資格然後寬以約束許便宜從事期年條上理狀參攷不誣奏之朝廷旌賞録用以示激勸

宋淳熙勅蝻蝗初生若飛落地主鄰人隱蔽不言者保不卽時申舉撲除者各杖一百許人告報當職官承報不受

理及受理而不親臨撲除或撲除未盡而妄申淨盡者各加二等諸官司荒田牧地經飛蝗住落處令佐應募人取掘蟲子取不盡因致次年生發者杖一百諸蝗蟲生發飛落及遺子而撲掘不盡致再生發者地主耆保各杖一百諸給散撲取蝗蟲穀而減尅者論如吏人鄉書手攬納稅受乞財物法諸係工人因撲掘蟲蝗乞取人戶財物者論如重録工人因職受乞法諸令佐遇有蟲蝗生發雖已差出而不離本界者若緣蟲蝗論罪并在任法

元史食貨志每年十月令州縣正官一員巡視境內有蟲蝗遺子之地多方設法除之

明永樂九年令吏部行文各處有司春初差人巡視境內遇有蝗蟲初生設法捕撲務要盡絕如或坐視致令滋蔓爲患者罪之若布按二司不行嚴督所屬巡視打捕者亦罪之每年九月行文至十月再令兵部行文軍衛永爲定例

厚給衆力

漢平帝時詔民人捕蝗者詣吏以斗石受錢

晉天福七年飛蝗爲災詔有蝗處不論軍民人等捕蝗一斗者即以粟一斗易之有司官員捕蝗使者不得少有措滯

宋熙寧八年八月詔有蝗蝻處委縣令佐躬親打撲如地方廣闊分差通判職官監司提舉分任其事仍募人得蝻五升或蝗一斗給細色穀一斗蝗種一升給粗色穀二斗給銀錢者以中等值與之仍委官燒瘞監司差官覆按倘有穿掘打撲損傷苗種者除其稅仍計價官給地主錢數

陸曾禹曰此詔給穀既云詳盡而又償及地主所損之苗不但免稅而且償其價數捕蝗而至此詔可云無間然矣

宋紹興間朱子捕蝗募民得蝗之大者一斗給錢一百文得蝗之小者每升給錢五百文

陸曾禹曰蝗蝻害人之物除之宜早不可令其長大而肆毒也故捕蝗者不可惜費得蝗之小者寧多給之而勿吝也蓋小時一升大則豈止數石文公給錢大小迥異不可爲捕蝗之良法歟

成法四證

馬源捕蝗記

康熙五十四年乙未桐大飢邑侯祖公秉圭設賑至春末飢者皆有起色矣而邑東南濱江之地接踵以蝗告緣去歲蝗所過遺種土中及四月中旬蝻生徧野厚尺居民顧麥禾在田相望駭愕至號泣疾赴愬於公公星馳莅其境

勸捕身自著草笠芒鞋衣便衣行沮洳中杖其不力者而捐穀以酬效力者量所撲蝗子以斗如其數盡易之日百十石蝻之生者日滋於是問計於縣佐李君李君前佐蒲臺捕蝗有成績遂以其法出散於民循而用之甫廿餘日而蝗滅濱江之民慶更生涵邑皆嘖嘖歎異予聞叩其法李君曰蝻所生大約在蘆渚麥畦間撲之先渚而後畦俟刈麥畢未晚毋爲先蹂躪已成之麥在蘆渚者植木爲柵四周之薙其蘆以纏蓋更番擊之可盡然此爲蝻生旬日內者言耳既踰旬便能躍尺許外法當分地爲隊隊役夫五十人環渚斬蘆爲一街三面以夫守前掘溝長率三四

丈上濶尺七寸下二尺五寸深一尺兩面修令平溝底匝三尺餘掘一坎然後伐其蘆自後逵之溝邊乃呼三面守者合驅之鳴金以趨之蝻躍至溝而墜厚以土掩之其蘆渚之深廣者距溝遠難盡驅之入掘兩溝則費工法于艸間所掘溝爲二面濠先驅其一面盡續從對面驅之畢入溝而後瘞其驅之也宜徐急則旁入溝所勿容人立見人則奔回蝻出十六七日生半翅其行如水之流將食田禾矣如前以竹柵堵兩旁於中埋蘇缸伺其來之路蝻行自入于缸中可以布袋收之分隊之法每隊夫五十領以亭長鄉三老吏卒等四五人探蘆中有蝻處立長竿布旂以

表之爲一圍次第施治日限其捕十圍雖不能殄絕餘十之一二定不能便盛如捕之散去至夜定還聚一所次日又撲之卽絕矣又曰蝻子之行也恒東向其壯而飛也能浮水面渡河渠其首尾各有一蛆生十八日而飛又十八日而遺子九十有九蛆旋食之而死蝻之生在白露前者不久卽斃無遺患過白露而遺子則來春始生土人宜各誌其處思所以預防之至翅成而飛則無撲滅之法惟聽農夫之驅逐自守其疆則不免以隣爲壑耳予聞之而嘅然也春秋于宣公十五年書曰冬蝝生傳曰幸之也注謂蝝冬生而不成螽不爲物害故喜而書愚謂此聖人謹小愼微之旨雖不成災而猶書示警非以爲幸也假令生當耕耘之日不知其憂悚當何如或以其微小而忽之毫末不折將尋斧柯縱以唐宗之吞食姚相之詔捕而南畝之罹其害者已多矣余故感吾邑令佐兩公勤民之厚意又喜其立法詳而欲垂于後世也是以記

陸桴亭世儀除蝗記

蝗之爲災其害甚大然所至之處有食有不食雖田在一處而截然若有界限是蓋有神焉主之非漫然而爲災也然所爲神者非蝗之自爲神也又非有神焉爲蝗之長而率之來率之往或食或不食也蝗之爲物蟲焉耳其種類多其滋生速其所過赤地而無餘則其爲氣盛而其關係

民生之利害也深地方之災祥也大是故所至之處必有神焉主之是神也非外來之神卽本處之山川城隍里社厲壇之鬼神也神奉上帝之命以守此土則一方之吉凶豐歉神必主之故夫蝗之去蝗之來蝗之食與不食皆有責焉此方之民而爲孝弟慈良敦樸節儉不應受氣數之厄則神必佑之而蝗不爲災此方之民而爲不孝不弟不慈不良不敦樸節儉應受氣數之厄則神必不佑則蝗以肆害抑或風俗有不齊善惡有不類氣數有不一則神必分別而勸懲之而蝗於是有或至或不至或食或不食之

分是蓋冥冥之中皆有一前定之理焉不可以苟免也雖然人之於人尚許其改過而自新乃天之於人其仁愛何如者寧視其災害戕食而不許其改過自新乎故世俗遇蝗而為祈禳拜禱陳牲牢設酒醴此亦改過自新之一道也顧改過自新之道有實有文而又有曲體鬼神之情殄滅祛除之法何為實反身修德遷善改過是也何謂文陳牲牢設酒醴是也何謂曲體鬼神之情殄滅祛除之法蓋鬼神之於民其愛護之意雖深且切乃鬼神不能自為祛除殄滅必假手於人焉所謂天視自我民視天聽自我民聽也故古之捕蝗有呼噪鳴金鼓揭竿為旗以驅逐之者有設坑焚火捲埽瘞埋以殄除之者皆所謂曲體鬼神之情也今人之於蝗俱畏懼束手設祭演劇而不知反身修德祛除殄滅之道是謂得其一而未得其二故愚以為今之欲除蝗害者凡官民士大夫皆當齋祓洗心各於其所應禱之神潔粢盛豐牢醴精虔告祝務期改過遷善以實心實意祈神佑而仿古捕蝗之法於各鄉有蝗處所祀神於壇壇旁設坎坎設燎火火不厭盛坎不厭多令老壯婦孺操響器揚旗旛噪呼驅撲蝗有赴火及聚坑旁者是神之靈之所拘也所謂田祖有神秉畀炎火者也則捲埽而瘞埋之處處如此即不能盡除亦可漸減苟或不然束手

坐待姑望其轉而之他是謂不仁畏蝗如虎不敢驅撲是謂無勇日生月息不惟養禍於目前而且遺禍於來歲是謂不智當此三空四盡之時蓄積毫無稅糧不免吾不知其何底止也

蝗最易滋息二十日即生生即交交即復生秋冬遺種於地不值雪則明年復起故為虐最烈小民無知驚為神鬼不敢撲滅故即以神道聽之雖曰權道實至理也鎮江一郡凡蝗所過處悉生小蝻即春秋所謂蝝也凡禾稻經其緣嚙雖秀出者亦壞然尚未解飛鴨能食之鴨羣數百入稻畦中蝝頃刻盡亦江南捕蝝一法也是年冬大雪深尺民間皆舉手相慶至次年蝗復生蓋巖石之下有覆藏而雪所不及者不能殺也四月中淫雨浹旬蝗遂爛盡以此知久雨亦能殺蝗也

李令鍾份捕蝗法

雍正十二年夏余任山東濟陽令聞直隸河間天津屬蝗蝻生發六月初一二間飛至樂陵初五六飛至商河樂商二邑羽檄關會余飛詣濟商交界境上調吾邑恭和温家四里鄉地預造民夫册得八百名委典史防守班役家人二十餘人在境設廠守候大書條約告示宣諭曰倘有飛蝗入境廠中傳炮為號各鄉地甲長鳴鑼齊集民夫到廠

每里設大旗一枝鑼一面每甲設小旗一枝鄉約執大旗地方執鑼甲長執小旗各甲民夫隨小旗小旗隨大旗大旗隨鑼東庄人齊立東邊西庄人齊立西邊各聽傳鑼一聲走一步民夫按步徐行低頭捕撲不可踹壞禾苗東邊人直捕至西盡處再轉而東西邊人直捕至東盡處再轉而西如此迴轉撲滅勤有賞惰有罰再每日東方微亮時發頭炮鄉地傳鑼催民夫盡起早飯黎明發二炮鄉地甲長帶領民夫齊集被蝗處所早晨蝗沾露不飛如法捕撲至大飯時飛蝗難捕民夫散歇日午蝗交不飛再捕未時後蝗飛復歇日暮蝗聚又捕夜昏散回一日止有此三時

可捕飛蝗民夫亦得休息之候明日聽號復然各宜遵約而行諭畢余暫回看守城池倉庫至十一日申刻飛馬報稱本日飛蝗由北入境自和里抵温里約長四里寬四里余即飭吏具文通報關會鄰封星馳六十里二更到廠查問據稟如法施行已除過半黎明親督捕撲是日盡滅遂犒賞民夫據實申報飛探北地飛蝗未盡余即在境隄防至十五日巳刻飛蝗又自北而來從和里連温柔兩里計長六里寬四里蔽天沿地比前倍盛余一面通報關會一面著往北再探速即親到被蝗處所發炮鳴鑼傳集原夫再傳附近之谷生土三里鄉地甲長帶民夫四百名共名夫千二百名勸勵力大捕自十五至十六晚盡行撲滅[illegible]餘禾苗無損探馬亦飛報北面飛蝗已盡又復報明各憲余大加褒獎鄉地民夫每名捐賞百文逐名唱給冊外尚有餘夫數十名亦一體發賞鄉地里民歡呼而散次早郡守程公亦至彼查看問被蝗何處民指其所守見禾苗如常絲毫無損大訝問故余具以告守亦贊異焉

任邱令任宏業布牆捕蝻法

裁白布二段寬二尺二三寸長一丈一尺聯爲一幅橫披作牆又於牆根添布半幅備用兩頭各縫一木杆中間分置三杆相去二尺五寸零一牆共有五杆竿頭加以鐵尖

用時札地作眼然後以木杆揷入穩立不動其牆根下幅之布軟鋪在地隨取土石壓住不使有縫蓋因蝗子體小乘隙即逃全賴半幅軟布圍障固密始得便於捕捉此牆排立可方可圓大小隨施長短任意每兩頭相接之處用夫拖住免致欹斜凡蝻子初發狀若螞蟻如蓋簟地而不大只須用布牆數幅就地圍作一城遣三四小童進內各持箕帚埽入簸箕儘數取出爲功甚速如蝻子初長狀如蒼蠅行走成片就於地頭先掘一壕以布牆圍壕作城三面緣障獨留一面用夫各執小棚條順勢驅蝻奔投壕內隨即捕收裝入布袋以完爲度如蝻子已長生鞍跳躍亳

延寬長不及掘壕速取布牆左右分夫排立地頭兩牆夾合互疊七八尺中留夾道道口埋瓦甕或大瓦盆用夫驅蝻逼入夾道蝻子爭跳欲出堆高尺許牆外預備人夫手垂牆內攔住蝻子捧取入袋有逸出者隨在甕盆用夫撲捉納入袋中倘有跳出甕盆之外者預遣數童排立手指掐拾見即撲殺雖長行數里只要多置布牆逐段分捕無不淨盡此項布牆地方官須多製數十幅以應急需若村鎮中有巨商富戶情願捐置數幅左近地畝遇有蝻子萌動使種地之人借此布牆立即圍捕以之除害保禾且省官役滋擾於農事大有稗益

捕蝗彙編終

捕蝗要訣

（清）錢炘和 撰

《捕蝗要訣》，該書成於清代，但是未題撰者姓名，錢炘和最早將其作序刊行，有學者據此認爲該書爲錢氏所撰，今錄以備參。

該書由圖十二幅、《除蝻八要》與《捕蝗要説》二十則三個部分組成。先繪圖示，配以扼要的文字説明，總結『布圍式』『魚箔式』『合網式』『抄袋式』『圍捕式』等捕蝗十二式。繼而錄《捕蝗要説》二十則，介紹蝗蟲的識別與生活習性，即辨蝗之種、别蝗之候、識蝗之性、分蝗之形。依據蝗蟲的生長特點，總結了不同階段的捕蝗方法，即買未出蝻子、捕初生蝻子、捕半大蝗蝻、捕長翅飛蝗。還闡述了布圍、人穿、刨坑、火攻等主要滅蝗措施；最後論述捕蝗過程中的人員組織、器械準備以及注意事項等。附《除蝻八要》，錄自李星甫《現行捕蝗蝻要法》（亦作《捕除蝗蝻要法三種》）之一篇，其中的内容與《捕蝗要説》也有相似之處，重點介紹了挖荒地、開壕溝、償麥收、置抄袋、勤腳踏、恤夫役、責常偵、加修省等八項滅蝻關鍵技術；書的末尾引用了前人成説，列舉了十三種飛蝗所不食的作物，反映出對蝗蟲食性的認識。

該書區分了飛蝗與土蝗（不傷稼）的不同之處，論述了飛蝗滋生於低濕之地的特徵以及生長、發育規律，總結出不同階段的不同捕滅措施，還針對地方官員組織捕蝗之舉，提出恤夫役、責常偵、設廠收買、收購檢查等注意事項。全書條例清楚，文字淺白，結合所繪各圖以及配文，易記易用，便於推行。

該書版本較多，各版書名也略有不同，有的題作《捕蝗要説》，有的稱爲《捕蝗圖説》。有咸豐六年（一八五六）直隸刻本，咸豐七年陝西刻本，同治八年（一八六九）湖北崇文書局本，同治十一年江寧藩署本、光緒十七年（一八九一）江蘇書局本等。今據南京圖書館藏同治八年（一八六九）湖北崇文書局本影印。

（熊帝兵　惠富平）

捕蝗要訣

除蝻八要

同治八年楚北崇文書局開雕

捕蝗要訣序

往歲畿輔旱蝗
天子下詔咨嗟賑貸災歉並
申諭捕蝗之策直隸錢藩士方伯刊捕蝗要訣頒發所屬
時吾陝　中丞曾卓如先生爲大京兆見而稱之謂
足禦災捍患也今閏月之末同州郡屬五廳州縣以
飛蝗告　中丞出是書命刊行之昔唐姚崇捕蝗而
歲以豐是蝗非捕不可聞愚民惟事賽神僉曰是有
神焉慎勿傷傷之恐愈多果爾則田祖有神秉畀炎
火之謂何且神依人而行人果不憚勤勞合力驅除

神必相之未有不憫小民之疾苦而縱物殃民者也願各司牧躬率農人亟仿圖說而行之以去螟螣而致綏豐庶仰副

聖心之憂勤惕厲而不負　中丞勤邺民隱之意也夫

咸豐七年夏六月陝西布政使司司徒照謹識

錢臻士方伯原序

竊炘和滇南下士，通籍後分發川省，備員十稔，調任畿疆，守津九載，深悉民風。本年春蒙

恩超擢，旬宣兢業自持，未嘗稍懈。惟是直隸雖素淳厚，近因水旱頻仍，兵差絡繹，戶鮮蓋藏，民多菜色，亟求圖治之方，庶幾俱臻豐稔。乃入春後雨澤頻沾，來牟有慶，六月即患雨多，交秋又復潦旱，永定決口，黃水橫流，患旱患蟲，不一而足，正深焦灼。忽於七月二十六日申酉之間，又有飛蝗自西南而來，飛過經時，停落何方，未據州縣具報，已分委確查。但民瘼攸關，頗深

憂懼茲查有舊存捕蝗要說二十則圖說十二幅語簡意賅寔捕蝗之要訣爰付剞劂通行查辦俾各牧令有所依據仿照撲捕或亦消患未萌轉歉爲豐之一助云爾

咸豐六年七月杪直隸布政使司錢炘和幷識

布圍式

布圍一扇，用粗布兩幅，縫成一幅，長一丈，寬二尺四五寸。不可太長，以過長則軟，且不便捷也。每幅兩頭包裹木竿一根，圍圓三寸許，長三尺許。木竿下包尖鐵鏃一個，以便插入土內。如蝗勢寬廣，則用兩三扇接用。

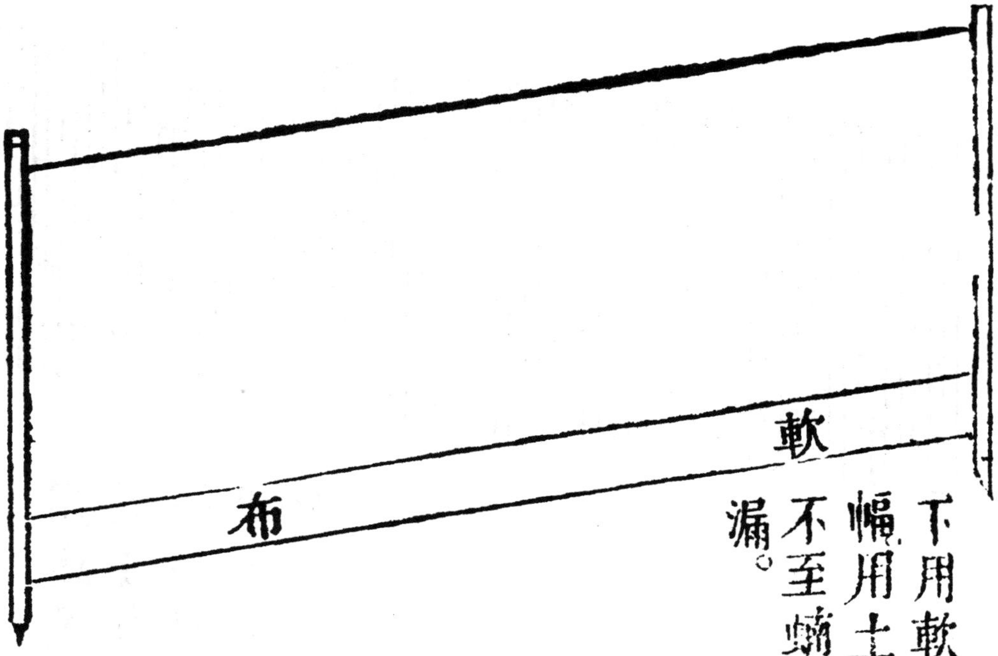

軟

布

下用軟布半幅，用土壓住，不至蝻孽脫漏。

魚箔式

魚箔一扇。約長八九尺不等。高三尺有餘。用蘆葦結成，近水村莊。家家皆有。如蝻子長大。布圍不及，用魚箔更爲便捷。

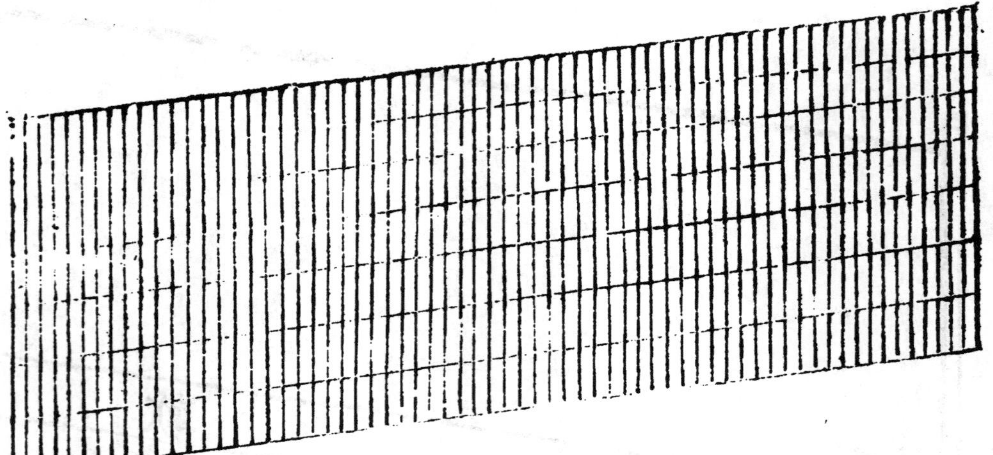

用鐵掀掘深五寸。看蝗蝻來路。迎面下箔。與布圍無異。

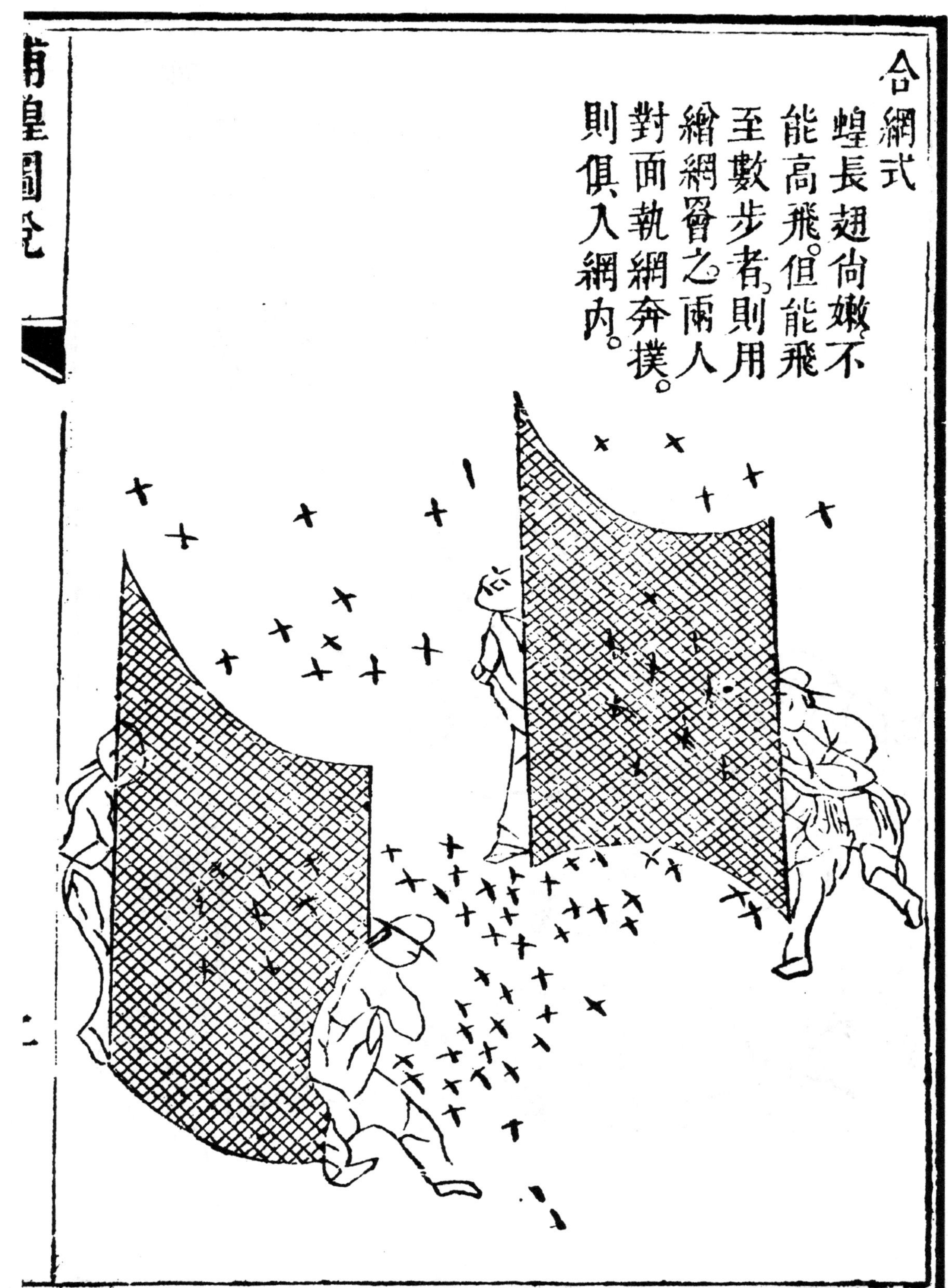

合網式

蝗長翅尚嫩、不能高飛。但能飛至數步者、則用繒網罾之。兩人對面執網奔撲。則俱入網內。

抄袋式

有翅之蝗。露尚未乾，雖不能飛。捉則縱去者，用小魚斗、及菱角小口袋抄之。

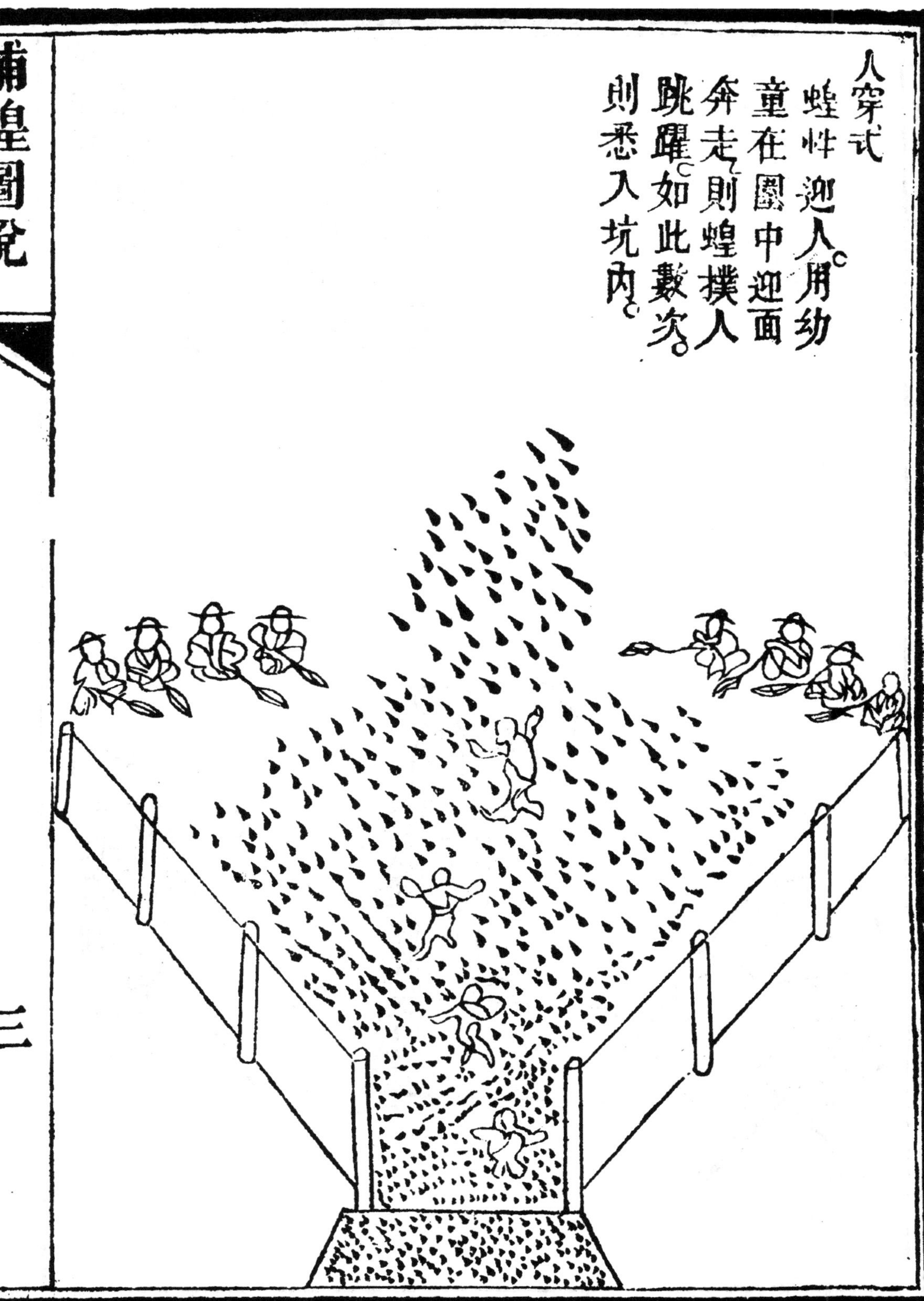
捕蝗圖說
三
人穿式
蝗性迎人。用幼
童在圍中迎面
奔走。則蝗撲人
跳躍。如此數次。
則悉入坑內。

坑埋式

蝻子捕入口袋。則掘大坑埋之。傾入一袋蝻子。則以水拌石灰灑入一層。永不復出。或用大鍋就地作竈煮之。

掃蝻子初生式

蝻子初生。不能飛走。只須用人執笤帚掃入壕内。每一壕約計寬一尺。長或數丈不等。兩邊用鐵掀鏟光。上窄下寬。

此係子壕在大壕之中。每個相隔數步。内或再埋罈甕之類。則滑溜不能跳出。

撲半大蝻子布圍式

此用布圍與箔同。蝻子來路已淨。則空面亦合圍撲之。

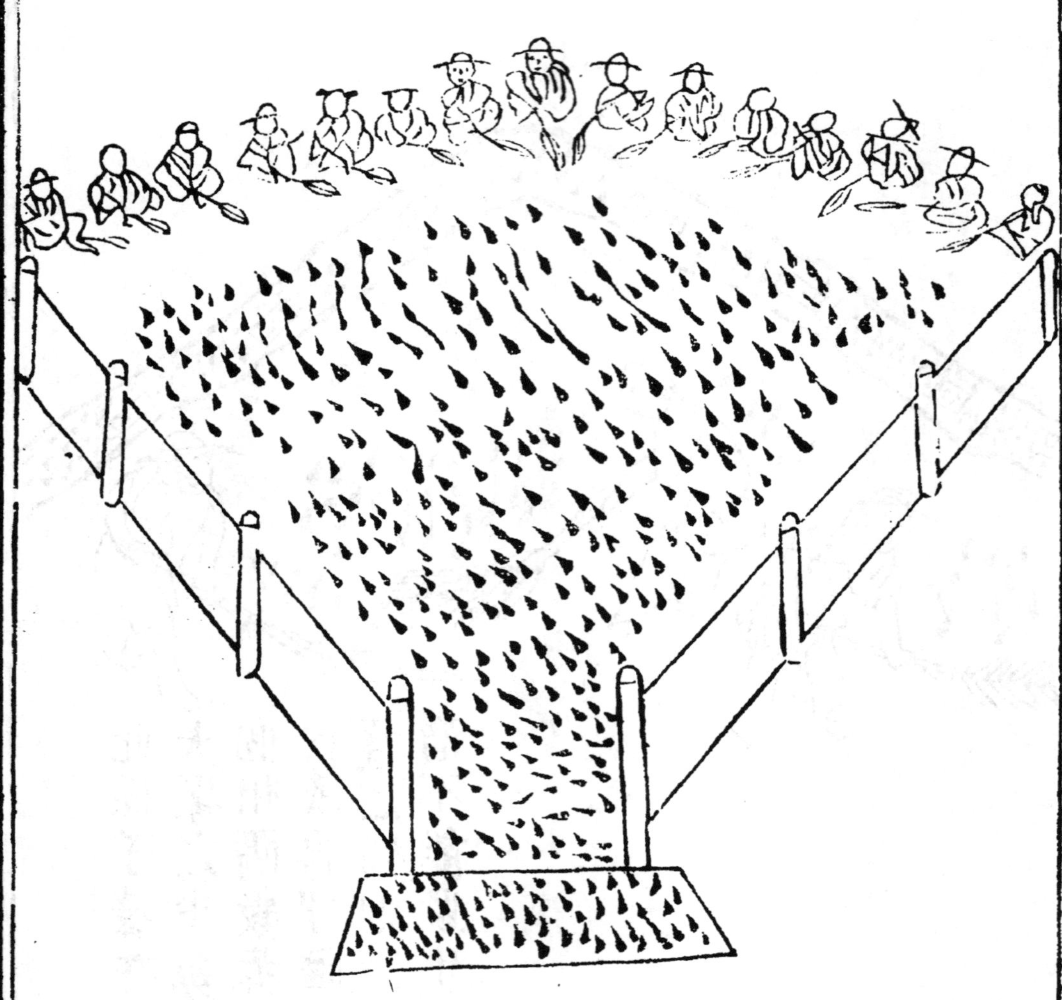

撲牛大蝻子箔圍式

兩面圍箔，後掘大坑，中用子壕，前用夫圍打，空一面迎風以待，其來則蝗皆入圍。

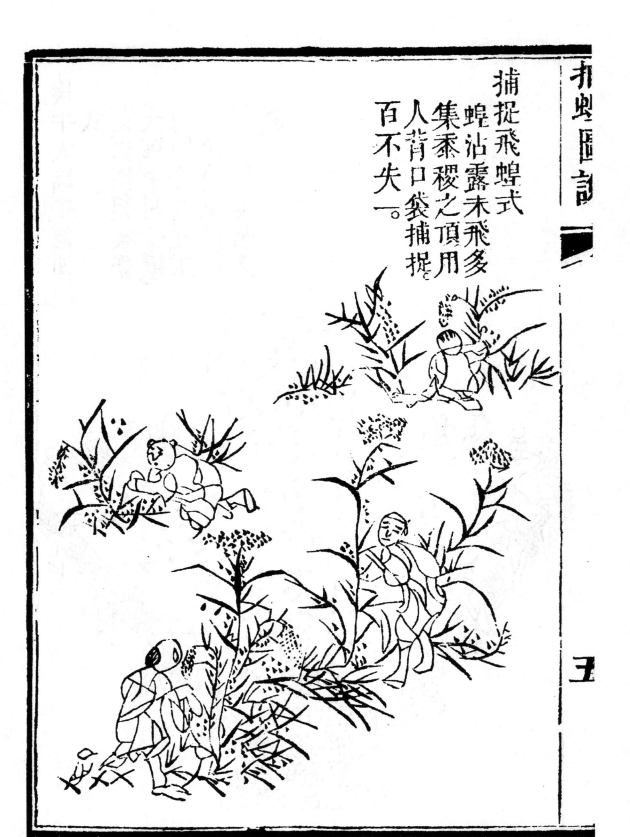

捕捉飛蝗式

蝗沾露未飛，多集黍稷之頂，用人背口袋捕捉。百不失一。

圍撲飛蝗式

日出則蝗易飛。四面輕輕圍撲。以漸收籠多趨中央將次合籠。則齊聲用力。即有飛去亦可得半至飛蝗在天。恐其停落即施放火鎗及鳴鑼趕逐則不復落。

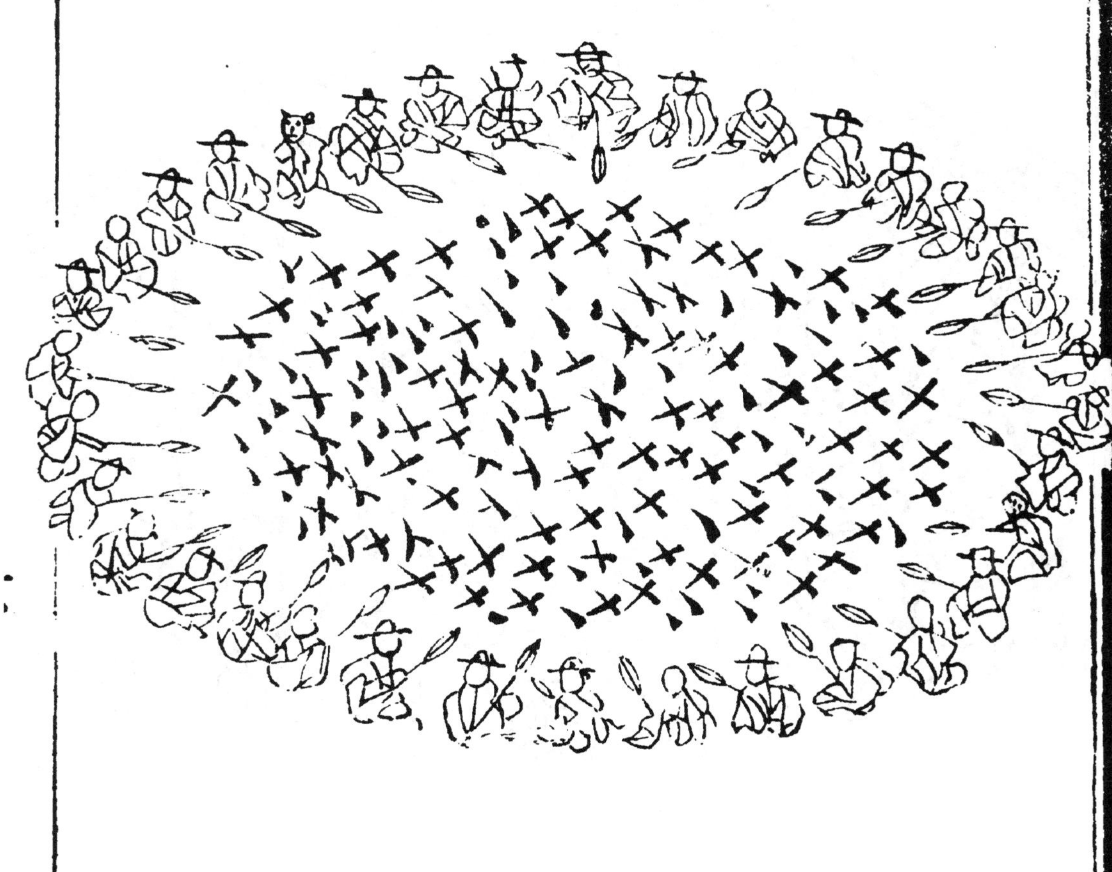

撲打莊稼地內蝗蝻式

蝗蝻在莊稼地內則用夫曲身持刮搭在根下赶撲順隴而行遍赴壕內或赶出空地再行撲打庶不損傷禾稼

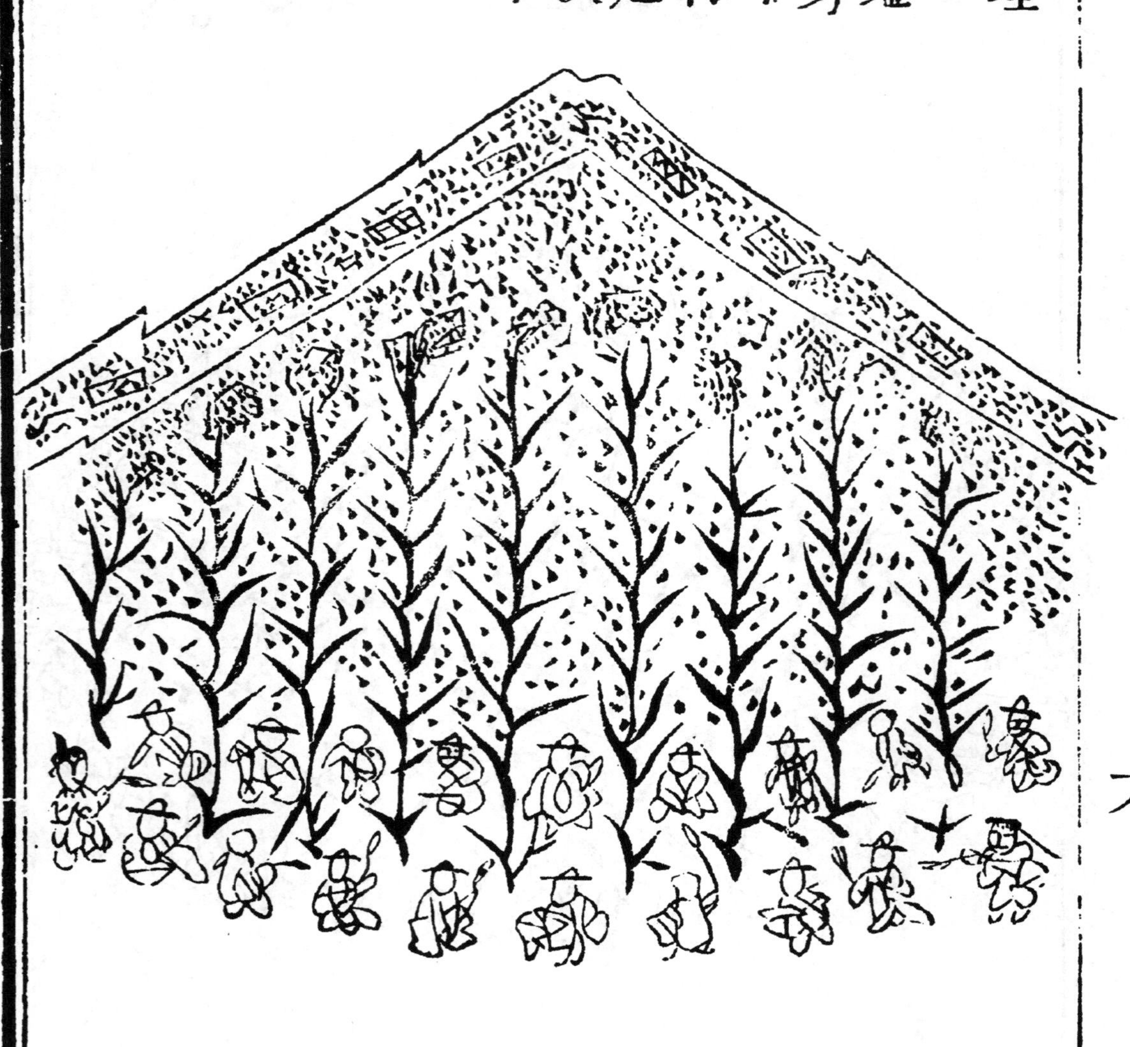

除蝻八要（蝗初生曰蝻爾雅注蝝蝮蜪皆蝗未生翅者即蝻也宋史始有蝻字）

客秋陝境患蝗皆自豫晉飛來曾作治飛蝗捷法迨捕蝗將終遺子在地又作搜挖蝗子章程茲值夏初邑境復報蝻生自咎前此搜挖未淨即馳赴有蝻處與諸農民力遏之作除蝻八要

一曰挖荒地 上年搜挖蝗子凡經蝗落地段均已尋覓蟲孔刨取殆盡迨種麥時又各加工翻犁宜其無復遺孽然其中有搜挖不到者如山地之有荒坡原地之有陡坎灘地之有馬厰墳地之有陵墓義園官塚祖塋皆爲蝻子淵藪是宜多派民夫同各地主墳主

復尋蝗孔。及蝗子蠕動處。一律刨挖。約連草根去浮土三寸許。添以柴薪草稈。覆堆焚燒。夏初。土內尚有未出蝗子。其已出者。初生如蛆。稍長如蟻如蠅。非細加審視。不能辨認。即蓋以浮土。終亦必出。故以連土燒過爲妙。

一曰開濠溝。蝻未生翅。只能跳躍。高約四五寸。遠約七八寸。若就地挖溝。長與地齊。深二尺。面寬一尺。底寬一尺五寸。兩邊俱用鐵鍬鏟光。蝻至溝邊。必自落下。不得復出。是宜相定地勢。山地則就下坡爲溝。平地。則先審蝻所向處爲溝。蝻勢散亂。則沿地畔爲四面溝。又或地長。則開三四橫溝。地濶則更可作十字溝。

井字溝蝻性好躍每於巳午未三時、用長竹竿插入麥叢左右搖動。其驅而納之者必多。如其在地不跳、亦有溝以限之。可以設法捕除。且免貽害鄰地。（予在馬廠治蝻開挖長壕二百餘道復於壕內多挖圓洞蝻自投入。凡挖溝所起之土。宜置地角上。不得堆塞溝邊。如蝻已落溝即用草稈焚燒覆以原土。）

一曰償麥收。上年陝省西南各州縣。蝗落三次。其第三次。正值種麥之時。故有遺子在地。挖除未盡。以致蝻孽萌生。現查如有蝻多之處。實係蝻從地出。必得拔去禾稼。方能淨絕根株。惟捕蝗損傷禾稼。例應照畝分晰踐損分數。官爲給還工本。俱依成熟所收之數而償之。先給五分。餘看四邊田鄰所收。再行加足。今欲辦理迅速。兼恤農民。宜責成紳保確查。何處蝻多。劃清段落。應去禾稼若干。約議收成分數。官爲賠償麥價。即時照數實發。以慰民志。蝗生子多聚一處。故蝻在禾梢。或成大片。其下必有遺子。就此拔禾除之。幷非滿地全拔。蝻性一觸便動。拔禾時必將四畔先挖壕溝。以免跳起。

一曰罾抄袋。麥地之蝻。早晚多抱麥穗。零星散布。亦有停聚一處者。惜麥則留蝻。撲蝻則傷麥。一時實難下手。因仿捕蝗要訣所載抄袋一法。試之頗覺有效。其法以白布縫成尖底口袋。謂之菱角袋。上用篾圈爲口圓圓二尺一寸長一尺二寸袋口繫以竹竿約長八尺為柄與撈魚蟲之袋相似捕蝻者持竿向隴分畛潛行不必入地祇相定有蝻處左右抄掠蝻自裝入袋內其驚落地面者待其復起抄之先取密處後向稀處不過早晚抄掠三四次可期地無遺蝻亦不損麥如在二麥揚花時此法便不可用然終不能惜麥留蝻也蝻質輕弱日晒則伏必於早晨下午始赴禾梢吸露此時捕取較易徐芝圃司馬令民於蝻附麥穗時各持竹籠潛行入地手攪麥穗向籠邊一擊蝻皆墮入誠捷法也於蝻多處尤宜

一曰勤腳踏 治蝻成法如用布牆插地以攔之皮掌繫

桿以摑之，又或圈以葦箔，罩以綱罾，掃以柳枝笤帚。此皆可施於空地，而不可施於禾田；可施於孳生徧野之時，而不可施於散漫零星之際。陸曾禹論捕蝗，有用皮鞋底及舊鞋草鞋，蹲地撲打一節，其法最爲簡便。但以手持鞋底，擊諸鬆浮土上及禾兜草根，均不得力；且蹲地撲打，運動亦必不靈，不若卽令民夫均穿布底鞋，勤用脚踏，一踏未斃，則必再踏，隨蝻所至，捷如影響。故可更番磨擦，亦可四面合圍。此在禾稼地內，可以循畛用脚踏去。若於空曠處所，用合圍法，仍須挑壕。

此楊周臣大令所議。便捷莫過於是。其言曰：踏時要眼力脚力俱到，最爲得竅。

一曰恤夫役。官局收買小蝻，較買蝗價至十數倍，本可鼓舞羣情。但蝻質最輕，難有成數，甫經出土，又非徧地皆有，往往尋捕終朝，所獲不及一二兩。若僅照數給價，必致人人解體。現在按十家牌法，派撥民夫，地少則派本村之牌甲，地多則及鄉鄰之牌甲。宜先照名數日給口食，（每名每日給錢三四十文不等。）牌甲長隨時督率，復從優賞。早晚則令依法捕取，日中則令相地刨挖，所獲蝻子，另行送局照數領價，庶小民樂於趨公而勤惰亦有區別。

昔朱子捕蝗，募民得蝗之大者，一斗給錢一百文；得蝗之小者，每升給錢五百文。陸氏曰：小者一升，

大者豈止數石。故捕
蝻尤不可吝費也。

一曰責常偵。　查捕蝗事宜。有設立農長以專責成之法。現在捕挖蝗蝻。均由鄉約督辦。應即以鄉約爲農長。飭將有蝻地畝。坐落界畔。及地主佃戶姓名。造具清冊。送呈過磅。仍交該鄉約檢存。所有地段。均責成鄉約早晚分投察看。倘經此次挖捕之後。再有蝻孽蠢動。無論在不在地。即令種地之人。自行迅速捕除。不得任其生翅遠飛。轉瞬麥田收割。亦難保無續出之蝻。四散跳越。務令將麥稈留長二三寸。周圍添草引燒。該鄉約一面督眾撲打。所獲之蝻。送局收買。其地段均令刻期翻犁。由鄉約報官查驗。倘有違悞。即將該鄉約及地主佃戶。分別枷示罰捕。

夏初蝗子在地不日即出。故以汲汲翻犁爲要。所起土塊必須捶破仔細尋覓。拾獲蝻子仍准送局領價。

一曰加修省。鄉民稱蝗爲神蟲。不敢捕。謬矣。甚或有不肖鄉保藉端斂錢。設壇念經集社演劇。男婦雜遝膜拜田間。尤屬不成事體。

國朝崇祀

劉猛將軍。上年復加徽號。欲使天下臣民。悚然知有驅蝗正神。平時敬謹供奉。臨事虔誠禱禳。冀以禦災捍患之中。仍寓福善禍淫之道。有司爲民請命。必先反躬責己。偹此蝻孽甫生。正可於踏勘所至。召集父老子弟。開導儆惕。使之生其改過遷善之念。果能遇災而懼。官民一心。所以感格神明。消除戾氣者。孰踰於是。此除蝻中正本清源之意也。

郡邑皆有八蜡祠。其八曰昆蟲也。俗所謂蟲王指此。不得稱劉猛將軍廟爲蟲王廟也。

附載秋禾諸種。

黃豆　菉豆　黑豆　豇豆

芝麻　大麻　檾麻即苧麻之屬

棉花　蕎麥　苦蕎

芋頭即白芋 洋芋 紅薯俗名紅藷即藷蕷也六七月皆可種

以上皆蝗蝻不食之物。見呂氏春秋、羣芳譜、農政全書及各捕蝗事宜。至用稈灰石灰麻油篩灑之法。已附治飛蝗捷法之末。不復載。

六

捕蝗要說二十則

一辨蝗之種

蝗蝻之種有二。其一，則上年有蝗，遺生孽種，次年一交夏令，即出土滋生；其一，則低窪之地，魚蝦所生之子，日蒸風烈，變而為蝗。大抵沮洳卑濕之區，最易產此，唯當先事預防，庶免滋蔓貽害。

一別蝗之候

飛蝗一生九十九子，先後二蛆，一蛆在下，一蛆在上，引之入土。及其出也，一蛆在上，一蛆在下，推之出土。出土已畢，則二蛆皆斃。大抵四月即患萌動，十八日而能飛，交白露，西北風起則抱草而死其五六月間出者生子入土又十八日即出土亦有不待十八日而即出土者如久旱竟至三次第三次飛蝗生子入土則須待明歲五六月方出

一識蝗之性

蝗性順風西北風起則行向東南東南風起則行向西北亦間有逆風行者大約順風時多每行必有頭有最大色黃者領之始行撲捕者刨坑下箔去頭須遠若驚其頭則四散難治矣蝗性喜迎人人往東行則蝗趨西去人往北去則蝗向南來欲使入坑則以人穿之喜食高粱穀稗之類黑豆芝蔴等物或葉味苦澁或甲厚有毛皆不能食

一分蝗之形

蝗初出土色黑如煙如蚊如蟎漸而如蟻如蠅兩三日漸大日行數里至十餘里不等并能結毬度水數日後倒挂草根褪去黑皮則變而爲紅赤色又十餘日再倒挂草根褪去紅皮則變而爲淡黃色即生兩翅初時兩翅軟薄跳而不飛迨上草地晾翅見日則硬再經雨後溽熱薰蒸則飛颺四散矣至閒有青色灰色其形如蝗者此名土蟎蚱又謂之跳八尺不傷禾稼宜辨之又蝗蝻正盛時忽有紅黑色小蟲來往阡陌飛游甚速見蝗則嚙嚙則立斃土人相慶呼爲氣不憤不數日內則蝗皆絕迹矣

一買未出蝻子

蝗蟲下子。多在高埂堅硬之處。以尾插入土中。次年出土。雖不能必其下於何處。然亦可略約得之。每年嚴飭護田夫刨挖。大抵有名無實。惟有收買之法。每蝻子一升。給米一斗。庶田夫可以出力。

一捕初生蝻子

蝻子初生。形如蚊蟻。總因惰農不治。以致滋蔓難圖。應乘其初出時。用笤箒急掃。以口袋裝之。如多。則急刨溝入之。無不撲滅淨盡。

一捕半大蝗蝻

蝻子漸大，必須撲捕。雇夫既齊，五鼓時，鳴金集衆，每十人以一役領之，魚貫而行。至蝻於蝗集甚厚處所，或百人一圍，或數百人一圍，視蝗之寬廣以爲準。每人將手中所持撲擊之物，彼此相持，接連不斷，布而成圍，則人夫均勻，不至疎密不齊。既齊之後，席地而坐，舉手撲打，由遠而近，由緩而急。此處既淨，再往彼處。一處畢事，稍休息以養民力，自可奮勇趨事。

一捕長翅飛蝗

蝗至成翅，能飛則尤爲難治。惟入夜則露水沾濡，不能奮飛，宜漏夜黎明，率衆捕捉。及天明日出，則露乾翅硬，見人則起宜看其停落寬厚處所用夫四面圈圍撲擊此起彼落此重彼輕不可太驟不可太響則彼向中跳躍漸次趨籠逼緊一人喝聲則萬夫齊力乘其未起奮勇撲之則十可殲八否則驚飛羣起百不得一矣交午則雌雄相配盡上大道此時亦易撲打宜散夫尋撲不必用圍

一布圍之法

蝗蝻來時驟如風雨必須迎風先下布圍如無布圍則取魚葦箔代之但葦箔稍疎閒有乘隙而過者宜用人立於箔後手執柳枝視蝗集箔上卽隨手掃之圍圈既立網開一面以迎蝻子來路如在正北下圍則東西面用人圍之

正南則空之以待其來。來則順風趨箔盡入溝坑之中。

一人穿之法

圍箔立後，爭趨箔中。但其行或速或緩，亦有於圍中滾結成團，不復飛跳者，則宜用人夫由北飛奔往南，彼見人則直趨往北，人夫至南則沿箔繞至北面，再由北飛奔往南，如此十數次，或數十次，則咸入甕中矣。

一刨坑之法

蝻子色變黃赤時，跳躍甚速，宜多挖壕坑，先察看蝻子頭向何處，即於何處挖壕，但不可太近，以近則易驚蝻子之頭，彼即改道而去，且恐壕未成，而蝻子已來，則將過壕而逸也。其壕約以一尺寬爲率，長則數丈不等。兩邊宜用鐵掀鏟光，上窄而下寬，則入壕者不能復出。壕深以三尺爲率。一壕之中，再挖子壕，或三四個、四五個不等，其形長方，較大壕再深尺餘，或於子壕中埋一瓦甕。凡入壕蝻子，皆趨子壕，滾結成毬，即不收捉，亦不能出。

一火攻之法

飛蝗見火則爭趨投撲，往往落地。後見月色，則飛起空中。須迎面刨坑，推積蘆葦，舉火其中。彼見火則投，多有就滅者。然無月時，則投撲方多。

一分別人夫

人夫有老幼之殊。强弱之別。靈蠢之分。萬不能盡使精壯丁夫前來應命。必須親爲撿擇。驅使得宜。如刨坑挖壕。則須强壯。彼此輪流。用力衰老者。則使之執持柳枝。看守布箔。勿使蝻子偷漏。幼小者。令入圍穿跑。使蝻子迎人入甕。手眼靈敏者。使之守甕。滿則裝載入袋。如此區分。則各得其用矣。

一齊集器具

器具不全。則事倍而功半。刨坑下箔。需用鐵揪、木揪、鐵鋤、鐵钁。圍打蝻子。則需用布帳、葦箔、及水缸、瓦甕。撲打則需用鞋底、刮搭、竹笤箒、楊柳枝。網取飛蝗。則需用大魚網、小魚罾、菱角、抄袋、粗布口袋。每人須令携帶乾糧。并帶水稍。每百人派二人汲水供飲。不致臨時病渴。

一論勛賞錢

重賞之下。必有勇夫。每日所雇之夫。給與錢文。如大片蝗蝻已淨。其零星散漫不能布圍者。即酌量蝗勢多寡。限定勛數。此一日或撲或捕。至晚總須交完幾勛。方足定數。此數之外。再多一勛。給錢或十文。五文。再多二勛、給錢或十文、二十文。如此則撲捕倍切勤奮矣。

一設厰收買

設厰、擇附近適中之地。最宜廟宇。有蝗處少。則立一厰。有蝗處多則立數廠或同城教佐或親信戚友搭蓋蓆棚明張告示不拘男婦大小人等於雇夫之外捕得活者或五文一觔或十文一觔或二三十文一觔蝗多則錢可少蝗少則價宜多男婦人等聞重價收買則漏夜下田爭趨捕捉較之撲打其功十倍一面收買一面設立大鍋將買下之蝗隨手煮之永無後患亦可刨坑掩埋但恐生死各半仍可出土不如鍋煮爲妙但須隨時稽察恐捕得隔鄰之蝗爭來易米則鄰邑轉安坐不辦將買之不勝其買矣

一查廠必親

行軍之法躬先矢石則將士用命捕蝗亦然每日必須親

身赴廠騎馬周歷跟隨一二僕從毋得坐轎携帶多人虛應故事到廠後既設立圍塲即宜身入圍中見有撲打不用力搜捕不如法及器具不利疏密不勻者隨時指示明白告戒怠惰者懲戒之勤奮者奬賞之飲食坐立均宜在廠如此則夫役見本官如此勤勞自然出力若委之吏役家丁彼既不認眞辦理亦必不得法終屬無益

一 祈禱必誠

鄉民謂蝗爲神蟲言其來去無定且此疆彼界或食或不食如有神然有蝗之始宜虔誠致祭於八蜡神前默爲禱祝令民共見共聞如不出境則集夫搜捕務使淨絕根株

亦以盡守土之職耳。

一勿派鄉夫

鄉村愚民。既有私心。又多懶惰。捕蝗本非所樂。若再出票差、經鄉保派撥。勢必需索使費。派報不公。且窮苦黎民。亦難枵腹從事。宜捐廉辦理。人給大制錢四十文。或五十文。俾有兩餐之資。則自樂於從事矣。

一勿傷禾稼

農民最畏捕蝗。首在傷損禾稼。宜曉示明白。如有踐踏田禾者。立即懲治。先從高粱蘼稷菽中。閧出空閒處所。然後撲擊。如一望茂密。別無隙地。則用鞋底刮搭。用舊鞋底前後夾以竹片。

以繩縛之。撲擊最爲得力。鄉民謂曰刮搭。從高粱根下撲之。勿致有損。庶百姓退無後言。

安驥集

（唐）李石 撰

《安驥集》，（唐）李石撰。李石，生平和時代不詳。《宋史·藝文志》説該書是李石撰，但未説明李石是何時人。《陜西經籍志》以爲李石是唐朝的宗室。有學者認爲該書的附圖具有唐代風格，内容上與唐代醫學有相仿之處，應屬唐代著作。也有學者認爲，書的各篇内容不一定是李石撰的，較有可能是隋唐時代太僕寺的一些獸醫博士所寫的教材，由李石組織編輯而成。據南北宋之間僞齊時新刊本序，全書應是四卷，可能包括醫三卷、方一卷。藥方單獨成書時名《安驥藥方》。金元時期，增補成八卷本，增補的内容爲北宋王愈《蕃牧纂驗方》、金朝人的《黄帝八十二問》和《新添馬七十二惡汗病源歌》等。

全書對馬病診斷治療有較系統的論述。本書在相馬外形學中，首先提出選育良馬要查閲良馬的血緣系譜；在旋毛論中指出中國古代馬的六十個優良品種的毛色特性。本書收錄的《伯樂針經》是現存最早的獸醫針灸文獻，所列的穴位至今仍在獸醫臨床上廣爲應用。收載的四篇五臟論中獸醫臟腑學説、經絡學説的經典著作，自宋至今的許多中獸醫書都予轉抄，作爲理論依據。馬病診斷和防治是本書的核心，診斷時也以疾病各論的形式分述各病的症候特點，『造父八十一難經』和『黄帝八十一問』側重症候診斷；『看馬五臟變動形相七十二大病』和『新添馬七十二惡汗病源歌』屬兼及症候診斷和治療的疾病各論；『三十六起卧病源圖歌』和『三十六黄』『二十四黄』『瘡腫病源論』等是腹痛起因和瘡黄疔毒症的專論。《安驥藥方》和《蕃牧纂驗方》爲唐宋時期的方藥書，其中有些處方至今仍在臨床上應用。明代重刊序中曾交代刊印此書的目的是『俾師以是而教，子弟以是而學』，説明自唐至明，歷代都以此書作爲獸醫學教材。

該書曾經多次翻刻重印。僅明代就有監本、增廣監本、重刻增廣監本補闕注解等版本，均已佚失或殘存。國家圖書館有八卷本，南京圖書館有殘存的五卷本。一九五七年中華書局出版五卷殘本。一九五九年經鄒介正校注和補闕，農業出版社出版完整的八卷本。今據國圖藏明刻本影印，部分漶漫處，以南圖藏明刻本補配。

（惠富平）

安驥集序

竊聞之以生物為心者天地之至仁
也以愛物為心者聖人之至仁也故
聖人在位以萬物各得其所為極致
故草木魚鼈咸若夫草木魚鼈至微
物也且欲俾之咸若矧夫馬者乾健
之體類馬師中之吉賴馬詎可無仁
術以培其生乎此安驥集為司馬家

天

所甚珍也蓋自師皇濬其源伯樂導
其流孫陽衍其派而後天地聖人之
至仁於斯盡發其蘊矣予以萬曆癸
巳之春履此任仰思
朝家設官之意顓為馬政席未暇煖
分詣各監閱視孳牧見其豐肥騰趯
者屢屢四五病瘵羸瘠者十之五六
遂督牧者亟授之良劑僉委以之明

[illegible]醫試國以集中
語[illegible]歷歷能對之且訴予云歲久當
不[illegible]閑還伏田野少時曾受此集於
中[illegible]尊故我屬迄今猶能志之予太
息曰其人存其政舉其人亡其政息
語不虛哉於是即命各監正與之處
立為師選牧軍子弟識字者從習其
業仍頒此集於各監乃集四卷天地
人三卷即文貞揩其一通玄論字迹
漫滅因謀諸僚佩王君玉溪翻刻之
可為全書矣藉令從此牧馬多良無
忝庶幾於天地聖人之仁心
朝家設官之本意而不愧云　時
萬曆癸巳季夏春吉日　即萬曆廿年　廿四十八年
大中大夫陝西苑馬寺卿兼按察司
僉事諸城張世則謹序

重刊安驥集序
安驥集者亦自黃帝八十二問
以來蓋已有之其訂馬骨相論
馬證治施鍼用藥悉有根據歷
千百世之為馬醫者莫之能違
也洪惟我
國家經理疆土以關陝為西北
重地設寺監以司馬政施牧有
地孳息有制所以為防邊固
國之計者至矣奈何承平日久
民生不見干戈視馬政為常事
居是職者率皆因陋就簡日積
月累消耗殆盡
皇上居安思危欲圖興復用紓西
顧之憂乃
采廷議以南京太常寺[illegible]楊吉

生文章政事為天下望送進都
察院左副都御史督理其事
璽書丁寧命以提督便宜之權先
生既至凡百廢典次第盡興舉
之運始被委清理既而荷
簡命為卿寔任其責馬先生猶慮
監苑久無良醫馬病則束手待
斃恐難收蕃息之效于是命選
選取各監苑俊秀可學子弟幾
數十名延請諳曉醫師以專訓
迪顧安驥集板行已久多漫滅
不可讀且陝西地僻遠醫書者
不易致先生乃取善本稍加校
閱命工鋟梓遍給監苑暨諸衛
所邊堡俾師以是而教子弟以
是而學嗚呼是集也調養有法
醫療有方將自是全陝之馬可
免横災可冀蕃息是亦吾儒愛
物立教之一端也他日駃牝蔽
野雲錦成群以無負
皇上興復之志於三邊兵事大有
裨益不于是而始耶刻既完霆
僭為之序用紀歲月云
弘治十七年甲子夏六月既望
太中大夫陝西苑馬寺卿前陝
西等處承宣布政使司右參政
太原車霆序

新刊校正安驥集序

尚書兵部阜昌五年十一月二十四日准
內降付下
都省奏朝散大夫尚書戶部郎中兼權侍郎
權兵部侍郎馮長寧等劄子成忠郎皇城司
准備差遣權大總管府都轄官兼權帳前統
領軍馬盧元賓進呈司牧安驥集方四冊奉
聖旨可看詳開印施行此政令之急務長靈
等嘗觀周禮夏官列校趣巫牧瘦圉之職其
言乘皇廄校之數芻秣阜蕃之事乘治壓養
之宜與夫祭祀之禮攻執之時各有條理禮
記月令又載班馬政蓋仲夏長養之時故游
牝別羣縶騰駒所以班其阜蕃之政季秋肅
殺之時故教田獵習五戎所以班其軍事之
政是知馬者國之大用兵之先務也馬援曰
馬者甲兵之本唐史和曰馬者兵之乎用徵
古馬之息耗雖因於時亦在牧養得其法耳
漢初自天子不能具醇駟而將相或乘牛車
其後行復卒之令民有馬運者復卒三人又
造苑馬以廣用至武帝初街市有馬阡陌成
群乘牸牝者擯而不得聚會于時有東門京
作銅馬法詔立於金馬門廄後援和松善別
名馬於交趾得駱越銅鼓鑄為馬式備數家
骨相詔置宣德殿下唐初得突厥馬一千疋
又得隋馬三千疋於赤岸澤及貞觀後馬七
萬疋置八坊八坊之馬為四十八監由是有
監牧牝群牧閑廄等使自張萬歲失職馬政
遂廢及王毛仲領職馬稍復始二十四萬至
十三年乃四十三萬天寶以後諸軍戰馬動
以萬計議者謂秦漢以來唐爲最多豈非息
耗雖因時而尤在牧養得其法與
國家乘前宋亂亡之後當黎元塗炭之餘拔
榛棘而洗瘡痍極水火而屏豺虎安民和衆
不得已而用兵強兵之本以騎為先故遣官
市馬於隴右綱維繼至馬數漸廣尚慮孳育
之未蕃詔脩馬政始
命有司看詳司牧安驥集方開印以廣其傳
庶幾市者驗此以知駑驥醫者考此以用灌
針牧者觀此以適其水草之齊秣執之宜如
此則司馬之法不獨稱於周官而牧監監牧
之多匪專美於有唐也今修寫到板樣繳
呈乞詳酌降下開印施行本省尋
具奏
稟取
進止奉
聖旨並依

相良馬論

馬有駑驥善相者迺能別其駑相有能否善相者迺能造其無是以冀北因多馬矣伯樂一過其馬群遂空者非無馬也無良馬也今夫或赤或黃或黑或蒼蟻聚蚊集旅之取立四散惝怳開合萬狀而善相者拂手飛靡指毛命物其質之可取者收書之教殆無遺質自非由外以知內由麄以及精又安能始於形器之近終遂臻於天機之妙哉今列相法于其後以俟能者云

頭

馬頭欲得高峻如削成又欲得方而重宜少肉如剝兔頭壽骨欲得大如綿絮包圭石壽骨者髮所生處也白骨欲得廉而闊又欲長顙■■額欲方而平八肉欲大而明八肉耳下骨也易骨欲直易骨眼下骨也元中欲深元中耳下近頰也頰欲開尺長欲方■■

眼

馬眼欲得高又欲得滿而澤大而光又欲得長大目大則心大心大則猛利不驚目睛欲得如垂鈴又欲得黃又欲光而有紫艷色目匡欲小又欲得端正上欲弓曲下欲直骨欲得成三角皮欲得厚若目小而多白則驚畏瞳子前後肉不滿皆惡目下四滿上瞼■■下瞼欲不健食目赤睫亂眼下無肉皆傷人

耳

馬耳欲得相近而前立小而厚又欲小而銳狀如削竹耳欲促耳小則肝小肝小則識人意聚短者良若根慢及闊而長者皆■

鼻

馬鼻欲得廣大而方鼻中色欲得紅鼻大則肺大肺大則能奔鼻孔欲大素中欲瀨而張■■■水火欲得分■■■■

馬口吻欲長口中色欲得鮮明上唇欲得急下唇欲得緩上唇欲得方下唇欲得厚而多理上齒欲鈎下齒欲鋸頷下欲深喉欲曲而深齒下側齒少食齒左右蹉不相當難御齒欲得深而密淺則不能食又欲得齊而白白則耐齒不滿不厚不能久走斷齗欲得有辨而明舌欲得方而薄長而大色如朱

形骨

望之大就之小筋馬也望之小就之大肉馬也至瘦欲得見其肉至肥欲得見其骨馬頸項欲得厚而強又欲得服而長頸骨欲大肉次之鬐欲得桂而厚且折季毛欲長多覆則肝肺無病髮膊厚毛鬃欲帶中骨高三寸膝中也胸欲直而出臆欲廣兩肩不欲深骨肉欲實鳧間欲開視之如雙鳧雙鳧欲大而上兩鳧[illegible]膺下欲廣一尺已上背欲得短而方脊欲得大而抗脊背欲得平而廣[illegible]筋欲大[illegible]腹欲充又欲平而廣又欲大而垂結腴欲多太道筋欲大而直[illegible]膁欲小膁小則脾小脾小則易養季助欲張脇肋欲大而窪從後數其脇肋過十者良腹下欲有八字腹下毛欲向前腹下陰前兩邊生逆毛入腹帶者駿三府欲齊[illegible]骼骨欲大而長尾本欲大而強尾骨欲得高而垂臂欲得長而膝本欲起[illegible]肘腋欲開髀骨欲短龍翅欲廣而長外肉欲大而明[illegible]股欲薄而博虎口欲闊[illegible]後髀欲廣厚汗溝欲深明直肉欲方[illegible]輸鼠欲方直[illegible]胸肉欲急[illegible]間筋欲短而[illegible]骨欲聚上曲如垂箱

蹄

馬足垂[illegible]欲厚而[illegible]膝骨欲方而庳又欲得圓而張大如杯盂[illegible]欲結而促又[illegible]而大[illegible]骨[illegible]前間骨欲[illegible]前後目[illegible]欲大[illegible]頭欲[illegible]後[illegible]欲大而明後腳欲曲而立蹄欲厚而大又欲厚三寸硬如石下欲深而明其後開欲如鷂翼如[illegible]有能逍者軟

超逸

馬龍顱突目平脊大腹肚[illegible]重有肉此三事備者千里馬也上唇急而方口中紅而有光此千里馬也牙去齒一寸者四百里牙劍鋒者千里目中縷貫瞳子者五百里上下徹或雙瞳人者千里[illegible]鼻孔[illegible]筋[illegible]長毛者五百里[illegible]目中五采盡具五百里[illegible]耳三寸者三百里[illegible]寸者千里耳方者千里如削筒者七百里耳本[illegible]二寸千里[illegible]中生距如雞者五百里腹下陰前兩[illegible]千里[illegible]尺者五百里雙腳脛停[illegible]八百里[illegible]千里溺過前足者五百里[illegible]千里膺下欲廣[illegible]尺以上名曰挾尺能久走[illegible]從後數得十者良[illegible]十二者千里十三者天馬[illegible]滿直肉[illegible]開旨善走

壽天

馬目中五采具[illegible]不有[illegible]十[illegible]紋如王公壽五十如火四十如[illegible]二十如山如水二十如木十八如四八如[illegible]七旋毛在眼箱下四十在[illegible]十二[illegible]箱下十八口中見紅白光如[illegible]中善[illegible]老壽[illegible]不鮮明[illegible]不通明不壽

相馬論終

相良馬寶金篇

相馬不看先代本　　三十二相眼為先　　次觀頭面要方圓

滿箱凸出不[illegible]　　一似[illegible]信口傳　　眼似垂鈴紫色鮮

白[illegible]行五百　　[illegible]如撒豆勿同有

[illegible]若[illegible]如[illegible]　　[illegible]可[illegible]　　口叉須深牙齒遠

舌如垂[illegible]色如[illegible]　　口無[illegible]長命　　唇似[illegible]一般

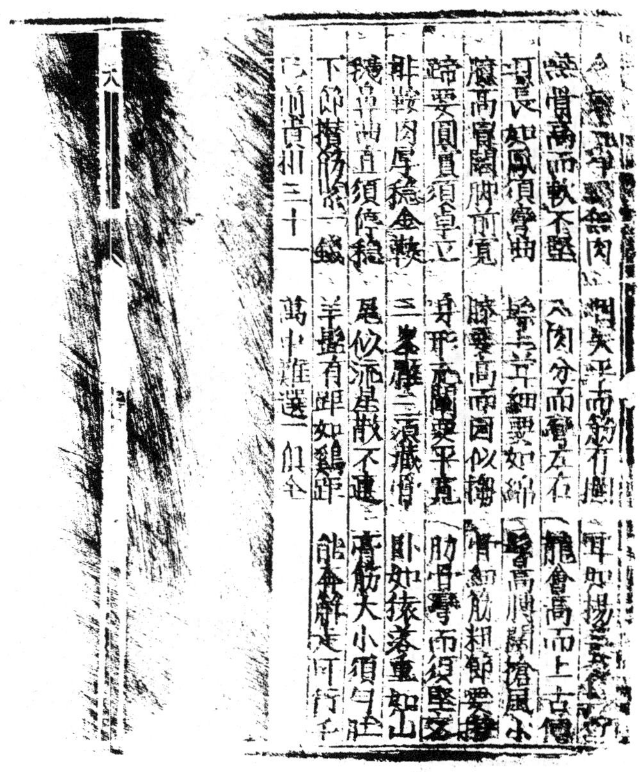
今□□□□無肉 □□□平而鈴有稜 耳如楊葉□□□
頸骨高而軟不堅 尖肉分而彎左右 鬐膊會高而上古傳
項長如鳳須彎曲 膝上筋細要如綿 鬐□高膊闊擒風小
腹高實闊胸前寬 膝要高而圓似鐘 骨細筋粗節要□
蹄要圓實須卓立 身形□闊要平寬 肋骨彎而須堅密
排鞍肉厚穩金鞍 三峯□三源藏骨 卧如猿落重如山
穗骨□□須停穩 尾似流星散不連 膏筋大小須勻壯
下節橫紋□一鐵 羊鬚有距如雞距 能奔解走可行千
已前實批三十一 萬中難選一俱全

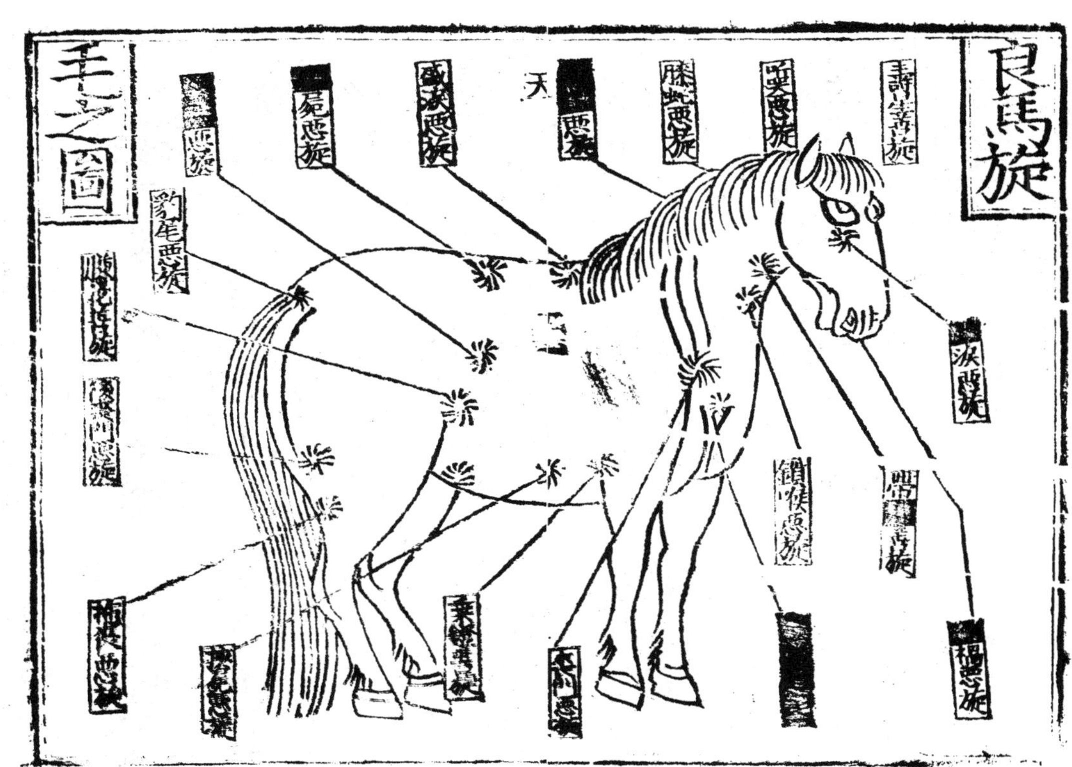

【安驥集】

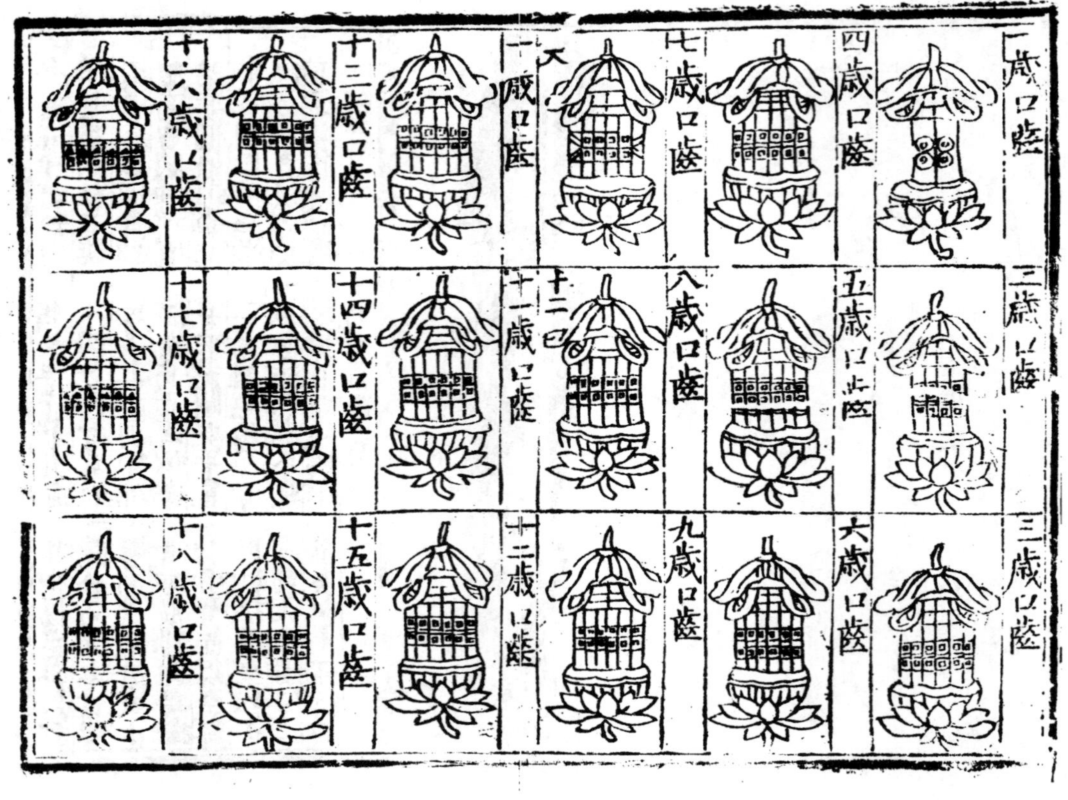
一歲口齒
二歲口齒
三歲口齒
四歲口齒
五歲口齒
六歲口齒
七歲口齒
八歲口齒
九歲口齒
十歲口齒
十一歲口齒
十二歲口齒
十三歲口齒
十四歲口齒
十五歲口齒
十六歲口齒
十七歲口齒
十八歲口齒

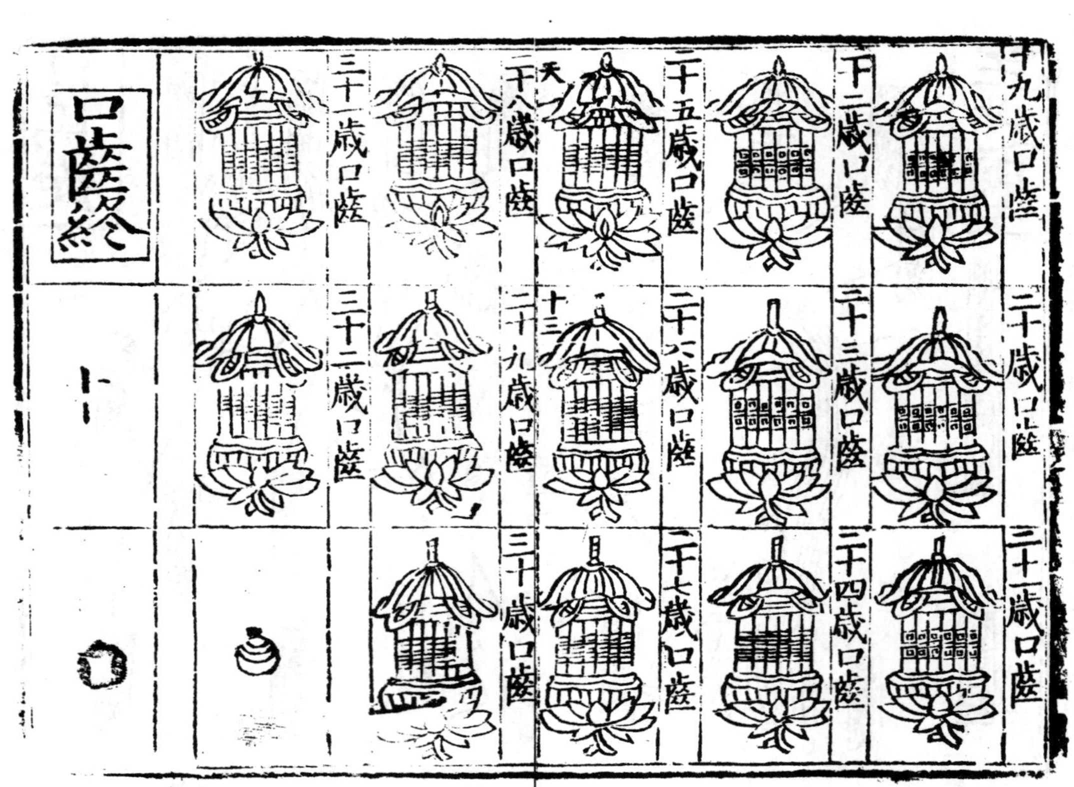
十九歲口齒
二十歲口齒
二十一歲口齒
二十二歲口齒
二十三歲口齒
二十四歲口齒
二十五歲口齒
二十六歲口齒
二十七歲口齒
二十八歲口齒
二十九歲口齒
三十歲口齒
三十一歲口齒
三十二歲口齒
口齒終
十一

旋毛論

毛物之類衆矣其引重致遠堪託死生者惟馬爲可稱焉其行地無疆聖人所以取象於坤也然其種數亦多矣是以此㮣之別有八白紅耳鴛鴦桃花丁香青紫騮騟是也青之別有二曰純青護蘭是也白之有一曰純白是也烏之別有六曰純烏釣星歷面白脚綠鬃護蘭是也騘之別十有一曰白騘釣星歷面白脚烏青花黃荏鐵護蘭是也豬白之別有五曰純豬白釣星歷面白脚護蘭是也騮之別有八曰棗騮金口燕子黃黑釣星歷面白脚足也騧銷之別有六曰純騧紫膊釣星歷面白脚護蘭是也駱之別有五曰純駱釣星歷面白脚護蘭是也騅之別有五曰純騅釣星歷面白脚護蘭是也騟立別有八曰青騟赤紫黃釣星歷面白脚護蘭是也駁騅之別有六曰騃馰乾騟騮紫赤白是也騾之別有七曰赤騾銀鬃青釣星歷面白脚護蘭是也駮之別有三曰純駮銀鬃銀歷是也由此視之其種數之多如此其間質之駑駿性之善惡與夫色之純雜固亦不同不可以一槩而論也如其旋毛之生或在其左或在其右或在其前或在其後而命之以名因其名而遂有古凶之說大抵相馬之法當以形骨爲先旋毛排其一端耳且馬之有旋未必果爲凶也而書之者事或不祥則歸咎於馬以謂馬致然也豈理也哉昔人固嘗有議其居宅者而曰人凶非宅凶茲誠通達之論也苟能明乎此則不謬於馬矣今畧敘其形像及旋毛於右後之博物洽聞者宜有辨焉

旋毛論終

口齒論

三十二歲口齒訣

一歲駒齒二
二歲駒齒四
三歲駒齒六
四歲成齒二
五歲成齒四
六歲肉牙生
七歲角區缺
八歲盡區如一
九歲咬下中區二齒白
十歲咬下中區四齒白
十一歲咬下中區六齒白
十二歲咬下中區二齒平
十三歲咬下中區四齒平
十四歲咬下中區六齒平
十五歲咬上中區二齒白
十六歲咬上中區四齒白
十七歲咬上中區六齒白
十八歲咬上中區二齒平
十九歲咬上中區四齒平
二十歲咬上下盡平
二十一歲咬下中區二齒黃
二十二歲咬下中區四齒黃
二十三歲咬下中區六齒黃
二十四歲咬上中區二齒黃
二十五歲咬上中區四齒黃
二十六歲咬上下盡黃
二十七歲咬下中區二齒白
二十八歲咬下中區四齒白
二十九歲咬下中區六齒白
三十歲咬上中區二齒白
三十一歲咬上中區四齒白
三十二歲咬上下盡白

口齒論終

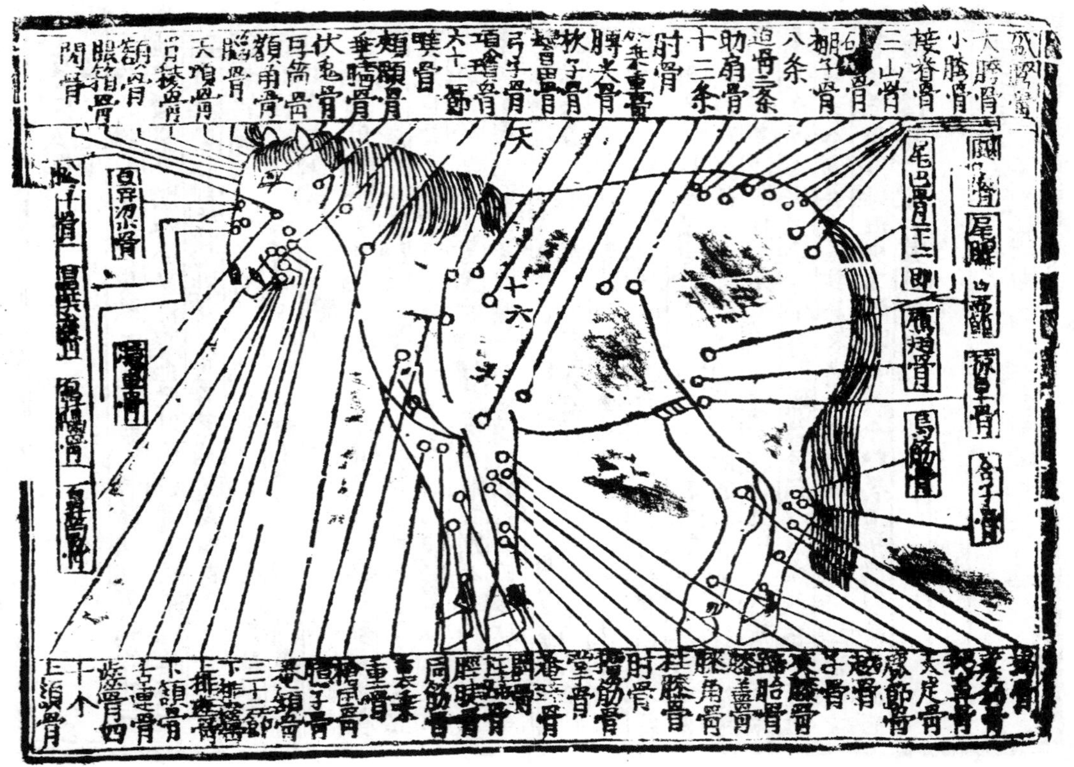

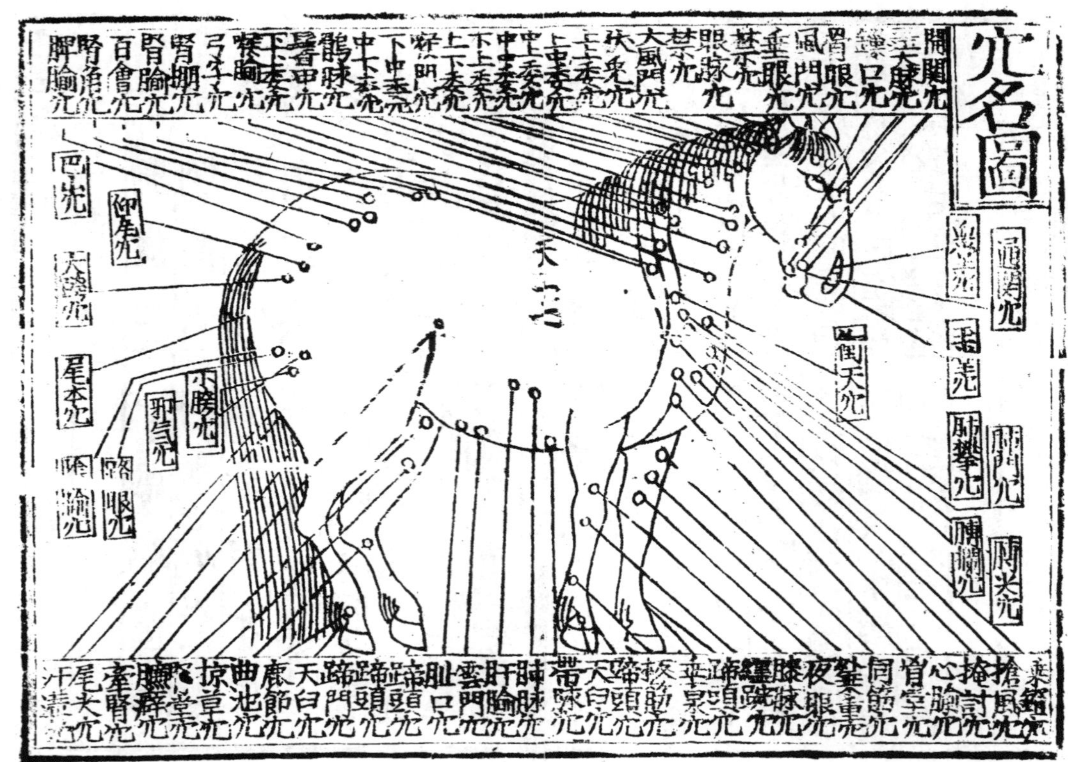
穴名圖

偃[illegible]鍼經

大凡行鍼先知穴道去處深淺補瀉[illegible]然後君手

持鍼左手按穴求行鍼切忌大雨大風[illegible]是禍[illegible]絶命

陰陽分爭不可行鍼用鍼須依穴道看病淺深補瀉損益出氣

為虚入氣為實左轉鍼為補右轉鍼為瀉後按鍼為中補次轉

鍼為中瀉若偏轉一絲不如不鍼隔一毫如隔大山子細審詳

對病行鍼何愁不差具穴道如後

眼脉穴在眼後四指是穴入鍼二分出血[illegible]

下病

鴨脉穴在頰骨下四指是穴入鍼三分出血療五臟積熱

并指[illegible]病之疾

胸堂穴在膺骨兩邊是穴入鍼五分出血療心[illegible]積熱[illegible]

切痛病

帶脉穴在肘後四指是穴鍼入二分出血療[illegible]汗及腸黄病

腎穴在脊尖兩邊相對是穴入鍼三分出血療腰間滯氣及

腎臟風邪把胯病

尾本穴在尾根底四指是穴入鍼三分出血療脊間滯氣[illegible]

腰病

同筋穴在裡乗重膕骨下四指是穴入鍼一分出血療[illegible]

著乗重骨[illegible]痛并心痛病

夜眼穴在夜眼下四指是穴其穴禁止不鍼

曲池穴在兩後脚[illegible]短骨下曲盤凹處是穴入鍼三分出血

療[illegible]短骨腫大及[illegible]骨腫疾病

膝脉穴在膝下四指筋前骨後是穴入鍼二分出血療[illegible]

著夾膝骨腫皮骨[illegible]病

纏腕穴在前[illegible]骨上後[illegible]上筋前骨後是穴入[illegible]

[illegible]穴在前脚[illegible]四穴入鍼三分出血

療[illegible]脚[illegible]病

外[illegible]上共一十八穴[illegible]不得病

上上委　上中委　上下委　中上委　中中委

中下委　下上委　下中委　下下委

已上十八穴入鍼一寸三分療[illegible]頭不得火鍼不

較卵烙若是血氣[illegible]出[illegible]八穴用火鍼於八部

穴尾前短筋已後兩面共有六穴鍼并八部穴是七穴各上

脊梁四指是穴入鍼二寸五分若是冷風吹着及膺下

[illegible]者或臟腑冷氣傳流并內所傷[illegible]補腰溢脾氣

及溢膺若是損傷骨節內斷血脉不通須補補暖血脉[illegible]

痛[illegible]并用火鍼

脾上八穴兩面共一十六穴用火鍼各入一寸療血脉[illegible]

肺氣把胯及脾尖[illegible]大腫痛病

脾尖　脾瀾　衝天　搶風　肺門　肺攀　掩肘

乗鐙

弓子一穴在弓子骨上四指是穴入鍼一寸三分療搐動[illegible]

入脾氣[illegible]病

腰上八穴兩面共一十六穴火鍼各入一寸療內腎積冷[illegible]

把胯病

巴山　路股　大胯　小胯　汗溝　仰瓦　邪氣　臺[illegible]

腰上三穴兩面共六穴腎[illegible]腎及并膝脊骨前百會一

穴共七穴去脊梁四指每穴相離四指火鍼入一寸

五分療內腎積冷氣把腰病

[illegible]在[illegible]第五肋[illegible]一尺五寸是穴

火鍼入一寸療一切四肢冷之病
脾腧穴在從後梁三肋裡自然得挾仰手却合手處是穴火鍼入
一寸療脾胃傷冷脾不打顫脾不磨草
肺腧穴在從之後第九肋裡去脊梁一尺五寸是穴火鍼入一
寸療肺氣滯及肺痛病
兩耳中有一穴二道不得鍼刺
大風門穴在兩耳根後面一指是穴火燒烙鐵圓烙深三分
油塗療卒中破傷風或諸風病
風門穴二道在額上擔睛縣下是穴火燒烙鐵烙深三分療
肝昏腦黃病三穴一名
通關穴二道在舌根底下兩邊是穴入火鍼二分出血療六
脈閉塞舌本脹病
玉堂穴在口內上腭第三稜是穴入鍼二分出血仍用鹽擦
之療五臟伏熱腦壅束口黃病
開關穴二道在口內兩頰上腫處是穴火燒項子烙二分入
鹽擦喉涼氣療上焦壅熱嗽水草難病
喉門穴二道在頰下一指相對是穴病輕即火鍼通關各入
三分重即火燒烙鐵鈴圓療骨脹緊硬嗽水草難病
喉腧穴在頰下四指是穴鍼鉤刀割開脹圓三寸透氣療熱
壅呼吸及束頰黃角地病
雲門穴在大馬胯前二寸小馬二寸半是穴火鍼入一寸療
膀胱積冷停留宿水病
蹄門穴在蹄兩邊是穴火燒烙鐵角點烙出膿油塗療蹄門
筋攣頭腫痛熱脚病
天臼穴在蹄門上窩子是穴用粗火鍼入三分療父患蹄痛
伏兔穴在耳後二指是穴入火鍼三分療項緊硬病

骨眼穴在眼內先將鐵線套眼骨及頭左手牢把線右手
用刀子割去骨眼不割動着水輪療骨眼遮睛病如
是不割了即眼不見物
心腧穴在臆骨上是穴如患心疸黃病用白針鍼十餘針
出黃水或血將鹽一兩擦在針處擦出黃水毒氣如
不醫療成毒透心肺
抢筋穴在蹄下是穴如患抢筋大硬用烙鐵點烙
康節骨穴在康節骨上前後是穴入鍼二分出血療失
節腫痛病
尾尖穴在尾尖上是穴鍼五分出血療馬黑汗病及患尾病
肚口穴此穴通流小便不許行鍼
腰臁穴在較臁上是穴火鍼二鍼各入三分療臁垂緊硬或
腹細病
血堂穴在兩鼻內是穴入鍼三分出血療肺熱攻注鼻腫痛
三江大脈穴在鼻梁兩邊四指是穴入鍼二分出血療熱氣
攻注頰骨腫痛或療骨毒敵痛病
垂睛穴在眼上四指是穴如患睛腫痛毒氣不散白鍼鏃之
鬐甲穴在脊梁前高處是穴如患一切腫痛用白鍼鏃消散
毒氣
掠草穴在曲池上是穴入火鍼三分鍼一名療腿搽搐膊病
鎖口穴在口角兩面是穴如患鎖口黃病用烙鐵烙深三分
長一寸半
外乘重穴在膝上五寸是穴入火鍼三分療閃着腫毒或臟
腹攻注腫痛病
垂泉穴在蹄底雀舌是穴用尖頂烙深三分療大毒瘡腫
瘡毒氣不出病

陰腧穴在外腎後中心縫上是穴火鍼丁手[illegible]深三分用[illegible]

金瘡陰腎腫大并木醫[illegible]

醫馬買馬吉日不拘月分用之

乙巳 庚午 辛未 乙亥 丙子 丁丑 己酉 辛亥

戊子 壬辰 乙未 癸亥 乙亥 辛丑 甲辰 乙巳

丙午 己酉 壬子 丁巳 戊午 己未 庚申 壬戌

放血忌日 春寅午戌 夏巳酉丑 秋申子辰 冬亥卯未

馬本命日

九月巳日 十月亥日 十一月午日 十二月寅日

已上日不宜行鍼醫治欲行鍼如犯血忌本命晦朔弦望風雨陰寒皆是禁忌不可行鍼又緣春首及馬有病妻血如泥餘月及馬無病皆血如金尾針馬之疾在觀馬之肥瘦決者喫草多少然後相度行之鍼皮不得傷肉鍼肉不得傷筋傷骨三補一瀉大馬先鍼左[illegible]馬先鍼右後學者識之

王良百一歌

夫馬者獸也雖由芻飼亦稟五行且龍駒骨駿駑力幹備或重之以千金或免之以十駑非伯樂之相孰能有分且肝脾腑之源安則於臟腑勻和逆則於血脉弗順非師皇之術其何明哉況茲為戎事之本代人之勞今撮其要略其成一卷號曰療馬百一歌自前病患悉在卷中損其毛骨總有篇內書云義深字測學淺雖周貴乎助善馬敢傚不者矣

略相十首

耳小根一搖 頭長鼻要寬 能行三百里 靜立四蹄攢

臆前雖闊備 眼[illegible]腸須平 項長筋骨促 尾骨短為精

麻耳天然快 膝頭第一強 蹄輕腰又短 伯樂亦稱良

鼻上紋王字 目小清[illegible]視 雖然有筋骨 更要[illegible]十滿深

初生無毛者 伯樂號龍駒 也閒方始起 千里也應無

近看雖似小 遠望即成高 要知深有力 腹上逆生毛

蹄大蹴又軟 膝闊更要長 行時無步驟 何必問孫陽

口淺不能食 眼深多咬人 猪膝雖任重 鳥蹄致遠行

要知有壽馬 唇慢口方停 若是如羊目 何良壽亦長

尾在如龍尖 追風[illegible]古來 自[illegible]毛骨駿 未可比駑駘

毛病十首

頂上如生旋 有之不用論 喉緣不利長 所以[illegible]騰蛇

後有夜門旋 前頭有挾屍 勸君不用畜 無事也須[illegible]

先額井[illegible]禍 非常害最多 古人如是說 此事不虛歌

帶劍渾小事 喪門不可當 滴淚如入口 有福也須防

黑色耳全白 從來號孝頭 假饒千里走 奉勸不須留

背上毛生旋 駒騾亦有之 只[illegible]鞍貼下 此者是駝[illegible]

卸禍口逆行 時間病必危 古人稱是病 為敢不言凶

眼下毛生旋 [illegible]看似淚痕 [illegible]稱也病 無禍亦妨人

毛病深知害 妨人在不占 大都如此類 無禍也宜嫌

旋耳騎[illegible]項 雖然毛病殊 更若兼[illegible] 背實不如無

雜忌十首

騎來求得飲 汗解是為佳 卸鞍何[illegible]此 此是最招殃

欲出須如此 飲頭莫掛垂 雖然無大患 驚怕事防為

饑飽朝士[illegible] 形骸[illegible]三傷 其中忽有患 有患悔難當

遠來亦忌飽 出去不如飢 向水莫令[illegible] 偏傷肺與脾

騎水休交飲 多饒毛色焦 時間雖不見 月內不空[illegible]

[illegible]怕[illegible]物 仍嫌土作槽 [illegible]大[illegible] 更忌草中[illegible]

大山[illegible]許驟 下[illegible]不宜[illegible] 多定[illegible]將 能[illegible]日[illegible]

近學新[illegible]者 [illegible] 亦便要[illegible]

元鍼大脉血□不在苦合多　秋時若不止□傷損還如何
有病何妨療　然傷血莫鍼　近多愚者□此意未深知

眼候十首

一切眼昏暗　皆因熱所傷　草令肝臟冷　淚出轉難當
黃風有赤脉　白翳忌侵睛　須抽眼脉血　救療有功能
烏風起肝臟　忽患便青盲　便是通神妙　除非解換睛
有瘴須多淚　然令吹藥多　細辛并地骨　犀角決明和
外瘴須磨點　黃連最能驗　烏魚骨頗妙　輕莫用珍珠
欲療先令淚　□須使子肝　防風同齊好　去淚得睛覺
不可全憑藥　時聞亦用鍼　須抽口鼻血　腦熱勿令侵
肝病眼睛內　眼昏肝有風　醫來時生暈　惟烙抵神功
環眼雖為病　侵睛多殺驚　月中騎亦懼　雪內使同盲
卒熱傳肝臟　昏痲也是醫　未聞醫目暗　得較也何時

天　人　二十四

醫候十首

欲要看口色　春季憂於青　若似秋時候　醫之必得寧
夏病不食草　口中赤色深　莫將為熱療　熱療病難尋
秋病為中白　時時常息粗　於中帶黑色　肝肺恐應無
冬季口中黑　醫之必不痊　肌黃雖有色　望退也無緣
大抵怕青黑　蒸暑常必粗　神功也不效　遲治氣全無
肺病叛方療　心傷膈骨抽　目前雖有較　已後□無休
鼻內出膿血　如加氣轉抽　豈堪連脊硬　何用更開喉
肺病休疑冷　腥膻不可為　但將涼藥療　莫使小豬暗
天門還治肺　地骨也醫肝　心熱苗芩妙　人參性不寒
前面熱未退　腰胯却行遲　是熱須□□　少將冷藥醫

起臥十首

脾寒令□頭　胃冷吐清涎　但鍼脾上穴　暖胃藥為先

撲尾寒食痛　□時四蹄掘　頻頻側臥上　為熱氣相干
起此無時度　時時似狗蹲　腸中如聚結　但□最為珍
若作如斯候　切在細推尋　如逢脾脉上　多應腸入陰
識得尋常病　便須用橘皮　檳榔為第一　慈酒宰相宜
止痛當歸妙　牽牛芍藥和　生姜宜到使　滑石勿令多
治脾人間妙　針脾第一功　目前無惡急　氣脉當時通
呆血還緣熱　風虛結澀為　秦艽能治療　通利大黃奇
忽蕩養如水　赤黃氣息腥　饒伊能用藥　口色怕微青
若湯退草料　腹中虛氣鳴　大腸黃候　脾家氣不勻

療風十首

有傷即為急　無傷乎為慢　先鍼喉脉血　亦須先出汗
尾揭遍身硬　耳緊肉骨生　此風從後得　暖处勿宜吹
病見從前得　也須使過關　大風烙最妙　入口下應難

天　二十五

四腳難移動　一邊汗出微　口中時吐沫　見此莫生疑
不獨如斯狀　忽然後腳遲　盡知呼脾冷　卒急也難醫
是藥皆治病　惟風却要鉗　防風并半夏　取急是天麻
治療皆憑藥　然中風也難　七朝還似退　火烙六無端
歇汗風饒痒　為緣急燥多　肺風多搭擦　疥瘡即相和
花斑及乾蝎　亦療腦旋同　烏頭勿單使　麻黃更要尋
有風切忌驚　角耳最為精　藁本并附子　相合耳中傾

筋骨十首

膊痛緣臂苦　蹄傷敗血攻　痛時鍼且妙　蹄損火能通
膝骨難任痛　行時斷失多　無端鍼脉血　得効也蹉跎
子骨連蹄痛　多應是物傷　烙蹄々不發　斬々骨開張
失節莫□頭　應節黃不成　假饒用火烙　滑水鎮長盈
但是筋骨痕　皆因傷損為　於中覘子骨　未後不通醫

□□□雖烙　多緣脾病生　胃翻如亟涞　何藥効能成
小胯骨若痛　牽連脈知疼　欲針須得穴　用藥更時□
曲池鵝鼻骨　脹時不在針　若塗并紫葛　巴豆取攻深
附骨浸於膝　走驟多傾失　火烙意逐醫　藥消為第一
筋脹用豬腦　塗藥要熱炒　細辛并藁本　米醋及生薑

療黄十首

蹄悶忽卸韁　此即是心黄　外須用火烙　時下得安康
脾黄忽腫硬　未可用□針　須使消黄藥　無令痛所侵
偏次黄雖少　逐緣積熱成　常間連五臟　根向肺中生
蹊內若生黄　因病實難當　藥針但少効　向裡結成囊
急慢腸黄候　發時俱一般　慢時一月多　急時當時間
腎黄暗脉腫　積冷致如然　還須腸腰上　以此出頭延
水黄連帶脉　遍體在皮膚　先用火針治　消時濃出余

臁黄不用針　塗藥妙能深　消石并葶藶　橘皮使蔚金
騾馬緣風熱　因此作妳黄　塗藥交駒咂　切恐結成囊
一切黄應腫　多緣積熱生　宜抽唯脉血　諸毒不能成

瘡病十首

竹節擦膊瘡　骨鏁亦難當　若塗先用鹽　欲使洗鹽湯
貼瘡雖用藥　艾灸且令燋　乾姜將內入　根出始方消
瘑瘡生眼畔　瘀血化為蟲　即漸侵於腦　和膿變作濃
口內忽生涎　心臟熱如然　內瘡須用藥　包藥使綿纏
肺毒長生瘡　豎之要肺涼　貼藥雖宜洗　可用甘草湯
斷蹄緣風血　燥蹄亦一般　麝香葶藶子　貫衆及黄丹
令病緣蘊結　膿多瘡口寒　乳香并附子　貼此始應看
疥癬從肥□　加瘡盡更多　都緣風血聚　作療莫蹉跎
虫蝕連蹄□　皆因血作膿　熊蛇鳩風炒　能殺此般蟲

一切破損瘡　勿令口自傷　潰瘡難治療　客風須是防

齒歲十首

齒有數般蒼　教伊識不妨　莫言為小事　識得大賢良
黒白一齊全　生來始八年　中間初似破　十二歲無偏
齒如十二月　駒牙象四時　二十四氣足　伯樂定為規
四齒不曾退　年已只以駒　但看通呼者　交得白□珠
駒子生駒齒　齊之必不包　直饒齒歲小　區白也多平
向南馬齒口　野放咬山多　齒咬雖先破　莫言歲齒過
黄區將欲盡　黒臼以全無　上下齒更換　十二歲應余
騍牙初出肉　俗言即五六　至老或不生　須平區臼直
騍牙無可定　騾馬不曾生　若憑為端的　休言只是真
有壽三十歲　筋骨一依常　雖然能走驟　爭如少年強

王良百一歌終

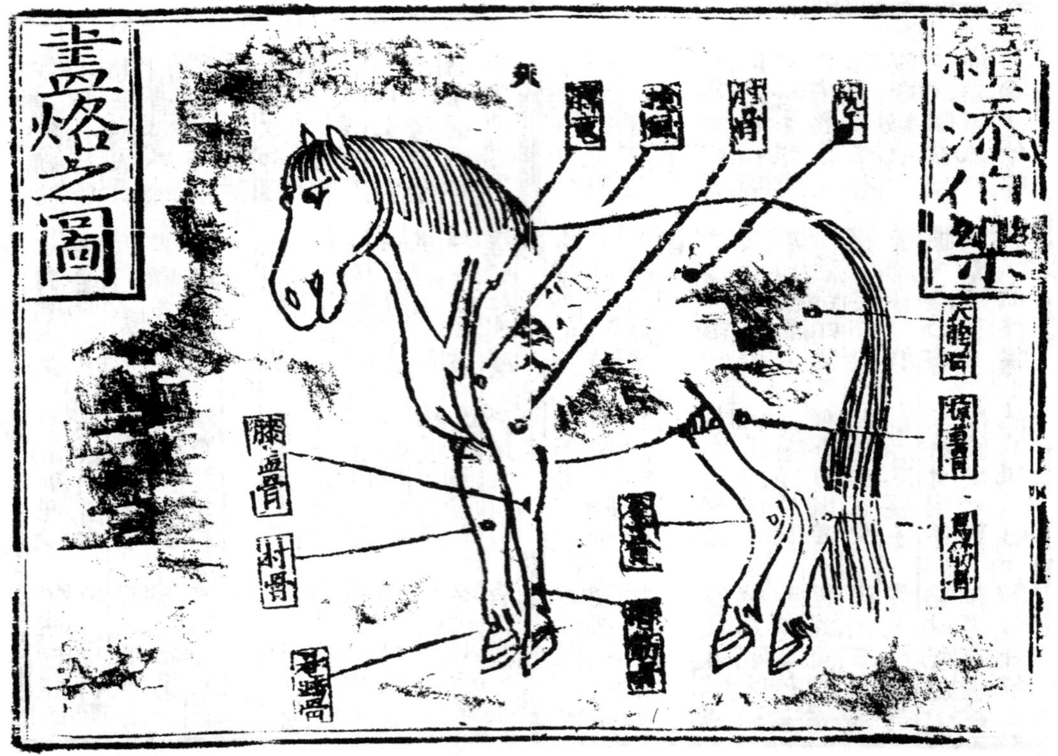

伯樂畫烙圖歌訣

畫烙膊尖骨歌 用

膊尖腫痛疾難移，當因打損受灾危。大烙之時宜用字，藥針敷熁最為奇。

畫烙搶風骨歌 ⊗

搶風骨大疾根基，皆為折損之因依。用火燒鐵田字烙，自然痊差不須疑。

畫烙肘骨歌 个

肘骨疼痛一腳拖，為因閃折不調和。按其骨節三叉烙，當時輕健自消磨。

畫烙硯子骨歌 〔兩〕

硯子骨大為因何，盡為打傷腫痛多。用火燒鐵梔子烙，免令失損得安和。

畫烙大胯骨歌 十

大胯腫痛掩脚行，識其此證是能明。骨穴上頭三點烙，更添十字便安寧。

畫烙掠草骨歌 〔尖〕

掠草骨脹損傷多，本因骨脹腳難行。兼烙不須平[illegible]，塗油針治使消[illegible]。

二十九

畫烙膝蓋骨歌 ○

膝蓋腫痛最難任，蹬空虛閃敗逆生。注膝穴內須出血，大烙週圍得差[illegible]。

畫烙付骨歌 目

付骨疊病侵於膝，行時直脚多[illegible]。大烙之時亦速粗，用藥熁消為[illegible]。

畫烙合子骨歌 〔乃〕

合子骨脹說根基，皆為轉損是因依。筋分兩瓜須消散，自然痊可不須疑。

畫烙烏筋骨歌 ⊗

烏筋腫病怎生醫，筋轉之時受灾危。大烙十字圈一道，油塗消散是為奇。

畫烙攢筋骨大歌 川

攢筋骨大為何因，失節之時是其根。川字大烙增藥擦，便是醫家妙手真。

畫烙卷蹄骨大歌 〔︵〕

卷蹄骨脹最難醫，因傷子骨是根基。蹄門穴內微針刺，須將烙鐵發[illegible]。

司牧安驥集卷二

馬師皇五臟論

肝第一

春三箇月肝旺七十二日肝為尚書肝重三斤十二兩肝者外應於目目即生淚淚即潤其眼肝家納酸肝為臟膽為腑肝者風為臟膽者精為腑肝是膽中之佐肝為裏膽為表肝為陰膽為陽肝為虛膽為實肝者外應於東方甲乙木　歌曰

肝家受病眼睛昏　頭低耳搭少精神　悶骨生瘡多淚下
胡骨把胯病元因　鮓須之間攻左脚　青葙石决樟柳根
早晨饍卧雙兩上　此病應須眼再明

心第二

夏三箇月心旺七十二日心為第一心重一斤十二兩上有七竅三毛心者外應於舌舌則主血血則潤其皮毛心家納苦心為臟小腸為腑心者血為臟小腸者受盛之腑心是臟中之君心為裏小腸為表心為陰小腸為陽心為虛小腸為實心者外應於南方丙丁火　歌曰

心家受病連膈痛　胃口硬氣又唇寒　多卧少草觜揾上
小腸尿血傷心然　騏驎沒藥紅芍藥　不限依時童子便
母藥每日兩度灌　此馬一定得安全

肺第三

秋三箇月肺旺七十二日肺為丞相肺重三斤十二兩肺者外應於鼻鼻則主氣氣則通其榮衛肺家納辛肺為臟大腸為腑肺者氣為臟大腸為傳送之腑肺是臟中之華蓋肺為裏大腸為表肺為陰大腸為陽肺為虛大腸為實肺者外應於西方庚辛金　歌曰

肺為華蓋心上存　鼻連西方庚辛金　皮膚受病鬃尾落

八腸連脚左邊存　𦟛顋肉動脚又散　鼻中膿出病十分
醫工見者休辨認　此馬必定救無門

腎第四

冬三箇月腎旺七十二日腎為烈女腎有兩箇左即為腎右即為命門腎重一斤十二兩腎者外應於耳腎即生津液津液壯其骨腎家納鹹腎為臟膀胱為腑腎者水為臟膀胱為津液之腑腎是臟中之使腎為裡膀胱為表腎為陰膀胱為陽腎為虛膀胱為實腎者外應於北方壬癸水　歌曰

腎家受病切須知　後脚難擡耳又垂　心連小腸尿更澁
膀胱邪氣透入脾　腳料早辰空草喂　苦練茴香青橘皮
腳重頭低陰又腫　此馬必定可憂疑

脾第五

四季脾旺每季各旺一十八日共旺七十二日脾為正位胃為

天　三十二

大夫脾重一斤二兩脾者外應於唇唇即生涎涎即潤其肉脾家納甜脾為臟胃為腑脾者土為臟胃者草穀之腑脾是臟中之母脾為裡胃為表脾為陰胃為陽脾為虛胃為實脾者外應於中央戊己土　歌曰

脾無正位號中央　雙抽兩膁連膀胱　多卧少草又哽氣
唇乾舌上口生瘡　生姜和蜜并菉豆　砂糖四兩用消黄
氣藥連脾針脾穴　此馬驗認是脾黄

馬師皇八邪論

黄帝問曰夫馬有八邪之病遂逐天地寒暑而往來五臟傳遍而散其病形大小躰皃皆何如馬師皇荅曰八邪病者風寒暑濕飢飽勞役是也即無大小遍傳五臟併攻四肢甚為疾害隨処而攻也

一曰風傷肺[illegible]
二曰寒傷脾[illegible]
三曰暑傷六腑[illegible]
四曰濕傷腎[illegible]
五曰飢傷脂[illegible]
六曰飽傷五臟[illegible]
七曰勞傷心[illegible]
八曰役傷肝[illegible]

然風寒暑濕者四時之上病也為外陽受病與陰藥而服之是治陽之病也飢飽勞役一躰之病也為内陰受病與陽藥而服之是治陰之病也一日於皮膚大腸受病二日於表胃受病三日於血心受病四日傳臟腑五日諸臟受病六日三陰三陽受病七日遍攻八日亂攻九日三損十日病滿聚疼失時此是十種

天　三十三

日之病也皮膚在六腑上陽也馬食水穀然後為力水穀在脾中化為氣血氣血乃行於皮膚其糟粕傳與大小腸小腸連心心為大大腸合肺肺屬金肺象華蓋是五臟之蓋以屬於太陽也心屬南方丙丁大以屬於純陽也内腎隱精以屬於太陽肺為厥陰肺為太陰外為少陽以辛也六日三陰三陽唯厥陰法病内損魂傷肝中隱魂肺中隱魄心内藏神腎内藏精三陰三陽首受病七日遍功内外俱尽九日三損損其三焦毛髮乾枯筋甲不隨行動無力牙齒動搖天馬出相者是馬五臟之神变内即有病外而顯之人相之者見其外以知其内是以凡馬有病先看口色晝即相其行歩夜即听其喘息即知病源然後觀其逆順定其吉凶莫不因八邪而生也

王良先師天地五臟論

混沌初分輕清上為天重濁下為地盤古氏為尊自後女媧伏

夫人之為萬物天地之兩人[illegible]曰行天莫
如龍行地莫如馬則馬之為用[illegible]之物未有
能先之者也是以先古有八駿之[illegible]其所自莫
不牧養之有法療治之有術[illegible]之有時圖
除蕃發疾之有數巫馬又[illegible]相駿而樂用
攻馬疾則馬之有醫其來尚矣[illegible]者馬[illegible]是
也蓋良馬雖為四足亦稟天地[illegible]五行馬有[illegible]
有三光馬有三才天有日月[illegible]四時馬有[illegible]
有七星馬有七竅天有六律馬有六[illegible]地有八山馬有八[illegible]
有江海馬有腸胃地有清渠馬有血脉地有林木馬有[illegible]
有四瀆馬有四蹄一年有三百六十日馬有三百六十[illegible]
三百六十骨節也
天道骨　腦骨　頰骨　額角骨　肩稜骨　眼[illegible]

三十四

垂睛骨　閃骨　鼻梁骨　鼻[illegible]骨　鼻麥骨　[illegible]
公子骨　上頷骨　下頷骨　上排齒骨　下排[illegible]
上下四十齒骨　舌連骨　耳筒骨　伏兔骨
[illegible]鑲骨二十六節　喉骨　壘額骨三十節　蹬甲骨　[illegible]
弓子骨　枕子骨　搶風骨　臆骨　臆車骨　[illegible]
程乘重骨　外乘重骨　同筋骨　膝蓋骨　[illegible]
夾膝骨　附骨　七[illegible]　髀骨　[illegible]
柱蹄骨　壘蹄骨　[illegible]　掌骨　子骨　[illegible]
肋扇骨兩面二十十二條　[illegible]兩面[illegible]
三山骨　稜脊骨　[illegible]骨二十節　[illegible]　[illegible]骨
掠草骨　合子骨　烏筋骨　揭骨　[illegible]　[illegible]鼻骨
二天庭骨　[illegible]節骨　鼻簡骨　[illegible]骨
前面有六門後面有四門門門相對馬有一百五十九道明穴

穴在一百八十道白針一百八十道火針之內各有去處夫針
則無害施鐵有義若偏較一絲不如不鍼上鍼中鍼下鍼上鍼
是左譁脉中鍼是帶脉下鍼是腎脉鍼為污也污為血也馬有
三堂六脉三堂者一肖堂二玉堂三腎堂此名三堂六脉者一
耳根不動二耳滿不散三口色不惡四舌色不弱五[illegible]有七
道命脉不絕六隔後有七根命毛不側此名六脉肝主眼肯主
耳脾主唇肺主鼻心主舌眼耳唇鼻舌是名外[illegible]心是
名內見其外即知其內內外相應[illegible]病下藥[illegible]大腸如
江小腸如海頭心[illegible]腎如四海頭為髓海心為血海[illegible]氣海
腎為水海血源如溝渠大腸長一丈二尺象一年十二[illegible]月小
腸長二丈四尺按一年二十四氣呼為內一[illegible]四[illegible]有八字四
八三十二馬頭高八尺吸於入節呼為外一[illegible]是內足
亦稟陰陽而生生於庚辛之下龍飲天池之水[illegible]為馬種

天　三十五

亦有父母父名屈強母名屈女屈女生女子女子生[illegible]鬼[illegible]
兔生得麒驎麒驎生得驎馬馬生得騾凡馬有[illegible]百六十骨節[illegible]
有三百六十九馬有一十萬二千一百一十經[illegible]
有三對六升血出氣[illegible]入氣為息馬若無病一日一夜有[illegible]
萬六千一百度喘息馬若有病一日一夜有三萬六千一百三
十五度喘息馬有六腑膽為清淨之腑大腸為傳送之腑胃為
章穀之腑小腸為受盛之腑膀胱為津液之腑三焦為中之腑
夫醫馬者須知病源察其根本按[illegible]生死
春三个月一日一夜血脉流傳二百四十遭夏三个月一日一
夜血脉流傳一百八十一遭秋三个月一日一夜血脉流傳二
百二十遭冬三个月一日一夜血脉流傳[illegible]春三个月肝
旺夏三个月心旺秋三个月肺旺冬三个月[illegible]東方甲
乙木心屬南方丙丁火肺屬西方庚辛[illegible]北方壬癸水[illegible]

脾屬中央戊己土春三个月[illegible]十二日夏三个月心旺七十
二日秋三个月肺旺七十二日冬三个月腎旺七十二日脾無
正形旺在四季內各旺十八日馬有四百八病內四病不見春
管一百一病夏管一百一病秋管一百一病冬管一百一病內
有四病不見者口中啣鐵背上[illegible]遂垂韁令人乘騎馬若
有病須是應病下藥肝納酸膽[illegible]肺納辛心納苦腎納鹹[illegible]
有七連耳連腎舌連心肝連[illegible]脾[illegible]連骨鼻連肺[illegible]連[illegible]
肝欲得小耳小則肝小肝小則識人意肺欲得大鼻大則肺大
肺大則能奔心欲得大目大則心大心大則猛利不驚目四[illegible]
則胡暑捷腎欲得小腸欲得厚且長腸厚則腹廣方而平脾欲
得小膁腹小則脾小脾小則易養望之大就之小[illegible]也望之
小就之大肉馬也骨可乘致至遠[illegible]得見[illegible]至肥[illegible]
得見其骨[illegible]馬有五赤[illegible]一赤為[illegible]兩二赤

肚帶磨破肘下[illegible]為三赤[illegible]為四赤磨破尾下呼為
五赤焦[illegible]有[illegible]不收[illegible]知揩樣肺之疾寒[illegible]
脾之疾舌如[illegible]心之疾兩眼不[illegible]見物肝之病馬有三危鼻出
血出是肺[illegible]內生[illegible]是腎危馬有五勞筋勞[illegible]
勞皮勞氣勞血勞元傷勞者醫家須要審詳所知而勝不知所
識而勝不識但念記則曉而可明也

胡先生清濁五臟論

清濁初分未曉明　混沌猶如金卵形　鑿古起時開天地
下為濁氣上為清　頭即象天足象地　兩眼呼為日月明
天有五星辰宿位　地有五嶽五山尊　世有五行并五姓
生老病死若相因　神有五通通天地　馬有五臟立身形
天產獸類焉[illegible]貴　更兼[illegible]及騏驎　肺脾心肝腎作臟
更病皆從五臟生　肝為曹官為佐使　腎為烈女水中[illegible]
脾為大夫名諫議　肺為丞相佐其心　四處呼為四宰相
心為五臟第一尊　血脉皮膚并骨節　關連心臟得安寧
肝能藏魂肺隱魄　心內藏神腎隱精　脾即臟中生血氣
五神捴不离身形　皮膚內連於血肘　肺注皮膚瘡疥成
內即關連於肺臟　齒根本是骨中生　血脉內連於心臟
心家有病脉不停　脾虛即飢多虛熱　腎虛耳似聽蟬声
肺虛鼻中無香氣　心虛無事自生驚　肝虛目赤有眵淚
萬病皆從五臟生　筋骨節乾節有病　血損毛焦咋又無
腎傷齒黑知休咎　相見根源病淺深　肝臟共同膽一處
肝膽夫妻一路行　膽號為腑肝為臟　臟腑中間要辨明
脾與胃通連血脉　併合陰陽一處行　小腸連心心作臟
小腸為腑一家論　腎合膀胱腎為臟　膀胱為腑又須聞
若說三焦知去處　都來捴不離身形　頭至尽心上焦位

中焦心下至臍論　臍下至足下焦位　此是三焦亦要明
脾即屬陰呼作磨　磨是心王號丙丁　脾即為寒心為熱
陽陰二字要知因　脾磨能消化五穀　心旺血脉不暫停
陰盛陽衰脾不磨　穀豆難消草料停　血脉不行往着磨
四肢無力暫難行　磨磨俱停血脉能　好手醫人療不能
肝生於膽呼為腑　胃土根源脾內生　肺為乍虛心上起
生於虛汗在心神　津液關連於心臟　要知來处本元因
肝屬東方甲乙木　春旺花開萬物生　正月二月六十日
三月十二木家栄　七十二日肝家旺　巳外十八土家栄
心屬南方丙丁火　夏丁炎天正旺與　四月五月六十日
六月十二火家栄　七十二日心家旺　巳外十八土家栄
肺屬西方庚辛金　收到三秋正旺興　七月八月六十日
九月十二金家栄　七十二日肺家旺　巳外十八土家栄

脾無正形分四季　四[illegible]常旺[illegible]安寧　四十四處經中說
四八三十二界分　每季各旺十八日　脾家當旺解惺惺
此是五行分四處　內按五臟要分明　肝病傳與南方火
父母見子必相生　心屬南方丙丁火　腎病傳脾禍未生
脾家得病傳與肺　安泰必定土生金　肺家得病傳於腎
金水相和無退迎　腎家得病傳於肝　水能生木必相親
此是號名相生法　[illegible]有災殃何害侵　肝家有病傳於脾
木來尅土必災生　脾家有病傳於腎　土來壞水療無因
腎家有病傳於心　水來滅火救無門　心家有病傳於肺
金逢火化倒銷形　肺家有病傳於肝　金能尅木病難痊
此是五行相尅病　好手醫工療不能　因此休咎須消息
相生相尅要分明　春病忌秋肝臟死　秋病逢夏更旺興
夏病亦嫌冬月冷　腎病[illegible][illegible]四季[illegible]　口中舌如煮豆色
瞪目看人不轉睛　喉中作声如拽鋸　汗出如油是死形
見此病源休治療　直饒妙手亦無能　下手即憑諸方論
善惡中間要曉明　此病診時如雀啄　定息有時氣不停
鵲啄自來不著道　下去不來不停勻　一息一動當日死
動如毛髮入幽冥　大論高談多廣說　察色中間會聽声
了了心間無不會　臨時不善恐難明　應是醫家行海上
論談醫藥衆不聽

○碎金五臟論　五篇

頭高八尺似龍形　二氣陰陽造化成　四大為胎無實相
胎胞運氣不堅形　造父昔時觀外相　慧性天然有異靈
筋骨宿因皆法定　觀形看[illegible]斷平生　內說一篇五臟論
思與醫家作證明　大有五[illegible][illegible]行位　馬有五臟立根形

肝第一

肝為東方甲乙木　二斤十二似荷形　左短右長都五葉
肝垂心下右垂鈴　肝盛目赤饒眵淚　肝熱瞻昏[illegible]眼生
肝風眼睛生翳暈　肝冷流淚水泠泠　肝即善能納酸味
氣引風牽入膝蹤　過得咽關皆有知　似水通流[illegible]潤經

心第二

心屬南方丙丁火　注於心上最偏靈　大小只如雞子樣
一斤十二旺朱明　受其津液都五合　注潤魂魄得安寧
心有七竅通於舌　玉户金關能潤經　心熱舌乾多吐沫
心冷吐水変唇青　心虛無事多驚恐　心痛顛狂腳不寧
心黃護繫逢人咬　心[illegible]唇口変瘡生　心即善能納苦味
小腸同腑脉同榮

肺第三

肺屬西方庚辛金　色似蓮花金蓋形　肺應鼻中饒清涕
正病膿如金露形　肺喘毛焦因氣敗　肺壅連喉[illegible]鼻[illegible]
肺風擺頭多鼻吒　肺熱渾身瘡疥生　皮肉毛焦肺家管
肺納辛味脉浮輕　肺合大腸為傳送　通達水臟自然惺
二斤十二分為相　本住耶尼佛国城

腎第四

腎屬北方壬癸水　膀胱兩畔要勻停　左管大腸蟠四匝
一丈二尺不交并　右管小腸蟠四匝　二丈四尺絕其盈
腎壅耳聾難聽事　腎虛耳似聽蟬声　腎熱耳根黃腫起
腎冷拖腰[illegible]腳行　腎傷牙齒頻咬動　一斤十二古來論
一切鹹味其中納　內注風勞亦不停　証候先須看步脉
辨別浮沉識重輕

脾第五

脾屬中央戊己土　日夜[illegible]不暫停　脾冷鼻乾多限料

脾熱脣塞見料鷈　脾寒身顫毛如刺　脾虛吐沫病自止
脾不磨時馬不食　脾黄也[?]心変增　脾即喜能納甜味
胃口相生佐土星　下得咽[?]闌皆有處　分別陰陽配五行

起卧入手論

說馬起卧有多般　第一日[?]之入手難　大腸九積應九曲
小腸八積應八蟠　五積[?]結在隔後　四積受氣也相連
五蟠受水小腸旺　三蟠[?]精爭受泄　揣弦立肚須回避
一尺二寸五寸闌　入手也須用油水　莫教糞遊向前難
打結之時靠外手　兩面抽尋細意看　裡結之時入手見
徐徐按動氣通宣　靠門結時急[?]取　癥將油水推向前
背手結時抽[?]手轉　合在手裡恰一般　前結之時須縛倒
兩面碑起曲頭彎　垂結之時若柔打　虎口按破便得安
大肚板腸糞不轉　豬脂搗破七丸　用藥調和速灌咽

天　四一

盤飯中間氣接連　內傳之時不打鼻　腰背板着一似椽
牽上糞場不起卧　時至多時起較難　曲頭盼腹看兩肋
此馬多是損關前　口有卧吞帶紫色　此馬必死不能久
醫書之內分明說　至今留下古今傳

造父八十一難經

○第一難病是心黄　咬陛頭低似乙韁　起卧望空身毛顫
翻目流星口不談　見有須當與辨別　三朝不差必身亡
灌藥用鐵全不退　醫家認取急心黄
第二難病夾心黄　時八見者乱消詳　交肋是直脚不住
心腧一道針烙強　然而取効須兼藥　蔚金更使川大黄
甘草地黄三两分　同和灌得安康
○第三難病是心焦　五攢集聚似火燒　毛落色闇難移動
飲水衝着把舌搅　咽[?]垂頭搭耳川　倒動韁繩把首搖

鍼方醫治以為之　補法先交用藥消
○第四心熱治唯難　口乾氣衝五攢間　口色更看赤脉候
醫家認取是心痰　頭低淚出常不絕　喘息氣粗人會識
治肺消黄藥灌療　更無舌上似火燃
○第五難病冷傷心　時顫頭低喘息頻　兩眼似盲不見物
此時病状轉沉沉　三朝不可定知死　別取名方細細尋
○第六難病次心黄　醫工見了便憂慮　頭垂口中涎沫出
遍傳五臟肺家先　心脉自然尋前去　陽脉後來奔陰間
皮急更加連腸竅　醫家莫作破傷風
○第七難病是心湿　水噎喉中吐血沫　因成傷重緣五臟
起卧其形似伏猪　水傷連肝心肺急　擺頭垂耳泪連珠
針烙灌藥徒勞治　驀然攛倒項筋舒
○第八心勞最難醫　元因毒草損傷脾　毛焦更加肌肉瘦

天　四十一

本草日裁漸尪羸　四脚難行體[?]羸　早與名人誰的知
莫交変作長年病　急檢難經與救之
○第九肺劳切要醫　肺為華蓋方属西　秋天似患腸黄病
因為脾家不磨時　日漸尪羸喫草慢　病深連灌藥無疑
但灌補劳治肺藥　空嗽連頻急療醫
○第十把膊愛擡頭　連點前来不自由　硬地行時連心痛
却喚醫人作祟求　不須更覓其他藥　但把油燀蔓草頭
更針肺臟并主膊　難經之內用功搜
○十一難病肺家痛　哽氣頻頻糞又送　起卧連声長肚脹
五攢集緊喘更痛　氣痛由閉為小事　腹内如雷結不通
但灌葱酒調氣藥　便見安康力有功
○十二難病肺家黄　口中吐沫实難當　垂頭兩耳横擔後
垂涎瀝瀝口難張　起卧頻頻連声喚　醫家莫得乱消詳

○十三肺痓最難看　喉嗽連消三五般　肺滿三焦連上冒
垂涎氣出悶連〻　走驟驚狂如驟駒　此時無力卧觀天
自然倒地心性急　立死無生命不存
○十四難病肺家風　胃前揩破一重〻　疥瘙連皮毛又落
後連尾下尾傍中　灌藥先須治肺散　塗藥爲良即見功
○十五肺痰涎沫出　傷冷傷熱要辨之　熱即是求因乘重
冷即口中有涎垂　似卧不卧難治療　腰間温三正合宜
但灌膸涎三服藥　各隨臟腑辨根基
○十六傷肺又難痊　喘息頭低肺有寒　喉嗽頻〻声不絶
即知因傷五攢間　肺家只有五般病　認取難經意内言
○十七難疾肺家風　壅緊頭涎氣不通　四蹄強硬行無力
双耳横擔脊似弓　水草漸減頻加喘　治肺消黄藥有功
更抽六脉胷堂血　今後輕健可追風

○十八難病肺家傷　擺耳搖頭似心黄　眼自不開口不禁
鼻中膿出似魚腸　氣息更兼腥又臭　瘦悪毛焦體不強
日久時多不治療　靈丹聖藥治無方
○十九難病肺家顙　鼻中氣響似鈴陽　膿血噴下腥臟臭
腦中空病怎生當　除却開喉斷絶得　唯藥饒但有萬方
須要牟頭取熱腦　開之裡面貼其瘡　有効不過三五日
醫家用意莫胡忙
○二十難病肺毒傷　腹脹滿來又難喉　氣悶連胷氣又結
嘶如在野郊声忙　[illegible]針慢把脾肺治　卧時辨取左石相
○二十一難肺家酸　頭低鼻内出清涎　口中吐出些〻聾
日久時多病相傳　更抽兩目双垂淚　行步移來四脚攅
或是喉嗽心中熱　唯藥如同似等開
○二十二病肺家難　喘氣連声眼似瑕　腹脹滿來饒起卧

迴頭四脚向上翻　更有肺純般病　[illegible]風間
針刀悞治看六脉　脾肺心肝腎一般
○二十三難肺家急　喘息氣粗連喉脉　行時腰痛難移步
除却開喉别無策　但催治肺消黄散　催留先須用油塗
二十四難損脾家　目垂淚下更無誇　衝熱走時傷於肺
放血先須治瘀他　水草不住依時節　陌然更患咬風邪
肝家咬齒相傳染　即是先從五臟傷　変見依方無藏差
難經論裡細消詳
○二十五難是肝風　坐翻兩目脚踏空　口中吐沫牙関緊
項直肚脹脊腰躬　醫工異作鬼抽病　本是肝家脹疫
千萬醫力必定死　難經論尽一場空
○二十六難是肝黄　眼腫頭低目無光　水草不食心肺壅
頭旋腦轉喘忙忙　切須且灌洗肝散　用藥之人明記方

撥雲散子調和下　針刀治療永除殃
○二十七難是肝脹　説與明人怎生向　不過三日身必死
難經論裡無方状　報知後代醫工者　下藥無効空惆悵
○二十八難是肝熱　兩眼昏青如黒血　醫工見了百愁生
本因傷重失水渴　日漸毛焦不喫草　即是東方春時節
向裡血注連心起　渾身冷硬誠如鉄
○二十九難是肝虛　透睛膜碧淚如珠　日日更兼常吃水
都緣心熱是肝虛　便用治肝凉藥催　洗肝散子蒼朮俱
○三十難病是肝衰　骨痛起卧人難解　喫草更兼喉中[illegible]
無奈時時眼瘥腮　擺頭掉腦如瘸狗　分明記取肝家敗
三十一難是腸結　腹痛長添毛又焦　日漸瘦時双垂耳
渾身瘡疥似火燒　即是腸重因於熱　行步蹣跚單脚又
三十二難是腸[illegible]　起卧舒腰擺尾忙　甚悟憂嘆[illegible]病

脒息子朝氣作勞　以中黄色應時救　脒腧針烙治三焦
○三十三難是脾虛　濈糞頻々更出珠　正痛溫脾散子[illegible]
都是脾家一位居　消磨不轉水谷慢　羸然倒死要■舒
事須一一明訊取　却檢難經用功夫
○三十四難是脾寒　頭低鼻内攏清涎　肉顫更兼■■
五臟相連不能安　下手一針自■■　總有名方■■
○三十五難脾家熱　驟臥時々喘不徹　中央戊巳脾為爭
管得皮膚百骨節　疼痛毛焦添腹脹　頻々作喘又作熱
○三十六難脾蔓風　擺尾亞腰時跆空　起臥先須兩目急
針治脾腧更用功　此病因從冷熱生　急嗺灵丹病可攻
○三十七難脾家冷　渾身似鉄氣又哽　即是寒風吹拍着
致令病痛因難整　嗺藥先須出汗散　急用蝻螂汗自[illegible]
○三十八難肝表黄　頻々吐沫項硬殭　牽臥倒來志哽氣

天　四一四

此時且與還治詳　若是三朝醫不差　難經必定見無方
○三十九難肝表脹　此病艱療要當當　低頭攏腦迴非斜
即是心肝五臟傷　咬齒又還顫々　恰似傷風患腦黄
針刀讓把脾肺治　嗺藥從交救一場　若是撿方知必死
名上好手莫論量
○四十難病肝表風　吐沫頭垂脊似弓　肚脹腰拳先口噤
立發時々氣不通　此風恰似風抽病　醫人尋取伯樂功
四十一難肝表虛　狂行驚走似風猪　不惟驚走常不生
目中滴泪更如珠　嗺藥鎮心并治肺　魂魄虛邪病自扶
仍要搖頭瞪兩目　龍骨白礬用珍珠　滑石硃砂遠志散
三脈之内把邪除
○四十二難肝表[illegible]　咬牙齧[illegible]病難甦　耳垂伏地顫戰々
醫工切須用功夫　此般病狀人難識　不知此病有三[illegible]

○四十三難腎家風　因醫五臟熱相衝　四蹄難移須數日
腰脊疆哽又蹣跚　後脚多饒生腫氣　腎經傳本膀胱中
用藥先須早補治　排風散子使蜈蚣
○四十四難腎家黄　虛腫來奔陰間忙　結硬多時變黄水
恐防氣蔓入胸堂　急手先須與針破　更須淋洗乃為良
白礬漿水先煎洗　不過三上病除殃
○四十五難腎家傷　兩耳双垂體不康　口中黑色仍多有
用藥應須檢妙方　黄耆[illegible]與白芷　黑色柴胡及麻黄
乾姜龍骨白附子　肉桂蓯蓉用茴香　一十二味搗為末
炒鹽蔥用煎蔥湯　每服須用生姜酒　嗺之三服得安康
○四十六難損腎堋　一卧不起倒抽牽　渾身似凍冷如鉄
心中常似火燒煎　四脚無力難移步　自把身軀左右翻
針烙腎腧宂一道　醫者十中一二安

天　四十五

○四十七難腎家冷　拖腰筋骨起卧遲　上虛下冷因傷力
敗氣衝心傳與脾　即是急速因爭路　更緣走驟惡乘騎
致令得病難治療　愚醫不識又作知　醋炒蚕沙腰内熨
大針更烙恰合宜　藥用烏蛇并附子　防風牛膝使當歸
酒下一服黑神散　此藥灵通効不遲
○四十八難腎家熱　起卧時々尿黑血　傷重只因熱上得
水草未進糞又結　消磨不轉是脾病　左右牽連百骨節
好酒燒鹽同調下　不過三上血自絶
○四十九難大腸風　頻々努糞氣不通　眼似流星變草慢
頭低耳垂脊隆躬　醫人莫作求神祟　腸結肚脹塞心胸
五日三朝如不差　用藥先須使瀉通　朴石一兩配棱莪
芫花相接使天蓬　續隨味粉牽牛子　風結不通即和同
九味相和粉為末　生油同下有神功　不過三服自有効

小腸從此更無風
○五十難病大腸結 起卧微微喘不歇 回頭看腹腰又顫
氣本心胞似火熱 醫人見了自憂愁 針刀謾治無門說
此病多應難救療 五臟腸中只怕結
○五十一難小腸風 搭頭在背咬身軀 骨草卧時胞似轉
起得來時步亦慵 便使白芷天門冬 麻黄黑附及蓯蓉
茴香芫花并狗脊 七味同調酒可攻
○五十二難小腸結 敗氣衝心腸内熱 小腸不通脊隆軀
尿下些些似黑血 結聚病來無門向 水銀海蛤蔚金沙
朴消大黄炒塩嚾 此藥灵通實奇誇
○五十三難髓家風 四脚難移骨節慵 本是骨家相[illegible]
想應此病也難攻
五十四難子腸風 腰拳起卧頁蹉踵 但與排風散子嚾

若用神針更有功
○五十五難癰毒攻 便知五臟變成風 涎過皮膚結硬腫
灸針涼藥最為功
○五十六難瀉血傷 氣因冷熱入於腸 冷熱相衝變作血
兩膁時時顫莫當 藥用當歸并厚朴 大黄蔚金沒藥方
○五十七難五般淋 一般形狀兩般尋 續荬膩粉天仙藥
冷熱相衝不用針
○五十八難傷水寒 渾身肉顫立不安 鼻中喘氣多來往
因騎飲水損其肝 鼻冷耳垂饒腹脹 毛焦卓立四蹄攢
水草不食多合眼 麻黄[illegible]姜藥最便 更須急嚾頻頻噴
不過三上得安然
○五十九難是脾寒 卧多立少要人看 腹冗出汗温脾散
急嚾休將作等閑 病狀萬般依經本 川藥[illegible]書不可[illegible]

○六十難病九般乾 數卷經書一處攢 則是脾家五臟虛
各居臟腑數多般 瘦弱肚羸憔悴甚 疲勞拘急為攻傳
○六十一難慢腸黄 疵疵瀉水向中腸 肺脉動時口中白
用藥應須先檢方
○六十二難九般黄 腫硬時多變作凝 針烙要知深與淺
忌防裡面變成殃
六十三難倒汗風 把住牙關氣不通 三四日間猶可療
五六日後病難攻
○六十四難豆傷腸 用藥朴消川大黄 巴豆牽牛脂油灌
當時治療得安康
○六十五難惡疳瘡 猶如發背氣榮黄 若藥塗搽油藥妙
龍骨白芨是奇方
○六十六難吐糞稀 醫工見了便堪宜 卧地鼻常不開眼

胃家翻倒損於脾 因騎傷重失水草 喉中膿涎又還遲
用藥茯苓杵為末 生姜酒下治之宜
○六十七難鼻中顫 鼻中作聲如鈴響 氣塞閉腦連喉間
良醫作肺傷不爽 天門白芷并貝母 [illegible]桂心欵冬花
玄參知母批把葉 嚾之三上得安痊
○六十八難口中瘡 日日朝朝吐沫忙 涎沫穢來漸漸瘦
五臟傷熱病難當 衝破口中黄赤色 定知死病自災殃
白凡大黄猪脂嚾 此藥靈通不可量 記取此方為妙術
消黄涼藥治心良
六十九難是腑風 朝朝毛落又揩鬃 欲療先須放大血
更饒脂藥嚾成功
○七十難病歇汗風 只因閑卸被風衝 五臟遍時牙關硬
四脚難移脊似弓 [illegible]風藥配樓葱 方中用藥使吳茱

天麻附子并心柱　沙苑蒺藜更有功　酒下一服
威灵仙下有神通
〇七十一難遍身瘡　風瘡劄人不易當　亦療固有多般数
都是脾熱毒氣傷
〇七十二難筋骨傷　筋断之時各有方　牛膝蓯蓉并肉桂
巴戟茴香用槟榔　敗龜虎骨々碎補　自然銅下永除殃
〇七十三難豎脹方　生下駒兒数日強　與藥先須取下悪
水蛭虻虫用紅娘　蚖菁蛇膽并没藥　當帰酒下最為良
〇七十四難生閃骨　閃骨攣精不自由　時人喚作心黄病
路上驚狂走更憂　說與今時醫者道　宜向難經論裡求
七十五難愛點頭　繫在柱上不肯休　點頭搐腦風涎病
鼻中衄血又交流　因為風汗透入耳　須色開腦用功求
麝香猪牙并爪蒂　葶藶藜芦更用油　穀精龍腦相和下
自然頻嚏病相投

〇七十六難腦涎風　醫家見了切用功　左右轉時盤旋倒
藥用前方有神通　大戟一顆胡麻子　醋調一合灌耳中
〇七十七難冷肝搖　又共樵筋事兩般　行時左右頻搐腳
牽行骨熱却除痊　但針曲筋左右處　自然筋緩永安痊
〇七十八難愛搖[illegible]　腦中之肉似魚腸　五臟因此气注病
定知此病寔難當　此病仍須開頂腦　難經論裡別無方
〇七十九難顖骨風　口中顖草又難衝　只是草薹并牙長
更被風結変成癰　都縁肺臟関連起　切須針烙用神功
〇八十難病五般難　口中硬嚏五叢関　木舌草薹多難治
定知此病救無妄
〇八十一難論裡搜　難經之内用功求　萬病先從五臟生
多方須要細尋搜　息康死活如來処　宜向難經究本由

辨認四百四般病　傳與賢良後代留　樂餌切須有生[illegible]
前賢祕法最難求　百聖經書仙人造　世代流傳万古秋

看馬五臟変動形相七十二大病

夫馬生天地之中稟陰陽造化之氣故蹄可以踐霜雪毛可以風寒任重致遠行地無疆而武所賴以閑習者豈可後哉昔神農皇帝劑量藥草八百餘種留傳人間救療病馬自後馬師皇孫伯樂王良造父聞世而出為時名醫能辨馬之寒熱識馬之虛實觀形骨之駑駿別四時之受病又能知五臟六腑之病[illegible]察五行衰旺之氣候有病針藥隨療即瘥而為万世之師也

春三个月肝旺七十二日位列東方甲乙木外一十八日旺於脾夏三个月心旺七十二日位列南方丙丁火外一十八日旺於脾秋三个月肺旺七十二日位列西方庚辛金外一十八日旺於脾冬三个月腎旺七十二日位列北方壬癸水外一十八

日旺於脾脾屬中央戊己土此是五臟各旺七十二日為脾旺四季是陰陽之衰旺都計一年三百六十日土於四季各旺一十八日都計七十二日為土旺病日也脾無正形分在戊己之位乃於中央以四臟為主腑病為陽此病易醫臟病為陰此病難則馬有四百四病內有七十二大病其意深其旨遠病相各別醫者當用心求之矣

第一馬患脾家納口色多黄鼻冷多寒不食水草褰脣似咲傷冷之候速與針熁須嚏溫脾藥

歌曰　冷傷脾病少精神　鼻冷毛焦顫不寧
[illegible]稟厚朴能和胃　丶脾冗濕鈍更熁頻

第二馬患傷脾并胃气不和水草漸退精神減少眼色慢气脉短少須嚏氣藥

草傷脾病氣不和　頻々呵欠不宗同

水草進退微要卧　氣消和暢相和

第三馬患脾不磨病草谷難消化氣脉不和鼻中息粗精神慢多卧上唇似哭速須針用生姜煎氣藥醫

脾不磨病要得時　口内黄氣力微

鼻冷頻々時要卧　針脾俞胃俞恰合宜

第四馬患偏次黄病從心臟起生在肺門後此病直透心肺多是心臟壅毒有失催喝涼藥為緣馬熱上生黄速須針醫催喝涼藥塗之

偏次黄病有可醫　搶風頭上腫如梨

急須針破塗妙藥　更催涼藥病相宜

第五馬患急偏次黄病亦從心臟起為緣馬春秋不抽六脉血及餵熱料毒氣攻於五臟所以病生速催涼藥抽其大血

急偏次病心上得　搶風近上連食脉

若是正病治他難　也小皮膚藥醫得

第六馬患束額黄病是五臟壅毒攻於咽喉有失催喝須與針烙用藥漸次消除及與出血醫速便見損傷

束額黄病咽喉腫　草料微細熱氣衝

火烙用針涼藥催　更須塗藥漸消融

第七馬患鎖額黄病肺毒攻注連腮腫毒並起漸々病重草料不食頭低出氣不得與催消黄涼藥抽胸堂血

鎖額肺毒病要知　連喉腮腫急須醫

草料進退舌根腫　消黄涼藥用猪脂

第八馬患肺摔把膊傷把脊膊病此馬行步稍難摔動便卧膊時用力擂倒是因傷重氣從肩肺而得疾把定脊膊難行食脉緊急食槽腫須烙肺門

肺摔病久如何　食槽下血槽腫多

連膊把定行步艱　肺門針烙易奈何

第九馬患草結病是在肚腹中降穀料之毒氣攻注初時臭子大次如杏核漸若連珠硬即是風軟即是膿若是不取須致命矣

草結之病用心取　硬即是風軟是毋

偏損鞍馬結成膿　和根取子無復有

第十馬患前結病起卧喘息粗因馬食草料之時傷草穀在大肚中熱氣積聚惡糞成結其馬負痛起卧氣粗鼻咋腹脹氣滿與催气滑藥并四味指氣藥透過若不透過即難治一

前結起卧連胸臆　兩腳夾頭氣不通

頻催气藥腦四味　急走擡行即見功

第十一馬患後結起卧病馬因食乾草過多在腸胃緣馬積熱澁滯負痛撥騣聚糞成結速催氣滑油酒藥便須入手共

破氣通即差勿令放交氣滿

後結起卧腹脹大　迴頭向腸側肋卧

入手打破氣脉通　交伊卧時也不卧

第十二馬患中結起卧病大腸壅熱澁滯難行積聚惡糞在拔腸痛撥騣成結

中結起卧因失飲　冷熱氣壅不降升

須知此病是中結　變成積塊致死禁

第十三馬患冷痛起卧病因冷熱不調冷傷於脾胃多作熱氣痛不止須催和气藥更針三焦脾俞穴即差

冷痛起卧因陽脾　口鼻自冷出氣微

三焦穴上針要動　葱酒下藥恰合宜

第十四馬患大肚糞不轉結聚惡糞在大腸更連拔腸並溢[illegible]卧不起時々迴頭須用臆[illegible]一兩服微々瀉行

大壯挾腸[illegible]行遲　[illegible]
起時前脚[illegible]坐　頻將四味藥醫治
第十五馬患心特病欲[illegible]踴腰卻不尿馬氣澀失尿与嘈氣
藥入手撥正即差
胞轉疾病失尿時　氣悶不順勿狐疑
滑石燈心葱酒灌　入手撥正用心機

第十六馬患腸入陰扇因極驟腸中有一竅冗如錢来大透
入小腸於陰囊中負痛時時起卧迴迴頭看腹須將氣藥治七
傷藥葱酒灌之手揉依元端子計之
腸入陰時尿不通　頻頻迴頭小腸中
以手推過帶子繫　七傷氣藥酒和葱
第十七馬患水穀并偏身并出鼻中有水沫出努目鼻中頭
平耳垂鼻中時滴清水

水穀并病努目睛　鼻中出水冷如水
遍身汗出鼻又咋　死生當日及初更
第十八馬患水涼肝病因熱因乏猛與水肝傷其水又傷臟
腑漸入皮膚
水涼肝病目直視　遍身汗出喘息粗
口中黑色難治療　頭低腳散命必殂
第十九馬患渾睛虫病其病因霧露水入眼轉入睛中号渾
睛虫用藥點五輪穴針即差
渾睛虫病本因何　霧水入眼出不得
恐怕點藥治療難　開天穴内針得力
第二十馬患内障眼病因心腎不安宿冒暑水心屬火水火相
尅二臟相侵數食[illegible]中熱眼目傳注流脉入腦於太陽穴
針治即愈

内障病眼醫莫遲　頭熱頻頻流腦脂
太陽穴内須針烙　洗肝涼藥用山梔
第二十一馬患外障眼病初得有似熱暈頻頻淚出青暈膝
人有似[illegible]即差
外障眼病肝家積　初得淚下如雨滴
醫者[illegible]點　更灌洗肝是仙方
第二十二馬患筋骨風病緣肝注筋骨是肝臟邪氣攻於筋
骨有似風狂之狀
筋骨風病恰如狂　後脚拖胯行動忙
[illegible]風藥灌　醫人用意細消詳
第二十三馬患腰胯退風病後腳腰胯無力卧時筋舒起止不
得兼是損着筋脉肉俱[illegible]病難差
腰胯退風病初發　後腳筋舒起不得
腰胯合會須針烙　五臟受風連骨髓

第二十四馬患搐着五臟病出氣粗精神漫口瘦不食水
草便拒脊轉須針大脉出血止痛藥灌之
搐着五臟病哽氣　欲卧不卧連心肺
水草微細拒脊髓　醫者分明子細記
第二十五馬患筋風瘡初得作坑有赤水流連路脚漸次轉
多急須貼之
筋風瘡病連蹄腕　赤水常流不可觀
自是就瘡數炒藥　不過數日必能乾
第二十六馬患肺花瘡初得時前後脚連腿上下生出須截
烙與灌滔貼藥
肺花瘡病急須醫　初出連脚後連腿
若是成膿須且烙　藥非應病[illegible]難退

第二十七馬患草噎病因困來搶食水草所噎不及噎在喉咽內至口中吐沫遍身汗出垂頭便須治之

草噎病狀下咽遲　垂頭直項喘不得
口中沫出微有汗　此病多應人不識

第二十八馬患卒心疸病五臟各有毒氣攻注於外出自胸臆下至肺門搶風上下腫破須針烙塗藥

心疸黄病前脚開　體硬醫家要卒排
針鏃火烙須水潑　多時未較奔心來

第二十九馬患草傷脹病因飽後騎傷着咽喉喘粗膜脹結餵時不食水草

起卧脹病飽大過　口乾喘粗氣不和
和水糞行無滯礙　氣滑藥灌便消磨

第三十馬患肺孔開病準鼻血出喘粗鼻咋因五勞而得病注於氣海肺爲華蓋肺是五臟寂嬌不可傷之

肺孔開病準鼻咋　頻頻血出兼肺唑
肺臟傷敗須救療　七傷理治定能痊

第三十一馬患血海翻病馬心主於血役於勞氣是心臟之朕致令血海翻

血海翻病心肺攻　有熱因病氣脉衝
放藥當歸用酒灌　肖堂出血有音功

第三十二馬患腦黄病初得時頭低耳垂精神短少身轉口中有水沫出因五臟熱毒傳流入腦變作腦黄心中悶乱發歇不定涼藥灌之

腦黄得病兩耳垂　左轉頭低脚數移
水草細微精神慢　心腧出血恰合宜

第三十三[illegible]

天　五十四

神少臟[illegible]搐內慢肺黄所[illegible]其病不可治

肺顙之病惡形儀　黄膿流[illegible]傳四肢
毛焦眼澀精神短　臟搖肺散不多時

第三十四馬患急肺黄病初得毛焦受塵汗流遍身內顫脚不住喘粗肺臟積毒致有黄生用涼藥灌之

急肺黄病初得將　口黄毛焦汗流之
放藍大黄豬清灌　看轉淋水急須醫

第三十五馬患腦顙病鼻中膿出兼有瘡生不覓漸瘦不可治也

腦顙之病得多時　鼻中膿出有瘡痍
莫怪形骸漸漸瘦　倏忽之間化作泥

第三十六馬患熱搖病初時腰背項緊硬行步不穩形如中風耳緊針項鐵腰灌止痛藥

熱搖之病兩耳緊　搖着脊硬行不穩
頻灌油藥并出血　用着風藥病必損

第三十七馬患慢肺黄病初得頭平耳垂精神短少奮[illegible]遍尿澀如血汁或似梔子黄色若陰腫鼻內有膿即不可治

慢肺黄病兩耳垳　水草不食[illegible]赤
若是陰腫并鼻濕　檢尽名方醫不得

第三十八馬患肺顛黄病脚狂精神轉惡或起或卧或顫或搐口色赤白或肺門有汗是急須灌涼藥

肺顛黄病脚有狂　臟搖精神轉更強
或起或卧來往走　急灌涼藥有[illegible]消詳

第三十九馬患肺痰病口中多吐涎沫因肺壅熱所得此病急須灌化痰藥

肺盛腸[illegible]涎多　口中沫出[illegible]奈何

天　五十五

葶藶白礬能治肺　頻々噇喂[illegible]淘磨

第四十馬患肺敗因非理走驟飢飽失時寒熱相搏過勞若疲乏鼻咋喘粗精神短慢與噇治肺藥

　肺敗病狀又如何　飲餵失時走驟多

　精神漸弱鼻又咋　聞候噇喂漸消磨

第四十一馬患心黃病因五臟積熱依時不抽大肺血并失噇喂逢人便咬精神轉大與噇涼藥

　心黃病躰精神多　努目直視氣不和

　舌如朱砂牙齒乾　移脚不動難奈何

第四十二馬患心風黃病两耳卓䵷蹄不住狂走唇口咬左右咬人因熱極所得噇涼藥烙風門穴

　心風黃病因熱極　脚狂乱走一如痴

　两耳卓䵷逢人咬　風門大烙切須知

天　五十六

第四十三馬患肝昏病两眼不見物四脚不住身轉乱走衝撞墻壁此肝昏之病與噇涼藥

　肝昏之病有似醉　四蹄欲倒頭垂地

　行步之時逢物撞　須將大烙病除退

第四十四馬患木腎黃病行多拽膀脊梁緊硬火針百會穴新水潑之

　木腎黃病腰脊硬　拽膀精神不欲行

　百會火針須水潑　仍令頻噇去根萌

第四十五馬患內木腎黃病腰背緊硬頭平耳垂多起却又卧常亞腰攢蹄頻欲噇稻草煎藥

　內木腎黃幼須知　腰背緊硬又頭低

　水草微細鼻內冷　用藥攻醫不可[illegible]

第四十六馬患陰腎黃病馬因傷重行傷行水不消與溫經針百會穴淋洗噇藥

　陰黃得病陰又垂　傷冷傷重脚難移

　淋洗塗藥頻々噇　七傷空草恰合宜

第四十七馬患急肝黃病初得口色青眼中淚出两日如痴此肝黃之候頻噇涼藥

　急肝黃病口色青　眼中淚出少精神

　草料細微兼有汗　洗肝涼藥噇須頻

第四十八馬患重肝黃病两眼無光撞行不得時々倒坐肝氣壅塞耳後火烙與噇涼藥

　单肝黃病目無光　撞行倒坐脚如狂

　涼藥葱酒大黃噇　耳後須教火烙黃

第四十九馬患虫蝕肝黃病初得身軀轉不定两眼似睡或驚或走與噇涼藥

　虫蝕肝黃病脚轉　似睡多驚時又喘

　耳後眼前两処烙　葱酒大黃黃連噇

天　五十七

第五十馬患肺旋黃病馬騎來不歇便與草料即不知為困疲乏擇拽不動宜噇治肺藥放胷堂血

　肺旋黃病脚多轉　迴頭向後似阿欠

　擇拽不動毛又焦　治肺涼藥用水煎

第五十一馬患肝黃病因肝臟壅熱攻注於目两耳卓䵷東西乱走撞狂乱撞可噇涼藥

　肝家受病人不知　两耳卓䵷眼精痴

　奔衝信脚東西走　耳後眼前火烙之

第五十二馬患肺風黃病初得遍身揩擦皮膚瘙痒可放六

四噇五[illegible]

　肺風之病[illegible][illegible]七　[illegible][illegible][illegible][illegible]似虫行

大[illegible]散[illegible]毛焦潤　五[illegible]散灌气血[illegible]

第五十三馬患脾胸黄病初得[illegible]腰胯[illegible]不消便有[illegible]

與新水不[illegible]藥扶持

[illegible]黄病不得時　[illegible]腰膀[illegible]之

若[illegible]前脚水草慢　病[illegible]入四肢

第五十四馬患腰抽脊病把腰[illegible]

下止痛藥灌之

腰抽脊病因何生　[illegible]後脚

或上或下脊[illegible]血　又[illegible]用芍藥

第五十五馬患單項疾病因[illegible]來未定[illegible]水及客風[illegible]

單項緊急用凉藥灌之

單項疾病因何[illegible]　[illegible]气攻連[illegible]

走來未定即飲水　用藥行針効頂[illegible]

第五十六馬患單抽脊病腰脊久冷灌冷藥過多以[illegible]

之病與温針之

單抽脊病脚難移　腰胯久冷苦[illegible]

膗後一穴針三寸　七條藥灌[illegible]

第五十七馬患項脊[illegible]病其病[illegible]身硬低頭不[illegible]

傳在肺經不可治

項脊[illegible]病連腰硬　汗出損[illegible]兩[illegible]

用藥行針須好手　若是正病治[illegible]

第五十八馬患肺[illegible]病兩脚拒地难行两脚[illegible]

漫[illegible]如鼻[illegible]不可治

肺[illegible]之病兩脚[illegible]　鼻内[illegible]

若[illegible]硬并肉瘦　[illegible]

第五十九馬患風[illegible]病因[illegible]走[illegible]

風而立去鞍韂不交[illegible]致令有此病状[illegible]風遶入全五臟[illegible]

生

風[illegible]之病气不和　因騎走驟汗出多

當風卸鞍迎風立　鼻開腰硬且柰何

第六十馬患脾家虚病精神短慢毛焦受塵鼻中息短气脉

不和因冷傷脾胃病頻[illegible]與温脾藥

脾家虚病口色黄　時々起卧似尋常

毛焦鼻冷移左脚　術人三熗針最良

第六十一馬患肚黄病並因是臟腑内積聚膀胱宿水不消

兼榮衛不和須與針用藥敷貼以新水[illegible]之次用大黄氣藥

灌[illegible]了不住牽行此病漸减

肚黄之病又何如　榮衛不和滯气多

須用大黄氣藥遶　空草却與灌温藥

第六十二馬患遍身措擦病因走回卸鞍早致有血汗風傷

於皮膚須與放大血及用肺[illegible]藥灌次[illegible]藥治之

遍身措擦血汗風　肺門壅滯气未通

大血出却頻灌藥　五参於此有殊功

第六十三馬患脾毒風气病脣口俱腫毛焦受塵气脉不通

多注破皮膚有失醫療則瘡生須與針烙治之

忽然脣動脾毒風　毛焦受塵气不通

細針脣上連口鼻　五参散子用之[illegible]

第六十四馬患肘黄病元是熱毒攻注兼榮衛气不和緣血

為榮气為衛兼肚帶勒得緊[illegible]住氣脉攻於皮膚須與針破

維藥更頻淋之

肘黄榮衛气不和　本是[illegible]毒積熱多

針破用藥微消[illegible]　頻[illegible]新水[illegible]消[illegible]

第六十五馬患肺毒病忽然生瘡狀如[illegible]之點色食水
慢不着脂膘精神短少口色蒼白與開喉放大血用治肺藥
搭烙鐵烙之
肺毒之病忽生瘡　狀如猪腦膿似漿
不甘水草精神慢　此是正病肺家傷
第六十六馬患骨眼病初得之時多驚怕乘騎本是肝家積
熱大皆裡面生骨如指甲大磨得眼睛碧色多昏暗不見物
色頻須出者不取了磨壞眼目
骨眼多驚怕乘騎　肝家壅熱治失時
針線穿定刀子割　不損五輪始會醫
第六十七馬患附骨垂病於膝下同筋上腫者多前先頻與
用消筋骨藥敷之更須點烙
附骨垂之病在膝　同筋骨下腫多時
用治筋骨藥頻貼　不較還須點烙之

第六十八馬患蹄黃病多生在四蹄上並因自來春秋不出
四蹄之惡血毒氣衝於四蹄致有蹄黃瘡病頻與貼藥即差
蹄黃毒氣注多時　蹄胎上面作瘡痍
膏藥頻塗於面上　更敷瘡藥不宜遲
第六十九馬患揩尾病因有賊尾痒擦多日聚膿成虫在於
尾脡內須與毒藥熨之去除虫注痒蹙遲退了尾
揩尾之病因賊尾　痒來擦動作疽瘡
毒藥頻擦虫又死　勿令稍緩尾周傷
第七十馬患御水病蓋因冷熱不調傷於脾日漸羸瘦煮飲
宿水傷於脾氣須草前用藥灌之即差
御病本因冷傷脾　傷水漸瘦已多時
冷熱難醫熱即易　針脾緩胃恰相宜

第七十一馬患肺把膊病因傷氣衝於前膊並是五勞七傷
之病連與針醫時之失治多傳肢膊病食水草慢轉難醫
肺把膊步點頭移　哽氣因茲草料微
肯堂出血連針膊　亦須治肺藥扶持
第七十二馬患傷重尿血病此病先傷心臟次傳於小腸遂
使勞衛氣不和致令尿血緣心為血海小腸為表至於尿血
須急與治之
傷重尿血草料微　時時展腰病連脾
紅花當歸浸藥酒　七[illegible]傷連[illegible]莫相疑

同牧安溪集[illegible]二

安驥集

地卷

監本增廣補注安驥集卷三

古唐洞羊賈誠　重校

天十　一置三十六黃病源歌

急心黃第一

急心黃病多饒[illegible]驚，擺尾搖頭不暫停[illegible]，水草不食頻起臥[illegible]，傷人兩眼[illegible]……朱砂雄黃并甘草，人參茯苓分兩停，灌之三服不輕可，此時命盡掩幽冥。

急肺黃第二

急肺黃病患不輕，[illegible]起初見早心驚，打尾瞪目身有汗，喘粗舌紫口唇青[illegible]……火急調藥須灌[illegible]，看其脉氣便沉沉，唯有神仙能治療，爭奈神仙不易尋。

急肝黃第三

急肝黃病要審詳[illegible]，忽覓得時脉不強，動脚之時似醉狗[illegible]……暗昏昏亂撞擋[illegible]，眼脉皆宜須出血，洗肝鮮毒最為良。

急腸黃第四

急腸黃病看其首，□頭觀腹又蹇脣，水草不食頻起臥，喘粗喘急猛倒身[illegible]……甘草大黃山梔子，芸薹黃藥大青[illegible]，豬脂炒鹽并豆豉，灌之不減救無因。

慢肺黄第五

慢肺黄病最分明，前蹄硬，氣喘空頻，水料不食，頭空音，鼻中嗤[illegible]
此病十分[illegible]
陰硬帶黄瞻其[illegible]試拈懸尾落紛紛，此病見時休治療[illegible]
毛焦[illegible]多應命不在逡巡

慢心黄第六

慢心黄病[illegible]取力騎昏昏，驀然昏來多驚跳，行人[illegible]
物亦傷人[illegible]甘草大黄并梔子，黄連黄藥用鬱金[illegible]
硝白礬白沙蜜三灌，雖痊病已深

慢肝黄第七

慢肝黄病似急黄，形狀相同脉稍[illegible]眼目昏昏兼慢草，用何醫
療最為良[illegible]
[illegible]防風甘草川芎[illegible]黄連黄藥用青箱[illegible]
[illegible]緑豆同為汁，灌之三服自安康

慢腸黄第八

慢腸黄病[illegible]時時看腹又蹇脣，三朝五日不食草，氣道時
人奔後行[illegible]
[illegible]真氣甘草大黄黄藥子，黄連四味分兩停[illegible]
爭也
猪脂炒鹽并豆豉，灌之三服定寧

遍身黄第九

遍身黄病出閑稀[illegible]遍身指破皮，擦皮膚如血色，唇口紫舌
赤又病[illegible]
[illegible]三堂六脉百汲血，消黄治肺共扶持
[illegible]三朝不瘥可真饒[illegible]

馬患心黄最不宜，夏月炎天多有此，馬被熱逼失雅[illegible]更緣走
驟惡乘騎[illegible]
[illegible]病皮白針鷂破黄水出，大黄合消朴消宜，針破[illegible]
[illegible]黄[illegible]藥[illegible]猪脂猪腦頻頻搽，消黄治肺共扶危

心疸黄第十一

心疸黄次肖黄病，肖堂近上柱槽中，心疸近下雙脚裡，能腫能
硬及有紅[illegible]
[illegible]黄[illegible]白針鐵破黄水出，大黄為末油鹽同[illegible]沙糖
蜜水消黄藥灌，皆斷須速有功

肚上黄第十二

馬患肚黄連須醫，課大二馬各須知，大馬患時連肚腫，小馬侵
[illegible]
[illegible]
[illegible]膪畔三分元是穴，宿水三升不
可遲，溫熱更須投氣藥，自然痊差不須疑

内腎黄第十三

内腎黄病初得時，抽提後脚水草稀，時時腹脹回頭覷，仰起胯
腰抽起[illegible]
[illegible]不尚香益智香白芷[illegible]
也苦練官桂青橘皮，温酒小便并鹽灌，未餵之時與灌之

木腎黄第十四

木腎黄病脚難移，陰囊腫痛硬如硾，回頭舒頸更氣喘粗，頭
低耳亦垂[illegible]
[illegible]下針之時看分小[illegible]没藥用當歸茴
香益智香白芷，鹽湯通草可同醫

偏次黄第十五

偏次黄病要有詳，忽看驚忙心早[illegible]，或在胸前或在膊項遍脊畔，也非常（夫偏次黄者，因熱在於心肺之間，故飲濁水并夏不消，多日積聚為黄也，黑者水也）。其病雖微，微微似腫，即漸大急下金針及妙方，名師用藥兼醫療，大命方知得久長。

鵝嘍黄第十六

鵝嘍黄病速須醫，人工忽見早生疑，馬嗽馬肥失灌啗，致令毒氣在心（[illegible]）脾，[illegible]毒氣發來喉閉塞，頭不得運。又恢早朝得病黄昏死，夜後還生信有奇。

膝黄第十七

馬患膝黄病不任，水草如常腳步沉，膝上有腫生膿血，白鐵未可用陽針（[illegible]）。大黄何首同為末，猪腦猪脂効最深，油單溢布頻封裹，治肺也

地 四

消黄直萬金。

蹄黄第十八

馬患蹄黄貴速醫，如石似鐵用針非，白針針時未輕可，轉加痛痛要須知（夫蹄黄者，[illegible]蹄敗血痛也），用大燒針撍蹄烙，[illegible]真酥猪腦數塵蹄，脚下礦石須洒水，放令頻卧是良醫。

腕黄第十九

馬患腕黄要看詳，後脚屬陰前屬陽，前脚患時熱又腫，後脚節骨冷如霜（[illegible]），黄脂腦裹[illegible]，使前[illegible]後脚木鼈用為封，前脚定應春夏有，後脚多是向秋冬。

單[illegible]黄第二十

單[illegible]黄病甚分明，一邊[illegible]腫一邊[illegible]，[illegible]針出血[illegible]火針

了却還平（[illegible]），猪脂并酥勤勤潤，消黄治肺宜頻放，入欄中令自在，自然病可有精神。

舌黄第二十一

馬患舌黄用心窺，精神依旧水草稀，腹中飢頻索草，及至上料却不飢（[illegible]），但須開口舌上覷，舌腫舌硬有瘡瘍（[illegible]），[illegible]甘草末每日[illegible]與搯之。

鼻黄第二十二

馬患鼻黄出氣粗，鼻腫鼻硬藥難數，白針鉄時無膿血，火針刺療得消除（[illegible]），川硝末、消黄治肺亦相須，麝香瓜蔕并雄黄子，頻吹鼻中[illegible]兒教殂。

頰黄第二十三

馬患頰黄有[illegible]，單耳鼻眼頰腫如山（[illegible]）。

地 五

一邊患時元輕可，雙邊鼻塞連食槽，間[illegible]火針勻鉄毒氣散，口服消黄不暫閑，酥蜜生油州硝末，沙糖漿水共白礬。

背黄第二十四

馬患背黄子細看，脊梁兩畔鞍貼間（[illegible]），有腫以鉄針不可（[illegible]），直須火烙斷根源。

虵黄第二十五

馬患虵黄要知因，[illegible]運肺[illegible]是其根，傷重遠行及傷熱，傷飽奔馳損傷辛（[illegible]），有腫似虵皮膚底，穩穩相連似紅違，火針不可須燒烙，治肺仍數藥有神。

耳黄第二十六

患耳黄有[illegible]少單多是尋常耳腫耳硬生膿血内有膜裹似猪腸[illegible]也下針之時綿塞耳勿令[illegible]血向裡傷[illegible]入耳中此病若差時不依舊一耳低垂一耳張

脾黄第二十七

馬患脾黄要審詳外連腫是形中央脾冷口乾多飲水腰熱脾[illegible]舌口裹張[illegible]冷氣傷着脾[illegible]冷草傷脾口色黄

胃黄第二十八

馬患胃黄用心看為侵羅腸近肺間傷[illegible]連腨[illegible]白針出血不輕可直須火烙斷根源

腦黄第二十九

腦黄病得多時鼻中膿出有瘡痍[illegible]水草不食漸漸瘦[illegible]上内外[illegible]身軀化作泥

肺黄第三十

肺黄病惡形狀[illegible]病初出連四肢[illegible]毛焦眼赤精神慢搐腨脚散不多時

腎黄第三十一

馬患腎黄兩耳垂四脚頻移頭又低[illegible]走不見物風門大絡不宜遲

慢偏次黄第三十二

慢偏次黄有何證搖風頭上腫如梨久[illegible]須針破後夫黄[illegible]更須涼藥病相宜

胞黄第三十三

馬患胞黄病可知秘注後黄草料稀[illegible]回頭向腹頻之[illegible]小便淋澀[illegible]通草益湯[illegible]是安時

單肝黄第三十四

肝黄病目無光搐着倒坐脚又狂[illegible]涼藥大黄[illegible]取出[illegible]涎火烙強

豕黄第三十五

[illegible]黄因冷聚其熱变為腫氣[illegible]有血[illegible]行[illegible]臨時用藥使大黄[illegible]醋麵調塗末

鎖口黄第三十六

鎖口黄病少人知識會之人方可醫[illegible]一名心風禁却口[illegible]時人見着乱猜疑人参茯苓升麻遠志黄連甘草[illegible]梔子活川消并雄黄須知灌口速為宜

[illegible]三十四黄[illegible]

心黄歌第一

心黄起卧何如数 汗從頭出[illegible] 起卧急時[illegible]

[illegible]口眼[illegible]有驗，便知死命在[illegible]

肺黃歌第一

肺黃起卧慢騰騰，喘粗垂耳少精神。口眼鼻黃皆有驗，
黃膿噴出死之因。噴出白膿方可治，切須子細認根源。

肝黃歌第三

肝黃不腎口眼青，牽拌兩眼似雙盲。逢物撞牆便衝抵，
時時乱走或嘶鳴。舌青動足蹄不動，其中十死無一生。

腎黃歌第四

腎黃不展後雙蹄，後乃拳攣不展施。雙足難擡頻喚氣，
喘粗搐腿頭低低。舌青口黑瘡不可治，若無身顫可通醫。

脾黃歌第五

脾黃起卧雖非急，忽然腰胯坐上唇垂。大顛如笑脣頻動，
耳尾時時似牽拘。總腰便卧眼彩驗，口眼兼黃目晚然。

急腸黃第六

急腸黃馬病連連，擡頭緊耳向人顛。忽作難禁形狀躰，
陌然引頸似雞咽。通身汗出頻加驗，汗出須知白膏先。
汗若臭黏治不得，便調灰藿及黃連。

慢腸黃歌第七

慢腸黃馬慢騰騰，耳垂貪水步難行。引項打尾頻顧腹，
總腰便卧口黃生。口若不黃腸必燥，藥鹽同炒與脂停。

腦黃歌第八

腦黃起卧不忙然，口中沫出尾如鞭。頭上有汗逢牆抵，
行如醉客恰一般。目緊頭低狀可驗，始知黃在腦中安。

風黃歌第九

初見風黃捉四肢，早已膨腰血脉瘀。腰中如火腰背硬，
脚直耳緊頭難低。蓋因熱料牙關急，退毛焦下卸鞍時。

偏次黃歌第十

偏次生腫膊上連，蓋因熱積五臟間。[illegible]蘊滯時多發，
血氣不流閉却關。連肉不連皮用藥，連皮粘肉大鍼鐫。

流黃歌第十一

肯浮流等是三般，皆是陰陽氣不全。為少騎習乘熱緊，
久停壅滯在心間。藥用消黃漿水下，急須針治便平安。

草黃歌第十二

草黃眼急立頭高，元因傷飽未能消。移脚到槽開口懶，
四停八穩瘦分膘。得病便絕穀加料，水草和麩餵七朝。

束口黃第十三

束口黃時馬縮脚，不能張口脉浮高。頰中筋急難開口，
任加麩料亦焦毛。烙斷頰中筋兩股，紫蘇紫苑蜜[illegible]消。
棗子黃連同共用，隨時忌水至來朝。

舌黃歌第十四

舌黃舌擺似垂刀，涎沫流時脉又高。舌色紫時脉氣閉，
三堂放血不分饒。兼有四蹄何用惜，茯苓紫苑少油調。

頰黃歌第十五

頰黃腮腫通食槽，內外如石硬不消。陰脉衝陽氣不順，
壅聚而生似拳高。陽結陰損成腫患，鍼開血出頻攪挑。
鹽醋若塗搭一上，莫教飲水應時消。

丁黃第十六

丁黃初覺緊拳腰，背上生瘡高八寸。膿似黃膠猶可治，
血連黑水命難逃。白礬四兩人中物，豆衆菜子入甑燒。
封口不令煙火出，炭擯伏火便須炮。每要唯時蜜水下，
秋冬穩披覆其腰。

腑顆黃歌第十七

怒逢撈類病難醫　樂如造父也攢眉　瘨骨腫時心肺腫
料毒殺氣滯類顛　多為乗騎不出汗　血極不散貴須知
索勤消抽鶻脉血　黃赤臨時要辨之　亦黑色時猶可治
血連黃水不通醫　藥用消黃米水下　開喉別是一般奇

外腎黃歌第十八

外腎黃焉有三般　致令陰腫一邊偏　硬似鉄石如水冷
恐疑腸濇在陰間　腫處熱時黃藥灌　生姜研爛更加碁
須用火針流濃水　勤勤水潑便平安

陰黃歌第十九

陰黃有腫走臍饒　漸漸流來為肚黃　多立火騎冷氣驟
久停癰濡在膀胱　忽然心間脹悶起　病名遂喚作流黃
肚邊生腫從後發　此乃流黃不易當

蹄黃歌第二十

蹄黃破移水浸傷　忽因口咬破釘瘡　二毒相競蹄胎熱
瘡中水出号為黃　油蠟白礬塩少許　汗椒歷青治瘡傷
急灌七傷二五上　休教入水便安康

肘瘡黃第二十一

肘間乗鞍忽為黃　心頭熱氣注生瘡　前脚肘黃元是熱
鉄開漸漸病消亡　更有硇砂去爛肉　乾姜等分入砒霜
糯米飯丸棗豆大　以鼠逢猫虎趂羊

瘡黃歌第二十二

瘡黃不住隨筋流　久停熱在五臟頭　磨擦破時毒氣發
瘡痕脹引水無休　白芨白歛無心草　班猫巴豆據方修
乾暈砒砂相和用　此瘡用此差不須憂

雙蹄黃歌第二十三

雙腮連類似含瓜　通身奔腋号蝦蟆　此病貫阜方可入

鉄開血水似槐花　消黃二兩分三灌　但忌奔泉不用他

心疸黃歌第二十四

心疸黃腫出黃津　若有膿時水一盆　猪脂調冷須先淨
熱灌背擦陽烟熏　更灌七沸三五次　便須痊差不須論

一　岐伯瘡腫病源論

黃帝問於岐伯曰：五臟六腑邪熱毒何以知之？岐伯荅曰：榮衛稽留於經脉之中，久則血濇不行，則胃氣從之不通，壅滞過不能行，火气不止，熱盛則肉腐為膿，然不能化內皮膚於骨髓，不為燋枯五臟六腑，故為毒也。

黃帝問岐伯曰：何為顯毒？岐伯荅曰：熱氣浮當其筋骨肉無餘，故曰為毒。瘡上皮膚薄如紙，已堅囊成腫，毒氣隨經絡而行，壅注成膿也。

黃帝又問岐伯曰：及而所說，未知其子細，瘡腫都有幾黏上？岐伯

荅曰：有膿無頭者是熱氣毒，有其膿血着是心毒，腫硬如石者是陰毒，眼下爪瘡是肝毒，鼻內有瘡是肺毒，口內發瘡是心毒，躁蹄發有瘡是敵毒，漏蹄有瘡是腎毒，乾漏是血毒，腎上有瘡是脾毒，此是之十毒之狀也。

黃帝問岐伯曰：一氣者何以別之？岐伯荅曰：氣毒者是肺受其庚辛金之气，血沴不行，住滞瘡腫，得腫即气血滞而不行，血壅住变成慢腫也，不須針刺，用藥治之。

木鱉子散　主治一切瘡腫

木鱉子　出衣粉炒　川山甲　黃蘗各等分

右件為細末，醋打麪糊成膏，以白塗上之差。

病原歌第二十五

氣毒在滞腫似頭　不用施針出血流　便將衣粉炒焦黑
黃蘗同研木鱉參　又共川山甲為末　等分燒焦在意求

醋打麪糊同調藥　傅日旁之腫自休

黃帝問岐伯曰二肺毒者何　岐伯荅曰肺毒者經絡受其大毒壅滯不行毒隨經絡而行血聚為瘡不過五日變成膿血又隨血同而処有瘡者氣血相隨身流轉也用針刺破出尽膿毒血住藥治之

砒黃丸治之

砒霜　硇砂　砒黃　雌黃　粉霜各等分

右為細末麵糊為丸任藥一丸便差

病源歌第二

氣毒壅滯肝經中　血聚成瘡變作膿　流轉血同行処是
用針刺破血流空　雌黃砒霜同共用　粉霜硇砂砒黃同
等分麵糊為丸子　一丸任上便成功

黃帝問岐伯曰三陰毒者何　岐伯荅曰陰毒者因為其本气不順陽气盛陰腫本如氷水者是陰腫須得火針出膿五日即可

地一　十二

右微熱者黃藥散治之

黃蘗　香白芷　當歸　茴香　芍藥

白歛　防風　大黃各等分

右為細末用醋調塗之三上可差

陰毒病源歌第三

陰毒結聚本如氷　腫硬時高硬气声　更用火針出膿血
不過五日便須平　又將此藥須治療　芍藥當歸白芷停
防風白歛同為末　醋調塗之便須寧

黃帝問岐伯曰四肝毒者何　岐伯荅曰肝毒者因為肝臟受其風熱外傳於眼目出化為瘡也白丸散治之

白丸　硇砂　黃丹　輕粉各等分

右四味為細末藥水洗淨貼之便差

肝毒病源歌第四

肝毒傷熱臟如燒　淚注成瘡毛又焦　漿水洗來瘡口淨
硇砂輕粉白礬調　更用黃丹研細末　貼之三上自然消

黃帝問岐伯曰五膿毒者何　岐伯荅曰膿毒為陽明主其病膿血不止水濕不乾化破皮肉變為骨疳之瘡每日清水洗用

大黃散治之

麝香　乳香　黃蘗　白芨各等分

右四味為細末入麝香少許鼻內吹之五日可差

膿毒病源歌第五

膿毒皆因肺不乾　皮膚化破成骨疳　麝香少許幷黃蘗
乳香白芨用心看　搗研為末吹於鼻　不過五日便痊安

黃帝問岐伯曰六心毒者何　岐伯荅曰火陰主其病因為暑月熱時不准晋涼疾放六脉之血聚其血壅滯毒在心內故為瘡用新水洗過淨塗末更用綿生絹裹子上盛藥化塗水和膏子口內含之

地一　十三

蛾青散治之

蛾青　黃蘗　白丸　訶子各等分

右為細末同和作膏子口內含化三五日差

心毒病源歌第六

心毒暑月口生瘡　不曾放血又煩喧　青黛黃蘗幷訶子
更使白丸蜜作漿　調膏藏於綿袋子　口中含化得安康

黃帝問岐伯曰七筋毒者何　岐伯荅曰筋毒者因為久行傷蹄斷注其毒氣傳在四蹄足破為瘡名曰躁蹄前脚發時元氣毒注破後脚發時血氣筋毒也乳香散治之

乳香　烏魚骨　白丸　龍骨各等分

右為細末醋調漿水洗淨乾貼之三五日差

筋毒病源歌第七

筋毒行急注破蹄　先傷後蹄又傷騎　乳香龍骨烏魚骨
白凡一処便合宜　同共研成漿水洗　摻於瘡上復生肌

黃帝問於歧伯曰八腎毒者何歧伯荅曰腎毒因為腎臟之風热傷其胎甲血脉流傳不勻毒氣住於蹄中久立濕地如削蹄毒出尽毒氣膿水以用絹乾綿三日用藥可差若不割開蹄上足破須出蹄頭血更不差火烙之【紫[illegible]散】治之

紫礦　麻黃　瀝青　黃蠟　頭髮灰各等分

右為細末用骨子将烙鐵消搽之

腎毒病源歌第八

腎毒皆因病臟風　注於蹄甲氣難通　濕地立時蹄注破
削開膿出是良工　未較先将烙鐵點　瀝青黃蠟髮灰中
麻黃紫礦同消撒　銲於蹄上連成功

黃帝問歧伯曰九血毒者何歧伯荅曰血毒者因為腎臟血毒血脉怯弱風氣盛注在於蹄血脉不能尅化為膿水蹄甲焦枯硬不出血取毒死胎用大烙養其差

地　十四

血毒病源歌第九

血毒因病注於蹄　不能消化脉浮遲　蹄骨枯焦風氣盛
養於半月恰合宜

黃帝問歧伯曰一脾毒者何歧伯荅曰脾毒者肉属五臟外應於唇風熱盛之傳於唇腫乃名脾毒風也以白鍼刺破醋調藥末傳上若腫不消大鍼利破出黃水即安【秦艽散】治之

秦艽　塩豉　黃檗　炒塩各等分

右為末【　】以白鍼刺破醋調塗三兩上即差

脾毒病源歌第十一

脾毒熱氣口色黃　唇腫尚時不似常　秦艽塩豉同黃蘗
炒塩等分細為良　塗之二上頁安可　歧伯當下有名方

黃帝問歧伯曰吾聞脾受穀氣者不轉注五臟發疔瘡腫歧伯荅曰上焦出氣温熱而養骨節連理也中焦出氣温注谷而發榮衛經絡皆忽周身有道理與天合同不得休止切而留之從虛去實瀉則不足疾則氣留補虛實則血已調形神乃持余已知血氣和平不療未知壅毒之患所從生成則以死生之期其有遠近何以知之馬有六龍祖之尊貴經絡流行不止與天周度與地同記故天宿失度日月薄蝕經地失其水道流溢草木不成五穀不植馬經脉不通壅腫成瘡血脉循然故也夫血脉榮衛周身流而不息上應星宿下應經絡寒谷經絡之中則澁澁而不通血不得復故腫也寒氣化為热〻氣盛則肉腐為膿不瀉尽則瘡筋骨肉不得相親經絡則瀉黑於五臟五臟有傷故曰瘡腫也

黃帝問歧伯曰應毒瘡腫有幾何以别之歧伯荅曰外辨不破乃一十八般府發上於盃名曰血府不治則化為膿針下着針上若針上即為肉者瘡孔出血者活其腫者瀉已成膿者無令瀉三日後方孔塗不發頑硬者血候即五日破也

地　十五

黃帝問歧伯曰夫疔瘡者有幾歧伯荅曰疔瘡者有五般有浮疔瘡在皮者是黑疔瘡在清肉者是筋疔瘡有死皮者是水疔有疔者是血浸疔瘡若膿血發腫者是氣疔瘡此是五般疔瘡也

黃帝問歧伯曰黑瘡何以别之歧伯荅曰黑疔瘡以藥塗之不得用刀子割有風毒瘡腫起於心以【[illegible]】治之

生薑　巴豆　胡桃仁各等分

右三味細研為末塗瘡上即安

黑疔瘡病源歌第十二

黑疔塗藥用生薑　巴豆胡桃爛細將　便用小油調數塗

瘡癆落盡散為良

黄帝問岐伯曰筋疔者何岐伯荅曰疔瘡有熱氣其有汗毒氣浸之活肉變為筋疔瘡也以續斷散治之

續斷　蚕屎　乾姜燒灰　皂角燒灰

右為細末乾貼之後用醋打麵糊調傘貼三日一易之

筋疔病源歌第二

筋疔有汗熱來侵　活肉青時疔深　乾貼續斷并虫屎

川薑皂角要推尋　麵糊布上將傘定　三日一後必安寧

黄帝問岐伯曰水疔瘡者何岐伯荅曰為遠行飲水聚在瘡中積成水疔瘡也以烏頭散治之

草烏頭　川山甲　蚕虫　硇砂

葶藶子　龍骨各等分

右為細末乾貼瘡上立差

水疔病源歌第三

水疔飲水聚瘡中　龍骨硇砂最得功　川山甲共葶藶子

烏頭更使氣脉通　擣羅將來為細末　上其此藥絶其蹤

黄帝問岐伯曰血浸疔瘡者何岐伯對曰血浸疔瘡者因為毒血氣而滯於活肉損其好肉名曰血浸疔以烏金膏治之

巴豆去油　烏石　紅娘子　力青

血竭各等分

右為細末乾摻於瘡上差

血浸疔病源歌第四

血疔惡肉急要蹙　血浸發時頭又低　力青血竭紅娘子

烏金巴豆又生肌　擣羅為末同此用　聖人留下後人知

黄帝問岐伯曰氣疔瘡者何岐伯荅曰氣疔者因為賊風氣吹着皮肉死氣血不通變成惡瘡形狀草料不喫用藥餌治之草

[illegible]治之

草烏頭去尖　杏仁　巴豆出油　斑猫

葶藶子　律角蟲各等分

右為細末用温漿水洗過乾貼三二日換再貼

氣疔病源歌第五

氣疔風氣來侵　變成惡瘡已早深　烏頭去尖葶藶子

斑猫杏仁要停均　律角蟲生為細末　將來傘貼草教深

不經旬日生瘡子　却見元毛喜不禁

黄帝又問岐伯曰諸般毒者何以知之岐伯荅曰夫疔瘡者惡者公治之未發之非肥渴為古發之異或瘡發自洗似昔小節或緣大患皆是微微宜善採之欲知是非輕重按其此処是良馬　貴後四肢此是得節失審定後即為一第一便烙第二用其中有筒較九分微小者用藥傘之不得便烙有火毒易化為

漏瘡補瀉全在藥之者在內壁五臟熱毒所發外有諸般瘡腫皮膚外即傘　巳不用其熱藥温涼為法開其口泄熱而生也

○取槽結法

凡馬取槽結須要及六分合行開取之日忌大風大雨風是禍害雨是絶命更要天氣晴明及避血忌日醫獸如辨認槽結軟即是風結便熟只用白鍼鉛破出了膿即消好較摸着滑打人手者是槽結如取槽結時摸着硬者是筋膜也澁者是肉也軟者是血筒也若取槽結早辰空草取先須要好轡頭韁索高牢樁柱用刀子割開大皮口子次後左面立地用刀子打開口面膈膜口子從上細意取下右面立地用刀子打開左面口子從上細意取下兩面搜尋槽結都尽次用油半盞鹽炒二盞鹽油都入在瘡口內養馬人不得亂用水洗瘡口三日醫獸絶早用水將手于瘡口內左右搜尋積聚膿血惡物去尽自當日養

馬人每日五七度淨洗瘡口隔一日用[illegible]水煎治肺及消黃藥灌之[illegible]限一千月好較若是板着舌胎即古胎腫硬用白針鋒之便用止痛散[illegible]痛若板着涎窩即口內有青白涎不止即用止痛治肺藥灌之

右板着或刀子割着血及用乾葉或紙塞瘡口治之大忌摘着[illegible]眉即令咽喉腫痛熱水草不得如是腫氣兩日不消須用開[illegible]如槽結[illegible]分別無病開取十疋好較如曰有槽結熱上鼻濕及有槽結[illegible]取[illegible]肺毒雖不鼻濕及草料不減此二病[illegible]中可醫五六或有槽結[illegible]取[illegible]臟腑次注鼻濕之病十中可醫一三

歌曰

槽結元從胎裏來　臟中飲血隔不開　胃氣時時隨毋出　心肯蘊毒結難挨　後代醫工細意取　其花涎血及血胎　涎胎此着猶可療　此着[illegible]瘟[illegible]禍災

放血法

秦穆公問伯樂曰馬於春首針刺出血何也伯樂答曰人受氣於癸癸陰水也水主腎人主精[illegible]精氣[illegible]而血[illegible]馬受氣於丙丙陽火也火主心心主血故血[illegible]多[illegible]精[illegible]馬以針刺出血者不使血氣[illegible]為[illegible]病也[illegible]而[illegible]於春首者何也蓋春木也丙火也木生火若[illegible]馬[illegible]火又受氣於亥生於寅旺於午代於戊[illegible]於春[illegible]刺[illegible]時於之針刺分其血氣不至太盛[illegible]謂均不至淫過而生諸病也穆公曰[illegible]有六[illegible]馬四年小臟分大血在周身經絡中[illegible]恍惚　使毛指擦似毛血血盛逢春變[illegible]風[illegible]撒[illegible]須俘大血盆針刺[illegible]候[illegible]血偷皮下脹度量深淺用伸針[illegible]下穩　不須猛出甚[illegible]

[illegible]血須有以帶中小[illegible]針深[illegible]一[illegible]凡放馬血先看虛實肥瘦定出血多少若馬臕大肥實即出血宜稍多若馬臕小瘦怯即出血宜少放血穴十有一須是心靈精專洞曉穴道通能用針的速淺深分數不差放時方要天氣晴明不是血忌及馬本命之日且令早晨空草牢與列維口踏若放眼脉血即用走索子於半項中郁起眼脉血筒若放鶻脉血則用走索子於項後捲起鬃郁起鶻脉血筒餘穴不用走索子用針之法大馬先針左騾馬先鍼右須用指按定無筒要實若鍼了血出更不須用指按定十一穴中灌胃堂尾本穴出血須截筒用鍼放於穴並順筒用針放此論春首放血之法耳大低放血不宜大多恐當除春首外無病惜血如金棄血如泥今列穴名十二除夜眼穴不鍼外并所治病証用針淺深分數出血止血法于後

上六脉穴

一眼脉穴在眼後四指是穴用走索子於項中郁起眼脉血筒入鍼三分用針輕滴為妙手重即令有腫氣療肝臟熱眼中淚出病去了索子血定未得飲喂喝　日用洗肝散灌之

二鶻脉穴在頰骨下四指是穴用走索子及捲起鬃郁起血筒左手捏穴右手用針入針三分用心摘揉行針療五臟積熱邪毒指擦[illegible]病去了索子血定用麵粘紙花子貼了未得飲餵隔月用涼膈治[illegible]或使五參散灌之

三胸堂穴在胸前臆骨兩面是穴用兩指騎定血筒入針三分療心經積熱胸中[illegible]痛要血住即用手捏穴即止且立未得牽行

四帶脉穴在肘後四指兩面是穴入針二分療黑汗及腸黄病要血住用乾萁蓋針眼將此法勸之即止隔日用涼膈散水草治肺藥灌之

五腎堂穴在外腎兩邊是穴在面蹲腰立入鈹二分於右面血右面蹲腰立放左面血療腎臟風邪把胯病要血住用手捏之即止隔日用止痛入腰胯藥灌之

六尾本穴在尾底去根四指是穴須得手重入針三分更肥尾捽拽動方得血出流使療腰間滯氣把腰病要血住須用乾糞貼針眼及用紙數重襯以索子扎之候一兩時即止用止痛行氣藥空草灌之及用藥救腰

下六脉穴

一同筋穴在肖堂下腿裡四指是穴在面蹲腰立入針二分放右面血右面蹲腰立放左面血療閃折着乘重肖腫痛病要血住用手捏之即止用止痛治肺藥灌之及用藥敷熁

二夜眼穴在夜眼下四指兩面是穴其穴是禁穴不行針刺如有腫痛用止痛治肺藥灌及使藥敷熁

三膝脉穴在膝下四指兩面是穴左邊蹲腰立以左手摸右面穴筋前骨後是穴入針二分療閃折着夾膝骨腫痛要血住用手捏之即止右邊蹲腰立放左面血用止痛治肺藥灌之及用藥敷熁

四曲池穴在後脚鴈翅掠草骨下四処是穴左邊蹲腰立入針三分放右面血右面蹲腰立放左面血療鴈翅將鼻疾療骨腫痛病要血住用手捏之即止用美水草治肺藥灌之及用藥敷熁

地 二十

五纏腕穴在前脚掛筋骨上後曲節上前曲骨後是穴左邊蹲腰立用左手摸穴右手入針二分放右面血右邊蹲腰立放左面血療板筋太硬及失節腰痛病要血住用手捏之即止用美水草藥灌之及用藥敷熁

六蹄頭穴在前脚川字上後脚八字上離蹄口半指是穴蹲腰立入鈹二分療損筋蹄節骨腫痛及蹄胎腫痛病要血止用手捏之或用索子繫定即止用美水草治肺藥灌之及用止痛膏藥塗抹蹄跆

安驥集卷第三

地 二十一

第一前結起卧病源歌

病中前結莫言無，起卧時時常氣麄。[illegible]

[illegible]

臆頻頻人人不識，切須用藥免教殂。[illegible]

滑石[illegible]揚并通草灰汁，

全[illegible]苦酒都將和，

[illegible]灌下之時病自避。

第二後結起卧病源歌

後結起卧切須知，回頭覷[illegible]

腹裏又還[illegible]

[illegible]

韭汁生油於穀道，手取急

又用皂礬灌了擇行三二，

至恰似從前不患時。

消石　牵牛

朴硝

右為末，用猪脂油一処灌。

第三熱痛起卧病源歌

良馬雖然千里程，忽然熱[illegible]

病不惶惶[illegible]

[illegible]

內[illegible]口中似大多頻卧，

[illegible]不轉睛[illegible]

[illegible]

朴硝　茸草各一兩

漿水相和要半升，鷄子共同灌下口，更須針鼻四[illegible]輕。

第四冷痛起卧病源歌

冷痛頻頻顧卧憂，四蹄長展或難收，

[illegible]

時時往往雷鳴在腹，

[illegible]脚更回頭[illegible]

[illegible]

藁用細辛并陳皮，

用水三升煎沸休，放皂角，

又葱盐水灌大腸，湯淋自瘳。

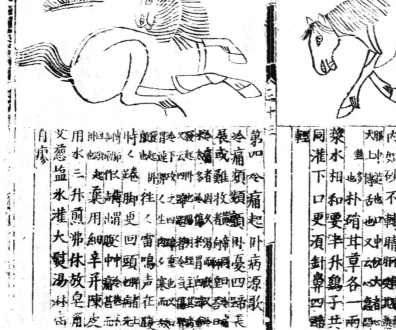

第五小腸結起卧病源歌

馬病須看向小腸，不通大[illegible]

[illegible]趐尋常[illegible]

[illegible]

每度頷來多仰卧不收四

足鎮舒張[illegible]

[illegible]

續隨膸粉并通草蛇女生

油滑石方催丁捽行三二

里自然痛可得安寧

第六水穀并起卧病源歌

第六須看水穀并汗出頭

低起卧輕横[illegible]

[illegible]

左右頻頻着腹肋用藥

前催一行[illegible]

[illegible]

又方還將麻子湯吞[illegible]

遂消除似虎傳

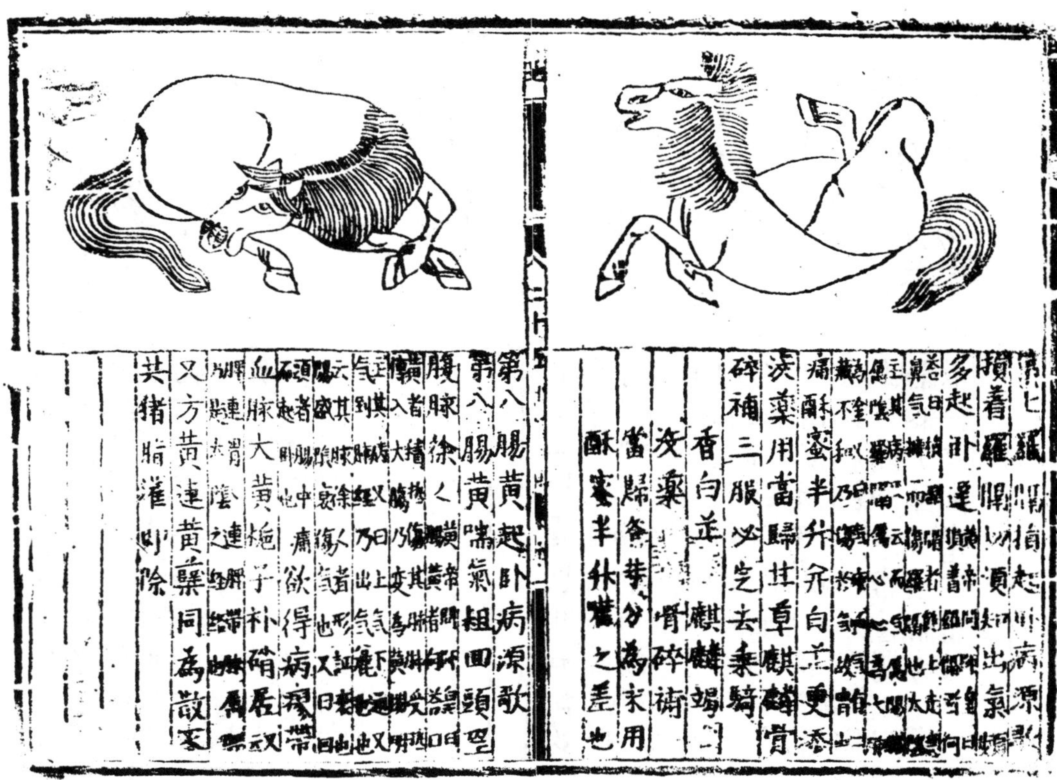

第七[illegible]起卧病源歌

頻着[illegible]須出氣

多起卧遲[illegible]

[illegible]

痛酥蜜半升并白芷更添

淡藥用當歸甘草麒麟骨

碎補三服必定去乘騎

香白芷　麒麟竭二

淡藥　骨碎補

當歸　各等分為末用

酥蜜半升灌之差也

第八腸黄起卧病源歌

第八腸黄喘氣粗回頭望

腹脉徐徐[illegible]

[illegible]

血脉大黄梔子朴硝居[illegible]

[illegible]欲得病痊帶

[illegible]

又方黄連黄蘗同為散

共猪脂灌則除

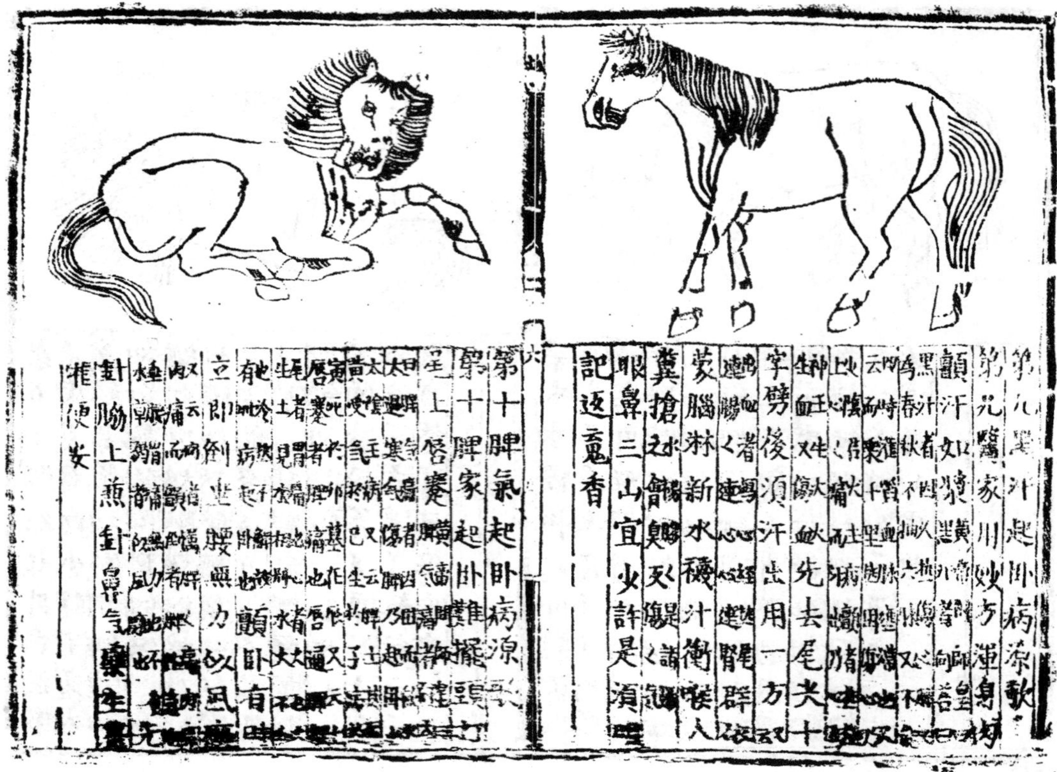

第九黑汗起卧病源歌

第九驚家用妙方運身

顖汗

字勞後須汗出用一方

先去尾尖十

蒙腦淋新水積汁衝喉入

糞搶

眼鼻三山宜火許是須

記返竈香

第十脾氣起卧病源歌

第十脾家起卧難擺頭

呈上啓蹇

立即倒些腰無力以風

有 顧卧有

針腸上煎針鼻氣藥生薑

推便安

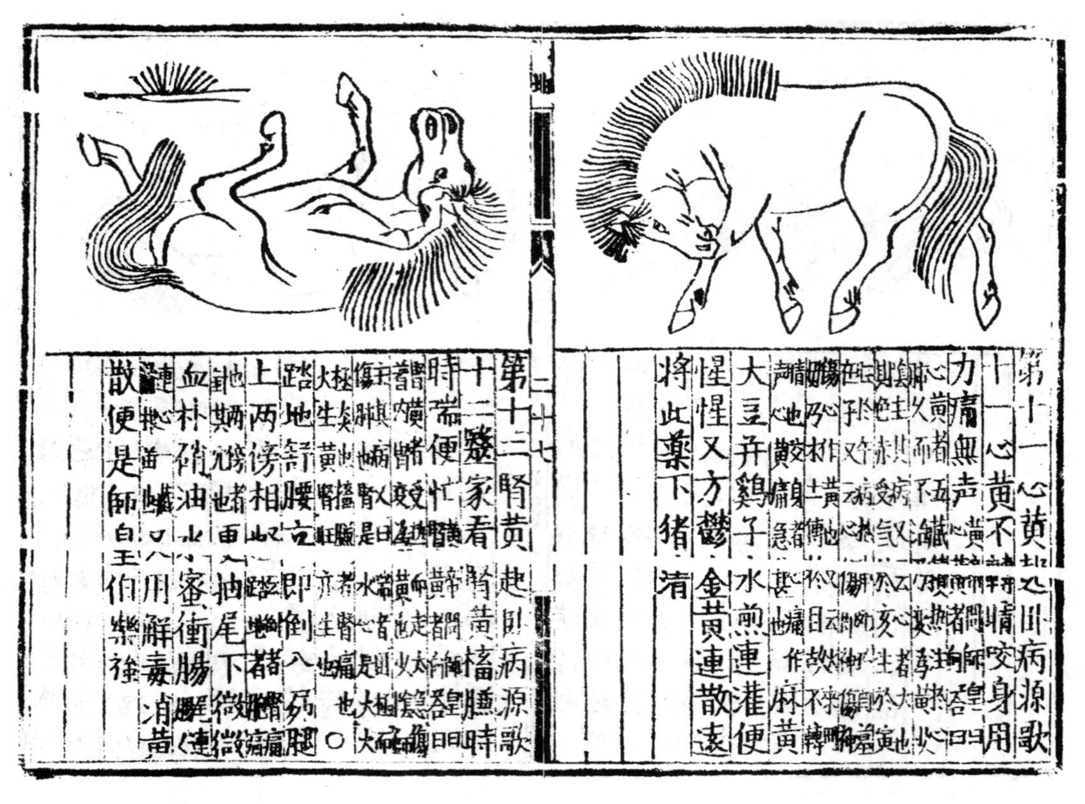

第十一心黃起卧病源歌

十一心黃不精交身用

力痛無声

大豆并鷄子水煎連灌便

惺惺又方鬱金黃連散遠

將此藥下猪清

第十二腎黃起卧病源歌

十二腎家看腎黃搐腫時

時常便忙

踏地舒腰立即倒入殄

上兩傍相

抽尾下

血朴硝油蜜衝腸

用解毒消黃

散便是師皇伯樂

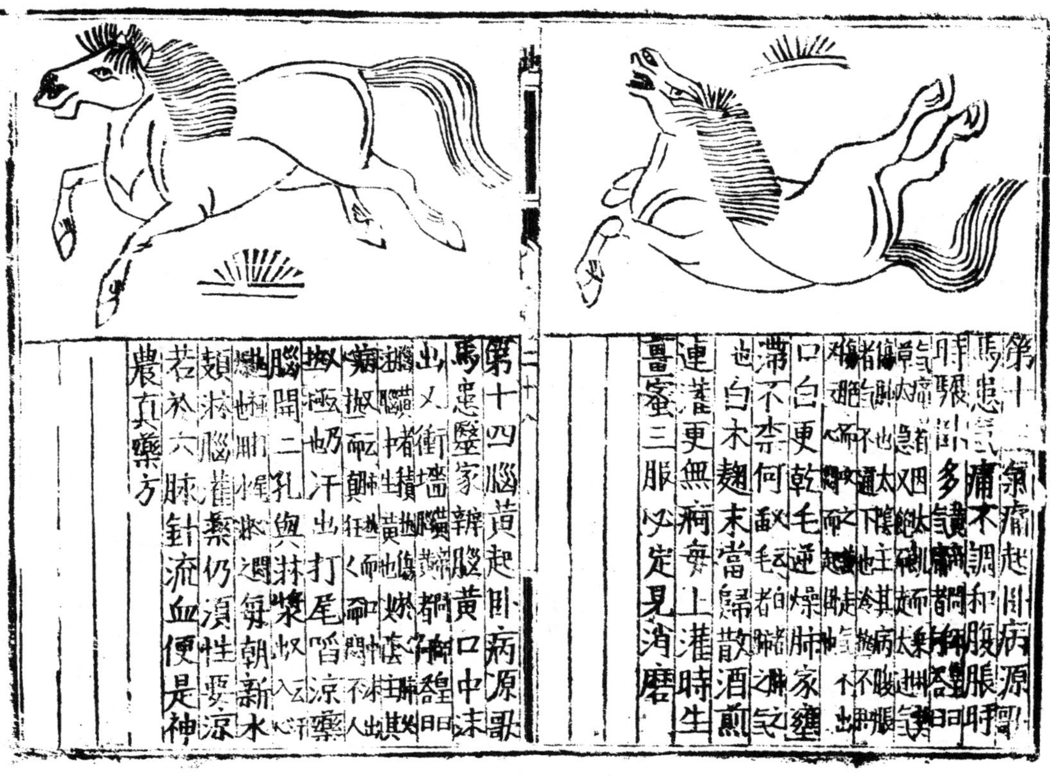

第十三氣痛起臥病源歌

馬患氣痛不調和腹脹時

時驟臥多

口白更乾毛逆燥肺家壅

滯不奈何

白朮麯末當歸散酒煎

連薑更無痾每上灌時生

薑蜜三服必定見消磨

第十四腦黄起臥病源歌

馬患腦黄口中沫

出又衝牆

汗出打尾

腦開二孔與淋漿

每朝新水

頰淋腦蓋藥仍須性要涼

若於六脉針流血便是神

農真藥方

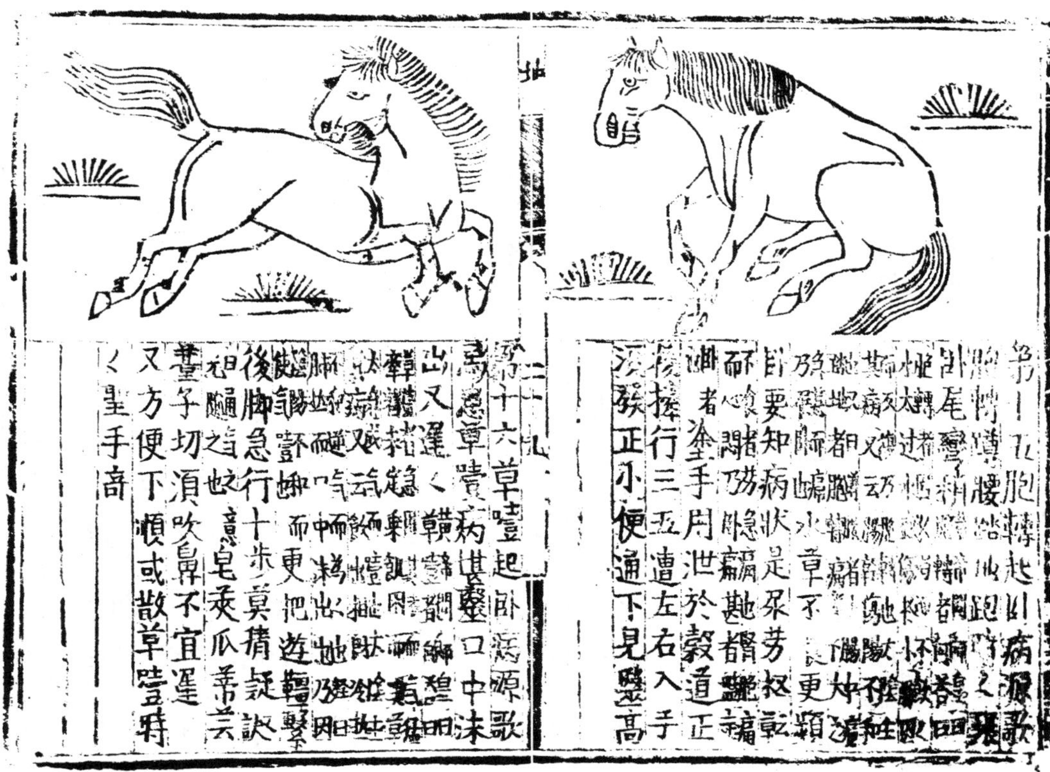

第十五胞轉起臥病源歌

胞轉

尾彎

要知病狀是尿澀

章不更穎

塗手周泄於穀道正

揉行三五遭左右入手

[illegible]正小便通下見豎高

第十六草噎起臥病源歌

馬患草噎病甚豎口中沫

出又運

後脚急行十步莫猜疑

皂莢瓜蒂

薑子切須吹鼻不宜遲

又方便下順或散草噎時

聖手奇

第十七內腎損起臥病源歌

馬患難醫是腎災脊梁着地四蹄攢[illegible]者後脚梢空如[illegible]病方中無一免輪迴[illegible]庸醫不會由自捻良後看了不堪才

二十

第十八腸斷起臥病源歌

馬患腸斷不堪醫渾身肉顫攢四蹄拋糞之時須起[illegible]良醫見[illegible]後也心疑[illegible]治饒君妙手能治療任教名士亦何施

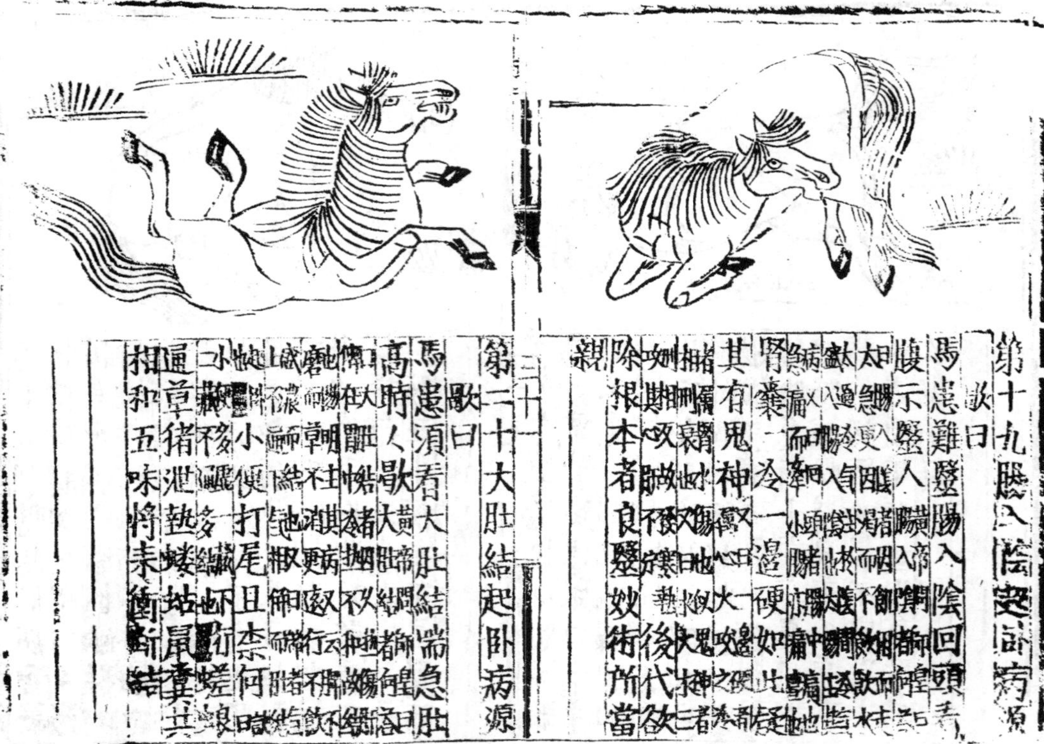

第十九腸入陰起臥病源

歌曰

馬患難醫腸入陰回頭看腹示醫人[illegible]腎囊一邊冷一邊硬如[illegible]其有鬼神[illegible]後代[illegible]除根本者良醫妙術所當親

二十一

第二十大肚結起臥病源

歌曰

馬患須看大肚結常急肚高時人歌[illegible]小便打尾且奈何[illegible]移多[illegible]通草猪泄熱螻蛄鼠糞共相和五味將來斷結

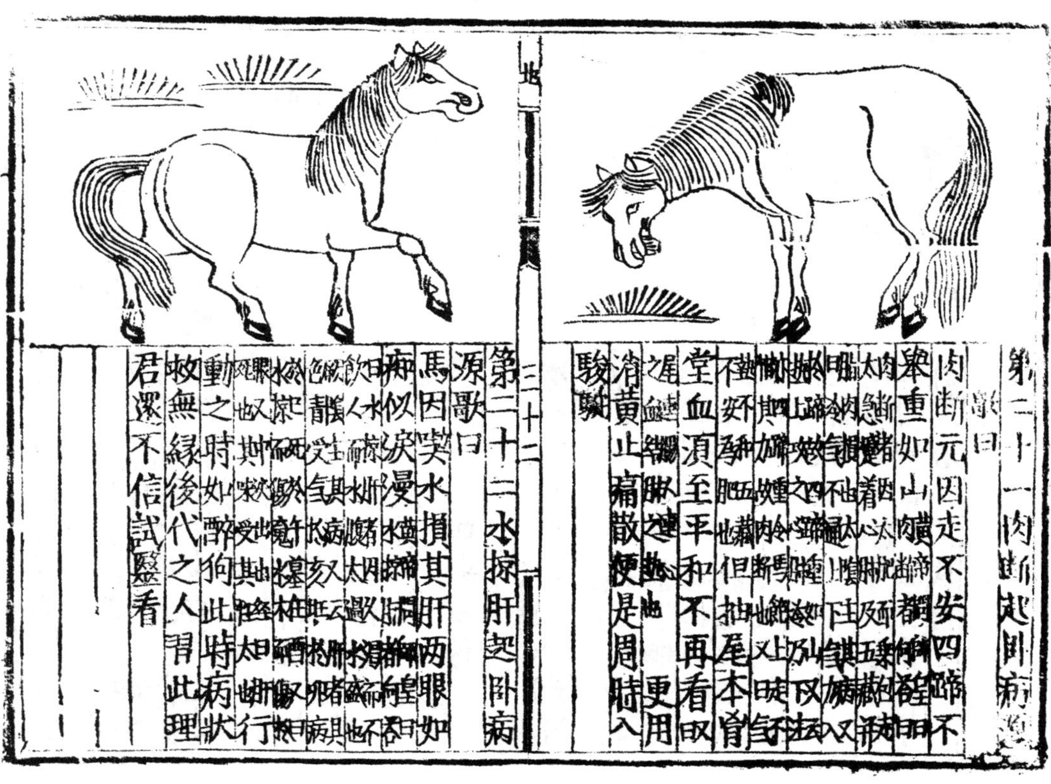

第二十一肉断起卧病

源歌曰

肉断元因走不安，四蹄不[illegible]舉重如山[illegible]

[illegible]

堂血須至平和，不再看取[illegible]更用

消黄止痛散，便是周時入[illegible]

第二十二水掠肝起卧病

源歌曰

馬因哭水損其肝，兩眼如痴似淚漫[illegible]

[illegible]

動之時如醉狗，此時病狀[illegible]

[illegible]無緣，後代之人習此理，

君還不信試驗看。

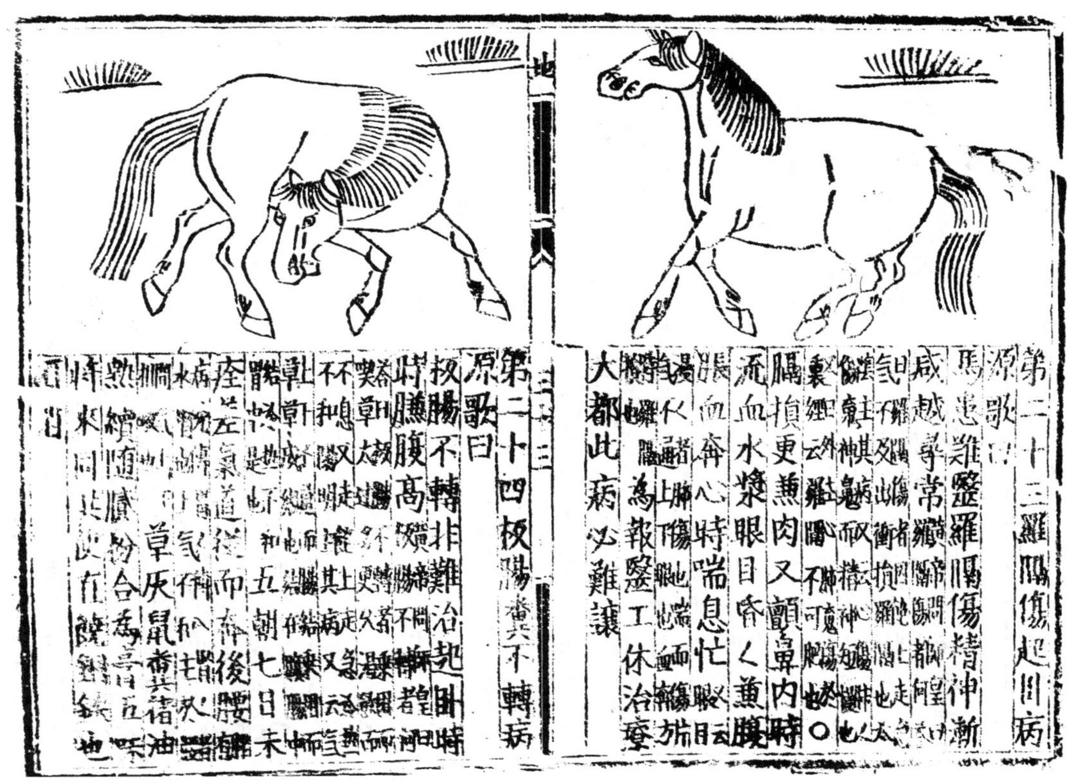

第二十三羅膈傷起卧病

源歌曰

馬患縱羅膈傷，精神漸[illegible]咸越尋常[illegible]

[illegible]

膈損更兼肉又顫，鼻內時

流血水漿，眼目昏昏兼[illegible]

[illegible]血奔心時喘息忙[illegible]

[illegible]為報醫工休治療，

大都此病必難讓。

第二十四扱腸糞不轉病

源歌曰

扱腸不轉非難治，起卧時時腹高[illegible]

[illegible]

痊在氣道從而奔後腰[illegible]

[illegible]五朝七日未[illegible]

[illegible]草灰鼠糞油[illegible]

[illegible]分合為[illegible]

[illegible]

第二十五水𦡷起卧病源

歌曰

水𦡷起卧火人知，縮項蹲腰汗瀝蹄[illegible]

之滴𧽤工見者乱猜疑[illegible]口中清水淯

水急方中看藥餌，首前棒[illegible]不宜遲，又方更用五香[illegible]三汗出血病須移

第二十六肉鼈起卧病源

歌曰

肉鼈起卧汗微微，忽覺心[illegible]左右窺[illegible]肉動渾身顫[illegible]無全[illegible]者乱猜疑[illegible]但

用針刀向後覓腎堂尾本

兩般名[illegible]右方熨金并梔子

消黃治肺共扶持

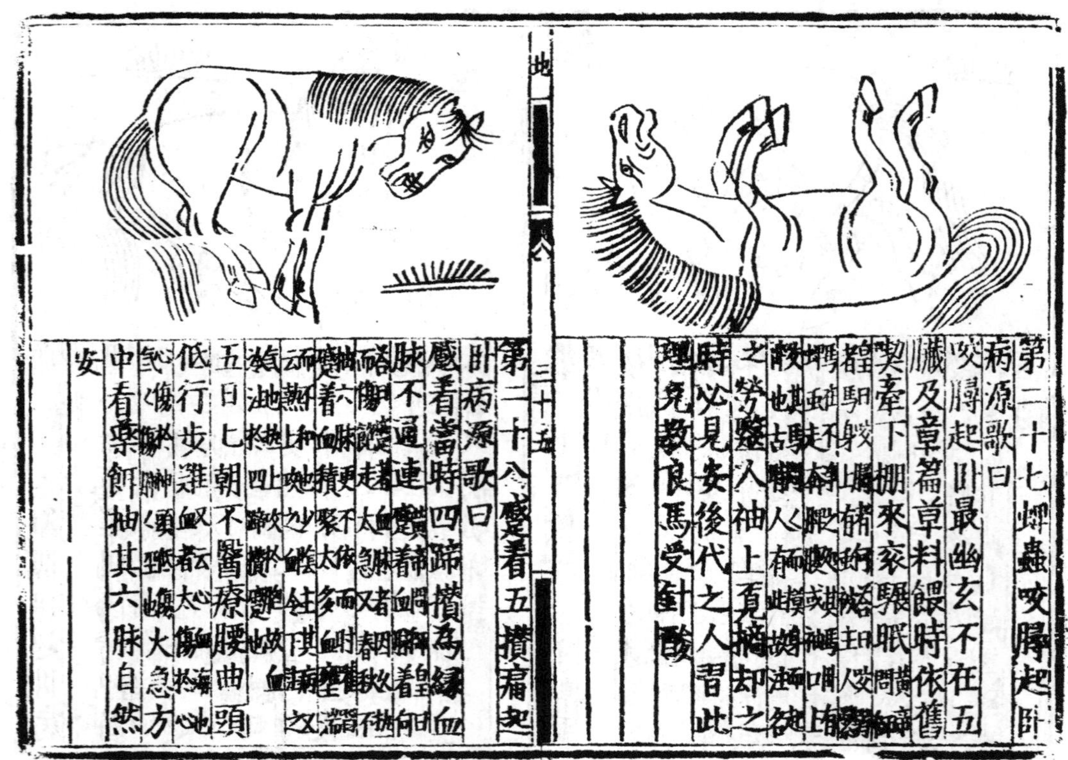

第二十七蜉蝨咬腸起卧

病源歌曰

咬腸起卧最幽玄，不在五臟及章篇，草料餵時依舊契，牽下棚來亥驟眠[illegible]

之勞，醫人袖上覓擒却之時，必見安，後代之人習此理，免教良馬受針𨯽

第二十八𧶅着五攢痛起卧病源歌曰

𧶅看當時四蹄攢，為緣血脉不通連[illegible]

五日七朝不醫療，腰曲頭低行步難[illegible]

中看藥餌抽其六脉自然安

第二十九肺痛起卧病源

歌曰

肺痛起卧喘微微，口内如綿要辨之。[illegible]或即首前多有汗，此是用藥不宜遲。[illegible]沙糖乳汁并鷄子，清黄治肺共扶持。留之三上無痊瘥，必定拋亡豈復[illegible]

第三十大肚傷起卧病源

歌曰

馬患潰看大肚傷，卧時不[illegible]起汗淋浪[illegible]而粗鼻咋兼肉顫，鼻内時[illegible]時胃必損便有灵方病[illegible]為報醫人休治療，此時[illegible]會見照常。

第三十一心痛起卧病源

歌曰

心痛起卧有味功，口内如[illegible]花帶[illegible]或即首前多有汗，大黄紫菀麥門冬，生薑甘草并鷄子，菴活茯苓肉桂蚕，九味將來同共使，便是王良劑藥功。

第三十二腎痛起卧病源

歌曰

腎痛起卧慢微微，簇簇[illegible]〻起卧遲[illegible]口鼻尾尖須出血，棚針燔熨更何疑，藥更厚朴當歸藥，溫酒相和要唯之。損着腎棚難治療，應須不損壽[illegible]

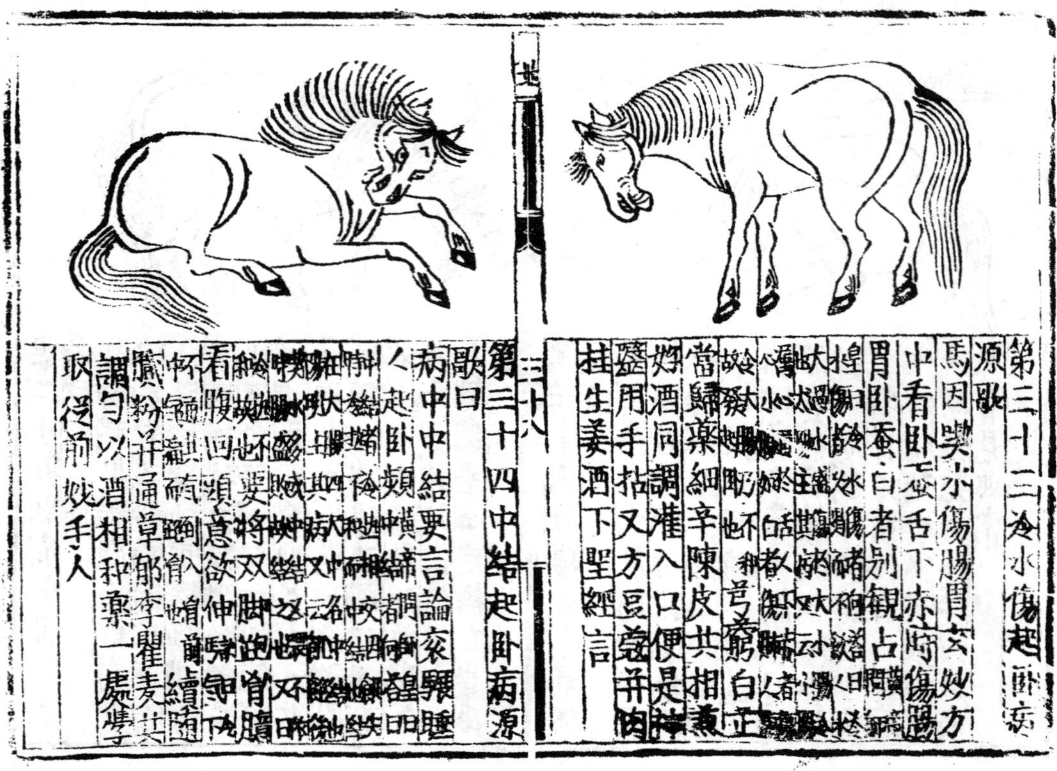

第三十三冷水傷起卧病源歌

馬因喫水傷腸胃，玄妙方中看卧蚕。舌下亦有傷腸胃，卧蚕白者别觀占。

芎藭白芷當歸藥，細辛陳皮共相煮，好酒同調灌入口，便是神醫用手拈。又方豆蔻并肉桂，生姜酒下聖經言。

三十八

第三十四中結起卧病源歌曰

病中中結要言論，

人起卧頻

看腹回頭意欲伸，

將双脚

麝粉并通草，鬱李瞿麦共……調勻以酒相和灌，一處學取從前妙手人。

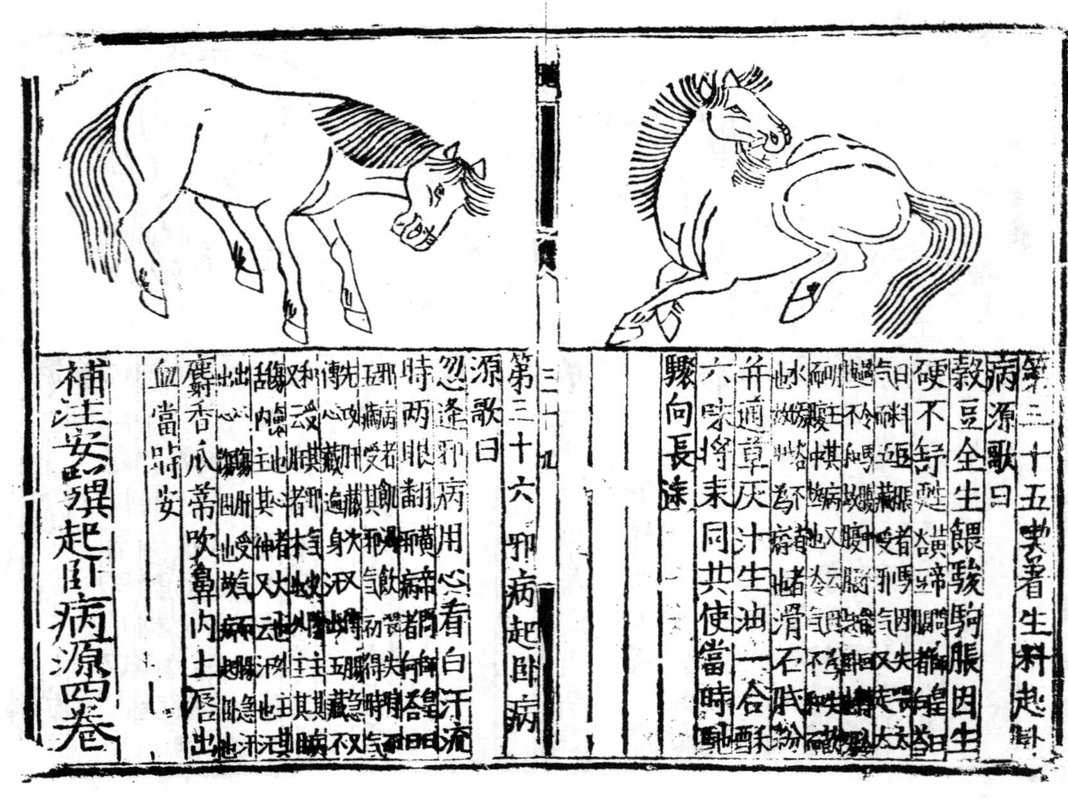

第三十五喫着生料起卧病源歌曰

穀豆全生餵駿駒，脹因生硬不舒……

并通草灰汁生油一合酥，六味將來同共使，當時驟向長途。

三十九

第三十六邪病起卧病源歌曰

忽逢邪病用心看，白汗流時兩眼……

麝香瓜蒂吹鼻內，土唇出血當時安。

補注安驥起卧病源四卷

增廣醫本補關注解安驥集卷之三

古唐洞羊貫

黄帝八十一問并序

蓋聞天地之間人倫之內有地七十六畜者可以樹藝五穀是民之生涯也又曰務兹稼穡者全賴耕牛之力平戎定冦者皆丕戰馬之功此之謂也飼養其六畜須伺察其飢渴疲困疾患若有其疾患者須憑針藥治療也昔者黄帝在位帝基永祚自然蚩尤已後四海咸服黎庶康寧薄税斂而深耕易耨也兹者是德化之治也以感動天地神明者矣後王正月十五日夜風清月朗露泣烟輕有鑾駕六人者乃是聖賢聚會之際也傳旨賞月之次遂相議論唯有八十一問數內有馬師皇者避席而起焚香仰祝上蒼玉帝遥知即云有馬師皇處世救萬民六畜遂差天丁使者於白玉蓮花櫃內取出八十一問玉帝又遣一仙童賫此書直至下方令付與師皇仙童奉勑得書直至下方化作一凡人謁見師皇適話次將八十一問付與師皇師皇見此書踊躍大喜拜謝次仙人失其所在此書乃世之實也既得此方藥餌遂依方修合療其六畜之患無不神効也看口色而其病源听喘息而知其休癈內睕五臟六腑外觀四季五行陰陽知其生死識運氣斷其吉凶炮熁按法針烙從穴乃究藥窮造化之理也今有後學之流不識文墨不曉經書妄施針用藥謾說其功一生而九死所悞及多今將秘本三披閱子細詳之得其樞要者矣皆明昌壬子歲丁未

序

師皇曰有八十一問所斷何也師皇答曰

[illegible]者何也　肝冷　淚恰如珠　出氣不[illegible]

皆因汗出生此患　冷物傷之與上居　毛焦更兼水草慢
被風吹怕項連扶　傳送謊身爐火熁　鼻頭針破血流甦

〇二問心冷者心臟冷逆鼻似水者何也　歌曰

心冷頭低吐清水　口似東凌急須治　立後肉顫攢四蹄
臥後增寒不肯起　便用豚陽暖心散　此藥世間應無比

〇三問肺冷者鼻傳水涕不食水草用藥治之　歌曰

肺冷鼻中水涕出　毛焦肉顫攢蹄立　口鼻白色似冬凌
時變增寒隔上逆　先灌溫藥用火針　妙藥神功人不識

〇四問腎冷者何也　歌曰

腎冷把腰更拖肝　後腳虛腫四蹄攢　外傳腎瀾浸兩胯
臥後筋攣胸膈疼　大針八道海水穴　暖臟溫之四體安

〇五問脾冷者何也答曰脾冷物傳於胃　毛焦草慢用藥可治之　歌曰

頻頻即瀉臟下調　脾冷胃氣毒來潮　大小腸中如雷吼
噢却草料不飲消　變化毒氣頻神湯　日焦日瘦又毛焦

〇六問肝傷熱者眼赤淚浮醫膜用藥治之　歌曰

肝熱眼赤澁難張　醫膜遮時滿目瘡　時時疼痛應難忍
朝朝開閃怕人傷　先點後灌洗肝散　兩目分明似太陽

〇七問心熱者何也　歌曰

心熱舌赤似火團　生瘡滿口吐粘涎　啌時注悶水草慢
瘡痛難咽被涎纏　要效除非黑散子　要將油蜜煉白礬

〇八問肺熱生瘡毒外傳喉骨鼻中膿出啌嗽喘息粗者以治之　歌曰

肺熱頻啌喘息忙　鼻中膿血要消詳
喉骨大時食槽膧　毛焦瘦弱病難當

〇九問腎熱者何也答曰腎熱者甲脊生瘡脊毛又退落可用藥治之　歌曰

皆熱毒氣傳脾皆　□春生瘡毛又退　皮肉膿血瘡一片
脫良藥人實可畏　便用師皇解毒散　假饒方病也須潰

○十問脾熱者外傳脣口生瘡治之　歌曰
脾熱生瘡外在脣　首肉毛退落紛紛　喘息更便黑處臥
目眩脣色損精神　要較油蜜消黃散　不過三上即安身

○十一問肝傷水者冷氣傷眼目不開毛焦肉顫可治之歌曰
肝家傷水口鼻青　出氣往來冷如冰　毛焦瘦弱眼不開
冷氣攻於腦上岸　上衝臟時和胃口　尋思內發外分明
此者便是肝傷水　認取根源莫亂□

○十二問心傷水者臟冷鼻痠氣痠兩膊肉肋顫可治之
歌曰
心家傷水口鼻冷　膊前肉顫兩膊□　膂前肉動又毛焦
增寒憬森憂日影　此者本是心傷水　莫得胡猜損於□

○十三問肺傷水者外傳鼻中清水滴毛焦肉顫可治歌曰
肺家傷水鼻中滴　毛焦肉顫頭□□　口鼻白色似冬□
下唇哆呵垂頭立　或因冷氣□於胸　也是腑內冷相激

○十四問腎傷水者冷氣乳声垂頭耳肉顫可治之　歌曰
腎家傷水兩耳垂　渾身肉顫又頭低　口鼻膿涎出氣冷
臥後盤身便溺遲　此者本是腎傷水　識其形狀是明醫

○十五問脾傷水者冷氣傳於胃口肉顫增寒不食水草者可
用藥治之　歌曰　脾家傷水更增寒　肉顫渾身似一團
出氣之時口鼻冷　四蹄攢聚把身攢　病躰數翻依經本
臨方用藥辨根源　此者本是脾傷水　細意搜尋辨一栽

○十六問擊蒸內障眼有幾翻內障者有一十六翻五臟所生
可以治之　歌曰　[illegible]　一顆□如[illegible]
內障看[illegible]

明月分明觀遠天　不是街人誇好手　東西南北盡談傳

○十七問擊畜頻頻泄瀉者胃口冷熱相衝毒氣作声頻頻泄
瀉也　歌曰　頻頻泄瀉臟不調　脾冷胃氣毒遊朝
大小腸中如雷吼　嫩却草料不能消　變化毒氣頻瀉瀉
日焦日瘦又毛焦　要較桂心豆蔻散　直饒篤病見功勞

○十八問六畜脹疫者五臟壅毒積熱逆氣奔腸五翻脹疫治
之可也　歌曰　五翻脹疫病傳將　亦覺声喚早頻空
初得心肺生熱毒　外傳鼻內滿口瘡　眼赤肝壅多有淚
頻頻臟腑氣通腸　亦覺調治先解毒　莫隨膿瀉血□

○十九問六畜糞頭緊硬者壅毒腸中宿草不消化可用藥治
之　歌曰　五臟壅毒腸中難□　盛積聚生此患
大小腸中不消化　日夜拋糞如鐵彈　毛焦瘦弱又蹣跚
慢草羸尪精神慢　要較脂硝取臟中　敗毒糞硬病消散

○二十問擊畜生駒惡物在腹中頻頻尿血水及小腸惡物何
以治之　歌曰　落胎惡物在子腸　腹脹在腰小便忙
痛衝胸膈時時悶　日深不取命須亡　要較早用敗毒散
地龍臟粉最為良　當歸沒藥堪可治　麒麟甘草骨碎将

○二十一問心肺黃者病內生壅毒腹中疼痛兩眼胡觀實似
醉狗何以治之　歌曰
心肺黃病集熱壅　眼前花發見東西　立地之時如醉狗
吼䶎成上聚四蹄　腹中疼痛如雷吼　每度疼時汗以泥
連嗺三服敗毒散　三焦閉却為壅遲

○二十二問慢腸黃病者宿草第四盤中聚成病內主疼痛不
消化糞頭緊硬忽起忽臥用藥治之　歌曰
起臥要識慢腸黃　宿草困水大小腸　三朝兩日頻覷頭
糞拋隨水硬光光　一陣痛時和腰看　一回疼後却争張

急灌過藥令交湯　莫令傾服見身亡
○二十三問慢肺黃病者宿草不消是困水納其二臟生其此
患也　歌曰
起臥須知慢肺黃　左右周迴覷臁堂
立地鎮腰拖後脚　臥輥四蹄向上蹌　屢嚥亞身不噍磨
糞拋脂𦟛硬光光　亦覺便用脂和藥　日多生脹見無常
○二十四問肝暈病者肝家壅積聚毒氣上衝膈前迷悶疼痛
兩眼不見遍身有汗不住胡走急起臥以藥治之　歌曰
肝暈起臥見精神　壅毒兩眼不見人　逢墻入坑胡更撞
撞上擊定不須存　遍身毛焦瀝瀝汗　肝熱衝心灌胃門
新水淋頭涼藥解　當時七魄見三魂
○二十五問鎖腰風者汗怕著腰胯四肢恰如筋斷搭眼精遍
身肉顫治之歌曰　醫人要識鎖腰風　腰吻難行醉狗同
難立到生拖後脚　搖腰鳴處痛形容　發時肉顫頭須硬

也　四十四

翻睛眼露白人瞳　盲醫不識須胡道　却言磨療鬼神風
○二十六問四柱風者客風透入四肢虛腫無力難起難臥用
藥治之　歌曰　前脚拒定後脚坐　欲起不起又却臥
咲得醫人看病源　諸家求神言是禍　醫人不識四柱風
燒錢祭馬免災禍　各依敗毒能針治　下藥尅日須安可
○二十七問難患風者賊風透入四肢內攻臟脉四脚無力恰
如觔斷起臥無因此病難療向以治之　歌曰
孳畜病却難患風　邪風敗氣鑠腰中　脾傳胃逆朝百會
腎閉觔骨四肢攻　蹄脚無力如觔斷　臥地難行救無功
似此形狀不下藥　日深必定命歸空
○二十八問臍風者賊風透於臍內傳五臟六腑外傳滿身殭
硬眼目吊翻牙關咬定用藥治之　歌曰
臍風鑠口片時間　初時先是閉牙關　渾身殭硬兩耳直

[illegible]起更煩躁　三日傳來毳毛詐　五朝必定吐疾亡
亦下火針須用藥　莫交傳定命連傾
○二十九問肝氣痛者上衝肝臟腹中疼痛外傳眼赤時擁注
悶張口咗喘也　歌曰
肝家氣痛起臥攛　擁毒主悶張口喘　兩眼赤色把頭秤
開眼觀人如閃電　腹中積聚逆氣朝　內生外傳來往互
本是膈中同共得　要較早用七星散
○三十問心氣痛者積聚擁毒注悶內生疼痛外傳有餘汗喘
咗急也　歌曰　心家氣痛起臥忩　口內如花舌上紅
起臥臨前微微汗　喘息注悶逆氣衝　便用王良止痛散
痛能致毒心中
○三十一問肺氣痛者飽上行急困草不消內生疼痛見悶喘
粗遍身汗出用藥治之　歌曰

也　四十五

肺家氣痛似刀剺　起臥肉顫汗微微　口鼻白色喘息粗
左右擺頭顫肚皮　急用妙藥針本穴　當時輕快病痊宜
○三十二問腎氣疼者宿水草不消化小腸疼痛起臥也歌曰
腎家氣痛又傳腰　皆因宿水不能消　小腸疼痛中難忍
[illegible]疼起臥受無家　遶背毒氣如雷吼　臥後拳脚怎舒腰
交為輕時前跑地　止痛散下有功勞
○三十三問脾氣痛者冷傷脾胃內生疼痛逆氣衝心也歌曰
脾家氣痛起臥忙　腹中疼痛似刀傷　氣者冷傷脾胃逆
舒臁不動甚難當　要較桂心蒼蔻散　減痛除災免禍殃
○三十四問大小腸冷痛者腸中雷鳴內生疼痛逆氣相衝治
之可也　歌曰
大小腸中冷氣逆　皆因厥逆病相乘　起臥痛時頻[illegible]
腸中作声似雷鳴　便用止痛[illegible]散　何愁此病不安寧

○三十五問臟腑冷者口中吐痰水即漸瘦弱可治之　歌曰

久患諸臟冷來侵　口中痰水吞底流　發時肉顫渾身動

瘦弱羸尪病轉深　桂心附子良薑散　此病炎冷要推尋

○三十六問眼中冷淚四肢困者冷傳於脾四肢無力眼中淚

淚用藥治之　歌曰

肝冷傳脾淚連連　頭垂偏愛日陽前　臥後彎頭嘴扎地

行時無力四肢癱　要較洗肝溫脾散　此般藥效直千錢

○三十七問臟顫者脾腎冷傷胃病用藥治之　歌曰

臟顫脾腎冷來侵　起卧腸中痛轉深　因為晚水浸裏面

又為此病痛難任　厚朴官桂宿砂散　酒下之時喜不禁

○三十八問小腸秘澁毛焦皮黃時時疼痛用藥治之　歌曰

小腸承澁小腸傷　瀝瀝便時金色黃　疼痛尪羸頻頻臥

遍身皮毛沒精光　芍藥桂皮二附子　一時灌下使安康

○三十九問脾風者為心水傷脾胡走作声後脚踢前膊可用藥

治之　歌曰

畜患脾風不住走　頻頻作声驚人吼　擊定遶椿來往轉

後脚往前踢膊口　火針脾胃用藥醫　當時立效人皆喜

○四十問心風黃者血注衝心哮吼不住作声胡走可治歌曰

心肺黃病走來頻　哮吼高声驚四隣　眼睁三角逢人撞

見者都道不曾聞　名醫使烙天門穴　當時立效似還魂

○四十一問日夜作声不住呼喚者為肝膽內有貴呼為寶養

富也　歌曰

肝膽有黃吟哦声　百獸声氣可人听　臟腑之中有昔物

養生必定家道榮　豎人不識胡亂道　休立病狀亂施呈

○四十二問五臟傷熱者喉上擁毒生口瘡吐涎沫毛焦慢草

也用藥治之　歌曰

傷熱毛焦五臟傳　口舌俱赤嘴猶涎　哮声時[illegible]水草[illegible]

痛澀難咽被涎纏　要較除非黑藥子　要將滷[illegible]煉白丸

○四十三問餘汗出五臟積熱多餘口中燥悶用藥治之歌曰

五臟積熱多餘汗　六腑相傳燥熱亂　臟腑不和主悶多

所以患出生此患　不治毛焦水草微　日深成病為[illegible]

對證涼藥解毒散　自然安樂身輕健

○四十四問腦邪風者客風透入外傳膊痛者用藥治之歌曰

項曲頭降搐到胷　循風成病是根元　風抽筋急傳外向

低時呼作肺邪[illegible]　此患肺風[illegible]三[illegible]　外傳頭上病如[illegible]

用藥表時通臟[illegible]　要[illegible]

○四十五問肺把膊[illegible]上衝頭項[illegible]難行可治之歌曰

肺把膊時[illegible]上[illegible]　[illegible]　急行傷重肺把[illegible]

四蹄攢時緊[illegible]　[illegible]　渾身皮肉如繩束

用藥火針膊[illegible]　[illegible]

○四十六問肝[illegible]者[illegible]疼痛喘息有汗可治之歌曰

肺肝黃病眼[illegible]　[illegible]因　逢人便撞難攔[illegible]

擊在椿上轉[illegible]　[illegible]喘時粗氣出　微微須有汗渾[illegible]

此患三朝通治[illegible]　日深傳交命難存

○四十七問口鼻[illegible]上衝有難脇脾胃上逆相衝呼為

水草翻日淺通醫　口鼻吐糞[illegible]翻　衝着羅膈脾胃閉

眼合耳垂不[illegible]草　日[illegible]日瘦[illegible]安　或脹或消吐出[illegible]

五臟毒時逆氣轉　日淺通醫容可治　日深須是病難全

○四十八問頻[illegible]声哽者因飽上行急前脚難移可治之歌曰

日夜悶哽水草慢　更添哽氣頻[illegible]喚　飽上行急五攢疼

前脚難移卧時[illegible]　[illegible]中[illegible]火針治　[illegible]

○四十九問[illegible]

之可也　歌曰

朝朝水草似飡泥　日日皮膚瘦又羸　四肢瘦如柴行路弱

四肢無力項筋垂　目久空声聞哽氣　肋肢肺貼病難醫

○五十問傷重空喘者着熱傷重衝心肺注悶疼痛外傳喉骨

鼻中膿出又慢草可以治之　歌曰

熱傷心肺又頻空　鼻中膿出喘忙忙　毛焦瘦弱水草慢

怡如鬼壯項郎當　立時行步風吹倒　臥後合眼少精光

醫人用藥急針治　日深肺脹命須亡

○五十一問傷重衝心肺者難以調治擁毒不食水草　歌曰

傷重行急損心肺　鼻内膿流時臥地　雙眼赫赤不見物

渾身肉顫攢蹄[illegible]　[illegible]拽疼痛草難食　榮胃之間氣須閉

此般行狀藥休醫　假饒妙手應難治

○五十二問傷重衝噎血行者臟腑擁毒慢草瘦弱可治歌曰

飽上傷重更著熱　朝朝喫草噎[illegible]血　慢草瘦弱漸尫羸

骨瘦如柴無力怯　起臥之時不肯休　此患爲因皆是熱

奉勸主人辨藥[illegible]　[illegible]下藥時神天折

○五十三問腸中瀉濃血擁毒疼痛氣脉不順可治之歌曰

傷熱腸中濃血衝　臟腑擁毒胃氣攻　臍下痛時如刀割

一回疼後奔心中　日漸瘦來筋骨露　耳慢頭垂脊似弓

識病先下敗毒散　然後調治氣須通

○五十四問即瀉者困水腸中宿草不消逆氣相攻頻即水切

治之　歌曰

困水即瀉不安寧　傳來胃氣若雷鳴

日深漸瘦柴相似　脊梁如刃甚伶仃　動脚款倒行無力

臥時難起弱儀形　只宜針治八窌穴　補其臟腑得安寧

○五十五問飲水傷於五臟胃氣不和腹中如雷鳴頻頻脚水何

以治之　歌曰

[illegible]胃氣逆　大小腸中漸漸疼　兩臟傷時水草慢

尫羸瘦弱沒精神　[illegible]數針膏治臟腑　背脚針了安三門

○五十六問敗水逆行五臟不納透外臍可治之　歌曰

困水荒外奔臍來　敗水遊運滿腹懷　榮衛閉塞血脉滯

頭垂肉顫胛難擡　醫人若還識此患　先調脾胃藥安排

更用鮮[illegible]針本穴　莫教性命掩塵埃

○五十七問宿水荒外臍水不納者逆氣攻心内生疼痛得於

荒外也可治之　歌曰

宿水荒外徹肚浸　浸中疼痛似刀刺　痛時肉顫生寒腰

痛連腰脊急拳攣　試將用藥敗余水　不會却道脾胃寒

三日已前通治療　五日已後命須拚

○五十八問敗水侵於[illegible]腸臟疼痛用藥治之　歌曰

敗水荒外遊腸肚　[illegible]腸疼痛似刀傷　或腫或消又却下

朝朝懶草草精光　傳來肉顫㖨嘆氣　兩肋氣刺似心狂

名醫去毒除宿水　不知調治命須亡

○五十九問食槽血結者心臟熱擁外傳食槽切治之　歌曰

血結食槽食槽生　毒傳攢聚長來成　上下根苗傳臟腑

食槽裡面結成精　腫破膿汁胸骨大　鼻中膿出自然清

開喉用藥能醫治　後學之流莫亂呈

○六十問草結者脈中熱毒外傳食槽有膿血治之　歌曰

草結原從胎内來　胎中有結結成胚　食槽生時筋肉聚

恰似胡桃累累排　發時臟腑頻喘喘　急喚醫人取結開

手奔之時猶小可　犯着蛾眉恐禍災

○六十一問食槽擁毒氣結喉骨高者用藥治之　歌曰

食槽草結有二般　就中氣結循慢緩　夾喉食槽候骨腫

緊硬忙醫醫豈寒　鼻中膿出頻喘喘　往來出氣欲[illegible]吁

名醫開喉能取結　肩堅不會亂胡言
○六十二問毛焦者五臟積熱血脉擁乃毛焦也可治之歌曰
三焦不和傷他熱　五臟癰毒氣脉結　恭衛閉塞來往澀
不醫多日生瘡癬　翌較油蜜消黄散　身上毛光精神悦
○六十三問口中涎水爲冷熱相攻結於羅膈上蚵蚾落架心
頭瘀水也　歌曰
口中白沫吐粘涎　落架蚵蚾呼爪涎　冷熱相攻朝膈上
頻頻咳逆更心煩　翌較白礬蟾酥　立效除要黑神丹
○六十四問一種脾寒者肉顫疼痛兩眼横淚頻頻點頭切須
以藥治之　歌曰
一種脾寒又傳肝　點頭肉顫耳慢牽　遍身疼痛如錐刺
筋骨酸疼似刀剜　發汗要發温風散　四肢輕快便康安
○六十五問二種脾寒者喘森肉顫腸疼口色白可治之歌曰
二種脾寒冷透心　咬牙噤森[illegible]　小腸疼痛頻頻卧
口色白黄似淡金　風藥解毒先出汗　本穴應須用火針
○六十六問三種脾寒肉顫者腸中水大腸疼痛腹内雷鳴多
下氣也　歌曰
三種脾寒又傳肺　毛焦肉顫兼鼻涕　大腸疼痛鳴頭頷
腹内雷鳴多下氣　火針本穴氣自通　先須治胃方中記
○六十七問四種脾寒者冷顫舒腰脊疼兩肋痛頻起卧也歌曰
四種脾寒又傳腎　擡身顫慄多心噤　舒腰挽脊卧頻頻
痛剌臁肋如刀刃　下針本穴便須痊　妙藥三服氣脉順
○六十八問五種脾寒肉顫雷鳴起卧疼痛慢草可治之歌曰
五種脾寒傳胃口　肉顫雷鳴腹内吼　痛時覷顫沒精神
卧後垂頭搖以狗　風藥發散治腸中　火針立效方中有
六十九問六種脾寒肉顫[illegible]針指頭引頭見脚疼痛腹中
脹　歌曰
六種脾寒傳五臟　肉顫[illegible]頻頻腿
腹中疼痛見悶多　更兼逆氣攻膈上　膈下毒氣又來衝
直是妙手也須愁
○七十問七種脾寒遍肉顫逆氣攻心可以治之　歌曰
七種脾寒傳六腑　肉顫渾身來往走　逆氣疼痛抱心來
眼黑倒地陌然亂　張口青黑必然凌　片時身[illegible]爲灰土
○七十一問八種脾寒三焦擁滯血脉不通蝗寒頻卧宜用藥
治之也　歌曰
八種脾寒傳胃間　三焦逆氣脉艱難　冷氣侵時頻卧地
疼於五臟又會寒　翌較火針十二道　表於寒氣便身安
○七十二問九種脾寒者肉顫毛焦腸中吼声亞身頻尿用藥
治之可也　歌曰
九種脾寒大小腸　腹中冷氣吼声狂　肉顫毛焦寒禁藥
亞身頻尿淡金黄　火針五攢須得快　温和六腑便安康
○七十三問十種脾寒肉顫拳唯吐水及多可治之　歌曰
十種之病号脾寒　發時肉顫怎拳攣　腹内不和下氣吼
口中疼水冷連連　是用火針針四道　是須長稚木香丸
○七十四問卒然被溯困水宿草腸中不納冷熱相攻内生疼
痛時時發也　歌曰
急水急草熱上來　腸中渾水卒然侵　成病腸中如雷吼
下来疼痛若刀開　腹内不和寒熱甘已　頻頻逆氣又膸来
火針百會扣温藥　萬病消除最妙哉
○七十五問冷熱不足又傳脾胃疼痛起卧腹作雷鳴用藥治
之可也　歌曰
氣痛起卧旋舒腰　左右回觀踏地跑
腹中疼痛如雷吼　到晚時時後脚跳　當歸[illegible]藥能止痛
木香[illegible]下治田調　細辛[illegible]藥者合[illegible]　此般好藥有功劳

○七十六問從高傷内腎腰胯無力難起卧可治之　歌曰

損患腎經氣在腰　腎家冷病不能消　前後起難無氣力
行時脚胯更遮腰　百會八窌須針烙　云溫腰脊腎功能調
先於穴當腎脊骨　不過半月病除消

○七十七問瘦弱者飲着毒氣水砂入肺中可治之　歌曰

毒氣砂石入肺腸　不能消化腹中藏　草遲無力身沉重
即漸尫羸病莫當　朝朝合眼頭垂定　少卻精神未可當
針烙切須先治療　目浮必定命無常

○七十八問傳肢肺病者困騎急汗出因中上槽臭草沙土鷄
養臟肺不消不化可治之　歌曰

損患傳肢困餓忙　臭草土毒氣臟中傷　初得外傳和脚痛
不知早至外逆相　四脚傳来頭項硬　喉骨高大鼻膿漿
慢草難卧行無力　要較針醫神效方

○七十九問項𢶡把者内傷五臟因中汗出賊風拍着項强緊
難卧籠　歌曰

項𢶡把腰頭低難　汗出怕着皮膚間
皆因行急傷五臟　漸漸尫羸似刀剜　筋骨硬時難卧地
後脚粗時痛無補　早遇良醫必須差　不識之人却胡停

○八十問胎駒有患者母卧旋四蹄努咽𢰭者因傷觔可用
藥治之　歌曰

胎駒有患最難醫　母卧努咽旋四蹄
子痛母疼不敢觸　頻頻泉[illegible]下遅遲　安藥子腸無患務
卯時水道血衣垂　欲取二般知端的　巳日連夜辨高低

○八十一問駒子嬭結者腸中擁毒氣結定氣腹脹疼痛難忍
可用藥治之歌曰

駒子嬭結也難醫　腹脹起卧是災危
滑石油蜜同胆粉　催時子細用心機　灸妙鼠粪筆管中
温水同將從道吹　取塩隨行三二里　通關氣道病方瘳

校正監本補闕注解安驥集卷第九

元亨療馬集

（明）喻仁 喻傑 撰

《元亨療馬集》(又題《元亨全圖療牛馬駝集》《牛馬駝經》)六卷,附《圖像水黄牛經合併大全》二卷、《駝經》一卷,(明)喻仁、喻傑撰。喻仁、喻傑,係兄弟二人,是明代盧州府六安州的名獸醫,兄喻仁字本元,號曲川;弟喻傑字本亨,號月川。因此他們的著作《療馬集》便被習慣地稱爲《元亨療馬集》。該書可能始刻於萬曆三十六年(一六〇八)。因爲出自獸醫名家之手,全書剪裁精當,内容完備,加入了作者自己的獸醫經驗,所以實用價值很高,歷來書商一再翻刻,内容時有增删,書的題名也因書商故意標新立異而多種多樣。

該書内容包括《元亨療馬集》《元亨療牛集》和《駝經》三部分,其中《駝經》可能是後人所加,著者不明。大致馬有三十六起臥、七十二症,牛有五十六病,駝有四十八病,各有『證論』『圖』『方』,内容廣泛,醫理精深。《療馬集》是全書的精華,明刊本的内容分爲春、夏、秋、冬四卷:春卷是『直講十二論』,一至二論講的是疾病診斷和針灸治馬病方法,三至九論講的是七類常見病的區别診斷、發病機理和治療方法;後三論選錄了有關馬的外形鑒别和牧養須知方面的材料。夏卷論述『七十二大病』,對每種病的病因、病理、症候、療法和護理,均有明確的論述。秋卷包括『評講八證論』和『東溪素問碎金四十七論』。『八證論』原爲中獸醫的診斷學,始見於《馬書》,喻氏兄弟以『評講』形式對原有綱要作了闡發;『碎金四十七論』以『東溪問曲川答』的方式,對馬病診療中的四十七個問題作了解答。冬卷包括『喂飲須知』『五經治療藥性須知』『陳反畏忌禁藥須知』『引經瀉火療病須知』『君臣佐使用藥須知』和『經驗良方』。其編撰體例是各種病症大都有『論』説明病因,有『因』表示症狀,有『方』説明針灸法、外治法、内服藥方等治療方法。然後又將主要内容編成歌訣便於群衆記誦。該書問世後,成爲獸醫經典,其他同類著作在很大程度上被取代了,三百多年來一直被作爲民間獸醫傳習的範本。

該書最早的版本是明代萬曆三十六年金陵唐少橋汝顯堂刊本,不附《駝經》。由於附有『丁賓序』,所以這一系統的版本,統稱爲『丁序本』。清乾隆元年(一七三六)李玉書對原書作了删補和改編,把《元亨療馬集》四卷,改爲《馬經大全》六卷,把《元亨療牛集》二卷改爲《圖像水黄牛經大全》二卷,加上《駝經》一卷,一起付刻,題名爲

《牛馬駝經大全集》,内容與丁序本有較大出入。因爲附有『許鏘序』,所以這一系統的版本,統稱爲『許序本』。這二個系統的版本流傳的有近十種,各本内容互有增删,題名亦不一致,或作《牛馬駝經大全集》,或作《元亨療馬牛駝經全集》,或作《元亨療馬集附牛經、駝經》,還有的作《元亨療牛馬駝集》。其中的《元亨療馬集》有的作《馬經大全》,《元亨療牛集》有的作《牛經大全》或《圖像水黄牛經大全》。這些混亂現象大都是書商所爲。

建國以來先後出版了四種不同的版本:一九五七年中華書局出版謝成俠校訂的《元亨療馬集附牛駝經》;一九六三年農業出版社出版中國農業科學院中獸醫研究所重編校正的《元亨療馬牛駝經全集》;一九八四年出版該所主編《元亨療馬集選釋》;一九八三年出版乾隆五十年安徽六安郭懷西的注釋本,名爲《新刻注釋馬牛駝經大全集》。這些版本經科學整理,更便於後人研習。今據清乾隆元年刻本影印。

(惠富平)

牛馬駝經序

子思子言盡人盡物之性子輿子言仁民愛物之理至矣哉參天贊地補兩大之不及者其惟治療一書乎蓋六畜之大有功於人者鈎衡駕軛負重致遠惟牛馬駝爲最田獵戰陣馬績爲良任載力田牛勞莫鉅萬里千斤駝功更遠有之者賦役充焉財用足焉誠富國之能材宏家之楨幹也特其治療之術物不能言而人功爲秘務窮其理務究其源不

可以粗淺躁妄試也方今

聖天子景運重新湛恩累洽萬彙長養物不夭殤以仁心育萬物因已咸若其性矣亦何俟斤斤於治療一書然而善牧者潔其水草酌其芻菽慎其寒燠節其足力則災疢不生孳育日盛苟一有調馭之失宜縱師皇岐伯伯樂甯戚復生不能無待於針灸之精與夫藥餌之當也有明六安喻氏昆仲本元本亨究師皇岐伯之經泄伯樂甯戚之秘針砭醫療

應手而痊經其治者馬大蕃息時出其緒餘以治牛民賴以有耕更精其手法以治駝國賴以引重壯軍威而成歲功利轉輸而濟牧養裨益豈淺鮮哉原序爲二子之隱於醫也不矜其功不計其利滋滋樹德務變及羣材而咸盡其性誠哉九方神賞不乏孫陽也其方書已久行於世近逢李子玉書重梓其治療圖經頌論以壽於世予從旁竊聞之欽其利濟民物啓廸後人之善因走筆弁其端所

以著喻氏伯仲之功於無盡也嗚呼周師列于夏官醫獸隷於太僕衛公勤庶政而騋牝三千孔子爲乘田而牛羊茁壯蓋亦盡人而盡物者仁心所寓之一端也吾願世之善牧善療者於此三致思焉庶可以盡此書之藴是爲序

旹

大清乾隆元年歲次丙辰孟春之月上元許鏘賢聲氏題于有秋書屋

纂圖元亨療馬集目錄

卷之六

新刊纂圖元亨療馬集卷之一

六安喻本元本亨著

○相良馬論

馬有駑驥善相者迺能别其類相有能否善學者迺能造其微是以冀北固多馬矣伯樂一過其馬羣遂空者非無馬也無良馬也今夫或赤或黃或黑或蒼蟻聚蟲集旅走叢立四散惝恍開合萬狀而善相者椅手飛縻指毛命物其質之可取者收畜攻教始無遺質自非由外以知內麄以及精又安能始於形器之近終遂臻於大機之妙哉今列相法于其後以俟能者云

○相良馬圖

頭

馬頭欲得高峻如削成又欲得方而重宜少肉如剝兎頭壽骨

欲得大如綿絮包圭石（壽骨者髮際生處也）顱骨欲得廉而闊又欲長（顱骨者額頭頂小骨也）頞欲方而平八肉欲大而明（八肉耳下也）易骨欲直（眼下直下骨也）元中欲深（耳下近牙）頰欲開揪欲方（揪頰前也）

眼

馬眼欲得高又欲得滿而澤大而光又欲得長大目大則心大心大則猛利不驚目睛欲得如垂鈴又欲得黃又欲光而有紫艷色箱欲小又欲得端正上欲方曲下欲直骨欲得成三角皮欲得厚若目小而多白則驚畏瞳子前後肉不滿皆惡目不四滿上瞼急下瞼淺不健食目赤睫亂眼下無肉皆傷人

耳

馬耳欲得相近而前立小而厚又欲小而銳狀如削竹如削欲促耳小則肝小肝小則識人意緊短者良若根潤及闊而長者

鼻

馬鼻欲得廣大而方鼻中色欲紅鼻大則肺大肺大則能奔鼻孔欲大素中欲兼而張（素鼻孔上是）水火欲得分（水火在鼻孔兩間）

口

馬口吻欲長口中色欲得鮮明上脣欲得急下脣欲得緩上脣欲得方下脣欲得厚而多理上齒欲鈎下齒欲鋸頷下欲深喉欲曲而深脣不覆齒少食齒左右蹉不相當難御齒欲得深而密淺則不能食又欲得齊而白白則耐齒不滿不厚不能久走齗齶欲得有瓣而明舌欲得方而薄長而大色如朱紅

形骨

望之大就之小筋馬也望之小就之大肉馬也至瘦欲得見其

肉至肥欲得見其骨馬頸項欲得厚而強又欲得膇而頸頭骨欲大肉次之鬐欲得極而厚且折季毛欲長多覆則肝肺無病（鬐厚毛是也）鬃欲帶中骨高三寸（鬃中骨也）胸欲直而出臆欲廣兩肩不欲深肩肉欲寧鳧臑欲開視之如雙鳧雙鳧欲大而上（雙鳧胸兩邊肉）（如鳧是也）膺下欲廣一尺已上背欲得短而方脊欲得大而抗脊背欲得平而廣䐈筋欲大（䐈筋夾脊筋也）腹欲充又欲平而廣又欲大而垂結脉欲多大道筋欲大而直（大道筋從腋下抱腹也）膁欲小膁小則脾小脾小則易養季肋欲張脇肋欲大而濩從後數其脇肋過下者良腹下欲有八字腹下毛欲向前腹下陰前兩邊生逆毛入腹帶者駿三府欲齊（三府兩髂及中骨也）髂骨欲大而長尾本欲大而強尾骨欲得高而垂臂欲得長而膝本欲起（前脚膝上向前）則脫欲開髀骨欲短龍翅欲廣而長升肉欲大而明（升肉髀外肉也）股欲薄而博虎口欲

開骹（股內也）後髀欲廣厚汗溝欲深明直肉欲方（髀外肉也）輸鼠欲方（[illegible]
也）下腳肉欲急（髀下也）間筋欲短而減（輸鼠下筋）機骨欲舉止曲如垂箱

蹄

馬足垂薄欲厚而緩（腓腨）膝骨欲方而庳又欲得圓而張大如盃
盂蹄欲結而促又欲促而大其間纔容絆距骨欲出前間骨欲
出前後目（外踠骨也）臨附蟬欲大前後目（夜眼）烏頭欲高（烏頭後足後節）從足
博骨欲大（足輔骨後者）輔肉欲大而明後腳欲曲而立蹄欲厚
而大又欲厚三寸硬如石下欲深而明其後開欲如鷂翼如蛉
有䶥道者軟

超逸

馬龍顱突目平脊大腹胜（腨也）（頰收也）重有肉此三事備者千里馬
也上唇急而方口中紅而有光此千里馬也牙去齒十寸者四

百里牙劍鋒者千里目中縷貫瞳子者五百里上下徹或雙瞳
八者千里闌孔中有筋及長毛者五百里（闌孔者眼上處是也）目中五
采盡具五百里耳三寸者三百里二寸者千里耳方者千里如
削筒者七百里耳本生角長一二寸千里羊鬚中生距如雞者
五百里腹下陰前兩邊生逆毛入腹帶者千里一尺者五百里
雙腳脛停者六百里（膝毛生起也）馬生墮地無毛者千里溺過前
足者五百里溺舉一足如大者千里臍下欲廣一尺以上名曰
扶尺能久走脇肋從後數得十者良一十一者二百里十二者
千里十三者天馬腹下平滿直肉方股薄而博肘腋開皆善走

壽夭

馬目中五采具及眼箱下有字形者壽九十鼻上紋如王公壽
五十如火四十如天三十如山如水二十如个十八如四八如
六七旋毛在眼箱上四十在值箱骨中三十在值中箱下十八
口中見紅白光如光中着火老壽也口黑不鮮明盤不通明不壽

馬援鑄銅馬式

上進銅馬表

夫行天莫如龍行地莫如馬馬者甲兵之本國之大用安寧則
以別尊卑之序有變則以濟遠近之難昔有騏驥一日千里伯
樂見之昭然不惑近世有西河子輿亦明相法子輿傳西河儀
長孺長孺傳茂陵丁君都君都傳成紀楊子阿臣援嘗師事子
阿受相馬骨法考之於行事輒有驗效臣愚以爲傳聞不如親見
視景不如察形今欲形之於生馬則骨法難備具又不可傳之
於後孝武皇帝時善相馬者東門京鑄作銅馬獻之有詔立馬
於魯班門外則更明魯班門曰金馬門臣謹依儀氏䩭中帛氏

口齒謝氏唇鬐丁氏身中備此數家骨相以爲法

○銅馬相法

相法曰水火欲分明（水火在鼻孔門）上唇欲急而方口中欲紅而有
光此馬千里頷下欲深下唇欲緩牙欲前向牙欲去齒一寸而
四百里牙劍鋒則千里目欲滿而澤腸欲充腓欲小季肋欲長
懸薄欲厚（腓也）腹下欲平滿汗溝欲深長而膝本欲起肘腋欲開
膝欲方蹄欲厚三寸堅如石

○騰駒牧養法

禮記月令曰季春之月乃合累牛騰馬遊牝于牧（累騰皆乘匹之名是月所
合牛馬謂繫在廄者其牝欲遊則就牧之牡以合之也）仲夏之月遊牝別群（孕欲止也）則繫騰
駒（爲其牡氣有餘相蹄齧也）仲冬之月牛馬畜獸有放逸者取之不詰（明上居
[illegible]）餧有三芻一曰惡芻二曰中芻三曰善芻

善謂飢時與惡芻飽時與善芻引之令食之常飽則無不肥剉草雖足豆粟亦不肥充細剉無節簁去節而食之者令馬肥不唼所洽反飲有三時一曰朝飲少之二曰晝飲則酌其中三曰暮飲極之一曰夏汗冬寒皆當節飲諺曰旦起騎穀日中騎水斯言旦飲須節水也每飲食令驟則消水小驟數百步亦佳十日一放令其陸梁舒展令馬硬實也飼父馬令不鬭法多有父馬者別作一坊多置槽廄剉芻及穀豆各自別安唯著一頭縱放不繫非直飲食遂性舒適自在至於糞溺自然一處不須掃除乾地眠臥不濕不汗自足牽行亦不鬭也飼父馬令不實法粗剉芻於鍘揭去葉專取莖和穀豆秋之道情於通地蛩寒寒多令安臥下旦走令其肉熱馬則硬實而耐寒苦也

凡養馬冬暖屋夏涼棚頭平繫行相離稀閑槽道潔淨揀擇新草篩簸粟豆若熟料用新水浸淘放冷方可餧之其飲馬水切忌宿水凍料塵草砂石灰土蛛絲諸雜毛髮食之即瘦瘁生病或以鹽水飲者勿多多即損其腰腹以成腎冷腎冷即惟宜新水以時飲之遇夜不飲冬月飲訖便須牽行即無傷後失仍日看其糞溺若溺清糞漫即無病矣凡槽忌

以猪槽及用石灰洗飾馬有汗繫於衙門此三者皆令馬落駒術曰常繫猴孫於馬坊辟惡消百病

凡乘習一日行二日驅三日驟四日馳五日奔終而復始千里無病遠來有汗棒行喘定汗息去鞍即時放騣繫於迎風勿近谷簷後時方餧

凡新馬能食而瘦者爲有蟲蟹每煮豆一斗用不蛀皂角三挺貫衆一兩火麻子一合同煮料候熟去了皂角貫衆如常法餧之蟲出添膘即止

凡收放春月諸羣趁茂草勿膘同限收放至氣候極暄即各歸相遇盛熱大暑於辰時上棚迎風緊行打汗稍嫩草貼餧至晚涼下棚如雲陰及氣涼更不上棚凡值大風雨即時上棚若遇雪寒皆冷即入暖棚應上棚以白草裝草依時餧秣即當早午晚三時飲水如大暑酌度量如飲數每遇飲馬就使看驗有無病患交點足數每三日一次專上棚緊行作輪次瓜洗口鼻眼目胸膊今獸醫遍看口色有病者嚾啗甚者別槽醫治逐羣每糞輪兵士四人當番隨羣照管不住往來挨撚臆騣驅喝無致羣聚立臥務要透風以免來攙生病若冬寒雪壓草苗不可收放即歸監

相良馬圖

體無旋毛遠看大近看小

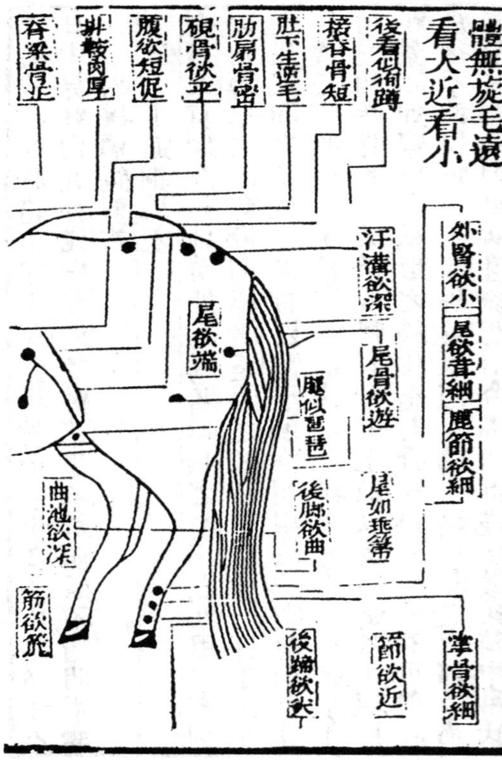

後看似鶴蹲

接脊骨短

肚下生逆毛

肋肩骨密

硯骨欲平

腹欲短促

胖軟肉厚

脊梁骨正

汗溝欲深

外腎欲小

尾欲茸細

尾節欲細

尾欲端

尾骨欲遊

腿似琵琶

尾如垂帶

後腳欲曲

曲池欲深

筋欲飛

掌骨欲細

節欲近

後蹄欲大

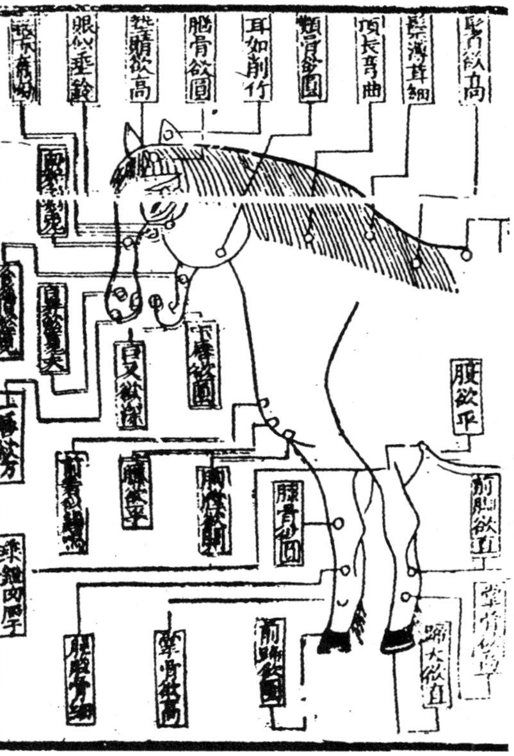

相良馬寶金篇

三十二相眼爲先　次觀頭面要方圓　相馬不看先代本

一似愚人信口傳　眼似垂鈴紫色鮮　湍箱口出不驚然

白縷貫睛行五百　斑如撒豆勿同看　面皆側整如鐮背

鼻如金盞可藏拳　口叉須深牙齒遠　舌如垂劍色如蓮

口無黑曆須長命　唇似垂箱蓋一般　食槽寛淨顒無肉

咽夫平而筋有欄　耳如楊葉栽杉竹　嗉骨高而軟不堅

八肉分而彎左右　龍會高而上古傳　項長如鳳須彎曲

鬃毛茸細要如綿　鬐高膊闊搶風小　膸高胸闊脚前寛

膝要高而圓似拘　骨細筋麁節要攢　蹄要圓實須卓立

身形充闊要平寛　肋骨彎而須堅密　排鞍肉厚穩金鞍

三峯壓壓須藏骨　凹如猿落竈如山　獨鼻曲直須停穩

尾似流星散不連　膂筋大小須勻壯　下節攢筋緊一錢上

羊髭有距如雞距　能奔解走可行千　已前貴相二十二

萬中難選一俱全

○口齒論

三十二歲口齒訣

一歲駒齒二　二歲駒齒四

三歲駒齒六　四歲成齒二

五歲成齒四　六歲肉牙生

七歲齊區缺　八歲盡區如一

九歲咬下中區二齒白　十歲咬下中區四齒白

十一歲咬下中區六齒白　十二歲咬下中區二齒白

十三歲咬下中區四齒平　十四歲咬下中區六齒平

十五歲咬上中區二齒白　十六歲咬上中區四齒白

十七歲咬上中區六齒白　十八歲咬上中區二齒平

十九歲咬上中區四齒平　二十歲咬上下盡平

二十一歲咬下中區二齒黃　二十二歲咬下中區四齒黃

二十三歲咬下中區六齒黃　二十四歲咬上中區二齒黃

二十五歲咬上中區四齒黃　二十六歲咬上下盡黃

二十七歲咬下中區二齒白　二十八歲咬下中區四齒白

二十九歲咬下中區六齒白　三十歲咬上中區二齒白

三十一歲咬上中區四齒白　三十二歲咬上下盡白

齒歲論

夫獸之齒者血精爲本結秀爲骨骨精爲齒一歲至二十五歲

其齒之區白而有其驗也經云齒者骨之精粹如其盛

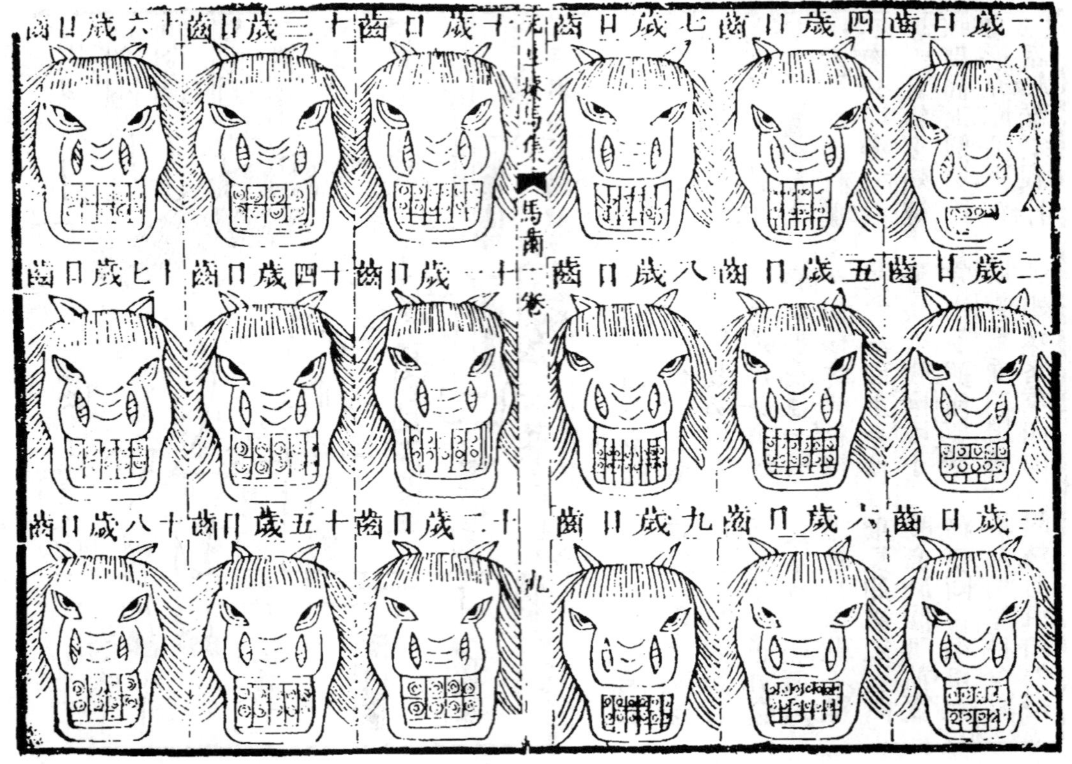

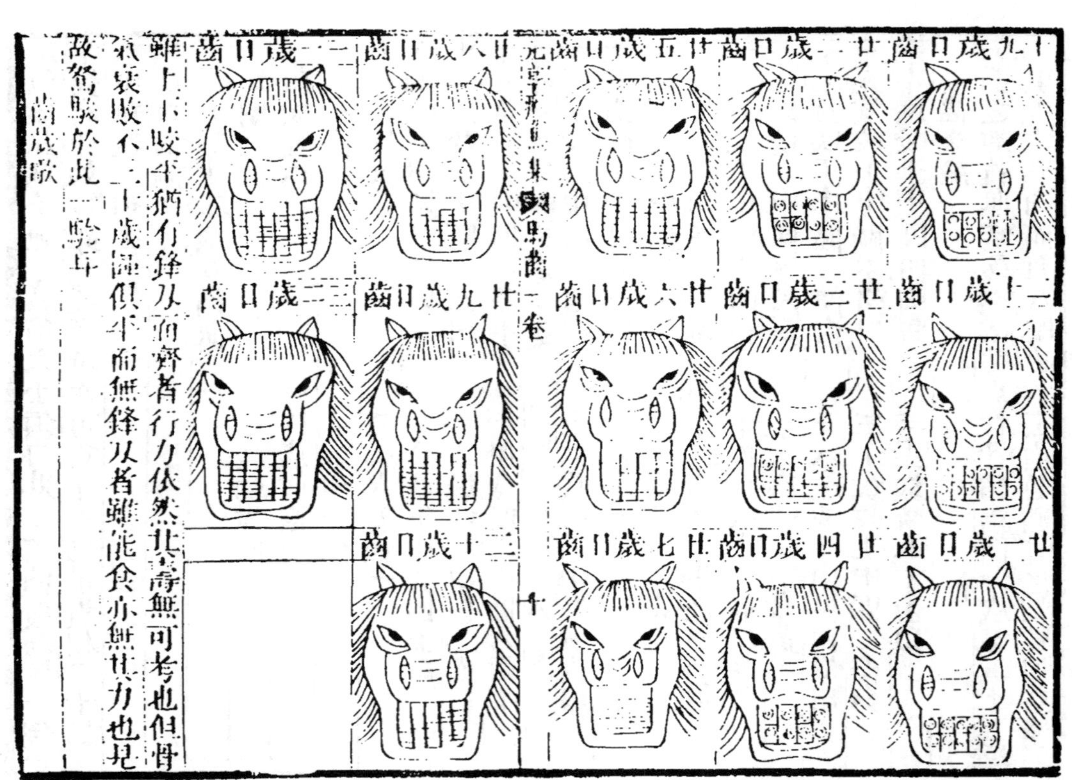

雖上下咬平猶有鋒及面齊者行力依然其壽無可考也但骨氣衰敗不二十歲齒俱平面無鋒及者雖能食亦無壯力也見故备駿於此一驗耳

齒歲畢

妳牙無苑名啣口　四歲當門項二子　四齒並生纔五歲
六週肉齒一齊扎　七年邊齒纔成曹　稍二區爲八歲駐
稍一區方呼九歲　黑盡黃存下盡家　黑區咬破方十歲
十一上齒犯中花　十二十三十四歲　上中四歲盡皆差
上下黑區俱咬破　十五十六正堪誇　下六黃斑中齒白
十七十八定無差　槽蹊若交二十歲　白現黃平下四牙
下白上黃分兩樣　二十二載度年華　良馬歲當四六數
黃斑添白上中花　上下黃斑俱已白　三十歲數更還加
此是認馬不易方　請君着眼莫教差

旋毛圖

旋毛圖

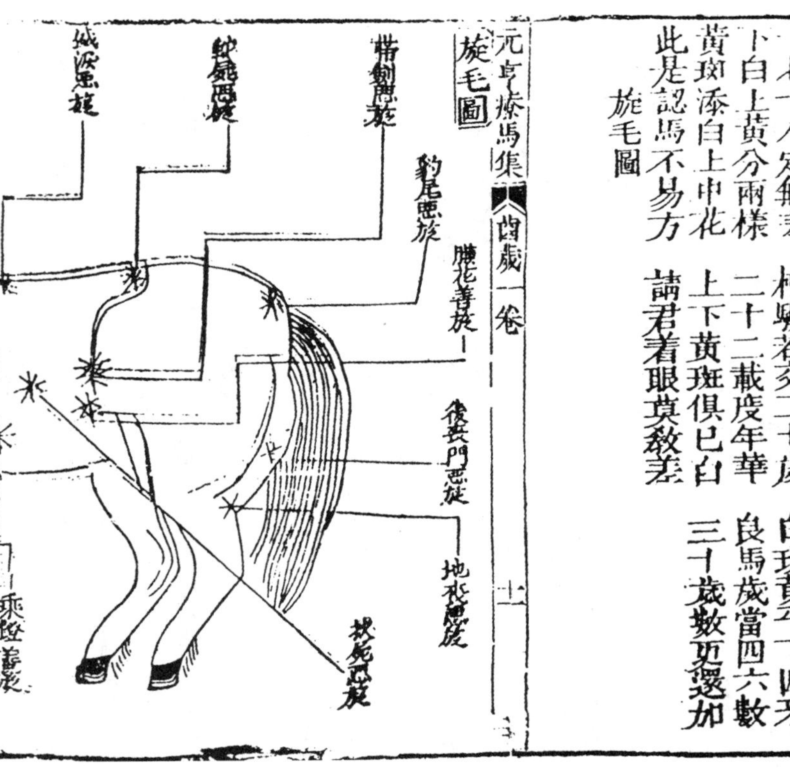

騰蛇惡旋
壽星善旋
滴淚惡旋
帶纓善旋
安門惡旋

●四季口色形候（無病卽四季口色皆紅）

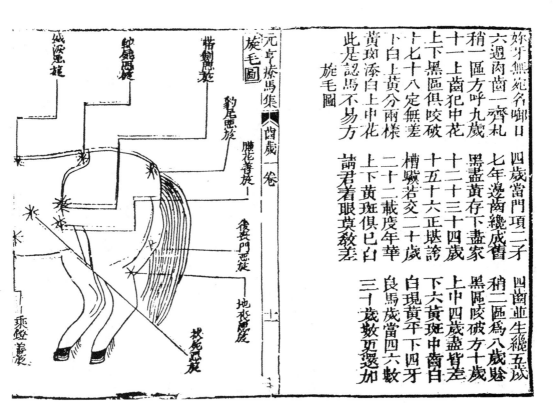

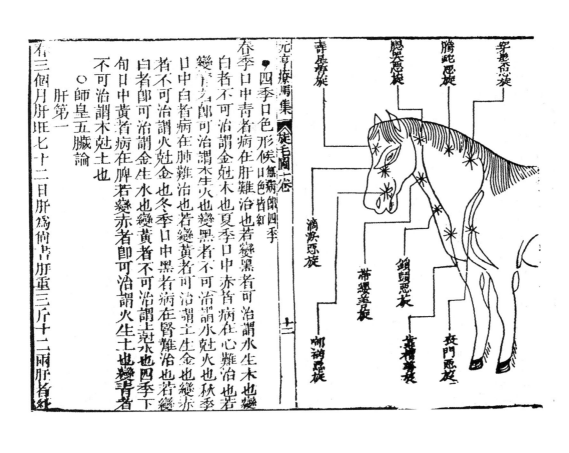

春季口中青者病在肝難治也若變黑者可治謂水生木也變白者不可治謂金尅木也夏季口中赤者病在心難治也若變青者卽可治謂木生火也變黑者不可治謂水尅火也秋季口中白者病在肺難治也若變黃者可治謂土生金也變赤者不可治謂火尅金也冬季口中黑者病在腎難治也若變白者卽可治謂金生水也變黃者不可治謂土尅水也四季下旬口中黃者病在脾若變赤者卽可治謂火生土也變青者不可治謂木尅土也

○師皇五臟論

肝第一

有三個月肝旺七十二日肝爲尚書肝重三斤十二兩肝者紏

應於目目即生淚淚即潤其眼肝家納酸肝爲臟膽爲腑肝者風爲臟膽者精爲腑肝是膽中之佐肝爲裏膽爲表肝爲陰膽爲陽肝爲虛膽爲實肝者外應於東方甲乙木歌曰

肝家受病眼睛昏　頭低耳搭少精神　悶骨生瘡多淚下
胡骨把胯病元因　飲須之間攻左脚　青箱石決樟柳根
早晨臨卧灌兩上　此病應須眼再明

心第二

夏三個月心旺七十二日心爲第一心重一斤十二兩上有七竅三毛心者外應於舌舌則主血血則潤其皮毛心家納苦心爲臟小腸爲腑心者血爲臟小腸者受盛之腑心是臟中之君心爲裏小腸爲表心爲陰小腸爲陽心爲虛小腸爲實心者外應於南方丙丁火歌曰

心家受病連膈痛　悶目喫氣又唇褰　多卧少草常搵土
小腸尿血傷心熱　騏驎没藥紅芍藥　不限依時重子便
每藥每日兩度灌　此馬必定得安全

肺第三

秋三個月肺旺七十二日肺爲丞相肺重三斤十二兩肺者外應於鼻鼻則主氣氣則通其榮衛肺家納辛肺爲臟大腸爲腑肺者氣爲臟大腸爲傳送之腑肺是臟中之華蓋肺爲裏大腸爲表肺爲陰大腸爲陽肺爲虛大腸爲實肺者外應於西方庚辛金歌曰

肺爲華蓋心上存　鼻連西方庚辛金　皮膚受病鬃毛落
大腸連脚左邊存　脿顫肉動脚又散　鼻中膿出病十分
醫工見者休辯認　此馬必定救無門

腎第四

冬三個月腎旺七十二日腎爲列女腎有兩箇左即爲腎右爲命門腎重一斤十二兩腎者外應於耳腎即生津液津液壯其骨腎家納鹹腎爲臟膀胱爲腑腎者水爲臟膀胱爲津液之腑腎是臟中之使腎爲裏膀胱爲表腎爲陰膀胱爲陽腎爲虛膀胱爲實腎者外應於北方壬癸水歌曰

腎家受病切須知　後脚難擡耳又垂　心連小腸尿更澁
膀胱邪氣透入脾　限料早辰空草灌　苦練茴香青橘皮
脚重頭低陰又腫　此馬必定可憂疑

脾第五

四季脾旺每季各旺一十八日共旺七十二日脾無正位胃爲大夫脾重二斤二兩脾者外應於唇唇即生涎涎即潤其肉脾家納甜脾爲臟胃爲腑脾者土爲臟胃者草穀之腑脾是臟中之母脾爲裏胃爲表脾爲陰胃爲陽脾爲虛胃爲實脾者外應於中央戊己土歌曰

脾無正位號中央　雙抽兩脿連膀胱　多卧少草又喫氣
唇乾舌上口生瘡　生姜和蜜并菉豆　砂糖四兩用消黃
氣藥建脾針脾穴　此馬驗認是脾黃

○碎金五臟論 五篇

頭高八尺似龍形　二氣陰陽造化成　四大爲軀無實相
胎胞運氣不堅形　造父昔時觀外相　慧性天然有異靈
筋骨宿因皆注定　觀形看息斷平生　內說一篇五臟論
堪與醫家作證明　天有五星分宿位　馬有五臟立根形

胎第一

肝爲東方甲乙木 三斤十二似花荷形 左短右長都五葉
肝垂心下若垂鈴 肝盛目赤饒腠淚 肝熱睛昏瞖膜生
肝風眼暗生碧暈 肝冷流淚水冷冷 肝即善能納酸味
氣引風窒入臟盛 過得咽關皆有處 似水通流每潤經

心第二

心用南方丙丁火 注於心上最偏靈 大小只如雞子樣
一斤十二壯朱明 受其津液都五合 注潤魂魄得安寧
心有七竅通於舌 玉戶金關能潤經 心熱舌乾多吐沫
心冷吐水變唇青 心虛無事多驚恐 心痛顛狂脚不寧
心黃護緊逢人咬 心故唇口變瘡生 心即善能納苦味
小腸同腑脈長樂

肺第三

肺屬西方庚辛金 色似蓮花傘蓋形 肺壅鼻中饒清涕
五病膿如金露形 肺喘毛焦因氣敗 肺壅連嗽鼻噴涕
肺風擺頭多鼻咋 肺熱渾身瘡疥生 皮肉毛焦肺家管
肺納辛味體浮輕 肺合大腸爲傳送 通連水臟自然惺
二斤十二分爲相 本住耶尼佛國城

腎第四

腎屬北方壬癸水 膀胱兩畔要勻停 左管大腸蟠四轉
一丈二尺不交并 右管小腸蟠八積 二丈四尺絕其形
腎壅耳聾難聽事 腎虛耳似所蟬聲 腎熱耳根黃腫起
腎冷拖腰般脚行 腎傷牙齒頻咬動 一斤十二古來論
一切酸味其中納 內注風勞亦不停 診候先須看步胙
脈別浮沉識重輕

脾第五

脾屬中央戊己土 日夜重磨不暫停 脾冷鼻乾多限料
脾熱唇瘡見料驚 脾寒身顫毛如刺 脾虛吐沫病自生
脾不磨時馬不食 脾黃起臥忌變增 脾即善能納甜味
胃口相承佐上星 下得咽關皆有處 分別陰陽配五行

○胡先生清濁五臟論

清濁初分未曉明 混沌猶如金卵形 盤古起時開天地
下爲濁氣上爲清 頭即象天足象地 兩眼呼爲日月明
天有五星辰宿位 地有五嶽五山尊 世有五行并五姓
生老病死苦相因 神有五通通天地 馬有五臟五身形
天產獸類馬爲貴 更兼獅子及駃騠 肺腎心肝脾作臟
萬病皆從五臟生 肝爲尚書爲佐使 腎爲烈女水中精

脾爲大夫名諫議 肺爲丞相佐其心 四處呼爲四宰相
心爲五臟第一尊 血脈皮膚并骨節 關連心臟得安寧
肝能藏魂肺隱魄 心內藏神腎隱精 脾即臟中生血氣
五神總不離身形 皮膚肉連於血脈 肺注皮膚瘡疥成
肉即關連於肺臟 齒根本是骨中生 血脈內連於心臟
心家有病脈不停 脾虛即飢多虛熱 腎虛耳似聽蟬聲
肺虛鼻中無香氣 心虛無事自生驚 肝虛目赤有眵淚
萬病皆從五臟生 筋骨膸乾節有病 血損毛焦咋又與
腎傷齒黑知休咎 想見根源病淺深 肝臟共同膽一處
肝臟夫妻一路行 膽號爲腑肝爲臟 臟腑中間要辨明
脾與胃通連血脈 併合陰陽一處行 小腸連心心作臟
小腸爲腑一家論 腎合膀胱腎爲臟 膀胱爲腑又須聞

若說三焦知去處　都來總不離身形　頭至於心上焦位
中焦心下至臍論　臍下至足下焦位　此是三焦亦要明
脾即屬陰呼作磨　磑是心王號丙丁　脾即爲寒心爲熱
陰陽二字要知因　脾磨能消化五穀　心旺血脈不暫停
陰盛陽衰脾不磨　穀豆難消草料停　血脈不行住着磑
四肢無力漸難行　磑磨俱停血脈罷　好手醫人療不能
肝生於膽呼爲臟　胃出根源脾內生　肺爲作盧心上起
生於盧汁在心神　津液關連於心臟　要知來處本元因
肝屬東方甲乙木　春旺花開萬物生　正月二月六十日
三月十二木家榮　七十二日肝家旺　巳外十八土家榮
心屬南方丙丁火　夏月炎天正旺與　四月五月六十日
六月十二火家榮　七十二日心家旺　巳外十八土家榮

肺屬西方庚辛金　恰到三秋正旺與　七月八月六十日
九月十二金家榮　七十二日肺家旺　巳外十八土家榮
腎屬北方壬癸水　旺在三冬最是能　十月更兼十一月
臘月十二水家榮　七十二日腎家旺　巳外十八土家榮
脾無正形分四季　四處榮旺要安寧　四十四處經中說
四八三十二界分　每季各旺十八日　脾家當旺解惺惺
此是五行分四處　內按五臟要分明　肝病傳與南方火
父母見子必相生　心屬南方丙丁火　腎病傳脾禍未生
脾家得病傳於肺　安榮必定土生金　肺家得病傳於腎
金水相和無退形　腎家得病傳於肝　水能生木必相親
此是號名相生法　免有災殃禍害侵　肝家有病傳於脾
木來尅土必災生　脾家有病傳於腎　土來堰水療無因

腎家有病傳於心　水來澆火救無門　心家有病傳於肺
金逢火化倒銷形　脾家有病傳於肝　金能尅木病難痊
此是五行相尅病　好手醫工療不能　因此休咎須消息
相生相尅要分明　春病忌秋肝臟死　秋病還憂夏旺與
夏病亦嫌冬月冷　腎病常憂四季榮　口中舌如煮豆色
瞪目看人不轉睛　喉中作聲如拙鋸　汗出如油是死形
見此病源休治療　直饒妙手亦無能　下手即憑諸方論
善惡中間要曉明　此病診時如雀啄　定息看時氣不停
憾脈自來不着道　乍去乍來不停勻　一息一動當日死
動如毛髮入幽冥　大論高談多廣說　察色中間會聽聲
了了心間無不會　臨時不善恐難明　應是醫家行海上
論談醫藥衆人聽

○王良先師天地五臟論

混沌初分，輕清上爲天，重濁下爲地，盤古氏爲尊，自後女媧伏羲始有人民萬物。天地之內人爲貴，馬實次之，故傳曰：行天莫如龍，行地莫如馬，則馬之爲用可以任重致遠，天下之物未有能先之者也。是以往古有八駿之名，九逸之號，然究其所自，莫不牧養之有法，採治之有術。若周官牧師焚牧通淫之有時，圉師除蓐釁廐之有效，巫馬又掌養疾馬而乘治之，相醫而藥用攻馬疾，則馬之有醫，其來尙矣。其顯而見於古者，馬師皇是也。蓋良馬雖爲四足，亦稟天地而生，故天有五行，馬有五臟；天有三光，馬有三大；天有日月，馬有眼目；天有四時，馬有四肢；天有七星，馬有七竅；天有六律，馬有六脈；地有八山，馬有八竅；地有江海，馬有腸胃；地有溝渠，馬有血脈

與有林木與人有毫毛地有四瀆馬有四蹄年有三百六十日馬有三百六十穴亦有三百六十骨節也

大頂骨 腦骨 額骨 額角骨 骨稜骨 眼箱骨
垂睛骨 閃骨 鼻梁骨 鼻隔骨 鼻素骨 頰腮骨
松子骨 上頷骨 下頷骨 上齒骨 下齒骨 上下四十齒骨
舌連骨 耳筒骨 伏兎骨 項鍊骨六十二節 喉骨
鬐鬃骨二十一節 鬐甲骨 膊尖骨 膊子骨 枕子骨
搶風骨 臆骨 臆車骨 肘骨 乘重骨 [illegible]重骨
同筋骨 膝蓋骨 膝角骨 夾膝骨 附骨 柱膝骨
脛腹骨 髀骨 攢筋骨 柱蹄骨 凝蹄骨 蹄胎骨
掌骨 子骨 脊梁骨二十一節 肋扇骨一十二條兩面二十四條
棚子骨八條兩面一十六條 遂骨六條兩面一十二條 三山骨 節脊骨 尾靶骨一十一節

尿胞骨 鵝翅骨 大胯骨 小胯骨 樃草骨 合子骨
鳥筋骨 掲骨 蹊蔡骨 鵲鵠骨 天定骨 靡節骨
界倚骨 越骨

前面有六門後面有四門門門相對馬有一百五十九道明穴並在一百八十道日鍼一百八十道火鍼之內各有去處夫鍼則無害補鍼有義若偏較一絲不如不鍼上䐈中䐈下䐈上䐈是心肺脈中䐈是脾脈下䐈是腎脈䐈為汚也汚為血也馬有三堂六脈三堂者一腦堂二玉堂三腎堂此名三堂六脈者一耳根不動二耳脈不散三口色不惡四舌色不弱五腦前有七道命脈不絕六腦後有七根命毛不側此名六脈肝主眼腎主耳脾主唇肺主鼻心主舌眼乃肝之外是名外腎耳肺脾心是名內見其外即知其內內外相應認病

下藥何憂不瘥小腸如江大腸如海頭心肺腎如四海頭為髓海心為血海肺為氣海腎為水海血海如潭大腸長一丈二尺象一年十二個月小腸長一丈四尺按一年二十四氣呼為內一疋四蹄有八字四八三十二馬頭面八尺似於八節呼為外一疋夫馬雖是四足亦稟陰陽而生生於瓜臺之下龍飲天池之水遂生得馬馬祖亦有父母父名佑強母名佑女佑女生女子女子生得飛兔飛兔生得麒麟麒麟生得馬馬生得騾凡馬有三百六十骨節亦有三百六十穴只有二十萬二千一百一十經受病毛瘦馬亦有三斗六升血出氣為喘入氣為息馬若無病一日一夜有三萬六千一百度喘息馬若有病一日一夜有三萬六千一百三十五度喘息馬有六腑膽為清淨之腑大腸為傳送之腑胃為草穀之

腑小腸為受盛之腑膀胱為津液之腑三焦為中之腑夫醫馬者須知病源察其根本按察筋脈辨其喘息便知生死春三個月一日一夜血脈流轉二百四十遭夏三個月一日一夜血脈流轉一百八十一遭秋三個月一日一夜血脈流轉六十遭春三個月肝旺夏三個月心旺秋三個月肺旺冬三個月腎旺肝屬東方甲乙木心屬南方丙丁火肺屬西方庚辛金腎屬北方壬癸水脾屬中央戊己土春三個月肝旺七十二日夏三個月心旺七十二日秋三個月肺旺七十二日冬三個月腎旺七十二日脾無正形旺在四季內各旺一十八日馬有四百八病內四病不見春役一百一病夏役一百一病秋役一百一病冬役一百一病內有四病不見者口中銜鐵背上搭鞍兩邊乘鐙令人乘騎馬若有病須是認病下

藥肝納酸脾納甜肺納辛心納苦腎納鹹馬有七連耳連腎
舌連心肝連眼脾連唇齒連骨鼻連肺尾連腸肝欲得小耳
小則肝小肝小則識人意肺欲得大鼻大則肺大肺大則能
奔心欲得大口大則心大心大則猛利不驚齒四骨則朝暮
健腎欲得小腸欲得厚且長腸厚則腹廣疾而平脾欲得小
髀腹小則脾小脾小則易養望之大就之小筋馬也望之小
就之大肉馬也皆可乘致至遠欲得見其肉(謂前肩)至肥欲
得見其骨(謂頭骨)馬有五赤鐵磨口角呼爲一赤鴈膊呼爲二
赤肚帶磨破肘下呼爲三赤磨梁擦背呼爲四赤砕破尾下
呼爲五赤馬有五疾垂瘦不收腎之疾氣加攢椽肺之疾蹇
俗愛笑脾之疾舌如朱砂心之疾兩眼不見物肝之疾馬有
三危槽中血出是肺危眼內生瘡是肝危陰腫是腎危馬有

五勞傷勞骨勞皮勞氣勞血勞凡傷勞者醫家須要審識有
知而勝不知所識而勝不識但念此則朗而明也

○十八大病論

心肺壅極　攻成抽臂○百脈閉塞　欲作心黃○血瘀不遂
多成黑汗○風捉四肢　八邪為患○胞轉不正　腸必入陰
咳嗽喘急　變成肺癰○傷料過度　變作腸黃○盛飢傾急
多作後結○飽後失水　遂成前結○曾喫消石　多患木腎
頰頰錯喉　水穀自併○跑地觀腸　腸中必痛○二盛喘麤
肝肺氣寒○傷肥肉重　變作眼退○胸膈熱毒　額中發癢
久傷傚濁　膀胱積水○臟冷氣虛　腸鳴如雷○久伏積熱
臍黃病起

○五勞七傷論

五勞

五勞謂筋勞骨勞皮勞氣勞血勞也筋勞者因久步得之其狀
終日驅馳放而不驟者是也其為病則發發蹄痛凌氣(謂發蹄毒氣散於節間)
其痛滯氣也之病也骨勞者因久立得之其狀雖驟而不時
起者是也其為病則發癰腫皮勞者因久汗不乾得之其狀
雖驟起而不振毛者是也其為病伏春摩之熱也氣勞者因
汗未息乘操而飼飲得之其狀雖振毛而不即噴氣者是也
其為病苦氣不宣通故須緩繫之標上遂餵草乃噴也血勞
者因驅馳無時得之其狀雖噴氣而不便溺者是也其為病
則發強行高繫之不得飲餵少時乃大溺

七傷

七傷謂寒傷熱傷水傷飢傷飽傷肥傷走傷也寒傷者因冷月

飲宿水繫寒處得之其病令馬毛惟皮瘦是也熱傷者因暑
月乘騎過多不時飲餵得之其病令馬煩躁悶亂是也水傷
者因騎回便飲水停滯不散得之其病令馬水結腸胃積聚
成病是也飢傷者因馬盛飢更令大走喘息未定卒然飲餵
得之其病令馬心脾氣結草粉不消是也飽傷者因飽乘騎
而便飲餵喫草太猛得之其病令馬腸胃積聚氣行遲滯是
也肥傷者因馬膘大力得之走傷者因馬極走太過得之久
者皆令馬肉斷脂消氣不補也

○造父八十一難經

○第一難病是心黃　咬齒頭　乙解　起臥望空身毛顫
謝目流星口不張　見者須當與辨別　三朝不瘥必身亡
醫藥用針全不退　醫家認取急心黃

○第二難病因心黃　時人見者偶然詳　吠肋尾直脚不住
心腧一道鍼烙強　然而取効須煎藥　蔚金更使川大黃
甘草地黃三兩分　同和嚨咽得安康
○第三難病是心焦　五攢集聚似火燒　毛落色閒難移步
飲水衝着把舌掉　悶即垂頭切耳卧　拽動轉繩把首擡
鍼方醫治早為之　補法先交用藥消
○第四心熱治為艱　口乾氣衝五攢間　口色更看赤脈候
醫家認取是心痰　頭低淚出鼻不絕　喘息氣麁人會難
治肺消黃藥與散　更無苦上似火燃
○第五難病冷傷心　膊顫頭低喘息頻　兩眼似盲不見物
此時病狀轉沉沉　三朝不可定知死　別取名方細細尋
○第六難病因心黃　醫工見了便㬟嫌　頭垂口中涎沫出

逼傳五臟肺家先　心脈自然歸前去　腸脈後來不一門
皮急更加連腸敗　醫家莫作破傷風
○第七難病是心熱　水喉咽中吐血珠　因成傷重緣五臟
起卧其形似伏猪　水傷連肝心肺急　擺頭垂耳吸連珠
鍼烙嚨藥徒勞治　蓦然驚倒頂筋紆
○第八心勞成難醫　元因毒草損傷脾　毛落更加飢肉瘦
水草日減漸尪羸　四脚難行骨髓瘦　早與名人說的知
莫教變作長年病　急檢難經斟酌之
○第九肺勞切要醫　肺爲華蓋方醫固　秋天似患腸頭病
因爲脾家不磨時　日漸尪羸喫草慢　病深連嚨藥無醫
但隨補勞治肺藥　咳嗽連頻急氣喘
○第十把膊安權頭　便點前來不門中　硬地行時連心痛

郑唤醫人作祟求　不須更負與他祟　但把油烟熏鼻頭
更鍼肺臟并生膊　難辨之內用功授
○十一難病肺家痛　哽氣頻頻氣又逆　起卧連聲長肚脹
五攢集緊喘更痛　氣痛由閑為小事　腹內如雷結不通
但嚨恣酒調氣藥　便見安康力有功
○十二難病肺家黃　口中吐沫實難當　垂頭兩耳橫擔後
垂涎瀝瀝口難張　起卧頻頻連聲喚　醫家莫得亂消詳
○十三肺壅最難看　咳嗽連得三五般　肺滯三焦連上膈
垂涎氣出悶連連　走驟驚狂如醉狗　此時無力卧觀天
自然倒地心性急　立死無生命不存
○十四難病肺家風　胸前揩破一重重　疥痒連皮毛又落
後連尾下尾傍中　灌藥先須治肺散　絲藥為良即見功

○十五肺痰涎沫出　傷冷傷熱要辨之　熱即是沫因乘重
冷卧口中有涎垂　似卧不卧難治療　腰悶濕熘正合宜
但嚨膝涎三服藥　各隨臟腑辨根基
○十六傷肺又難痊　喘息頭低肺又寒　咳嗽頻頻聲不絕
即知因傷五攢間　肺家只有五般病　誰取難經意內言
○十七難病肺家風　壅緊頑涎氣不通　四蹄強硬行無力
雙耳橫擔脊似弓　水草漸減頻加喘　治肺消黃藥有功
更抽六脈胸堂血　今後輕健可追風
○十八難病肺家傷　擺耳搖頭似心黃　眼目不開口不噤
鼻中膿出似魚腸　氣色更兼膿又臭　瘦惡毛焦體不強
日久時多不治療　靈丹聖藥治無方
○十九難病肺家熱　鼻中氣響似鈴揚　頭血噴下腥穢臭

腦中空病怎生當　除却開喉斷絕得　嚨藥饒伊有萬方
須要斧頭取熱腦　開之裏面貼其瘡　有效不過三五刻
醫家用意莫胡忙
二十難病肺毒傷　腹脹滿來又難痊　連悶連胸氣又結
喘如狂野發聲狂　氣鍼慢把脾肺治　臥時便取左右相
二十一難肺家熱　頭低鼻內出清涎　口中吐出些些黃
日久時多病相傳　更兼兩目變垂淚　行步私來四腳攢
或是咳嗽心中熱　嚨藥如同似等閑
二十二病肺家難　喘氣連聲眼似環　腹脹滿來饞起臥
廻頭四腳向上翻　更有肺絲一般病　咬牙嚼齒似風癇
鍼刀慢治看六脈　脾肺心肝腎一般
二十三難肺家熱　喘息氣麤連喉脈　行時腰痛難移步

除却開喉別無策　但嚨治肺消黃散　嚨啗先須用油瓷
二十四難損肝家　目淚濺下更無誇　衝熱走時傷於肺
放血先須治嫩他　水草不住依時節　陌然更患咬風邪
肝家咬齒相傳染　即是先從五臟傷　變見依方無減瘥
難經論裏細消詳
二十五難是肝風　坐翻兩目腳蹬空　口中吐沫牙關緊
項歹肚脹脊腰弱　醫工喚作鬼抽病　本是肝家脹疫氣
千萬醫方必定死　難經論語一場空
二十六難是肝黃　眼腫頭低目無光　水草不食心肺壅
頭旋腦轉喘忙忙　切須且灌洗肝散　用藥之人明記之
潑靈散子調和下　鍼刀治療永除殃
二十七難是肝脹　饒頭各入怎生向　不過三日身必死

難經論裏死方狀　報知後代醫工者　下藥無效空憫心
二十八難是肝熱　兩眼昏青如黑血　醫工見了百愁生
本因傷重失水渴　日漸毛焦不喫草　即是東方春時節
面聚血注連心起　渾身冷硬鍼如鐵
二十九難是肝虛　透睛膜翳淚如珠　日日更兼常喫水
都緣心熱是肝虛　便用治肝涼藥灌　洗肝散子芩末俱
三十難病是肝衰　背痛起臥人難解　喫草更兼喉中噎
無奈時時眼痒燃　擺頭揩臉如乾何　分明記取肝家災
三十一難是脾勞　腹痛長添毛又焦　日漸瘦時雙垂耳
渾身捲疥似火燒　即是傷重因於熱　行步闌珊腳又跳
三十二難是脾黃　起臥筋腰擺尾忙　退氣受入脾家病
脈息三朝氣作勞　口中黃色應難救　脈輸鍼烙治三焦

三十三難是肝虛　瀉糞頻頻更吐沫　止痛溫脾散子噇
都是脾家一位尿　消磨不轉水草慢　驀然倒死項筋舒
事須一一明記取　脈檢難經用功夫
三十四難是脾寒　頭低鼻內流清涎　肉顫更兼脾內顫
五臟相連不能安　下手一鍼口補治　必行多方療得痊
三十五難脾家熱　眼外時時喘不歇　中央戊己脾爲主
皆得皮膚百骨節　疼痛毛焦添膿脹　頻頻作喘又作熱
三十六難脾憂風　擺尾垂腰蹄踏空　起臥先須胸口急
鍼治脾俞更用功　此病因從冷熱作　急嚨饒日病可攻
三十七難脾家冷　渾身似鐵氣又硬　即是寒風吹怕著
致令病痛因難整　乾藥方須出汗散　急用妙鍼汗自揚
三十八難肝表荒　眼腫吐沫頭顛盤　牽臥側來聲噎氣

此時且與識消詳　若是三朝醫不瘥　難經必定更無方
○三十九難肝表脹　此病難醫藥怎當　低頭攢腦迴眼臥
即是心肝五臟傷　咬齒又還頭颭颭　恰似傷風患腦黄
鍼刀設把脾肺治　嚾藥從交救一場　若是檢方知必死
名工好手莫論量
四十難病肝表風　吐沫頭垂脊似弓　肚脹腰拳先口噤
立發時時氣不通　此風恰似風抽病　醫人尋取伯樂功
四十一難肝表虛　狂行驚走似風豬　不惟驚走常不住
目中滴淚更如珠　嚾藥鎮心并治肺　魂魄虛邪病自扶
仍愛搖頭瞪兩目　龍骨白礬用真珠　滑石朱砂遠志散
三服之內把邪除
○四十二難肝表衰　咬牙嚼齒病難魅　耳垂伏地頭颭颭

醫工切須用工夫　此般病體渾難識　不知此病有差殊
○四十三難腎家風　因腎五臟熱相衝　四蹄難移須數日
腰脊緊硬又蹤踵　後腳多饒生腫氣　腎家傳奔膀胱中
用藥先須早補治　排風散子使蜈蚣
○四十四難腎家黄　處腫來奔陰間忙　結便多時變黄水
恐防氣毒入胸堂　急手先須與鍼破　更須淋洗乃為良
白礬椒水先煎洗　不過三上病除殃
○四十五難腎家傷　兩耳雙垂體不康　口中黑色仍多有
用藥應須檢妙方　黄芪檳榔與白芷　黑色柴胡及麻黄
乾姜龍骨白附子　肉桂蓯蓉用茴香　一十二味搗為末
炒鹽葱用煎葱湯　每服須用生姜酒　嚾之三服得安康
○四十六難損腎槲　一臥不起倒抽牽　渾身似凍冷如鐵

心中常似火燒煎　四腳無力難移步　自把身軀左右翻
鍼烙腎腧穴一道　醫者十中一二安　上虛下冷因傷力
○四十七難腎家冷　拖腰筋舒起臥遲　更緣走驟惡乘騎
敗氣衝心傳與脾　即是急連因爭路　醋炒蠶沙腰內熨
致令得病難治療　患醫不識又作知　防風牛膝使當歸
火鍼更烙恰合宜　藥用烏蛇并附子
酒下一服黑神散　此藥靈通效不遲
○四十八難腎家熱　起臥時時尿黑血　傷腎只因熱上得
水草未進黄又結　消磨不轉是脾病　左右牽連百骨節
好酒燒鹽同調下　不過三上血自絕
○四十九難大腸風　頻頻努噤氣不通　眼似流星喫草慢
頭低耳垂脊隆躬　醫人莫作求神祟　腸結肚脹塞心胸

五日三朝如不瘥　用藥先須使瀉通　滑石一兩配檳榔
芫花相接使仙蓬　續隨賦粉牽牛子　風結不過即和同
九味相和都為末　生油同下有神功　不過三服須有效
大腸從此更無風
○五十難病大腸結　起臥微微臨不歇　迴頭看腹臁又顫
氣奔心胸似火熱　醫人見了百憂愁　鍼刀設治無門說
此病多應難救療　五臟腸中只怕結
○五十一難小腸風　搭頭在背咬身躬　嚼草臥時胞又轉
起得來時步亦慵　便使白芷天門冬　麻黄黑附及蓯蓉
茴香芫花并枸杞　七味同調酒可攻
○五十二難小腸結　敗氣衝心腸內熱　小腸不通脊隆躬
尿下紫紫似黑血　結聚病來無門向　水銀海蛤蔚金沙

朴硝大黃炒鹽嚨　此藥盡通實可誇
○五十三難髓家風　四脚難移背節慵　本是骨家相傳染
想應此病也難攻
○五十四難子腸風　腰拳起臥覺蹄蹱　但與拼風散子啱
若用神鍼更有功
○五十五難纏毒攻　便知五臟變成風　延遍皮膚結硬腫
灸鍼涼藥最為功
○五十六難瀉血傷　氣因冷熱入於腸　冷熱相衝變作血
兩膁時時顫貴當　藥用當歸并厚朴　大黃蔚金沒藥方
○五十七難五般淋　一般形狀兩般殊　續隨膩粉大仙藥
冷熱相衝不用針
○五十八難傷水寒　渾身肉顫立不安　鼻中喘氣多來往

因騎飲水損其肝　鼻冷耳垂饒腹脹　毛焦卓立四蹄攢
水草不食多合眼　麻黃乾薑樂最便　更須急嚥頻噴嚏
不過三上得安然
○五十九難是脾寒　臥多立少要人看　最宜出汗溫脾散
急嚨休將作等閑　病狀萬般依經本　用藥方書不可損
○六十難病九般乾　數卷經書一處攢　印是脾家五臟虛
各居臟腑數多般　瘦弱尫羸憔悴甚　疲勞拘急為攻傳
○六十一難慢腸黃　滋瀝瀉水向中腸　肺脈動時口中白
用藥應須先檢方
○六十二難九般黃　腫硬時多變作瘡　鍼烙要知深與淺
恐防惡面變成殃
○六十三難倒汗風　把住牙關氣不通　三四日內無可救

五六日後病難攻
○六十四難豆傷腸　用藥朴消川大黃　巴豆牽牛脂油灌
當時治療得安康
○六十五難惡瘡瘻　猶如發背氣榮黃　若要塗搽油藥妙
能骨白芨是奇方
○六十六難吐蘇豬　醫工見了便懷疑　因熱漸常不開眼
胃家翻倒損於脾　因騎傷重失水草　喉中膿涕又遲遲
用藥茯苓杵為末　生薑酒下恰合宜
○六十七難鼻中顆　鼻中作聲如鈴響　氣塞閉腦連喉間
良醫作肺傷不爽　天門白芷并貝母　麻黃桂心款冬花
立參知母枇杷葉　灌之三上得安痊
○六十八難口中瘡　日日朝朝吐沫忙　涎沫減來漸漸瘦

五臟傷熱病難當　觜破口中黃赤色　定知死病有災殃
白礬大黃豬脂灌　此藥盡通不可量　記取此方為好術
消黃涼藥治心良
○六十九難是猾風　朝朝毛落又揩鬃　欲療先須放大血
夏饒脂藥嚨成功
○七十難病歇汗風　只因騎卸被風衝　五臟遍時牙關硬
四脚難移脊似弓　桑螵風藥能橫怱　方中用藥使蜈蚣
天麻附子并宜佳　沙苑蒺藜更有功　酒下一服蜘蛛散
威靈仙更有神通
○七十一難遍身瘡　風痒朝朝不易當　疥癩固有多般數
都是脾熱毒氣傷
○七十二難筋骨傷　筋斷之時各有力　牛膝從蓉并肉桂

巴戟茴香川楝椰　敗龜虎骨骨碎補　自然銅下永除殃

○七十三難臍脹方　生下駒兒較日強　與藥先須取下惡

水蛭寅虫用紅娘　蚖青蚱膽并没藥　當歸酒下最爲良

○七十四難生閃骨　閃骨雙睛不自由　時人喚作心黃病

路上驚狂走更憂　說與今時醫者道　疸向難經論裏求

○七十五難愛點頭　繫在柱上不皆休　點頭搐腦風涎病

鼻中衂血又交流　因爲風汪邀入耳　須包開腦用功求

麝香猪牙并瓜蒂　葶藶黎蘆更用油　穀精龍腦相內下

自然頻嗑病相投

○七十六難腦涎風　醫家見了切川攻　左右轉時般旋倒

藥用前子有神通　大戟一顆胡脈了　醋調一合灌耳中

○七十七難冷拖肝　又共燋筋事兩般　行時左右頻搐脚

牽行骨熱却除痊　但針刖筋左右處　自然筋緩永安痊

○七十八難愛搖韁　腦中之肉似魚腸　五臟因此氣注病

定知此病最難當　此病仍須開頂腦　難經論裏別無方

○七十九難顛骨風　口中顆草又難銜　只是卓臺并牙長

更被風結變成癱　都緣肺臟閉逆起　切須烘烙用神功

○八十難病五般難　口中噴嗑五叢開　木舌草毫多難治

定知此病救無安

○八十一難論裏搜　難經之內用功求　萬病先從五臟生

多方須要細尋搜　息脈死活如來處　宜向難經究本由

辯認四百四般病　傳與賢良後代留　藥餌切須看生性

前賢秘法最難求　百聖經書仙人造　世代流傳萬古秋

一卷終

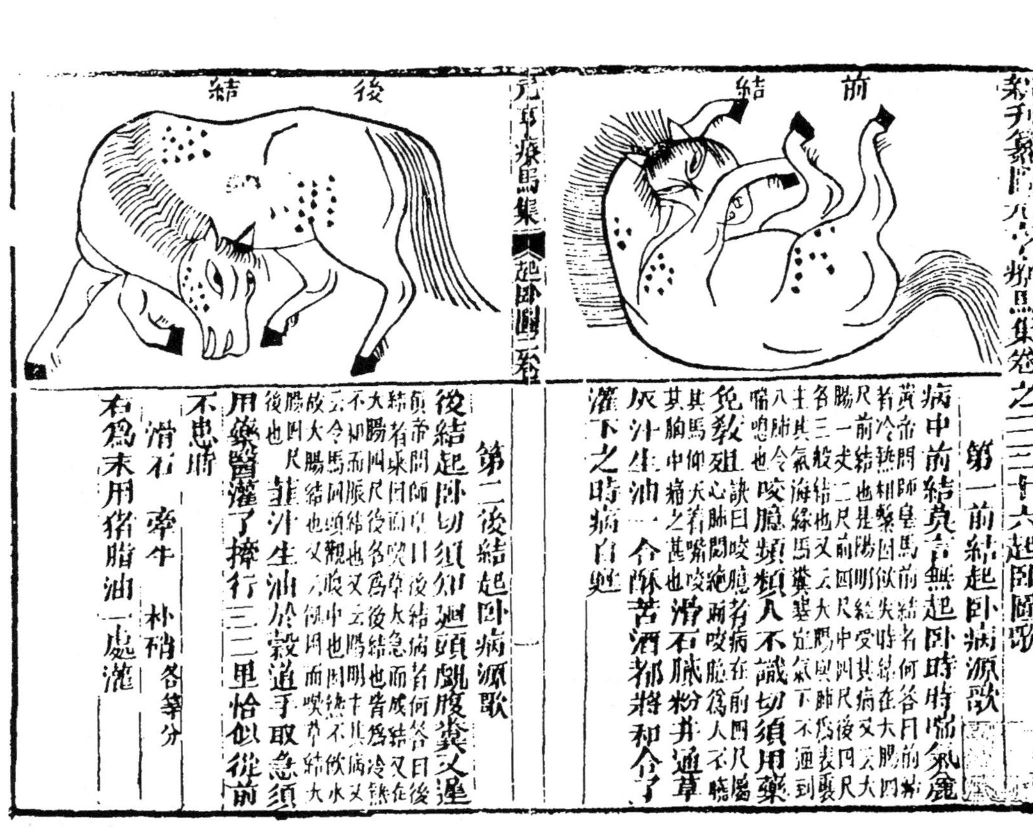

新刊象圖元亨療馬集卷之二　三十六起臥圖歌

第一前結起臥病源歌

病中前結莫言無　起臥時時喘氣麁

黃帝問師皇馬前結者何答曰前結者冷熱相繫因飲失時結在大腸四尺一前結也是腸明經受其病又云大腸一丈二尺前四尺中四尺後四尺各三般結也又云大腸與肺爲表裏土其氣海緣馬糞塞定氣下不通到入肺令喘息也

咬臆頻頻人不識　切須用藥免教殂

訣曰咬臆者病在前四尺屬心肺閉絕兩咬臆爲人不曉其馬仰天著嘴咬其胸中痛之甚也

滑石膩粉并通草　灰汁生油一合隔

苦酒都將和合了　灌下之時病自甦

第二後結起臥病源歌

後結起臥切須知　廻頭覷腹糞又遲

黃帝問師皇曰後結病者何答曰後結者因而喫草太急而成結又在大腸四尺後各爲後結也皆爲冷熱不和而脹結也又云腸明十其病又云令馬四頭觀腹中也因熱不飲水故大腸結也又云脹因而喫草結大腸四尺後也

韭汁生油於穀道　手取急須用藥醫

灌了擀行三二里　恰似從前不患時

滑石　牽牛　朴硝各等分

右爲末用猪脂油一處灌

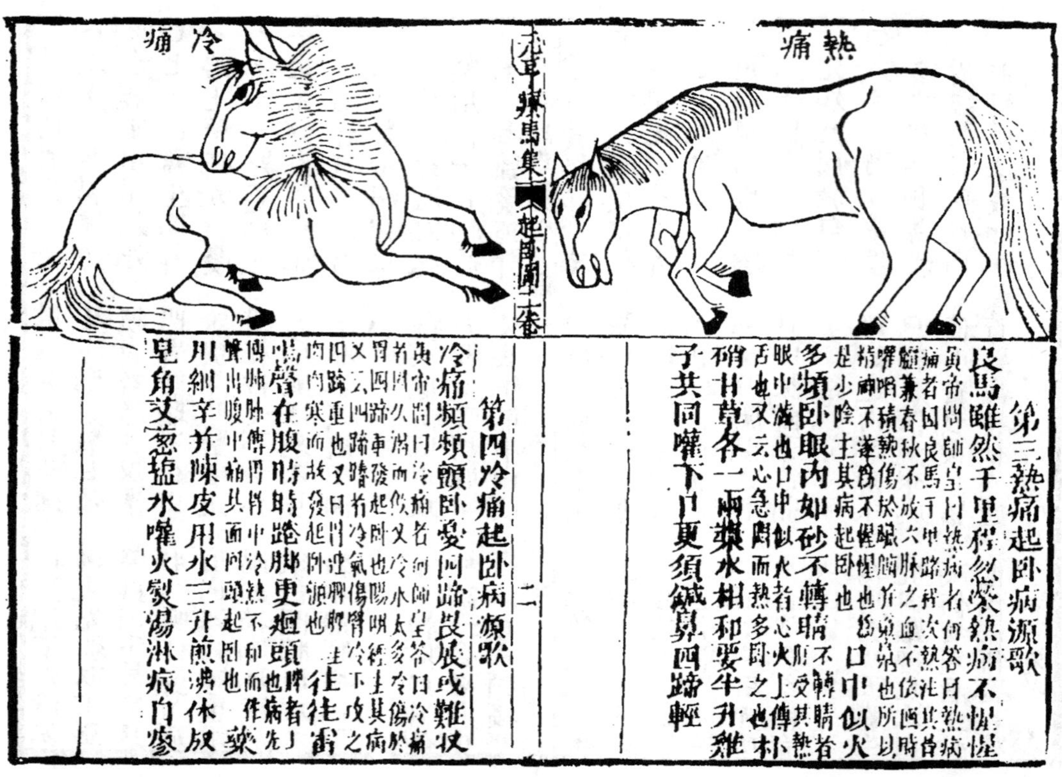

第三熱痛起臥病源歌

良馬雖然千里程，忽然熱痛不惺惺，黄帝問師皇曰熱痛者何答曰熱病痛者因良馬千里路程次熱注其昏驢兼春秋不放六脈之血不依四時嚼咽積熱傷於臟腑并頭鼻也所以精神不遂爲不惺惺也然是少陰主其病起臥也口中似火多頻臥，眼內如砂不轉睛，不轉睛者肝受其熱眼中滿也口中似火者心火上傳舌也又云心急悶而熱多臥之也朴硝甘草各一兩，漿水相和要半升，雞子共同嚥下口，更須鍼鼻四蹄輕。

第四冷痛起臥病源歌

冷痛頻頻顛臥憂，回蹄跂展或難狀，黄帝問曰冷痛者何師皇答曰冷痛者因久渴而飲又冷水太多冷傷於胃四蹄車發起臥也陽明經主其病又云四蹄蹄若冷氣傷胃冷下攻之四蹄垂也又曰胃連脾脾主內肉寒而故發起臥源也往往雷鳴聲在腹，時時跪脚更廻頭，脾者也病先傳肺肺傳胃胃中冷熱不和而作腎出腹中痛其面回頭起臥也藥用細辛并陳皮，用水三升煎沸休，放皂角艾葱鹽水嚥，火製湯淋病自瘳。

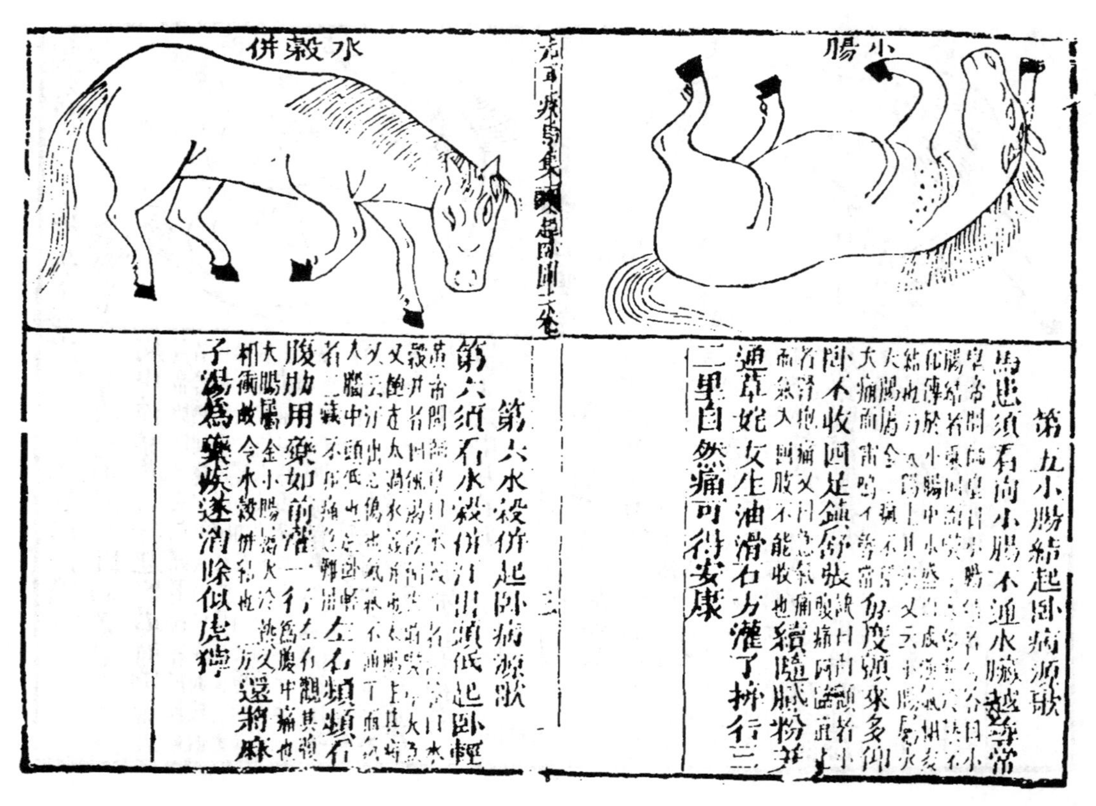

第五小腸結起臥病源歌

馬患須看向小腸，不通水臟越尋常，皇帝問師皇曰小腸[illegible]者何答曰小腸結者乘[illegible]者[illegible]不在傳於小腸中小腸[illegible]結也方[illegible]上[illegible]又云[illegible]火大[illegible]大痛而腸實令吟[illegible]常[illegible]肚痛頻來多仰臥，不收四足鎮舒張，[illegible]腹痛兩[illegible]者[illegible]若[illegible]又[illegible]痛[illegible]而氣入[illegible]股不能收也續隨粉并通草，妃女生油滑石方，灌了拚行三二里，自然痛可得安康。

第六水穀併起臥病源歌

第六須看水穀併，汗出頭低起臥輕，黄帝問師皇曰水穀併者何答曰水穀併者因飢渴飲[illegible]大[illegible]又飽走太渴飲水[illegible]又云汗出之傷[illegible]氣[illegible]大臟中頭低[illegible]者二臟不能[illegible]左右頻頻看腹脇，用藥如前灌一行，左右觀其頭大腸屬金小腸屬火冷熱爲腹中痛也相衝故令水穀併耘也又方還將麻子湯爲藥，疾速消除似虎獰。

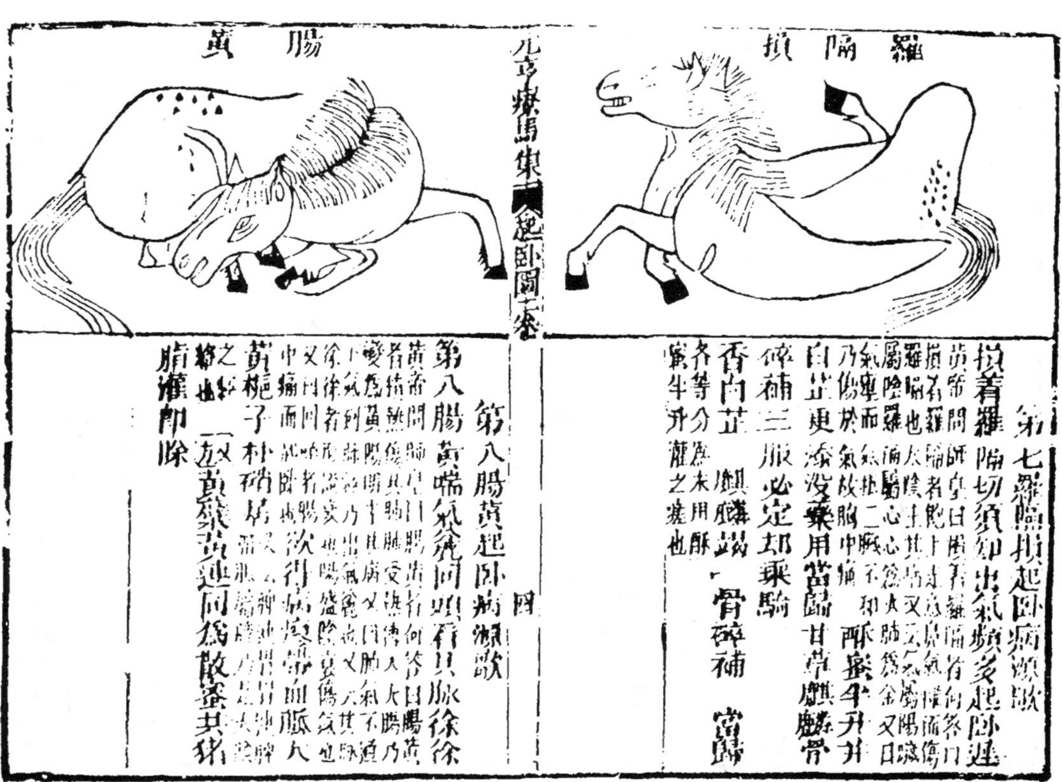

第七羅膈損起臥病源歌

損着羅膈切須知，出氣頻多起臥遲。

黃帝問師皇曰：膈者羅膈何名？損名羅膈者，胞上羅膈也。羅膈也，太陰之主，其脉又云氣陽[illegible]。屬陰羅膈，心心經火，肺為金，又曰：氣壅而氣熱，二臟不和，乃傷於氣，故胞中痛。

酥蜜半升升

白芷更添沒藥用，當歸甘草麒麟骨

碎補三服必定却乘騎

香白芷 麒麟竭 骨碎補 當歸

各等分為末，用酥蜜半升灌之甚效也。

第八腸黃起臥病源歌

第八腸黃喘氣麄，同時有其脉徐徐。

黃帝問師皇曰：腸黃者何？答曰：腸黃者，積熱傷其脾胃，受熱傳入大腸，乃變為黃，陽明其病，又因肺氣不通，上氣氣到積乃出，氣毒又肺氣其脉也。徐徐者，熱盛陰虛，陽盛陰虛陽氣也。又問腸黃者何？又肺中痛而[illegible]。

欲得病痊須血脈八

黃梔子 朴硝 芍藥 [illegible]

之將一兩黃連同為散，蜜共猪

脂灌即除

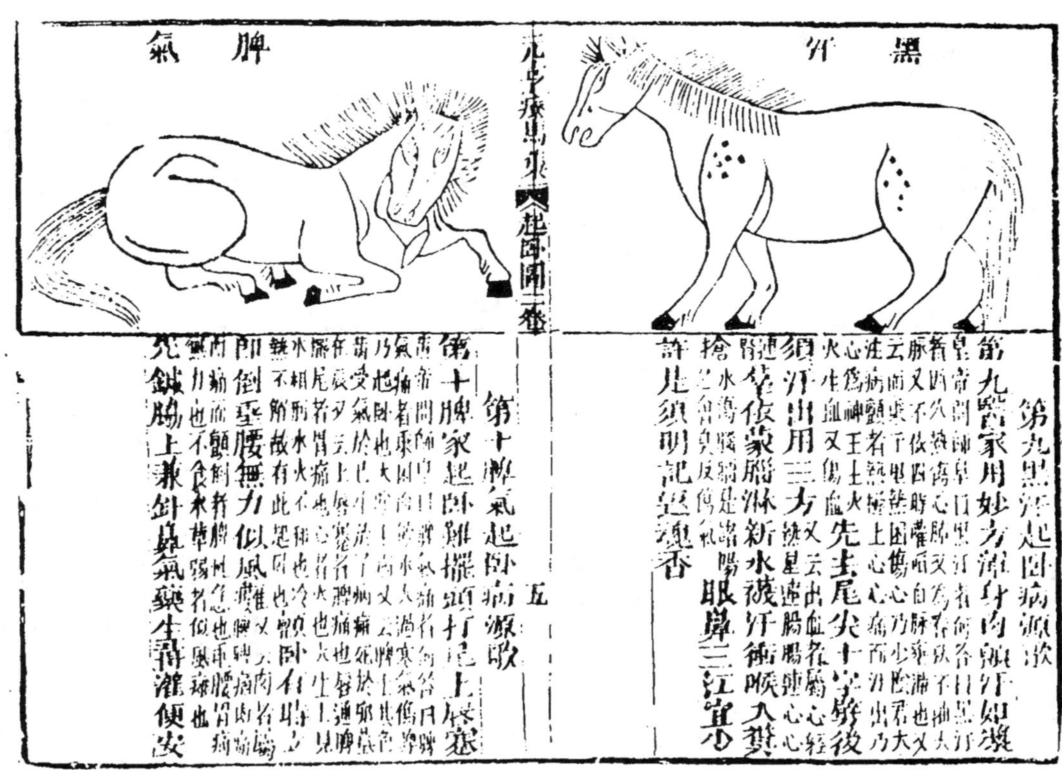

第九黑汗起臥病源歌

第九醫家用妙方，渾身肉顫汗如漿。

皇帝問師皇曰：黑汗者何？答曰：黑汗者，因熱傷心肺，又為汗不抽，大脈又因熱暗傷心自乃少陰君火也，又云：病顫者熱極上心，心痛而汗出，乃注為神王，上火又傷血。

先去尾尖十字後

又云：出血者屬心，心經熱星遠腸，腸連心心。

須汗出用三方

連翹依蒙臘淋新水灌汗衝喉入鼻

水為腎陽，腎是陽之命，鼻反傷氣。

捻眼鼻三江塞心

許見須明記起遲香

第十脾氣起臥病源歌

第十脾家起臥難，擺頭打尾上春寒。

黃帝問師皇曰：脾氣痛者何？答曰：脾氣痛者，乘因內寒，氣傷也，大內水火過寒其色乃受氣於上，已冷病脾上燥，在脾傷者，夕云上寒，脾痛大也，尾痛者，胃痛也，心火也，生上見水相刑，水火不相也，冷病腎不相刑，故有此，起臥也，賀卧有時立。

卧倒墜腰無力似風癱

又雖肉脾痛肉者，脾痛無力也，不顫倒者，病鬼也，脾胃虛腰者，似風痛也。

先鍼腸上兼針鼻，氣藥生薑灌便安

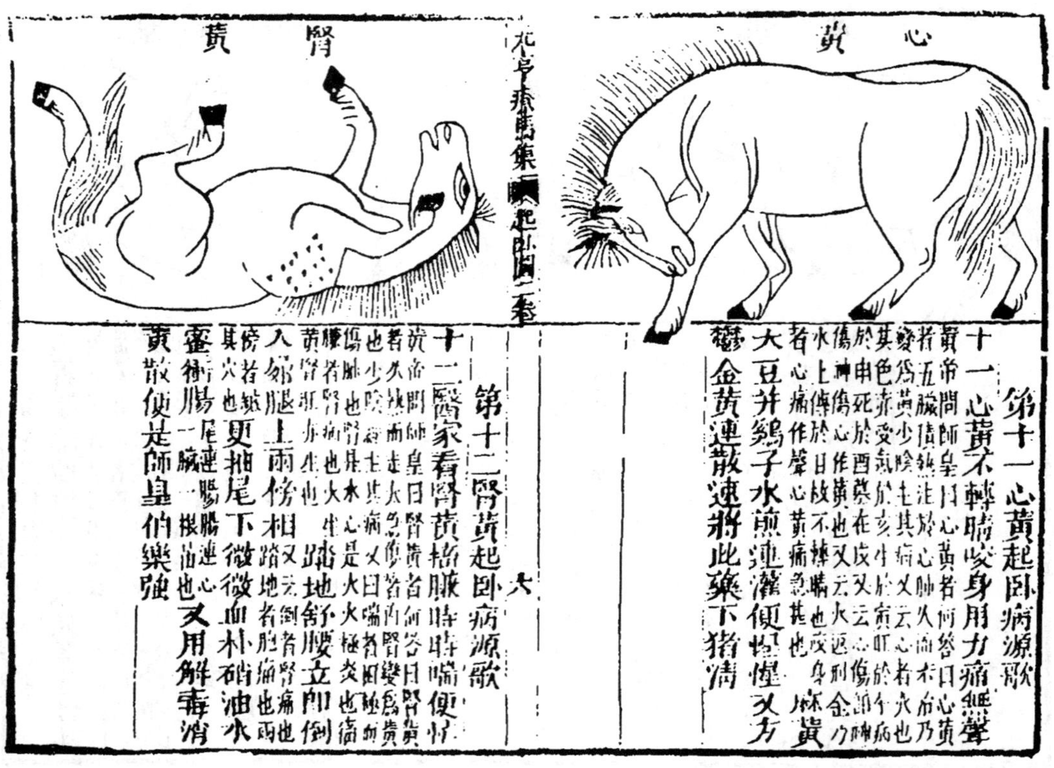

第十一心黃起臥病源歌

十一心黃不轉睛，咬身用力痛無聲，黃帝問師皇曰心黃者何答曰心黃者五臟積熱注於心肺久而不治乃發為黃少陰也其病又云心者火也其色赤受氣於亥生於寅旺於午病於申死於酉墓在戌又云心傷於神傷神傷心作黃也又云火逆刑金乃水上傳於目故不轉睛也咬身者心痛作聲心黃痛急甚也麻黃大豆并鷄子，水煎連灌便惺惺。又方鬱金黃連散，速將此藥下豬清。

第十二腎黃起臥病源歌

十二醫家看腎黃，搐縮時時喘便忙，黃帝問師皇曰腎黃者何答曰腎黃者久積而走大急傷於內腎變為黃也少陰經主其病又曰喘者因極而傷腑也腎是水心是火火極炎也痛腰者腎痛也火生黃腎虛亦生也踏地舒腰立仰倒，入夠腿上兩傍相。又云倒者腎痛也踏地者胞痛也兩傍若皺其穴也更抽尾下微微血，朴硝油水蜜衝腸。尾連腸腸連心一腕一根苗也又用解毒消黃散，便是師皇的藥強。

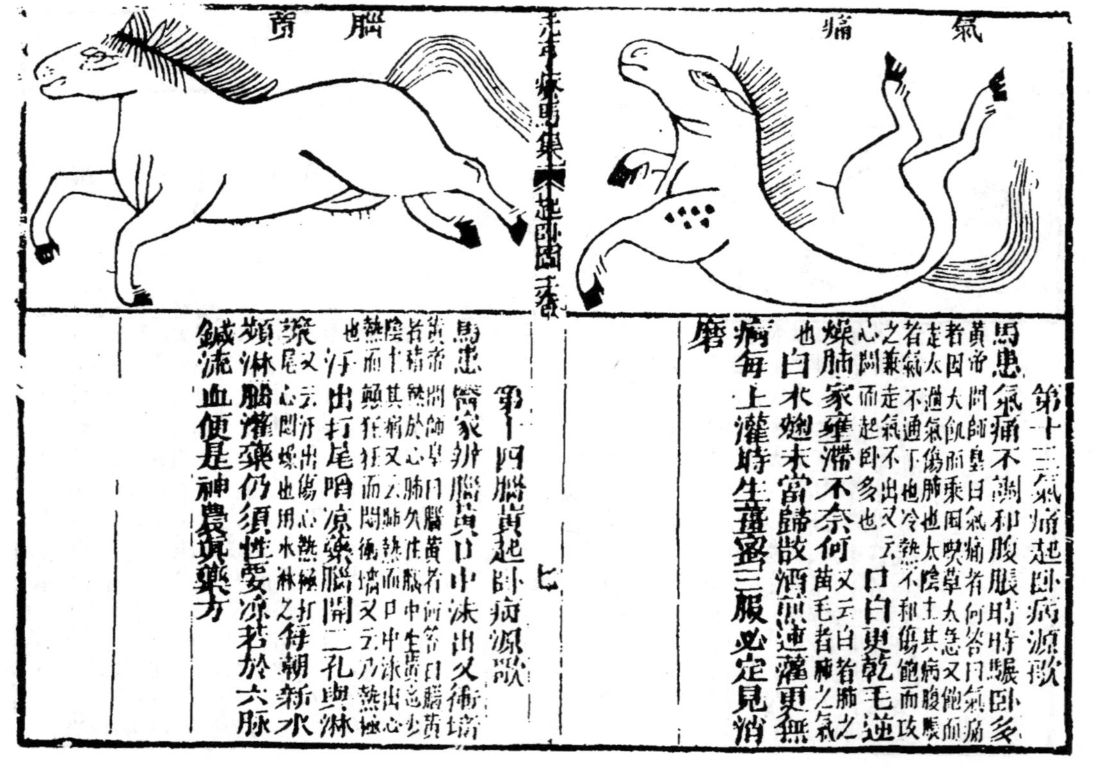

第十三氣痛起臥病源歌

馬患氣痛不調和，腹脹時時驟臥多，黃帝問師皇曰氣痛者何答曰氣痛者因大飢而乘困喫草太急又飽而走太過氣傷肺也太陰土其病腹脹者氣不通下也冷熱不和傷飽而攻之兼走氣不出又云心悶而起臥多也口白更乾毛逆燥，肺家壅滯不奈何。又云白者肺之黃毛者肺之氣也白朮燒末當歸散，酒煎連灌更無痛，每上灌時生薑蜜，三服必定見消磨。

第十四腸黃起臥病源歌

馬患醫家辨腸黃，口中沫出又衝墻，黃帝問師皇曰腸黃者何答曰腸黃者積熱於心肺久作臟中生黃也少陰土其病又云肺熱而口中沫出心熱而顛狂狂而悶衝墻又云乃熱極也汗出打尾咽涼藥，腸開一孔與淋漿。又云汗出傷心熱極打尾心悶躁也用水淋之每朝新水頻淋腸，灌藥仍須性要涼，若於六脉鍼流血，便是神農真藥方。

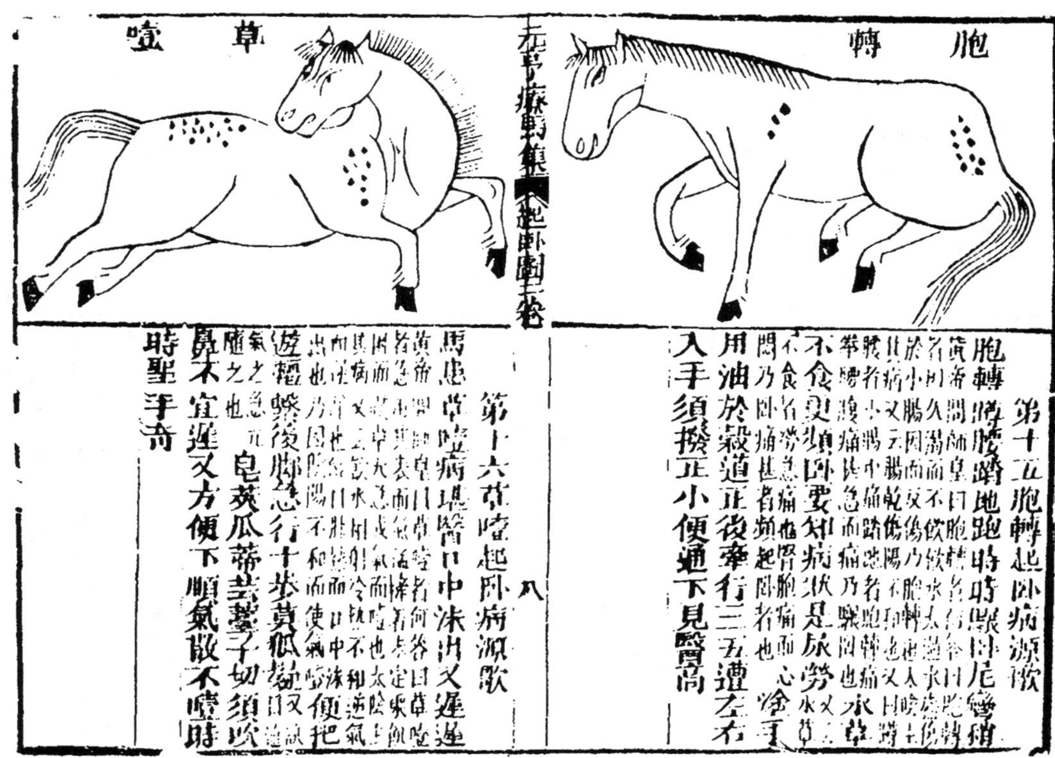

第十五胞轉起卧病源歌

胞轉將腰蹲地跑，時時擺卧尾彎頻。（黄帝問師皇曰胞轉者何……［小字注，漫漶不清］）不食更頻卧要知，病狀是旅勞。（又水草［小字注，漫漶不清］）用油於穀道正後牽行三五遭，左右入手須撥正，小便通下見醫高。

第十六草噎起卧病源歌

馬患草噎病堪醫，口中沫出又遲遲。（黄帝問師皇曰草噎者何……［小字注，漫漶不清］）遊韁蹀後腳急行十步莫狐疑。（又［小字注，漫漶不清］）皂莢瓜蒂葶藶子，切須吹鼻不宜遲。又方便下順氣散，不噎時時聖手奇。

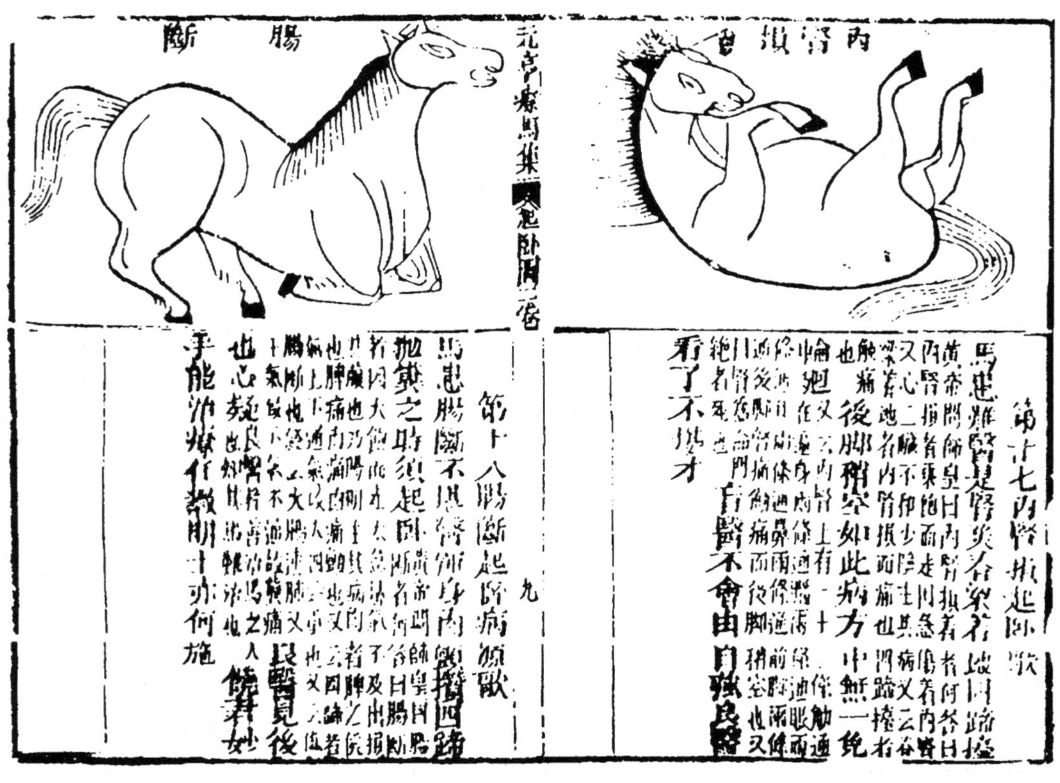

第十七內腎損起卧歌

馬患難醫是腎災，[illegible]若[illegible]因蹄搖。（黄帝問師皇曰內腎損者何……［小字注，漫漶不清］）後腳擲空如此病，方中無一甦。（又［小字注，漫漶不清］）有醫不會由自強，良醫看了不堪才。

第十八腸斷起卧病源歌

馬患腸斷不堪醫，頻頻卧[illegible]攢四蹄。（黄帝問師皇曰腸斷者何……［小字注，漫漶不清］）拋蹤之時須起卧，良醫見後也心疑。（［小字注，漫漶不清］）饒君妙手能治療，作教腸斷亦何施。

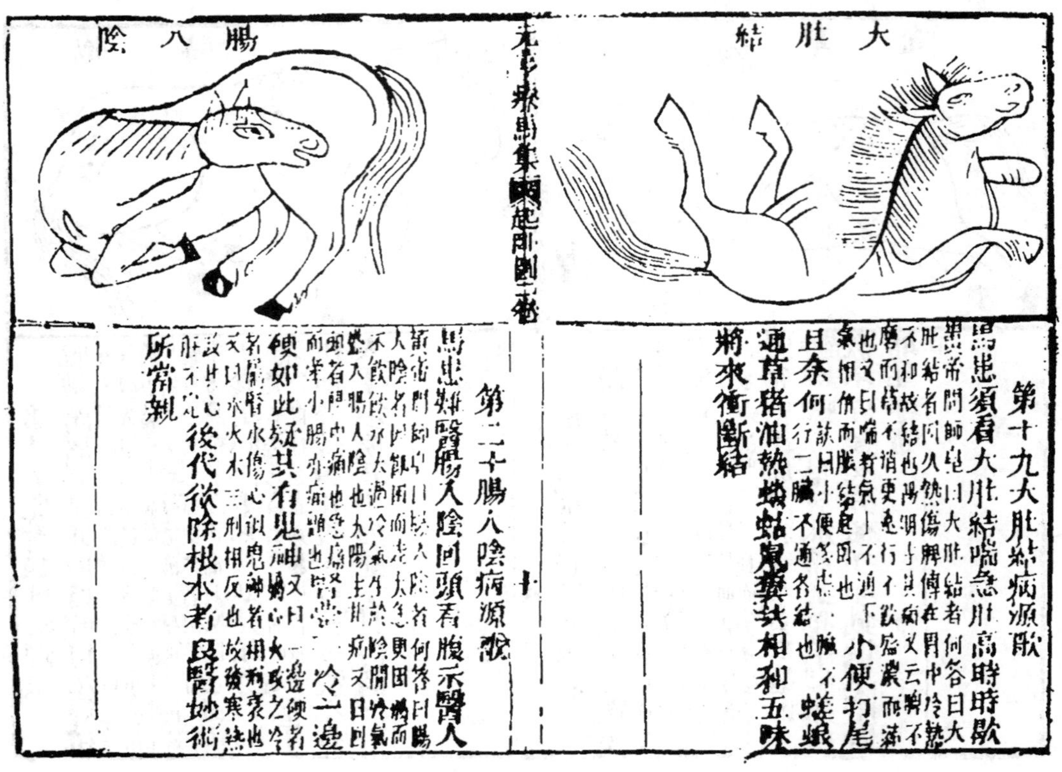

第十九大肚結病源歌

馬患須看大肚結喘急肚高時時歇
黃帝問師皇曰大肚結者何答曰大
肚結者因久熱傷脾傳在胃中冷熱
不和故結也腸澗于其病又云喫不
磨而結不消更兼行不欲臥濃而滿
也又曰喘者氣｜不通下小便打尾
氣佃作而脹結是因也
訣曰小便笑忘臟不螻蟈
且奈何行二臟不通各結也
通草豬油熱螻蛄鼠糞共相和五味
將來衝斷結

第二十腸入陰病源歌

馬患難醫腸入陰回頭看腹示醫人
黃帝問師皇曰腸入陰者何答曰腸
入陰者因飢而走太急更因熱而
不飲飲水太過冷氣生於陰開於氣
然入腸人陰也太陽主其病又曰回
頭看者腸中痛也急痛又腎堂
而來小腸亦痛頭也腎冷一邊
硬如此疑其有鬼神又曰一邊硬者
腸心火或之冷者
者腎水傷心似鬼神者相刑衰也
又曰水火木三刑相反也故發寒熱
設其心肝不完
後代欲除根本者良醫妙術
所當親

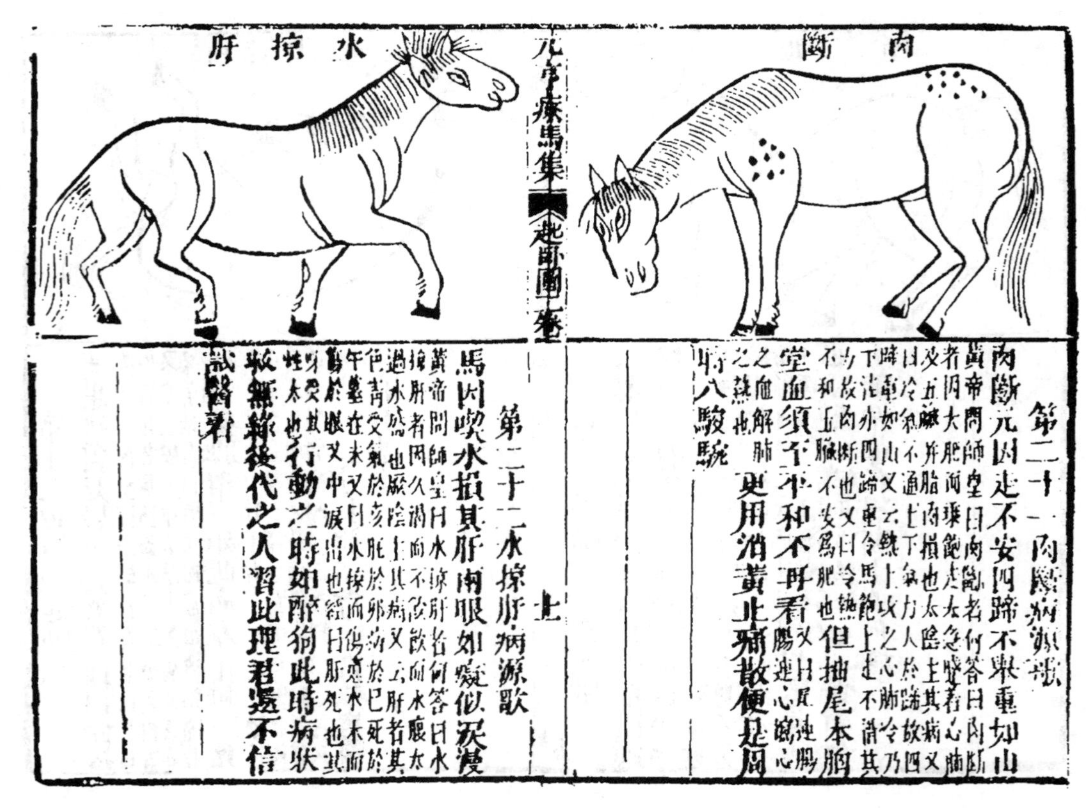

第二十一肉斷病源歌

肉斷元因走不安四蹄不舉重如山
黃帝問師皇曰肉斷者何答曰肉斷
者因大肥而乘飽走太急[illegible]着心肺
又五臟並脂肉損也太陰主其病又
曰冷氣不通上下氣力人於蹄故四
蹄重如山又云熱攻之心肺冷乃
下注亦四蹄重令馬飽上走不消其
力故肉斷也又曰令熱
不和五臟不安為肥也
但抽尾本胸
堂血須平不和不再看
又曰尻連心腸
腸連心竅
之血解肺
之熱也
更用消黃止痛散便是周
時八駿驍

第二十二水掠肝病源歌

馬因喫水損其肝肉眼如癡似沉漫
黃帝問師皇曰水掠肝者何答曰水
掠肝者因久渴而不飲飲而水腹太
過水盛也厥陰主其病又云肝者其
色青受氣於亥肝於卯病於巳死於
午墓在未又曰水掠而傷臟水木而
傷於眼又中淚出也經曰肝死也其
[illegible]受其
性太也
行動之時如醉狗此時病狀
狀無辨後代之人習此理君還不信
試醫看

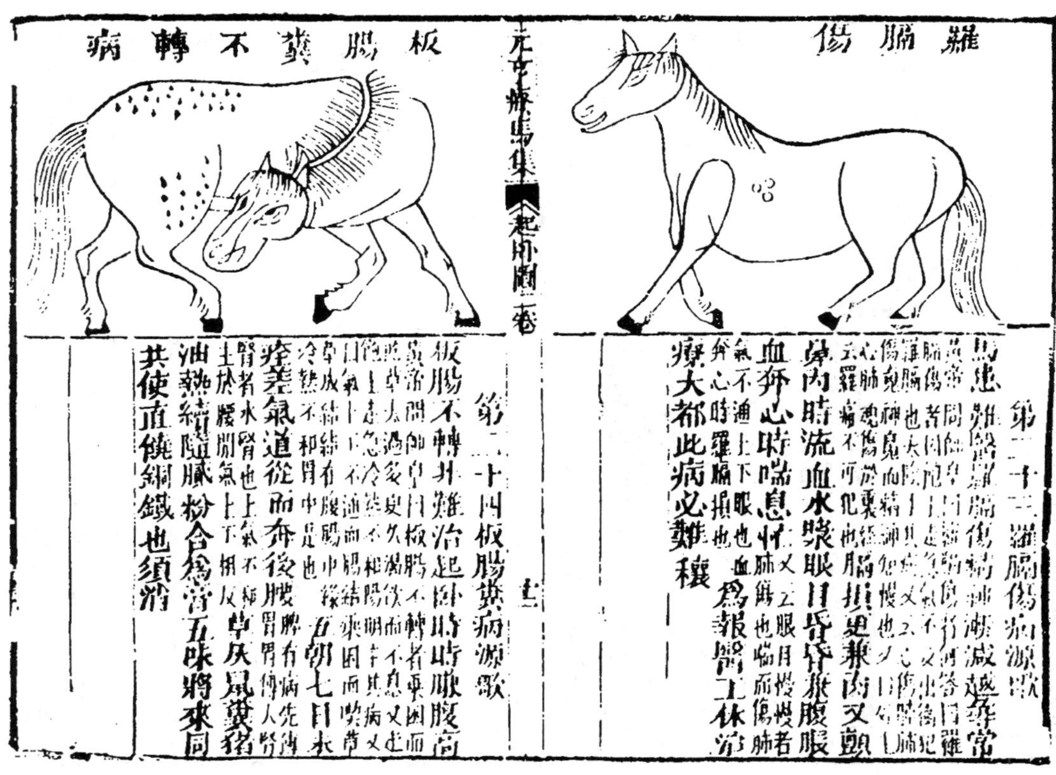

第二十三羅膈傷病源歌

馬患羅膈傷精神，漸減瘦尋常。黃帝問師皇曰[illegible]答曰羅膈傷者因[illegible]走急氣不[illegible]衝犯羅膈也太陽[illegible]其病又云[illegible]傷神魄血精神[illegible]慢也[illegible]心肺魂傷於裹經云羅痛不可犯也膈損更兼肉又顫，鼻內時流血水漿。眼目昏昏兼腹脹，血奔心時喘息忙。又云眼目慢慢者肺傷也臨而傷肺氣不通上下眼也血奔心時羅膈損也為報醫工休治療，大都此病必難禳。

第二十四板腸糞病源歌

板腸不轉并難治，起卧時時脹腹高。黃帝問師皇曰板腸不轉者乘困而喫草太過多食久渴飲水不息又走飽走急冷熱不和陽明主其病又曰氣上下不通而結聚因而喫帶草成結結有腹腸中糝冷熱不和胃中是也五朝七日未痊差，氣道從而奔後腰。脾有病先傳胃胃傳入腎腎者水腎也上氣不相土於腰間氣上下相反草灰鼠糞豬油熟，續隨膩粉合為消。五味將來同共使，直饒銅鐵也須消。

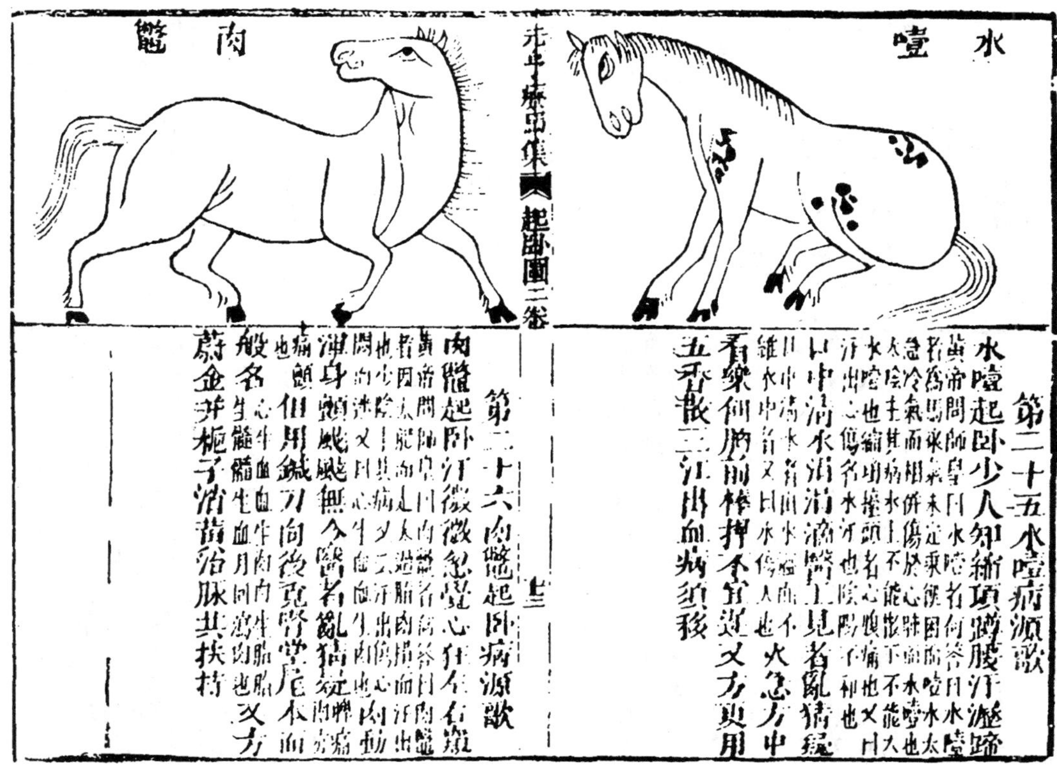

第二十五水噎病源歌

水噎起卧少人知，縮項攢腰汗濺蹄。黃帝問師皇曰水噎者何答曰水噎者為馬乘氣未定乘便困而飲水太急冷氣而相併傷於心肺而噎水也太陰主其病水上不能下不能大水噎也縮項攢頭者心腹痛也又曰汗出心傷名水汗也陰陽不和也口中清水涓涓滴，醫工見者亂猜疑。口中清水者[illegible]不雖水中有又因水傷人也火急方中看藥餌，胸前棒押不宜遲。又方更用五香散，三江出血病須痊。

第二十六肉鼈起卧病源歌

肉鼈起卧汗微微，忽發心忙左右蹄。黃帝問師皇曰肉鼈者何答曰肉鼈者因太熱而走太急脂肉損而汗出也少陰主其病又云汗出肉傷心閃肉汗又因心生血血生肉也肉動渾身顫撼撼，無今醫者亂猜疑。肉掣痛顫也但用鐵刀向後覓，腎堂尾本面般名。心生血血生肉肉生脂脂生髓髓生血血月同窩肉也又方蔚金并梔子，消黃治脈共扶持。

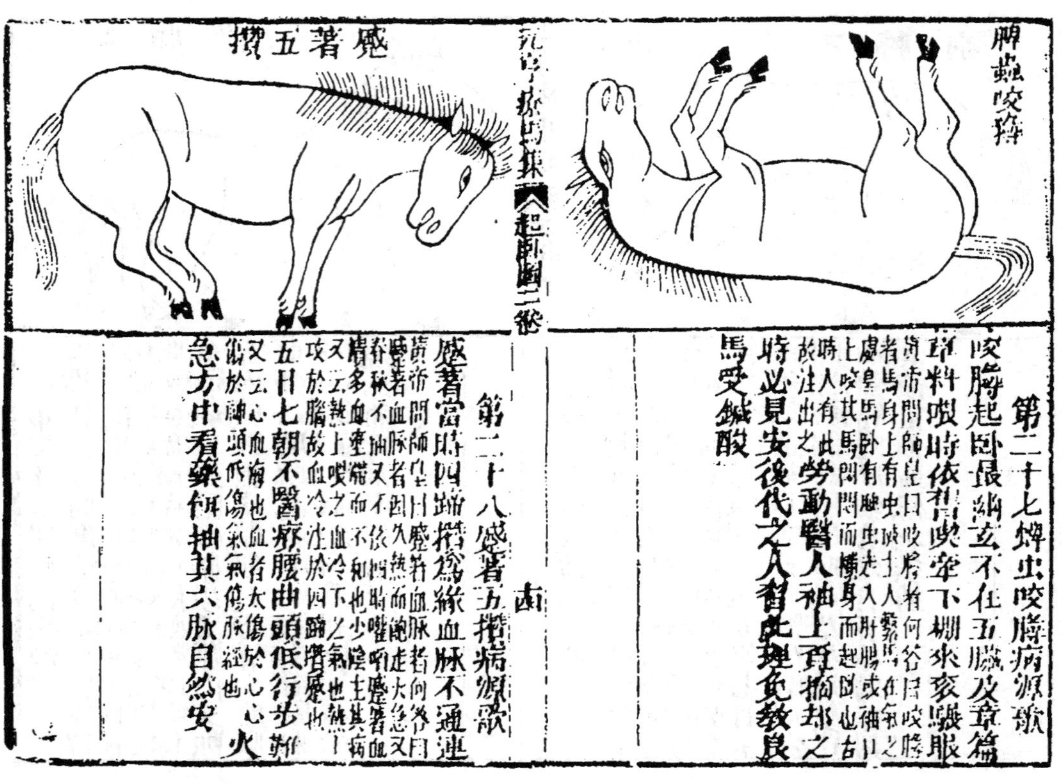

第二十七蜱虫咬臍病源歌

咬臍起臥最綿玄不在五臟及章篇草料喂時依料喫牢下棚來亥驟眼黃帝問師皇曰咬臍者何答曰咬臍者馬身上有虫跛于人繫馬在氣之處皇馬臥有蜱虫走入肝腸或袖口上咬其馬悶悶而橫身而起臥也右時人有此故注出之勞動醫人袖上頭擶掛之時必見安後代之人留此理免教良馬受鍼酸

第二十八感著五攢病源歌

感著當時四蹄攢爲緣血脉不通連黃帝問師皇曰感著血脉者何答曰感著者血脉者因久熱而閃走大急又春秋不抽又不依時喂飼暨着血積多血壅滯而不知也少陰主其病又云熱上喉之血冷下之氣也熱攻於膈故血冷注於四蹄攢壓也五日七朝不醫療腰曲頭低行步難又云心血痛也血者太傷於心心火傷於脾頭低傷氣氣傷脉經也急方中看藥餅抽其六脉自然安

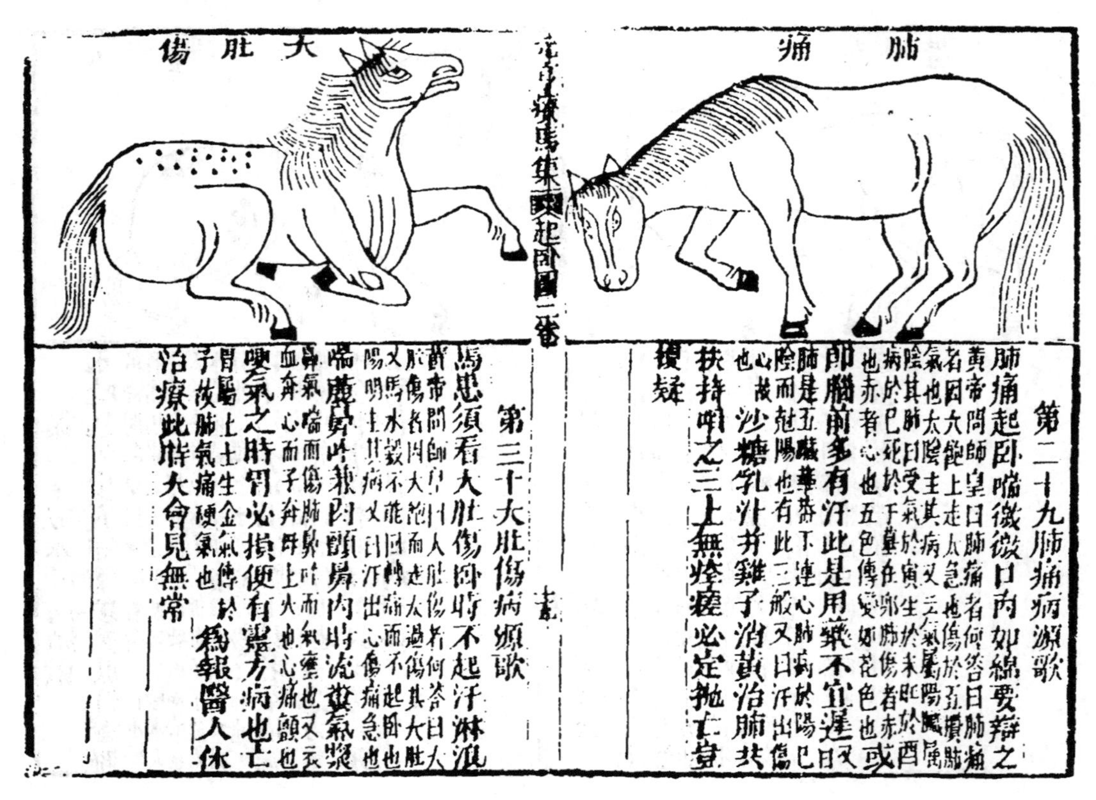

第二十九肺痛病源歌

肺痛起臥喘微微口內如綿要辨之黃帝問師皇曰肺痛者何答曰肺痛者因六飽上走太急也傷於五臟肺氣也太陰主其病又云氣屬陽臟屬陰其肺曰受氣於寅生於未旺於酉病於巳死於下臺在卯肺傷者赤或也赤者心也五色傳受如花色也即臟前多有汗此是用藥不宜遲又曰肺是五臟華蓋下連心肺病於陽已陰而起陽也有此三般又曰汗出傷心也故沙糖乳汁并雞子消黃治肺共扶持喫之三上無疼痊必定拋亡竟復疑

第三十大肚傷病源歌

馬患須看大肚傷臥時不起汗淋漓黃帝問師皇曰人肚傷者何答曰大肚傷者因大飽而走太過傷其大肚又馬水穀不能回轉而不起臥也陽明主其病又曰汗出心傷痛急也喘麤鼻呼兼悶顫鼻內時流黃氣漿鼻氣喘而傷肺鼻吁而氣壅也又云血奔心而子奔母上火也心痛顫也嚥氣之時罔必損便有端方病也亡胃屬上土生金氣傳於子故肺氣痛硬氣也爲報醫人休治療此時大命見無常

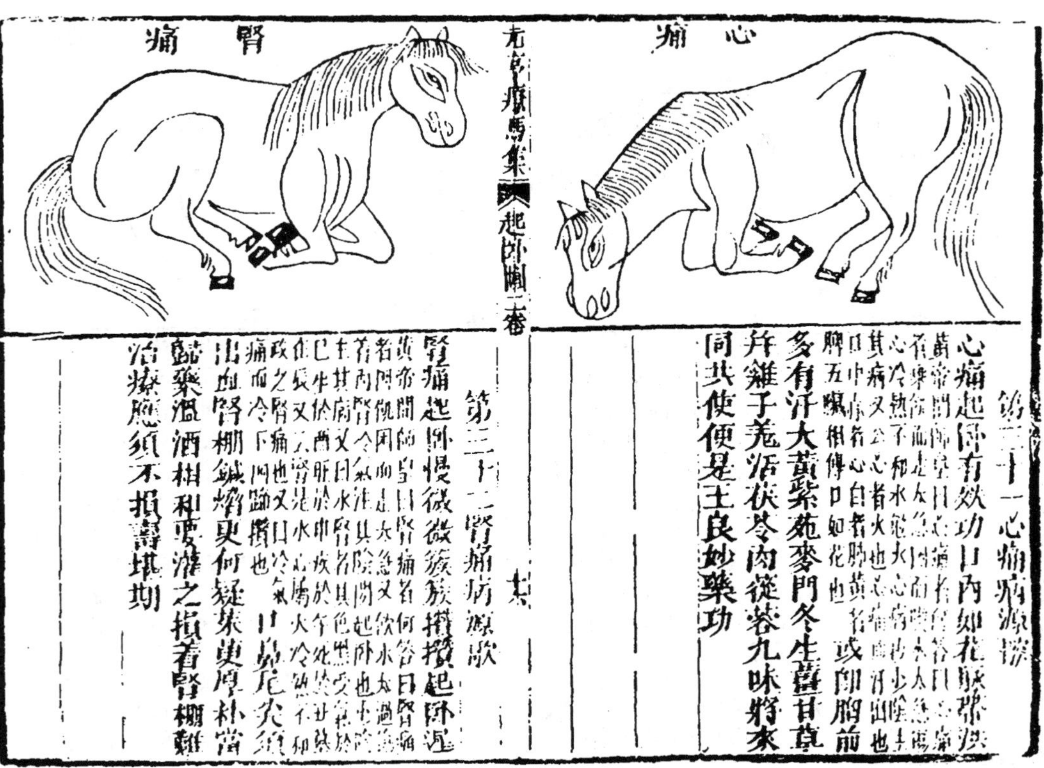

第三十一心痛病源歌

心痛起卧有效功口內如花脈帶洪黄帝問師皇曰心痛者何答曰心痛者乘傷熱而走太急因而熱積於心心冷熱不和水氣大心病少陰主其病又云心者火也心痛由汗出也口中赤者心自發肺黄者脾五臟相傳口如花也或刺胸前多有汗大黄紫菀麥門冬生薑甘草并雞子羌活茯苓肉蓯蓉九味將來同共使便是王良妙藥功

第三十二腎痛病源歌　十六

腎痛起卧慢微微簇簇攢攢起卧遲黄帝問師皇曰腎痛者何答曰腎痛者因飽困而走太急又飲水太過傷於內腎令氣注其陰閉起卧也未過於主其病又因水腎者其色黑受寒於已生於西肝於中夜於午死於戊在長又六腎是水水屬火冷熱不和故之腎痛也又曰冷氣痛而冷下四蹄攢也耳鼻尾夾須出血腎棚鍼烙更何疑茱萸厚朴當歸藥溫酒相和要灌之損着腎棚難治療應須不損壽堪期

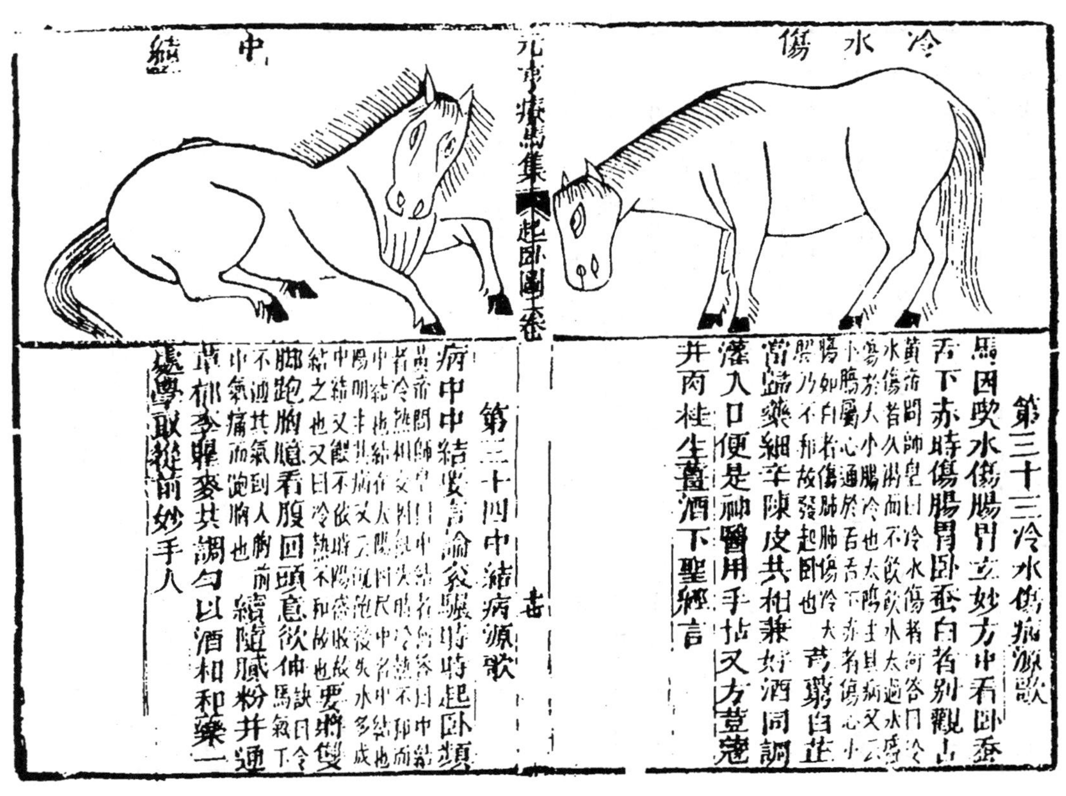

第三十三冷水傷病源歌

馬因喫水傷腸胃立妙方中看卧蚕舌下赤時傷腸胃卧蚕白者別觀山黄帝問師皇曰冷水傷者何答曰冷水傷者久渴而不飲飲水太過水感多於大小腸冷也太陽主其病又云小腸屬心通於舌舌下赤者傷心小腸如白者傷肺肺傷冷大腸乃不和故發起卧也芎藭白芷當歸藥細辛陳皮共相兼好酒同調灌入口便是神醫用手拈又方荳蔻并肉桂生薑酒下聖經言

第三十四中結病源歌　十七

病中中結要須論灸驟時時起卧頻黄帝問師皇曰中結者何答曰中結者冷熱相交外氣失中熱不和而中結於結在人陽因而中名中結也陽明主其病又云脾發寒失水多成中結又飲不依時不陽[illegible]食收故也故結之也又曰冷熱不和故也要將雙脚跑胸臆看腹回頭意欲伸訣曰令馬氣下不通其氣到人胸前中氣痛而跑胸也續隨膩粉并通草郁李瞿麥共調勻以酒和和藥一遍學取從前妙手人

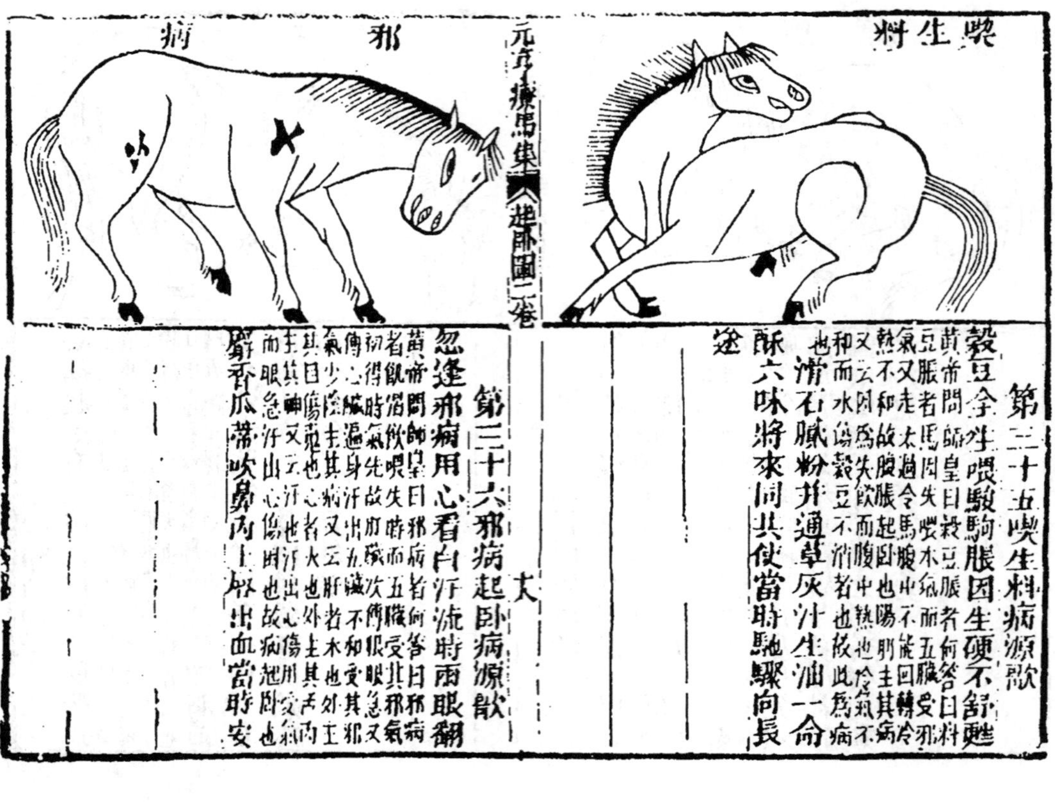

第三十五喫生料病源歌

穀豆令生喂駿駒，脹因生硬不舒甦。

黄帝問師皇曰：穀豆脹者何？答曰：料豆脹者，馬因失喂，木氣而五臟受邪。冷氣又走太過，令馬腹中不能回轉，冷熱不和，故腹脹起卧也。腸則主其病。又云因為失飲而腹中熱也，冷氣不和而水傷穀豆不消者也，故此為病也。

滑石膩粉并通草，灰汁生油一命酥。六味將來同共使，當時馳驟向長途。

第三十六邪病起卧病源歌

忽逢邪病用心看，白汗流時雨眼翻。

黄帝問師皇曰：邪病者何？答曰：邪病者，飢飽喂失時而五臟受其邪氣，初得時氣先故肝臟，次傳根眼急，又傳心臟，遍身汗出，五臟不和，受其邪氣，少陰主其病。又云：肝者木也，外主其目，傷死也。心者火也，外主其舌，內主其神。又云：汗也，汗出心傷，用交病而眼急汗出，心傷因也，故病起卧也。

麝香瓜蒂吹鼻內，上脉出血當時安。

○脉色論

馬師皇者，姓馬氏，封號師皇，黄帝時一聖師也。有生知之資，幼而敦敏，長而神靈，通天地之綱紀，識陰陽之運氣，知五行之衰盛，相馬牛之形神，診馬牛之脉息，察五臟之虛實，以五味之調治。因治龍，龍負而歸天矣。嘗侍於黄帝之側，帝問曰：馬者濟世之本，利國之基，稟陰陽二氣而生，遇四時不正而死者，何也？師皇避席而奏曰：此天地之流行不齊之氣運。陛下施愛物之心，臣不敏，願陳其術。帝曰：汝能濟物利人乎？師皇奏曰：馬者獸也，稟一氣五行，長於灰臺之下，與人並生於天地之間，有引重致遠之功，代人之勞，而亦待人之養。苟失其養，飼療而生疾，因疾患不可不知也。且天地合氣，日月虧盈，機發動靜，血氣所使，風寒暑濕傷於外，飢飽勞役擾乎內，五行亦熱，諸疾生焉。帝曰：二五生者始於何也？師皇對曰：二五始滑中者根也，根者腎也，腎者水也，水生木，木生火，火生土，土生金，金生水也。帝曰：五行剋者何如？對曰：水逢金而伐火，逢水而滅，土逢水而達，金遇火而缺，水遇土而絶，萬物皆然，無所異也。帝曰：五刑生剋如然，疾患疾察何以識之？師皇對曰：伐柯者匪斧而不能克，察病者非脉色不能知之。帝曰：敢聞脉理何如？師皇對曰：脉色者，氣血也，血氣流行，其狀有五：四時平正之脉，四時不正之脉，四時應病之脉，四時變易之脉，六經六氣之脉。帝曰：六經六氣，願聞其道。師皇對曰：欲知六氣，須診雙鳧，雙鳧者腑也，腑鳧者氣血之道也。左分三部，右列三關，能知臟腑，善識陰陽，諸疾之願應矣。左鳧上部者，少陰心經、太陽小腸；中部者，厥陰肝經、少陽膽經；下部者陰腎經太陽膀胱右胯上部者太陰肺經陽明大腸中部者太陰脾經陽明胃經下部者少陽三焦厥陰包絡此爲六經六氣之分也帝曰六脉之狀其至何如師皇對曰厥陰之至其脉弦少陰之至其脉洪太陰之至其脉長少陽脉至大而浮陽明脉至短而濇太陽脉至洪而沉至而和則平至而甚則病至而反則病至而不至病不至而至病陰陽易者危此謂六經六脉之至也帝曰六脉如斯何謂平反師皇對曰春脉弦爲平何謂弦然春行木令肝脉爲主萬物始生其狀來急藹直濇長而打手者故曰弦反者病何謂反然其狀來而洪大實強者此謂太過病在表其狀來而不實去而遲細者此謂不及病在裡夏脉洪爲平何謂洪然夏行火令心脉爲

主萬物榮茂其狀來大而滿手者故曰洪反者病何謂反其狀來騤數去而亦數者此謂太過病在表其狀來而洪盛去而微小者此謂不及病在裏秋脉浮而平何謂浮然秋行金令肺脉爲主萬物秀實其狀按之不足輕虛而有者故曰浮反者病何謂反其狀來浮而去大者此謂太過病在表其狀來遲而去小者此謂不及病在裏冬脉沉爲平何謂沉然冬行水令腎脉爲主萬物伏藏其狀浮而若无按之得見者故曰沉反者病何謂反其狀來沉而去弦者此謂太過病在表其狀來沉而去微者此謂不及病在裏帝曰脾部之脉何以診之師皇對曰脾者土也孤藏以灌四旁居於右胯之系或曰何可見之答曰氣關之脉來如津津流水之狀此謂以灌四旁故曰平反者病何謂反其狀兩旁虛而中央實者此

謂太過病在表其狀兩旁實而中央虛者此謂不及病在裏然爲四季平反之脉也帝曰平反之脉余已知之臟腑之真未聞其說師皇對曰臟腑脉者六經脉也三關三部分之一部內應一臟一腑管一腑也診者斟酌觀之右手食指診於左胯上而者號曰上部其脉應心屬火少陰太陽當令通心與小腸之脉也中指診於左胯中而者號曰中部其脉應肝屬木厥陰少陽當令通肝與膽經之脉也名指診於左胯下面者號曰下部其脉應腎屬水少陰太陽當令通腎與膀胱之脉也左手食指診於右胯上面者號曰風關其脉應肺屬金太陰陽明當令通肺與大腸之脉也中指診於右胯中面者號曰氣關其脉應脾屬土太陰陽明當令通脾與胃經之脉也名指診於胯下面者號曰命關其脉應心腎屬水火少

陽厥陰當令通三焦命門之脉也此謂臟腑授受之脈陰陽診而驗之帝曰何以得知疾病乎師皇對曰如木氣傷肝小腸結痛左部上中沉濇草傷肺及大腸結痛風關脈濇遲沉如雙胯脈俱大按之有力是陽中之陽雙胯脈俱小按之無力是陰中之陰雙胯脉俱大按之無力是陽中有陰雙胯脈俱小按之有力是陰中有陽是故氣壯脈洪上部熱氣微脈小下元寒風關浮而大鼻孔流膿脾脈滑而沉腸鳴泄瀉衛脈浮弦榮脈滑外感風寒心胯細小腎胯微內傷勞役上部脈洪中下濇胸膈停痰肺關脉壯命關沉膀胱積水脾部短而滑少食少飡肺脈大而浮多喘多嗽心肺兩胯雙大必發二喉腎命二脈內沉多生木腎下部氣關遲細脾胃凝塞上部風關強數心胸積熱左脈中沉上下濇腹內寒疼右胯

中滿兩旁沉腸中結痛三部沉而俱小驊騮必致勞傷六蹶弦而緊數騏驥多生黄腫左腎澁而右命濇下虛而胯綴腰拖三關滑而三部滑筋敗而把前把後兩項沉微色若淇五絕三危雙凫洪數口如湯前黄後腫中部洪而弦數日暗晴昏肺脈沉而細小胸痛膊痛六縛六氣沉遲五勞七傷三部三關倒亂八脫九死氣壯脈洪強人發癲發黄氣微脉壯滑長生瘡生痔土脈濇而又且浮脾胃中停宿停寒氣關滑而下部數脾腎內包藏陰火心脈洪而大類腫喉痹腎脈澁而沉腰癱腿瘓六脈沉而不見五臟虧傷兩凫斷截無絲六腑敗絕一息一至伯樂難醫至而不至師皇不治此謂三十六般應病之脉也且應病之脉其狀有三故曰平反易也帝問何以分別師皇對曰凡診獸脈必須指下精微春弦夏洪秋

毛冬石來似連珠過如流水瀝瀝相連不斷者此謂平順中和之脈也如三春遲細九夏沉微秋脈洪弦冬見緊數此謂逆反不正之脈也帝曰易脈何如師皇對曰易者變也如氣呼一息脈來一至至至而斷不相接續者此謂屋漏如屋漏水之伏病傳五臟氣呼一息連來三五至斷截來而不滴過而散亂少息復來而又斷亂者此謂雀啄如雀啄食之狀病在六腑內經云凡屋漏雀啄蝦遊解索變易如亂髮者俱無治療也帝曰平反變易俱已知之口色善惡願聞其道師皇對曰口色驗疾之所也五臟六腑各有部位分之帝曰何以分別師皇對曰舌色應心唇色應脾金關應肝玉戶應肺排齒應腎口角應於三焦也帝曰察色應症四季同否曰不同何謂不同師皇對曰夫春者肝時也甲乙當令上察如生凡口

中之色鮮明光潤如桃色者平白者病紅者和黄者生黑者危青者死是故桃色者桃花之色也春現者平何謂平春色如桃百病俱消白色者肺金之色也春現者病何謂病春季金色木逢金尅紅色者陽金之色也春見者和何謂和春有陽和牛馬無病黄色者脾土之色也春見者生何謂生肝病傳脾木賴土滋黑色者腎水之色也春見者危何謂危三春色黑五臟絕滅青色者肝木之色也春見者死何謂死春間青紫木虧肝死此謂春季口色之分也夫夏者心旺也丙丁當令甲乙相生凡口中之色鮮明光潤如蓮色者平黑者病黄者和白者生赤者危紫者死是故蓮色者蓮花之色也夏見者平何謂平夏舌如蓮五臟安然黑色者水色也夏見者病何謂病夏舌水色火遭水尅黄色者土色也夏見者和何

謂和舌有黄光夏獸無殃白色者金色也夏見者生何謂生夏獸舌白五臟無熱赤色者火色也夏見者危何謂危夏舌如硃伯樂難醫紫色者血色也夏見者死何謂死炎天舌紫血枯心死此謂夏季口色之分也夫秋者肺旺也庚辛當令戊己相生凡口中之色鮮明光潤如桃色者平青者病黄者和紅者生白者危黑者死是故桃色者桃花之色也秋見者桃花之色也冬見者平何謂平冬色桃紅氣血調勻白色者金色也冬見者病何謂病冬白陰盛水冷金寒紅者火色也冬見者和何謂和排齒冬紅水火相停黄色者土色也冬見者生何謂生排齒冬黄獸壽延長青色者木色也冬見者危何謂危排齒冬青臟腑無功黑色者水色也冬見者死何謂死排齒煤黑冬病死絕此謂冬季口色之分也脾無正位四

季分之各旺一百八日三六九臟當權正應於舌兩旁鮮明如桃色者平青者病白者和紅者生黑者危黃者死是故桃色者桃花之色也季見者平何謂平四季桃紅寒暑無侵青色者肝木之色也季見者病何謂病四季春青醫治無功白色者肺金之色也季見者和何謂和四季秋白諸病消滅紅色者心火之色也季見者生何謂生四季夏紅土賴火生黑色者腎水之色也季見者危何謂危四季冬黑醫之亦絕黃色者脾土之色也季見者死何謂死四季厚黃醫治無方此謂四時季月日色之分也帝曰惡色中有死而復生乎師皇對曰青如翠者生似靛染者死赤如雞冠者生似衃血者死白如豕膏者生似枯骨者死黑如烏羽者生似炲煤者死黃如蟹腹者生似黃土者死色脈相想者生相反者

死陰病見陽色者生陽病見陰色者死此謂口色善惡之分帝曰余聞口色中有臥蠶者何也師皇對曰臥蠶者舌下二竅也在舌胎之下仰陷之中左名金關右名玉戶左應肝經膽部右應肺部大腸形若臥蠶即口色也岐伯云欲知騾馬諸般病舌下先須看臥蠶王良曰口中有兩道金色是也又曰診脈獨取於雙鳧者何也師皇對曰雙鳧者在臆骨兩旁結喉以下透氣海之門血海之路氣血升降如人之寸口水有不由其門路者也夫血者乃氣之所使升引於前然後分布遍體及五臟六腑虛實寒熱皆顯應於此是以獨取於雙鳧也雙鳧之上三寸乃胃氣之口也胃者總朝百脈脾溉四旁乃為五臟陽司之所臟腑皆受氣於胃氣血皆從雙鳧之出入也岐伯云左[illegible]陽在前[illegible]陰在後其[illegible]一也王良曰脇前

有一道命脈非　帝曰察色按脈其有道乎曰有其妙幾何師皇對曰凡察　脈必得從容寧心靜志如執玉捧盈內經云診察之道寧　為先抱元歸一病療則無誤矣又云凡察獸病先觀時日　和如遇狂風驟雨酷熱嚴寒陰陽逆寒神氣昏沉不可便　診察色脈凡察色脈勿令慌忙當先將獸拴繫停立寧靜叫息和平神清心定方可觀於口色經脈乃定脈絡調勻氣血不亂方可診於雙鳧以右手診其左鳧之脈左手診其右鳧之脈察明玉戶金關斟酌浮沉滑澀色脈兩兼有無相應相反如執權衡無纖毫盛者此謂診察之道也三部者左三部也三關者右三關也乃病療之明鑑臟腑之應矣是故打指而滿手者弦洪斷亂而無續者敗絕緊而大者為數緩而小者為遲滑者往來流利澀者往來蹇滯浮

者於手下沉者按之乃得脈之象狀不同非手巧心諳者而指下豈能分別矣帝曰余聞察病而有巧者何也師皇對曰察病而有巧者望聞問切也凡察獸病先以色脈為主再令相其行步聽其喘息觀其肥瘦察其虛實窮飲啖而多寡究穀料之有無然後定奪陰陽之病此謂切病之巧也帝曰善又口色脈者醫之準繩也疾之龜鑑也診察精微如通神聖胸鳧膈頂唇舌臥蠶平反變易寒熱盛衰得之於心神應之於手自凡諸疾者如日月星光所照無所不明矣可謂濟世之仁術養生之道矣謹識察色之圖列之於後

二

察色之圖

臥蠶

診脈之圖

雙鳧

○診脈歌

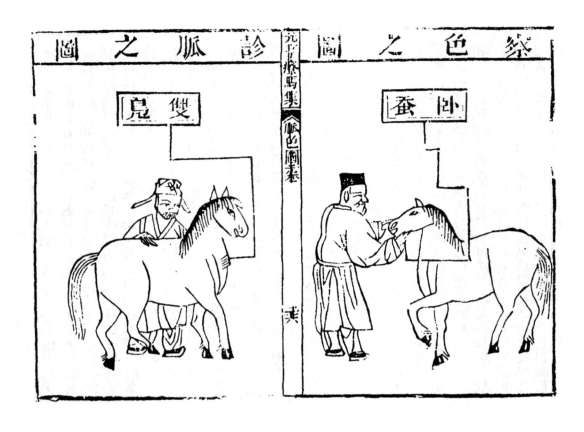

左心小腸肝膽腎　右肺大腸脾胃命　左分三部右三關
上中下指相排定　食指診知上部病　少陰太陽心經病
中指參通中部玄　厥陰少陽肝膽症　名指詳明下部源
少陰腎經膀胱病　右鳧右脈右邊排　風關氣關命關定
左手食指按風關　肺與大腸於斯應　中指從來診氣關
脾病胃病由此定　名指診破命關玄　厥陰包絡三焦病
此謂陰陽十一經　診者消詳心手應　浮沉滑濇仔細評
外感內傷斟酌定　飢飽勞役辨其經　風寒暑濕分虛實
關部若能指下明　百疾無差驗脈應

○察色歌

察色欲知寒暑症　四百四病脣中定　金關玉戶兩邊排
內應心肝脾肺腎　舌色應心應小腸　少陰太陽兩經症
脣中左竅號金關　厥陰少陽肝膽應　舌傍右竅屬陽明
肺與大腸於斯定　排齒迴同屬腎經　更兼太陽膀胱症
陽明太陰各上觀　察者能知脾胃病　此謂陰經驗病力
智者消詳斟酌認　六腑三焦定盛衰　人邪九病分輕重
察色若能關下明　諸疾無差驗脈應

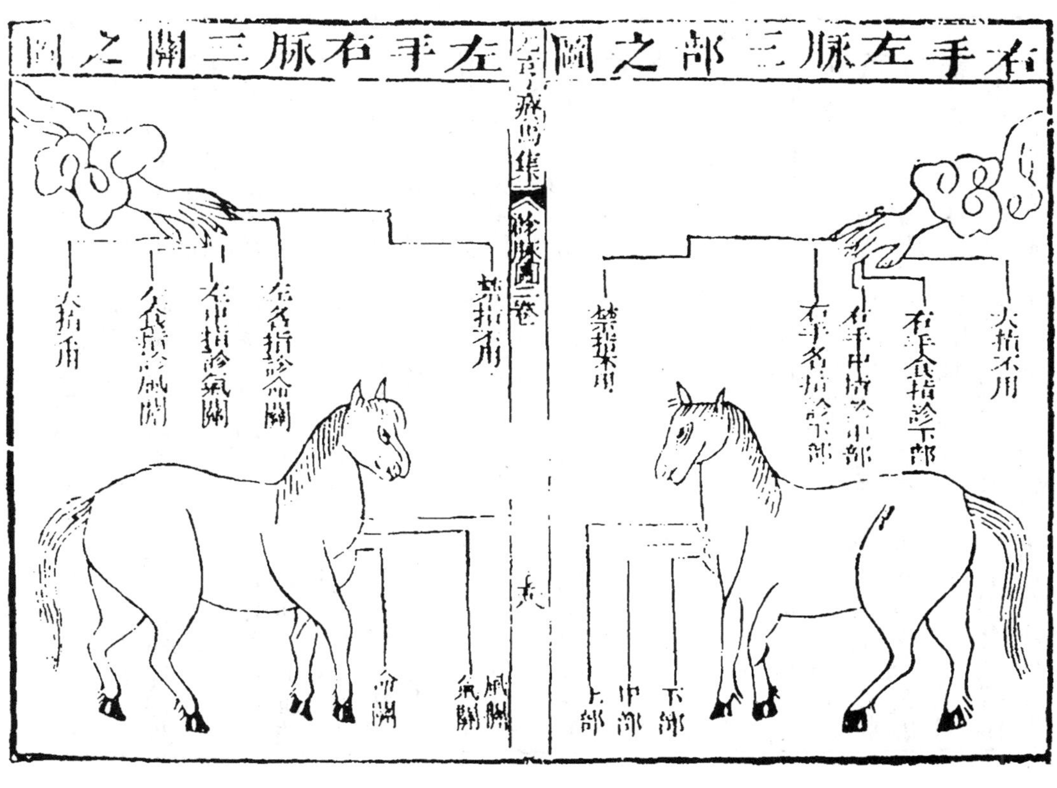

定脉歌

脉跳如弦下手知　一息三至號平宜　陰陽兩脉俱相配
再加一至更無虞　舌如蓮色鮮明潤　唇似桃花更色鮮
四肢輕健行無滯　蓮潤脉清睛不迷　皮毛光彩精神能
鼻氣溫和來往隨　頭尾不動後蹄歇　四季如斯百病無
口腥舌皺無顏色　形狀離常脉亦殊　鼻流膿涕連聲嗽
皮毛焦燥瘦羸輸　頭眩耳搭精神少　四肢倦怠步行遲
面浮鼻腫雙睛閉　腹細腰弓喘息微
四百四病依章典　八百八治按經書　天有五星辰宿位
馬有五臟立身軀　肝屬震宮甲乙木　三斤十二似衡重
肝盛日赤多眵淚　肝熱時將翳膜瘀　肝風眼爛生瘟肉
肝冷流淚水淋珠　肝危眼腫頭垂地　肝虛目明腿難移

唇青目暗肝經絕　力敗筋輸肝木虧
心屬南方丙丁位　貴爲帝主膈前居　心熱舌乾多出之
心攻唇口遍瘡痍　心虛無事多驚恐　心痛顛狂脚步跌
心黃種緊逢八咬　心寒吐水膈中迴　心有七竅通於舌
主戶金關能潤滋　舌如煮豆心經死　汗出如油心血危
肺爲丞相庚辛位　不受風邪膈上居　肺絕鼻中饒清涕
肺熱蓮腔鼻噴膿　肺風擺頭多鼻咋　肺寒白沫口中垂
肺毒藏身毛退落　肺勞遍體發瘡痍　肺頹氣抽金部敗
鼻中血出肺金危
腎屬北方壬癸水　膀胱爲腑號津液　腎壅耳聾難聽事
腎虛腿腫步行遲　腎熱耳根黃腫起　腎冷低腰脚不移
腎傷牙齒頻咬動　腎斷骨接瘦尪兀　垂綫不收壬癸敗

○脾[illegible]正形分四季本虧　脾弱唇蹇草料稀　脾衰吐草饑瘦胃
脾虛兩腫鼻如肥　肥寒身顫毛如刺　脾熱唇焦肉漸虧
脾不磨時草不化　脾黃起臥喘微微　頭低眼腫脾經敗
肉瘦毛長戊己虛
○五臟相傳於外應　陰陽衰盛說須知　陽盛生黃多腫毒
陰盛多癰遍發疽　陽虛兩目流清淚　陰虛腿腫步難移
熱盛生風冷生氣　饑飽風寒勞役拘　暑傷六腑風傷肺
役傷風部瘦傷脂　寒傷腰胯飢傷肉　行傷筋骨立傷蹄
勞傷心血濕傷腎　飽傷五臟困傷脾　遠來飽草多傷胃
乘飢喂急臟先虧　料後飲多偏令結　空腸過飲瀉無疑
驟行飲急先傷肺　卸鞍帶汗甚虧皮　伏雨苦淋秋有疾

霜霧久露肉偏輸　酒糟喂久能損探　火炭熱喂燥皮毛
迎風飽飲饑咳嗽　濕傷久臥腿難移　熱料充腸偏燥尾
水蹚苦浴腎多虧　老衰勤洗生癱瘓　凍草飢飡胃必輸
熱盛喘麁心肺壅　塞唇似笑冷傷脾　咬齒低頭心有痛
收腰不起腎經虧　急起急臥脾經痛　口吐清涎胃冷虛
蹭腰踏地尿胞轉　擺尾伸腰痛可知　廻頭觀腹腸中痛
氣虛臟冷腹如雷　跑胸咬膝胸前結　鼻膿脫臭肺經虧
百脉門塞心黃起　肺心熱極腎抽蹄　傷肥肉壅生膿腿
咳逆喘急變瘡痍　血瘀不通成黑汗　料傷過度臟黃瘀
糞泥立久多生漏　遠驟無椿血注蹄　久渴谷心飲過瀉
毛焦偷瘦水停臍　硝石饑飡生木腎　羽毛誤食嗽聲催
當飽水中休令驟　臍肥下嶺不宜騎　遠來有汗休教飲

轉拴莫近巷籬堤　汗息去鞍停卸纓　寒宿無停諸疾愈
○八十一難師是論　七十二汗聖賢書　三十六點尿蹄痛
二十四病脾黃瘦　五絕三危十二腫　醫工仔細用心推
色察日中須細看　脉憑指下要精微　唇青似靛春須夭
舌赤如砂夏必傷　白如枯骨秋無治　黑似焰煤冬不醫
弦脉浮來知雀啄　一息一動死須知　忽去忽來無接續
亂如屋漏八凶居　搖行似醉無高下　目散看人亦似痴
更兼病源休妄作　諸方煉盡莫能愈　經書之内分明說
聖人法用古今垂

○伯樂明堂論

秦穆公問於伯樂曰：馬於春首針刺出血者何謂也？伯樂答之曰：人受氣於癸水，癸者陰水也，水主腎，腎主精，故精氣多而血氣少；馬受氣於丙，丙者陽火也，火生心，心主血，故血氣多而精氣少，故馬必於針刺出血者，不使血氣太盛而爲病疾也。公曰：出血必於春首者何也？伯樂答曰：春者木也，夏者火也，木火相生也。馬爲火畜，生於寅，旺於午，伏於戌，且寅宮有丙火，午宮有丁火，戌宮有陰火也。於春首針刺，分調血氣，不致大盛，故使人於春夏之交，使其榮衛調勻，不致過遍而生病也。穆公曰：其余問大馬通身有十二道經脉，三百六十道絡脉者何也？答曰：經脉者血脈也，絡脉者穴孔也。穆公曰：願聞之。伯樂答曰：凡針血穴者，必須先於明堂經内窮究血道穴孔，比詳所治之則，然後觀其天氣晴朗，及月令盈虛晦朔弦望則矣，本命刀砧，血支血忌，風雨陰寒，皆爲禁忌，不可妄施針烙，此謂用針之致也。昔黄帝問於師皇曰：用鍼之道有法則焉師皇答曰法天則地合以天光日月也齊曰願聞其道師皇對曰針者有捌病之功刺者須當應病但於四時氣正而治無不應效也氣正者晴明也光者齊也溫和並使其馬牛氣血調和而衛氣易行榮氣易瀉也是故大寒無刺大濕無疑月生無瀉月滿無補月缺無瀉月晦無針月空無治此謂應天時合月令黃帝師皇用針之要也穆公曰應病行針其有道乎曰有其妙幾何伯樂答曰凡用針者必須神氣嚴肅當先令獸停立寧靜喘息調勻右手持針左手按穴量用鋒頭大小及觀馬之身體肥瘦食草多少察其寒熱盛衰然後方可施針針皮勿令傷肉針肉勿令傷筋傷骨隔一寸如隔大山偏一系不如不針一補一瀉大馬先針左騍馬先針右從陰引陽從陽引陰以右治左以左治右如針

六脈出血升合多寡及驗血之榮枯分調大過不及此謂用針之道也穆公曰請問曰夫獸者皆屬水週身有三十六升血氣有三百六十骨節亦有三百六十穴道凡任醫者必須察其虛實詳其寒熱明其表裏度其淺深大抵用針之道虛之則補實之則瀉寒之則溫熱之則涼風之則散氣之則順此乃一定之法學者誠心鑒之

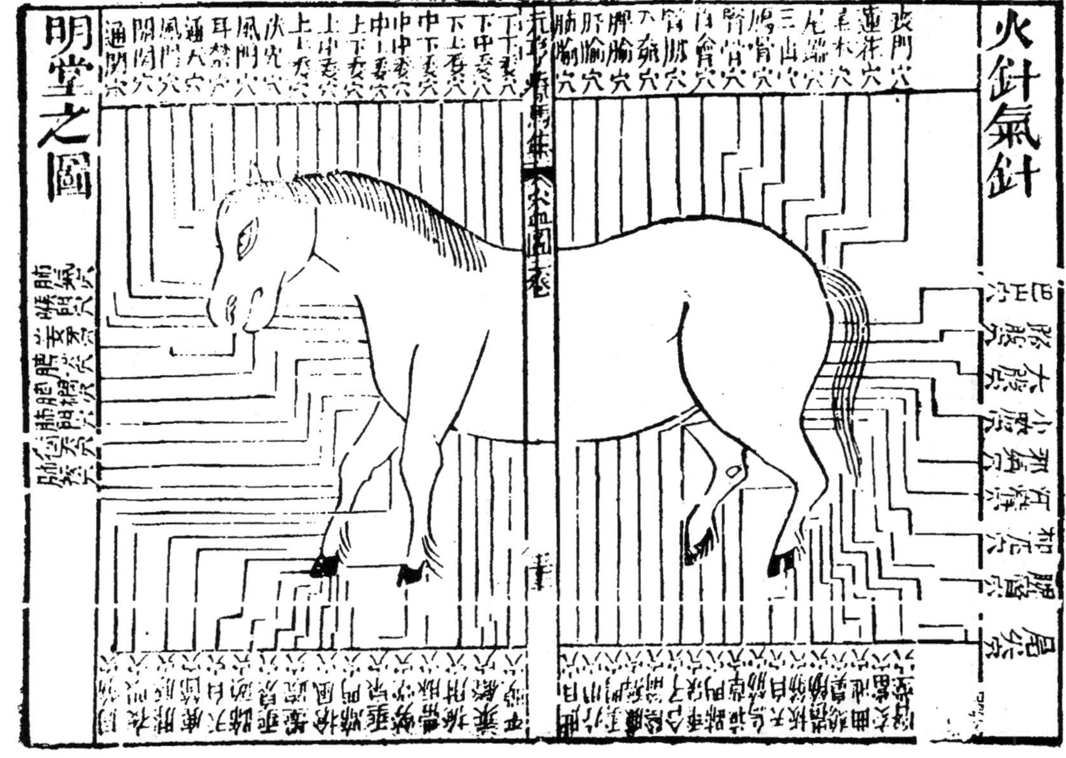

六脉出血

開天血 垂睛血 曲池血

明堂之圖

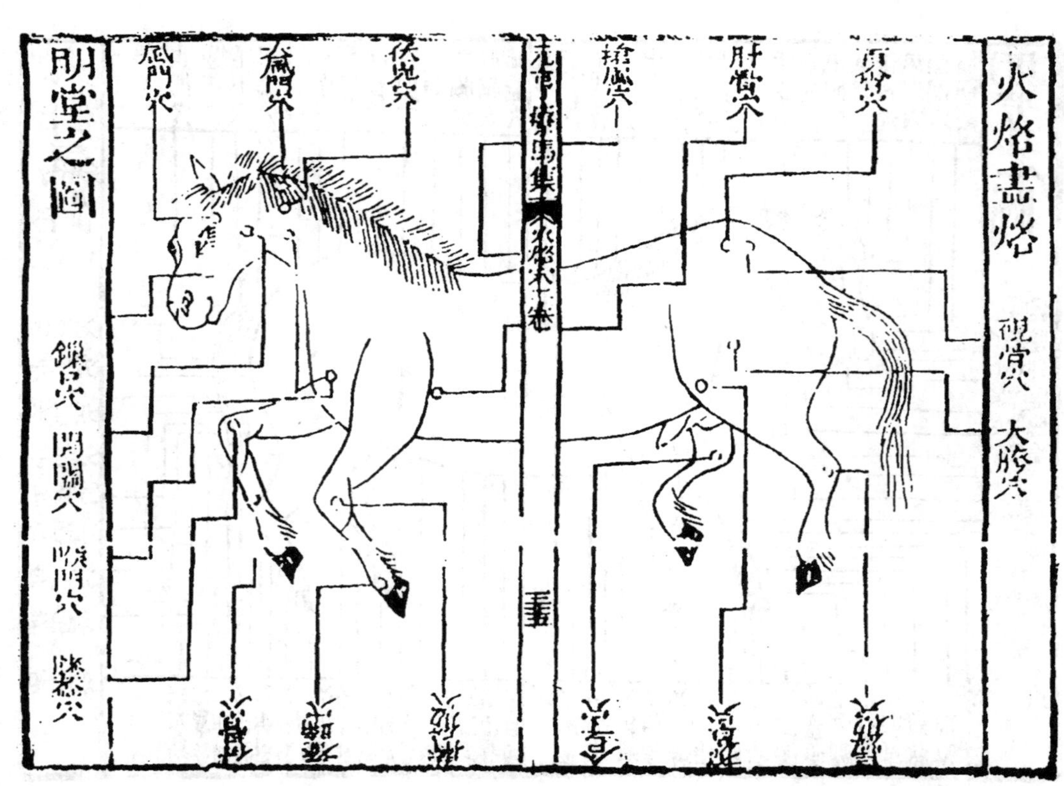

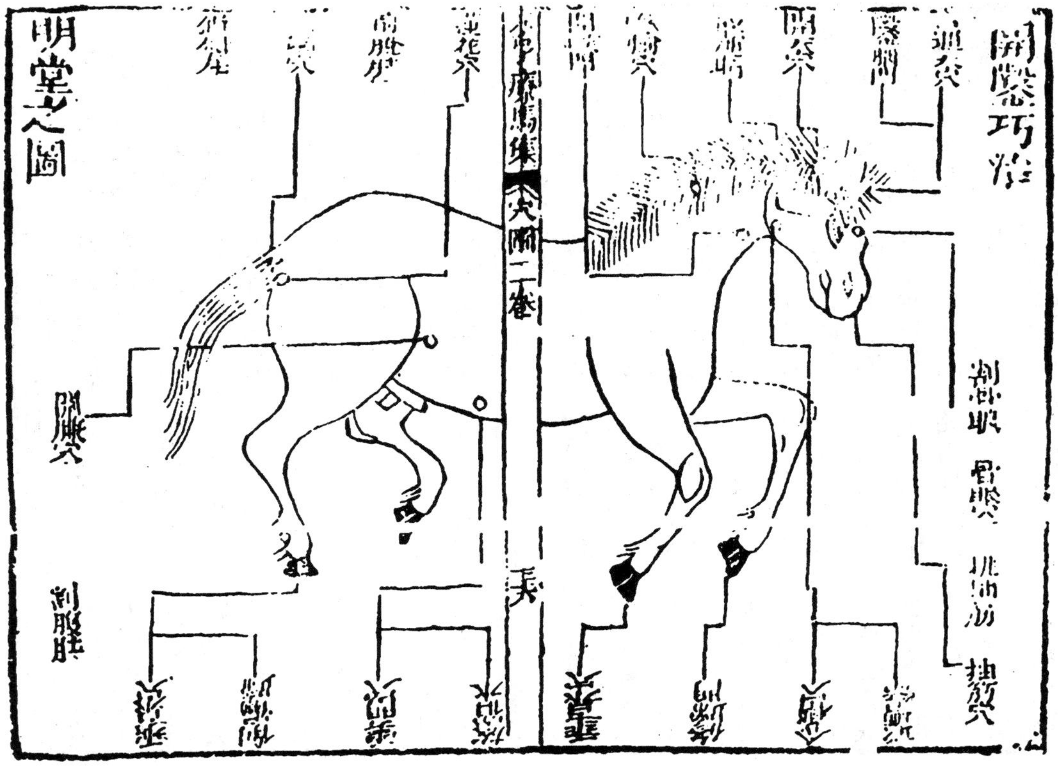

開關巧治

明堂之圖

元亨療馬集　穴圖一卷

○明堂歌　凡三百六十穴

蓋天之生物　有物而有則　馬牛之為物　富民而利國
禾耜教天下　弧矢鎮邊關　平戎而定寇　務滋而稼穡
乘之而駕之　傷寒與傷熱　走驟失調和　飲喂失時刻
病瘵漸萌生　目瞪而非克　近之思少者　偽能者廣濶
以其衣冠美　巧言而令色　不辨其根源　不察其脈色
訛論求其源　誑民而世惑　妄施針與烙　瘡癰雖分說
繆書之流傳　萬山而不容　嗚呼横夭多　予心惻之切
株遽何呈論　諸賢之節後　有同而有異　詠成歌與訣
針烙有所施　疾病有所攝　讀者易於心　開發童蒙識
總先之準繩　修後之法則　予豈不敢矣　僭踰罪難越
以俟後之能　刪繁補失闕　六脉明堂歌　載之於後耳

元亨療馬集　明堂歌一卷

○眼脈血　胸堂并帶脉　腎堂及尾本　同筋夜眼穴
蹄頭及蹄頭　曲尺膝蹄節　部來十一針　各為六脈血
用針須用意　按典依經說　針皮針肉脂　勿傷筋骨節
臨系如撮山　偏斜不見血　此法要精通　非通勿妄施
一百五十九　不出十一血　學者致精微　須當用意微
○六脈外有針　述一與君說　玉堂與血堂　三江大脈血
臟熱須消腫　此藥須當治　目角逆腫脹　火烙鎖口穴
起卧腸中痛　割取帶節　肝熱閉骨止　纏穿骨眼穴
開天取溫膽　垂睛醫眼熱　風痫烙風門　切須仗此穴
東額及三嗽　喉嚨開喉節　火烙開喉門　額下取槽結
通關醫病脹　開關撩上熱　耳內有一針　禁穴休殺徹
頂梁針九委　內邊十八穴　心腧消黃疸　膝脉

肺把胸膊痛　肺門肺救穴　膊尖與膊臟　捲肘與鶴節
搽風與衝天　八穴火針徹　兩邊十六針　滯氣俱消滅
挑皮八濕氣　白針弓子穴　一切染頭腫　若用散針泄
肝腧治肝危　火針第五肋　脾腧燎脾寒　肺腧肺痛徹
雲門放血水　肚口休教洩　腎曲倒垂泉　蹄修八字穴
氣把股中痛　火針百會節　腎棚針腎腧　腎角兩邊刻
七竅總皆針　凝滯俱開徹　命痛出腰行　尾本須針洩
一切腎家纏　腎堂須出血　腎穴腎尖針　腎腰滯氣絕
腎滯腕尾痛　掉連纏翅挾　巴山與路股　大胯小胯穴
冷氣與汗溝　仰尾擡腎節　八穴火針施　濕氣皆消滅
陰腎本腎腫　陰腧火針徹　臁冷脫肛腸　剪取蓮花穴
行動尾根偏　尾端針尾節　脊悵板如林　火烙八窌穴

拖脚係筋病　掠草火針截　爛蹄消筋脈　同筋問臍辦
蹅脊徹尾尖　臁癖醫腹闘　膈痛放胸堂　膀黄針帶脈
兩目轉睛生　針取太陽穴　久患腦頭痛　火針天臼竅
鶴膝曲尺腫　曲尺須針洩　樁蹄抬筋疼　火烙抬筋節
失節腿疼痛　鹿節須當徹　掌骨消節行　火烙蹄門穴
乘重骨脆痛　邈將蹄重徹　黄疸有脊瘡　心腧絲針洩
尾本冷腰風　擦尾燥蹄絕　項悵還挾脊　火針三脊節
二咽與大功　莫遍咽腧穴　腎熱縱交當　腰間滯氣滅
勞堂通小腸　筋脹從斯絕　松骨掉如肥　血堂兼大脈
帶脈療腸黄　黑汗偏能揭　蹄痛放蹄頭　治毒能消洩
草慢咽不鳴　塩擦玉堂內　肝明太陽針　赤脈眼中滅
心熱腫偏次　胸堂徒冷洩　千燥君中行　野脈兩針絕

倒地捐捻風　火烙捻風穴　昂頭點步行　膊尖溫火截
直行膝蓋疼　膝脈須針徹　千金膝前襲　咽嗌俱能滅
氣滯鼻頭開　舊泄胸心熱　拘筋脹上挑　走驟但開闊
帶殺不消磨　火針脾腧穴　鳥筋合骨戶　烙之合骨節
腕黄放腎堂　大胯火能絕　蹄門消蹄腫　尾大痛尾徹
抽搦腸翅疼　肘癱洩帶脈　系腎攻抽腎　脫節針失節
腎腧消腹疼　汗滯當腎挾　邪氣并風寒　玉堂消脈熱
喉脈太陰經　一名號大血　寒熱皆能醫　定神而安魄
○耳根主一指　風門兩道穴　二指烙伏兔　頂門三道徹
七竅號風關　火烙諸風滅○腰上有一針　名為百會穴
火烙此干津　後腰風毒絕○春來節漏生　大血兩針徹
諸毒不能成　百病俱消滅○已上幾般針　痔瘡從斯揭

量度淺深施　辨驗陰陽徹○針血有陰陽　經絡十二訣
醫工仔細詳　須當再與說　眼脈厥陰經　肝火盡能洩
鶻脈肺太陰　能消五臟熱　胸堂少陰生　制之心火絕
夜眼禁其針　厥陰心包脈　背脈瀉太陰　脾火毒消滅
腎熱腎經腫　腎堂少陰徹　少陽三焦經　須洩蹄頭血
膝脈太陽經　善解陽明熱　總蹄號勞堂　少陽肝膽洩
陽明胃火消　曲尺兩針血　膀胱瀉太陽　尾本尾根徹
同筋瀉小腸　太陽心火絕　此法佳玄微　非精莫妄徹
○凡針血與穴　醫家用意竊　辨明陰陽病　觀診色與脈
行步相安詳　喘息聽時節　表裏與邪正　虛實與寒熱
較其輕與重　度量淺深徹　針烙按明堂　萬無一二絕
○近學晚醫人　凡針穴脈血　不在皆今多　四季仰處徹

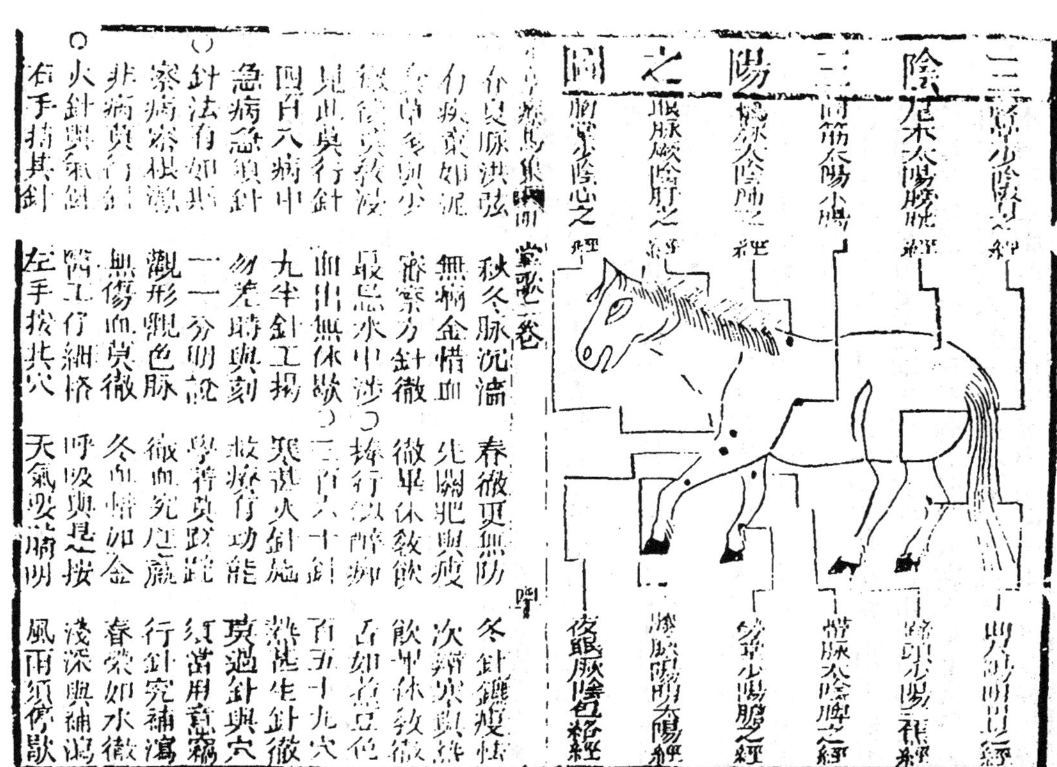

元亨療馬集　明堂歌二卷　四

春夏脈洪弦　秋冬脈沉濇　春瘦更無防　冬針纔瘦怯
有病宜如泥　無病金惜血　先關肥與瘦　次辨實與虛
冬時多則少　審察方針徹　徹畢休教飲　飲畢休教徹
秋後莫教浸　最忌水中涉　棒行須醉鄉　血如赤豆色
見血與行針　血出無休歇　三百六十針　有五十九穴
四百八病中　九牛針工揭　悮迷火針施　難認生針徹
急病急須針　勿差時與刻　救療有功能　莫過針與穴
○針法有如斯　一一分明說　學者須臾記　須當用意竊
察病察根源　觀形觀色脈　徹血究上瘡　行針究補瀉
非病莫行針　無傷血與徹　冬血性如金　春榮如水徹
○火針與氣針　隨工行細擇　呼吸與是按　淺深與補瀉
右手持其針　左手按其穴　天氣要晴明　風雨須停歇

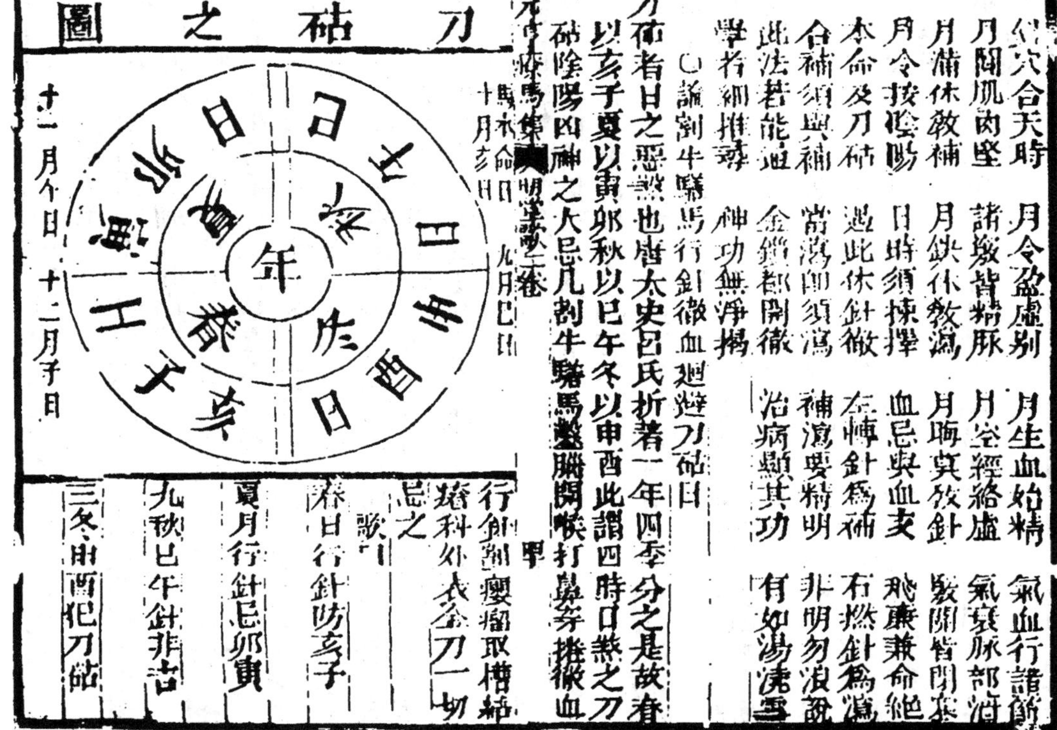

針穴合天時　月令盈虛別　月生血始精　氣血行諸節
月闕肌肉堅　諸脈皆精脈　月空經絡虛　氣衰脈部消
月滿休教補　月缺休教瀉　月晦莫放針　骸關皆閉塞
月令按陰陽　日時須揀擇　血忌與血支　飛廉兼命絕
本命及刀砧　遇此休針徹　左轉針爲補　右撚針爲瀉
合補須與補　當瀉血須瀉　補瀉要精明　非明勿浪說
此法若能通　金鐵都開徹　治病顯其功　有如湯潑雪
學者細推尋　神功無淨揭

○論割牛騸馬行針徹血迴避刀砧日

刀砧者日之惡煞也唐太史呂氏所著一年四季分之是故春以亥子夏以寅卯秋以巳午冬以申酉此謂四時日煞之刀砧陰陽四神之大忌凡割牛騸馬鑿臍開喉打鼻穿撻徹血行針割騸瓔瘤取槽結瘡科外表金刀一切忌之

元亨療馬集　明堂歌二卷　甲

刀砧之圖

歌曰

春日行針防亥子
夏月行針忌卯寅
九秋巳午針非吉
三冬申酉犯刀砧

針穴

○腮脉穴在眼後四指是穴入針一分出血療肝[illegible]

○搶脉穴在頰下四指是穴入針三分出血療五臟積熱壅[illegible]

○胸堂血在臆兩邊是穴入針三分出血療心經積熱胸膈之病

○帶脉血在肘後四指是穴針入二分出血療黑汗及瘡黃病

○脊穴在脊尖兩邊相對是穴入針一分出血療腰間滯氣及[illegible]

○尾本穴在尾根底四指是穴入針三分出血療脊間滯氣及[illegible]

○同筋穴在夾頸骨下四指是穴入針一分出血療[illegible]

○夜眼穴在前眼下四指是穴[illegible]

○曲池穴在前後腳彎骨下曲節曲處長穴入針三分出血[illegible]

○膝脉穴在膝下四指筋前骨後是穴入針二分出血療[illegible]

元亨療馬集 針穴二卷

○纏蹄穴在前腳筋骨上後蹄節骨上筋前骨後是穴針入三分出血[illegible]

○蹄頭穴在前腳川字上後腳八字上共四穴入針二分出血[illegible]

裹外項七共一十八穴療馬患項脊㬹低頭不得病

上上委　上中委　上下委　中上委　中中委　中下委

下上委　下中委　下下委

已上十八穴入針一寸三分療項脊㬹低頭不得火鍼不宜即烙若是血氣壅即出胸堂鶻脉大血用火針於八窌穴尾節短筋巳後兩面共有六針并八窌穴是七穴各去脊梁四指是穴入針一寸五分若是冷風吹着及腎下兩木淋着或臟腑冷氣傳流并肉所傷須喚補暖溫脾氣藥及[illegible]骨有是折傷骨髓內斷血穴不通須喚補暖血脉止痛藥并用火針

[illegible]上八穴兩面共一十六針用大針各一寸療血脉凝滯脾氣把膊及膊尖骨腫大腫痛病

膊尖　肺欄　衝天　搶風　肺門　膊攣　搶肘[illegible]

[illegible]穴在弓子骨上四指是穴[illegible]

[illegible]上八穴兩面共一十六穴火針各一寸[illegible]

巴山　路股　大胯　小胯　汗溝　仰瓦　邪氣　牽腎

[illegible]上三穴兩面共六穴腎棚腎腧腎角并拔脊骨前百會一穴共七穴去脊梁四指每穴相離四指[illegible]入針一寸五分療[illegible]

脾腧穴在右後仁胛從後第五肋裏去脊梁一尺五寸是穴火[illegible]

元亨療馬集 針穴二卷

脾腧穴在從後第三肋裏自脊梁仰手却合手是穴火針入一寸療脾胃傷冷脾寒打顫脾不磨病

肺腧穴在從後第九肋裏去脊梁一尺五寸是穴火針入一寸療肺[illegible]

兩耳中有禁穴二道不得針刺

大風門穴在兩耳根後面一指是穴[illegible]

風門穴三道在額上搭睛上是穴[illegible]

通關穴二道在舌根底下兩邊是穴[illegible]

玉堂穴在口內上齶第三稜是穴[illegible]

開關穴二道在口內兩頰十腫處是穴[illegible]

喉門穴二道在頰下一指相對是穴[illegible]

喉腧穴在頰下四指是穴 針鈎刀割開喉嚨用針二寸透氣療熱病

天門穴在大馬勝前三寸小馬二寸半是穴 火針一寸療膀胱積冷停留小便病

蹄門穴在蹄兩邊是穴 彈子頭火燒烙鐵角點烙出膿血療蹄門痛

天白穴在蹄門上高子是穴 用針火針入三分療久患蹄病

伏兔穴在耳後二指是穴 入火針二分療項緊硬病

骨眼穴在眼內先將針線穿過骨眼邊頭左手牢把線右手用子割去骨眼不許割着水輪 療骨眼遮病如是不割子眼不見物

心腧穴在胸骨上是穴 如患心疼病用白針鍼十餘針出黃水或血消蓋一度又上針久熱出黃水黃氣如不鍼瘡成病不止動

皷筋穴在膝下是穴 如患皷筋大硬用烙鐵點烙

鹿節骨穴在鹿節骨上筋前骨後是穴 入針二分出血療失節腫痛病

尾尖穴在尾尖上是穴 針五分出血療馬黑汗病及痛尾病

肚口穴此穴通流小便不許行針

膁癖穴在軟膁上是穴 火針三針各入三分療脾胃緊便氣痛

血堂穴在兩鼻內是穴 入針三分出血療肺熱及注鼻膿痛

三江大脉穴在鼻梁兩邊四指是穴 入針二分出血療骨勞肺熱氣痛病

垂睛穴在眼上四指是穴 如患垂睛痛毒氣不散白針鍼之

鬐甲穴在脊梁前高處是穴 如患一切膿痛用白針鍼消散毒氣

掠草穴在曲池上是穴 入火針二分三鍼 一名掠草掉拽胯病

鐵口穴在口角兩邊是穴 如患口黃病用烙鐵烙深三分長

外乘重穴在膝上五寸是穴 入火針三分療筋骨疼或腳腫攻痛病

乘泉穴在蹄底瓮舌是穴 兩邊無氣不出病 烙深三分療久患蹄漏腫痛

陰腧穴在外腎後中心縫上是穴 火燒了烙深三分用油塗 療陰腎腫大并水腎病

○伯樂畫烙圖歌

歌名	圖	歌訣
畫烙腰龍骨歌	用	脾骨腫痛病難移　皆因打損受災危　火烙之時須用字　藥針燒烙是為高
畫烙搶風骨歌	⊗	搶風骨大說根基　皆為折損見因依　用火燒鐵田字烙　自然痊愈不須疑
畫烙肘骨歌	个	肘骨疼痛把腳拖　為因閃折不調和　接其骨節三叉烙　當時輕健自消磨
畫烙娘子骨歌	乂乂	娘子骨大為因何　蓋為打傷腫痛多　用火燒鐵梔子烙　免令失悅得安和
畫烙大膀骨歌	∴	大膀腫痛拖腳行　識其此證是能明　骨穴兩邊三點烙　更添十字便安寧
畫烙掠草骨歌	余	掠草骨痛損傷多　本因骨脹腳難拖　麻紫烙畫須平穩　塗油創治便消磨

歌名	圖	歌訣
畫烙膝蓋骨歌	○	膝勞腫痛最難任　蹄踏艱難敗漏生　注膝穴內須出血　火烙還宜得安寧
畫烙付骨垂歌	日	付骨垂痛侵於膝　行時在蹄多饒災　火烙之時亦還從　用藥烙消為第一
畫烙合子骨歌	仐	合子骨脹說根基　皆為轉損是因依　傍分為爪須消散　自然痊可不須疑
畫烙烏筋骨歌	⊗	烏筋脹痛傷牛膝　筋攣之時受災危　火烙十字闊一道　油塗消散是為奇
烙攢筋骨大歌	川	用筋骨大為何因　失節之時是其根　用子六烙須黃蠟　便是醫家妙手真
烙攢蹄骨大歌	一	攢蹄骨脹最難醫　因傷子骨是根基　蹄門穴內鍼針刺　須將烙鐵畫蜈蚣

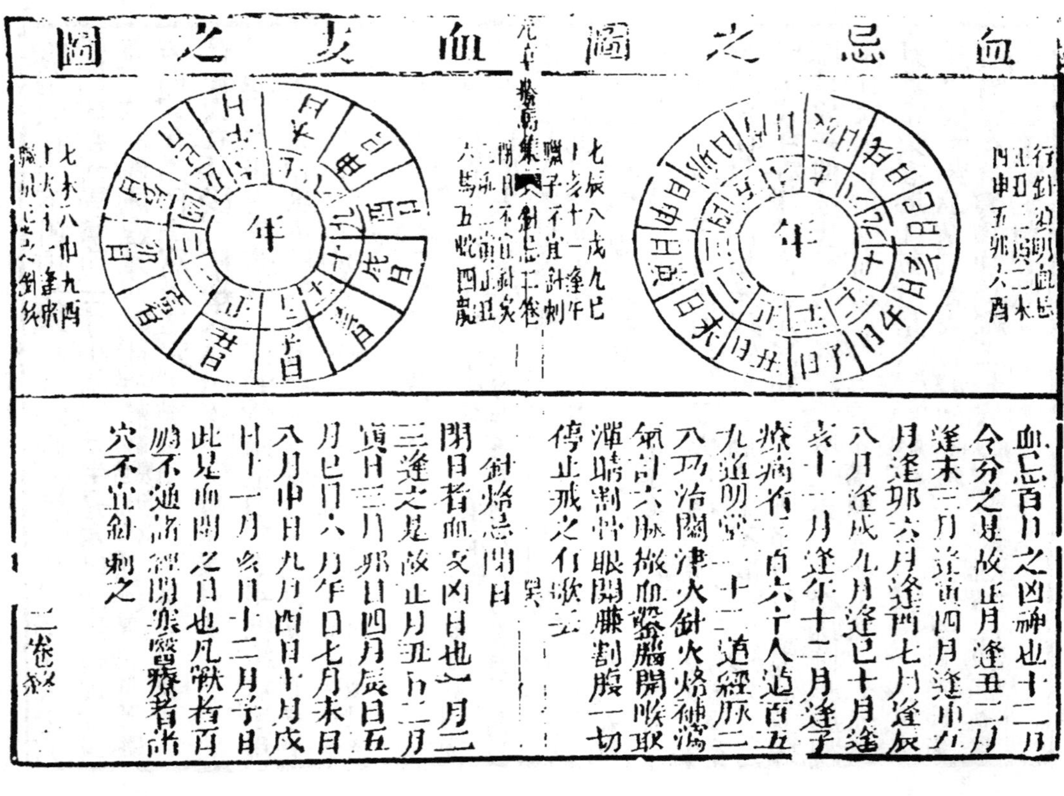

血忌百日之凶神也十二月令分之是故正月逢丑二月逢未三月逢寅四月逢申五月逢卯六月逢酉七月逢辰八月逢戌九月逢巳十月逢亥十一月逢午十二月逢子燎病者三百六十人道百五九道明堂一十二道經脉二八乃治關津火針火烙補瀉氣計六脉撒血醫膓開喉取瀰睛割骨眼開膁割腹一切停止戒之有歌云畧

針烙忌閉日

閉日者血支凶日也一月二三逢之是故正月丑日二月寅日三月卯日四月辰日五月巳日六月午日七月未日八月申日九月酉日十月戌日十一月亥日十二月子日此是血閉之日也凡獸有百脉不通諸經閉塞醫療者諸穴不宜針刺之

二卷終

新刊參圖類方元亨療馬集卷之三

〇七十二症病形圖論歌治法

〇馬患翻胃吐草第一　出師皇秘集

夫翻胃者返胃也料草食之吐出也皆因外感風寒內傷陰冷傷之於脾脾傳於胃脾胃受邪遍傳五臟也是故脾者土也胃者火也脾冷而土衰胃寒而火弱土衰者不能化導火弱者不能納藏脾胃失職致使料草下咽胃不容納則令嘔吐而出故曰翻胃也令獸精神倦怠耳搭頭低鼻浮面腫膁吊毛焦此謂寒極之症也煖胃益仁散治之

〇歌曰

下咽草穀胃收藏　脾化相傳遞入腸　清氣上升為津液
濁氣下滲入膀胱　苦生心血辛生氣　鹹味生精腎部藏
酸生筋甲甘生肉　渣滓由腸轉出肛　脾敗土虛無化導
胃衰火弱不收藏　脾胃不和翻水逆　為緣節養致傷寒
秋收逢淋冬臥濕　貪浴澗深夜露霜　鼻浮面腫精神慢
膀拖腹細糞如漿　益仁散藥頻頻噬　風雨和寒百日防
五經衰敗休醫療　醫工仔細要斟量　血枯神敗渾如醉
水瀉眼腫閉無光　胃瘦腿瘸眠不起　十瘦形體若豺狼
金敗喘粗無尾擺　驊騮致此療無康　師皇留下醫工休妄作
自古從今無治方

凡馬吐草脈色平和松胃未腫者醫家斟酌勿得危言詐誤施熱劑噬之

無疾吐草幼馬生賊牙者吐草五歲擇槽牙者吐草生料糙癱者吐草

翻胃吐草之圖

脾腧穴

岐伯曰吐草者脾胃衰也面腫者脾胃虛也五臟論曰脾衰吐草饒翻胃脾虛面腫鼻如肥師皇曰凡馬翻胃松骨腫者可治腮骨脹者難醫瘦吐沫者亦難治也王良歌曰松骨連腮腫傳經四足疼胃翻加吐沫何藥效能成形狀四肢倦怠耳搭頭低鼻[illegible]腫膁吊毛焦色脉舌唇赤[illegible]脉沉遲治法火針脾腧穴[illegible]有益智散灌之傳經者通關[illegible]唯之喂養每朝麩料各八分熟米湯一日一次飲之調理廄宜溫煖臥宜草鋪拌草莫宜大濕寒夜瓊屜背上搭之戒忌空腸冷水廚下惡水麩漿水米泔水粟豈寒涼等皆忌之

益智散　治馬翻胃吐草兩脇腹細

益智仁　肉豆蔻　五味子　廣木香　檳榔　草果
細辛　青皮　當歸　厚朴　川芎　官桂
砂仁　白朮　芍藥　白芷　枳殼　甘草

右為末每服兩半棗五枚姜五片酒一升同煎三沸溫灌之

又方加丁香一錢　煎灌之

溫脾散　治馬翻胃吐草歌曰

冬冷涼物寒凝胃　夜餵露霜天濕地眠　初患口中色似血
目深鼻畔腫如拳　草粗膁吊精神慢　吐草傳經四足攢
蘇川煖胃溫脾散　當歸與朮縮砂甘　木朴青陳五味子
檳榔豆蔻細辛兼　香附麥芽同共使　葱棗搗和盛酒煎
十朝五服頻頻灌　月餘之外自安痊

通關散　治馬翻胃傳經絡把前把後病歌曰

良馬傳經四足疼　把前把後步難行　水草遲遲依舊食
膁吊頭低脊似弓　調經須用通關散　當歸沒藥與金鈴
茴香巴戟麒麟竭　藁本胡巴共木通　白朮破故牽牛子
一撮紅花酒半升　同煎三沸調和灌　十朝五服病除根

（）馬患胎氣胎風第二　出伯樂遺書

夫胎氣者胎中氣不順也皆因姙娠太重外感內傷傷勞太盛清氣不升濁氣不降清濁不分以致子宮煩燥胎臟不寧日久遍行經絡令獸四肢虛腫抽搐難行把前把後耳搭頭低

此謂胎氣流行經絡也當歸散治之

胎風者産後外感風也皆因産育之後臨簷傍巷近道衝門賊風乘虛而入皮膚皮膚而入肌肉肌肉而入經絡故令獸前行後拽胯痛胸疼日久傳於筋骨致使腰癱腿瘓四足拳攣起而不起臥地吊頭此謂産後胎風之症也麒麟竭散治之

歌曰

牝馬姙娠懸後蹄　頭低腰曲步行遲　腹蜷細小精神慢
水草須貪肉漸羸　内傷濕氣凝於臂　外感風寒經絡虛
血凝氣滯諸關閉　子宮煩燥莫能舒　安胎補益當歸散
調和血氣自然愈　産後胎風筋骨痛　拖股較胯步難移
掠草穴中須用烙　脊閉百會穴中施　麒麟竭散頻頻灌
十朝半月效徐徐　臥攢草少遲羸瘦　縱有靈方莫令醫

馬妊娠未及十餘日者如其腿痛勿令胎氣治之

〔師皇曰〕胎前腿痛者謂之胎氣産後腿痛者謂之胎風醫者分別治之

胎氣者駒煩所致也凡治者調經理氣養血安胎疾勢小者少令用藥候胎月足産後自然愈矣

胎風者産後風也凡治者强肋壯髓止痛消風臥難不起羸瘦草少者不堪治也

五十四死曰産後胎風筋骨痛瘦攤草少命須虧

〔王良歌曰〕産後胎風痛攤臥腿拳攣草少匡羸瘦能醫療不瘥

〔胎氣形狀〕拘行束步胯骰腰拖後蹄虚腫耳耷頭低胎風形狀腰攤腿瘓四足拳攣起而難起氣喘昂頭脈色胎氣者雙睛洪數脣舌鮮紅胎風者腎脉遲濇口色如綿〔治法〕胎氣者當

胎氣胎風之圖

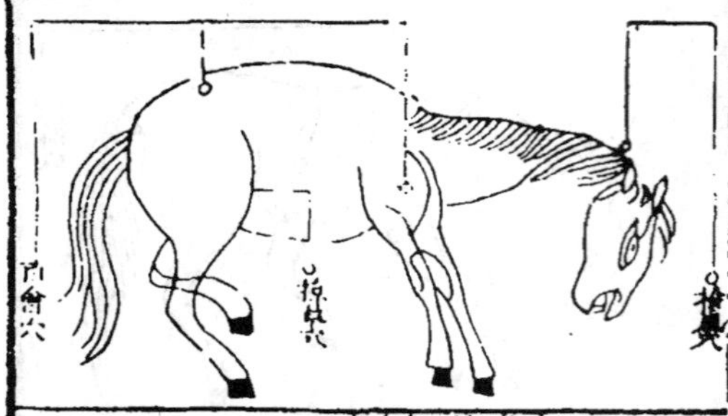

搶風穴　掠草穴　百會穴

歸 敬噍之胎風者火針百會穴

掠 草穴搶風穴麒麟竭散噍之

喂 餧增加料草麩料喂之

調 理散縱於廄聽其自臥自起

乾 馬拳地上鋪之

戒 忌戒飲空腸水忌拴濕地眠

補 益當歸散治馬胎氣

當歸全　破故芷　麒麟竭

白芍藥　自然銅醋煎　紅花

胡盧巴　甜瓜子　骨碎補

益母草炒　荷葉　没藥

連翹　海帶　龜板酒炙

虎骨酥炙　[illegible]

已上各等分爲末每服兩半苦酒一升煎三五沸待温噍之

〔當歸散〕治馬胎氣

當歸全　熟地黄　白芍藥　川芎　枳實　青皮

右等分爲末每服一兩半紅花一錢水一盞同煎三沸候温啖

〔麒麟散〕治馬産後胎風把前把後病

麒麟竭　胡蘆巴　當歸　没藥　白术　木通

川練子　巴戟　破故芷　牽牛　茴香　蒼术

已上各等分爲末每服一兩半苦酒一升同煎三五沸候温啖之

○馬患胎病第三

夫胎病者胎駒患病也皆因大馬妊娠太重肉滿肥壯起行不便睡臥失調仰四處起之太急過峽道猛轉迴身以致斷傷

孕馬閃損胎駒令獸肚腹脹滿努氣蹲腰胸胞渦濁氣促喘麁此謂動胎之症也胃工人手驗之駒活者養血安胎藥治駒亡者水道即與取之休令損傷胃腸避臟腑膀胱補益當歸散噍之

歌曰

馬患胎病最難醫　努氣蹲腰挺四蹄　腹脹本因子有病

胎傷痛悶滿淋漓　菜汁生油塗手内　水門輕入即須知

駒活即喫安胎藥　駒亡木道取包衣　連煎補益當歸散

辟惡須用酒調之　噍後宜當拴煖處　冷水三朝且莫兜

〔師皇曰〕凡馬妊娠不足週年未布妳乳者不生胎病醫者慎之

〔觀形狀〕肚腹胞脹努氣蹲腰駒胞渦濁氣促喘麁

〔脉色〕雙脉浮滑口色青黄

〔治法〕駒存者噍安胎白术散後皮散亡者取出駒補益當歸

馬患胎病之圖

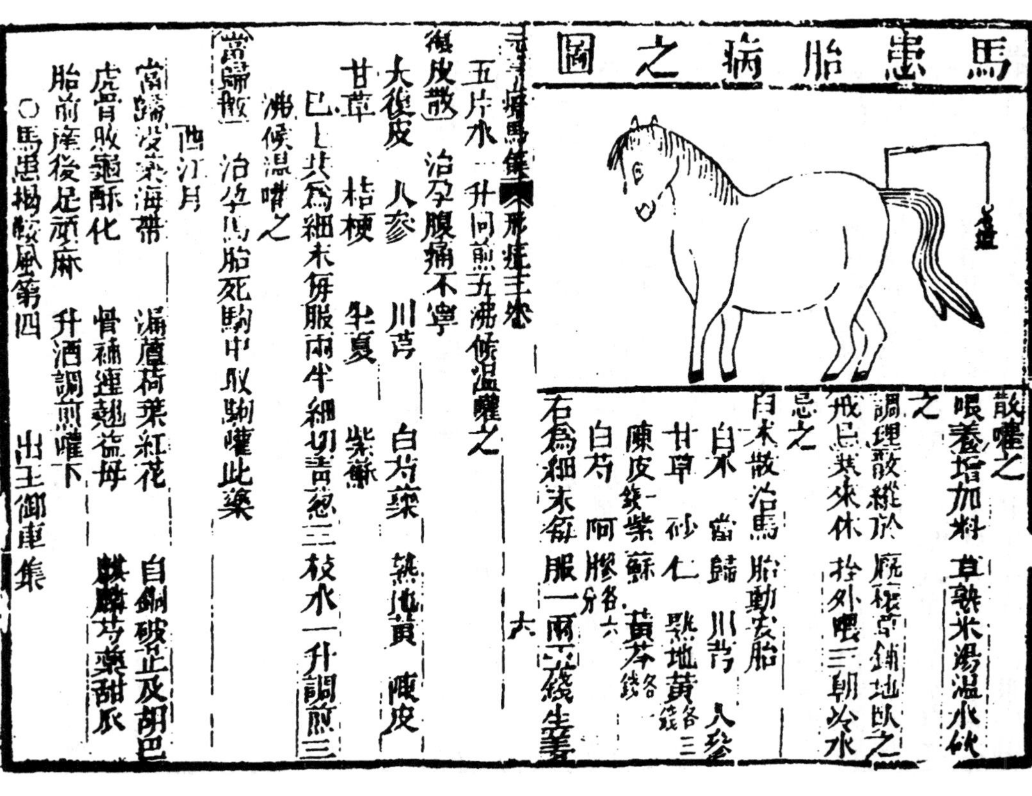

散噇之

喂養增加料　草熟米湯溫水飲之

調理散縱於厩槽草鋪地臥之

戒忌其來休拴外喂三朝冷水忌之

白术散　治馬胎動安胎

白术　當歸　川芎　人參

甘草　砂仁　熟地黃各三錢

陳皮錢一　紫蘇　黃芩各錢

白芍　阿膠各六分

右爲細末每服一兩五錢生薑

五片水一升同煎五沸候溫噇之

陳皮散　治孕腹痛不寧

大腹皮　人參　川芎　白芍藥　熟地黃　陳皮

甘草　桔梗　半夏　紫蘇

已上共爲細末每服兩半細切青葱三枝水一升調煎三沸候溫噇之

當歸散　治孕馬胎死腹中取胎噇此藥

西江月

當歸没藥海帶　漏蘆荷葉紅花　自銅破芷及胡巴

虎骨敗龜酥化　骨補連翹益母　麒麟芍藥甜瓜

胎前產後足頑麻　升酒調煎噇下

出王御庫集

○馬患揭鞍風第四

馬患揭鞍風之圖

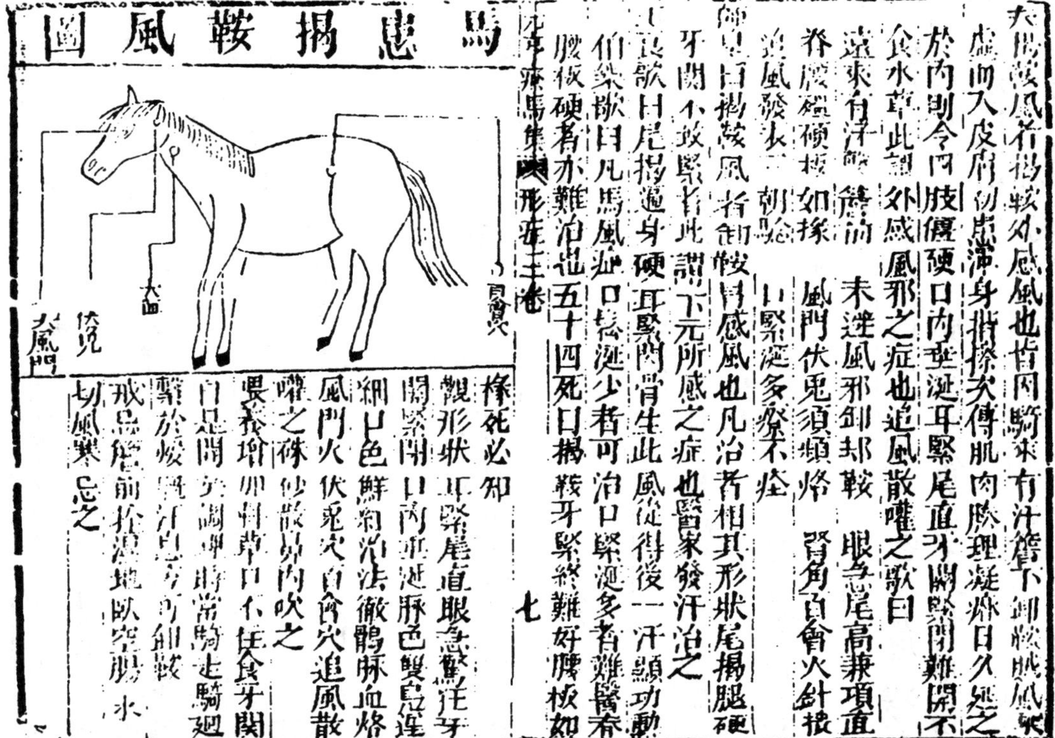

夫揭鞍風者揭鞍外感風也皆因騎來有汗驟下卸鞍賊風乘虛而入皮膚初患渾身指掠久傳肌肉腠理凝滯日久延之於內則令四肢僵硬口內垂涎耳緊尾直牙關緊閉難開不食水草此謂外感風邪之症也追風散噇之歌曰

遠來有汗鞍韉　未逆風邪卸却鞍　眼急尾高兼項直

脊腰強硬板如椽　風門伏兔須頻烙　脊角百會火針拔

追風發表一朝驗　口緊涎多療不痊

師皇曰揭鞍風者卸鞍冒感風也凡治者相其形狀尾揭腿硬牙關不鼓緊者此謂下元所感之症也醫家發汗治之

王良歌曰尾揭遍身硬耳緊肉骨生此風從得後一汗顯功勳

伯樂歌曰凡馬風邪口沫涎少者可治口緊涎多者難醫春腰板硬者亦難治也五十四死曰揭鞍牙緊終難好腰板如

椽死必知

觀形狀耳緊尾直眼急驚狂牙關緊閉口內垂涎脉色雙息遲

細口色鮮紅治法徹鶻脉血烙風門火伏兔穴百會穴追風散噇之砂散鼻內吹之

畏養增加料草口不任食牙關自是開寬調理時常騎走騎迴繫於暖處汗乾方可卸鞍

戒忌槽前拴濕地臥空腸水切風寒忌之

追風散 治馬患揭鬃風
雄黃半兩 烏頭去皮 四兩 白朮一兩半 川芎二兩 一兩 細辛一兩
白芷二兩 蒼朮六兩 水浸
右為細末看病大小涎多大者每服五錢小者四錢溫酒
半盞同調灌之
硃砂散 療風開孔
硃砂一錢 雄黃二錢 皂角炙 一挺 瓜蒂二錢 射香少許
已上共為細末每服一字裝竹筒中於兩孔吹之一日兩
次吹之
○馬患蕎芽第五 出發蒙纂要
夫蕎芽者燔氣攻心也皆因料後飲水太過水穀相併傷於脾
門胃火微弱陰氣生而傳大心經心傳於肺肺氣燔盛攻之

於鼻竅者脈之竅也氣血相凝積於準頭發生病骨有似生
蕎蕎芽而發也令獸腸中作痛覷腹跑蹄連連卧地鼻咋喘
急此謂燔氣攻心肺受其邪也宜順氣散灌之歌曰
燔氣攻心肺受邪 鼻中發骨似蕎芽 連連卧地腸中痛
微微氣喘鼻頭咋 先針四足蹄頭血 次取雙蕎鼻中芽
整酒同煎順氣散 伯樂留傳八駿騂
師皇曰燔氣攻心者腹中疼痛也俗名蕎芽正名水谷併也凡
治者和血順氣止痛通腸橘皮蔥酒灌之王良歌曰起卧腸
中痛宛須用橘皮檳榔為第一蔥酒放相宜卞氏曰蕎芽者
即冷痛也鼻頭有骨形似蕎芽馬因冷附氣而生个个有之
先聖論書未載始出纂要之中此若不見其實也醫者鑒之
迎氏曰凡馬有蕎芽有等真偽又稱腹中自骨名曰骨眼要用

馬患蕎芽之圖

針刀割去眼中閃骨然其一病未愈又且加之一患如雪上加霜返成其害也何異揠苗助長緣木求魚後學者慎之戒之又曰起卧者脾胃寒也骨眼者肝經熱也此二者與熱并同受病不一遵道先生戒語曰古來骨眼何曾卧起卧休將閃骨鉤形狀前蹄跑地覷腹迴頭連連起卧鼻咋喘粗脈色卧蚕白色見脈微遲治法割雙蕎穴針三江血徹蹄頭血順氣散灌之吹

鼻散吹之調理不住騎走或牽或溜通利愈矣戒忌當曰勿
令飲水寒夜不可拴外豫馬不可吹鼻
順氣散 治馬蕎芽腹痛起卧方
陳橘皮 青橘皮 檳榔 厚朴 桂心 細辛 當歸
茴香 白芷 木通 砂仁 甘草
右件為末每服一兩飛鹽二錢細切青蔥三枝苦酒一升
同煎三沸候溫灌之
吹鼻散 治馬傷水起卧方
藜蘆 胡椒 半夏 白芷 瓜蒂 射香 皂角 共了
右為細末每用一字裝於筒吹於鼻內不住牽行鼻中出
水或溺之大效
○馬患脫肛第六 出岐伯治對症

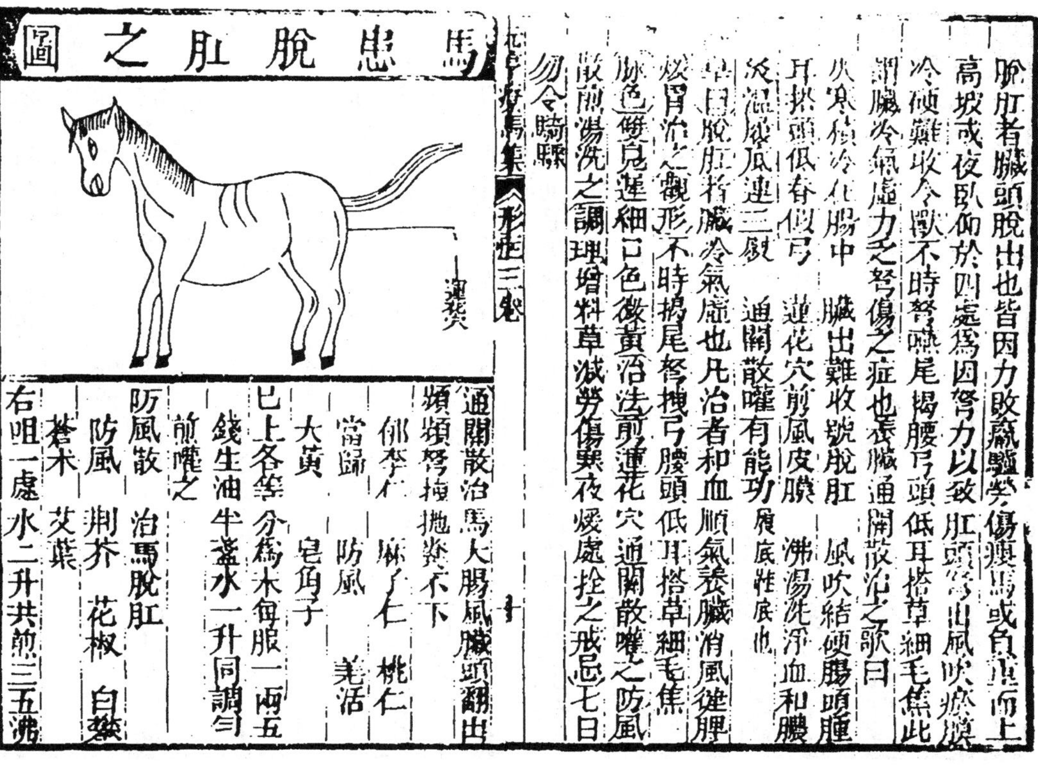

脫肛者臟頭脫出也皆因力敗羸𩧢勞傷瘦馬或負重而上高坡或夜臥仰於四處為因努力以致肛頭努出風吹瘀腫冷硬難收令獸不時努咦尾揭腰弓頭低耳搭草細毛焦此謂臟冷氣虛力乏努傷之症也表臟通關散治之歌曰

夾氣積冷在腸中　臟出難收號脫肛　風吹結硬腸頭腫

耳搭頭低脊似弓　蓮花穴前風皮膜　沸湯洗淨血和膿

必湿風底速三般　通關散嚾有能功腹底椎底也

辛曰脫肛者臟冷氣虛也凡治者和血順氣表臟消風健脾溫胃治之觀形不時搖尾努拽弓腰頭低耳搭草細毛焦脈色遲兒遲細口色微黃治法前蓮花穴通關散嚾之防風散煎湯洗之調理增料草減勞傷夜煖處拴之戒忌七日勿令騎騍

馬患脫肛之圖

通關散　治馬大腸風臟頭翻出頻頻努掙拋糞不下

郁李仁　麻子仁　桃仁

當歸　防風　羌活

大黃　皂角子

已上各等分為末每服一兩五錢生油半盞水一升同調勻煎嚾之

防風散　治馬脫肛

防風　荊芥　花椒　白礬

蒼朮　艾葉

右咀一處水二升共煎三五沸

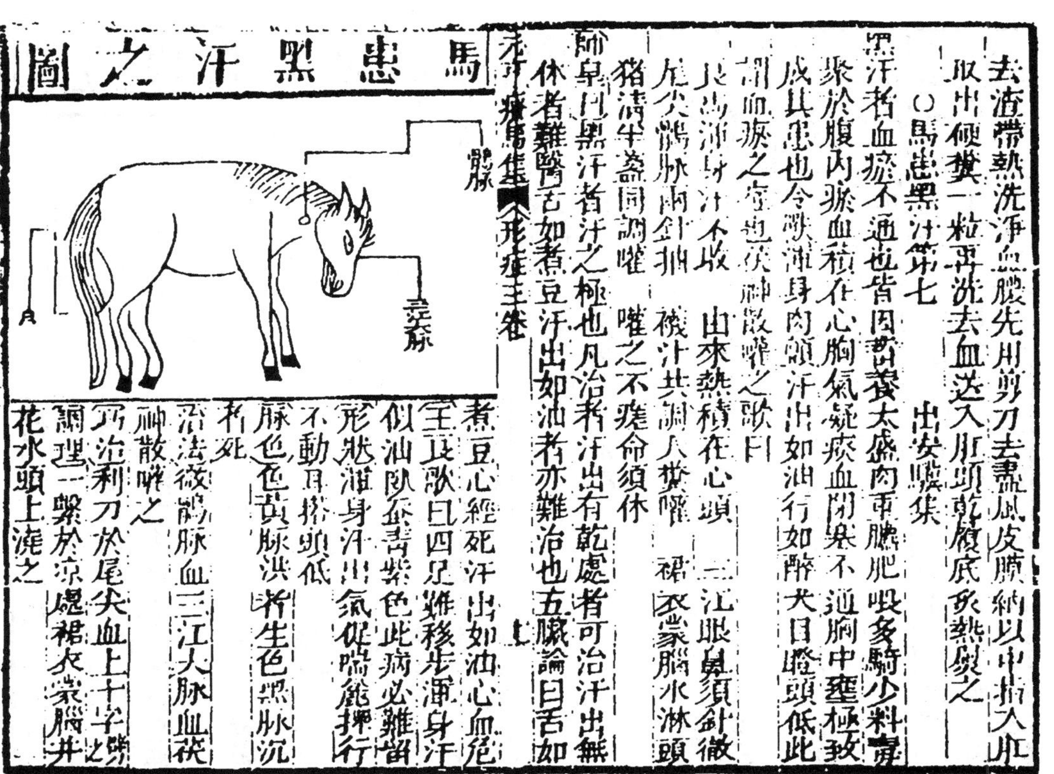

去渣帶熱洗淨血膿先用剪刀去盡風皮膜納以中指入肛取出便糞一粒再洗去血送入肛頭乾腹底灸熱敷之

○馬患黑汗第七　出安驥集

黑汗者血瘀不通也皆因暑熱太盛肉重膘肥吸多騎少料草聚於腹內瘀血積在心胸氣凝痰血閉塞不通胸中壅極致成其患也令獸渾身肉顫汗出如油行如醉犬目瞪頭低此謂血瘀之症也灸神散嚾之歌曰

良為渾身汗不收　由來熱積在心頭　一二江眼鼻須針徹

尾尖鶻脈兩針抽　藕汁共調人糞嚾　裙衣蒙腦水淋頭

猪清牛糞同調嚾　嚾之不瘥命須休

師皇曰黑汗者汗之極也凡治者汗出有乾處者可治汗出無休者難醫書云如煮豆汗出如油者亦難治也五臟論曰舌如

馬患黑汗之圖

煮豆心經死汗出如油心血絕

王良歌曰四足難移步渾身汗似油臥蚕青紫色此病必難留

形狀渾身汗出氣促喘麤掙行不動耳搭頭低

脈色色黃脈洪者生色黑脈沉者死

治法微鶻脈血三江大脈血袪神散嚾之

又治利刀於尾尖血上十字劈之調理一槃於涼處裙衣蒙腦井花水頭上澆之

戒忌勿令揜行依拴煖處

茯神散 治馬黑汗

茯神二錢 硃砂一錢 雄黄一錢

右研爲細末葱浸水半盞揰濾取汁半盞猪膽汁半盞同調灌之

又方 乾馬糞安於瓶內上用人髪蓋之以火燒令烟入馬鼻中少刻立瘥

○馬患寒傷閃傷腰胯痛第八

腰胯痛者一謂寒傷一謂閃傷也皆因衰羸老瘦喪失調遣行乘熱而渡河卒至御鞍而帶汗寄縶於淋雨之中夜臥於寒濕之處濕氣乘虚而入腎經受寒邪而傳之腰胯又或奔走失調閃傷壓損滯氣凝胯內痞血注積腰間令獸前行後拽胯瞅腰拖毛焦膁弔且搭頭低此謂前熱後寒氣血凝澀之症也凡治者溫中和血分別兩症醫之歌曰

羸馬嚴冬濕地眠 氷寒冷水過多食 寒凝滯濁停於腎 胯瞅腰拖行步難 醋炒麩麪腰上熨 汗滿邪氣火針攢 寬腸鈹灌茴香散 十朝半月復依元

論其門凡馬腰胯痛病治者先令相其行步蹲腰行者鴈翅痛也拖腰行者脊筋痛也鴈翅痛者寒傷也脊筋痛者閃傷也醫者分別治之

術樂曰凡馬寒傷蹲腰行者火針大胯汗溝穴閃傷弔腰行者微尾本血大效治者鑑之

王良歌曰氣把腰胯痛摔連鴈翅疼頻抽尾本血其效應如神

形狀前行後拽胯瞅腰拖頭低耳搭膁弔毛焦脉色腎命脉濇

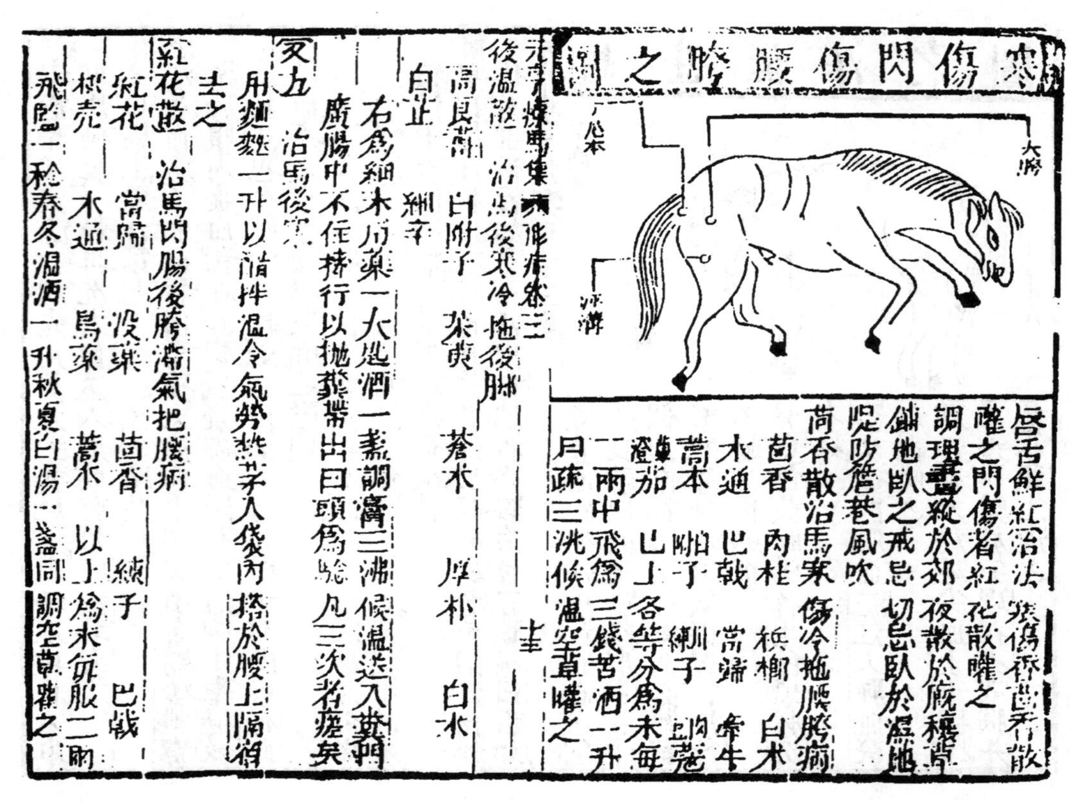

昏舌鮮紅治法 寒傷者茴香散灌之閃傷者紅花散灌之

調理晝繫於邳夜散於廐穩草鋪地臥之戒忌切忌臥於濕地兜防簷巷風吹

茴香散 治馬寒傷冷拖腰胯痛

茴香 肉桂 檳榔 白朮

木通 巴戟 當歸 牽牛

藁本 附子 川練子 肉豆蔻

蓽澄茄 已上各等分爲末每一兩中飛鹽三錢苦酒一升同煎三沸候溫空草灌之

後溫散 治馬後寒冷拖後脚

高良薑 白附子 茱萸 蒼朮 厚朴 白朮

白芷 細辛

右爲細末每服藥一大匙酒一盞調齊三沸候溫送入糞門廣腸中不住揉行以拋糞帶出曰頭爲驗凡三次者瘥矣

又方 治馬後寒

用麪麩一升以醋拌溫令氣勢熱入袋內搭於腰上隔宿去之

紅花散 治馬閃腸後胯滯氣把腰病

紅花 當歸 沒藥 茴香 續子 巴戟

枳殼 木通 烏藥 蒼朮 以上爲末每服二兩

飛鹽一兩春冬溫酒一升秋夏白湯一盞同調空草灌之

又方　治馬腰痹久不愈

杜仲（去粗皮炒）　兔絲（二錢）　蛇床子（三錢）　已上三味共為細末飛鹽一撚漿酒一盞調勻揚去大氣帶熱灌之

○馬患敗血凝蹄第九　　出淵源論

敗血凝蹄者蹄甲焦枯也皆因乘騎遠驟卒至卒拴未得拌散血瀝於蹄久或久拴久立血注蹄胎以致蹄中漸長日久失於修削致筋甲焦枯蹄頭堅硬令獸把前把後腰曲頭低臥多立少起走如攢此謂血毒之症也烏金膏治之歌曰

敗血凝蹄實可悲　頭低腰曲步難移　醫上莫作胸堂治
胎甲焦枯血注蹄　削去硬蹄挑去攏　烏金膏烙合宜定
先賢規矩修蹄甲　後學神針莫妄施

斷曰凡馬走傷料傷五攢痛病與此症形狀相同受病不一治者勿令帶也

元亨療馬集　形症三卷　十四

敗血凝蹄之圖

垂泉

師皇曰敗血凝蹄者蹄頭堅硬也凡治者修蹄大妙塗膏於蹄穴放鐵器烙之

王良歌曰腫痛緣騎苦蹄傷敗　血攻痛時針且妙蹄損火能通

形狀把前把後腰曲頭低臥多立少起走如攢

脉色部關平正舌口鮮明

治法削垂泉穴烏金膏塗蹄烙之三修三烙瘥矣

調理煮穀於郊夜散於概沙下

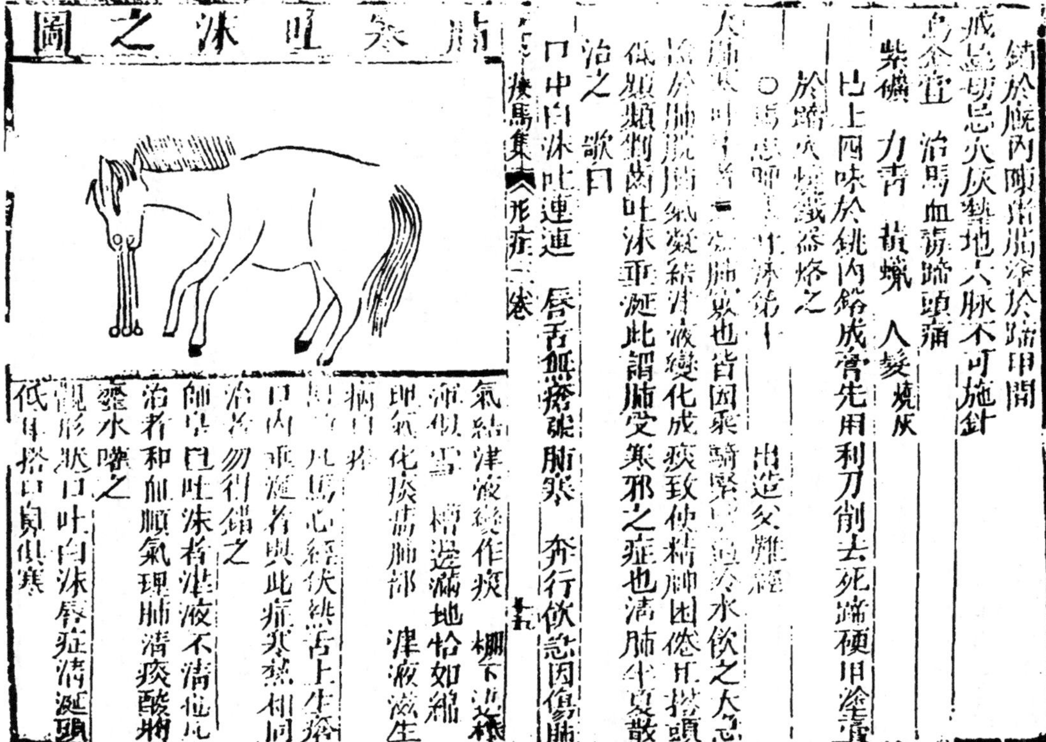

針於腕內兩前脈滲於蹄甲間

戒忌切忌火灰墊地六脉不可施針

烏金膏　治馬血瘀蹄頭痛

紫礦　乃青　黃蠟　人髮（燒灰）

已上四味於銚內鎔成膏先用利刀削去死蹄硬甲塗膏於蹄穴燒鐵器烙之

○馬患肺寒吐沫第十　　出造父難經

肺寒吐沫者乃肺寒也皆因乘騎緊驟卒至飲冷水飲之太急傷於肺脘致肺氣凝結津液變化成痰致使精神困倦耳搭頭低頰頰削齒吐沫垂涎此謂肺受寒邪之症也溫肺半夏散治之　歌曰

口中白沫吐連連　唇舌無瘡張肺寒　奔行飲急因傷肺

元亨療馬集　形症三卷　十五

肺寒吐沫之圖

氣結津液變作痰　槽下流涎涎似雪　槽邊滿地恰如綿　理氣化痰溫肺部　津液滋生病自痊

師皇曰凡馬心經伏熱舌上生瘡口內垂涎者與此症寒熱相同治者勿錯之

師皇曰吐沫者津液不清也凡治者和血順氣理肺清痰醋灌水噀之

觀形狀口吐白沫唇症清涎頭低耳搭口鼻俱寒

眼色脈洪舌赤者心熱黏涎涕流唇白者肺寒痰沫
治法清痰半夏散噇之調理喂養廄內飲水莫令太多騎乘
鞍轡穩時辭卸戒出夜不可外拴五更不可野放

半夏散 治馬肺寒馬口吐涎沫

半夏 升麻 防風 飛礬

右爲末每服兩半蕎麵一匙蜂蜜一兩生薑一分酸漿水一升同調啖喂之

○馬患慢症第十一 出療驥方

慢症者傷脾也皆因暑月炎天乘熱過度雨淋之太過傷於脾[illegible]源傳於胃胃火微弱傳入肝經肝不能傳遍傳五臟五經衰敗致成其患也令獸精神倦怠脹吊毛焦頭低眼腫行立如癡此謂肝危之症也無方無則治之歌曰

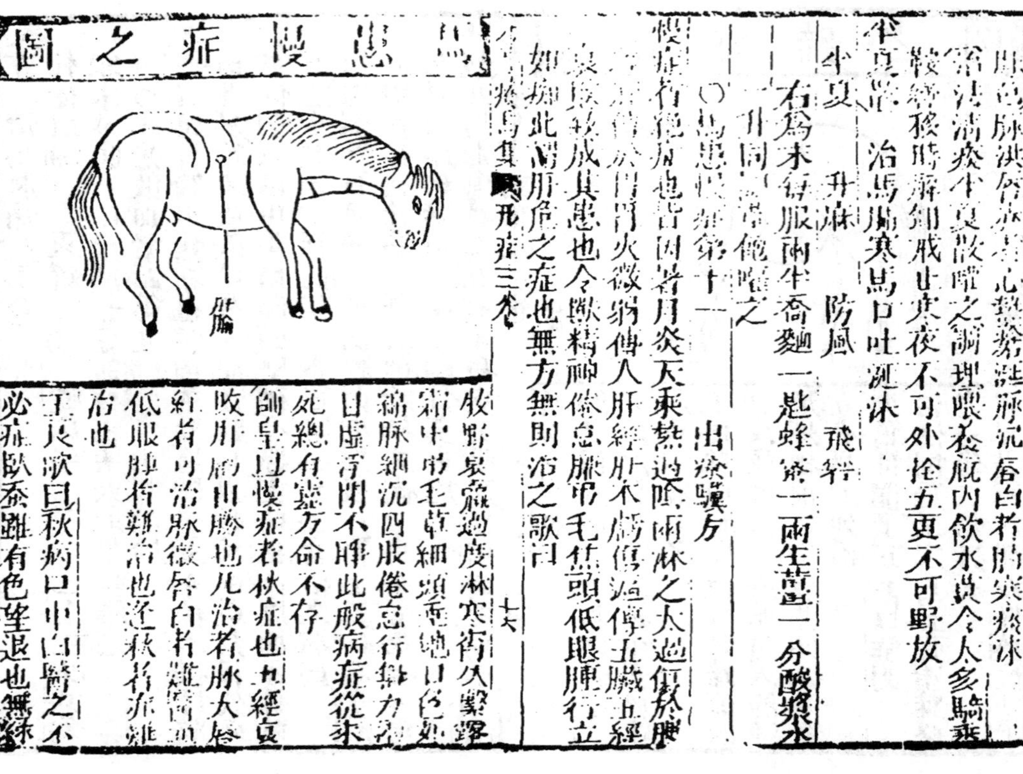

肢野泉露過度淋寒衝久繫驛宿中吊毛焦細頭垂地口色如綿脈細沉四肢倦怠行步力乏目虛浮閉不睜此般病症從來死總有靈方命不存

師皇曰慢症者秋症也九經衰敗肝病也肺勝也凡治者脈大者紅者可治脈微舌白者難治頭低眼腫者難治也逢秋者亦難治也

王良歌曰秋病口中白膂之不必病臥吞雖有色望退也無緣

眼四肢倦怠行立如癡眼胞虛腫耳搭頭低
脈也遲兒微細口色如綿
師皇曰凡馬慢症眼胞腫者肝絕也逢秋然者金克木也脈微者白者氣衰血敗也
脈色論曰慢症脈微似樂難醫三秋口白十中九絕
五臟論曰肝危眼腫頭垂地五十四死曰慢症逢秋命必危

○馬患羅膈傷第十二 出胡卜經

羅膈傷者一名肺額黃也皆因喂養太盛肉重膘肥草飽乘騎奔走太急傾勢覆損心胸氣壅咽喉吐之不及肺頭脹裂羅膈傾頹令獸喘麤氣促空嗽連聲口垂血沫鼻孔流紅此謂膈破肺傷之症也無方可治之

歌曰 良馬鼻中血兩行 多因草飽下坡忙 膈傷肉痛渾身顫 喘嗽連聲喘息狂 鼻脈蝦遊枯骨口 胸前汗出似油漿 此般形症從來死 復起師皇無治方

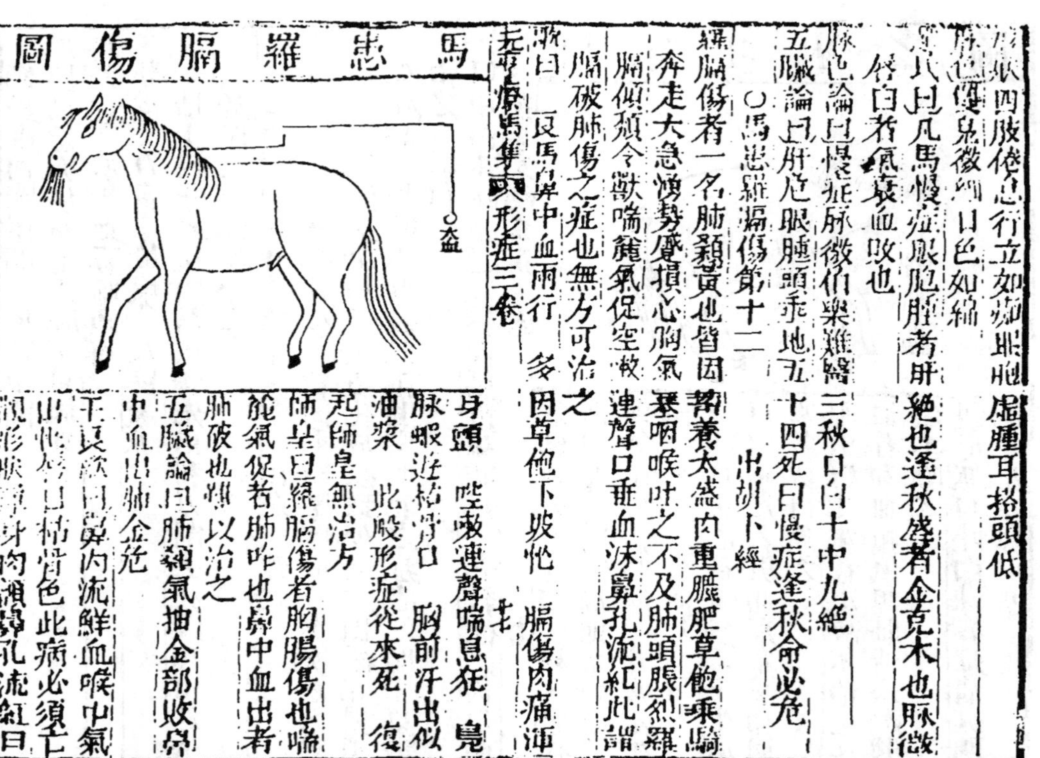

師皇曰羅膈傷者胸腸傷也喘麤氣促者肺咋也鼻中血出者肺破也難以治之

五臟論曰肺額氣抽金部敗鼻中血出肺金危

王良歌曰鼻內流鮮血喉中氣出快口枯骨色此病必須亡

觀形脈身肉消鼻孔流紅曰

[illegible]

脉[illegible]如[illegible]脉似蝦遊遊遊先生曰[illegible]如[illegible]絕脉似

蝦遊五臟尚

○馬患水掠肝第十三　　出玉照集

水掠肝者水浸傷肝也皆因久渴失飲與傷飲水太過失於拴散繫在槽中不能運化滲於腸中停於臍下浸掠其肝也令獸行如[illegible]人舉眼如癡鼻迴血水汗出無休此謂肝絕之症也[illegible]方[illegible]可治之歌曰

[illegible]喘[illegible]迴汗未乾　久渴逢津過飲泉　陰陽結塞膀胱門

腸虛浸滲損傷肝　擡行似醉無高下　目瞪如痴似淚漫

[illegible]來若無方救　從救一命染黃泉

陳[illegible]曰水掠肝者冷水傷其肝也行如酒醉鼻迴血水者肝之絕也難以治之

馬患水掠肝圖

喉脉

王良歌曰擡行似醉痴唇如煮豆色鼻中迴血水先賢無治則

觀形形如醉尺目瞪頭低鼻迴血水汗出無休

脉色脉如屋漏色似焰煤

趙氏曰凡馬水傷臥蚕青紫渾身汗出不住者喉氣太盛血之所化也難以治之

五十四死曰臥蚕青紫真難救　汗出無休死不醫

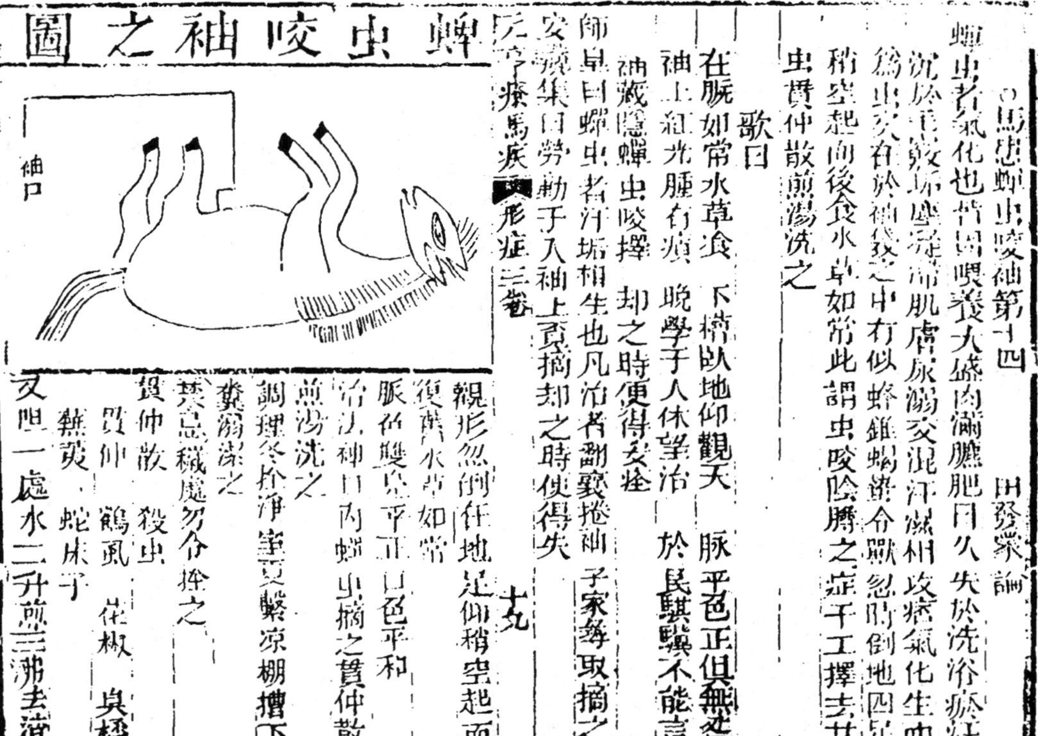

○馬患蟬虫咬袖第十四　　田發棠論

蟬虫者氣化也皆因喂養太盛肉滿膘肥日久失於洗浴癖汗沉於毛竅塵垢凝滯肌膚灰濁交混汗濕相攻癢氣化生而為虫又在於袖袋之中有似蜂蝟蜗蟲介獸忽時倒地四足稍空起向後食水草如常此謂虫咬陰腸之症干工擇去其虫賈仲散煎湯洗之

歌曰

在腕如常水草飡　下槽臥地仰觀天　脉平色正俱無恙

袖上紅光腫有痕　晚學子人休望治　於良騏驥不能言

袖藏隱蟬虫咬擇　却之時便得安痊

師皇曰蟬虫者汗垢相生也凡治者劙窾捲袖　子家舞取摘之

安驥集曰勞動于入袖上覓摘却之時使得失

蟬虫咬袖之圖

袖口

觀形忽倒在地足仰稍空起而復戲水草如常

脉色腰色平正口色平和

治法神日內蟬虫摘之賈仲散煎湯洗之

調理冬於淨室夏繫涼棚槽下

禁忌穢處勿令拴之

賈仲散　殺虫

賈仲　鶴虱　花椒　臭橘

蕪荑　蛇床子

又用一處水二升煎三沸去渣

將獸拽倒摘去蹄甲炙令藥湯將袍口籠過帶熱洗之

○馬患前結第十五　出安驥集

前結者大腸前面而結也皆因料後乘騎緊驟歸來復又喂之况其喘息未定口喉未清又且食之太急以致糞裹料草相纏一塊遞入大腸前面四尺聚散而成結也令獸肚腹脹滿咬臆跑蹄不時臥地足仰朝天此謂前結之症也以龍虎通關散灌之歌曰

草傍鬃翅後又灸　谷草相纏裹任痰　大腸四尺前澀結
跑仍咬臆仰觀天　酒煎龍虎通關散　灰汁生油四兩兼
嚼了梓行還又灌　三服必定得安然

師皇曰凡馬起臥肚脹滿仰咬臆者前結也醫工入手驗之人手短促不見糞者通腸利藥灌之喘麤氣促口色青黑者內

元亨療馬集　形症三十六卷

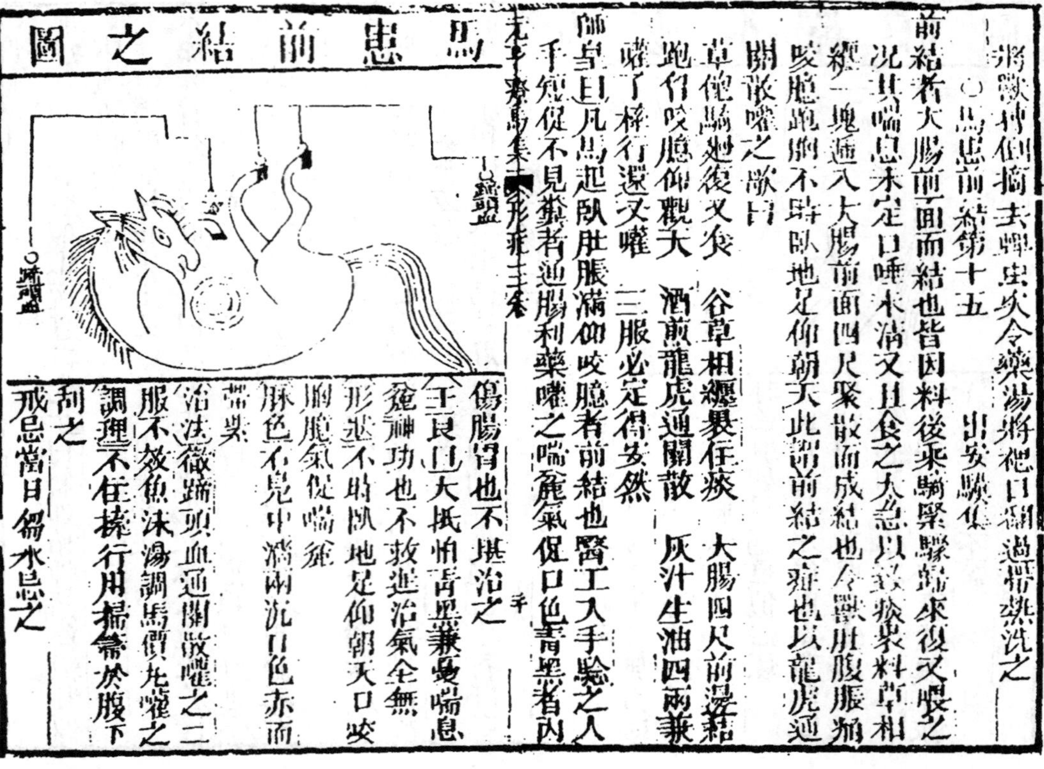
馬患前結之圖

傷腸胃也不堪治之

王良曰大抵怕青黑兼憂喘息急神功也不救進治氣全無

形狀不時臥地足仰朝天口咬胸臆氣促喘急

脉色不見中濡兩沉口色赤而帶黑

治法徹蹄頭血通關散灌之三服不效魚沫湯調馬價丸灌之調理不任揉行用掃糞於腹下刮之

戒忌當日斷水忌之

通關散　治馬大腸閉結

續隨子　膩粉　滑石　木通　鼠糞　牽牛　酥油一合　皂角炙

右爲末每服二兩生油四兩灰湯半盞苦酒一盞調煎三沸入火黃末一兩硝一兩灌之

◑馬患中結第十六　出起臥論

中結者大腸中面結也皆因膘肥肉重遠驟奔馳乘熱而喂生料料後而飲冷水冷熱相繫致使脂纏谷料積於大腸中面而結也令獸肚腹脹痛仆臥跑胸連連起臥鼻咋喘麤此謂中結之症也將獸纏縛塗油入手牖腸捉破病糞刻時而見效矣人手短促不能足者馬價丸藥之歌曰

膘馬腸中熱氣攻　脂纏谷料水相冲　中門澀滯難通度

元亨療馬集　形症三卷

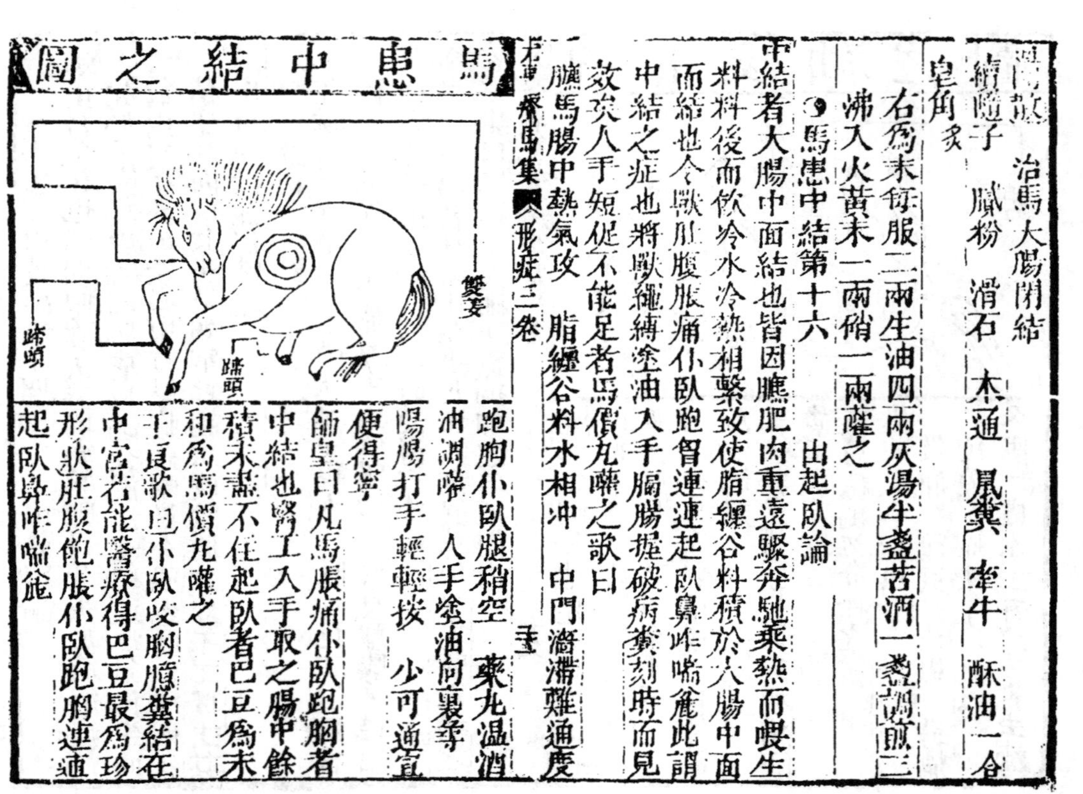

馬患中結之圖

跑胸仆臥腿稍空　藥丸溫酒油調灌　入手塗油向裏尋
腸腸打手輕輕拨　少可通宣便得寧

師皇曰凡馬脹痛仆臥跑胸者中結也醫工入手取之腸中餘積未盡不任起臥者巴豆爲末和爲馬價丸灌之

王良歌曰仆臥咬胸臆糞結在中宮若能醫療得巴豆最爲珍

形狀肚腹飽脹仆臥跑胸連連起臥鼻咋喘麤

脉色石臭中濇而沉口色赤而带紫
治法放蹄頭血塗油入手取之馬價丸䑛之
調理不任牽行竹揣蕎腹下刮之
戒忌當日不許飲喂巴豆不可生用用之即死
馬價丸治馬中結
巴豆去殼二百　五靈脂　牽牛　甘遂　大戟　滑石　瞿麥
木通　續隨子　川大黃　香附子
已上每味二兩共為細末醋打麵糊為丸如彈子大每用
一丸擂碎温酒一盞和生油四兩䑛之
又方用鮎魚一尾水一升於銚內煮一沸去魚取半生半熟人
湯和生油四兩䑛之
〇馬患後結第十七　出通玄論

馬患後結之圖

後結者大腸後面結也皆因空腸而喂乾料料後而飲冷水水充谷料積於大腸後面而結也令獸肚腹脹觀後廻頭起而復臥臥而復起此謂後結之症也醫工入手取之起臥不任者打結丸䑛之

歌曰

料後空腸過飲泉　水充谷料塞腸門　廻頭覷腹蹄跑地　擺尾伸腰蹤跳眠　通關苦酒油調下　谷道塗油入手疼　穿腸左右搜尋

黃氣脉通宜便得安
師皇曰凡馬肚腹脹痛廻頭覷腹者後結也塗油入手取之氣脉不通不任苦痛者打結丸䑛之
形狀運逆臥地臥而又起弓腰努氣覷腹廻頭
脉色口色赤而带紫石臭中濇而沉
治法徹三江大脉血蹄頭血塗油入手取之生油苦酒和打結丸䑛之
調理不任牽走木杖肚下刮之
打結丸　治馬臟結
續隨子四兩　郁李仁一兩　皂角半兩炙　瞿麥一兩　鼠糞四兩
榆白皮一兩　牽牛一兩　芫花一兩醋炒
共為細末大麥麵半斤打糊為丸如彈子大每服一丸細切青葱三枝苦酒一盞同煎三沸入生油四兩童便半盞䑛之

〇馬患冷痛第十八　出穆公論

冷痛者陰氣大盛也皆因久渴失飲空腸誤飲冷水大過停立不散傷之於脾脾傳於胃胃火微弱不能傳送膀胱積於腸內氣不升降腹中作痛令獸渾身發顫覷腹廻頭連連臥地鼻咋喘麄此謂冷傷之症也橘皮散治之歌曰

冷水飡多肚腹疼　伸腰擺尾顫伶伶　廻頭覷腹蹄腰臥
腸中虛氣响鳴雷　酒煎順氣青皮散　一捻飛鹽兩莖葱
䑛了牽行三二里　自然痛可得安寧

師皇曰冷痛者尋常之病也飲水大過腸中作痛也凡治者和血順氣暖臟温腸橘皮葱酒䑛之

子良歌曰識得尋常病先須用橘皮檳榔為第一葱酒最相宜

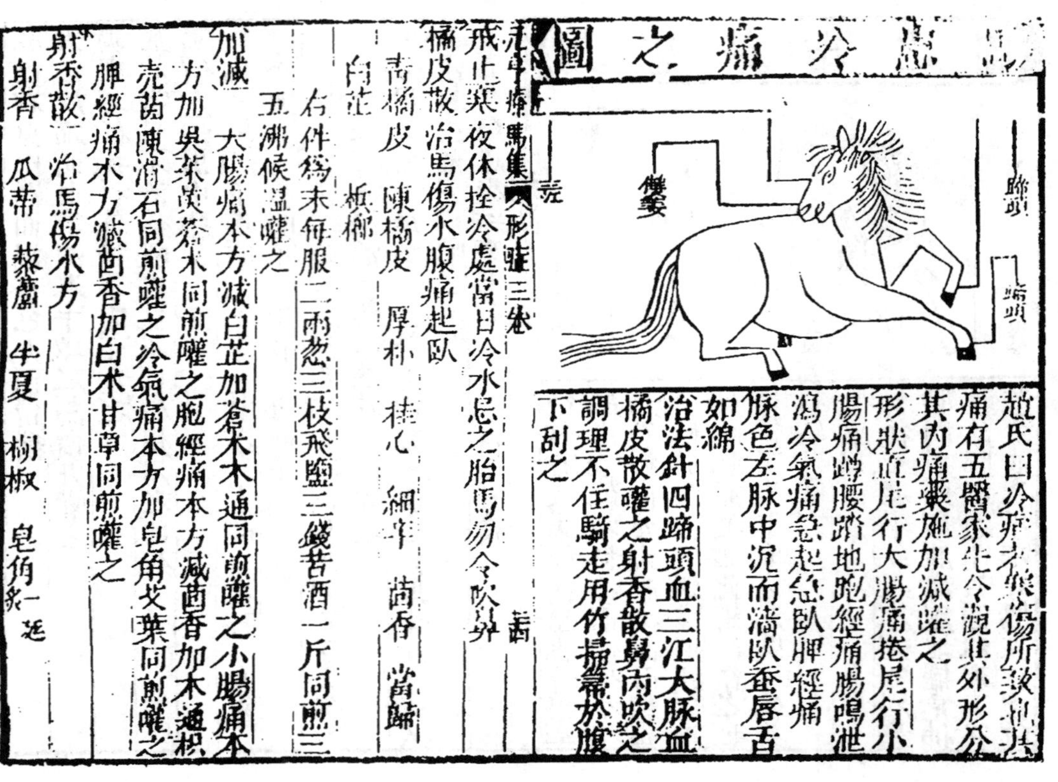

馬患冷痛之圖

趙氏曰冷痛者寒傷所致也其痛有五醫家先令觀其外形分其內痛藥施加減灌之

形狀直尾行大腸痛捲尾行小腸痛蹲腰踏地胞經痛腸鳴泄瀉冷氣痛急起急臥脾經痛

脉色左脉中沉而滿臥蚕唇舌如綿

治法針四蹄頭血三江大脉血橘皮散灌之射香散鼻內吹之調理不任騎走用竹掃帚於腹下刮之

戒止寒夜休拴冷處當日冷水忌之胎馬勿令吹鼻

橘皮散 治馬傷水腹痛起臥

青橘皮 陳橘皮 厚朴 桂心 細辛 茴香 當歸 白芷 檳榔

右件為末每服二兩葱三枝飛鹽三錢苦酒一斤同煎三五沸候溫灌之

加減 大腸痛本方減白芷加蒼朮木通同煎灌之小腸痛本方加吳茱萸蒼朮同煎灌之胞經痛本方減茴香加木通枳殼茵陳滑石同煎灌之冷氣痛本方加皂角艾葉同煎灌之脾經痛本方減茴香加白朮甘草同煎灌之

射香散 治馬傷水方

射香 瓜蒂 藜蘆 半夏 胡椒 皂角炙一挺

已上共為細末每用一字裝竹筒中吹於鼻中滴下清水癒之大效

急救方 行在途間針藥不便用此方治馬起臥

青葱三枝 飛鹽半兩 山胡椒即茱萸馬牛兩

已上三味共同搗爛好酒一大碗調煎二三沸傾出揚去大氣帶熱灌之灌後任行溺之大效

用猪苦膽內裝乾薑候陰乾復碾為細末點眼中不住挽行溺之大效

○馬患熱痛第十九 出賈公集

熱痛者陽氣太盛也皆因暑月炎天乘騎地里窎遠鞍屉失於解卸乘熱而喂料草熱積於胃火遍行經絡也令獸頭低眼閉行立如痴臥多立少惡熱便陰此謂暑傷之症也香薷散灌之

馬患熱痛之圖

歌曰

盛暑炎天遠出奔肺心熱極兩相攻四肢倦怠行無力兩目昏蒙閉不睜茸連香薷同花粉歸草梔翹等分停車尿澹水相和灌兩針鶻脉自然寧

師皇曰熱痛者熱之所致也凡治者清頭目降陰火滋腎水化胸痰兩針喉脉刺之

岐伯曰凡為熱症腰膀痛者前熱後寒之症也凡治者清心解暑滋腎補陰寒涼之藥不可太

過嚥之
王良歌曰前面熱未退　腰胯却行遲是熱須醫熱少將冷藥醫
形狀精神倦怠兩眼如痴臥多立少惡熱便陰
脉色變穴洪數唇舌鮮紅
治法徹鵲脉血香薷散灌之調理散養清凉之處水浸青草喂之戒忌休拴煖處諸料忌之
香薷散治馬熱症中暑
香薷　黄芩　黄連　甘草　柴胡　當歸　連翹　花粉
山梔子
右等分爲末每服二兩蜜二兩漿水半升童便半盞同調遠草喂之

元亨療馬集卷三　形症三卷

○馬患胞轉第二十　出起臥論

胞轉者一名小腸結也皆因乘騎滑急卒熱而飲冷水水未入腸又且加之緊驟清氣未升濁氣未降清濁未分冷熱相擊以致膀胱閉塞也令獸肚腹脹痛臥地蹲腰欲臥不臥打尾跑蹄此謂胞轉之症也滑石散治之

歌曰

胞經無入氣通傳　分利陰陽似湧泉　清氣不升濁氣閉
精而盈滿不通宣　踏地不眠獅子坐　蹲腰不臥尾捎彎
從湔入手於谷道　膀胱輕按即時安

師皇曰凡馬起臥肚腹脹滿蹲腰踏地者胞轉也凡治者清膀胱利小水爲相火順陰陽水道入手撥之
觀形肚腹脹痛踏地蹲腰欲臥不臥打尾跑蹄
脉色右兒中滑而沉口色紅而帶紫

馬患胞轉之圖

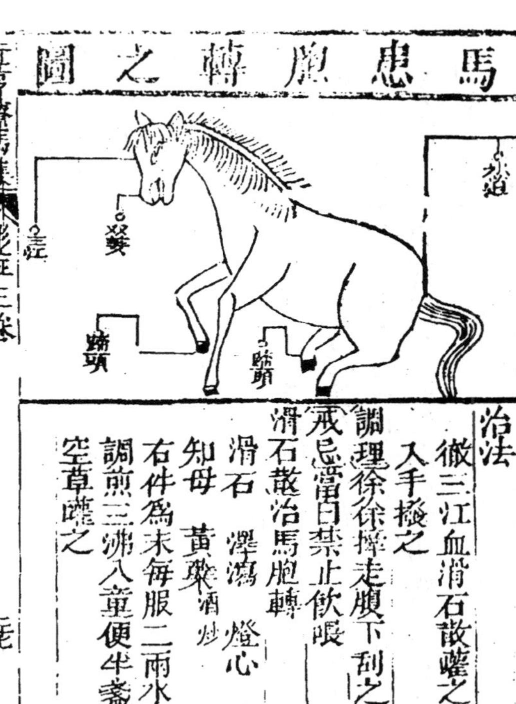

治法徹三江血滑石散灌之水道入手撥之
調理徐徐牽走腹下刮之
戒忌當日禁止飲喂
滑石散治馬胞轉
滑石　澤瀉　燈心　茵陳
知母　黄檗酒炒　猪苓
右件爲末每服二兩水一升調煎三沸入童便半盞帶熱空草灌之

元亨療馬集卷三　形症三卷

○馬患陰腎黄第二十一　出脅黄論

陰腎黄者濕氣流注膀胱也皆因久渴失飲空腸誤飲濁水太過停立不散積在腸中陰氣生而傳之於腎水水相合水勝而火衰不能運化沉於臍下凝於外腎也令獸腎囊硬腫如石如升行不動胯拽腰拖此謂外腎陰黄之症也茴香散治之歌曰

外腎虛浮冷若水　爲緣陰雨過多淋　誤食硝石凝於腎
宿水停臍冷氣浸　牽拽後胯精神慢　口色如綿脉細沉
茴香酒煮進三灌　火針陰俞自然寧

師皇曰陰腎黄者膀胱積濕也凡治者溫中煖後滋腎補陰陰腧火針治之
王良歌曰腎黄腎脉應積冷致如然火針陰俞穴旬日始安痊

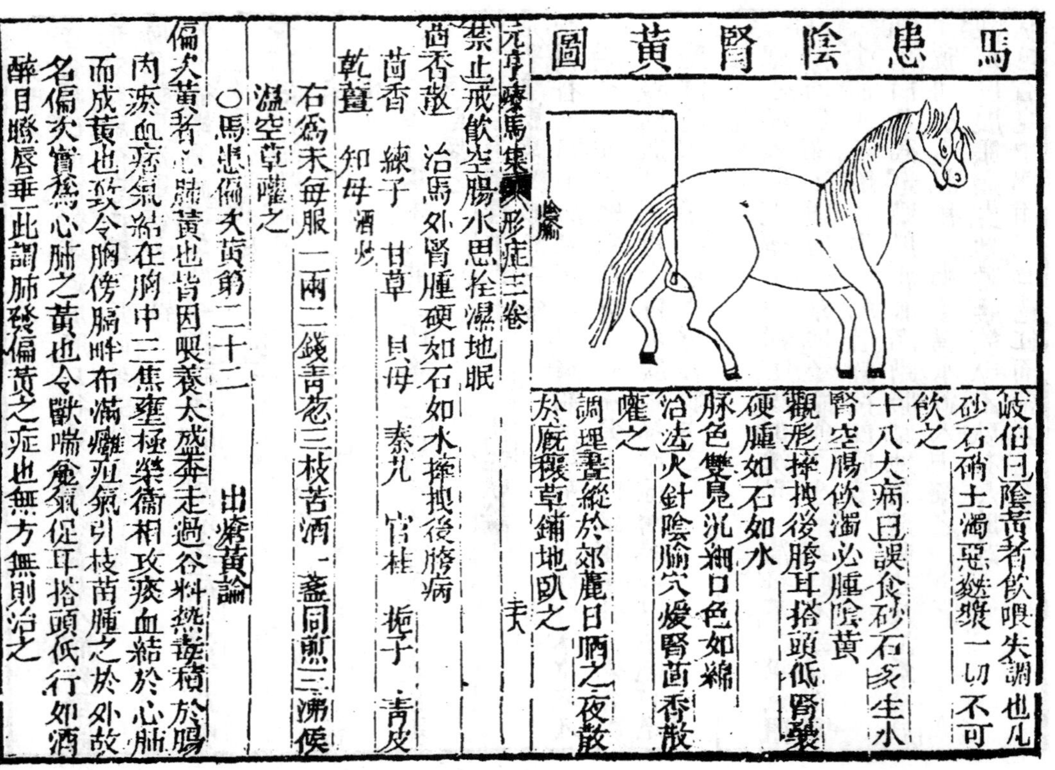

馬患陰腎黃圖

岐伯曰：陰黃者，飲喂失調也。凡砂石硝土濁惡麩漿，一切不可飲之。

十八大病曰：誤食砂石冷生水，腎空腸飲濁，必腫陰黃。

觀形：摔拽後膀，耳搭頭低，腎囊硬腫如石如水。

脉色：雙鳧沉細，口色如綿。

治法：火針陰腧穴，燙腎，茴香散灌之。

調理：晝縱於郊，麗日晒之；夜放於廐，穰草鋪地臥之。

禁止：戒飲空腸水，忌拴濕地眠。

茴香散　治馬外腎腫硬如石如水，摔拽後膀病。

茴香　練子　甘草　貝母　秦艽　官桂　梔子　青皮　乾薑　知母酒炒

右為末，每服一兩二錢，青葱三枝，苦酒一盞，同煎三沸，候溫，空草灌之。

○馬患偏次黃第二十二　出癖黃論

偏次黃者，心肺黃也。皆因喂養太盛，奔走過谷料，熱毒積於腸內，瘀血痰氣鬱在胸中，三焦壅極，榮衛相攻，痰血結於心肺而成黃也。致令胸傍膈畔布滿癰疽，氣引枝節腫之於外，故名偏次，實為心肺之黃也。令獸喘急氣促，耳搭頭低，行如酒醉，目瞪唇垂。此謂肺發偏黃之症也。無方無則治之。

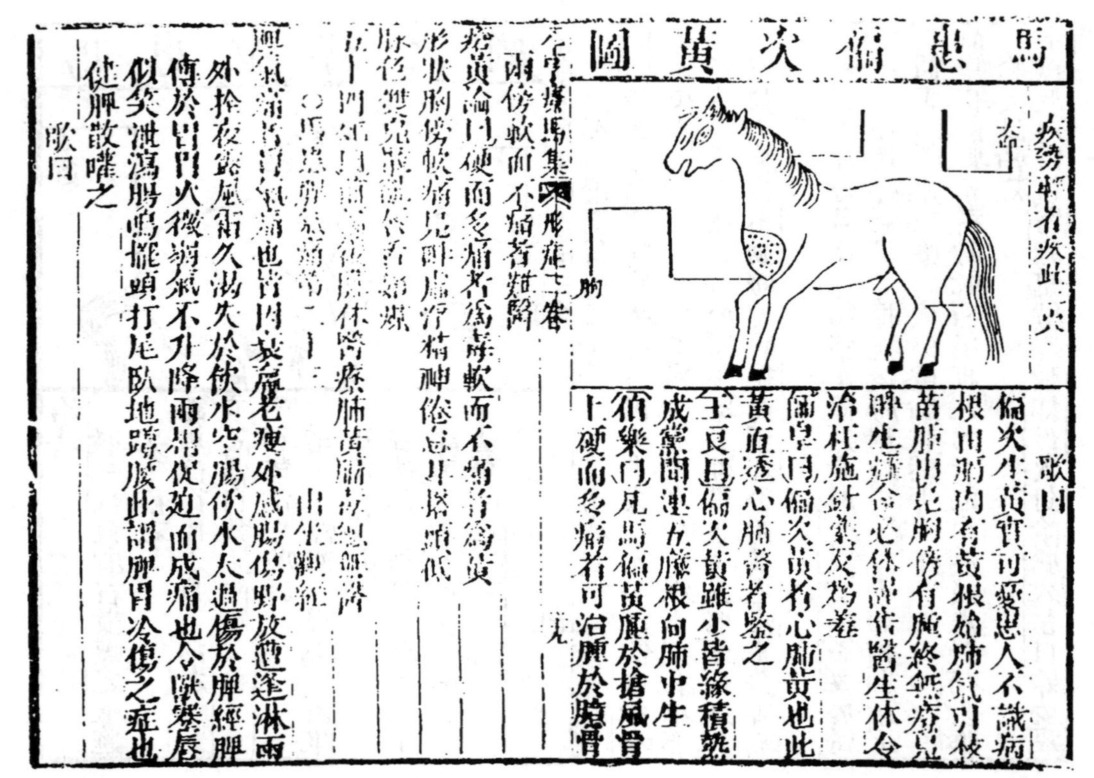

馬患偏次黃圖

歌曰

偏次生黃實可憂，患人不識病根由。胸內有黃根始肺，氣引枝節肺由起。胸傍有腫終無療，見畔生癰合心休。講告醫生休令治，枉施針藥反為羞。

甯戚曰：偏次黃者，有心肺黃也。此黃直透心肺者，若緊之。

王良曰：偏次黃雖小，皆緣積熱成黨，間連五臟，根向肺中生。

伯樂曰：凡馬偏黃腫於搶風骨上，硬而多痛者可治；腫於膁骨兩傍，軟而不痛者難醫。

療黃論曰：硬而多痛者為癖，軟而不痛者為黃。

形狀：胸傍腫痛，見時虛浮，精神倦怠，耳搭頭低。

脉色：雙鳧沉數，口色鮮紅。

治法：[illegible]肺黃[illegible]細經穿。

○馬患脾氣痛第二十三　出牛驥經

脾氣痛者，胃氣痛也。皆因衰羸老瘦，外感腸傷，野放遭逢淋雨，外拴夜露風霜，久渴失於飲水，空腸飲水太過，傷於脾經。脾傳於胃，胃火衰弱，氣不升降，兩相促迫而成痛也。令獸寒唇似笑，泄瀉腸鳴，擺頭打尾，臥地蹲腰。此謂脾胃冷傷之症也。健脾散灌之。

歌曰

馬患脾氣痛圖

脾腧穴

馬病須看戌巳寒擺頭打尾口吐涎料草不食幾泄瀉脈行遲細口如綿有時肉顫平身洞臥地針腹把鞍難健脾薑酒同煎灌火針脾腧自然安

師曰脾氣痛者胃氣痛也凡治者從脾受胃風氣濕腸脾腧火針大效醫者鑒之

王良曰治脾入聞妙針脾第一功火針脾腧穴氣脈常時通

形狀寒唇似笑擺尾搖頭蹲腰臥地泄瀉腸鳴

脈色傷寒遲細口如綿

治法火針脾腧穴健脾散灌之

調理不在排行背上氈屜搭之

戒忌寒夜休拴冷處當日冷水禁忌之

健脾散

當歸 白朮 甘草 菖蒲 砂仁 澤瀉 厚朴 官桂 青皮 陳皮 乾薑 白茯苓 五味子

右件爲末每服一兩[illegible]鹽一捻酒一升調煎三沸揚去大氣帶熱灌之

○馬患草噎第二十四 出發蒙論

草噎者咽膈噎塞也皆因乘騎遠驟奔走歸來喘息未定卒然而喂料草乘飢而食之太急口喉未濡銜環未卸哺之少頃[illegible]之太猛以致口中涎沫裹住料草相纏一塊遏至喉中半而噎也令歎伸頭縮項鼻口廻涎連連喉嗽氣促喘麁此謂咽噎之症也芸薹散治之歌曰

馬患草噎少人知 縮項伸頭口沫垂 射香瓜蒂芸薹子
細細研爲鼻內吹 好把遊韁繫後腳 急行十步不宜遲
牛油清水相和灌 兩前棒捍自然愈

師曰凡馬草噎油水灌入咽喉隨嚥而出不下者咽中噎也可治油水下咽不轉少刻廻出者胃脘噎也難醫

五十四死曰胃咽不通終是死王良閉眾莫能愈

形狀伸頭縮項侵口廻涎喘麁氣促喉嗽連聲

脈色傷寒洪數口色青黃

治法遊韁繫後腳牽往高坡趕返急行十數遭噎自下矣油水灌之芸薹散吹之

馬患草噎之圖

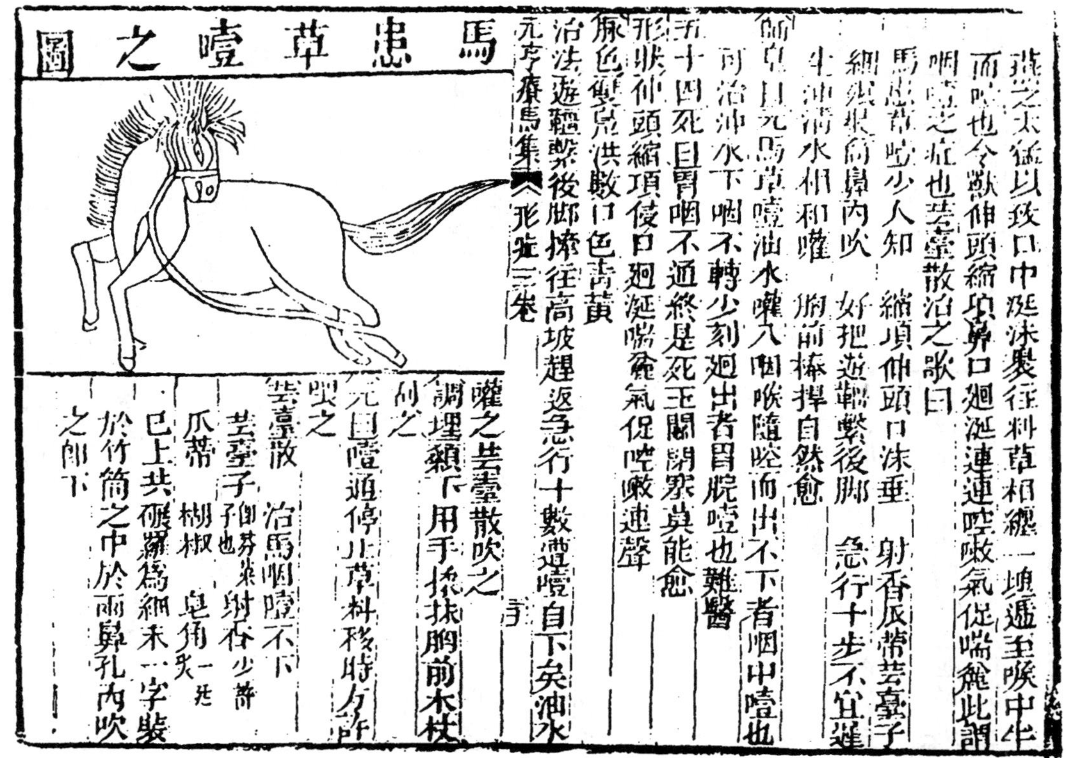

調理頻頻用手搖抹胸前木杖刮之

元曰噎通停止草料移時方許喂之

芸薹散 治馬咽噎不下

芸薹子（即芥菜子也） 射香（少許） 瓜蒂 椒椒 皂角（一挺 炙）

已上共碾羅爲細末一字裝於竹筒之中於兩鼻孔內吹之即下

〇馬患新駒妳瀉第二十五　出元朝集

新駒妳瀉者熱乳所傷也皆因大馬喂拴暴日之中又或遠驟歸來喘息未定幼駒乘飢誤食熱乳停之於胸膈清濁不分釀成其瀉也令駒腹肚脹痛瀉糞如漿臥地不起顧腹迴頭此謂大馬血熱新駒妳瀉之症也烏梅散治之歌曰

新駒妳瀉糞如漿　臥地迴頭顧兩相　乘熱瀉飢食熱妳
陰陽相引到空腸　烏梅乾柿同爲末　黃連柯子共薑黃
溫水調和同步灌　便是師皇真藥方

又曰新駒未及滿月泄瀉者大馬産血未盡也血熱致使妳瀉妳熱致成其患用藥者大馬調和血氣幼馬分理陰陽母子各各治之

騎形狀肚腹飽脹瀉糞如漿臥地不起顧腹迴頭

馬患新駒妳瀉之圖

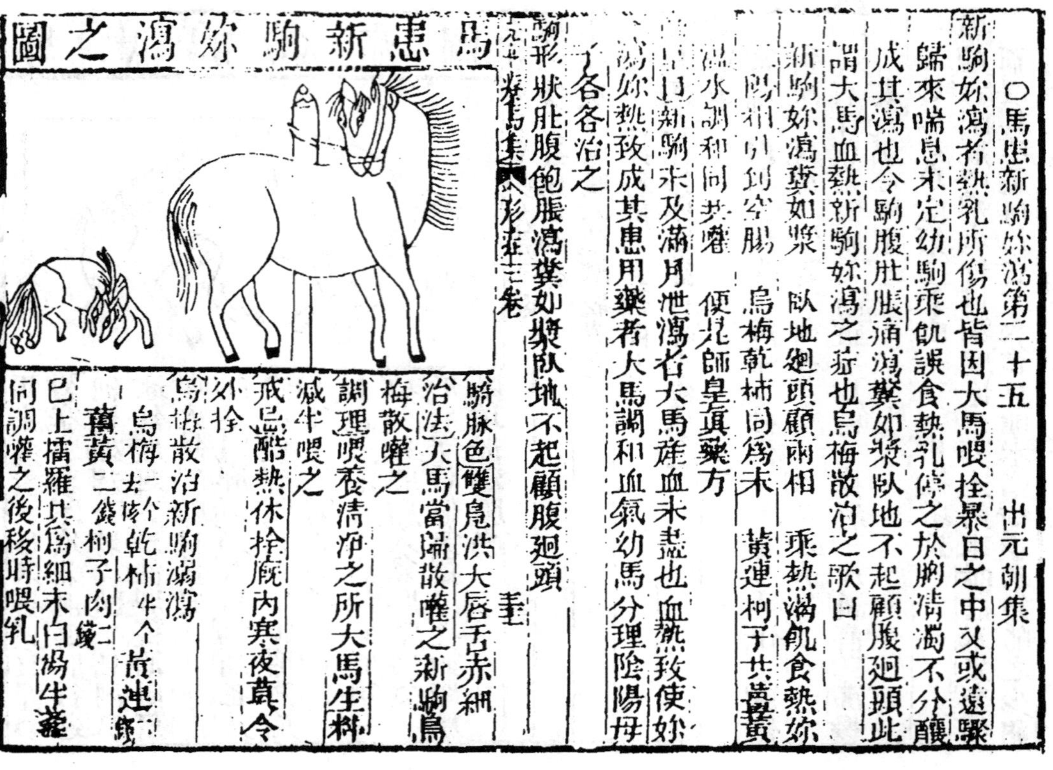

騎脉色雙鳧洪大唇舌赤細

治法大馬當歸散灌之新駒烏梅散灌之

調理喂養清淨之所大馬生料減半喂之

戒忌醋熱休拴廄內寒夜莫令外拴

烏梅散治新駒溺瀉

烏梅一个去核　乾柿半个　黃連二錢

薑黃二錢　柯子肉二錢

已上搗羅其爲細末白湯半盞同調灌之後移時喂乳

當歸散　治母馬産後瘀血未盡血熱病

當歸全　荷葉　紅花炒　海帶　芍藥　青皮　連翹　天花粉

右件爲末每服一兩水一盞調煎二三沸帶熱入童子小便半盞灌之

〇馬患五攢痛第二十六　出玉照集

五攢痛者氣血凝溢也皆因喂養太盛肉滿膘肥草飽乘騎奔走太急卒至卒拴失於擦散瘀血凝於膈內痞氣結在胸中滯而不散致成其病也令臥胸症膠痛腰曲頭低把前把後膁弔毛焦此謂肺把五攢之病也茵陳散治之歌曰

把蹶騎來不得拴　爲緣血脉不通噠　毛焦膁弔精神倦
腰曲頭低行步難　六脉兩堂俱令徹　紅花止痛藥宜先
童便半盞同調灌　二服必定得安妙

馬患五攢痛圖

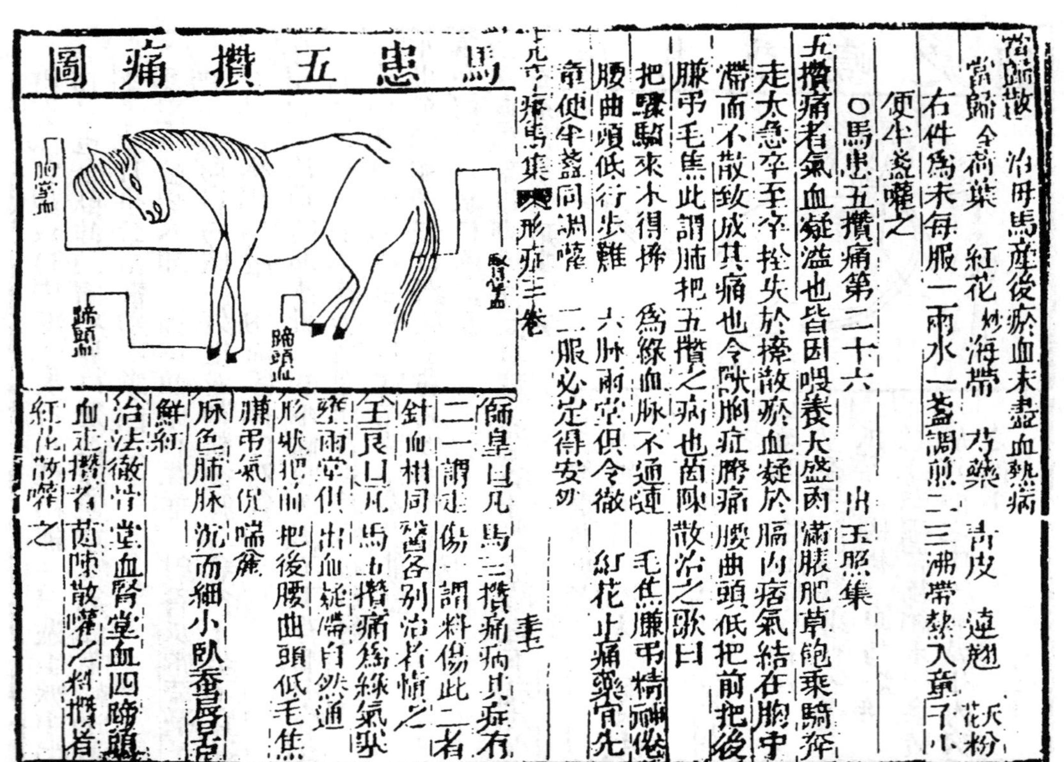

師皇曰凡馬三攢痛病其有二一謂走傷一謂料傷此二者針血相同醫各別治者慎之

王良曰凡馬五攢痛爲緣氣實致兩堂俱出血結滯自然通

形狀把前把後腰曲頭低毛焦膁弔氣促喘麄

脉色肺脉沉而細小臥蚕唇舌鮮紅

治法徹胸堂血腎堂血四蹄頭血止攢者茵陳散灌之料攢者紅花散灌之

又方　凡馬爪傷料傷五攢痛者前四蹄用大妙童便潑之

調理善縱於郊夜散於廐聽其自卧自起

戒忌勿令久立生料忌之

茵陳散　治馬走傷五攢痛

茵陳　當歸　没藥　甘草　桔梗　柴胡

紅花　青皮　陳皮　紫菀　杏仁麸　白藥子

右件爲末每服二兩清油一兩水半升童便半盞同調草遠灌之

紅花散　治馬料傷五攢痛

紅花　没藥　桔梗　神麯　枳殼　當歸　山查　厚朴

陳皮　甘草　白藥子　黃藥子

已上各等分爲末每服二兩麥芽一兩童便一升同調草遠灌之

○馬患腸入陰第二十七　出金朝論

腸入陰者寒極之症也皆因外感內傷陰寒過度或騎來急渡深淵或熱渴空腸飲水或野放淋雨之中或夜繫嚴霜之下以致外感風寒內傷陰冷傷於五臟致成其患也令獸肚腹疼痛卧地蹄腰抱而跪地顧腹廻頭此謂五臟純陰之症也卧於青草者無方無則治之

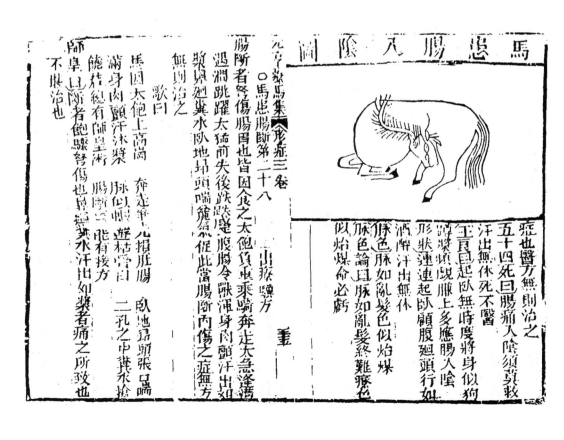

歌曰

馬病[illegible][illegible]腸入陰　廻頭跪地痛難忍　多因乘重先爭路

熱渴逆[illegible]又[illegible]深　脉如亂髮[illegible][illegible]日　驟遊邊[illegible]冲相侵

總由[illegible][illegible]無方救　百[illegible]之中[illegible]存

師皇曰凡馬腹痛起卧無度蹄地顧腹出不住者五臟純陰之症也醫方無則治之

馬患腸入陰圖

五十四死曰腸痛入陰須莫救　汗出無休死不醫

王良曰起卧無時度將身似狗蹲踡頻覷肷上多應腸入陰形狀連連起卧顧腹廻頭行如洒淬汗出無休

脉色脉如亂髮色似焰煤

脉色論曰脉如亂髮終難療色似焰煤命必虧

○馬患腸斷第二十八　出療驥方

腸斷者努傷腸胃也皆因食之太飽負重乘騎奔走太急逢溝過澗跳躍太猛前失後跌蹉跌閃腹腸令獸渾身肉顫汗出如漿鼻廻糞水卧地昂頭喘氣促此當腸斷內傷之症無方無則治之

歌曰

馬因太飽上高崗　奔走[illegible][illegible]損肚腸　卧地昂頭張口喘

滿身肉顫汗淋漿　脉似[illegible][illegible]遊枯骨[illegible]　二孔之中糞水搶

饒君總有師皇術　腸斷[illegible]能有拔方

師皇曰斷者飽驟努傷也鼻[illegible]糞水汗出如漿者痛之所致也不堪治也

馬患腸斷之圖

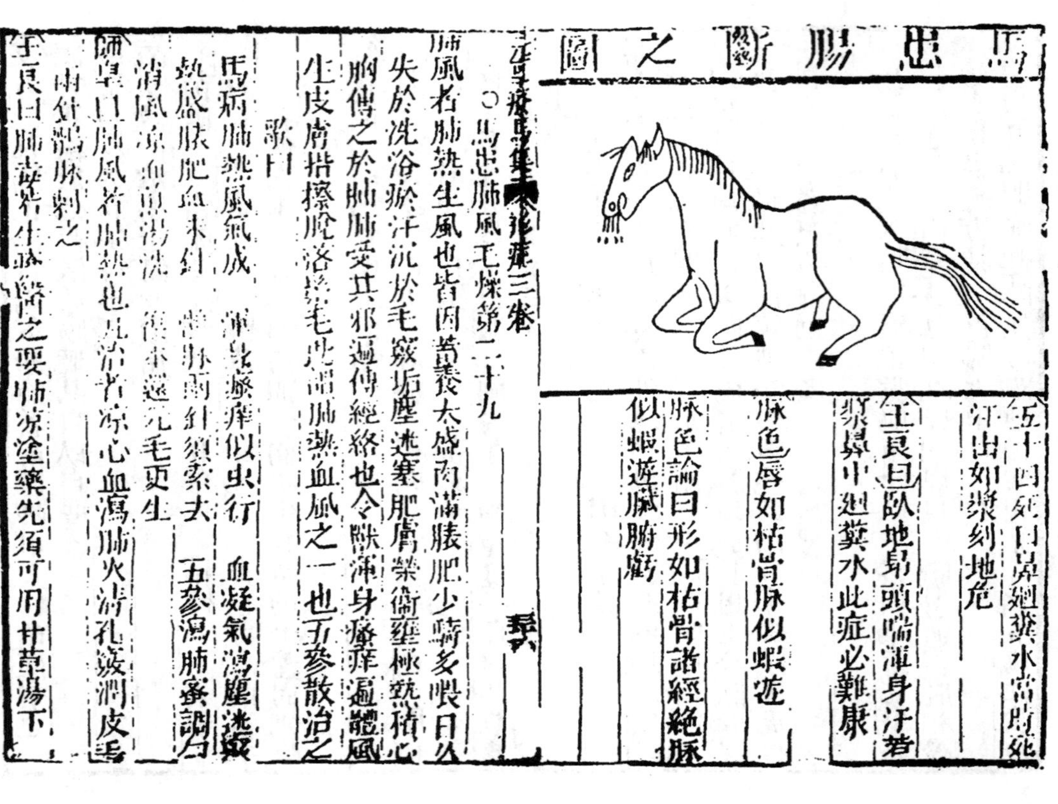

五十四死日鼻廻糞水當時死
汗出如漿糾地危

王良曰臥地昂頭喘渾身汗若漿鼻中廻糞水此症必難康

脉色唇如枯骨脉似蝦遊

脉色論曰形如枯骨諸經絶脉似蝦遊臟腑虧

元亨療馬集卷之三形症三卷

○馬患肺風毛燥第二十九

肺風者肺熱生風也皆因喂養太盛肉滿膘肥少騎多喂日久失於洗浴瘀汗沉於毛竅垢塵迷塞肥膚榮衛壅極熱積心胸傳之於肺肺受其邪遍傳經絡也令獸渾身瘙痒遍體風生皮膚揩擦脫落皆毛此謂肺熱血風之一也五參散治之

歌曰

馬病肺熱風氣成　渾身瘙痒似虫行　血凝氣滯塵迷竅
熱盛膘肥血未針　當胸兩針須索去　五參瀉肺蜜調灌
消風涼血煎湯洗　復來還元毛更生

師皇曰肺風者肺熱也凡治者涼心血瀉肺火清孔竅潤皮毛
用針鶻脉刺之

王良曰肺毒若生瘀留之要肺涼塗藥先須可用甘草湯下

岐伯曰凡瘋瘦老馬三冬月冷瘙痒者與此症寒熱不同醫者分別治之

形狀　渾身瘙痒擦樹揩擦尾毛脫落皮破成瘡

脉色　脉馬熱燥者洪大唇舌鮮紅老瘦疥瘙者脉皂沉細口色如綿

治法　肺風熱燥者放鶻脉血五參散灌之甘草湯洗之老瘦疥瘙者消風散灌之苦參散洗之塗疥方搽之

調理宜繫涼棚冬栓煖廄凡馬睡臥不可用火灰地下鋪之戒塩宜飽不宜加料冬瘙少令去血

五參散　治膘馬肺風熱燥

人參　苦參　玄參　紫參　沙參　秦艽　何首烏

右件爲末每服兩半蜜二兩酸漿水一盞皂角一挺搥碎

元亨療馬集卷之三形症三卷

馬患肺風毛燥之圖

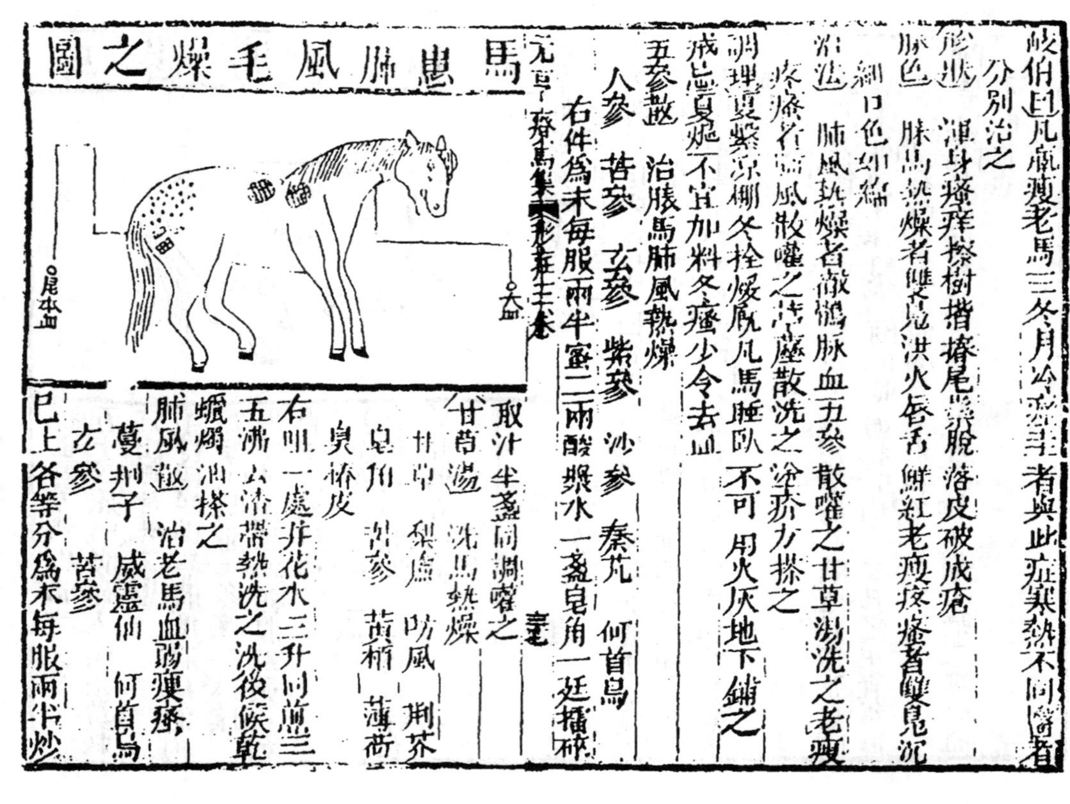

取汁半盞同調灌之

甘草湯　洗馬熱燥

甘草　梨盧　防風　荊芥
皂角　苦參　黄栢　薄荷
臭椿皮

右叫一處井花水三升同煎三五沸去渣帶熱洗之洗後候乾蠟燭油搽之

肺風散　治老馬血弱瘦瘙

蔓荊子　威靈仙　何首烏
玄參　苦參

已上各等分爲末每服兩半炒

糖一兩溫水一大盞同調草涼灌之

消瘡散 治馬乾瘀風瘡及縈脈絡

馬藺根 臭椿皮 白蕪荑 苦葶藶 皂角 藜蘆 藺茹

右件為末每用一大匙漿水一升同煎三沸入生油少許 帶熱洗之冬月微煖洗於煖處待乾力可擦出

擦疥方 擦馬乾瘡

芫花 蛇床子

已上二味等分微炒共為細末生油調勻洗後令乾塗之

○馬患項脊㥄第三十 出還父經

項㥄者風㥄也一名低頭難也皆因乘騎遠至帶汗卸鞍夜繫 今簷之下斜風斜雨漂之瘀血凝滯脊項遂氣鬱結胸腰令 獸伸頭直脊板如椽難迴不轉首㥄難低此謂外感風寒之

馬患項脊之圖

症也連翹散治之 歌曰

項脊㥄病說根源 脊項連腰硬似椽 細嚼帶汗當風立 邪氣乘虛諸竅潛 風門伏兔兼三委膂 棚百會火針攢 鶻脈兩針須出血 連翹散嚼得安痊

師皇曰項㥄者筋㥄也凡治者 瘀風解表破氣通關火針脊項 百日成其功矣

王良曰項㥄難低首脊腰硬若 椽條伊能善治百日始安痊

形狀 伸頭直項脊㥄如椽難迴 不轉首㥄難低

色脈 舌唇赤紫鼻脈沉遲

治法 項上九針腰門七穴火針治之徹鶻脈血連翹散治之

調理 喂養暖廄晴明野放於如鹿日晒之

戒忌 寒夜休拴冷處隄防脊巷風吹

連翹散 治馬項脊㥄病低頭不得

連翹 知母 紫蘇 當歸 桔梗 貝母 山藥 白藥 杏仁去皮 馬兜苓 瓜蔞根 甜瓜子

右為末每服兩半蜜二兩薑五片水一升同煎三沸溫灌之

○馬患胃冷吐涎第三十一 出伯樂新書

胃冷者脾胃冷也皆因久渴失飲困傷冷水太過或縱於淋雨之中或繫於霜露之下陰氣侵入肌肉肌肉傳入脾經脾藏

四旁胃潮百脈脾胃合之陰冷令獸渾身發顫口吐清涎鼻寒耳冷膁吊毛焦此謂脾胃冷傷之症也建脾散治之 歌曰

口吐清清不斷涎 脾寒胃冷致如然 雙鼻沉細精神少 口色青黃耳鼻寒 健脾散內加官桂 苦酒生薑一處煎 背上搖攉過一宿 氣血調和病自安

師皇曰吐涎者胃冷也凡治者健脾胃補臟溫腸火針脾俞穴 效踏者醫之

王良曰脾寒冷內顫胃冷吐清涎火針脾上穴暖胃藥宜先 仔細 凡馬心經伏熱舌上生瘡口內垂涎者與此症形狀相 同受病不相同也治者勿令錯之

形狀 渾身發顫口內垂涎鼻寒耳冷膁吊毛焦

脈色 雙鼻沉細口色青黃

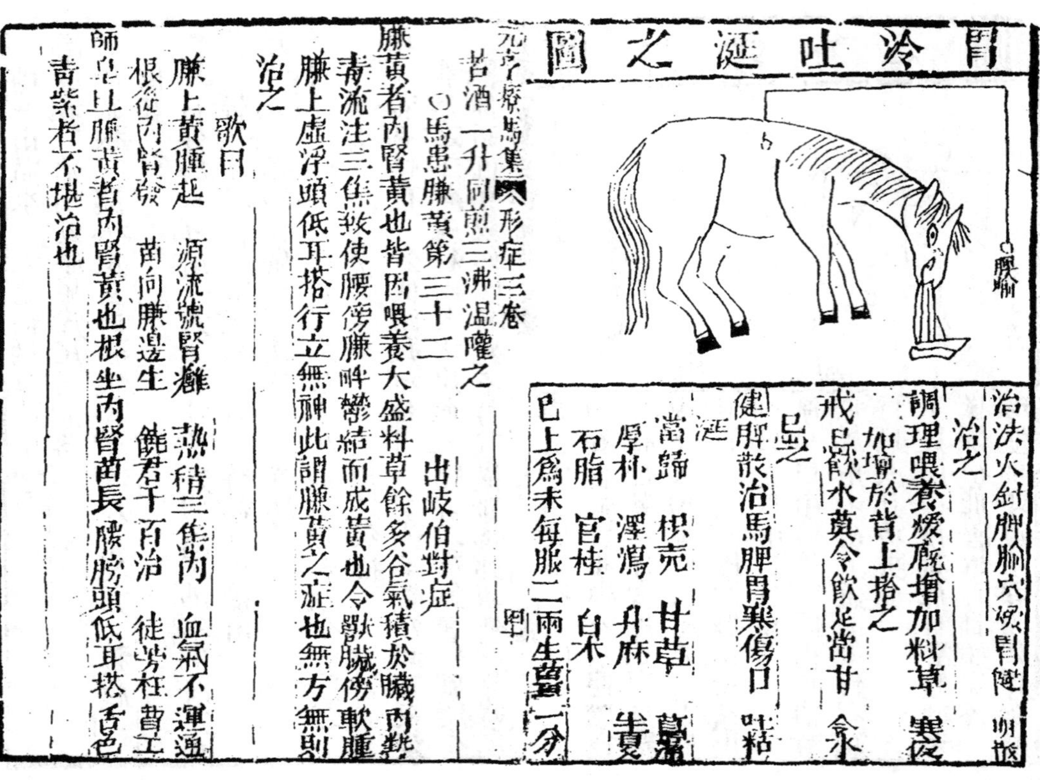

胃冷吐涎之圖

治法火針脾腧穴灸胃腧　明攽
治之
調理喂養煖廄增加料草　寒夜
加增於背上搭之
戒忌飲水莫令飲足當甘　泉
忌之
健脾散治馬脾胃巢傷口　吐粘
涎
當歸　枳殼　甘草　藿香
厚朴　澤瀉　升麻　青皮
石脂　官桂　白术
已上爲末每服二兩生薑一分

元亨療馬集　形症三卷　四十

苦酒一升同煎三沸溫灌之

○馬患膁黃第三十二　出岐伯對症

膁黃者內腎黃也皆因喂養大盛料草餘多谷氣積於臟內熱毒流注三焦致使腰傍膁胯鬱結而成黃也令獸臟傍軟腫膁上虛浮頭低耳搭行立無神此謂膁黃之症也無方無則治之

歌曰

膁上黃腫起　源流號腎癰　熱積三焦內　血氣不運通
根從內腎發　苗向膁邊生　饒君千百治　徒勞枉費工

師皇曰膁黃者內腎黃也根生內腎苗長腰胯頭低耳搭舌色青紫者不堪治也

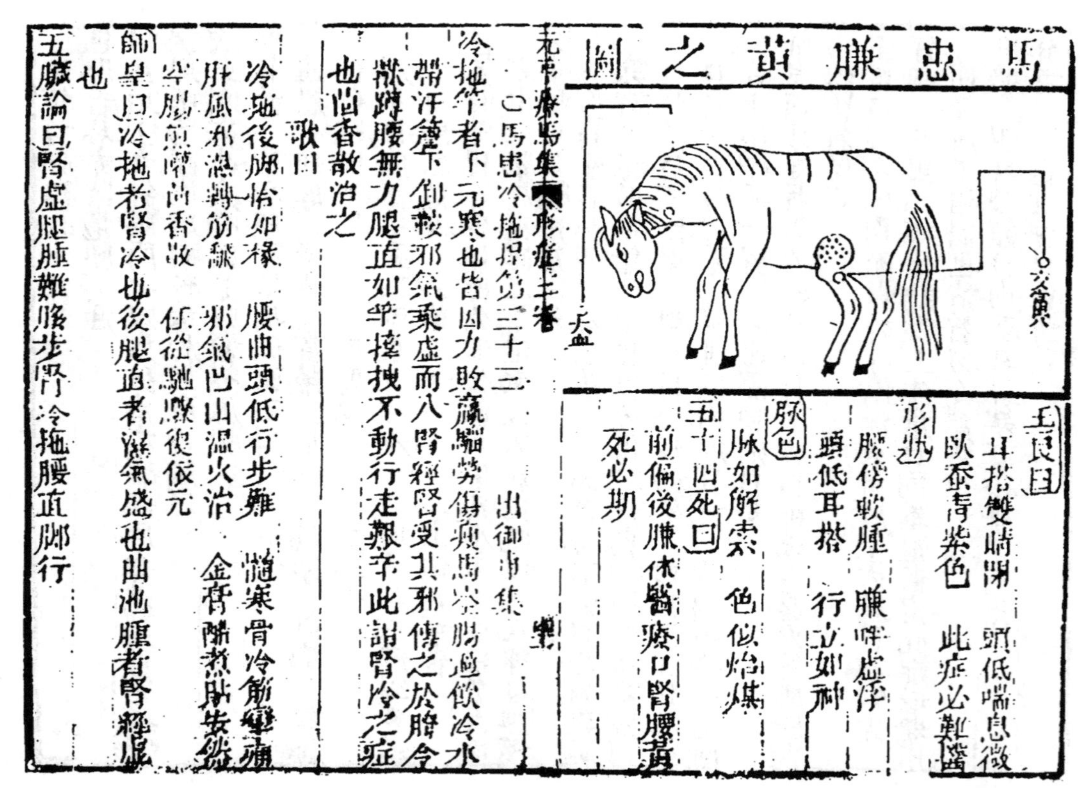

馬患膁黃之圖

王良曰　耳搭雙睛閉　頭低喘息微
臥蚕青紫色　此症必難醫
形狀　腰傍軟腫　膁胯虛浮
頭低耳搭　行立如神
脈色　脈如解索　色似焰煤
五十四死曰　前偏後膁休醫療口腎腰黃
死必期

元亨療馬集　形症三卷　四十

○馬患冷拖桿第三十三　出御史集

冷拖桿者下元寒也皆因力敗羸瘦勞傷瘦馬空腸過飲冷水帶汗簷下御鞍邪氣乘虛而入腎經腎受其邪傳之於胯令獸蹲腰無力腿直如竿拽拖不動行走艱辛此謂腎冷之症也茴香散治之

歌曰

冷拖後脚恰如椽　腰曲頭低行步難　髓寒骨冷筋攣痛
肝風邪濕轉筋縮　邪氣巴山溫火治　金脊酬煮肚安然
空腸煎灌茴香散　任從驍躍復依元

師皇曰冷拖者腎冷也後腿直者濕氣盛也曲池腫者腎經虛也

五臟論曰腎虛腿腫難移步腎冷拖腰直脚行

馬患冷拖捍圖

形狀頭腰無力腿直如桿毛焦
一膁吊耳搭頭低
相行步難脚行胯尥痛直脚行
濕氣痛
脉色腎命脉遲唇舌青黄
治法膀尥痛火針大胯汗溝穴
濕氣痛火烙掠草穴茴香散
啗之
調理喂養煖廄殘草鋪地臥之
飛忌寒夜忌拴冷處隄防瘡下
風疔

茴香散　治馬冷拖後脚

茴香　青皮　牽牛　細辛　巴戟　陳皮
胡蘆巴　川楝子　蓽澄茄　破故紙　木通　甜瓜子
已上爲末每服一兩飛鹽三錢苦酒一升煎三沸空草灌
之

○馬患舌瘡第三十四　出李林經

舌上生瘡者心經積熱也皆因喂養太盛肉滿膘肥負重乘騎地里窎遠乘熱而喂料草大多熱積於胃胃潮舌脉毒氣衝咽唇舌發生瘡也令獸咽喉噎口内垂涎料草難嚥耳搭頭低此謂心熱舌瘡之症也消黄散治之歌曰

良馬唇中涎沫生　舌乾口腫色鮮紅
脉數唇焦脾土燥　火炎金削肺心壅
清咽絹袋噙於口　消黄散灌有奇功
體脉兩針散去血　三朝之内病除根

馬患舌瘡之圖

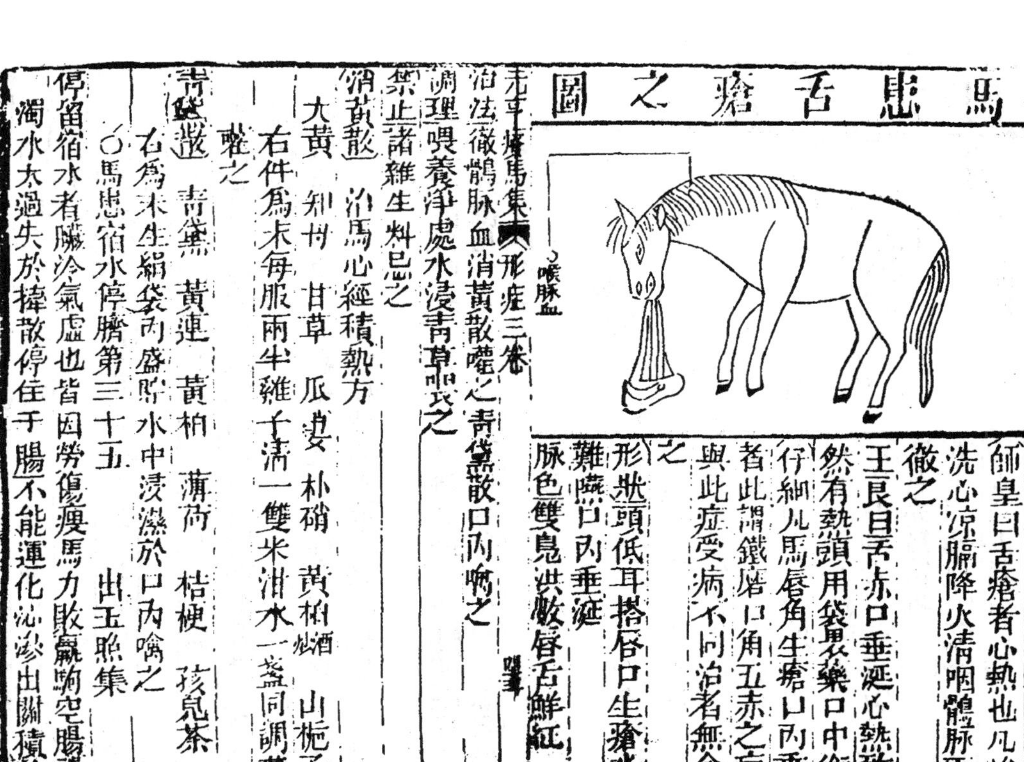

師皇曰舌瘡者心熱也凡治者洗心涼膈降火清咽體脉兩針徹之

王良曰舌赤口垂涎心熱致如然有熱頭用袋裹藥口中銜仔細凡馬唇角生瘡口内垂涎者此謂鐵唇口角五赤之症也與此症受病不同治者無令錯之

形狀頭低耳搭唇口生瘡水草難嚥口内垂涎
脉色雙鳧洪數唇舌鮮紅

治法徹體脉血消黄散灌之青黛散口内噙之
調理喂養淨處水浸青草喂之
禁止諸雜生料忌之

消黄散　治馬心經積熱方

大黄　知母　甘草　瓜蔞　朴硝　黄柏(酒炒)　山梔子
右件爲末每服兩半雞子清一雙米泔水一盞同調草飽灌之

青黛散　青黛　黄連　黄柏　薄荷　桔梗　孩兒茶
右爲末生絹袋内盛貯水中浸濕於口内噙之

○馬患宿水停臍第三十五　出玉照集

停留宿水者臟冷氣虚也皆因勞傷瘦馬力敗氣喘空腸誤飲濁水太過失於掉散停住于腸不能運化沁滲出關積於臍

下皮毛焦燥外鬱結而相凝也令獸毛焦草細體瘦形羸頭低耳搭行立無神此謂宿水停臍之症也健脾散治之

歌曰

良馬經年喂不肥　只因宿水注於臍　毛焦草細精神慢
口色青黃脈濇遲　雲門穴上金針徹　羽毛虛虔莫差移
健脾酒煮連三灌　氣血調和病自愈

師皇曰夫馬者稟清氣於天飲清淨之水凡一切濁穢之水定膠切忌飲之

十八大病曰久渴空心過飲濁毛焦脇瘦水停臍

王良曰濁水休教飲多饑毛色焦時間雖不覺月內不生膘

岐伯曰停留宿水者滋潤注於臍下也凡治宜健脾暖胃滋腎補陰調和血氣雲門病水徹之

馬患宿水停臍

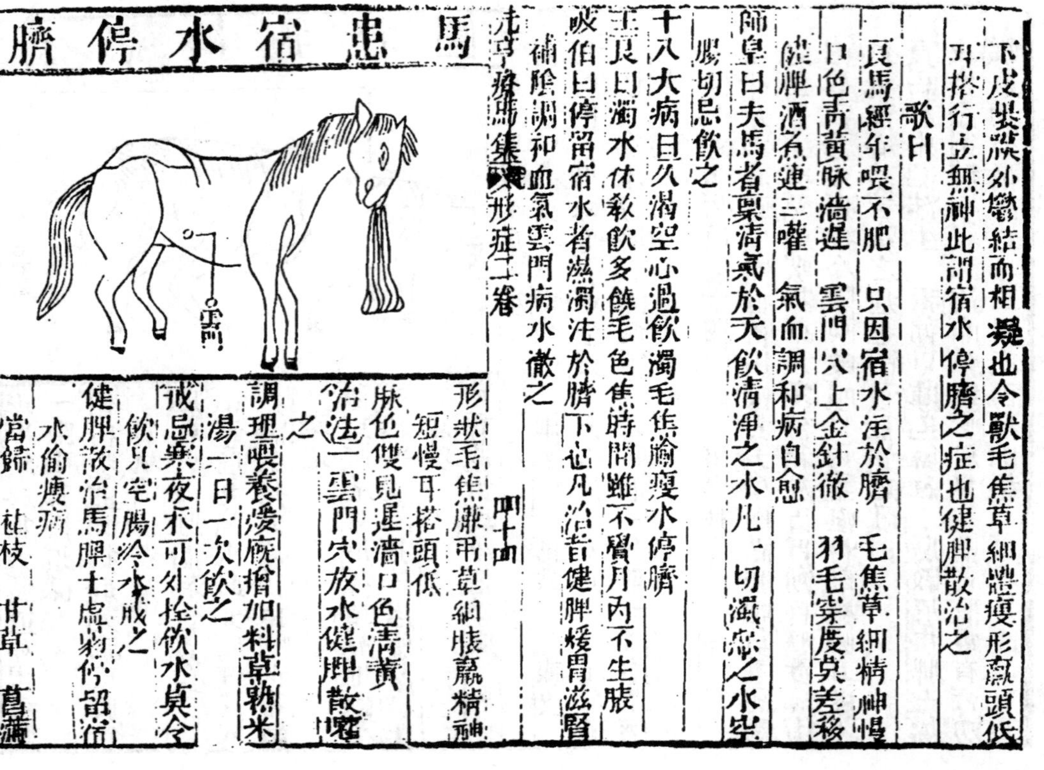

形狀毛焦臁弔草細膘羸精神短慢耳搭頭低

脈色俱見遲濇口色清黃

治法一雲門穴放水健脾散灌之

調理喂養慢廄瘖加料草熟米湯一日一次飲之

戒忌寒夜不可外拴飲水莫令飲凡宅腸冷水成之

健脾散治馬脾土虛弱停留宿水偷瘦病

當歸　桂枝　甘草　菖蒲

澤瀉　砂仁　厚朴　白朮　青皮　陳皮　白茯苓
五味子

右爲末每服二兩生薑一分飛鹽一捻苦酒一升同煎三沸灌之

○馬患心黃第二十八　出八十一問

心黃者心風黃也皆因膘肥肉重氣壯神強暑月炎天負重乘騎奔走太急鞍轡未卸多喫熱料草太多料毒積於胸內發氣俯滿胃中痰血鬱結迷亂其心也令獸渾身肉顫汗出如漿咬胸膈足跑急驚狂此謂心竅痰迷之症也鎮心散灌之

歌曰

馬患心黃自咬身　舌似硃砂脈數洪　熱狂蹄嚙逢人咬
悶亂奔馳見物驚　芩連梔子同甘草　茯神遠志與防風
參砂黃膽同調灌　三服不效救無門

馬患心黃之圖

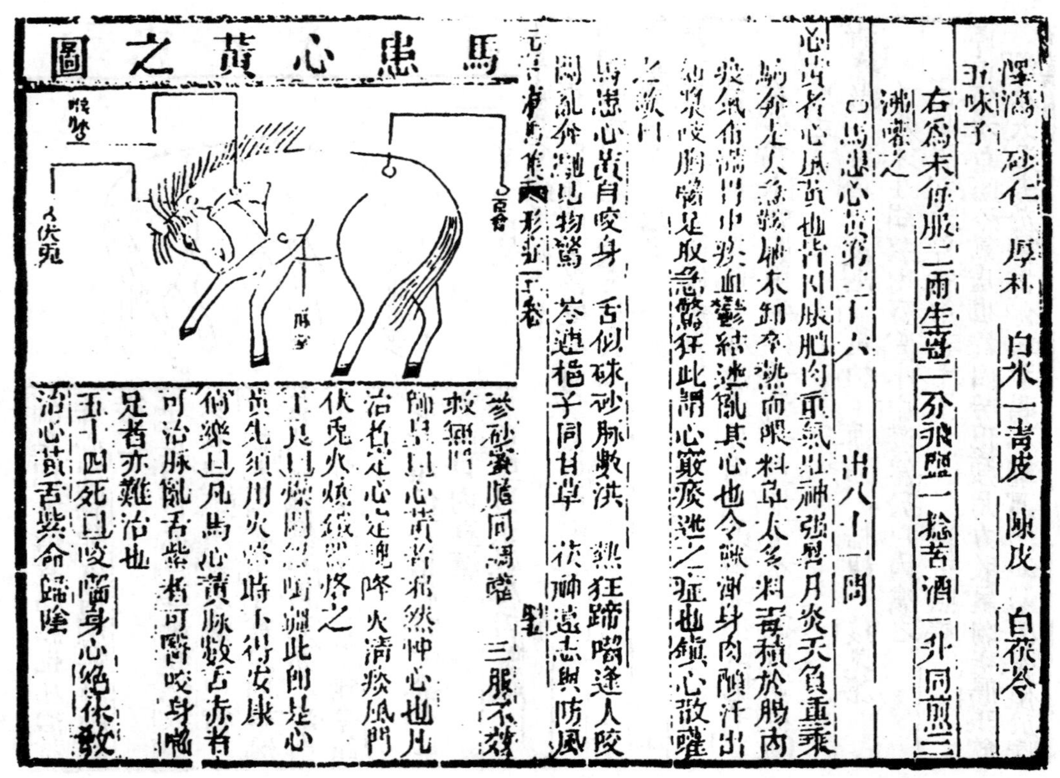

師皇曰心黃者邪熱忡心也凡治者定心定魄降火清痰風門伏兎火燒針烙之

王良曰燥悶心昏顛此即是心黃先須用火灸時下得安康

伯樂曰凡馬心黃脈數舌赤者可治脈亂舌紫者可醫咬身啼足者亦難治也

五十四死曰咬嚙身心絕休救

治心黃舌紫命歸陰

□□渾身肉顫汗出如漿咬身齒足□□

脈色雙皃洪數舌似雞冠

治法徹胸堂血穩心 抽鶻脈血補定心 鎮心散灌之

穴烙大風門穴小風門二穴伏兎穴百會穴已上燒鐵烙之

調理拴繫清涼之處井花水頂上澆之

戒忌少令撞行休拴煖廠

鎮心散　治馬心風黃

硃砂　伏神　人參　防風　甘草　遠志　山梔子

蔚金　黃芩　黃連　麻黃去節

右件為末每服一兩蜜一兩膽汁半盞雞子四個井花水

同調灌之

新刊類圖針方元亨療馬集卷之四　　出胡下經

□馬患破傷風第三十七

破傷風者外感風也皆因傷勞太過喜養失調較嬌撞踢踢扇打傷脊背啾皮磨破尾根肚帶搽損用後或拴在道之中或繫在簷之下賊風乘虛而入皮膚皮膚而俟腠理腠理傳之於肉令獸渾身麻痺眼急驚狂四肢強硬傷風邪之症也內垂涎耳緊尾直牙關緊閉難開不食水草此謂破傷外感風邪之症也千金散灌之歌曰

破傷風病最難醫　牙關緊閉口垂涎　項直尾高升眼急

脊腰殭硬腿難移　耳畔風門燒鐵烙　腰間百會亦同醫

鶻脈兩針微出血　千金散灌月餘愈

師皇曰破傷風者傷破因感風也此謂卒急之症凡治者先徹

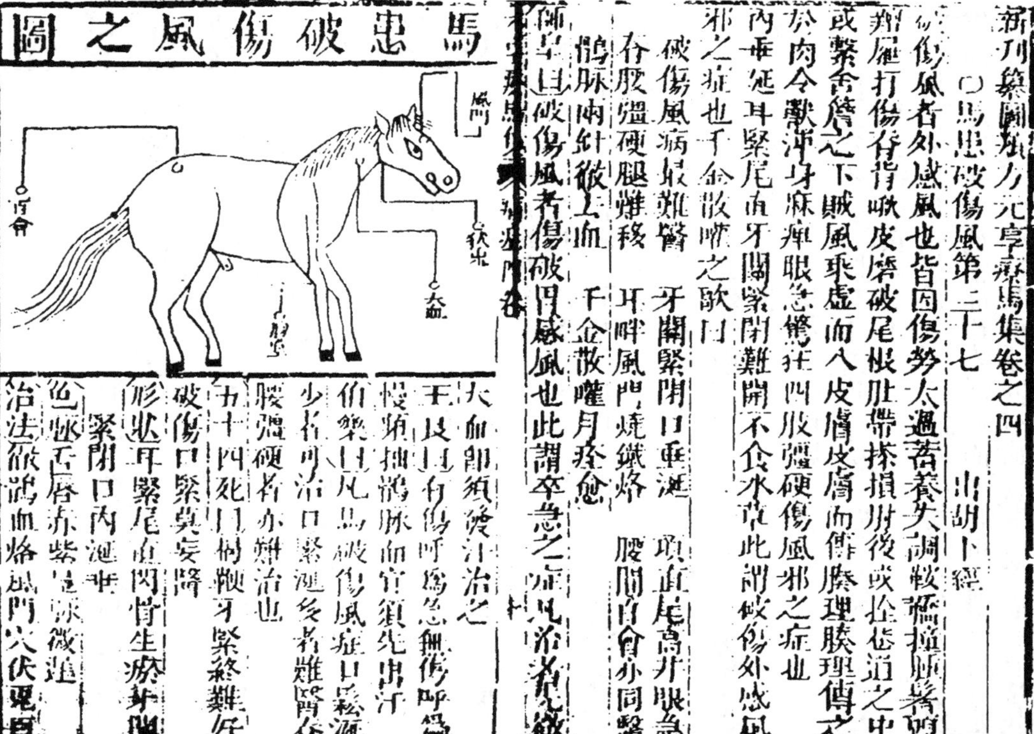

馬患破傷風之圖

大血卻須發汗治之

王良曰有傷可爲急無傷可爲慢頻抽鶻脈血宜須先出汗

伯樂曰凡馬破傷風症口鬆涎少者可治口緊涎多者難醫脊腰殭硬者亦難治也

五十四死口關牙緊終難好

破傷口緊莫妄醫

形狀耳緊尾直肉骨生瘀并閉

緊閉口內涎出

色脈舌唇赤紫遠脈微遲

治法徹鶻血烙風門穴伏兔百

合吹上金散嗍之硃砂散吹之
調理眼養燥脫口不任食胸便背上搭之
戒忌寒夜休拴外喂隄防賊風
千金散　治馬破傷風及諸風病
蔓荊子　旋復花　白殭蚕　天麻　烏蛇　沙參
桑螵蛸　何首烏　天南星　防風　阿膠　川芎
羌活　蟬殼　細辛　干蝎　升麻　藿香
獨活
右爲細末每服一兩溫水一盞調嗍之天陰生葱湯一盞
同調嗍
硃砂散　療風解冰
硃砂一錢　雄黄一錢　射香　皂角炙一挺去皮　巴豆一箇去皮

巳上共爲細末每用一字裝於竹筒中兩鼻內吹之
一馬患垂縷不收第二十八　出崔氏集
垂縷不收者腎虧之症也皆因氣盛被馬過度勞傷空腸誤飲
濁水太過停立不散陰氣不而流腎經滲於膀下積於外腎
火太陰凝結而成腫也令馬尿腎不縮垂縷難收草細腰吊膀
拽腰拖此謂少火不降之症也彼故芷散治之歌曰
尿腎[illegible]腎部傷　氣結風吹腫作黄　荊防不薄煎湯洗
散[illegible]腎良　蜈蚣九條熬三次　紫蘇沒藥及川黄
五[illegible]緊裹　三朝兩上即安康
師皇曰[illegible]收者勞傷過度也腎不縮者精氣敗也腰胯極
者腎水虧也
五臟論曰垂縷不收壬癸敗擡胯拖腰腎水虧

馬患垂縷不收之狀

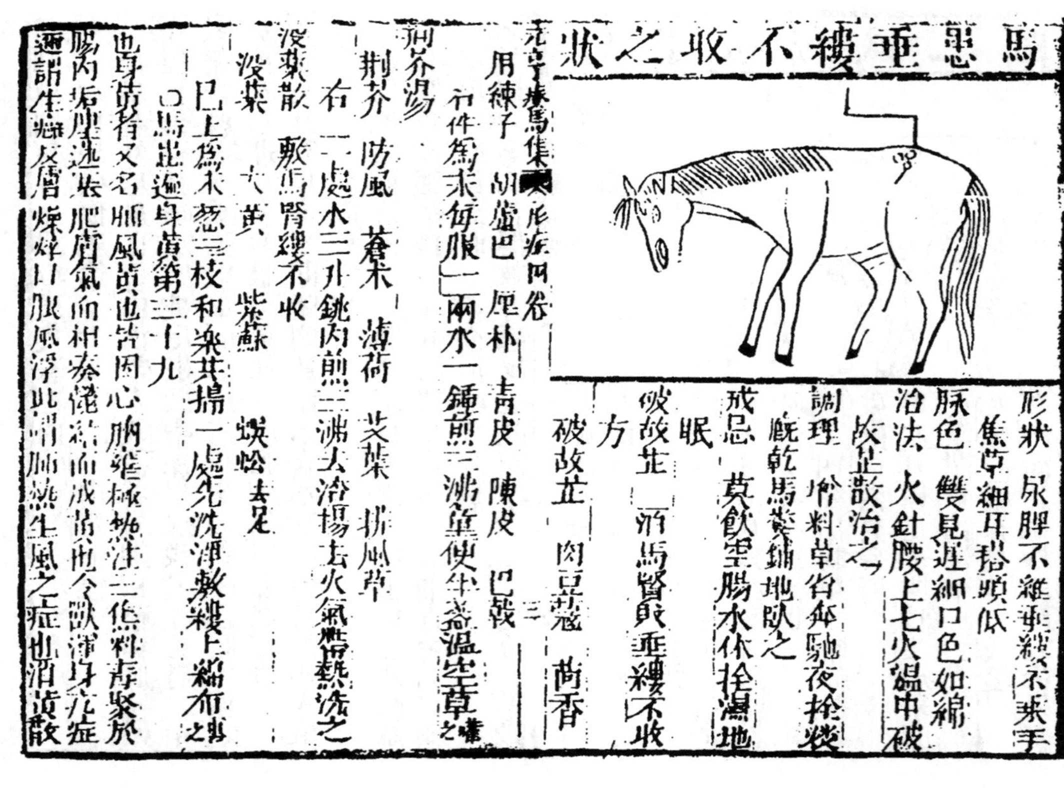

形狀　尿脾不縱垂縷不來手
焦草細耳搭頭低
脉色　雙見遲細口色如綿
治法　火針腰上七火繼中破
故芷散治之
調理　增料草省奔馳夜拴燥
處乾馬糞鋪地臥之
戒忌　莫飲空腸水休拴濕地
眠
方
破故芷　治馬腎敗垂縷不收
破故芷　肉豆蔻　茴香

用楝子　胡蘆巴　厚朴　青皮　陳皮　巴戟
右件爲末每服一兩水一鍾煎三沸候溫空草之
荊芥湯
荊芥　防風　蒼朮　薄荷　艾葉　排風草
右一處水三升銚內煎三沸去滓揚去火氣熱洗之
沒藥散　療馬腎縷不收
沒藥　大黄　紫蘇　蜈蚣去足
巳上爲末葱三枝和藥共搗一處先洗淨敷縷上紬布裹之
一馬患遍身黄第三十九
也身黄者又名肺風黄也皆因心肺壅極熱注三焦料毒緊於
腸內垢膩迷裝肥膚氣血相奏凝結而成黄也令獸渾身瘡症
遍語生癩及唇燥焠口服風浮此謂肺熱生風之症也消黄散

患遍身黃形

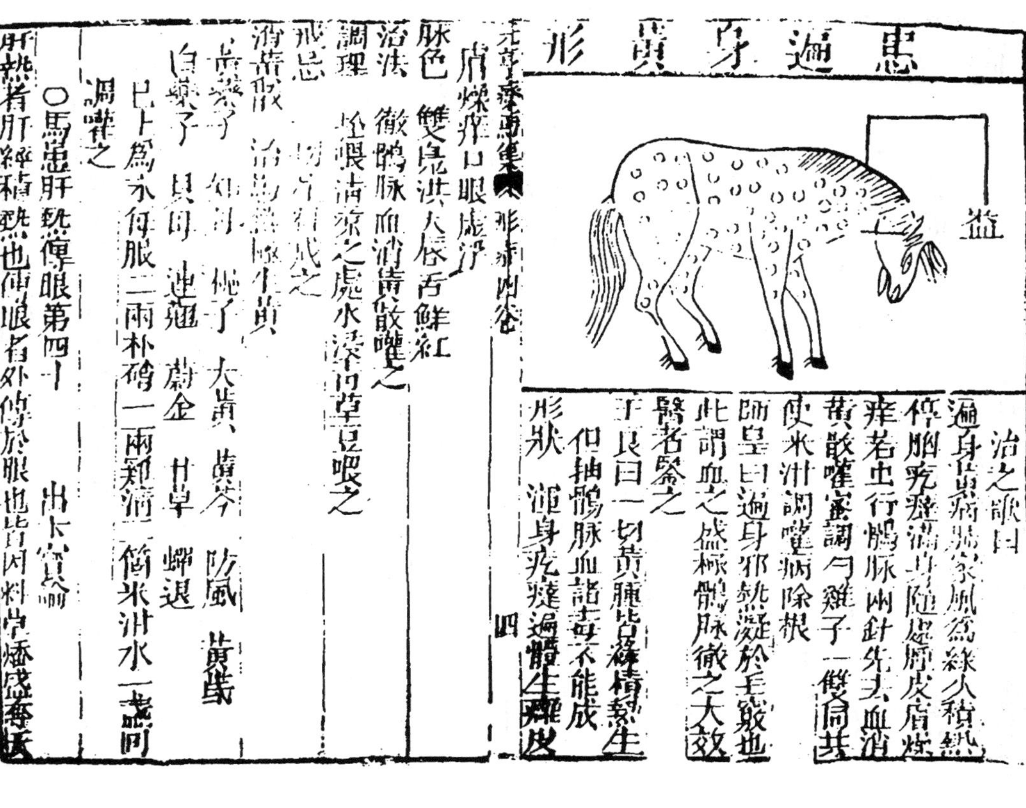

治之歌曰

遍身黃病熱家風為緣心積熱停胸疙疸滿身隨處膚皮膚燥痒若虫行鶻脉兩針先去血消黃散灌塞調勻雞子一雙同共使米泔調灌病除根

師皇曰遍身邪熱凝於毛竅也此謂血之盛極鶻脉徹之大效醫者緊之

王良曰一切黃腫皆為積熱生但抽鶻脉血諸毒不能成

形狀　遍身疙疸遍體生癩皮膚燥痒口眼處浮

脉色　雙鳧洪大唇舌鮮紅

治法　徹鶻脉血消黃散灌之

調理　坐眼清涼之處水浸青草豆喂之

戒忌　切忌積成之

消黃散　治馬遍身黃

黃藥子　知母　梔子　大黃　黃芩　防風　黃蘗

白藥子　貝母　連翹　鬱金　甘草　蟬退

已上為末每服二兩朴硝一兩雞清一個米泔水一盞同灌之

〇馬患肝熱傳眼第四十一　出卜賓論

肝熱者肝經積熱也傳眼者外傳於眼也皆因料草燥盛毒氣

馬患肝熱傳眼

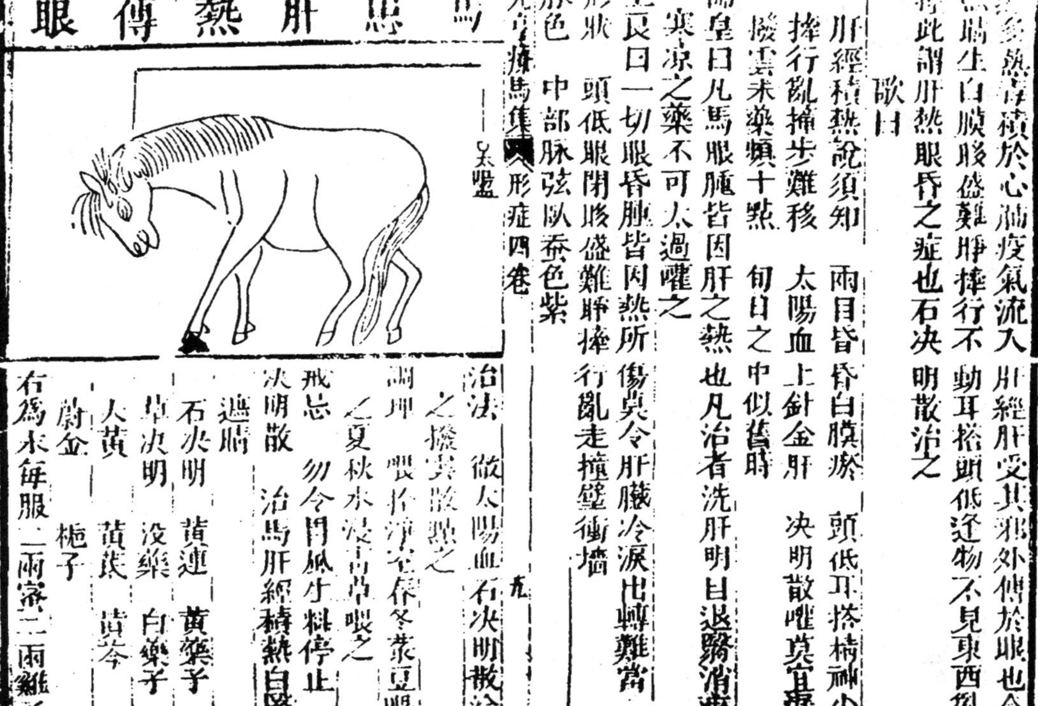

壅多熱蓄積於心肺疫氣流入肝經肝受其邪外傳於眼也令眼睛生白膜眵盛難睜摔行不動耳搭頭低逆物不見東西亂撞此謂肝熱眼昏之症也石決明散治之

歌曰

肝經積熱說須知　兩目皆昏白膜遮　頭低耳搭精神少

摔行亂撞步難移　太陽血上針金肝　決明散灌莫宜遲

撥雲未藥頻十點　旬日之中似舊時

師皇曰凡馬眼腫皆因肝之熱也凡治者洗肝明目退翳消瘀寒涼之藥不可太過灌之

王良曰一切眼昏腫皆因熱所傷與令肝臟冷淚出轉難當

形狀　頭低眼閉眵盛難睜摔行亂走撞壁衝墻

脉色　中部脉弦臥蚕色紫

治法　徹太陽血石決明散治之撥雲散點之

調理　喂於淨室春冬菉豆喂之夏秋水浸青草喂之

戒忌　勿令閃風生料停止

決明散　治馬肝經積熱白翳遮睛

石決明　黃連　黃藥子

草決明　沒藥　白藥子

大黃　黃芪　黃芩

鬱金　梔子

右為末每服二兩蜜二兩雞子

清二個米泔水一升同調草飽灌之

撥雲散　治馬脹膗

大硃砂一錢　白硼一錢　白礬五分　乳香五分　沒藥五分

爐甘石製二錢

已上共擣爲細末白綿紙羅過三次仍擣入磁罐內用溫水洗淨眼瞼然後點之

○馬患喉骨脹第四十一

喉骨脹者三喉之病也皆因幼駒小馬喂養失調草飽乘騎走急脹肥谷料喂多以致氣血太盛熱積心肺傳之於咽喉致成其患也令獸食槽脹腫硬核填喉伸頭直項鼻孔流膿水草難嚥喉嗽連聲此謂熱極三喉之症也黃芪散治之

歌曰

馬患喉骨脹圖

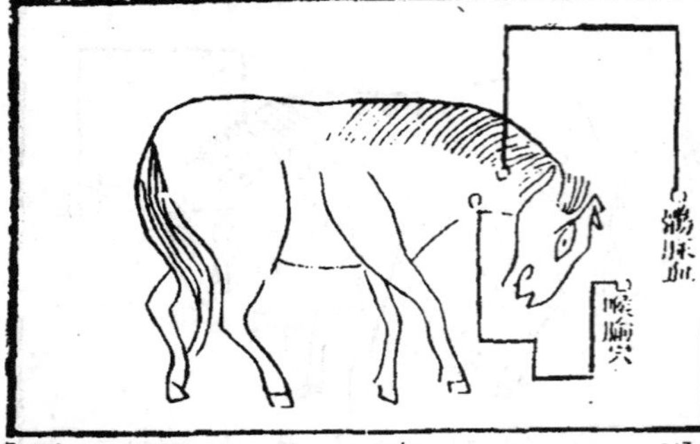

喉骨脹病最難當口吐粘涎更發喘喉中氣响如抽鋸鼻內時流膿水漿頷下氣喉一寸割項邊鵲脈兩針頻調理肺黃芪散十朝五嚥病安康

論曰凡馬三喉病症水草難嚥氣出不及者醫家須令開喉嚨之此謂急救之良法也醫者詳之

王良曰凡馬三喉症喉中氣出難割開喉腧穴時下得文然

形狀　咽喉哽噎鼻孔流膿水

[illegible]氣促喘麁

脈色　雙息洪數舌色鮮紅

治法　徹鵲脈血開喉腧穴理肺黃芪灌之

調理　拴喂涼棚之下水浸青草喂之春冬葉豆喂之

戒忌　酷熱休拴暖處一切生料忌之

黃芪散　治馬喉骨脹鼻內出膿方

黃芪　當歸　蔚金　甘草　梔子　黃藥子

黃芩　黃連　知母　貝母　桔梗　白藥子

右件爲末每服二兩蜜二兩雞子清二個新汲水一升同調灌後喂之

○馬患板腸第四十二　出瘀驥方

板腸結者扇腸結也皆因乘駒緊驟奔走歸來乘飢而喂乾料

馬患板腸結形

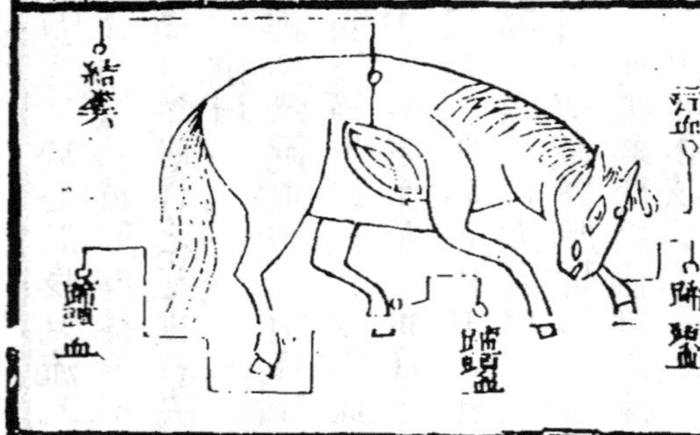

料後而飲冷水水谷相併冷熱相繫積於板腸中半而結也令獸肚腹脹痛頻頻迴頭連連臥地鼻咋喘麁此謂板腸閉塞之症也醫工入手搓破病糞通關積隨散灌之

歌曰

板腸不轉說根源因傷水濕在腸間夾渴飲過因飽走腹中氣滯不通宜細療腻粉并通草牽鼠糞共柳葉灰湯猪脂油和酒調連灌病安痊

師皇曰板腸結者結在大腸後面板腸中也凡治者消積破氣化草通腸塗油入手取之

形狀　連連臥地覷復迴頭口出破氣鼻作喘息

脈色　右兒中濇兩關沉口色赤紫

治法　針三江大脈血塗油入手取之續隨散灌之

調理　不住牽走腹下揣篩刮之

戒忌　當日不得飲水

續隨散　治馬臟結

續隨子　膩粉　木通　鼠糞　牽牛　滑石

右為末每服二兩　豬脂四兩葱化灰湯一盞苦酒一盞溫熱同調灌之

○馬患胃寒不食豆草第四十三　出田猶集

胃寒者脾胃寒也皆因久渴失飲空腸飲水太過陰氣積於臟內寒濕流入脾經脾傳於胃脾胃合之陰冷土衰火弱不能運化致成其患也令獸毛焦草細臁弔頭低鼻寒耳冷口內垂涎此謂脾胃冷傷之症也桂心散灌之

歌曰

良馬因何脾胃寒只緣冷水過多傷毛焦鼻冷渾身顫脈行遲細口如綿射香沒藥吹雙孔桂心散灌酒調煎背上搭氈拴煖庭氣血和平病自痊

師皇曰胃寒者脾胃寒也凡治者和血順氣暖胃溫脾冷水亡日忌之

形狀　毛焦臁弔草細頭低鼻寒耳冷口內涎垂

脈色　臥蚕白色關脈微遲

馬患胃寒不食草狀

脾腧穴

治法　桂心散灌之玉堂血射香散鼻內吹之

調理　喂於煖處加料草拌草少令拌濕熱米湯溫水飲之

戒忌　冬夜休拴冷處治馬勿令吹鼻冷水三日忌之

桂心散　治馬脾胃寒

桂心　青皮　白木　厚朴

益智　乾薑　當歸　陳皮

砂仁　甘草　五味子　肉豆蔻

右為末每服二兩飛鹽[illegible]

葱三根酒一升同煎灌之

射香散　治馬傷水方

射香　皂角　瓜蒂　胡椒　藜蘆子（削刮采子也）

右為細末每用一字裝竹筒中吹入鼻內滴血清水立效

○馬患慢腸黃第四十四　出岱父經

慢腸黃者料傷過度也皆因畜養太盛肉重膘肥暑月炎天乘騎奔走太急乘飢谷料喂多谷氣凝於臟內熱毒積在腸中臟腑疼極腫成其患也令獸蹉腰臥地顧腹迴頭瀉瀉如水赤黃腥此謂腸黃之症也鬱金散治之

歌曰

醫家畧臆認腸黃　為緣熱極臟中傷　赤黃似水多腥臭
臥地回頭顧兩旁　帶脈兩針微去血　鬱金散灌最為良

馬患慢腸黃狀

帶脉血

春青脉易厄瘡傷
療不康
師皇曰腸黃有六腑中毒也能食體壯者可治瘦草少者毛焦肷吊黑者五臟敗絶也難以治之
五十四死曰五臟俱虛應須死
腸黃身瘦死來催
王良曰忽瀉糞如水赤黃氣穢惺候伊能用藥口青怕微青
脉色　脉洪色黃者生脉沉色瀉如水赤與兼腥者死

形狀　踏腰臥地頓腹迴頭瀉青者死

治法　徹帶脉血蔚金散灌之無根水深尾本三處甚妙

調理　於槽清淨之所飲水少令飲兑菜口糯米相和煮粥喂之

戒忌　醋熱休侵暖處一切生料忌之

蔚金散　治馬急慢腸黃

蔚金　訶子　黃芩　大黃　黃連　黃柏　梔子　白藥子

右件八味等分爲末每服二兩白湯調灌急者連灌二服

○馬患骨眼第四十五　出蔡襄十論

骨眼者肝經風熱也皆因外感風寒内傷勞役榮衛行來太過不及傷於五臟傳之於肝肝受其邪外傳於眼也令馱雨背潰爛多難肥二胞翻腫肉骨生瘀此謂肝熱生風之症也宜鉤割

馬患骨眼之圖

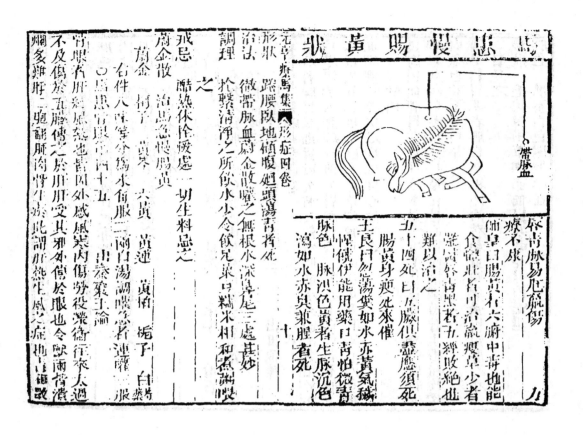

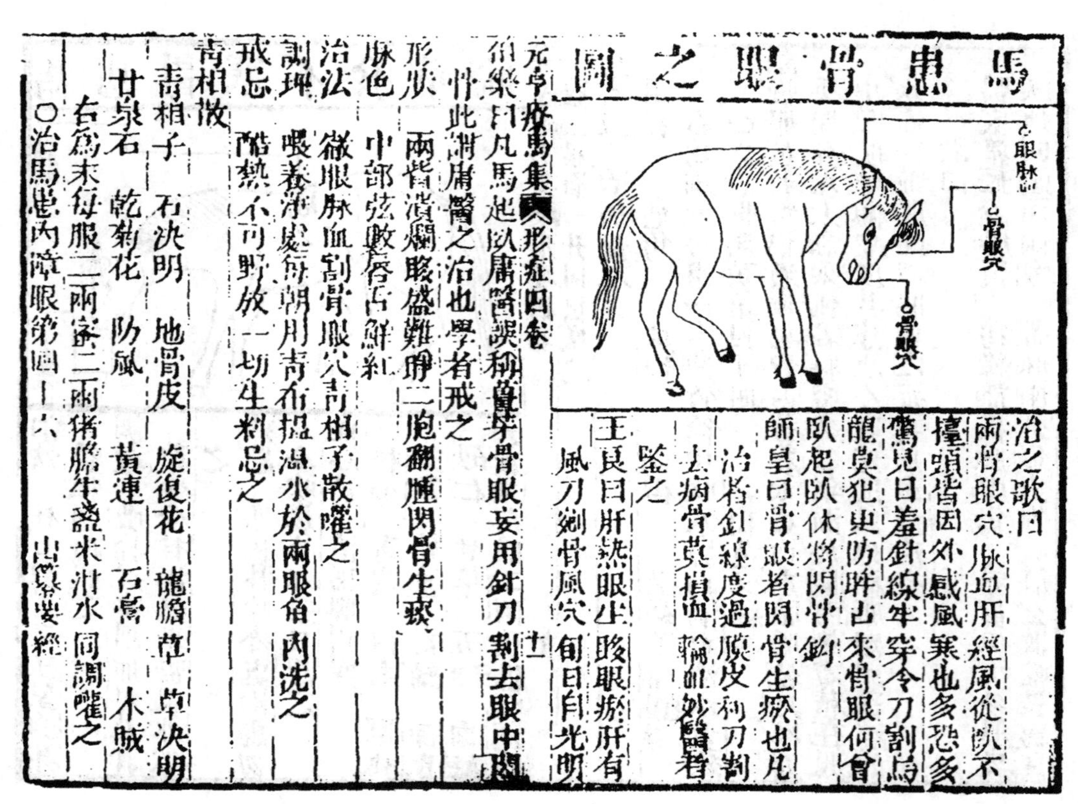

治之歌曰
兩骨眼穴脉血肝經風從臥不撞頭皆因外感風寒也多恐多驚見日羞針線牢穿令刀割鳥龍鼻犯更防胖古來骨眼何曾臥起臥休將閃骨鉤
師皇曰骨眼者閃骨生瘀也凡治者針線度過膜皮利刀割去病骨莫損血輪血妙醫者鑒之
王良曰肝熱眼生瞎眼瘀肝有風刀剜骨風穴甸日自光明

宿樂曰凡馬起臥庸醫誤稱鼻牙骨眼妄用針刀割去眼中閃骨此謂庸醫之治也學者戒之

形狀　兩眥潰爛眵盛難睜二胞翻腫閃骨生瘀

脉色　中部弦數唇舌鮮紅

治法　徹眼脉血割骨眼穴青相子散灌之

調理　喂養淨處每朝用青布揾温水於兩眼角内洗之

戒忌　醋熱不可野放一切生料忌之

青相散

青相子　石決明　地骨皮　旋復花　龍膽草　草決明

甘泉石　乾菊花　防風　黃連　石膏　木賊

右爲末每服二兩蜜二兩猪膽牛熬米泔水同調灌之

○治馬患内障眼第四十六　出蠡要經

內障者毒氣衝肝也皆因暑月炎天草飽乘騎奔走太過氣出不及流於腑下熱毒衝泌肝經肝受其邪障翳凝於瞳面也令獸睛生黃暈掩閉瞳人撺行亂走撞壁衝墻此謂內障肝風之症也瀉肝散治之

歌曰

馬騾內障說根源　奔行湧急氣衝肝　兩眼如常無眵淚

撺行亂撞步難痊　骨眼穴中卽令割　瀉肝散㗰藥宜先

瞳人返閉睛珠綠　任有仙方療不痊

師皇曰內障者五臟熱極毒氣衝肝翳障遮眼瞳人也其症有二一謂烏風內障一謂黃風內障此二者開列于後醫者分別治之

烏風　烏風者黑風起自肝臟也瞳人反閉色不堪治也醫者鑒之

王良曰烏風起肝臟忽患眼青盲若能通神妙除非敗換睛

黃風　黃風者黃風浸於睛中也凡治者割去眼中肉骨兩針眼脉徹之

王良曰黃風起赤脉黃暈浸於中頻抽眼脉血救療有功能

形狀　兩背無眵黃暈浸睛撺行亂走撞壁衝墻

脉色　舌唇青紫肝脉洪弦

治法　徹眼脉血割肉眼穴瀉

馬患內障眼形

眼脉血　骨眼穴　喉脉血

肝散㗰之

調理　喂養淨處草飽休令騎驟清晨用井花水頂上洗之

戒忌　忌生料少令喂之

瀉肝散　治馬內障眼黃暈浸睛

石決明　草決明　龍膽草　旋復花　青葙子　梔子

蔚金　黃連　甘草

右爲末每服兩半細切白羊肝二兩米一升同調拌勻草飽㗰之隔日再㗰之

退障　點馬內障眼

白礬磁小酒盂去底不用點礬

右具一味淨洗搗爲細末入器仍擂萬遍白綿紙羅三遍再擂每朝兩次點之

○馬患混睛第四十七　出通玄經

混睛出者疫氣化生也皆因三秋月令瘴疫遍發之期新駒幼馬五更野放於郊其郊中棘刺棘中蛛網屯中露水誤入其目感天地之霧氣受蜘蛛之精水陰陽交混變化而成出也在於五輪之內往來不住遊走令獸睛生翳膜黑白不分凡治白睛近上黑睛近下兩兼中心是開天一穴醫家用線纏之白針尖一分在手睜開馬眼右手持針於開天穴上輕手急針一分出隨水出便見其功三朝之內雲翳自然退矣七日不愈蟬退散㗰之歌曰

蛛絲露水入睛輪　變化成虫不住停　針烙藥點全無效

奇方用盡莫能明　須用聖賢神妙訣　開天穴上使神鋒

一針着虫隨水出　便是師皇伯樂功

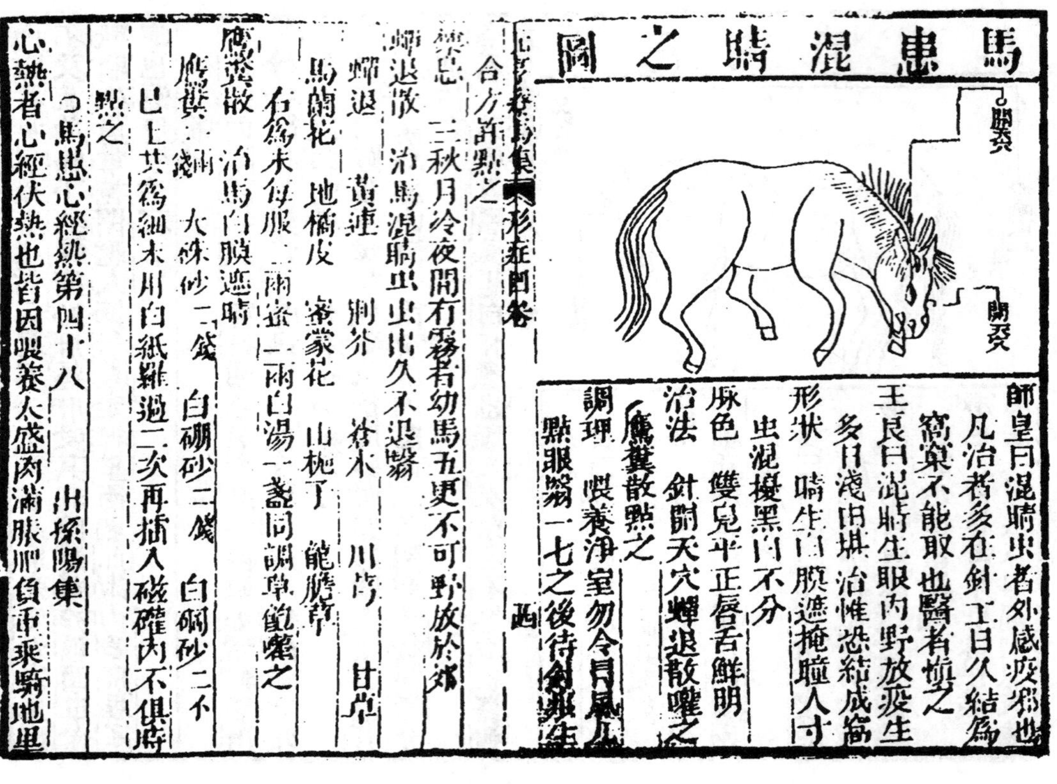

師皇曰混睛虫者外感疫邪也凡治者多在針工日久結爲窩巢不能取也醫者慎之

王良曰混睛生眼內野放疫生多日淺由堪治惟恐結成窩

形狀 睛生白膜遮掩瞳人寸虫混攪黑白不分

脉色 雙見平正唇舌鮮明

治法 針開天穴蟬退散嚨之鷹糞散點之

調理 喂養淨室勿令見風凡點眼經一七之後待針眼生

合方許點之

禁忌 三秋月冷夜間有霧者幼馬五更不可野放於郊

蟬退散 治馬混睛虫出日久不退翳

蟬退 黃連 荊芥 蒼术 川芎 甘草

馬蘭花 地楠皮 密蒙花 山梔子 龍膽草

右爲末每服二兩蜜一兩白湯一盞同調草飽灌之

鷹糞散 治馬白膜遮睛

鷹糞一兩 大珠砂二錢 白硼砂二錢 白硇砂二不

已上共爲細末用白紙羅過二次再擂入磁罐內不俱時點之

□馬患心經熱第四十八 出孫陽集

心熱者心經伏熱也皆因喂養太盛肉滿膘肥負重乘騎地里

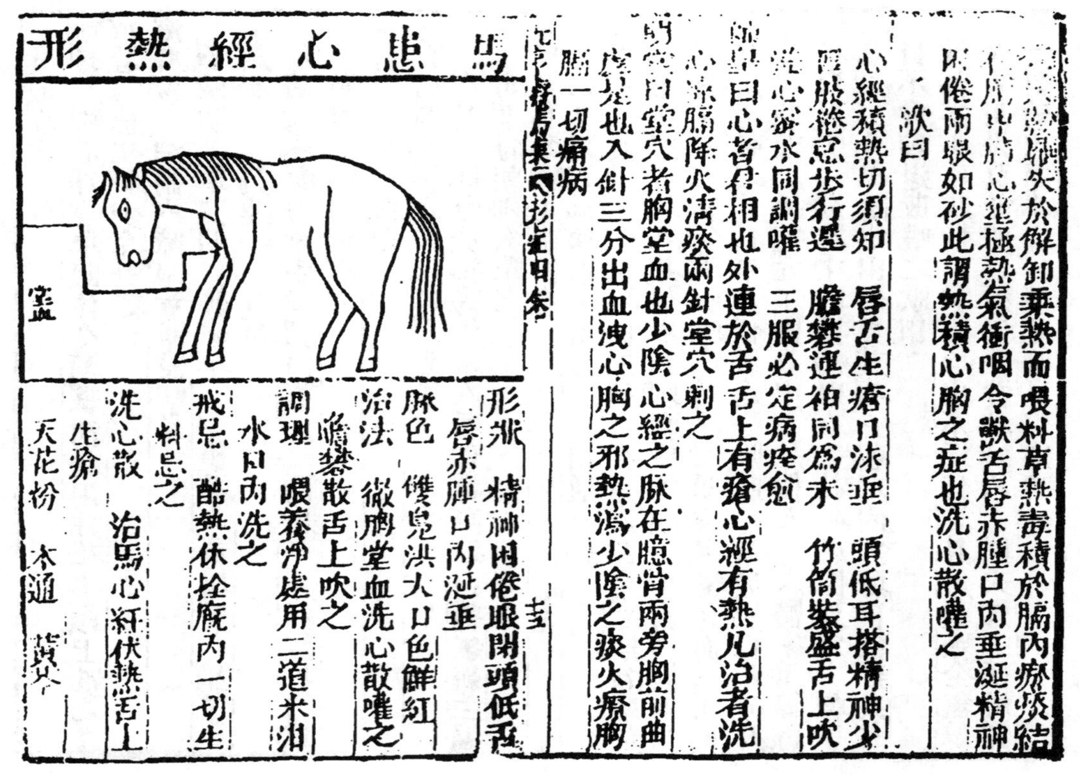

[illegible]失於解卸乘熱而喂料草熱毒積於臟內瘀痰結[illegible]心經極熱氣衝咽令獸舌唇赤腫口內垂涎精神困倦兩眼如砂此謂熱積心胸之症也洗心散嚨之

歌曰

心經積熱切須知 唇舌生瘡口沫垂 頭低耳搭精神少

困倦慾眠步行遲 鷹糞連柏同爲末 竹筒裝盛舌上吹

洗心散水同調嚨 三服必定病痊愈

師皇曰心者君相也外連於舌舌上有瘡心經有熱凡治者洗心涼膈降火清痰兩針堂穴刺之

胸堂穴者胸堂血也少陰心經之脉在臆骨兩旁胸前曲[illegible]是也入針三分出血洩心胸之邪熱瀉少陰之痰火療胸膈一切痛病

形狀 精神困倦眼閉頭低舌唇赤腫口內涎垂

脉色 雙見洪大口色鮮紅

治法 徹胸堂血洗心散嚨之鷹糞散舌上吹之

調理 喂養淨處用二道米泔水白肉洗之

戒忌 酷熱休拴廐內一切生料忌之

洗心散 治馬心經伏熱舌上生瘡

天花粉 木通 黃芩

黄連　連翹　茯神　黄柏　桔梗　白芷
山梔子　牛旁子
右爲末每服二兩蜜二兩米泔水一升同調草伋灌之
膽礬散　治馬舌瘡
膽礬　黄連　黄柏　孩兒茶
已上碾羅爲末先用米泔水洗乾口涎竹筒吹藥舌上瘡
之

〇馬患胸膊痛第四十九　出發蒙論

胸膊痛者血凝躥膈也皆因食之大飽負重乘騎奔走太急卒令卒拴失於接散瘀血凝於膈內痞氣結在胸中令獸胸疼膊痛束步難行頻頻換脚站立艱辛此謂肺把胸膊之症也當歸散治之歌曰

馬患胸膊之圖

胸堂血

立地時時兩足怕　頻頻換脚痛難當　騎來走急因拴繫　失於梓散致其殃　膈上兩針胸膊血　當歸散灌是奇方　三朝散縱荒郊外　氣血調和病自康

師皇曰膊痛者飽裝所傷也凡治者和血順氣止痛寬胸兩針堂以刺之

王良曰肺把胸膊痛前探幾聲胸堂微去血散縱自然康

形狀　胸疼膊痛束步難行頻頻換脚站立艱辛

脉色　風關脉沉細小臥蚕紫而唇結
治法　徹胸堂血當歸散灌之
調理　晝縱於郊夜散於廐任其自臥自起
戒忌　飽休令騎驟一切生料忌之

當歸散　治馬胸膊痛
枇杷葉　葶藶子　天花粉　牡丹皮　白藥子　白芍藥
紅花　桔梗　當歸　甘草　没藥　大黄
右爲末每服　兩水一升同煎三五沸傾出入童便半盞候温草後灌之

〇馬患蹄頭痛第五十　出師皇集

蹄頭痛者血凝蹄甲也皆因膘肥肉重多立少騎久拴入繫血流蹄頭以致蹄甲漸長失於修削日久致使蹄胎脹硬筋甲焦枯令獸擡行不動打尾昂頭蹄懸脚點感走難行此謂敗血凝蹄之症也烏金膏治之歌曰

蹄頭痛病豈非常　皆因久立血攻傷　筋甲焦枯攢四足　欲行難動把頭昂　削去死蹄修去硬　烏金膏烙最爲良　蹄頭四足金針徹　月餘之外病安康

師皇曰蹄頭患脚攢頭害膊脚上痛修蹄甲膊上痛放胸堂

王良曰膊痛緣騎若蹄傷敗血攻痛時針且妙蹄損火能通

形狀　臥多立少起走如攢懸蹄點足腰曲頭低
脉色　雙兒平正口色鮮明
治法　徹蹄頭血刺噎泉穴烏金膏塗蹄烙之如聖膏塗其蹄潤之
調理　朝夕散縱於廐用白沙於廐内鋪之

馬患蹄頭痛狀

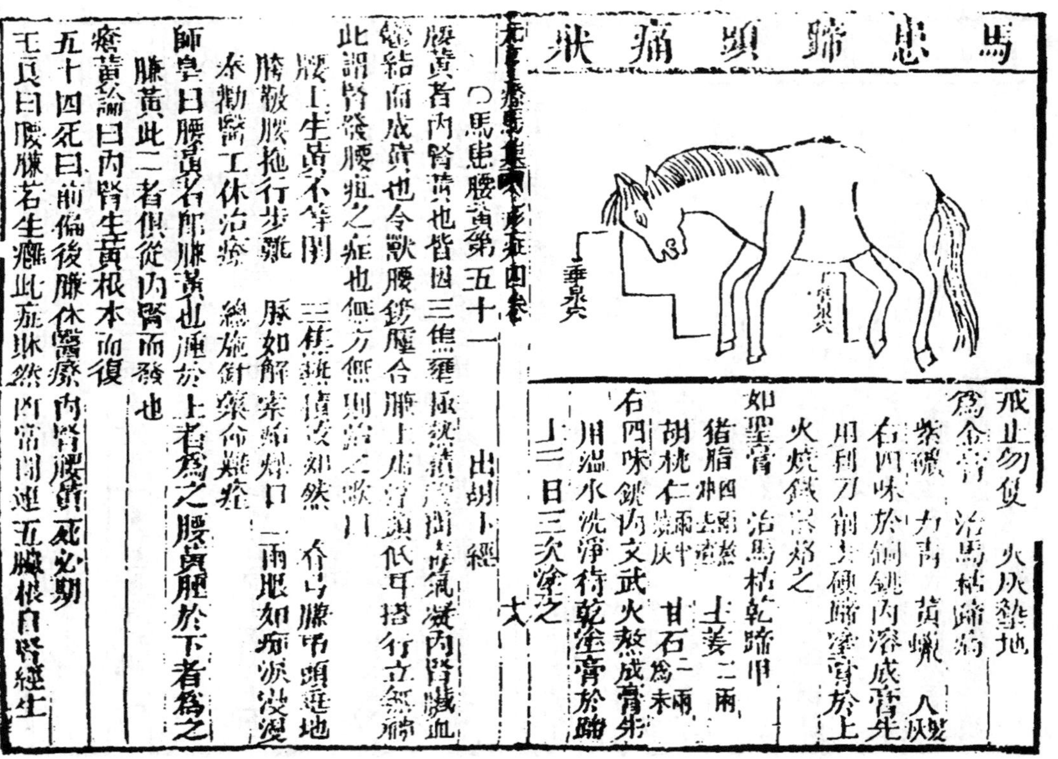

戒止勿傍 火灰墊地
為金膏 治馬枯蹄病
紫礦 大青 黃蠟 八錢
右四味於銅銚內溶成膏先
用利刀削去硬蹄塗膏於上
火燒鐵烙烙之
如聖膏 治馬枯乾蹄甲
猪脂四兩熬去滓 生薑二兩
胡桃仁二兩半燒灰 甘石二兩為末
右四味銚內文武火熬成膏先
用溫水洗淨待乾塗膏於蹄
上一日三次塗之

〇馬患腰黃第五十一　出胡卜經

腰黃者內腎黃也皆因三焦壅極熱積於胸中毒氣凝內腎臟血壅結而成黃也令獸腰跨腫合腰上虛腫頭低耳搭行立無神此謂腎發腰疽之症也無方無則治之歌曰

腰上生黃不等閑　三焦熱積毒如然　介中腰吊頭連地
胯瘢腰拖行步難　脉如解索觜焦口　一兩眼如痴淚浸漫
來勸醫工休治療　總施針藥命難痊

師皇曰腰黃者即腰黃也漏於上者為之腰黃腫於下者為之腰黃此二者俱從內腎而發也

療黃論曰內腎生黃根本而復　內腎腰黃死必期
五十四死曰前偏後腫休醫療
王良曰腰腫若生癰此症然　內常間進五臟根自腎經生

馬患腰黃狀

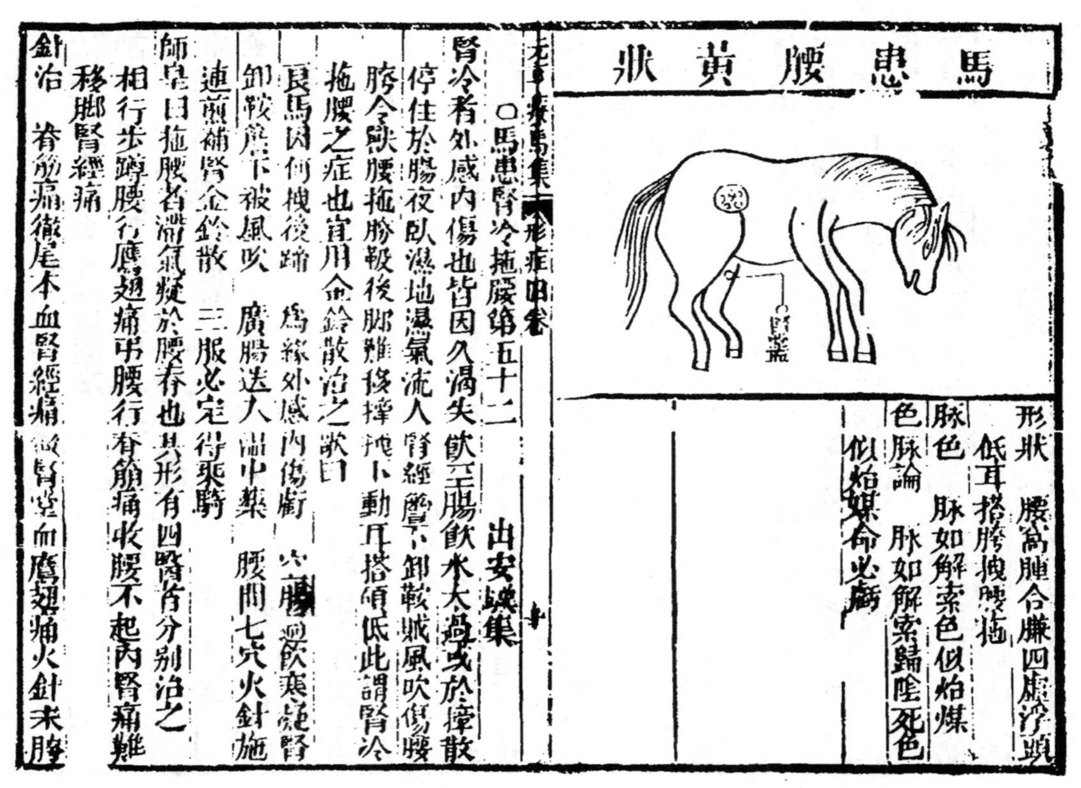

形狀　腰胯腫合膁四肢浮頭低耳搭胯拽腰拖
脉色　脉如解索色似炲煤
色脉論　脉如解索歸陰死色似炲煤命必虧

〇馬患腎冷拖腰第五十二　出安驥集

腎冷者外感內傷也皆因久渴失飲三焦腸飲水太過或於摔散停住於腸夜臥濕地濕氣流入腎經廄下卸鞍賊風吹傷腰胯令獸腰拖胯股後腳難移摔拖下動耳搭頭低此謂腎冷拖腰之症也宜用茴鈴散治之歌曰

良馬因何拽後蹄　為緣外感內傷虧　六脈遲飲寒凝腎
卸鞍簷下被風吹　膀腸送入湯中藥　腰間七穴火針施
連煎補腎茴鈴散　三服必定得乘騎

師皇曰拖腰者滯氣凝於腰脊也其形有四醫者分別治之相行步蹲腰行鷹翅痛吊腰行脊節痛收腰不起內腎痛難移腳腎經痛

針治　脊筋痛徹尾本血腎經痛啟腎堂血鷹翅痛火針夾膂

馬患腎冷拖腰狀

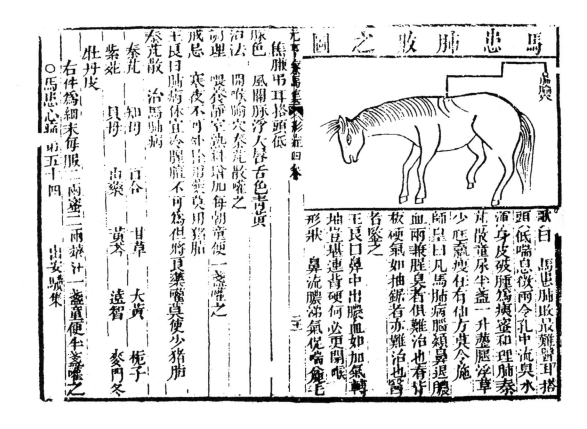

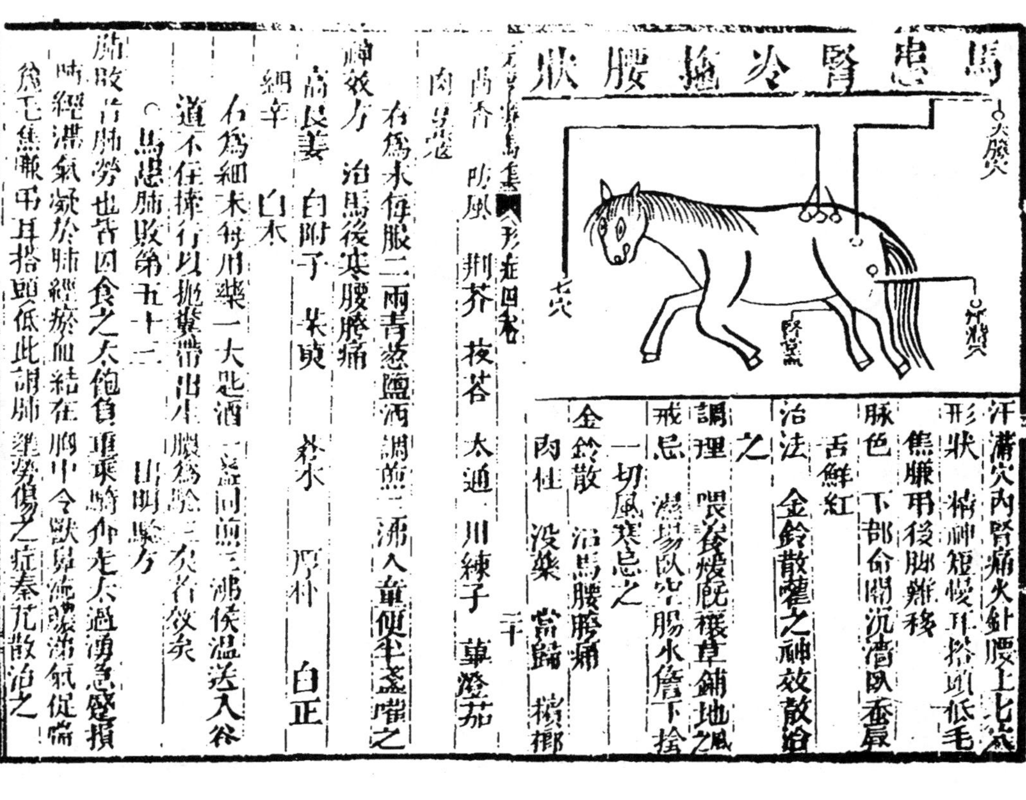

汗溝穴內腎痛火針腰上七穴

形狀　精神短慢耳搭頭低毛焦𦞂弔後腳難移

脉色　下部命門沉濇卧蚕唇舌鮮紅

治法　金鈴散灌之神效散治之

調理　喂餧暖厩礙草鋪地風之

戒忌　濕場卧地腸水簷下拴一切風寒忌之

金鈴散　治馬腰胯痛

肉桂　没藥　當歸　檳榔　茴香　防風　荊芥　茯苓　木通　川楝子　蓽澄茄　肉豆蔻

右爲末每服二兩青葱鹽酒調煎三沸入童便半盞灌之

神效方　治馬後寒腰胯痛

高良薑　白附子　[illegible]　蒼朮　厚朴　白芷　細辛　白朮

右爲細末每用藥一大匙酒一盞同煎三沸候溫送入谷道不住捧行以拋糞帶出小腸爲驗三次者效矣

○馬患肺敗第五十三　出明驥方

肺敗者肺勞也皆因食之太飽負重乘騎奔走太過消急壅損肺經濇氣凝於肺經瘀血結在胸中令欬鼻流膿涕氣促喘急毛焦𦞂弔耳搭頭低此謂肺經勞傷之症秦艽散治之

馬患肺敗之圖

歌曰　馬患肺敗最難醫耳搭頭低喘息微兩孔中流臭水涕身皮破腫爲痍蜜和理肺秦艽散童尿半盞一升整腿浮草少匡羸瘦任有仙方莫令施

師皇曰凡馬肺病腦顙鼻退膿血兩兼腥臭者俱難治也脊背枚硬氣如抽鋸者亦難治也醫者鑒之

王良曰鼻中出膿血如加氣轉燥豈堪連背硬何必更開喉

形狀　鼻流膿涕氣促喘急毛焦𦞂弔耳搭頭低

脉色　風關脉浮大唇舌色青黃

治法　開喉俞穴秦艽散灌之

調理　喂餧靜室熟料增加每朝童便一盞灌之

戒忌　寒夜不可外拴用藥莫用豬脂

王良曰肺病休宜冷腥腐不可爲但將良藥灌莫使少豬脂

秦艽散　治馬肺病

秦艽　知母　百合　甘草　大黃　梔子　紫菀　貝母　山藥　黃芩　遠志　麥門冬　牡丹皮

右件爲細末每服二兩蜜二兩蒜汁一盞童便半盞灌之

○馬患心痛第五十四　出安驥集

心痛者心不寧也皆因食之太飽乘騎奔走久熱積太熱痛痞氣衝塞心胸令獸胸堂出汗氣促喘麄前蹄跪地眼閉頭低此謂心氣怔忡之症也清心散治之

歌曰

前蹄跪地號心傷　飽乘驟損痛難當　色似雞冠洪數脈
行立如痴喘息忙　地黄甘草并雞子　芎藭紫苑及生藕
芍藥當歸同共使　三服不效必須亡

師皇曰心痛者勞傷也凡治者寧心順氣養血安神如驚狂蹄嚙者如碌砂者死醫者慎之

形狀　前蹄跪地眼閉頭低胸前出汗氣促喘麄

脈色　雙尾洪數色似雞冠

治法　清心散啗之

元亨療馬集　形症四卷

馬患心痛之圖

調理　喂於淨處每用童便一盞草後啗之

禁止　幹熱休拴煖廐一切作料忌之

清心散　治馬心痛不寧

當歸　茯神　遠志　甘草

大黄　芎藭　紫苑　芍藥

黄連　鬱金　麥門冬

生地黄

共爲末每服二兩蜜二兩薑三片雞子清無根水同調啗之

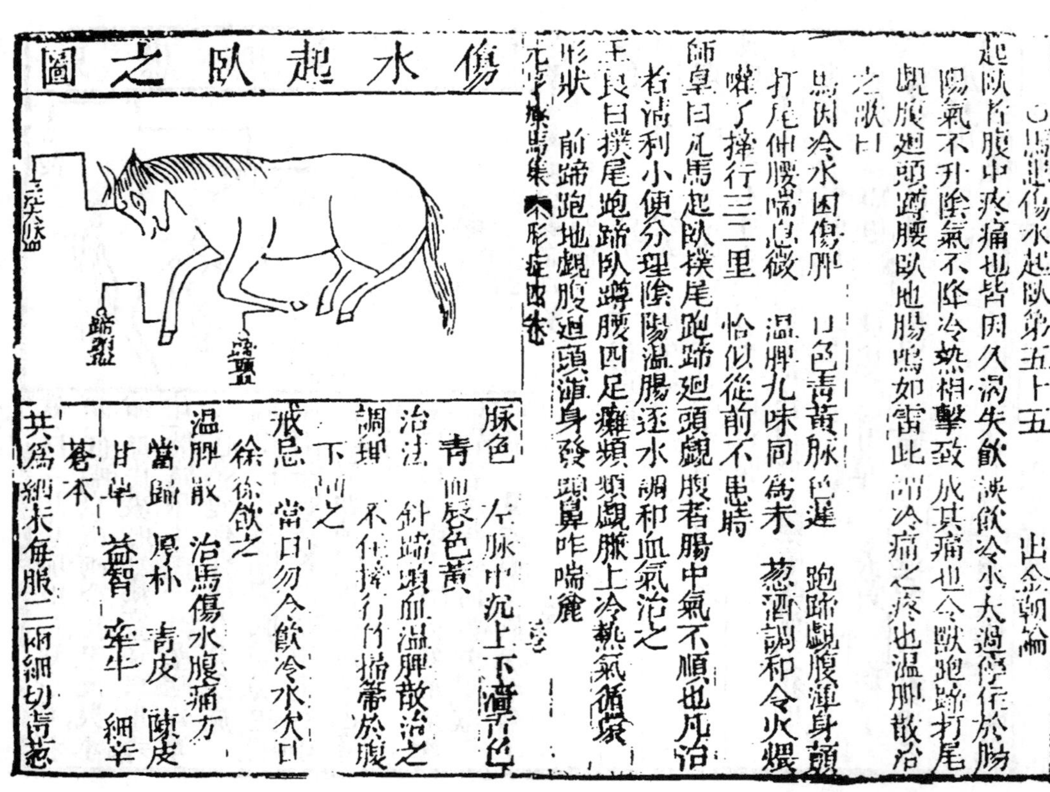

馬患傷水起臥第五十五　出金鞍論

起臥者腹中疼痛也皆因久渴失飲誤飲冷水太過停住於腸陽氣不升陰氣不降冷熱相擊致成其痛也令獸跑蹄打尾覷腹廻頭蹲腰臥地腸鳴如雷此謂冷痛之疼也温脾散治之歌曰

馬因冷水困傷脾　口色青黄脈色遲　跑蹄覷腹渾身顫
打尾伸腰喘息微　温脾九味同爲末　葱酒調和令火煨
嚙了牽行三二里　恰似從前不患時

師皇曰凡馬起臥撲尾跑蹄廻頭覷腹者腸中氣不順也凡治者清利小便分理陰陽温腸逐水調和血氣治之

王良曰撲尾跑蹄臥蹲腰四足癱瘓頻頻覷臁上冷熱氣循

形狀　前蹄跑地覷腹廻頭渾身發戰鼻咋喘麄

元亨療馬集　形症四卷

傷水起臥之圖

脈色　左脈中沉上下濇青色

青面唇色黄

治法　針蹄頭血温脾散治之

調理　不住牽行所揞帶於腹下向之

戒忌　當日勿令飲冷水大口徐徐飲之

温脾散　治馬傷水腹痛方

當歸　厚朴　青皮　陳皮

甘草　益智　牽牛　細辛

蒼本

共爲細末每服二兩細切青葱

三㕮苦酒　升調煎三沸揚去大氣候熱灌之

〇馬患肝經風熱第五十六　出淵源論

肝風者肝熱生風也皆因喂養太盛外感內傷名曰炎天負重乘騎奔走太急熱積於心心傳於肺肺傳於肝肝傳於眼也令獸眼胞翻腫背肉㾓紅睛生翳障眼難睜此謂肝熱生風之症也防風散灌之

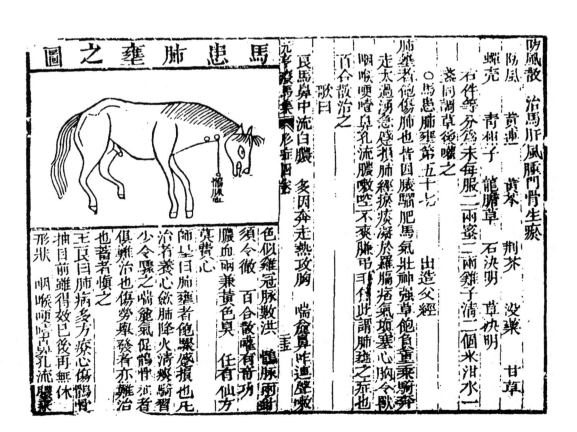

歌曰

肝經風熱眼雙昏　四蹄如柱步難行　大小二背生㾓肉
兩胞翻腫閉難睜　骨眼穴中先令割　攣㾓去盡莫留存
睛俞膨㾓燒鐵烙　防風散灌永除根

師皇曰凡馬眼隨兩背有㾓肉者肝經風熱也用線穿過膜皮用刀割去病骨其眼胞上下翻過眼皮名曰睛俞穴也火燒鐵器烙之大效醫者慎之

元亨療馬集　形症四卷　三四

馬患肝經風熱

太陽血　睛俞穴　骨眼穴

王良曰肝熱眼生膜眼㾓肝經風兩背生攣肉惟烙抵神功

形狀　眼胞翻腫背肉㾓[illegible]生翳障眼難睜

脉色　肝脉弦數唇舌鮮紅

治法　徹太陽血割骨眼穴烙睛俞穴防風散灌之

調理　槽養淨處每朝用青布蘸濕水於眼內洗之

戒止　三日勿令冒風一切生料停止

防風散　治馬肝風腫門骨生㾓

防風　黃連　黃芩　荊芥　沒藥　甘草
蟬殼　青箱子　龍膽草　石決明　草決明

右件等分為末每服二兩蜜二兩雞子清二個米泔水一盞同調草後灌之

〇馬患肺癰第五十七　出造父經

肺癰者飽傷肺也皆因膘驟肥馬氣壯神強草飽負重乘騎奔走太過湯急壅損肺經㾓痰凝於羅膈痞氣填塞心胸令獸咽喉哽噎鼻孔流膿嗽啌不爽膁弔耳搭此謂肺癰之症也

百合散治之

歌曰

良馬鼻中流白膿　多因奔走熱攻胸　喘麁鼻咋連聲嗽
色似雞冠脉數洪　鶻脉兩邊須令徹　百合散灌有奇功
膿血兩兼黃色臭　任有仙方莫費心

元亨療馬集　形症四卷　三五

馬患肺癰之圖

鶻脉血

師皇曰肺癰者飽驟廢損也凡治若養心歛肺降火清痰騎習少令驟之喘麁氣促鶻骨痛者俱難治也傷勞轉發者亦難治也醫者慎之

王良曰肺病多方療心傷鶻骨抽目前雖得效已後再無休

形狀　咽喉哽噎鼻孔流膿[illegible]

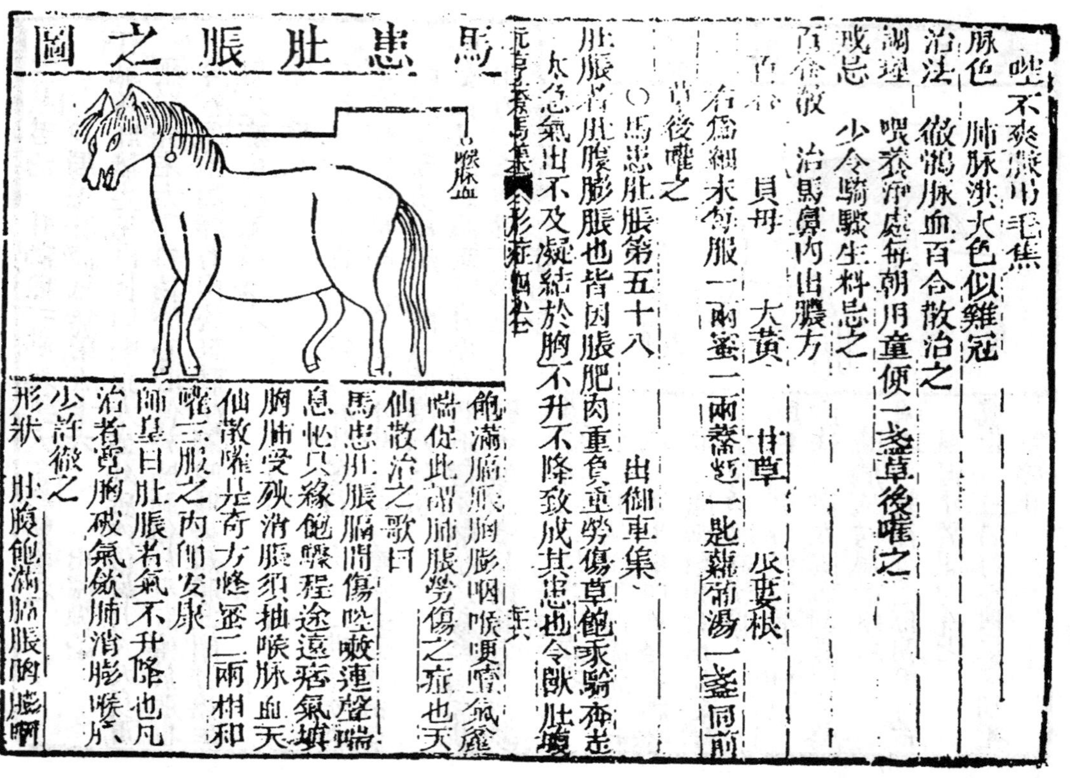

唑不爽頭中毛焦
脉色　肺脉洪大色似雞冠
治法　徹鵲脉血百合散治之
調理　喂養淨處每朝用童便一盞草後喂之
戒忌　少令騎驟生料忌之
百合散　治馬鼻内出膿方
百合　貝母　大黄　甘草　瓜蔞根
右爲細末每服一兩蜜一兩蔾苣一匙蘿葡湯一盞同煎草後喂之

○馬患肚脹第五十八　出御東集

肚脹者肚腹膨脹也皆因脹肥肉重負重勞傷草飽乘騎奔走太急氣出不及凝結於胸不升不降致成其患也令獸肚腹

元亨療馬集卷　形症四十八

馬患肚脹之圖

飽滿膈脹胸膨咽喉哽噎氣麤喘促此謂肺脹勞傷之症也天仙散治之歌曰

馬患肚脹膈間傷唑嗽連聲喘息忙只緣飽驟程途遠瘀氣填胸肺受殃消脹須抽喉脉血天仙散喂是奇方蜂蜜二兩相和喂三服之内便安康

師皇曰肚脹者氣不升降也凡治者寬胸破氣斂肺消膨喉脉少許徹之

形狀　肚腹飽滿膈脹胸膨咽

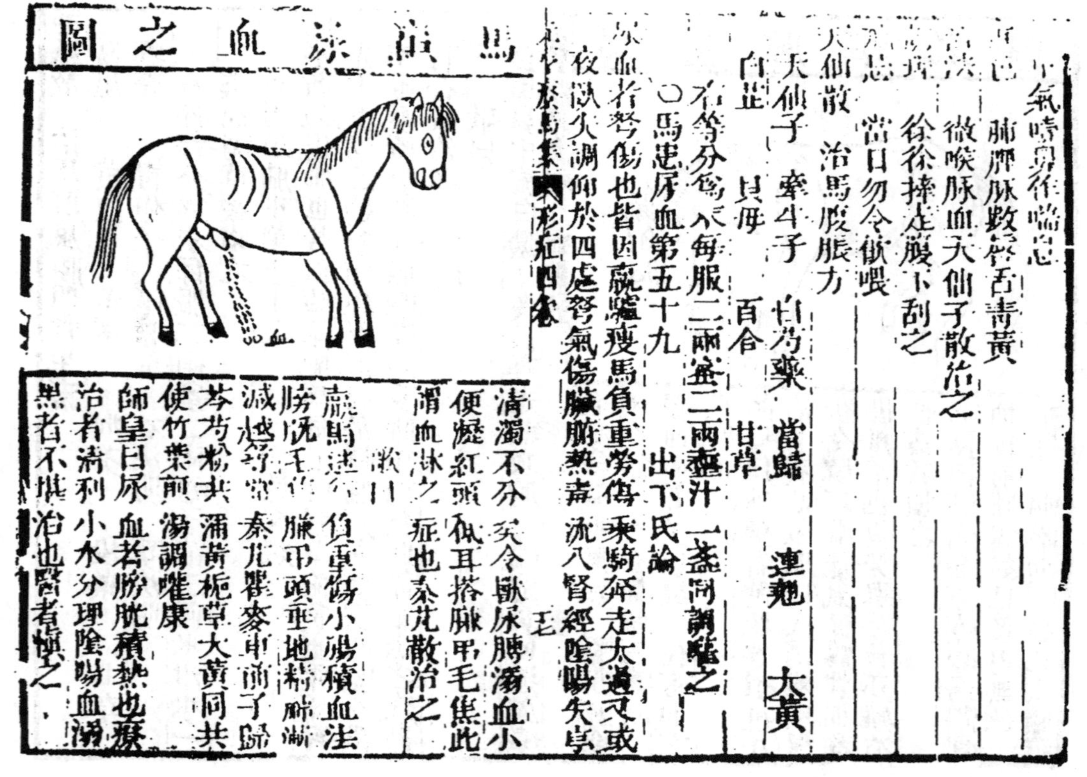

中氣噴鼻作喘息
脉色　肺脾脉數舌青黄
治法　徹喉脉血天仙子散治之
調理　徐徐牽走腹下刮之
戒忌　當日勿令飲喂
天仙散　治馬腹脹方
天仙子　牽牛子　白芍藥　當歸　連翹　大黄
白芷　貝母　百合　甘草
右等分爲末每服二兩蜜二兩韭汁一盞同調灌之

○馬患尿血第五十九　出卞氏論

尿血者努傷也皆因麤驢瘦馬負重勞傷乘騎奔走太過又或夜臥久調仰於四處努氣傷臟腑熱毒流入腎經陰陽失序

元亨療馬集卷　形症四十九

馬患尿血之圖

清濁不分致令獸尿膊滴血小便凝紅頭低耳搭腰吊毛焦此謂血淋之症也秦艽散治之

歌曰

麤馬迷行負重傷小腸積血注膀胱毛焦腰吊頭垂地精神漸減燥將當秦艽瞿麥車前子歸芩芍粉共蒲黄梔草大黄同共使竹葉煎湯調灌康

師皇曰尿血者膀胱積熱也療治者清利小水分理陰陽血滴黑者不堪治也醫者慎之

師皇曰尿血還緣熱風虛結澀爲秦艽散自然通利大黃消

形狀　尿膀溺血努氣弓腰頭低耳搭草

脉色　腎命脉滑唇舌如綿

治法　秦艽散治之

調理　喂於煖室增加料草青竹葉空腸喂之

戒忌　七日勿令騎驟

秦艽散　治馬小便溺血

秦艽　蒲黃　瞿麥　當歸　黃芩　甘草

紅花　大黃　芍藥　梔子　車前子　天花粉

右爲末每服一兩五錢青竹葉煎湯一盞同調空草啖之

○馬患腎虛第六十　出療驥方

腎虛者腎敗也皆因傷勞過度喂少騎多傷於五臟傳入腎經

馬患腎虛之圖

百會穴

巴山穴

腎受其邪不傳腰胯也令後蹄虛腫胯拽腰拖精神短慢耳搭頭低此謂腎敗虛羸之症也藿澄茄散治之

歌曰

腎虛腿腫步難移　胯拽腰拖脊似弓
四肢倦怠行無力　口色青黃脉細沉
百會巴山血火治　藿澄茄散最功深
臥攤草少飛鹽瘦　用葱鹽方命不存

師皇曰腎虛者根本病也凡治[illegible]氣滋腎補陰腰胯火

針治之

形狀　四肢虛腫後脚難移精神短慢耳搭頭低

脉色　雙凫沉細口色青黃

治法　火針百會穴巴山穴藿澄茄散治之

調理　喂養煖廐增加料草槽草鋪地臥之

戒忌　寒夜休拴冷處風寒陰溫忌之

藿澄茄散　治馬腎虛後腿浮腫

藿澄茄　破故芷　胡蘆巴　川楝子　肉蓯蓉　肉豆蔻

厚朴　茴香　巴戟　桂心　益智　檳榔

右爲末每服二兩葱白三枝飛鹽半兩苦酒一升同煎三沸候溫空心灌之

○馬患傷料第六十一　出李林經

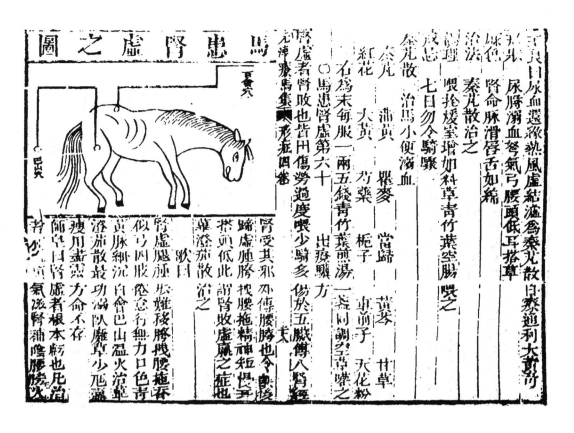

料傷者生料過傷也皆因蓄養太盛多喂少騎谷氣凝於脾胃料毒積在腸中不能運化邪熱妄行五臟也令獸神昏似醉眼閉頭低拘行束步四足如攢此謂谷料所傷之症也麴蘖散治之

歌曰

馬因谷料過多傷　胃火流行五臟間
精神困倦渾如醉　行步拘然亦似攢
蘿蔔麥蘖生擂用　枳殼山查神麴研
生油小便相和灌　四蹄出血自然安

師皇曰傷料者草料過多也凡治者消積破氣化谷寬腸蹄頭四血針之

形狀　精神倦怠眼閉頭低拘行束步四足如攢

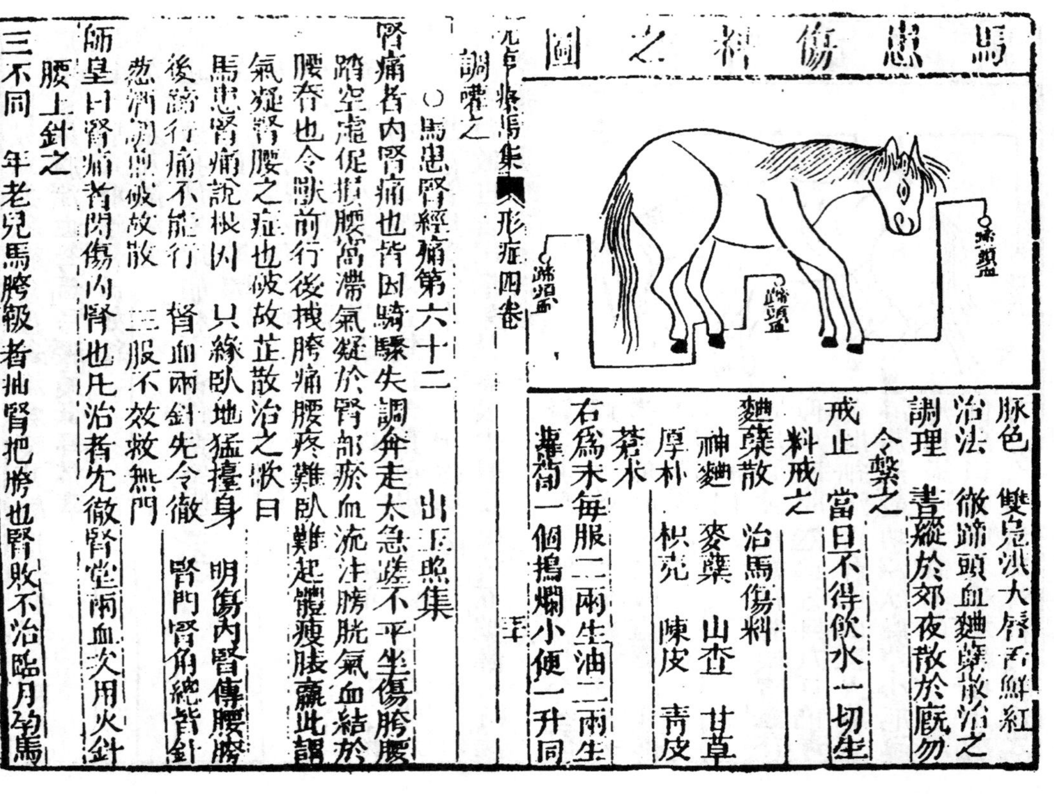

馬患傷料之圖

脉色　雙睛淚大唇舌鮮紅

治法　徹蹄頭血麴蘖散治之

調理　晝縱於郊夜散於廐勿令繫之

戒止　當日不得飲水一切生料戒之

麴蘖散　治馬傷料

神麴　麥蘖　山查　甘草

厚朴　枳殼　陳皮　青皮

蒼术

右爲末每服一二兩生油二兩生蘿蔔一個搗爛小便一升同

調灌之

○馬患腎經痛第六十二　出王照集

腎痛者內腎痛也皆因騎驟失調奔走太急蹄不平坐傷胯腰蹄空虛促損腰窩滯氣凝於腎部瘀血流注膀胱氣血結於腰脊也令獸前行後拽胯痛腰疼難臥難起體瘦膁羸此謂氣凝腎腰之症也破故芷散治之歌曰

馬患腎痛說根因　只緣臥地猛撞身　明傷內腎傳腰胯
後腳行痛不能行　腎血兩針先令徹　腎門腎角總皆針
葱酒調和破故散　三服不效救無門

師皇曰腎痛者閃傷內腎也凡治者先徹腎堂兩血次用火針腰上針之

三不同　年老兒馬胯骸者抽腎把胯也腎敗不治臨月兒馬胯骸者子宮把胯也産後白禽膝馬肥風臥地者胡骨把胯也癱瘓難醫

王良曰兒馬抽腎痛胎驟子宮傷驃驄胡骨瘓三病無治方

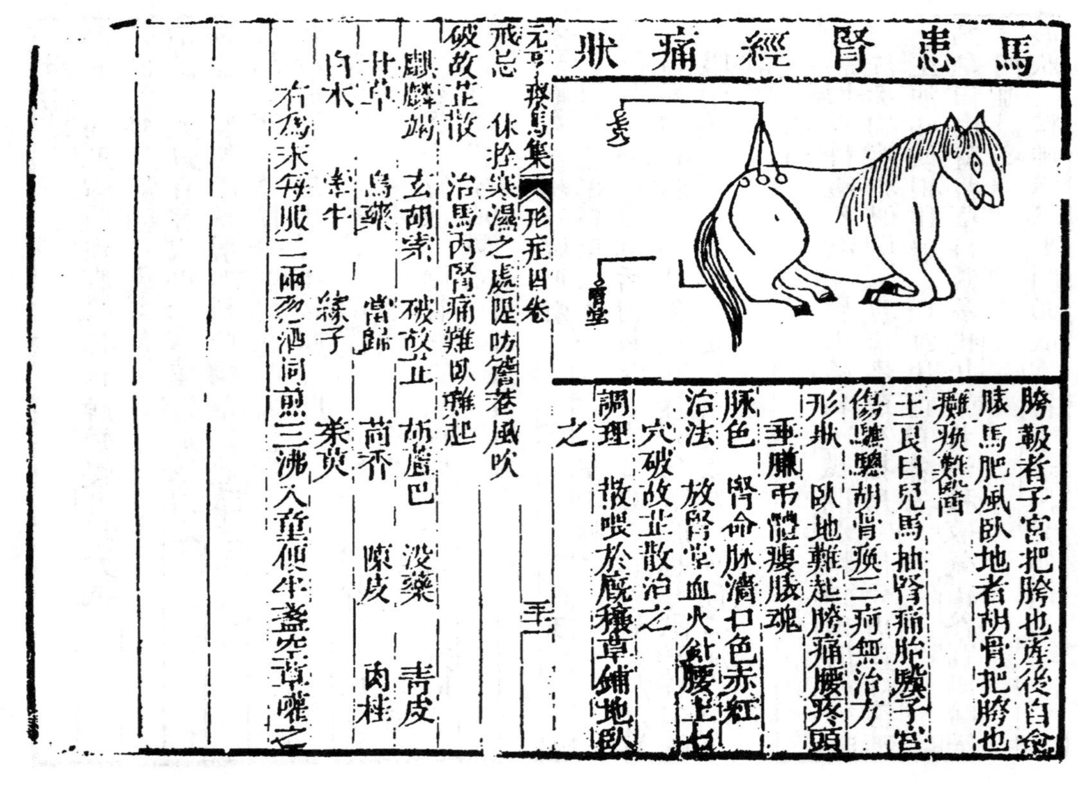

馬患腎經痛狀

形狀　臥地難起胯痛腰疼頭垂膁弔體瘦膁魂

脉色　腎命脉濇口色赤紅

治法　放腎堂血火針腰上七穴破故芷散治之

調理　撒喂於廐穰草鋪地臥之

戒忌　休拴糞濕之處隄防簷巷風吹

破故芷散　治馬內腎痛難臥難起

麒麟竭　玄胡索　破故芷　胡蘆巴　沒藥　青皮

甘草　烏藥　當歸　茴香　陳皮　肉桂

白术　牽牛　練子　茱萸

右爲末每服二兩好酒同煎三沸入童便半盞空草灌之

馬患心絕之圖

馬患肝絕之圖

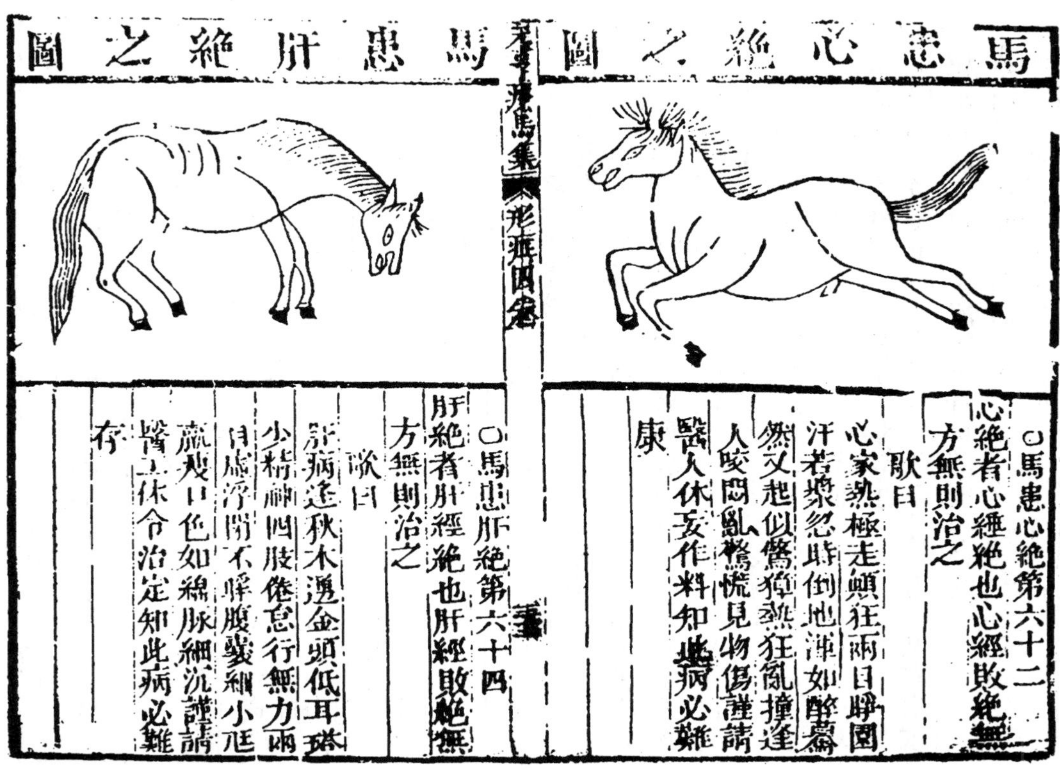

〇馬患心絕第六十二

心絕者心經絕也心經敗絕無方無則治之

歌曰

心家熱極走顛狂兩目睜圓汗若漿忽時倒地渾如醉驀然又起似驚獐熱狂亂撞逢人咬悶亂驚慌見物傷謹請醫人休妄作料知此病必難康

〇馬患肝絕第六十四

肝絕者肝經絕也肝經敗絕無方無則治之

歌曰

肝病逢秋木遇金頭低耳搭少精神四肢倦怠行無力兩目虛浮閉不睜腹變細小尾流叟口色如綿脈細沉謹請醫工休令治定知此病必難存

馬患脾絕之圖

馬患肺絕之圖

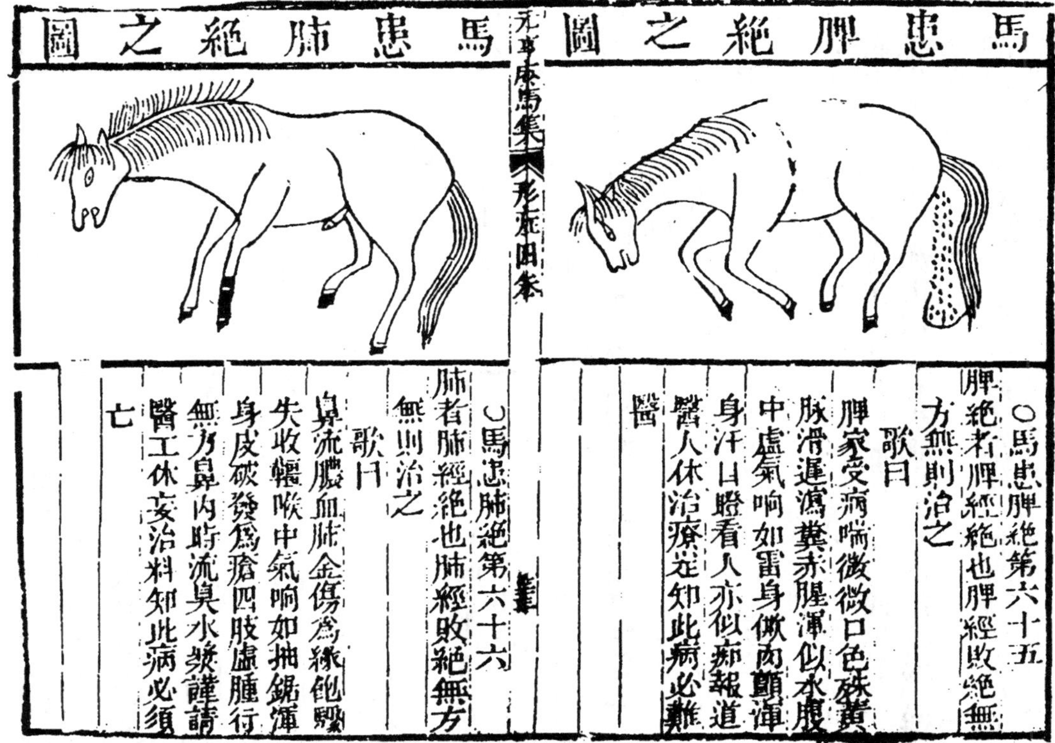

〇馬患脾絕第六十五

脾絕者脾經絕也脾經敗絕無方無則治之

歌曰

脾家受病喘微微口色蘇黃脈滑遲瀉糞赤腥渾似水腹中虛氣响如雷身微肉顫渾身汗目瞪看人亦似痴報道醫人休治療定知此病必難醫

〇馬患肺絕第六十六

肺者肺經絕也肺經敗絕無方無則治之

歌曰

鼻流膿血肺金傷爲緣飽驟失收韁喉中氣响如抽鋸渾身皮破發爲瘡四肢虛腫行無力鼻內時流臭水漿謹請醫工休妄治料知此病必須亡

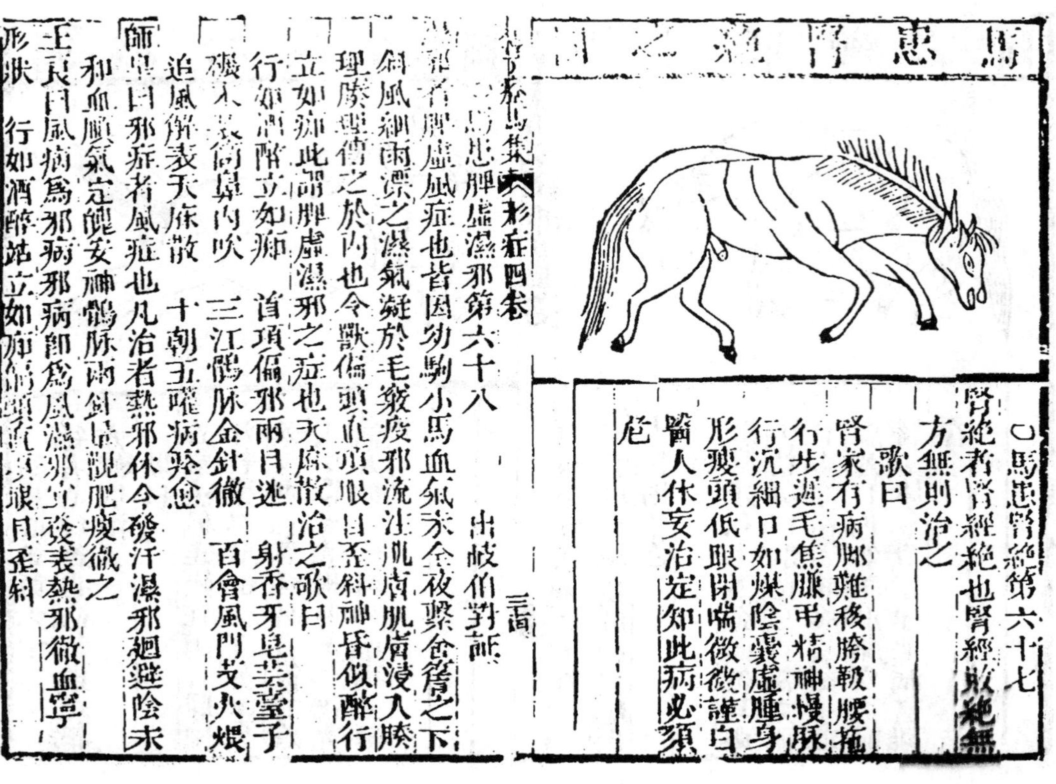

馬患腎絕之圖

○馬患腎絕第六十七

腎絕者腎經絕也腎經敗絕無
方無則治之

歌曰

腎家有病腳難移　膀鞁腰拖
行步遲　毛焦臁吊精神慢　脉
行沉細口如煤　陰囊虛腫身
形瘦　頭低眼閉喘微微　謹白
醫人休妄治　定知此病必須
危

○馬患脾虛濕邪第六十八　出岐伯對証

脾虛濕邪者脾虛風症也皆因幼駒小馬血氣未全夜繫露地之下
斜風細雨漂之濕氣凝於毛竅疫邪流注肌膚浸入腠
理傳之於內也令獸偏頭直項眼目歪斜神昏似醉行
立如痴此謂脾虛濕邪之症也天麻散治之歌曰

行如酒醉立如痴　首項偏邪兩目迷　射香牙皂芸薹子
礬石研同鼻內吹　三江鶻脉金針徹　百會風門艾火煨
追風解表天麻散　十朝五曬病痊愈

師皇曰邪症者風症也凡治者熱邪休令發汗濕邪迴避陰未
和血順氣定魄安神鶻脉兩針量視肥瘦徹之

王良曰風病為邪病邪病即為風濕邪宜發表熱邪徹血寧

形狀　行如酒醉站立如痴偏頭直項眼目歪斜

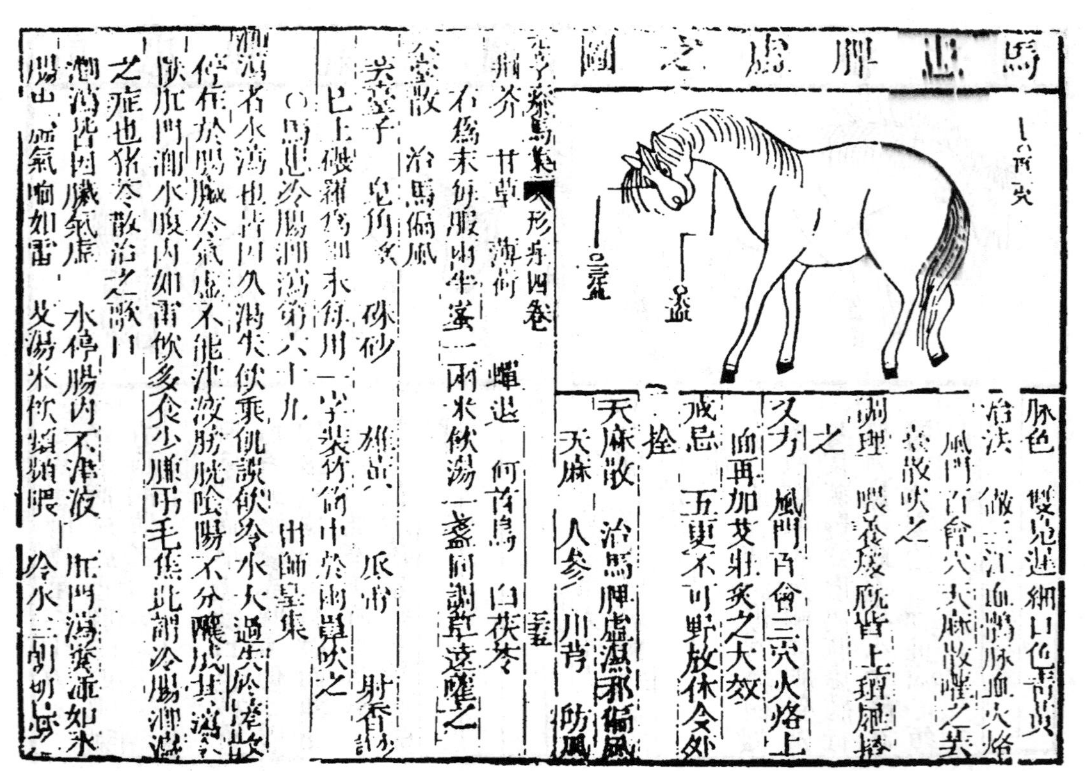

馬患脾虛之圖

脉色　雙息遲細口色青黃

治法　徹三江血鶻脉血火烙風門百會穴天麻散灌之芸
薹散吹之

調理　喂養蔭廄背上頂屜搭
之

又方　風門百會三穴火烙上
血再加艾壯灸之大效

戒忌　五更不可野放休令外
拴

天麻散　治馬脾虛濕邪偏風

天麻　人參　川芎　防風

荊芥　甘草　薄荷　蟬退　何首烏　白茯苓

右為末每服兩半蜜一兩米飲湯一盞同調草遠灌之

芸薹散　治馬偏風

芸薹子　皂角炙　硃砂　雄黃　瓜蒂　射香各等分

已上碾羅為細末每用一字裝竹筒中於兩鼻吹之

○馬患冷腸泄瀉第六十九　出師皇集

泄瀉者水瀉也皆因久渴失飲乘飢誤飲冷水大過失於運散
停在於腸臟冷氣虛不能津液膀胱陰陽不分釀成其瀉令
獸尻門泄水腹內如雷飲多食少臁吊毛焦此謂冷腸泄瀉
之症也豬苓散治之歌曰

泄瀉皆因臟氣虛　水停腸內不津液　尻門瀉糞流如水
腸出寒氣吼如雷　少湯水飲頻頻喂　冷水三朝切莫

馬患冷腸之圖

猪苓散喂之，連三服，臟腑調和，病自愈。

師皇曰：渹瀉者，臟冷氣虛也。凡治者分陰陽，和血氣，利膀胱，燥腸胃，三兩熟水飲之。

王良曰：此門渹瀉水瀉糞不成，秘猪苓青陳妙無與牽牛。

形狀：此門渹水瀉糞無糞遂名，焦膲好食水，腸鳴。

脉色：氣關沉澀，唇色青黄。

治法：放帶脉血，猪苓散喂之，熟米湯飲之。

又方：豆貧喂其妙。

調理：少飲水，休飲足，飲後牽行百步始痊。

戒忌：空腸冷水三日忌之。

猪苓散　治馬渹瀉

猪苓　澤瀉　青皮　陳皮　甘草　牽牛

右為末，每服二兩，粟米一合，煮粥同調灌之，灌後無根水沈口鼻立痊。

〇馬患胡骨把胯第七十

胡骨把胯者，一名腰腿風也。皆因傷肥肉重，多喂少騎，穀料熱毒聚於臟内，瘀痰凝而積滿胸中，三焦壅極，熱盛而生風也。令獸左攤右瘓，四足拳攣，臥地不起，氣促喘粗，比閘風癱之症也。痰勢大者無方治之，痰勢小者麒麟散主之。

馬患胡骨把胯

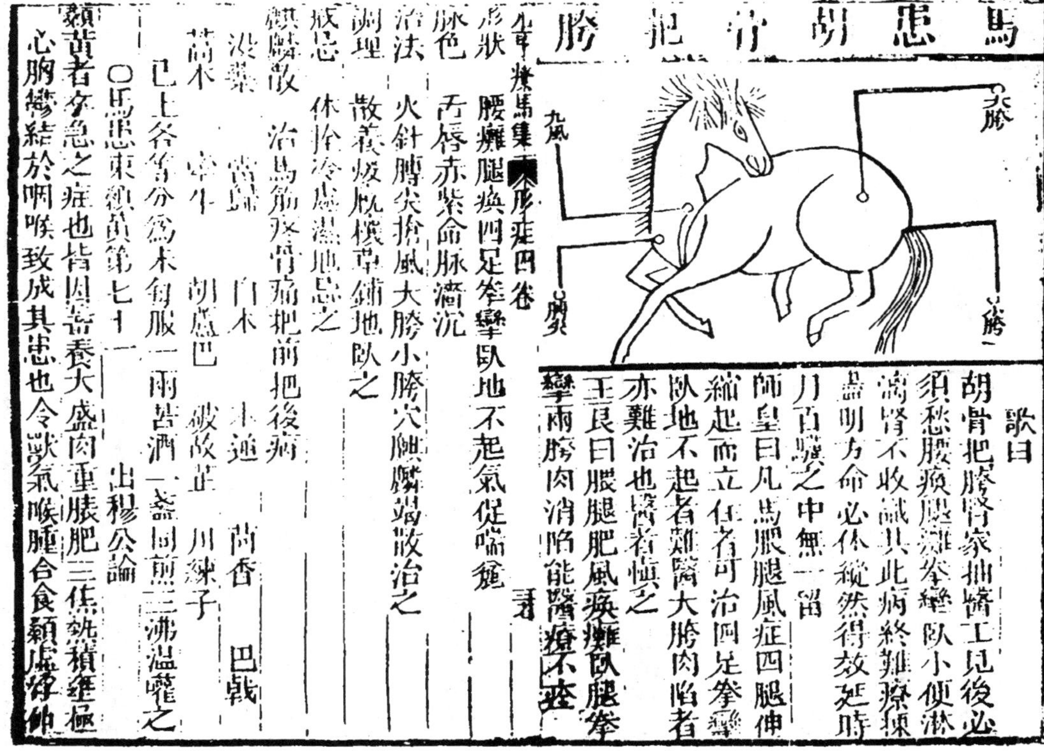

歌曰

胡骨把胯皆家排，醫工見後必須愁。腰瘓腿癱拳攣臥，小便淋澀腎不收。識其此病終難療，速急明方命必休。縱然得效延時月，百隻之中無一留。

師皇曰：凡馬腰腿風症，四腿伸縮，起而立住者可治。四足拳攣臥地不起者難醫。大胯肉陷者亦難治也，醫者慎之。

王良曰：腰腿肥風瘓癱臥，腿拳攣兩胯肉消陷，能醫療不痊。

形狀：腰癱腿瘓，四足拳攣，臥地不起，氣促喘粗。

脉色：舌唇赤紫，命脉濇沉。

治法：火針膊尖、擦風、大胯、小胯穴，麒麟竭散治之。

調理：散養，煖厩，槽草鋪地臥之。

戒忌：休拴冷處濕地忌之。

麒麟散　治馬筋疼骨痛，把前把後病

没藥　當歸　白术　木通　茴香　巴戟　蒼术　牽牛　胡蘆巴　破故芷　川楝子

已上各等分為末，每服一兩，苦酒一盞，同煎三沸，温灌之。

〇馬患束顙黄第七十一　出穆公論

顙黄者，亦急之症也。皆因畜養太盛，肉重膘肥，三焦熱積壅極，心胸攣結於咽喉，致成其患也。令獸氣喉腫合，食顙虛浮仰

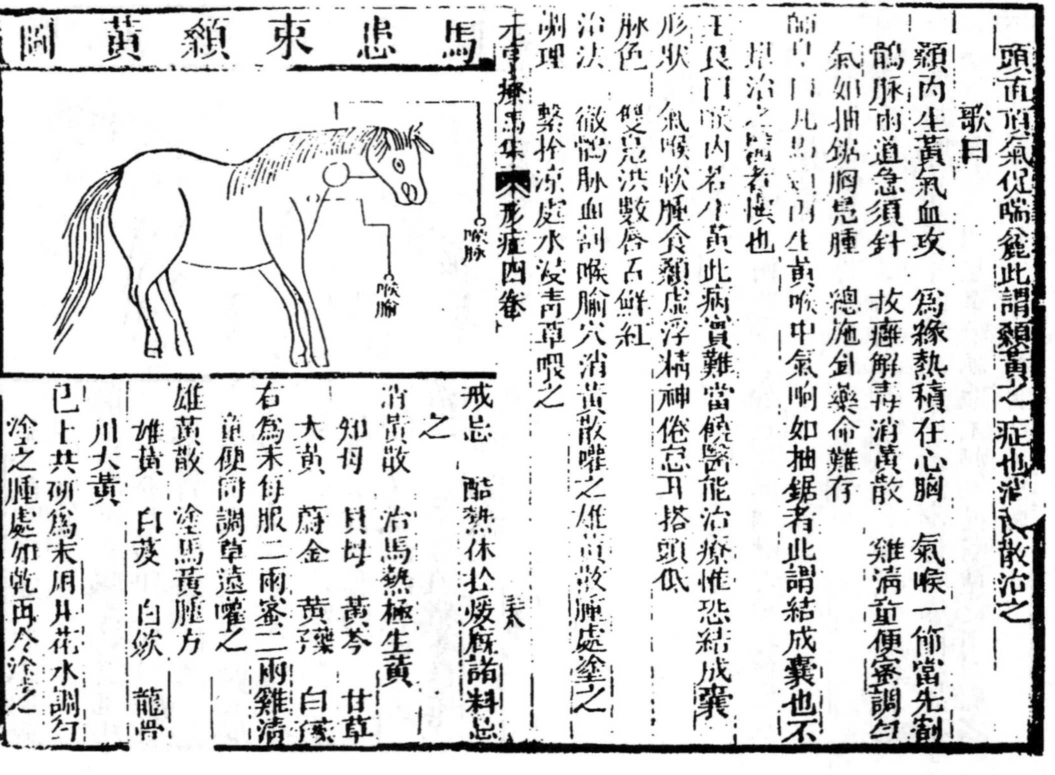

頭面頂氣促喘麁此謂額黃之症也消黃散治之

歌曰

額內生黃氣血攻　爲緣熱積在心胸　氣喉一節當先割
鶻脈兩道急須針　妝癧解毒消黃散　雞清童便蜜調勻
氣如抽鋸胸兜腫　總施針藥命難存

師皇曰凡馬額內生黃喉中氣喻如抽鋸者此謂結成囊也不早治之病者傾也

王良曰額內若生黃此病實難當饒醫能治療惟恐結成囊

形狀　氣喉軟腫食顙虛浮精神倦怠耳搭頭低

脈色　雙凫洪數舌鮮紅

治法　微鶻脈血割喉腧穴消黃散嚾之雄黃散腫處塗之

調理　繫拴涼處水潑青草喂之

戒忌　酷熱休拴暖廄諸料忌之

消黃散　治馬熱極生黃

知母　貝母　黃芩　甘草
大黃　蔚金　黃藥　白藥

右爲末每服二兩蜜二兩雞清童便同調草遠嚾之

雄黃散　塗馬黃腫方

雄黃　白芨　白斂　龍骨
川大黃

已上共研爲末用井花水調勻塗之腫處如乾再令塗之

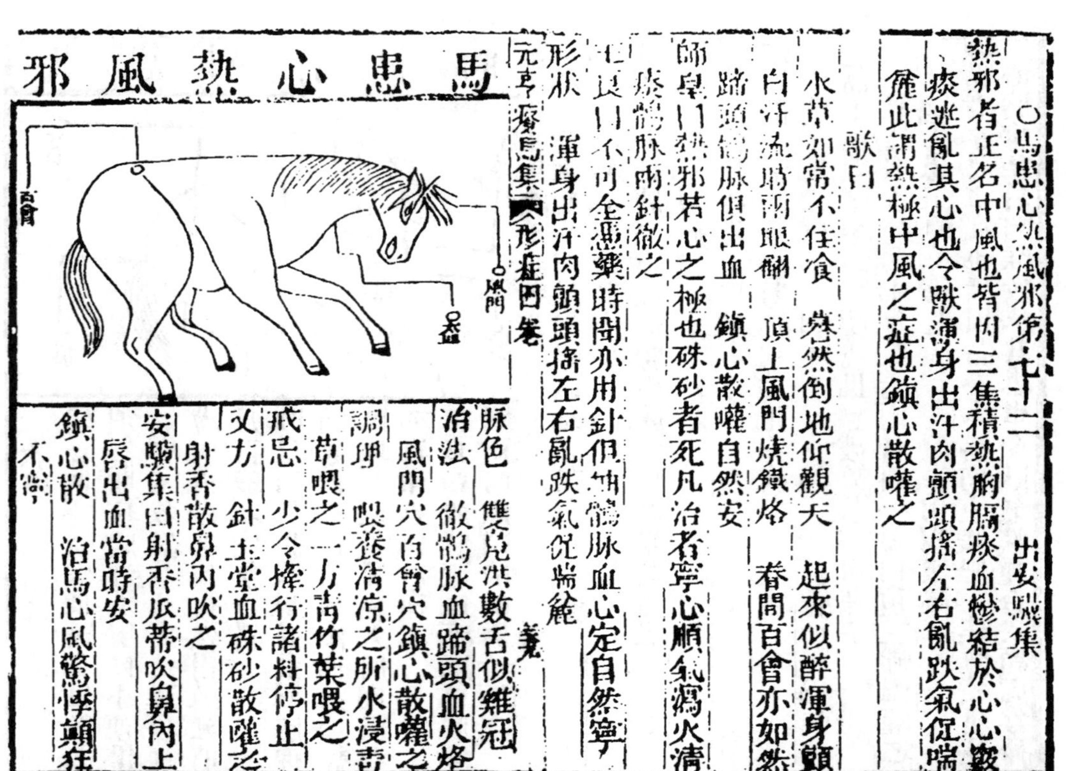

○馬患心熱風邪第七十二　出安驥集

熱邪者正名中風也皆因三焦積熱肺膈痰血鬱結於心心竅痰迷亂其心也令獸渾身出汗肉顫頭搖左右亂跌氣促喘麁此謂熱極中風之症也鎮心散嚾之

歌曰

水草如常不住食　暴然倒地仰觀天　起來似醉渾身顫
白汗流時兩眼翻　頂上風門燒鐵烙　脊間百會亦如然
蹄頭鶻脈俱出血　鎮心散嚾自然安

師皇曰熱邪若心之極也硃砂者死凡治者寧心順氣瀉火清痰鶻脈兩針微之

王良曰不可全憑藥時間亦用針但能鶻脈血心定自然寧

形狀　渾身出汗肉顫頭搖左右亂跌氣促喘麁

脈色　雙凫洪數舌似雞冠

治法　微鶻脈血蹄頭血火烙風門穴百會穴鎮心散嚾之

調理　喂養清涼之所水浸青草喂之　一方青竹葉喂之

戒忌　少令擔行諸料停止

又方　針玉堂血硃砂散嚾之　射香散鼻內吹之

安驥集曰射香瓜蔕吹鼻內上唇出血當時安

鎮心散　治馬心風驚悸顛狂不寧

人參一兩　桔梗一兩　白芷一兩　白茯苓二兩

右件爲細末每服一兩童子小便一鍾同調草後喂之

硃砂散　治馬心熱風邪

硃砂二錢　人參二錢　茯神三錢　黄連二錢

巳上爲細末猪膽汁半盞童子小便半盞同調喂之

射香散　治馬中風

射香少許　瓜蒂　硃砂　雄黄　青黛

皂角炙

右等分爲細末每用一字裝竹筒中於兩鼻内吹之

新刊校正鍼圖元亨療馬集卷之五

黄帝岐伯問答瘀黄論疔毒論

昔黄帝問於天師岐伯曰馬之腫毒瘀黄二症何也岐伯答曰馬之瘀黄者皆因氣血流行太過不及發之而殊也帝曰何謂發瘀何謂發黄岐伯答曰瘀者氣之衰也氣衰而血濇血濇而侵於肉理瀝溜而肉腐肉腐者逈化爲膿故曰瘀也黄者氣之壯也氣壯使血而離經絡血離經絡溢於膚腠膚腠凝結而血瘀血瘀者而化爲黄水故曰黄也此謂發瘀發黄在血盛衰之別也帝曰治則同否曰不同何謂不同岐伯答曰瘀者形傷氣也先治瘀而後理氣黄者氣傷形也先導氣而後治黄此謂拔本塞源也帝曰善又曰余聞少火生氣氣凝而腫陰黄水黄陰腎木腎者何也岐伯答曰心者火也腎者水也水得火而生熱火得水而生氣水火合而爲少陰此爲少火也内經云天爲陽而不旋地爲陰而不動是故動則陽生靜則陰生理自然也或令飲水太過停立不動陰氣生而侵於腎腎水相合水勝而火滅雖有氣而無熱也侵於腎者而爲水黄侵於神口而爲陰黄侵於外腎而爲陰腎木腎黄也或曰廸者何也答曰寒勝則浮此之謂也陰門腎部不黄有陽症乎曰有何以分別岐伯答曰陰者硬而冷痛陽者軟而[illegible]且陰腎木腎肺者如石如水行者腰拖胯拽但癩驟瘦馬氣血衰者患者甚多凡察其症于家先令觀其外形辨其寒熱或硬或軟或陰或陽然後施針藥此謂醫家之明鑑也帝曰何以治之岐伯答曰凡治右癥陰降火暖後温中以補腎茴香散慈酒潔之二服癒矣帝曰瘀黄余已

知之但疔毒而未詳其道岐伯答曰疔毒者癀黃之異名雖形殊而名異其理一也帝曰何謂爲疔岐伯答曰疔者拄也爲因乘騎地卑濕途日久鞍屜失於解卸於汗沈於毛竅敗血凝於皮膚以致脊甲梁頭排鞍平膜兩邊發生而腫者又或汁粘鞍屜擦磨打破而傷者故曰疔也其狀有五曰黑疔筋疔氣疔水疔血疔是也帝曰何以辨之岐伯答曰乾殼而不腫者傷其皮曰黑疔也脊膂潰而有黃膜者傷其筋曰筋疔也破而有黃水出者傷其氣曰氣疔也浮而洪大無頭者傷其膜曰水疔也破而亦色多水者傷其血曰血疔也此謂五疔之別也何以治之凡治者必在晴明勿近簷巷以鋒利針刀刺破割去死皮潰肉再以防風散煎湯候溫於瘡口周將黃水血膿洗淨黑疔者用醋麵糊調續斷散塗之筋疔氣疔者以草烏散爲末乾貼之水疔者以烏金膏貼之血疔者以蒼鹽散爲末貼之已前五疔治法俱用藥水煎洗以各方貼之隔日再洗貼之凡三上者痊矣帝曰其疔者如斯而毒者何也岐伯答曰夫毒者亦疔也謂六腑之中毒氣血而凝也其症有十曰陰毒陽毒心毒肝毒脾毒肺毒腎毒筋毒氣毒血毒是也帝曰願聞其道岐伯答曰兩胸膛及後膝遍身而生瘡癤者乃陰之毒也耳前膊及梁頭脊背而生毒腫者俗呼曰肥瘡乃陽之毒也兩牙關中及舌尖上有赤色而瘡者乃心之毒也兩眼下及淚堂中有赤瘡久而不瘥者乃肝之毒也兩唇角及口中破裂而血出者乃脾之毒也兩者甲及遍身毛燋而尾鬃脫落者乃肺之毒也四蹄下於垂泉穴上有竅而出膿血者乃腎之毒也四足間蹄上寸下旋中燥

破而出膿血者乃筋之毒也兩鼻孔中及粹頭破裂而成瘡者乃氣之毒也四蹄甲焦枯堅硬步行而難者乃血之毒也此謂十毒之症也帝曰治則幾何岐伯答曰凡治者應病以方藥而攻之湯藥而洗之膏藥而塗之末藥而貼之火針而刺之從陰而引陽從陽而引陰此謂攻毒之治也帝曰諾於此一言而終論癀黃帝岐伯問答之至論也

瘡黃歌

三十六種號癀黃　說與醫工仔細評　馬因年少應分大
陽盛陰微榮衛強　春季不抽六脈血　夏來有火灌消黃
熱積三焦流不散　氣凝生癀衰患瘡　氣衰血滯侵於肉
肉理淹留漸腐傷　肉腐化膿頻腫硬　此腫爲瘡莫作黃
瘡癰本是形傷氣　氣留後理頂端瘡　衛強使血離經絡
滿於膚腠結成囊　血瘀腫軟成黃水　此乃爲黃非是瘡
熱從內發因而得　先須導氣後醫黃　六脈有針須出血
消黃散嚾是奇方　識得陰陽知順逆　晉取馳名任播揚

○五疔歌

鞍屜磨傷患黑疔　五瘡五治說分明　黑疔短續和酸醋
草烏散貼氣筋疔　血疔必敷蒼鹽末　水疔洗淨貼烏金
十朝三洗三番貼　復本還元毛更生

○十毒歌

馬患十毒數般醫　逐一從頭說與知　陰毒渾身生瘀癖
陽毒遍體發瘡痍　心毒舌瘡口吐沫　肝毒生瘡眼下淤
肺毒滿身毛退落　腎毒蹄頭膿血流　脾毒口瘡唇角破
筋毒蹄腫痛爲真　氣毒鼻瘡呼吸大　血毒肉枯步不後

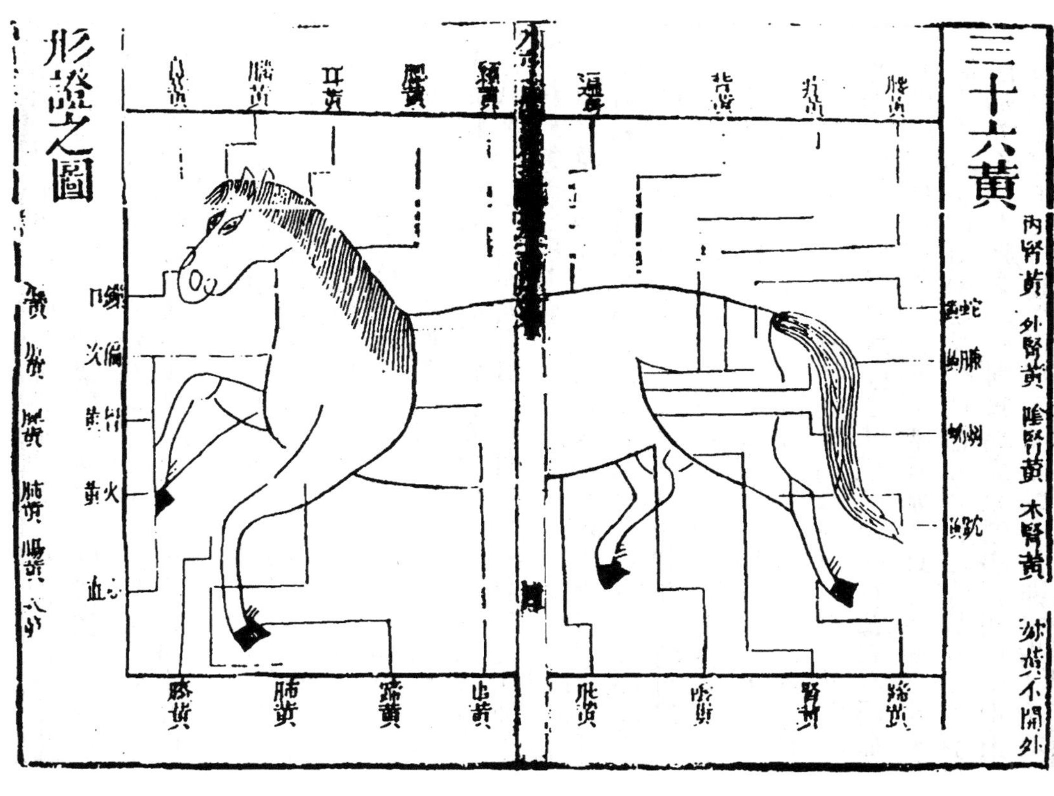
形證之圖
三十六黃
内腎黃 外腎黃 陰腎黃 木腎黃
耳黃
肺黃
蹄黃

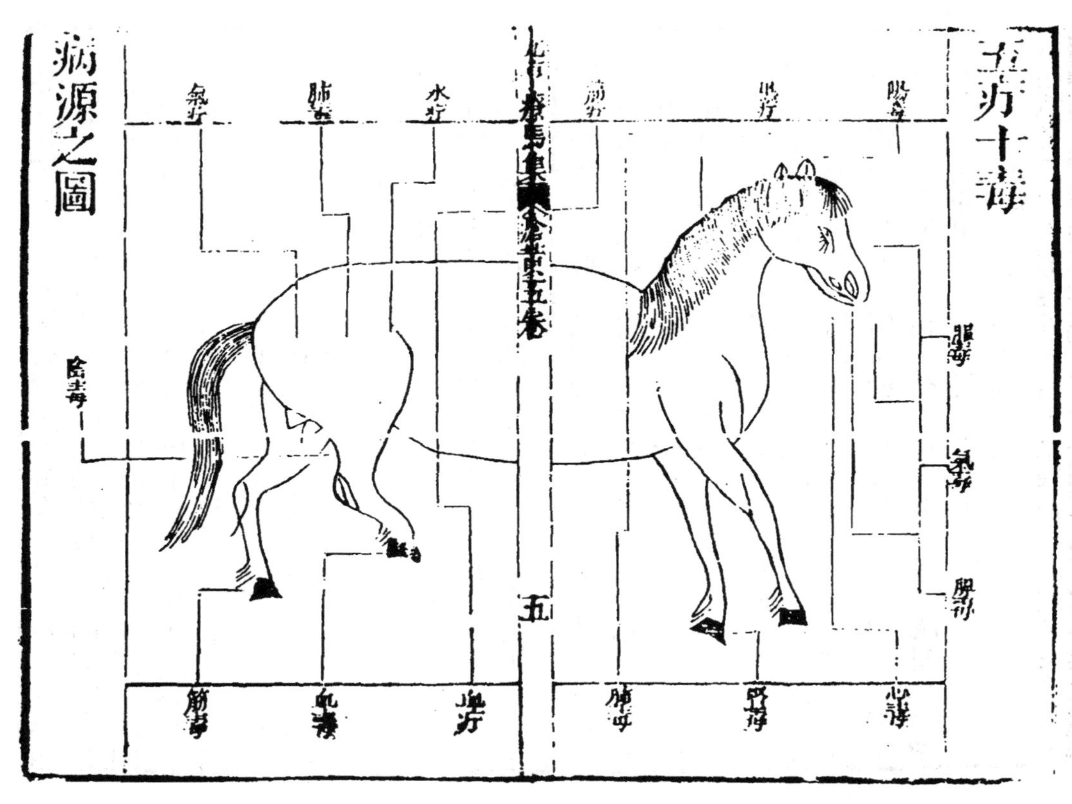
病源之圖
五方十毒
陰毒
氣毒
五

此謂陰陽十類毒　積者分調十種醫　陽毒陰醫涼藥噬
陰瘡陽治火針施　硬腫無膿燒鐵烙　腫盛膿多令藥抱
潰肉滿瘡煎藥洗　膿消復腫用藥敷　六脉該針微去血
消黃內托兩相持　斂口生肌膿血盡　臟腑調和諸毒愈

○王良啌嗽論

且人之與獸雖賦形而稟性之不同然皆稟於陰陽未之有異也若人馬失之調攝于人之所畜若失其調則風寒而外感勞役而內傷亦不能而無疴瘵矣昔周穆王問於太史王良曰馬之啌嗽多生於肺者何也太史答曰五臟六腑皆令嗽啌非獨肺也王曰願聞其道良曰皮毛者肺之合也而皮毛先受邪氣以從其合而又食邪入胃胃氣上升於肺肺與皮毛內外合邪主氣客氣兩相繫聚則令之啌嗽矣又且肺為

五臟之華蓋尊主於氣氣之清濁得分則無啌嗽然清氣不分濁氣上干於肺則肺氣而不能清爽者亦令之啌嗽矣然外感內傷者則肺之先受矣肺傳肝肝傳脾脾傳腎腎傳心心傳六腑六腑傳三焦三焦而氣逆氣逆而腹滿腹滿而危也王良曰善又曰五臟啌嗽何以識之良曰五臟啌嗽各有形狀而驗之哉曰幾何答曰肺啌之狀啌而喘息有音鼻流膿涕也心啌之狀啌而前蹄跑地謂心痛也肝啌之狀啌之頭則左顧謂左脇痛也脾啌之狀啌之頭則右顧謂右脇痛也腎啌之狀啌則懸其後腳謂腰中痛也此謂五臟內傷外感之啌也王曰五臟之啌余已知之六腑之嗽其狀如何良曰肺啌不已大腸受之啌則氣喘鼻流膿涕甚則屁出而遺糞矣心啌不已小腸受之啌而前蹄跑塵甚則咬齒頭垂於地矣肝啌不已膽腑受之啌則頭於左顧甚則口吐而有黃涎出矣脾啌不已胃腑受之啌則頭於右顧甚而轉出則有長虫出矣腎啌不已膀胱受之啌則懸其後腳甚則小便而遺溺矣久啌不已三焦受之啌則毛焦骨細鼻出臭膿身形羸瘦四蹄痛腫肚腹脹滿逆氣積聚於胸膈也王曰治則幾何良曰凡治者當察其心數其肺清其肝健其脾滋其腎補其陰和其陽順其氣調其六腑各從其類考證用藥而無差失可保全矣

○啌嗽歌

馬患啌嗽說根源　不悟經書曉會難　八萬四千毛孔竅
肺經相合古來傳　誤飡邪物凝於肺　皮受風邪毛竅閉
外感內傷寒暑致　飢飽風寒勞役兼　表裏合邪先受肺

脾胃心肝相接傳　肺壅發啌鼻涌涕　毛焦乾嗽肺經究
草飽多啌因飽損　擺頭連嗽肺風頭　五臟損傷皆令嗽
說與醫人用意看　肝嗽之形頭左顧　腎啌之狀後蹄懸
心啌前足頻跑地　脾嗽迴頭向右看　胃傷啌吐長虫出
肺臟傷啌糞滋便　心嗽腑傷出硬氣　肝膽啌傷口吐涎
腎傷不已傳於腑　啌聲小便溺漣漣　好手醫人能治療
調和五臟自然安　氣壅三焦積腹滿　危羸多嗽嗽無藥
鼻流膿血并腥穢　氣神如醉死相撩　四肢虛腫啌無治
口色青黃嗽瘵難　血勞肺嗽任醫救　黃膿嗽臭死來傳
經書之內分明說　仙人留下古今傳

○起臥入手論　東原卞氏著

夫起臥者三十六般也外感者濕風寒內傷飢飽勞役冷熱相

[illegible]陰陽不順氣血不調臟腑疼痛而不寧者故曰起[illegible]
臥者腹中疼痛也起而復臥臥而復起[illegible]因久渴不飲[illegible]冷
[illegible]而太多冷氣入胃也或羸瘦過飲宿冷[illegible]
[illegible]敷後陰雨苦漱或繫向[illegible]場久臥濕氣透入肌肉傳入脾
[illegible]胃[illegible]滯內脈以致脾胃令之陰冷則令陰[illegible]陽微
[illegible]痛者則令之起臥也又或暑月炎天乘騎
[illegible]中[illegible]熱料熱草熱積入內內外合邪五心煩燥久
而[illegible]飲水過冷水而飲之太過陽氣不升陰濁不降腹
[illegible]者亦令之起臥也夫起臥者皆緣飲水而過也然馬
[illegible]而為馬牛之餋而不能自已全賴人之所蓄或於飲喂失
調亦不能而無病疾也是故[illegible]飲[illegible]喂者朝夕而不可缺失
也且如空腸料後飲水遠廻宿草喂急疾奔草停寒於腸胃

[illegible]積聚於腹內以致脾胃不和而[illegible]陽明經內受
[illegible]傳在大腸九積之間不能運轉左右聚積成結氣脈不得
通宣腸中閉塞不利心胸悶亂疼痛難忍遂成起臥之疾此
謂七結之病也其大腸一丈[illegible]尺內藏九曲九積[illegible]受氣
於[illegible]結於後小腸[illegible]丈四尺其形[illegible]八蟠[illegible]受
[illegible]納水如江河之道[illegible]水穀以出[illegible]內轉於臟腑外
應於皮[illegible]十萬[illegible]千[illegible]十[illegible]腠理及[illegible]七竅表裏無
[illegible]此謂內通外注而運動也[illegible]結[illegible]也停而不
動也[illegible]而不行也水停不[illegible]而為胞轉[illegible]病料塞不通遂成
臟結之病如是者其狀有七故云臟七結也七結之外而
[illegible]有三日外三結也是故[illegible]結中結後結[illegible]結中結者子結
大[illegible]板腸結此謂七結也[illegible]日[illegible]門結[illegible]手結小腸結[illegible]

外三結也小腸結者即胞轉也然三結者結在臟腑之外[illegible]
腑之外塗油入手刺即而見效矣七結者臟藏於玉女關中
臟腑之內假如施針用藥入手者未必便見其功又且大腸
一丈二尺內蟠九曲九積且論人之手者不過二尺之長何
以得到丈[illegible]九積之中不通玄妙治則焉能起死回生近世
[illegible]不察根源深淺又不知迴避凡遇起臥之疾不辨真假
不明於何所且就入手於穀道中進一手不見病糞[illegible]手無
言治法無措但損腸胃者十死無一生[illegible]入手者切須細
意推詳論病深淺治法玄微先將右手指甲剪盡於石上磨
[illegible]齊內不致縮破腸胃以溫煖油水[illegible]先灌於谷道之中
然後再將油水於臂膊上下潤濕通滑[illegible]入手謹慎徐徐
用意從手於大腸九積之中左右前後穿腸慢慢尋取如遇

[illegible]立用玉女關津即須迴避勿令傷綻再於別竅搜尋凡
[illegible]便如毬打手者則為病之結糞也得見病糞休得[illegible]
慌[illegible]在結糞於何所順逆詳明其大腸一丈二尺前四尺前
結中四尺中結後四尺後結凡[illegible]手入肛門廣腸面有結糞
者此謂[illegible]結[illegible]而前於板腸中有結者乃大腸[illegible]
腸[illegible]而結者乃[illegible]手也垂結之前手[illegible]
而不[illegible]為中結宜[illegible]倒臥[illegible]而取[illegible]此謂七結之狀[illegible]
又[illegible]結者結於板腸之前大腸之中九積之內手指直
[illegible]過抹[illegible]而不能取出者將焉治之則曰須用玄機
臨時應用可也倘遇前項病糞結在大腸九積之內抹見而
不能得取者醫家須當細意從容以右手為度就以大指虎
口或以四指尖稍於腹中磨[illegible]應對無偏隔腸輕輕拔

十結之圖

立取結糞之圖

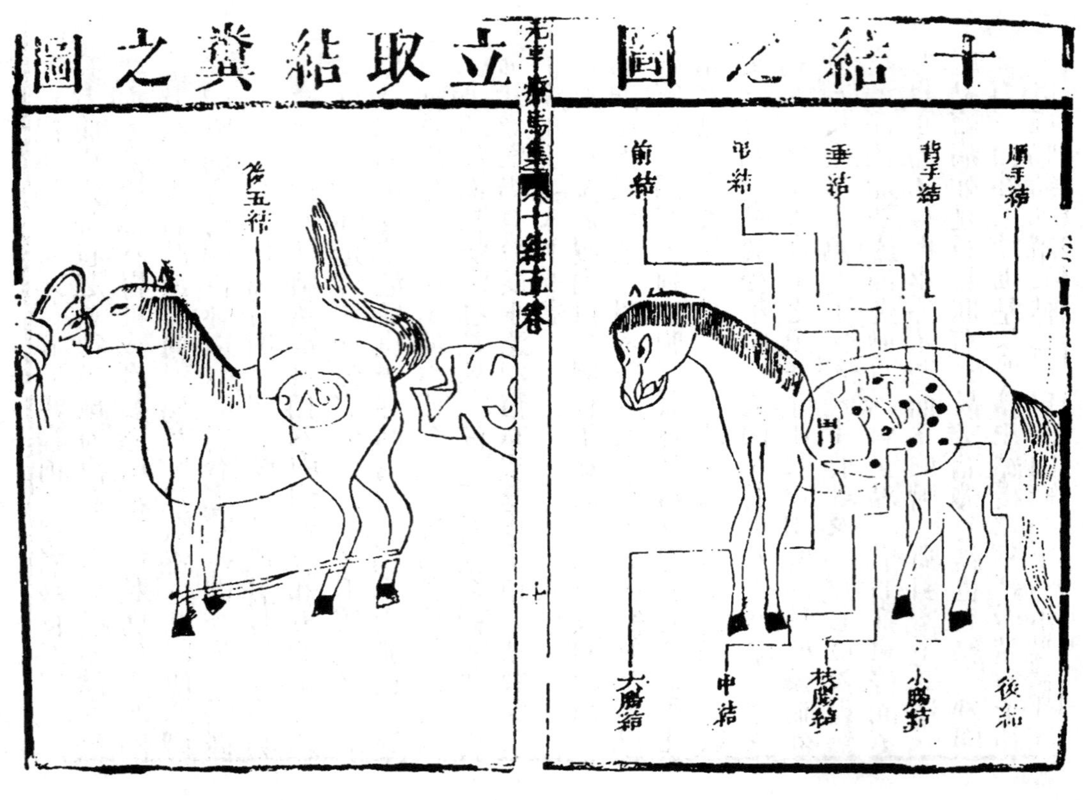

臥取結糞之圖

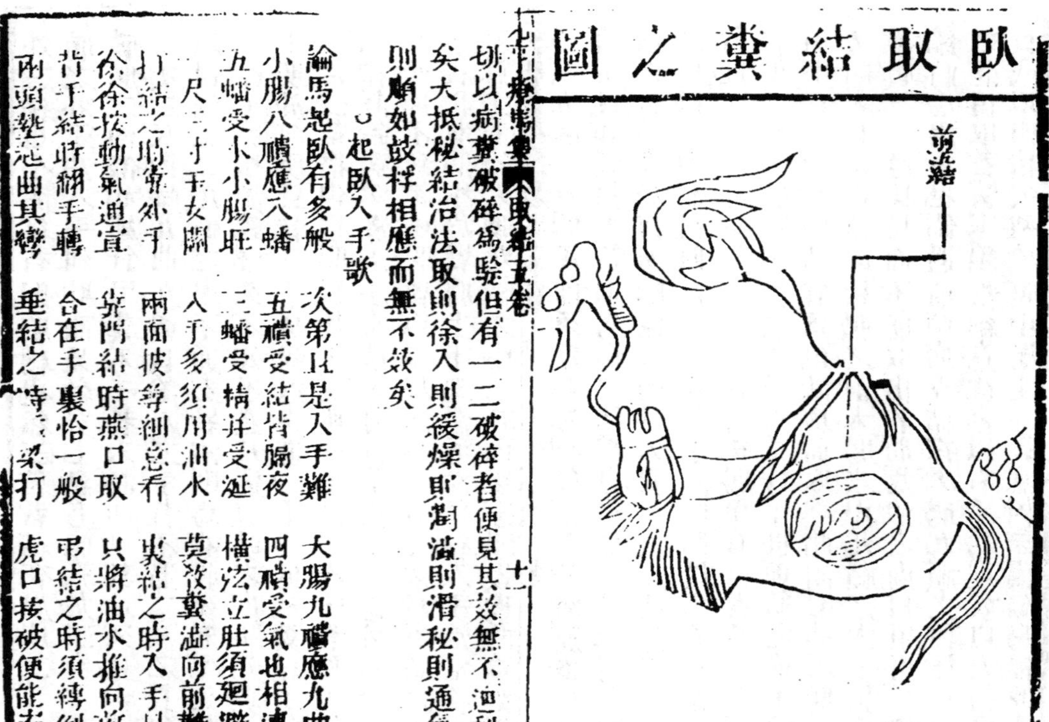

切以病糞破碎爲驗但有一二破碎者便見其效無不通利矣大抵秘結治法取則徐入則緩燥則潤滿則滑秘則通氣則順如鼓桴相應而無不效矣

○起臥入手歌

論馬起臥有多般　次第且是入手難　大腸九穡應九曲

小腸八穡應八蟠　五穡受結背腸夜　四穡受氣也相連

五蟠受卞小腸旺　三蟠受精并受涎　横弦立肚須廻避

一尺二寸玉女關　入手多須用油水　莫放糞滿向前攤

打結之時衡外手　兩面披尋細意看　裏結之時入手見

徐徐按動氣通宣　糞門結時燕口取　只將油水推向前

背手結時翻手轉　合在手裏恰一般　弔結之時須縛倒

兩頭墊起曲其彎　垂結之時々搽打　虎口按破便能安

大肚板脹尊不轉　猪脂鹽豉七聖丸　用藥調和[illegible]
盤飲中間氣接連　內傷之時不打鼻　腰背板者亦[illegible]
掉上費爲不起臥　臥至多時起覺難　迴頭覷肚看[illegible]
此馬多是損闌前　口看臥齒帶紫色　此馬必死不能痊
經書之內分明說　聖人留下古今傳

○三喉論

夫三喉者穎骨槽結喉骨脹也三者皆咽喉閉塞之症亦爲急卒之病也且咽喉爲飲水之路通臟腑之關津氣血之道路蓋緣馬爲大畜家畜離宮畜養失調喫飲無節春不抽六脉之血夏失啖清涼之藥以致氣血太盛熱積心胸傳之於咽喉故成其患也又且心爲帝王肺爲丞相心主於血肺主於氣氣血流傳週身以應四時寒暑多一遭爲熱減一遭爲寒或於氣血流行不足則脾腎受之而爲五勞七傷之症倘如榮衛往來太過心肺受之則生三喉之病也或食槽脹大或咽喉硬腫或瘰癧結之于舌下或使核塊于於喉中致令呼吸難通水草難咽喘麁氣逆鼻孔流膿呼啾不爽首項難[illegible]此謂三喉之病也醫工分別三者治之凡欲治者先須理氣次令清咽抽鶻脉瀉其肺火放胸堂瀉衛心再於喉門通關穴輕則火針重則火烙診察盛衰詳則虛實量加施用此謂孩治之道也如食槽之內有瘰癧結之而脹者就於槽結穴中以針刀割破取出病核此謂槽結也治法另斷其[illegible]喉脹者醫家斟酌而施使氣喉腫合食頷無通無[illegible]大生黃喉內有聲如抽鋸者乃十死無一生也不可輕用針刀妄加攻治如咽喉平順呼吸少通腫而未合偏次[illegible]責方可許令開割其頰骨以下氣穎之中去喉門四指中[illegible]腧一穴凡三喉閉塞就於喉腧穴中先用針鉤搭起[illegible]釉利刀割如小錢大圓瘡口仍用其鈎再將膜皮搭起復[illegible]其刀割去白膜勿傷排頰肌肉廻避食喉血管仔細用心愼將氣頦胱骨轄剜一節以中指尖稍先透其孔搜尋血塊涎膜次用指麁大小竹筒一節閘竅安於穴孔則令胸壅解洩呼吸通宜可謂療獸之奇功養生之妙術亦爲後世之鑑矣

○三喉歌

喉內黃腫起　多緣熱積逢　鶻脉須針徹　消黃喘有功
喉腧將刀割　膜皮去盡壅　脆骨剜一節　頦肉莫教空
竹筒安於穴　徐徐綿杖通　無血方爲美　方顯神妙功

開喉之圖

○骨眼論

夫獸之兩目如天之 曜識崎嶇知深淺何所不賴於千般覩萬物無所不燭且天之日月有晦謂雷雨雲所致焉之眼目失因風寒暑濕而傷大抵眼目乃五臟之門戶一身之珍寶內通五臟六腑外應五輪八廓五輪應之五行八廓合之八卦亦按金木水火土故云五輪者其黑睛內應于肝屬木號曰風輪白睛內應于肺屬金號曰氣輪二眥內應于心屬火號曰血輪二胞內應于脾屬土號曰肉輪瞳人內應于腎屬水號曰水輪此謂目中五輪內應五臟外合五行也然八廓者有名而無位也是故清淨之腑而爲天廓膀胱之腑而爲地廓命門之腑而爲水廓受盛之腑而爲火廓津液之腑而爲風廓營穀之腑而爲雷廓傳送之腑而爲山廓三焦之腑而爲澤廓此謂八廓合之八卦也然五輪八廓總之於目內應五臟先應于肝也肝者眼目之源也或於外感風寒內傷勞役榮衛往來太過不及傷于五臟傳之于肝肝受其邪外傳于眼也夫眼者乃五臟之精華應肝屬木故水火而不可偏勝也故云肝者木也心者火也腎者水也五臟腑調和水火既濟木榮枝茂眼目光明如榮衛不足先傳于腎腎受其邪水之勝也水之勝者火滅而木則飄也令獸下元虛冷腰胯疼痛若血氣太盛先攻於心心受其邪火之勝也火之勝者水煎而木則焚也令獸上焦壅熱眼目昏朦足故心血攻而神倦則睛濇而羞明難視腎水煎而骨痿其目腫而閃骨生瘀致使精神恍惚耳搭頭低睛生翳障眵盛難睜正謂骨眼之病也骨眼者皆緣積熱於五臟也然五臟熱極外傳於

目以致眼昏淚爛閃骨生翳初然顯出渾如粟米日漸長大恰似魚鱗頻頻淚下日久磨得睛生白膜遮蔽瞳人醫者分別眞僞治之凡欲治者擇令晴明日霽禁忌風雨陰冥莫犯血支血忌與夫本命刀砧將獸繩絆立正穩平仔細於眼角大眥先將閃骨用針線牽皮過分下膜皮以鋒利針刀割去病骨不損血輪爲妙合用青相散點之克日成功而無不效矣有其前頂之說眼中閃骨乃腎水之精華血輪之外惡馬驟奔胎氣而生筋脈有之只於眼角生壅有骨挺出似魚鱗者乃爲骨眼許令劑割近世醫人不察標本源淵虛實眞僞亂行針刀妄加攻治且如空腸過飲宿草停滯水停膈間而不通料米腸內而不行陰陽錯亂冷熱相攻以致臟結胞轉肚腹疼痛而成起臥之疾愚人不曉根源不通義理一槩誤証將爲骨眼之病妄用針刀誤將火輪閃骨割去然其一病未痊又且添加一患如雪上加霜轉加沉重其瘡遍者屈忍無神自得其瘥出乎僥倖倘有不愈亦爲痼疾之害也豈可救哉可戒哉且於安驥全集淵源塞要通玄萃論療驥難先聖諸搜尋詳察並無起臥骨眼之說後之學者講究經書窮推義理觀其外形察其內受風則驅散熱則清涼氣則調順不可輕用針刀此謂致治之道矣哉

○骨眼歌

馬有三十六起臥　醫人箇箇都讀過　多因寒暑失調和
爲緣喫飲陰陽錯　肚腹結痛轉胞疼　僞學呼爲骨眼臥
誤將閃骨令刀劑　一病未除加一禍　古來骨眼翳遮睛
初患渾如粟米箇　漸成長大似魚鱗　那般方許針刀用

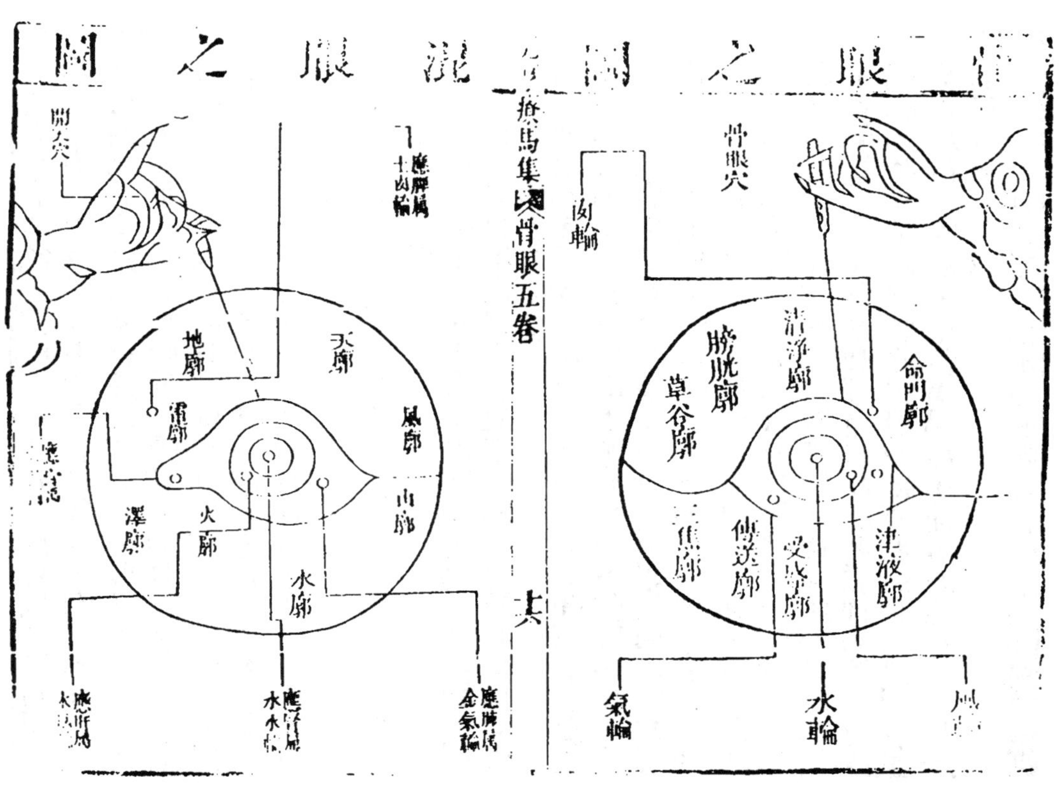

腰痛何由犯眼輪　骨眼焉能有热臥　戒哉學者要參詳
五輪問骨休傷錯　薑牙骨眼驗虛真　聖典流傳千古播

（一）渾睛虫論

夫馬眼生渾睛虫者，不居五臟，不在腸中，又不是榮衛相傳之病，皆因牧放失期，外感疫邪，注之于目，陰陽交混，變化而成形也。且如夏末秋初，而暑氣未清，濁氣未肅，陰陽交混，瘴疫流行，雲迷宇宙，霧掩山川，此謂天地瘴生不正之氣也。内經云：其二秋之月，如夜間而有黑霧者，凡幼馬五更不可牧放於郊。其郊中有棘刺，刺中有蛛網，網中有露水，水中有瘴癘。然馬食其草，誤撞蛛窩，蛛絲露水誤入於目，感天地之疫氣，受蜘蛛之精水，又况目輪屬火，故水火相交，陰陽變化而成虫矣。在于五輪之内，往來不住，遊走有似蛟龍戲水，不能停

息。日久渾得睛生翳膜，黑白不分，若不除之，深爲廢痼。凡欲治者，藥點火烙，噬唱無應，若通玄妙，治法如神。先須避忌風寒陰中、刀砭血忌，務在日霽睛明，將獸繩縛，立正穩平，左手睁開馬眼，辨别虫睛，白膜近下，黑睛陶上，兩間中心是開天一穴，用線纏定，目針尖長一分，用心細意，右手持針，於開天穴上斡手急針，分虫隨水出，使見其效，可謂揭病之針矣。

（二）渾睛虫歌

年少兒騮馬　三秋霧露中　蛛水入於目　變化遂成虫
渾如蛟鬭水　恰似戲珠龍　目淺頻含泪　時深翳瘴睛
藥點全無效　噬烙未成功　欲通神妙訣　開天穴上針
黑白睛中刺　休教犯水輪　針虫隨水出　師皇萬世功

（三）熱痛論

昔古人有立功德於當時有垂法於後世是故君子動而世爲天下道行而世爲天下法言而世爲天下則愚固非敢望也屢踐當行之蹊可闢苞芽之路詳略效驗請歷證察故云

攢筋大板筋銜軍骨垂附骨腫膊骨捲膊骨脫蹄骨大搭膊埋從[illegible]山骨臥藏大胯骨空虛接脊骨脫落弓子骨脹大蹄胎骨[illegible][illegible]大[illegible]骨木硬鵞鼻骨腫麁來重骨筋脹勞蹶脹勞蹄脹勞[illegible]大勞鴈骨痛尫骨痛胡骨痛掠草痛巳上隔月旹[illegible][illegible][illegible][illegible]無功

倒地合右捻風骨　踏空閃着膝蓋骨　踐道壓損烏筋骨　[illegible]撿淚傷合子骨

抬頭點膊尖痛平頭點下欄痛偏頭點乘重痛低頭點天日痛難移前脚捻風痛蹄尖着地掌骨痛驀地點脚攢筋痛虛

行下地漏蹄痛垂蹄點蹄尖痛懸蹄點蹄心痛直腿行膝上痛曲腿行節上痛胄頭點脚搶頭痛昂頭不動蹄頭痛下坡斜走胸膈痛乎塗窺道蹄薄痛向裹蹉外眼痛向外蹉裹跟痛點頭行咖上痛擺頭行膊上痛拖脚行鴈翅掠草痛拽脚行與了九背痛蹩脚行鵞鼻曲天痛束骨行肺把五攢痛並脚行胯尫痛直脚行濕氣痛蹲腰行鴈翅痛弔腰行脊筋痛收腰不起內腎痛難移後脚腎經痛咬齒低頭心經痛喘息不調肺經痛急起急臥脾經痛口吐清涎膽經痛跑胸咬臆腸結痛膀拨咍地胞轉痛把前把後傳經痛腸鳴泄漏冷氣痛直尾行大腸痛捲尾行小腸痛小便淋漓胞經痛一臥不起筋骨痛　歌曰

七十二點行如斯　標本心肝脾肺腎　五行相尅與相生

飢飽風寒勞役甚　驅馳飲喂失調和　蹩損閃胯寒熱作
鳴呼喑啞不能言　醫獸留心仔細認

○八證論

○論寒證

寒者冷也陰勝其陽也因久渴而不飲飲冷水而太過冷氣入胃也或羸瘦過飡宿冷或老衰久露風霜或牧被陰雨苦或寒濕場久臥濕氣透入肌肉肌肉傳入脾經脾瀉四[illegible]胃潮白脉以致脾胃合之陰冷則令見脉沉遲按之無力耳鼻俱冷口色青黃前蹄跑地迴頭觀腹渾身發顫腹內如雷不時起臥此謂冷傷之症也宜桂辛之藥葱酒囉之療矣反者死師云陽不勝其陰則五臟氣逆九竅不通也晉寧趙氏所謂陰則寒極寒極則氣厥氣厥則腹滿腹滿則數慄數

寒證之圖

熱證之圖

□而汗出而脉絶脉絶而死矣能夏不能冬此之謂也

宜三聖散噇之 歌曰

寒氣多因冷氣侵　為緣陽不勝其陰　繫拴簷巷因風襲
牧放郊荒被雨淋　腥酸邪物凝於胃　天寒冷水臟中停
回頭覷腹頻刨地　伸腰擺尾顫伶兢　鼻寒耳冷寒唇冥
腸中冷氣時雷鳴　除濕健脾三聖散　乾薑木朴酒鹽煎
同煎三沸温和噇　自然痛可得安寧

○熱證論

夫熱者熱也陽勝其陰也為因暑月炎天乘騎地里窎遠鞍屜失於解卸乘飢渴而喂熱料熱草熱氣入胃胃潮百脉而汗之皆隨內外合邪五經煩燥熱毒流於四肢令馬精神短少耳搭頭低脉行洪數唇舌鮮紅四肢倦怠行走如痴或然起

虛證之圖

臥多臥少起此謂傷熱之症也故大脉血酸苦藥噇之效矣然名死師皇云喘麄氣大脉行洪數分陰不足而陽有餘舌熱侵於內也又曰陽盛則身熱腠理閉而氣喘身體慄痛舌□□砂者死能冬不能夏此之謂也如脉洪且緩按之有力□□中之陽也四賢散噇之歌曰

□氣炎因暑氣傷　由來陰不勝其陽　炎天負重乘騎遠
□料飡多入臟腸　內外合邪表裏熱　□急洪數口如湯
喘麄脣咋精神少　頭低耳搭眼無光　鶻脉兩針須索出
□冷芳粉四賢涼　齊水調和同共□　便是師皇真藥方

○虛症論

夫虛者勞傷之症也真氣不守衛氣散亂也因乘飢渴負重而□騎地里窎遠且又失其飲喂或喜小馬超羣異衆奔走過

炙多騎驟以致傷於臟腑致使行力殊常日久則令毛焦肉減身體尫羸把前把後抽搐難行鼻流膿涕咳嗽連聲四肢虛腫耳搭頭低脉行遲細口色無光精神短慢此謂虛損之症也曙七傷散百日而瘥矣反者死遵道先生曰勞傷心血飢傷元氣根本而傷也元者根也根者腎也腎者都會關司之所五臟仙臟精氣於內泛溢滲漏於膀胱者皆腎受而藏……根本根者故不可傷也師皇伐其根逝其本五臟……如服肥體壯飲水如常但腰胯疼痛行而不動皆此……元虛冷非傷勞之症也火針大胯等穴茴香散灌之……

膚知皆緣氣血虛　衛眞散亂兩相虧　虛勞面腫頭……

膀胱腰拖行步遲　耳搭目閉精神少　腹細毛焦喘息微

臥多立少腸鳴瀉　口色如綿脉濇遲　茴香七補頻頻嚏

汗溝百會火針施　十朝半月知衰盛　草少尫羸謗不齊

○論實證

夫實者結實之謂也停而不動止而不行也止而不行爲結結在皮膚則生黃腫結在肌肉則生瘡癤結在骨則筋骨脹大結在經絡則流注疼痛結在咽喉則咽喉閉塞結在食槽則生槽結三喉之症結在腸胃則肚腹脹痛起臥而成七結之病也又云實症者雖名同而治則各異矣是故或以針或以藥或入手或先治其裏或先攻其外甚者開喉鱉腸開膁針渾睛取槽結割骨眼針歪尾取賊牙此實治之則也非予心誦者孰能至于此哉

歌曰

實證之圖

七結

谷道

脈眼

官眼

渾睛

實症原來止不行　爲緣血脉不疎通　凝於肌肉成瘡癤

結在皮膚變作癤　腸中七結皆爲實　槽下三喉謂實生

渾睛骨眼瘡黃腫　形異名殊各不同　開喉鱉腸并開膁

塗油入手臟中尋　各從其治君須記　古典流傳萬世遵

○論表證

夫表者一身之外也皮膚爲表六腑亦然但外爲表鼻外爲風鼻內入者注之于脾而化爲氣上引血脉週流肢體滋使臟腑調和與其骨體筋肉相親滋潤皮毛開闢一十萬三千一百一十腠理皆起於風氣也或於外破傷損繫處不便騎來有汗驚卷鋼鞍腠理或開賊風乘虛而入皮膚初患渾身揩擦次傳肌肉使毛焦膁弔遍體頑麻日久傳注于內則令渾身筋急眼弔驚狂四肢强硬口內涎垂耳緊尾直牙關緊

閉籬閑不令水草此罪外感風邪之症也術擁附□□□□
風門灸百會噴發汗追風散數日平定者月餘痊□□□
管寧論獸趙氏曰風者天地山川之氣從微致盛以□□□
月溫涼寒暑鼓舞飛揚因而變化有往來無定且風者□□
時之氣分布八方善惡不等善者和風清氣惡者邪氣賊風
淺則凝於肢體深則傷于五臟在左即癱在右即瘓在頭即
搖在眼即昏在鼻即塞在耳即聾在喉即閉在筋
即攣在骨即痛在皮膚即生瘡疥在腸胃即脫肛腸□風者
暗箭也當慎避之內經云天有善風日月光明地有善風萬
物俱興水有善風波浪停勻馬有善風諸病無生大中惡風
日月皆昏地中惡風五穀難存水中惡風翻作舟船馬中惡
風涎沫多生夫涎者有一升三合停於脇下養其五臟和其

元亨療馬集 入証卷三

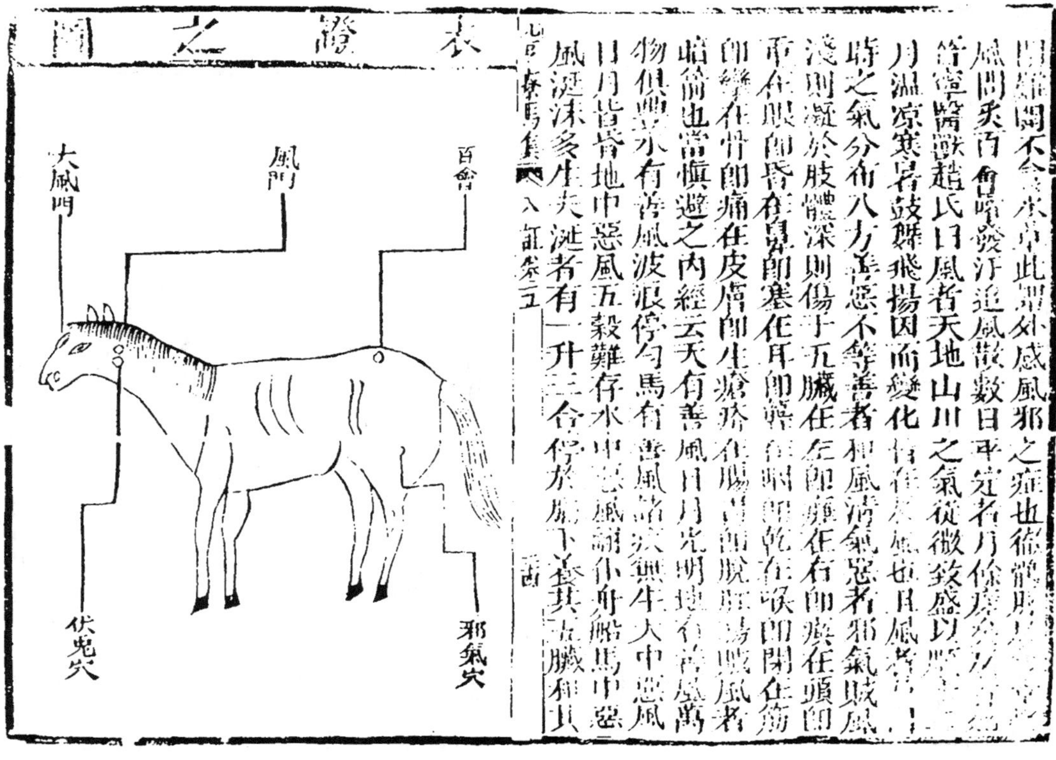

六腑　其水穀滋潤皮毛不可偏勝也勝于肝者則癱勝于
脾者則瘨勝于肺者則喘勝于心者則狂勝于腎者則成五
勞七傷之病是故風痰者速治而勿令其緩也一日盛傳二
日遍傳三日亂傳亂傳者難治也如火燎茅屋之狀茅屋災
發土石俱傷風痰而盛者九死一生而無令則也歌曰

乾坤宇宙　日月星辰　山川社稷　人畜虫禽　二五之氣
皆賴有生　稟偏爲物　稟正爲人　馬牛爲物　亦稟五行
驅馳飲喂　皆養隨人　苟失其養　病恙而生　表裏邪正
寒熱虛盈　表爲其外　裏爲內務　邪而生亂　正則俱榮
寒之多痛　熱則生癰　實而多結　虛則勞生　內傷外感
疫氣流行　天行正氣　日暖風清　天行邪氣　霧瘴狂風
天有善風　日月光明　地有善風　五穀豐登　水有善風

元亨療馬集 入証卷三

波浪停勻　馬有善風　五臟安寧　大中惡風　日月皆昏
地中惡風　播土揚塵　水中惡風　翻覆舟船　馬中惡風
諸疾相侵　肝風癱瘓　眼目昏花　肺風毛燥　咳嗽頻頻
心風狂言　驚悸怔忡　腎風骨痿　腰痛腰疼　脾風口涎
涎沫多生　風涎甚急　火燎茅蓬　茅蓬遭火　玉石猶存
馬中有此　九死一生

論裏證

夫裏者一身之內也諸內爲裏五臟亦然腹內爲裏肚底如之
內經云夫內者腹內也抱陰而負陽包含五臟六腑寒熱不
可偏勝也寒勝六腑俱凝熱勝遍體氣逆營氣不從逆氣凝
結凝於肌肉而成瘡癤凝於皮膚而成黃腫令馬精神恍惚
喘麤鼻乾毛焦眼赤臥多立少兒脈洪弦水草遲細惡熱便

黄證之圖

大胯

猪形

尾本

玉堂

帶脈

腎堂

陰此謂熱積於內也凡治者滋陰降火理氣和血先於六脉針刺然後涼藥噇之不然黃癰瘩瘡從茲甚矣又曰瘩黃者氣血壅極五臟積熱而生皆由氣之所使血之凝滯也恣於[illegible]十六也故曰三十六黃是故束頸黃內含黃外腎黃偏次黃心黃肺黃肝黃脾黃腎黃腸黃[illegible]遍身黃　一黃氣治者不能收斂也又名曰黃腮黃頰黃耳黃鬃黃膝黃鎖口黃心疵黃膝黃蹄黃夾黃胯黃帶黃肝黃木黃陰黃蛇黃穿甲黃合骨黃[illegible]黃蝦蟆黃陰腎黃木腎黃此謂三十六黃乃皆熱毒發生於臟腑也初患或痛或腫或脈較或肉色有不辨各從形證而顯其名也總之氣凝者血則痛血凝者氣則麻氣血交行則腫氣血不行則腫按之復起氣毒赤色腫硬入毒痛甚作膿陽毒不痛而軟陰毒又八

先腫後痛形傷氣先痛後腫氣傷形痛無腫者傷其骨膜滑腫甚痛其肉痛而顫者傷其筋腫中有小傷其氣腫多甚者傷其血痛不寧者傷其臟痛不止者傷其腑此謂瘩黃之外應也歌曰

人之與物　化育成形　俱隨二五　各稟性情　情之為物
貴者為人　馬牛為物　與人並生　天有五運　地有五行
馬有五臟　抱陽負陰　諸內為裏　臟腑皆同　內傷外感
氣積相侵　寒凝發腫　熱盛黃生　血凝氣痺　氣凝血疼
形傷於氣　氣傷於形　隨形顯症　以症為名　惡黃十二
仔細觀形　偏次求類　肺腎肝心　脾腸腰膁　不可生癖
此而有腫　九死一生

〇邪證論

夫邪者所錯之謂也太過不及也眞元散亂邪氣相侵故為邪夫邪入陽則狀生狂然邪入陰則狀生痺理自然也生我者虛邪克我者賊邪我克者微邪我生者實邪自受者正邪也正氣不足客氣太勝是也皆因寄養失調寒暑所中遠行帶汗而渡河牧放苦淋於陰雨飢飽負重而出奔騰若乘騎而遠驟老羸氣血衰敗新駒血氣未全以致勞傷過度榮衛不調腠理或開緊於冷便又冒天寒感邪五行不足客氣乘虛而入者故成其患也故令精神恍惚遍體汗流渾身肉顫蹄嚼奔馳東西亂撞眼急驚狂此謂心經痰迷頸燥熱邪之病也又或毛焦眼閉行走如痴左右亂跌首項偏斜頭垂於地水草遲微適為表中風寒肝虛濕邪之病也是故年木不足外有淸邪年火不足外有寒邪年土不足外有濕邪年金不

療馬集 八証五卷 二六

宜外有風邪升水不足外有熱邪此謂年之虛也年之虛者邪之甚也月之虛者亦邪之甚也時失和者亦邪甚也且五臟而和一臟少有不足久或善養失調而令人運感邪邪藩之病感之速矣於師皇曰清氣大來金之勝也風木受邪肝病生焉熱氣大來火之勝也燥金受邪肺病生焉其氣大來水之勝也熱火受邪心病生焉濕氣大來土之勝也寒水受邪腎病生焉風氣大來木之勝也濕土受邪脾病生焉此謂五臟感邪而生病也岐伯云夫邪之所[illegible]有者非謂客邪而勝於土不可水受之病然邪甚則反其氣治者以平和而順之所謂治邪之道矣王良云天氣感邪則可顯也客勝於主則可泄也以平為期不可過也[illegible]經中曰大欲客之也於氣勃甚者之謂客而勝于主不可向察也醫之氣順者邪受

邪證之圖

小胯　百會　伏兔　風門　喉脉　搶風

之發之所病生焉此謂五臟感邪而生也邪[illegible]而定心神矣又曰治邪者先正其心也是故心正而[illegible]神清血氣和順而脉和脉和而瘥矣造父云邪症者風邪也外感多氣血凝於毛竅毛竅而傳腠理腠理而傳肌肉肌肉傳五臟五臟而傳六腑六腑而傳三焦三焦而遍傳矣凡治者宜速而不宜緩也是故去其寒泄其熱和其臟調其腑理其經順其氣此謂治邪之道使馬騾不致夭橫矣歌曰

正氣不守則生狂　所傷不及致其殃　陰陽錯亂真元敗
氣血凝滯臟腑傷　衰羸飢餒乘騎遠　寒暑相侵邪入腸
毛焦氣喘渾身顫　精神恍惚汗淋漿　行如酒醉無高下
目瞪痴呆亂撞墻　頂上風門三道烙　頂邊鶻脉兩針强
鎮心定志硃砂散　三朝兩嚾即安康

療馬集 八証五卷 廿九

正證之圖

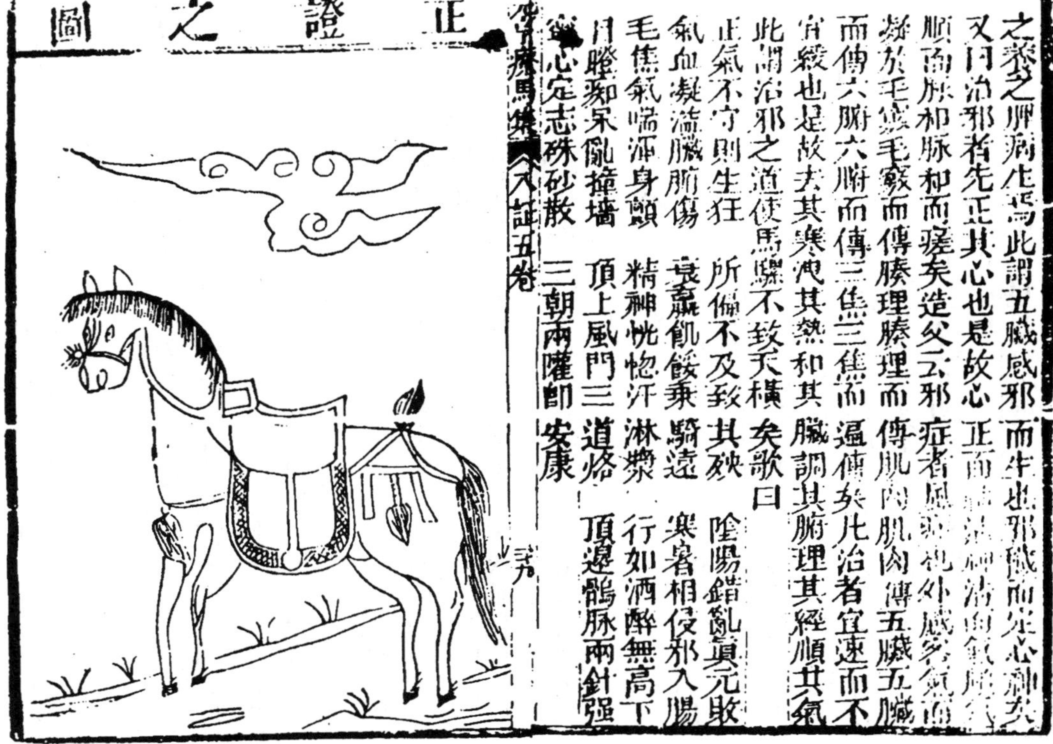

○正證論

天正者謂正直無偏無倚無太過無不及也內經云天理正[illegible]月光明雨露調勻地理正寒暑應節五穀豐登人民[illegible]齊國治天下和平馬牛正身形强健臟腑安寧故也又曰馬逢正氣騎療無生半作人之所蓄雖有引重致遠之功然猶[illegible]不能自由代人之勞而亦待人之養疾困病患在人所[illegible]飲喂皆於中節如芻水有節又得天之正令而順氣[illegible]精神固於外其病患安得而有之以盡天年之壽乃[illegible]之道也諺語云馬逢君子加十年壽矣故云君子之養物[illegible]物而能仁仁人而愛物物遇仁人而幸也是故冬暖夏涼春牧秋廐節芻水知勞役使寒暑無侵則馬騾而無病矣

歌曰

無偏無倚號端平　不及太過兩無侵　乾坤有正諸般泰
寒暑清平萬物榮　馬牛有此精神爽　尿清糞潤口中紅
脉平色正無病瘵　氣血調和臟腑寧

○論馬一十六般蹄頭痛

十六蹄痛各有部位分之蹄胎脹痛蹄骨臚痛蹄甲薄痛蹄甲裂痛蹄甲枯痛蹄尖腫痛蹄[illegible]痛聚根腫痛外根腫痛乾[illegible]痛[illegible]痛穿心漏痛穿[illegible]瀨羅圈漏痛旋蹄瘡痛[illegible]此謂一十六般蹄名之痛也有歌曰

馬患蹄疼十六般　說與醫人用意觀　蹄尖若地掌中痛
[illegible]行病在尖　外蹉裏疼側向內　裏側外痛外跟[illegible]
[illegible]蹄枯硬　行步拘然亦似攢　乾濕漏蹄蹄足[illegible]
[illegible]行下地步難遷　旋蹄蹄瘡黃與毒　昂頭不[illegible]
惟有蹄胎骨痕硬　擺尾搖頭步步顛　蹄[illegible]痛宜詳[illegible]
請君着意莫差者

○論馬無膽

混沌初分天地開牛馬之象各從天地而生午者陽火也應乾而生馬丑者陰土也應坤象而生牛易經云乾象爲天坤[illegible]馬牛[illegible]之馬者[illegible]應于天稟清氣而膽氣不足牛[illegible]稟濁氣而斷氣不足此謂天地陰陽清濁之分[illegible]祭天烏牛祭地可謂天地之分矣伯樂云馬飲[illegible]而[illegible]牛飲濁而尿清亦謂天地之分矣師皇曰馬[illegible]稟陰陽之木半受五氣而少金火有餘而水不足故[illegible]氣而缺也歌曰

混沌初分發曉明　午丑相從天地生　午火象乾生作馬
丑土生牛體作坤　飲清溺濁因無膽　飲濁尿清飲[illegible]
馬牛自馬祈天地　可謂陰陽清濁分

○論馬春季放大血

晉[illegible]秋時秦穆公問于伯樂曰人之與[illegible]五相同獨馬多生熱[illegible]者何也伯樂答曰人受氣於外馬受氣於內人受氣于[illegible]陰[illegible]精故精氣多而血氣少馬受氣于[illegible]心[illegible]血故血氣多而精氣少故馬必于針刺[illegible]血氣大盛而爲病疾也且出血必于春首[illegible]木[illegible]夏者火也木火相生也於春首針刺分調血氣[illegible]致太盛故使火畜王夏夏季火炎使其榮衛調勻不致遂過而生諸疾也歌曰

血在週身經絡中　惟有大血總流通　馬因年小脹分大

頸針大血圖

大血

血盛逢春變熱風　精神恍惚多驚悸　皮毛擦破一重重
須將大血金針刺　瘀滯項後捲其尖　都得血筒皮下脹
度量深淺用神針　欲得順毛流下穩　不須猛出恐愁慘
血筒有似帶中水　不可針傷第二重

○論取槽結法則

槽結者胎中所受也凡取者先觀馬之形神別無餘証開取者盡較若有槽結失取傳之鼻膿及遍身傳注而生肺毒瘡者十中得較一二雖取槽結亦認三般軟者是風結候熟只用火針割破出瘀膿即痊如板硬者是筋結難取也損者滑硬如毬者此謂槽結也夫取者避忌血皮血忌本命刀砧擇令晴明溫暖清晨空草用好韁頭於高木椿柱先將馬頭吊起以利刀向槽結穴中將大皮割破仔細從容勿得亂割軟者

取槽結圖

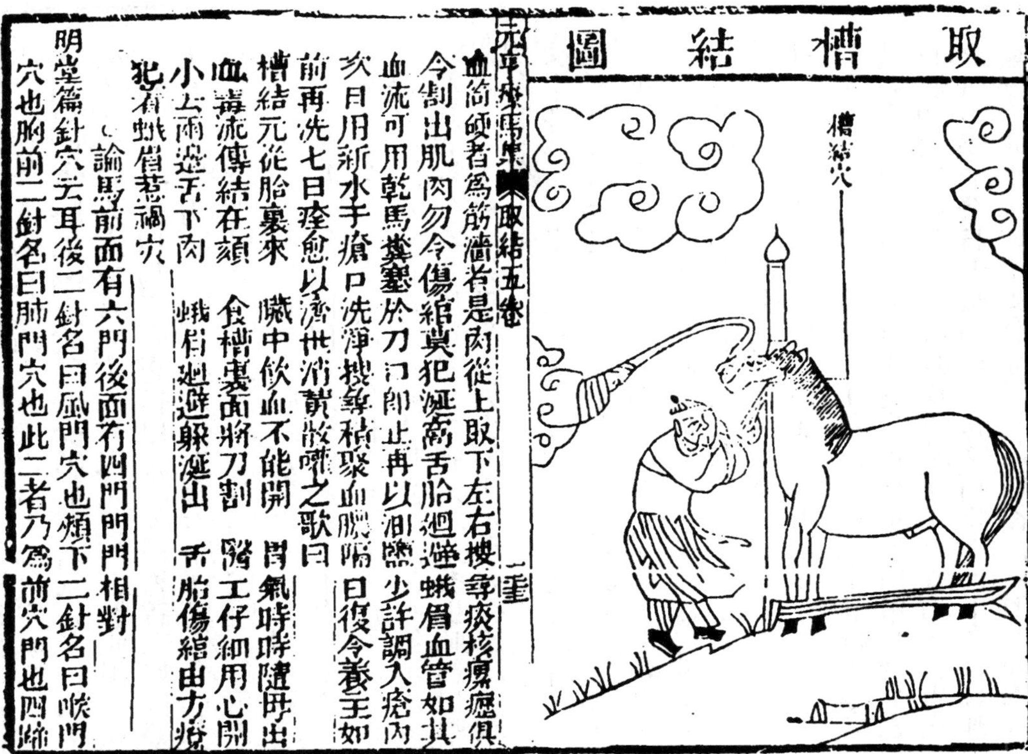

血筒硬者爲筋滯者是肉從上取下左右摟尋痰核瘰癧俱令割出肌肉勿令傷絡莫犯涎窩舌胎迴避蛾眉血管如其血流可用乾馬糞塞於刀口即止再以酒醋少許調入瘡內次日用新水于瘡口洗淨擠擠積聚血膿隔日復令養至如前再洗七日痊愈以濟世消黃散吹之歌曰

槽結元從胎裏來　臓中飲血不能開　胃氣時時隨呼出
血毒流傳結在頦　食槽裏面將刀割　醫工仔細用心開
小舌兩邊舌下肉　蛾眉迴避躲涎出　舌胎傷絡由方發
犯着蛾眉惹禍穴

○論馬前面有六門後面有四門門門相對

明堂篇針穴云耳後二針名曰風門穴也頰下二針名曰喉門穴也胸前二針名曰肺門穴也此二者乃為前穴門也四蹄

【元亨療馬集】

前後十門圖

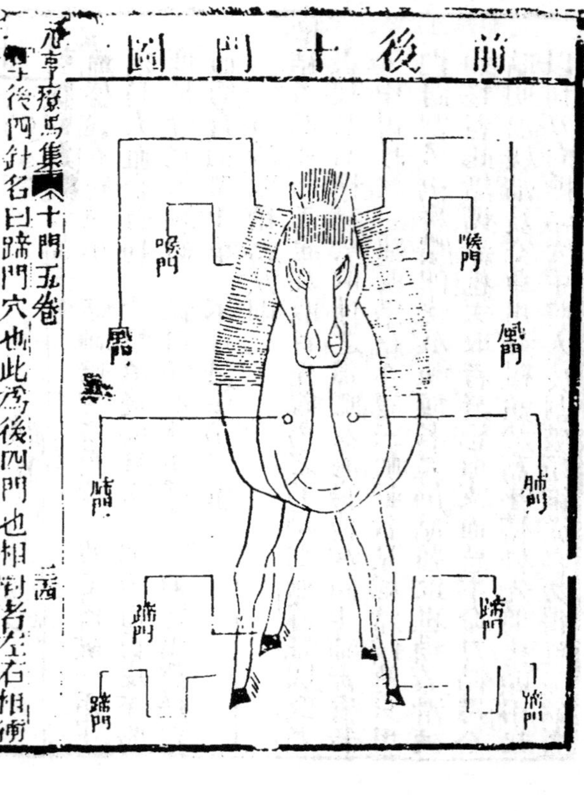

□後四針名曰蹄門穴也此爲後四門也相對者左右相衝也十穴而號十門者乃爲一十二道經絡之關津三百六十絡脉之道路也歌曰

良馬經中有十門　門門相對甚分明　上穴風門分耳後
胸前兩道肺門針　額下喉門排左右　六穴分爲前六門
後有四門蹄上穴　四蹄掌後兩旁針　八穴四下都孔竅
三百六十總關津　百五九道經和絡　盡在週身十穴中
此謂門門相對歌　請君酌意用心精

○論馬陰陽運氣者何也　東溪曲川問答

問曰馬有陰陽運氣者何也答曰運氣五運六氣也曰何謂五運六氣答曰甲己土運乙庚金運丁壬木運丙辛水運戊癸火運子午少陰之氣丑未太陰之氣寅申少陽之氣卯酉陽明之氣辰戌太陽之氣巳亥厥陰之氣太陽氣寒厥陰氣風陽明氣清太陰氣濕少陰氣平少陽氣熱六氣分于□氣厥於六十餘日六六三百六十六日以足週年之數此謂五運六氣之分也又曰馬之疾患何以應之答曰馬者天地亦然也天有五運馬有五臟天有六氣馬有六腑亦與相合也太極經六十支運轉六十循環二年太歲當令陰陽一氣司天一氣在泉馬牛經當直臟不足發生一證此謂陰陽之氣流轉輪環之鑑也問曰且如今日嘉靖二十六年太歲丁未當年運氣應于某臟腑乎答曰丁未丁丑之歲太陰司天太陽在泉土水合德濕寒氣交上應鎮心馬牛心氣不足多發脾虛胃冷氣交上應歲星馬牛脾氣不足多生肺顆鼻膿證丁卯丁酉之歲陽明司天少陰在泉水火合德清熱氣

交上應熒惑星馬牛腎氣不足多發瘡癤瘙癢之證此謂六丁氣運流行之證也又曰丁壬相合六丁之氣如斯六壬之氣何也答曰壬辰壬戌之歲太陽司天太陰在泉金土合德寒濕氣交上應辰星馬牛肝氣不足多生寒濕冷拖之證壬申壬寅之歲少陽司天厥陰在泉火木合德風熱氣交上應熒惑星馬牛肺氣不足多生泄瀉腹膨之證壬午壬子之歲少陰司天陽明在泉金火合德燥熱氣交上應太白星馬牛膽氣不足多發消渴黃之證此丁壬氣運流行之一年其餘年歲諸此行之又曰丙戌運氣日干受病者何也答曰甲日腎病乙日肝病庚日肺病丙日心病戊日肺病丁日脾病壬日胃病辛曰小腸病癸曰大腸病巳曰膀胱病此謂天干應合日神氣運之分也又曰干支有分別者何也答曰六甲六丙六戊

五運六氣之圖

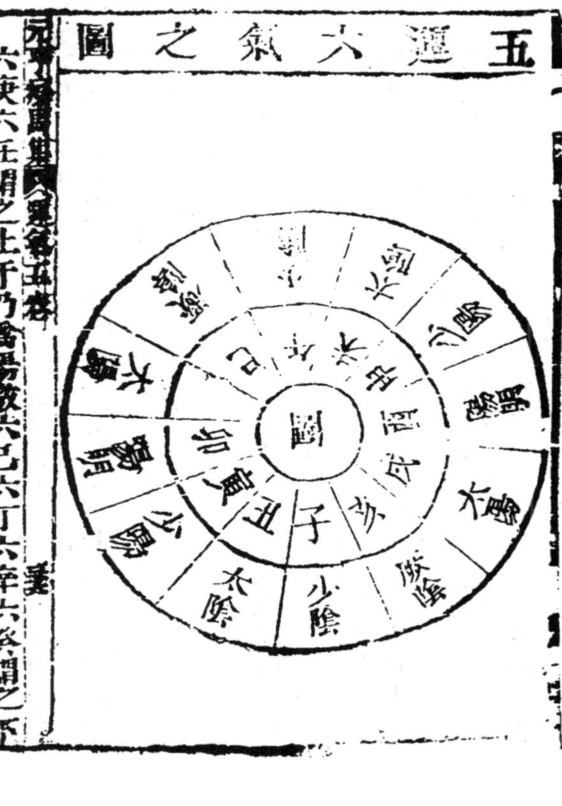

六庚六壬謂之上干乃爲陽數六巳六丁六辛六癸謂之下干乃爲陰數子丑寅卯辰巳六支謂之上書屬陽午未申酉戌亥六支謂之下書屬陰此乃干支氣運之分也又曰不知運氣者何也答曰不知運氣者不能明其節要也按岐伯經云凡爲醫獸者必須識陰陽知運氣明脉色分五行生尅留守加執權衡者方可察其馬之困苦也苟不識其陰陽不相遇氣不明脉色應病施針問病發藥難能效驗如盲人夜走信步而行矣歌曰

甲巳土運乙庚金　丁壬木位總成林　丙辛原是東流水
戊癸南方火氣侵　日干逢此爲天運　吉凶上下往來尋
子午少陰君火位　丑未太陰濕土宮　寅申少陽相火路
卯酉陽明司燥金　辰戌太陽寒水土　巳亥厥陰風木朗

五運只在十干取　六氣十二支上尋

○逐日受病歌

甲巳之日脊不安　膀胱逢此亦如然　乙庚之日肝家病
兩運膽腑不週全　丙辛防心小腸患　戊癸須教肺受殃
丁壬便與脾不合　胃腑遭傷不可言　此謂十干受病歌
請君斟酌用心傳

○馬本命日

九月巳日　十月亥日　十一月午日　十二月子日

巳上日不宜行針醫治欲行針如犯血忌本命晦朔弦望風雨陰寒皆是禁忌不可行針又緣春首及馬有病放血如泥餘月及馬無病惜血如金凡針馬之疾先觀馬之肥瘦又看與草多少然後相度行之針皮不得傷肉針肉不得傷筋傷

骨三補一瀉大馬先針左騍馬先針右後學須識之

○醫馬買馬吉日不拘月分用之

巳巳　庚午　辛未　乙亥　丙子　丁丑　乙酉　丁亥
戊子　壬辰　乙卯　戊戌　巳亥　辛丑　甲辰　乙巳
丙午　巳酉　壬子　丁巳　戊午　巳未　庚申　壬戌

○放血忌日

春寅午戌　夏巳酉丑　秋申子辰　冬亥卯未

○論馬血脉流轉東溪山川問答

夫春者肝旺也甲乙當令萬物發生之際○血脉一日一夜週身流轉二百四十遭凡補瀉應時氣血盛衰觀脉下針徵之致使四時不發熱壅之疾此謂補瀉針之法也夫夏者心旺也丙丁當令萬物繁茂之血脉一日一夜遍身流轉一百八十

潰凡膘肥馬血氣盛者六脉亦令微之夜□發者不發瘡
黃之症此謂□針之法也夫秋者肺用也庚辛當令萬物秀
實熟之血脉一日一夜迴身流轉 百□遭凡馬行坎六
脉病針之無妨禁日以致調和臟腑陰陽此謂省針之
法也夫冬者腎用也壬癸當令萬物收藏臟之精氣歸腎陰
盛陽寒成冬 一日一夜血脉迴身流轉六十遭凡馬急病當
針者針之不當針者不可妄徹致使馬騾不致腑傷元氣不
發臟腑壞疾之疾此謂禁針之法也卅分四令戊己當牌名
用 一十八日血脉流轉各隨四季行之凡針血者亦如然也
有歌□後歌曰
斗柄回寅血氣增 四時流轉不相同 春血日行三百四
冬脉迴流八十巡 七十二道生針血 醫工用意使神針

針皮勿令針傷肉 針肉勿令損傷筋 未徹先觀肥與瘦
分調榮衛令勻平 急病當針即與徹 無病無傷勿令針
療騾若能由此則 體態臕肥臟腑寧

○論馬水火二騸者何也

東溪問於曲川曰騸馬之法有烙筋不烙筋者何也曲川答曰烙筋者火騸也不烙筋者水騸也東溪曰何以川之曲川曰氣體弱者宜火騸也氣體壯者宜水騸也東溪曰兩騸之法始于何時曲川曰昔黃帝在位百有朝內出一賢臣姓董氏諱仲名□通徹與人傳於黃帝之側因馬食人帝命仲先制之與人遂往其所觀馬形神察馬臟腑用幺元天術搞其腰汁其性愈矣後蹄囓不息帝復命制之與人三行其腕觀標察本以沙性之法更名騸馬有法淨其兩腎腦齒息矣帝亮其能以通微之號封之彼時者始有此法也又曰淨腎之法有奇妙乎答曰按董氏經云凡淨腎者上合天時下應地利擇令晴明日淨禁忌風雨陰寒與犯血支血忌迴避本命刀砧潔靜空草於平坦地面將欲縛倒臥地穩平右手持鋒左手按穴仔細用心于千金穴上輕手急割一鋒挺出腎子推起皮膜以手搯綸其腎挾板束其筋火燒鐵器烙之用新汲水將刀口積血洗淨油鹽少許傾入穴內即令牧起徐步牽行拴養淨室三七瘥愈此謂董氏火騸之法也傳流相繼至於漢楚分爭時有大元帥韓氏信將軍因營馬多生熱症以謂不利於軍遂易其騸法袪其火烙用搜筋進步之工自筋三寸截之血筋五寸分之新水淨其瘡口油鹽少許入之朝夕牽行如前喂養此謂韓元帥水騸之法也東溪曰二者

騸馬之圖

千金穸

前謂上下曲川曰兩騸之法不相上下也火騸者烙騸也存
性者性血騸火烙令獸不損腰胯水騸者生騸也浄筋浄性
血應筋分令獸不生熱症凡用者量觀盛衰行之東溪曰浄
腎之法何謂騸乎曲川曰騸者善也祛除其性而有淳性化駑
馬而爲良馬也其不善乎有歌曰
改騸牛馬按陰陽　牛有走腎馬連腸　臨期斟酌開瘡口
摘一分筋按典章　白筋二寸令刀割　血筋五寸莫教長
夾板束之燒鐵烙　此乃仙家浄腎方
○論馬臟腑中有玉女關者何也
東溪問于曲川曰余聞馬臟腑中有玉女關者何也曲川答曰
玉女關者在谷道之前蟠腸之内臟腑交接之所有横弦一
道一尺二寸之長横于大腸九轉之中直抵内腎蕊窩之下

元亨療馬集〔卷〕醫馬五卷　四

名爲玉女關津又名横弦腸也東溪曰玉女稱者何也曲川
曰玉女者深閨内禁之女也深閨内禁人莫犯之凡人千者
慎之鑒之故此稱也有歌于後
深宫内禁號爲關　玉女從來住此間　國民莫把宫廷犯
犯者須教命不痊
○論馬卒死者何也
東溪問于曲川曰凡馬卒症忽然倒地而死者何也曲川答曰
心肺絶也東溪曰何以見之曲川曰心者一身之主宰肺者
五臟腑也血居于氣上血氣從之又且心爲帝主肺爲丞相
心主于血肺主于氣心爲血海肺爲氣海心絶者血絶肺
絶者氣絶也血氣絶者諸經絶也故云心肺絶者死之卒也
有歌存証

馬患卒死爲何因　只緣榮衛絶於胸　心血瘀斷肺氣絶
不移時下命歸陰
○論馬五疾者何也
東溪問于曲川曰余聞馬有五疾者何也曲川答曰五疾者五
經五應之疾也東溪曰何謂五應曲川曰五經者心肝脾肺
腎也五應者眼耳口鼻舌也是故舌如硃砂心之疾也眼不
見物肝之疾也褰唇似笑脾之疾也鼻流膿涕肺之疾也垂
縷不收腎之疾也此謂五經五應之疾察者分認五臟疾之
歌曰
舌如硃砂心之赤　眼不見物肝之極　鼻流膿涕肺之斷
褰唇似笑脾之疾　垂縷不收腎水虚　五者皆因五臟起
師皇留下療與方　請君辨驗休差疾

○論馬八邪者何也
東溪問于曲川曰余聞馬有八邪病者何也曲川答曰八邪者
風寒暑濕飢飽勞役是也曰何謂病也答曰風傷肺也寒傷
脾也暑傷腑也濕傷腎也飢傷脂也飽傷臟也勞傷心也役
傷肝也此謂八邪有風之症也又曰何以識之答曰風傷肺
多饑喉嗽傷于脾眼腫兩肥暑傷腑前黄後腫濕傷腎後腿
難移飢傷脂毛焦肉減飽傷臟體瘦形羸勞傷心怔忡驚悸
役傷肝眼腫頭低此謂先賢垂訓之良言後學繼傳之規矩
歌曰
驟走逆風肺發喉　脾逢陰冷必先傷　炎暑中傷六腑敗
濕傷久卧腎生殃　飢飽兩傷肌肉減　勞甚傷心心欠康
役損過多肝臟損　頭低眼腫閉無光　傷肺多饑喉與嗽

傷胛起臥痛難當　驚悸不甯心氣瘡　拖腰輾胯腎虧傷
五臟俱傷六腑敗　躃蹢總食不能康　此謂八邪傷感訣
請君着意細推詳

〇論馬起臥驀然而任起臥者何也　東溪曲川問答

問曰凡馬起臥驀然如任起臥者何也答曰馬之起臥驀然而任者內傷臟腑也又問曰何以見之答曰起臥者腹中疼痛也任臥者臟腑死絶也是故五臟虧傷六腑敗絶不知疼痛故起臥而任也卞氏經云凡馬起臥驀然而任起臥者十死無一生也難以治之有歌于後

起臥頻頻不任停　驀然任臥少精神　嘴寬肉顫渾身汗
目瞪看人不轉睛　見此病源休治療　醫人妙手亦無能
總然得效無多會　不離時下命歸陰

〇論馬起臥忽然臥地不起者何也　東溪曲川問答

問曰凡馬起臥忽然臥地不起者何也答曰木水絶也又曰何以見之曰肝者木也腎者水也肝爲木部腎爲水海肝主于筋腎主于骨肝絶者筋攣力敗腎絶者骨痿腿難筋骨絶者臥地而不能復起也卞氏經云凡馬起臥臥地而不起者木水虧傷根本絶也其症難醫有歌曰

起臥連連不住停　忽然倒地腿稍空　四肢癱軟渾如醉
兩目昏沉閉不睜　鼻中血水如泉湧　胸前汗出似油津
此般形狀縱來死　總有靈方命不存

〇論馬劃鼻者何也　東溪曲川問答

問曰凡馬打鼻有言如挿花者何也答曰打鼻者泄三焦之熱也非華美而觀之四哉五臟有壅者可以劃之蓋取鼻孔竅

劃鼻之一圖

大呼吸通利令獸不生熱症又且清利咽喉消除腸脹淸心肺之火祛臟腑之熱邪疫不侵害矣曰何以見之曰昔春秋時西秦穆公併吞列國遣大元帥白起將軍伐趙未出軍時其都中戰馬遍染瘟疫穆公謂文武曰馬政失調不利征討奈何當有監軍少宰孫陽出班奏曰馬者國之大事也今時值仲夏炎暑熏蒸疫症大作未敢輕出且長平諸路山瘴盛多今大軍一舉難免瘟瘴不可不禦也穆公准奏遂令停兵罷戰以待秋成付大將之政命少宰總之公領其事任其廐務觀天覺氣運相諸驥形神診其鼻脉察其口色喟然曰熱之所致也以利鋒劃其鼻孔徹針血而泄其瘴毒施良劑而制其疫氣其驗大效諸疾悉愈都門群驥望之如雲錦穆公嘉少宰之能以伯樂之號封之上應馬廐之星更名伯樂將

軍也勅令諸路開設醫學習講師皇之道永爲經世之傳彼
時者始有此則也又曰劃鼻之法有奇妙乎曲川曰按伯樂
經云凡劃鼻者擇令天氣晴明清晨空草將馬繫於高樁
拴柱用好糠頭先將馬首東定立正穩平左手執欄頭於鼻
孔右手持鋒於氣海穴上自下而上劃之驢騾馬直仔細從
容豎厚梁窄左右勻停休傷松骨避血管勿損梁筋爲妙
以漸汲水將刀口積血洗淨拴養淨室勿近舍簷七日之後
令其養于朝夕扯拔不致傍攣生合旬日痊愈此謂孫少宰
劃鼻之法也請歷觀之有歌存証

四歲以下受騸時　傷肥肉重少乘騎　精神恍惚多驚怪
渾身瘙痒發瘡痍　氣海穴中須令劃　勻停八字兩邊垂
三焦熱毒俱洩出　萬里長途任意騎

○論馬明堂針穴者何也東溪曲川問答

問曰人有三百六十穴道馬之針穴有如是乎答曰人有三百
六十經絡馬有一百五十九道明堂又曰人之與獸二五俱
同馬之針穴不足人之穴者何也答曰人者萬物之靈也稟
陰陽之大運得天地之精華體五行之正道受元氣而豐肥
廼有三百六十六穴按週年三百六十日足太極循環之數
也夫獸者物類也稟陰陽之偏運受天施之餘精得五行之
未半體元氣而少全明堂所載一百五十九道明穴足太極
週旋之半也後至春秋時有一大賢出自西秦大國姓孫氏
諱陽官封伯樂將軍此賢善識騂騮能分駑駿者察明堂詳
明針穴乃有八十一道渴穴之針八十一道補瀉之針七十
三道徹血之針一十二道巧治之針通前徹後共有二百四

十四穴按週年二十四氣此謂人稟天地之靈物與天地之
氣太極週旋陰陽造化之分也又曰二百四十針穴有其名
乎答曰針穴各有部位而顯其名也又曰火針血針何
以分別答曰火針者絡脈之針也血針者經脈之針也絡脈
者喉門爲首風門肺門次之經脈者眼脈爲首鶻脈帶脈次
之喉門者頰下一指是也眼脈者眼後四指是也明堂經云
頰下一指名喉門穴二道眼後四指眼脈血二道耳後一指
風門穴一道耳後二指伏兔穴二道耳孔裏面禁穴二道頂
門之上通天穴一道腦旁左右腦腧穴二道旋睛禁下大風
門穴三道印堂之中龍會穴一道眉額之間垂睛穴二道眼
胞之上睛腧穴二道大眼角內骨眼穴二道大背裏面睛明
穴二道黑白睛中開天穴二道眼下一指三江血二道眼下

二指大脉血二道鼻孔外面氣海穴一道鼻梁兩邊鼻腧血
二道鼻孔之中血堂穴二道鼻尖兩面蟲芽穴二道唇尖之
上抽筋穴一道牙關外面開關穴二道口內上顎玉堂血一
道食槽上面通關穴二道食槽之中槽結穴二道眼後一指
太陽血二道頰下四指鶻脉血二道氣顙之下喉腧穴一道
弓子骨上弓子穴二道膊骨兩旁肺門穴二道肺攀穴二道
搶風骨上搶風穴二道衝天穴二道膊尖之中膊尖穴二道
膊欄穴二道肘骨後面掩肘穴二道乘鐙穴二道膪骨之中
心腧血數道羅膈兩旁胸堂穴二道堂下一指同筋血二道
夜眼之內夜眼穴二道膝蓋之中膝脉穴二道攢筋骨上攢
筋穴二道乘重骨間乘重血二道乘重骨下過門穴二道三
寸骨間天臼穴二道寸子蹄中纏腕血二道羊鬚之內芳堂

血二道蹄胎骨上蹄頭血二道蹄筆後面蹄門血四道蹄頭之下垂泉穴二道肘骨之上肘腧血數道前夾兩旁湿中血一道肘骨之中肘骨穴二道肘後四指襟脉血二道平臉前邊五花血十道肚腹之下黃水穴數道肘前一寸肚口穴一道肚臍三寸衷門穴一道脊背之間斷穴血三道接脊骨上百會穴一道接脊骨前腎朋穴二道接脊骨中腎腧穴一道接脊骨後腎角穴一道雁翅骨下巴山穴一道路股穴一道大胯骨間大胯穴二道小胯穴一道胯尾骨中汗溝穴二道邪氣穴二道胯尾骨下仰尾穴二道蚕腎穴二道膝堂之上膝腧穴二道膝瓣穴二道胯內兩旁上卯穴二道次卯穴二道中卯穴二道下卯穴二道掠草骨間掠草穴二道胯當囊面交當血二道下面一指腎堂血二道相對腎囊腎穴二道

外腎縫上陰腧穴二道腎囊之中千金穴一道腎尖之上腎尖穴一道曲尺之間曲尺穴二道合子骨上合子穴一道蹄歸骨間烏筋穴二道蹄頭骨下板筋穴二道鹿節骨中鹿節血二道後蹄寸關天臼穴八一道後蹄腕內攏腕血二道羊鬚之內勞堂血二道蹄掌兩旁蹄門血四道蹄甲之下垂泉穴一道尾根兩旁尾端穴一道肚門上面通花一道尾根下面尾本血一道尾稍之上尾尖血一道此謂一百四十四針題名之穴也又曰馬之四百八病六關穴半受針其諸穴何以應之答曰有賦列之于後賦曰

大凡行針先知穴道去處穴明補瀉迎隨呼吸淺深八十一針補氣瀉氣之穴七十一道徽經徽血之針九九明堂歩名針處所三四穴孔開鑿巧治關津遍身總共二百四十四針

針針穴穴逐一開具分明頰下喉門火針療喉骨脹病耳中禁穴從來禁止不針耳後風門火烙療諸風解表腦旁腦腧火針治急慢心風旋睛鬃下火烙大風烙療耳聾直眼睛之上生針睛腧血消眼角淤塞鼻孔雙蠶祛翳芽腹中作痛印堂龍會灸邪病項偏風頂上通天鑿腦黃鑿開腦孔鬃旁腦腧瀉腦毒消散痘癰垂睛裁針徹去額開癰毒睛明兩道撥開睛上雲膜黑白睛中開天穴上取混睛退睛中雲翳大睛角內骨眼穴中割骨眼散眼瞳墜紅眼下三江泄腸中冷痛背旁大脉祛臟內寒疾眼脉一針善泄肝經之火太陽一血能除白翳膝脉肺之經理三焦調五臟靜心神而定魂魄胸堂心部脉瀉心火泄肺氣開兩堂胸膈凝痰開關穴療牙關緊閉通關穴治舌[illegible]口黃[illegible]往口火烙鎖口

蹄眼脹蹄掌腫放蹄取蹄門呼吸穿氣海開其工第一前跌跌拙斷其效如神玉堂針口內開胃瀉五臟之熱血堂刺鼻孔清腸去兩鼻之脹食槽內槽結穴取槽中瘀癥鼻梁旁針鼻腧消鼻畔痘癰喉腧一針割額黃割開氣額三川一穴烙胛甲烙過山鬃膝腫膝黃可治夜眼穴傷夜眼不可行針腿上同筋善止胸痰腸痛臆前心腧能消黃疸胸膛頂上九針療慢風低頭不得膊間八穴開羅膈滯氣凝胸肺尖弓子二針抽膊尖弓子脫落耆甲搶風兩穴消耆腫突起搶風乘鐙膊欄火針導滯氣止筋骨之痛肺門掩肘火烙入溫氣任經絡之疾肺攀穴止膊痛肺氣把膊衝天穴針膊搖脫膊吞胞肘腧鍬針鍬洩肘後打傷瘀腫斷梁生針鍬消脊間擦腫陰腰兼重骨腫乘重須當去血攢筋脹大外踝火烙横筋勞堂

去血減筋毒寸腕之腫蹄心火必療蹄黃腎毒之離帶脉炯
針善治腸黃黑理中一穴能醫腦痛胸疼肋上五花針治尹
膜五疔之痛腹前黃水血消肚底冷熱之癱脾腧一針治脾
寒潮胃吐草肺腧二穴療肺外鼻孔流膿眼腫頭低肋畔火
針肝腧停留宿水膀胱微取後三門上卯穴卯中下卯火烙療
胡骨把膀胃胴腎腧腎角穴火針治內腎寒凝天臼穴出黏
涎洩三寸損傷蹄過痛門針道滯氣消兩蹄變損疑疼膝腧
一針於膝堂剖腹於胃中取積膝癖二穴療肚細火針於膝
上施針肚口不針只為通流小便腎堂出血皆因外腎生癰
掠草火針療腿胯寒濕之痛百會火烙截脊腰凝滯之風木
腎陰黃腎縫火針陰腧消除蹄瘤陰囊摘取千金寸腫蹄疔
轉蹄生針第一筋雄骨脹板筋火烙為尊腰上七針破脊血

止腰中之痛胯間入穴洩滯氣住胯上之疼絡大胯補上元
祛腰間積滯徹督血瀉陰火消膝上痘癰邪氣兩針洩去經
中濕氣仰瓦二穴消除胯疼寒凝巴山穴療三骨痛小胯穴
止鴈骨之疼命腎火針理腎經內傷虛氣路股火烙追胯眼
外感賊風蹲腰行鴈翅痛交當去血那腰行脊筋痛尾本如
神尾端穴尾旁針治尾根偏損尾尖血稍上微除擡尾肝風
曲尺一針消散曲中腫毒汗溝一穴祛除胯上寒凝合骨臚
臚曲尺火針合子烏筋脹大鵝鼻火烙烏筋蹄頭血蹄上針
洩蹄胎裹眼外眼之痛垂泉穴蹄下烙補蹄痛穿心穿掌之
疼肛門上剪蓮花祛臟頭翻挖脫出三寸旁微鹿節洩閃傷
疑任涎膿六脉三堂瀉疔毒瘡黃之腫五關七竅烙破傷急
慢等風此謂明堂二百四十四穴針燕相繼後之學者遵依

○論馬傳經絡四足輪流疼痛者何也

東溪問於曲川曰凡馬傳經絡四足輪流疼痛者何也曲川答曰四足輪流疼痛者痛風之症也東溪曰何謂痛風曲川曰痛風者為風凝於經絡也皆因外感風寒內傷陰冷外感內傷傷之血氣氣之凝血血之凝氣氣血相凝經絡鬱結而成痛也東溪曰何以見之曲川曰心者血也肺者氣也氣血流行週身流轉以應四時多一遭為盛減一遭為衰氣血盛者妄行經絡溢於腠氣血衰者凝於經絡滯於肉理若故妄行經絡者發癢衰者凝於經絡者作疼作痛流之於下胯腿腰拖傳之于上胸疼膊痛此謂傳經走絡凝血滯氣把痛把後之症也東溪曰何以治之曲川曰凡治者調經理氣止痛祛疼追風和血壯髓強筋六脉停止刺之歌刻于後

且論醫家說痛風　口緣氣血兩相凝　氣凝血處澀如火
血凝氣處冷如冰　或前或後難移步　醫工按與細推尋
調經理氣從君治　六脉須當禁穴上針

○論馬寒症難療藥熱疾施良劑不效者何也

東溪問於曲川曰凡馬寒症難療藥而寒之轉盛熱疾施涼劑而熱不退者何也曲川答曰寒症難療藥而不效者心血不足也熱疾施涼劑而不效者腎水不足也東溪曰何以治之曲川曰心血不足者養心生血腎水不足者降火滋陰以製藥而治之可也歌刻于後

寒熱兩病療不愈　為緣氣血不迴齊　除寒先令生心血
去熱須將腎水滋　陰病陽治陽方療　陽症陰醫陰藥施
此謂陰陽兩治法　炮爐灸烙要精微

○論馬有疾似無疾無疾似有疾者何也
東溪問于曲川曰凡馬無疾似有疾有疾如無疾者何也曲川答曰馬之無疾似有疾者形病脉不病也有疾如無疾者脉病形不病也是故形病脉不病者生脉病形不病者死兩症者總于息上斟之有歌于後曰

體瘦形羸行步難　脉平色正亦安然　神强脉易從來死
自患之中無一痊

○論馬有疾者何也
問曰凡馬有疾何也答曰凡馬有疾者精神倦怠也頭低耳搭也毛焦膁弔也料草遲細也此類者有疾之形也歌曰

驊騮有疾說須知　形狀雖常脉部殊　唇昏舌昧無光彩
皮毛焦搖瘦羸輸　頭低耳搭精神慢　四肢倦怠步行遲

面浮鼻腫雙睛閉　腹細膠弓喘息微　食少飲多但是虛
便陰惡冷亦爲虧　觀形須看元亨集　碎金論說世間稀

○論馬無疾者何也
問曰凡馬之無疾者何也答曰馬之無疾者精神加倍也料草倍進也皮毛光潤也呼吸平順也四肢輕健也尿清糞潤也頭尾不動也輸欲後蹄也已上無疾之形也請歷觀之歌曰

欲定驊騮臟腑寧　尿清糞潤口中紅　皮毛光彩精神倍
鼻氣溫和來往通　四肢輕健行無遊　兩目清輝無眵朦
頭尾不動後蹄做　此爲無病脉神功

終

新刊纂圖類方元亨療馬集卷之六

蓄養本草喂飲須知　　驢騾通用經驗良方

○料部

粱米　粱米本草分三種青黃白以色而名之即秈米也青者白者襄陽出黃者西洛出白者東吳出即今江南江北淮南皆有之味甘微溫無毒喂馬生食者皆能補脾胃養五臟生肌生膘無不甚美

粳米　即白晚米處處有之大小四五種同一類味甘性平無毒皆能補脾胃益五臟壯氣力止泄瀉惟粳之功第一耳

糯米　造酒之米味甘性平無毒凡喂馬者以糯用之皆能補中益氣實腸胃壯筋腿生膘旬日而見其功

粟米　即小米山東最多味甘性溫無毒和中益氣養胃寬腸止泄瀉利小水陳者最良

赤𥝩米　穗熟色赤者是也味甘溫有微毒能補中益氣多食者生煩熱皆五臟歛筋骨尤甚

陳倉米　味酸性平涼無毒平胃寬中下氣消食補虛損除煩熱止泄瀉甚嘉

大麥　煮半熟用井花水淘過味甘性溫無毒寬腸胃化草谷調中益氣補糙生用補胃氣強筋髓爲粱化宿食逐冷氣消肝脹進草谷開胃口甚嘉

小麥　味甘微寒無毒解心熱消煩渴利小便養肝氣有功

麵麩　味甘性温無毒厚腸胃實肌膚益氣力引飼膘肥大者少令食之

○雜料部

黄豆　[illegible]用之生者作瀉味甘性温無毒生心血實腠理厚
腸胃長肌肉乃為諸料之首也
黑豆　味甘性平無毒其功與黄豆相同又能解烏頭毒
豌豆　味甘性温無毒和脾胃長脂膘寬腹脹潤皮毛有驗
紅豆　又名赤小豆味酸性平涼無毒利水氣消脹滿止泄瀉
解諸毒立效
白豆　即今飯豆味酸性温無毒補五臟暖腸胃益十二經絡
之氣
菉豆　味甘平性寒涼無毒熟用主心肺火生用泄五臟熱解
諸毒有大功

〇青草部

禾稗草　佈種之草也與蔥韭類同割而復發河南河北多種

之其形枝高葉茂味甘性涼無毒破臟腑熱燥三焦火生膘
和血無不甚嘉
鮮草　溪堰深水而生江南淮南多有之味苦性寒無毒清肺
膈瀉心火膘馬食之甚嘉
巴根草　味甘性平無毒食之健脾胃有大功
西花草　味甘性温無毒喬膘馬食之甚美
紫地草　江北淮南河南地畝多有之傍谷豆而生味辛酸性
温無毒壯筋骨多食者作瀉
狗尾草　味苦性平無毒添膘和血有小功
胡麥苗　俗名彥麥即野生麥也味酸苦性寒有微毒食之破
腸損膘傷血致氣癱馬有熱者可以食之
菉豆苗　味甘性温無毒寬腸胃化草谷開胃口如神

小麥苗　味甘性涼無毒健脾胃瀉肝火退胸中邪熱
稗子苗　味甘辛性微温煖中焦補下元久食者發癢
二生和稻草　味甘辛性熱無毒生心血強筋骨久食者生瘡
秫黍藁　味辛性熱有小毒不可食食者作脹損膘

〇枯草部

秈稻草　味甘性平無毒生心血養胃氣强筋骨壯精髓喂羸
馬月餘而成駿驥
晚秈稻草　味甘性平無毒生新血而不足保元氣而有餘
晚稻草　芒稻草也味甘性微寒健脾經開胃口生膘和血有
日而顯大功
糯稻草　味寬性寒無毒膘馬食之猶可瘦馬食之冷腎經敗
元氣傷脾胃損膘

大谷草　味甘性温無毒北方嘉禾也食者生血生膘甚美
糯谷草　味甘性涼無毒食者平和北方造酒之谷也
谷草　即晚谷也味寬性寒無毒不可食食者損膘
黄稻稭　味甘性濕無毒健脾利小水久食作瀉
黑豆稭　味苦性微寒無毒其功與黄豆稭同
菉豆稭　味甘性涼無毒清上膈之小水分陰陽止泄瀉如神

〇水部

井花水　味甘性平無毒清心解腎冬健脾胃北方者水深土
厚性寒江南味寬性寒久飲者令馬焦毛損膘稍瀉
無根水　即井花水清晨初汲者是也能和藥敗諸毒其性
味與前相同
河道水　北方澄清者可飲混濁者不可飲南方近山者味寬

性寒飲者損臟傷血

澗水　山澗之水味酸性温有毒飲者令人生癭

溪水　村溪之水味甘性平無毒飲者和血生臟

塘水　塘池之水與村溪水相類性味皆同

溝水　不澄清混濁穢汚之水也不可食飲者傷血敗氣損臟成臟諸疾由斯而發也

敗水　豬餵之水也家家有之味鹹性熱有微毒不可飲飲者傷胃滅脾束臟焦毛牛飲者勿論

漿水　味甘性寒無毒去心抑熱久飲者傷[illegible]膀胱

米泔水　淘米之水也味甘性寒無毒飲者傷胃傷血損膀胱積温濁熱疾者用一二道水少許飲之

○熟水部

滚白湯　即熟水味甘性温無毒補温腸胃暖子宮[illegible]胎甚嘉

米飲湯　即熟米湯也一沸澄清者候温用之味甘性温無毒暖胃化草谷和氣血長肥膩集疾飲者甚良久飲多生熱疾

秈米茶　用米一升炒黃色入水一斗同煎數沸以米熟為度候温飲之味甘性温無毒健脾胃進草谷止泄瀉利膀胱寒疾飲者開胃

糊米水　大米或小米用一升炒枯色取出揚去灰塵用無根水淘三次去其火毒將鍋亦用井花水刷淨仍入水一斗和米以文火漫煎一沸取出去渣揚去火氣候温飲之味苦性凉無毒清心斂肺瀉三焦火利小便熱暑者症飲者甚良

○五經治療藥性須知

療心驚悸　龍腦　天門冬去心

鎮心　硃砂　遠志　黃連去毛　龍齒　雄黃

麥門冬　茯神　巴戟去心　鬱金　金箔

○療肝明目

鎮肝　鐵華粉　夜明砂

凉肝　龍膽草　黃柏

凉膽　海桐皮

瀉肝　牛蒡子炒　威靈仙　蒺藜炒去刺

凉肝血　五靈脂

去翳　穀精草　茺蔚子　爐甘石炒　熟地黃

秦皮　青相子　草決明炒　石決明多　蛇退

羊肝　枸杞子　甘菊花　蟬退　木賊

烏賊魚骨

○温脾和中

健脾　厚朴　陳皮去白　白朮　白茯苓去皮

蒼朮　青皮去穰　砂仁　益智仁

温脾　乾薑炒　木香　丁香　糯米炒

厚朴　肉豆蔻煨　良薑　草果　白扁豆炒

附子　白豆蔻去皮

開胃　生薑　大棗

凉脾　枇杷葉去毛　[illegible]　黃藥子　白藥子

○療肺哮喘

潤肺　天門冬　瓜蔞根　知母　貝母

人參　杏仁去皮

[illegible]　紫蘇炒　甜葶藶炒　雞子清
[illegible]　紫菀子　白芥子炒　陳皮去白
補肺　葳蕤　黃蠟
涼肺　黃藥子　荷葉　枇杷葉
定喘　訶子去核　麻黃去節　瓜蔞皮去
止咳　款冬花　五味子　旋覆花
化痰　白礬飛　半夏製　南星炮　[illegible]
硼砂　桔梗
止渴　烏梅　乾葛
○腰腎小腸
煖腰腎　豬腰子　破故紙炒　肉蓯蓉　葫蘆巴
川楝子　玄胡索　茴香　青鹽　山茱萸

元亨療馬集〈藥方六卷　六

鹿茸　杜仲炒　巴戟
利小腸　木通　車前子　滑石　赤茯苓　葵子
甜瓜子　萹竹　石燕子　瞿麥　海金砂　豬苓
澤瀉
宿小便　龍骨　石菖蒲　萆薢
○大腸閉結
通腸　大黃　朴硝　螻蛄　蜣螂　鼠糞
通草　麻油　巴豆
潤腸　麻子仁　郁李仁　續隨子炒
滑腸　生豬膽　膩粉　香油　芸苔子　滑石
寬腸　枳殼炮去穰
化草　麥蘖　神曲　山查子

治痢　粟米　莨菪子
澀腸止瀉　桑螵蛸　五倍子　訶子　石榴皮　罌粟殼
○諸風解表
驅風　川附子　川烏炮　白附子　防風　漢防己
獨活　蔓荊子　荊芥　麻黃去節　射香　全蝎
天麻　烏蛇　川芎　藁本　柴胡　川升麻
豆豉　生薑　地龍　羌活　殭蠶去足　牙皂
葱白
○五勞七傷
勞傷　秦艽去蘆　鱉甲醋炙　百合　黃耆各炙　阿膠炒
沒藥炒　白芨　白斂　柏脂　自然銅　虎骨酥炙
地龍炙　血竭　狗脊去毛　木鱉子　骨碎補　乳香

元亨療馬集〈藥方六卷　七

紅曲　山藥　童便
○導熱涼三焦
解熱　茵陳　連翹　犀角　地黃　薄荷
玄參　茶清　香薷　青黛　瓜蒂　黃芩
天仙子　寒水石　地骨皮　山梔子　瓜蔞子　天花粉
米泔水
○導積滯氣
去積　巴豆去油　烏藥　檳榔　藿香　莪朮
雞冠　川椒炒　半夏製　枳殼　青木香　京三稜
香附子去毛
○療血和血
生血　當歸首　白芍　肉桂

散血　黄丹　紫礦　血髮
行血　當歸尾　白芍藥　生地黄　榆白皮　牡丹皮
破癖　桃仁
化血　斑猫　虻虫　水蛭炒　蒲黄炒
和血　當歸全

○殺虫治疥

虫疥　硫黄　貫仲　蕪荑　鶴虱　輕粉
錫灰　藜芦根　蛇床子　苦楝子　石榴皮　史君子
鵓鴿糞

○辟瘟疫氣

辟瘟　獺肝　獺糞　蒼朮炒　猢猻　雄黄

○和百藥解毒

解毒　甘草　藍汁　黑豆　地漿　菉豆粉
菉豆湯　人糞汁
陳及畏忌禁藥須知

○六陳

枳殼陳皮并半夏　狼毒茱萸及麻黄　六般之藥宜陳久
入用方中最效良　六陳之外餘藥皆新

○十八反

本草明言十八反　逐目從頭說與君　人參芍藥與沙參
細辛玄參及紫參　苦參丹參并前藥　一見藜蘆便殺人
白芨白蘝并半夏　瓜蔞貝母五般真　莫見烏頭怕烏喙
逢之一反疾如神　大戟芫花并海藻　甘遂已上反甘草
若還吐蛊及翻腸　尋常犯之都不好　蜜蠟莫與葱相覩
石决明休見雲母　藜蘆莫使酒來侵　人若犯之[illegible]

○十九畏

硫黄元是火之精　朴硝一見便相爭　水銀莫與砒霜見
狼毒最怕密陀僧　巴豆性烈最爲上　偏與牽牛不順情
丁香莫與鬱金見　牙硝難合京三稜　川烏草烏不順犀
人參最怕五靈脂　官桂善能調冷氣　石脂相見便相欺
大凡修合看順逆　炮爁炙煿要精微

○孕婦忌

蚖斑水蛭及虻虫　烏頭附子配天雄　野葛水銀并巴豆
牛膝薏苡與蜈蚣　三稜代赭芫花射　大戟蛇蜕黄雌雄
牙硝芒硝牡丹桂　槐花牽牛皂角同　半夏南星與通草
瞿麥乾薑桃仁通　硇砂乾漆蟹甲爪　地膽茅根都不中

引經瀉火療病須知

○引經

少陰心經　少陰腎經獨活引　太陰肺經白芷葱白引
太陰脾經　陽明胃經升麻葛根白芷引　少陽三焦經
少陽膽經　厥陰肝經　厥陰包絡經柴胡引
太陽腸經　太陽膀胱經　陽明大腸經藁本羌活引

○瀉火

黄連瀉心火　知母瀉腎火　梔子黄芩瀉肺火
白芍瀉脾火　黄芩瀉大腸火　黄柏瀉膀胱火
柴胡黄芩瀉肝膽火　知母黄蘗酒炒降陰火

○和血

破血用桃仁　活血用當歸　補血用川芎

調血用玄胡索　逐血用紅花　止血用當歸首
化血用蒲黃　養血用當歸身　行血用當歸尾
和血用當歸全
○理氣
順氣用烏藥　補元氣用人參　破滯氣用青皮
正氣用藿香　降滯氣用沉香　調諸氣用木香
凡調諸氣者皆當之切要也使令氣血凝滯氣逆與滯氣與諸氣皆同
為四肺俱受邪邪火炎上有升無降流行太過不及以致氣
之凝血血之凝氣氣血相凝經絡壅而成疾也是故凝於
經絡而成瘡癤凝於臟腑而成癰腫凝之於胸腹痰脹癖瘀
之於後膀胱臟腑塞之閉歇多用木香調之夫木香者味苦
辛性熱能升氣於上則氣之鬱結而不達者則可用之若陰

火衝上則不可用若用者反助陰火而為邪火矣故必用知
母黃柏酒炒降之少用木香為佐可矣
○君臣佐使用藥須知
瀉陰火用知母黃柏酒炒降之少許木香為佐○退三焦火以
黃芩為君茵陳黃連為佐柴胡黃芩為使升麻引之○煩渴
食水以人參為君烏梅為佐□□為使白茯苓葛根為佐○調諸
氣以木香為君枳殼青皮為佐檳榔為使當歸為佐○腰腎
以茴香為君川楝子胡蘆巴為使杜仲巴戟破故紙為佐官
桂引之○心氣痛以茯神為君茯神為佐黃連人參遠志為
使獨活引之○腹痛以橘皮為君細辛白芷檳榔枳殼為使
厚朴當歸為佐○咳嗽用款冬花為君知母貝母為佐馬兜
鈴桑白皮為使紫蘇子引之○喘盛用甜葶藶為君杏仁為

苓為使天門冬麥門冬為佐○美水草用當歸為君陳皮白
芍藥為使黃藥子白藥子為佐○化草谷以山查子為君神
麯陳皮為使神曲麥芽為佐○通腸用續隨子為君大
黃為使酥油通草為佐○健脾胃以厚朴為君甘草陳皮為
使砂仁白朮為佐○瀉肝火用黃連為君青葙子石決明草
決明為使黃芩石膏為佐○久瀉不止以肉豆蔻為君牽牛
茯苓陳皮為使豬苓澤瀉為佐○胞轉以茴香陳皮為君澤瀉為燈
心滑石木通為使酒炒知母黃柏為佐○鼻膿不止以天南
星為君知母馬兜鈴山梔枇杷葉為使秦艽白芷為佐○化痰
以半夏貝母為君升麻桔梗天花粉為使火炮南星為佐○益
血用益智仁熟地黃為君當歸白茯苓為使為臣○諸風
疾用川烏附子為君為佐羌活獨活天麻全蝎為使為臣○

川用川□川芎梔子為君為佐石決明乾葛花為使為臣
○和藥必用
甘草湯和諸藥解諸毒　綠豆湯解熱清腸上焦火　生薑湯通氣開胃
烏梅湯止渴去膿瘡　米飲湯養胃　麥門湯和脾胃
葱白湯發汗通氣　米泔酒止腹痛　熱酒順胃
茴香通腸　熱小酒健脾　白茯湯利水
棗湯和胃　竹葉湯清心利小水止鼻血　清心糊米茶[illegible]
糊水茶養胃　薑汁開胃　雞蛋湯化痰寬膈
無根水清心　井花水去熱　溫水平和
鹽水止鼻膿　冰汁水去上焦火　麴漿水沖五臟熱
浮小麥湯止虛汗　螺螄水明目瀉肝　蚯蚓水治熱病中暑
[illegible]水治上消　藕汁治小虛　朴硝水治諸熱毒

梨膏潤心 韭汁潤胃 鮎魚湯潤腸
粳米粥開胃瀉火 粟米粥飲水 狗湯消脹
灰汁消腸 雪消水去燥熱 [illegible]去三焦火
酸漿水止瀉 童便降困補腎經

○引藥必用

生薑帶皮發散去皮開胃正氣 青葱發汗 棗肉健脾
炒白麵止瀉 枯礬斂瘡 猪膽涼肝
蜂蜜清心養肺 飛塩引經 紅花和血
雞子清清心 熟猪脂潤腸 生猪脂潤瘡
朴硝通腸 生油清心潤腸 竈心土止腹痛
綠豆粉瀉心火 乾柿寬腸 烏梅止渴
雞雞通腸 生鮎魚通腸 猪肋肉滋肢

砂糖潤肺 白羊肝明目 炒紅花下瘀血
胡桃仁補肺 生蘿蔔化食 百草霜逐胎血
狗腦暖子宮 酥油通腸 鷹毛[illegible]止瘡
人髮灰消瘀止血 豬糞消脹 冰醋消脹
蕎麵化痰 黃蠟生肌 臭椿枝消肚腹脹
陳倉麥打蟲出 火麻灰存性療風 [illegible]利小水
炒麵止瀉

○使用歌方凡三十六方

四時調理○ 春喂茵陳與木通 消黃三伏有奇功
理肺散宜秋季喂 茴香冬月莫教空
茵陳散 春季喂此藥歌曰
茵陳木通風俱等分 漿水生薑鹽共煎 辛熱喘飽[illegible]

三春喂此即安然
消黃散 夏季喂此藥歌曰
知母便芩草 二子用黃金 新水同調蜂蜜 [illegible]功
理肺散 秋季喂此藥歌曰
知母山梔蛤蚧 升麻天麥門冬 麥[illegible]百合馬兜鈴
防己枇杷等分 白藥天花蘇子 乾山貝母相停
[illegible]糯米[illegible]同調勻 肺病[illegible]服神應
茴香散 冬季喂此藥歌曰
茴香厚朴玄胡索 川楝當歸益智仁 黑丑陳皮川[illegible]子
[illegible]藥青皮與木通 一十三味同為末 葱白三根酒一升
童便小鹽同煎喂 溫中暖後效如神
補益當歸散 治馬胎前産後西江月云

當歸沒藥海帶 漏芦芍藥紅花 自銅故紙及胡巴
虎骨敗龜酥炙 骨補延胡益母 麒麟[illegible]藥甜瓜
胎前產後足頑麻 升酒調煎喂下
消風散 治馬肝經風熱閃骨生痰 歌曰
肝經風熱眼傷疼 四蹄如拄不能行 大小[illegible]皆生[illegible]
兩胞翻腫閃難睜 骨眼穴中先合制 瘀塞病當[illegible]
眼脉兩針須出血 消風散灌有功能 荊芥防風蒺藜[illegible]
黃連青柏與防風 木賊蟬退蒼术[illegible] 甘草黃芩石[illegible]
旋復石膏俱等分 猪脂蜂蜜兩停 槐子一雙同[illegible]
米泔調喂即除根
平胃散 開胃 歌曰
蒼术甘三陳厚五 七益同[illegible] 五味[illegible] 升水共[illegible]

胃寒草少嚼文康

大七傷散　調理羸牛瘦馬添膘　歌曰

知母貝母并防己　青皮陳皮用乾薑　虎骨芍藥當歸

瓜蔞桔梗川大黃　豆蔻人參破故芷　茯苓甘草使茴香

蒼朮益智香白芷　檳榔官桂廣木香　水和豬脂煎三沸

療馬羸瘦牛嚼便康

益胃散　治馬翻胃吐草　西江月

益智檳榔豆蔻　白朮芍藥陳皮　細辛五味共當歸

厚朴砂仁官桂　甘草木香白芷　川芎草果青皮

苗三錢七共同搗　酒煮能醫翻胃

厚朴散　治馬脾胃寒不食草　歌曰

厚朴青陳五味子　牽牛官桂與砂仁　升酒同煎加葱鹽

脾寒草慢效如神

清肺散　定喘　歌曰

桔貝藍根一處搗　甜葶甘草共相隨　蜜和糯粥調灌後

非時惡喘即時除

青皮散　治馬傷草芽起臥　歌曰

枳朮青陳朴與當　木通甘草共檳榔　細辛白芷兼官桂

砂仁益智與茴香　飛鹽一捻葱三莖　苦酒同調煎作湯

不論草芽并冷痛　灌下之時即便康

馬價丸　治馬脈結　西江月

巴豆續隨通草　大黃香附蓖麻　瞿麥甘遂共相隨

大戟牽牛滑石　豆肉淨用三兩　其餘一兩無差

麵糊為丸油酒搗　灌下能通結閉

貫衆子散　美水草治肺　歌曰

草芍川貫粉　雙雙母土歸　薑汁兼童便

款冬花散　止喘　歌曰

款冬貝母及人參　白歛殭蠶與鬱金　再加蜂蜜兼童便

和湯調灌嗽餘生

青皮散　止瀉　歌曰

歸朴青陳白五炒　赤芍益仁生薑搗　兩藥水升一處熬

冬腸泄瀉當時好

□□散　治馬七傷及非時起臥　歌曰

青陳川楝子　乳沒自然銅　當歸川紅豆　茴香杏仁

芍藥并官桂　滑石與木通　苦酒當用嚼　起臥效如神

滑石散　治馬小便溺濇　西江月云

路地踏臟不消　滑石瞿麥燈心　豬苓澤瀉共茵陳

知母貫衆酒浸　升水調煎三沸　更加童便和勻

空腸灌下午時辰　溺濇尿難神應

當歸散　治馬膊腫痛　歌曰

立地時時而足跄　頻頻換腳痛難當　騎來走急閃挫擊

失於搽散致其殃　當內兩針胸膛血　當歸散藥是奇方

天花白藥枇杷葉　桔梗當歸與大黃　芍藥牡丹同共使

沒藥紅花黃藥延　水煎三沸加童便　散縱三朝病自康

半夏散　治馬口吐涎沫　歌曰

良馬膈中吐沫涎　肉桂牛夏與枯礬　升麻　蒼朮生薑

知藥開喉當時安

香薷散　治馬中暑　歌曰

盛暑炎天遠路奔　肺心迎極氣相攻　四肢從此行無力
困倒昏[illegible]間不聊　芩連香附同花粉　歸草梔翹等分停
[illegible]　雨針[illegible]脈自然停
[illegible]散　治馬[illegible]　歌曰
冬冷[illegible]熨胃　夜盤霜[illegible]大濕地臥　初患口中色似血
[illegible]腸刺脅　糞糧膁中精神慢　吐草傳經內足攢
[illegible]須服[illegible]肺散　當歸厚朴砂仁甘　木[illegible]香陳皮除子
[illegible]苓兼　香附參牙同共使　蔥[illegible]勻和鹽酒煎
[illegible]服[illegible]喂　月餘之外自安痊
[illegible]散　治馬脫肛　歌曰
騾馬因何患脫肛　只緣努力臟中傷　風吹便冷難收縮
[illegible]腰努腫痛難當　剪去[illegible]溫藥洗　歸尾木朴與茴香

蓋桂青陳川練草　酒蔥煎喂當時康
茴香散　治馬冷拖後脚　西江月云
良薑冷拖後脚　茴香楝子青皮　胡巴破故與陳皮
官桂木通巴戟　黑豆[illegible]茄豆蔻　細辛藁本當歸
鹽酒調和冷火燎　初患不過兩劑
治積[illegible]胃散　治馬傷料不食草　歌曰
甘草山查香附子　砂仁木朴與陳皮　姜[illegible]
料傷草少喂之宜
麥蘖散　治馬傷料　歌曰
馬因谷料過多餐　胃火流行五臟傳　精神困倦渾如醉
行步拘然亦似攢　蘿蔔麥蘖生擂用　枳殼山查神麯研
木朴青陳加[illegible]各　生姜煎[illegible]共相兼　白湯半[illegible]同[illegible]灌

[illegible]分和自然
[illegible]散　治馬久[illegible]不止　歌曰
[illegible]連[illegible]八黃芩　梔[illegible]柴胡各等分　飛[illegible]油[illegible]相兼用
[illegible]調[illegible]喉[illegible]除根
[illegible]木散　[illegible]　西江月云
[illegible]熟地　川芎芍藥人參　紫蘇甘草共砂仁
陳[illegible]黃芩[illegible]分　阿膠一味麵炒　生薑五片擂勻
[illegible]胎疼　水煎喂下[illegible]聰
[illegible]散　治馬尿血　歌曰
騾馬還行負重傷　小腸積血注膀胱　七焦膝苗頭垂地
[illegible]常　秦艽[illegible]麥車前子　歸芩杏粉共蒲黃
梔子大黃同共使　竹葉煎湯調喂康

運麯散　治馬低頭難轉　西江月云
二母連翹山藥　當歸紫蘇共茯苓　甜瓜白芷共茴根
杏仁桔梗等分　蜂蜜生薑白木　調煎三沸[illegible]溫
低頭不得項腰疼　三服須教必應
烏梅散　治新駒妳瀉　歌曰
新駒妳瀉糞如漿　臥地回頭顧兩[illegible]　乘熱[illegible]飢食熱妳
[illegible]陽相引到大腸　烏梅乾柿同爲末　黃連柏子共[illegible]黃
溫水調和同共灌　便是[illegible]妙方
[illegible]散　治新駒妳肺病不食乳　歌曰
新駒肺病乳不食　升麻貝藥及黃連　[illegible]地[illegible]芩并[illegible]子
蜜水同調喂便安
升麻散　治馬低頭難[illegible]內出[illegible]

[illegible]盧[illegible]　歸尾知母及陳皮　竹[illegible]貝升[illegible]同[illegible]
[illegible]參與[illegible]　蜂蜜二兩薑三片　薑水相兼共一処
[illegible]溫但[illegible]　二服之内顯功勳
[illegible]治駒馬[illegible]骨脹　歌曰
[illegible]温[illegible]　飛礬山[illegible]芩與鬱金　每服五錢蜜二兩
[illegible]
[illegible]破傷及諸風病　西江月
枳[illegible]防[illegible]歷　霍荆梢薄南星　兩烏三錢及大黃
二[illegible]分　皂射辛砂蟬蛻　殭蠶蛀蝎蜈蚣
蔓荆[illegible]與防風　薑酒能驅表症
[illegible]　治馬脾結喉骨脹熱盛喘麄　歌曰
[illegible]心肺極　朴硝黃丹寒水石　猪脂調和嚨入咽

[illegible]喘[illegible]息
石決明散　治馬肝熱眼疾　歌曰
肝家受病不尋常　外傳兩眼熱瘀瘡　頭眩耳[illegible]精神少
四蹄如杜目無光　熱盛發狂東西走　逢物不[illegible]撞着墻
藥用解毒決明散　便是師皇伯樂方　梔子大黃白藥子
黃芪黃藥蔚金良　草決石决黃芩妙　沒藥蓟莇等分湯
雞子一隻藥一兩　漿水同調嚨便康
秘方　治馬[illegible]瘡
回絲魚　猪蹄殼後跟　二味等分燒灰存性為末貼之
○經驗良方
治[illegible]黃　凡三方
[illegible]氣散　治[illegible]氣[illegible]

黃連　蒼术　知母炒　黃柏炒　[illegible]
[illegible]
右件各等分為末每服二兩溫水一大盞同調嚨之
[illegible]散　治馬一切熱毒及諸黃腫病
知母　黃藥子　梔子　黃芩　大黃　甘草
貝母　白藥子　連翹　黃連　鬱金　朴硝
右為末每服二兩蜜二兩雞子清一個漿水同調嚨之
雄黃散　塗馬黃腫方
雄黃　白芨　白歛　龍骨　大黃
右研為細末井花水調勻塗之腫處如乾再塗之
○治疔毒凡十四方
續斷散　治馬黑疔瘡

續斷　鼠糞　乾薑炮　皂角燒存
右件為末醋打麵糊調勻藥末塗之立瘥
草烏散　治馬筋疔氣疔瘡
草烏尖　巴豆去油　杏仁　斑猫　葶藶
右件五味搗羅為細末防風散煎湯洗淨乾貼之
葶藶散　治馬血疔瘡
草烏　葶藶　川山甲　虻虫　硇砂　龍骨
巳上五味各等分共研為細末防風湯
烏金膏　治馬水疔瘡
巴豆　烏頭　石青　血竭　紅娘子
巳上各等分研為細末防風湯洗淨乾貼[illegible]
防風湯　洗馬五疔瘡

[illegible]方　花椒　薄荷　苦參　[illegible]

右件用水不拘多寡調煎三沸去滓候溫洗之

[illegible]散　治馬陰腎[illegible]腫瘡

[illegible]　雄黃　雌黃　輕粉　硇砂

右為細末麵為丸如棗核大用針刺破任藥一丸

黃明散　治馬陽腎[illegible]腫脹瘡

藁本　當歸　大黃　白芨　白斂　防風

右件各等分研為細末以醋調勻塗之瘡上立效矣

青黛散　治馬心熱舌上生瘡

青黛　黃柏　柯子　白礬飛過

已上各等分研為細末蜜水拌勻裝生絹袋內[illegible]口內噙之

白礬散　治馬肝熱眼下赤瘡

[illegible]分為末

白礬[illegible]　輕粉　黃丹　[illegible]

右為細末水洗淨乾貼之次日再洗貼之

[illegible]丸散　治馬脾毒唇腫生瘡

[illegible]丸　鹽豉　黃柏　炒鹽

右件等分研為細末好醋調勻塗之唇上立效

乳香散　治馬肺毒毛燥尾禿脫落

烏賊魚骨二兩　白礬飛二兩　乳香半兩

右為細末血竭防風湯洗淨乾貼之乾瘡油調塗之

[illegible]膏　治馬骨毒漏蹄[illegible]病

紫礦　麻黃　[illegible]　黃蠟　頭髮燒灰一錢

右為末溶作膏漏[illegible]刀削開出丁膿揩淨塗膏熨補之

乾蹄把前把後削[illegible]熔之

龍骨散　治馬筋傷[illegible]蹄寸脫生瘡

龍骨　白礬飛　乳香　烏賊魚骨

右件各分研為細末漿水洗淨乾貼之效矣

木別散　治馬氣毒[illegible]孔生頭破烈風瘡

木別子　出衣粉　川山甲　黃柏

右為細末醋打麵糊熬成膏塗之鼻準隔日再塗三次愈

○治喘嗽凡九方

白芨散　治馬肺熱肺傷喘嗽喘息有音鼻流膿涕

白芨　茵陳　梔子　甘草　黃連　防風已上各四兩

杏仁半斤　阿膠二兩

右為末每服二兩[illegible]一個研細水一升煎三沸[illegible]

之

[illegible]散　治馬肺喘不止大便[illegible]

漢防己　白牽牛　款冬花　桑白皮　陳皮　甘草

知母　黃柏　木通　杏仁去皮尖

右為末每服一兩蜜二兩薑三片水一升煎三沸草後灌

之

[illegible]散　治馬勞傷心喘忙不寧喘動前蹄跑地

連翹　桔梗　貝母　杏仁去皮　白芷　知母

當歸　山梔　紫蘇子　瓜蔞仁　馬兜苓　[illegible]

右為末每服二兩蜜二兩薑三片水一升煎[illegible]

之

螺青散　治馬心喘日久不愈頭垂於地病

知母二兩　貝母二兩　薄荷二兩　鬱金二兩　川芎一兩

生薑半兩

右為末，每服二兩，蜜二兩，漿水一升，同煎三沸，草後灌之。

枇杷散　治馬肝傷空嗽，左脇疼痛，迴頭左顧。

枇杷葉　款冬花　瓜蔞根　紫蘇子　乾地黃　自然銅

紅花子　天門冬　麥門冬　乾山藥　馬兜苓　知母

貝母　秦艽　當歸　芍藥　木通　紫菀

甘草　瞿麥　没藥　阿膠　地龍　黃連

已上各等分為末，每服二兩，童便一升，同調，草後灌之。

石燕散　治馬肝傷空唾，頭迴左顧，口吐黃涎。

石燕子一對　蒼耳　乳香二錢

右為細末，加蒼耳、鹽四兩，水和成餅，烙熟，復碾為末，柳枝熬

湯調煎一字，草飽灌之，不愈再灌。

百部散　治馬脾胃傷空，右脇疼痛，迴頭右顧。

百部三兩　枇杷葉去毛，四兩　青皮二兩　厚朴一兩

右為末，分作三服，葱一莖，糯米兩半盞，酒半升，同調，飽灌。

紫菀散　治馬腎傷空，腰胯中疼痛，空動難擡後脚。

紫菀　當歸　玄參　貝母　紅花　白芷

秦艽　白藥子　甜瓜子　自然銅二錢

右為末，每服兩半，葱汁半盞，煎沸，入小便半盞，同調灌之。

荷葉散　治馬腎傷[illegible]，小便遺溺病。

荷葉　烏藥　羌活　當歸　没藥　[illegible]

右為末，每服兩半，葱汁半盞，煎沸，入小便半盞，同調灌之。

○○治起臥凡四十八

茴香散　治馬非時起臥腹痛

木通　滑石　瞿麥　青皮　細辛　茴香

蒼朮　牽牛　陳皮　續隨子　甘遂　當歸

右為末，每服二兩，水半升，酒半升，同煎一沸灌之。

厚朴散　治馬勞著冷水腹痛起臥方

厚朴　桂心　細辛　當歸　茴香　白芷　青皮　陳皮

右件為末，每服兩半，飛鹽三錢，溫酒一大碗，同調灌之。

射香散　治馬起臥

谷精草　細辛　胡椒　瓜蒂　皂角炮　射香

右為細末，每用一字，裝竹筒中，吹鼻孔內，吹之立効。

又方　治馬起臥

用黑豬膽內裝乾薑末，陰乾，仍為末，點眼中，不住牽行立

効。

○治[illegible]結凡六十方

續隨散　治馬大便不通，腹脹起臥病。

續隨子　木通　滑石　大戟　牽牛　鼠糞

膩粉　酥油　皂角少

右件為末，每服二兩，生油四兩，白酒一升，煎沸，大黃、朴硝

各一兩，依溫用研漿鮮魚淡湯一盞，和灌之。

九龍轉江散　治馬七結

大黃　滑石　皂角炙　木通各一　牽牛二兩　茯苓兩

[illegible]　當歸　茴香各兩

右為細末，每服二兩，生油四兩，白酒一升，溫熱同調灌之。

[illegible]散　治馬脾結腹脹起臥，糞滴不下。

肥皂炙五枚去　[illegible]一　甘遂　[illegible]錢

右爲末作用生油一兩調溫水 入肛門次用葱白汁
以手送入谷道糞腸中遂行百餘步糞即能下
馬[illegible]丸 一名打結丸
牽牛子炒二兩 瞿麥一兩 牽牛一兩 [illegible] [illegible]
郁李仁一兩 續隨子一兩 白榆皮一兩
右爲細末用六姿麪半斤煎糊爲丸如彈子大每用一丸
葱湯同煎三沸加生油四兩童便半盞灌之
又方 治馬七結
五靈脂二兩 巴豆一兩 黑牽牛三錢
爲細末醋麪糊爲丸如彈子大每一丸生油半斤溫酒調灌
通[illegible]散 治馬小便不通
[illegible] [illegible] 滑石二兩 木通一兩 官桂三錢
右件爲末每服二兩溫水一升同煎三沸溫灌之

○治咽喉九方
濟世消黃散 治馬熱毒積結咽喉腫脹水草難嚥
款冬花 白藥子 黃藥子 山梔子 知母 貝母
大黃 黃連 秦艽 鬱金 黃芩 甘草
黃柏
右爲末每服二兩蜜二兩雞清一雙朴硝一兩[illegible]水一升
同調草後灌之
[illegible]散 治馬鼻內出膿方
百合 [illegible] 大黃 [illegible] [illegible]
右爲末每服一兩蜜一兩蕎麪一匙雞子清一個[illegible]調灌
蔚金散 治馬[illegible]喉[illegible][illegible][illegible]

蔚金 桔梗 大黃 甘草 黃藥子
右爲末每服一兩半飛礬一兩羊血一盞同調 草飽灌之
大黃散 治馬鼻膿不止
大黃 秦艽 黃芩 猪苓 荊芥 莪朮
朴硝 白芷 杏仁炮 甘草 茴香 知母
貝母 茵陳 漢防巳 瓜蔞根 黃藥子 白藥子
右爲末每服兩半蜜二兩生油半盞水一盞 韭汁一盞煎
三沸候溫灌之
雪花散 治馬心肺熱極積結肺經脹
朴硝四兩 黃丹一兩 寒水石一斤
右三味爲末每服二兩豬脂四兩細切水半盞童便半盞灌之
○治眼目凡七方

青相子散 治馬骨眼磨眼睛腫淚下
青相子 草決明 井泉石 龍膽草 石決明 蟬殼
木賊 黃連 黃芩 蔚金 蒼朮 蛇蛻
菊花 甘草
右爲末每服二兩雞子清一雙豬脂半盞漿水一升同調
草飽灌之即効
決明散 治馬外障眼睛生白膜
梔子 大黃 黃蓍 蔚金 黃芩 黃連
沒藥 白藥子 黃藥子 草決明 石決明
右爲末每服二兩 蜜二兩雞清一雙漿水一升調草飽灌之
瀉肝散 治馬內障眼 黑眼先清後變綠色
石決明 草決明 青相子 龍膽草 旋覆花 山梔子

黄連　甘草　黄芩

右爲末每服兩半水一升細切羊肝三兩拌勻草後喂之

蒼朮散　治馬內障眼暈浸睛

蒼朮　黄芩　當歸　白藥子　龍膽草

右爲末每服兩半蜜一兩水一升同調草後喂之

升麻散　治馬內障眼暈綠暈浸睛

升麻　黄芩　人參　甘草　柴胡　黄藥子

黄耆　黄連　羌活　防風　當歸　白朮

乾葛　白藥子　白茯苓

右件各等分爲末每服兩半水一升同煎三沸候溫飽喂

六一散　點馬外障眼一切雲翳

鷹糞六錢　白硼砂一錢　白硇砂二錢　大朱砂一錢

右爲細末不拘時候點之外障不過三次二三次神効

撥雲散　點馬內障眼黄暈綠暈浸睛先割骨眼後點藥

爐甘石製　硼砂　青鹽　黄連　銅綠各三錢

硇砂一錢　腦子一錢

右件七味爲細末每朝三次點之

○治點痛凡五方

沒藥散　治馬肺氣把前把後或閃傷跌傷膊胯止痛和血

沒藥　當歸　秦艽　甘草　知母　桔梗

百部　柴胡　紫菀　貝母　黄藥子　白藥子

天門冬　麥門冬

右爲末每服一兩清油一兩紅花二錢水一升煎三沸溫

啖之

止痛散　治馬閃傷胸膊骨胯積聚惡血不散不行

防風　通草　官桂　水蛭炒出　當歸　柴胡

羌活　射香少許

右爲末每服兩半酒半升同煎三沸候溫喂之

定痛散　治馬撲跌損傷筋骨和血定痛

當歸三錢　鶴虱三錢　乳香一錢　沒藥　血竭

右爲末紅花三錢酒一升同煎三沸入小便半盞灌之

知母散　治馬肺氣把膊胸膈一切痛病

知母　枳殼　白芷　青皮　貝母　大黄

茯苓　蒼朮　破故紙　枇杷葉　瓜蔞根　赤芍藥

已上各等分爲末每服二兩麻油一盞同調草後喂之

芍藥散　治馬膈前痛

芍藥　當歸　荷葉　羌活各半　沒藥二錢　血竭二錢

白藥子　甜瓜子各五錢

右爲末每服二兩秋冬漿水煎熱八小便半盞喂之春夏

減白藥子加山藥子小便加蜂蜜同煎喂之

○治心部凡十五方

麻黄散　治馬心臟虛熱中風

天南星　白附子　白僵蚕　白蒺藜　海桐皮　黑附子

乾蝎　烏蛇　麻黄　川芎　防風　甘草

天麻　蒼朮　桂心

已上各等分爲末每服二兩溫酒一升同調喂之

八黄散　治馬心臟熱并慢并鼻內血出

黄藥子　款冬花　貝母　黄芩　梔子　鬱金

甘藥子　黃柏　秦艽　黃連　大黃　甘草

右件各等分爲末每服兩半蜜一兩水半升同調灌之

龍骨散　治馬心熱舌上生瘡

龍骨飛　黃丹飛　白芨　白蘞　狗糞燒灰

已上各等分搗爲末舌上有瘡乾貼之立效

人參散　治馬心黃忽臥忽起多驚[illegible]心

黃藥子　吳藍　蔚金　茯苓　大青　人參

板藍根　甘草

右爲末每服一兩油蜜一兩童便一錢水半升煎三沸草後

灌之

大黃散　治馬心經伏熱見物驚狂倒地眼內如砂前採草慢病

大黃　麻黃　黃芩　甘草　防風　山梔子

右爲末每服兩半蜜二兩滴湯一盞同調草後灌之隔日

早灌之效矣

遠志散　治馬久伏熱於心經眼色朦朧多驚多怕及慢肺病

遠志　茵陳　人參　茯苓　大青　黃連

甘草　防風　吳藍　地皮

已上爲末每服兩半水一升同煎三沸放溫草飽灌之

胡黃連散　治馬心經煩燥風癇發搐倒地病

胡黃連　川黃連　川大黃　黃藥子　甘草　扁竹

滑石　人參　茯苓　木通

右爲末每服兩半水一升竹葉一把煎三沸候溫入蜂蜜

一兩雞子清一個同調灌之

[illegible]芨散　治馬木舌腫痛

[illegible]冬花[illegible]　地仙草　甘草

右[illegible]等分搗羅爲細末貼於舌上凡三上着藥灰

桔梗散　治馬心經不調陰陽不通口脈沉重如啞如痴眼不

[illegible]　[illegible]物

[illegible]　升麻　玉金各一　生地黃四兩　牛蒡子半兩

右件爲末先用丁[illegible]一個蜜一兩調地黃牛蒡子一兩拌

勻後入一味藥末一兩水一升同調草後灌之

人參散　治馬木舌

人參　白茯苓　玄參　甘草　桔梗　紫荷車

山豆根　螺青　紫蘇　荊芥　黃藥子

右件各等分爲末每服二兩新汲水一升同調草後灌之

乳香散　治馬心寒吐

乳香　沒藥　人參　當歸　肉桂　血竭

良薑　遠志　芍藥　香附子

右爲末每服一兩細切青葱三枝苦酒一升煎三沸溫灌

清心散　治馬心熱舌上生瘡

梔子　黃芩　木通　白芷　山藥　桔梗

黃柏　天花粉　牛蒡子

右件各等分爲末每服二兩蜜二兩薄荷汁一升同調草後灌之

白芷散　治馬胸膊熱舌赤喉上生慢病

白芷　當歸　黃芩　玉金　梔子　乾地黃

地骨皮　白茯苓　黃藥子

已上等分爲末每服二兩蜜一兩薄荷汁一升草後灌之

人參散　治馬心風黃

人參　硃砂　遠志　茯神　　甘草
黃連　黃芩　山梔子
右件爲末每服一兩蜜二兩新汲水一升同調灌之
遠志散　治馬心經壅極眼赤如砂不食水草
遠志　人參　當歸　玄參　白芷　甘草
黃連　山藥　木通　白茯苓　白朮
右爲末每服二兩蜜一分薑汁一升同調灌之
又治肝部見一方
涼肝散　治馬肝熱眼生翳障遮蔽瞳人
乾菊花　白蒺藜　防風　羌活
右爲末每服一兩蜜一兩水半升同調草後灌之
青朮散　治馬肝經積熱眼生翳膜

蒼朮　蟬退　木賊　黃芩　甘草
右等分爲末每服一兩清水半碗調勻草後灌之
黃連散　治馬肝黃四蹄如杜撥動蹄側
黃連　天門冬　麥門冬　大黃　知母　貝母
黃芩　黃藥子　山梔子　黃耆　[illegible]　黃芩
右爲末每服一兩雞子清三枚生地黃一兩搗碎水半升
灌之
補肝散　治馬由食肝病兩目如醉頻頻搖項斷低耳搭
黃藥子　石決明　白蒺藜　白藥子　草決明　龍膽草
大黃　秦艽　知母　貝母　乾地黃
右爲末每服兩半蜜四兩醋一分漿水一碗同調草後灌之
蔓荊子散　治馬內障眼

蔓荊子　防風　黃柏酒炒各等分　人參　甘草
右爲末每服一兩水半升煎三沸溫草飽灌之五服効矣
黃芩散　治馬碧暈遮睛不見物色
黃芩　黃連　生地黃酒炒　龍膽草
右等分爲末每服一兩水半升同煎三沸草前灌之
地黃散　治馬內障碧暈浸睛瞳人遮障不能見
熟地黃一兩　生地黃酒洗　天門冬水浸去心　地骨皮　人參五錢
甘草　柴胡　黃芩酒炒　當歸一兩　黃連　枳殼三錢
右爲細末每服一兩半蜜一兩溫水半碗同調草後灌之
蕤仁散　治馬兩眼白膜
蕤仁　甘草　秦皮　梔子　菊花　黃芩
黃柏　石決明　草決明　龍膽草

右爲細末每服二兩蜜二兩猪膽一個蘿汁一升草後灌
蟬殼散　治馬谷料喂多眼黃及腫
蟬殼　宣黃連　菊花　地骨皮　甜瓜子已上各一兩
龍膽草一兩　白朮半兩　蒼朮半兩　當歸　厚朴　青皮
陳皮　白藥　[illegible]　赤芍藥
已上等分[illegible]兩半薑三錢水一升煎三沸空草
灌之
黃柏散　治馬脾黃外腎棚上出涎及兩脇浮腫
黃柏　知母　貝母　鬱金　大黃　梔子
黃芩　白芷　桔梗　山藥　瓜蔞根
已上爲末每服一兩蜜四兩薑半兩水一碗同調灌之
氣消散　治馬非時起臥腹痛

續隨子 木通 滑石 瞿麥 青皮 茴香
陳皮 細辛 甘遂 當歸 蒼木 牽牛
各等分爲末每服二兩水半升酒半升同煎三沸温灌之
導氣散 治馬騷螺腹痛起臥臟結糞澁不下
肥皂角五挺去皮 草烏三十個 甘遂二錢 海金沙一錢
右件爲末先用生油一兩和温水送入肚門然後用葱白
一枝搗爛送入谷道廣腸裹面撺行百餘步糞即下
又方 加螻蛄白牽牛
七寶散 治馬脾寒胃冷腸鳴泄瀉腹痛草慢及老馬久經陰
雨口色青黃宜服此藥
白牽牛炮 益智炒 當歸 厚朴 青皮 陳皮 赤芍藥
各等分爲末每服一兩薑一分水一升煎三沸空草灌之
當歸散 治馬脾黃初起精神短少鼻出冷氣頭低草慢病
當歸 五味子 白藥子 没藥 細辛 藁本
厚朴 白芷 牽牛 青皮 芍藥 陳皮
右件等分爲末每服一兩生薑半兩温酒一升同調灌之
厚朴散 治馬脾不磨草口色黃白
厚朴 陳皮 麥蘖 五味子 官桂 砂仁
牽牛 青皮
各等分爲末每服一兩半温酒一大碗同和灌之
秦艽散 治馬脾寒打顫不食水草冷傷腸痛病
秦艽 當歸 黄芩 貝母 芍藥 桔梗
枇杷葉去毛炙
右爲末每服兩半薑三片水一升同煎三沸入童便半碗

飲温瘥之效矣
桂心散 治馬飲冷過多傷脾作泄瀉
桂心 厚朴 當歸 細辛 青皮 牽牛 陳皮 桑白皮
各爲末每服兩半温水半碗童便一碗同調灌之
馬價丸 治馬七結
牽牛 檳榔 木香 木通 青皮 三稜 大黃 朴硝
郁李仁
右爲細末溶黃蠟爲丸如彈子大每用一丸好酒一升温
熱搗葱白數根如泥化開藥丸灌之
當歸散 治馬脾胃冷傷貪水作泄瀉之病
右爲末每服二兩蜜二兩水一升同煎三沸不拘時灌之
消肝散 治馬肝脹兩前腿伸探頻頻左右顧腳
蔚金 梔子 細辛 青黛 萆薢 玄參 紫參 人參
沙參 大黃 甘草 茯苓 青皮 漢防己 草豆蔻
各等分爲末每服兩半蜜四兩清水一升同煎草後灌之
黃芩散 治馬兩眼赤朦頭垂如醉
黃藥子 石決明 白藥子 草決明 黃芩 大黃
没藥 蔚金 黃耆
右爲末每服兩半蜜二兩雞子清一雙水一盞同調灌之
口治脾部凡十五方
枳殼散 治馬非時泄瀉因傷冷水太過草慢病
枳殼 官桂 當歸 乾薑炮 赤石脂
右爲細末每服一兩水一升同煎三沸候温草前灌之
益氣黃耆散 治馬脾寒胃冷草谷不化四肢虛瘦行動無力

草慢病

黃耆　青皮　茯苓　黃柏（酒炒）　人參　蒼朮

升麻　澤瀉　甘草（炙）　生地黃

右為末每服兩半薑五片水一升煎三沸草前灌之

益智散　治馬脾胃虛弱脾寒打顫脾不磨病

草豆蔻　黃耆　甘草　厚朴　益智　蒲黃

人參　陳皮　砂仁　澤瀉

各等分為末每服一兩水一升同煎五沸草前溫灌之

白附散　治馬脾胃虛弱脾寒打顫毛焦草細病

白附子　丁皮　益智　陳皮　厚朴　蒼朮

秦艽　甘草　當歸　青皮　良薑

右為末每服二兩薑一分溫酒二升同調灌之

治肺部凡十一方

紫蘇散　治馬肺病鼻濕毛焦喘麤前探胸膊一切痛病

紫蘇葉　葶藶　茯苓　甘草　貝母　防已

當歸　桔梗　木通　牽牛

右為末每服兩半薑三片水一升同煎三五沸溫草後灌

貝母散　治馬肺熱喘麤及啌

貝母　梔子　桔梗　甘草　杏仁　紫菀

牛蒡子　百部根

已上各等分為末每服兩半水一升同煎二三沸候溫草後灌之

清肺散　治馬肺熱喘麤及非時惡喘

不根根　板藍根　葶藶　甘草　貝母　桔梗

右為末每服兩半蜜一兩糯米粥一碗麻油一兩小便半盞同和灌之

一方　減藍根加瓜蔞根立效

黃藥散　治馬發熱草慢并鼻內出血方

黃柏　黃連　貝母　紫菀　黃藥子　白藥子

大黃　黃芩　知母　鬱金　甘草　款冬花

右件等為末每服兩半砂糖一兩漿水一升同調灌之

肺風散　治馬揩擦疥瘙病

蔓荊子　威靈仙　何首烏　玄參　苦參

右為末每服兩半砂糖一兩水一升同煎草後灌之

白藥子散　治馬肺氣把腰低頭難前後探草慢病

白藥子　瓜蔞根　桑白皮　白朮　芍藥　當歸

白芷　桔梗

右為末每服兩半葱一握細切水一升同煎三沸溫空草灌之

地龍散　治馬肺毒瘡

地龍（三十條）　夜明砂（二兩）　白礬（二兩）

已上共為細末每服二兩蜜一兩水一升同調少草灌之

[illegible]散　貼馬肺毒瘡

輕粉（一錢）　藜蘆（半兩）　百草霜（一兩）

已上共為細末如瘡破處乾貼之凡三次貼者效矣

立效散　治馬非時喘麤

大黃（一兩）　五靈脂（一兩）　杏仁（半兩去皮尖）　朴硝（半兩）

右件為末每服一兩水一升同煎五七沸隨[illegible]灌之

黍粘子散　治馬肺毒瘡

[illegible]甘草 連翹 黃芩 大黃 柴胡
[illegible]
右件各等分為末每服兩半水一鍾煎三沸温草半灌之
[illegible]散 治馬肺熱喘麄
[illegible]阿膠 生地黃 山藥 梔子 知母
[illegible]杏仁
右件各等分為末每服二兩新汲水一升調勻草後灌之
[illegible]散 治馬肺勞鼻濕四肢虛腫遍体生肺毒瘡
[illegible]天門冬 馬兜苓 漢防已 麥門冬 紫蘇子
[illegible]瓜蔞根 枇杷葉 山梔子 知母 秦艽
升麻 貝母 沒藥 百合
右為末每服一兩半蜜二兩糯米粥一盞瓜蔞一個擣碎同

和灌之効矣
大茯苓散 治馬肺氣把腰低頭難騰脊緊化腰間燥氣和血
大茯苓 白牽牛 丁香 蒼木 蒔蘿 陳皮
威靈仙 川大黃 當歸 甘草
右為末每服兩半薑三片葱一握水一升煎三沸草後灌之
捻金散 治馬五攢痛壓損肺經止痛
血竭 沒藥 芸薹子各半兩 當歸 尉金 梧桐律各一兩
右為末每服兩半新汲水一盞同和草後灌之隔日再灌之
一方 治馬喉骨腫鼻濕[illegible]不止先放大血後用此藥
右將猪脂爛[illegible]如泥飛[illegible]沸藥攪拌勻草後灌之
大黃散 治馬鼻膿不止
大黃 漢防已 黃藥子 [illegible] 甘草 茴香

朴硝 瓜蔞根 白藥子 荊芥 蒼朮 [illegible]
杏仁炮 黃芩 茯苓 知母 貝母 陳皮
右為末每服一兩蜜二兩油水研杏仁入蘿汁半升同煎
三四沸灌之效矣
消黃散 治馬熱積結鼻[illegible]血出
款冬花 秦艽 大黃 黃連 黃芩 黃藥子
鬱金 貝母 山梔子 甘草 黃柏 白藥子
右為末每服二兩砂糖二兩猪脂二兩糯米二合菉豆二
合鹽二兩同和煮粥嚥之
一方 加朴硝 木通有効矣
百合散 治馬鼻內出膿方
百合 貝母 大黃 甘草 瓜蔞根
右為末每服一兩蘿蔔一升入蕎麵一匙蜜一兩同和草

後灌之
知母散 治馬肺熱頭垂向地喘麄
知母 沒藥 當歸 百合 葶藶 甘草
梔子 茯苓 玄參 [illegible]藥 桑白皮
右為末每服二兩蜜二兩薑一分童便一升同調草後灌之
止痛散 治馬肺氣把痛
當歸 沒藥 大黃 芍藥 甘草 黃藥子
牡丹皮 枇杷葉 天花粉
右為末每服[illegible]蜜水一升同煎三沸草後灌之
紫菀散 治馬鼻濕
紫菀 秦艽 當歸 百合 [illegible] 貝母

芍藥　兜苓　麥蘖　漢防已　款冬花
右爲末每服二兩鹽二兩醋汁一升同煎溫草後啗之
○治腎部
茴香散　治馬腰背緊硬拽腰胯之病
茴香　當歸　芍藥　厚朴　青皮　楝子
木通　益智　牽牛　荷葉　玄胡索
右爲末每服兩半葱一握酒一升調煎三沸小便半碗空
草喂之
防風散　治馬腎風腰硬把前把後
防風　獨活　連翹　升麻　柴胡　黑附子
烏藥　羌活　當歸　甘草　葛根　山藥
右等分爲末每服四兩水一碗同煎三五沸候溫喂之

茱萸散　治馬腰背緊硬拽腰胯病
吳茱萸　木別子　蒼术　川椒　茯苓　草烏
狗脊　芫花
右爲末每服一兩醋半升麵二合大蒜一顆搗碎熬熟貼
於腰上神效
丁香散　治馬內腎積冷滯氣把腰及推腎把胯
丁香　漢防已　當歸　茴香　官桂　麻黄
川烏　玄胡索　羌活
右爲末每服兩半葱白一握切細溫酒一升同調草前喂
五靈散　治馬腰腎水腎黄搐拽後胯病
五靈脂　蒲黄炒色黄　茴香炒
已上爲末每服兩半溫酒半升同調草前喂之

蒼术散　治馬腰痛
蒼术　柴胡一　黄柏
右爲末每服兩半葱三莖切細水一升同煎空草喂之
葱豉湯　治馬腎傷氣把腰胯病
葱五枝搗碎　椒五錢　豉一兩　朴硝一兩半
右四味用水一升同煎三五沸去滓候溫喂之三次立效
巴戟散　治馬腎痛後脚難移
巴戟　茴香　檳榔　肉桂　陳皮　肉豆蔻
肉蓯蓉　金鈴子　破故芷　胡蘆巴　木通　青皮
右爲末每服二兩細切青葱三枝溫酒一碗小便半盞同
調空草喂之
獨活散　治馬五勞七傷腰胯痛

獨活　羌活　防風　甘草炙　肉桂　澤瀉
黄柏酒浸　大黄各兩　當歸　桃仁　連翹各兩半　漢防已一兩
右件爲末每服一兩水半碗酒半碗同煎三沸熱喂之
玄胡索散　治馬抑腎把胯
玄胡索　檳榔　没藥　青皮　陳皮　茱萸
胡蘆巴　乾薑　破故芷　肉桂　茴香　烏藥
白术　牽牛
右爲末每服二兩葱三枝酒半碗小便半盞同調空草喂
金鈴子散　治馬腎虚後腿浮腫
金鈴子　巴戟　茴香　檳榔　厚朴　肉桂
細辛　肉豆蔻
右爲末每服二兩炒鹽三錢末半升同調草前喂之

茴香散　治馬腎敗垂縷不收
肉蓯蓉　蓽澄茄　白附子　金鈴子炮，去核　當歸
檳榔　豆蔻　肉桂　茴香　木通
右爲末，每服二兩，葱三枝，炒鹽三錢，溫酒一盞，小便半盞，
同調，空草灌之
乳香散　治馬脫損腎經，後腰無力，卧地難起病
乳香　没藥　當歸　牛膝　麻黃　巴戟
紅花　檳榔　骨碎補　葫蘆巴　白附子
右件爲末，每服一兩，飛鹽三錢，溫酒半盞，童便半盞，同調，
空草灌之
後溫散　治馬久經陰雨，腰胯無力，腎經濕痛病
當歸　没藥　麻黃　白朮　青皮　牽牛

白附子　肉豆蔻　蓽澄茄　甲
已上爲末，每服二兩，葱白三枝，溫酒一盞，小便半碗，同調，
草前灌之
○雜治部
七補散　治馬七傷
青皮　陳皮　練子　茴香　益智　芍藥　當歸　木通
滑石　官桂　紅豆　乳香　没藥　自然銅醋炙
右爲末，每服一兩半，葱三莖切細，酒一升，同煎三五沸，候
溫灌之
木通散　治馬春季草細，灌之此藥
木通　乾山藥　山梔子　牛蒡子　瓜蔞根
右爲末，每服兩半，煎一錢沸湯一盞，小便半盞，同調灌之

白朮散　治馬秋季草少，喂此藥
白朮　芍藥　當歸　桔梗　白芷　桑白皮　瓜蔞根
右爲末，每服兩半，薑五片，水一升，同煎一二沸，入小便，喂之
止渴人參散　治馬草慢冷食水病
人參　乾葛　甘草　石膏　蘆根　茯苓　黃連　烏梅
右爲末，每服兩半，蜜一兩，水二盞，煎三沸，候溫，先洗口鼻，
喂之
神麯散　治馬傷料，腹痛起卧方
神麯　麥蘗　牽牛　木通　山查子
右爲末，每服二兩，粟米粥一盞，調勻喂之，新水洗口鼻效
豆蔻散　治馬停留宿水，偏瘦病
肉豆蔻　白芍藥　金鈴子　蓽澄茄　當歸　甘草

皂

[illegible]　肉桂　細辛　厚朴　青皮　陳皮
右爲末，每服二兩，青葱三枝，溫酒一升，同調灌之
厚朴散　治馬傷水
厚朴　當歸　甘草　青皮　陳皮　益智
牽牛　細辛　蒼朮
右爲末，每二兩，炒鹽三錢，葱三枝，溫酒一升，同調灌之
當歸散　治馬負重努傷太過，毛焦脊懶瘦病
當歸　没藥　乳香　血竭　人參　青皮
知母　川芎　五靈脂　玄胡索　自然銅
右爲末，每服二兩，葱三枝，溫酒一碗，入童便半盞，同調灌
秦艽散　治馬肺熱渾身疥癢
秦艽　當歸　芍藥　知母　川芎　桔梗

紫菀　白芷　梔子　麥門冬

右爲末每服二兩蜜二兩生薑一分搗汁一升同煎灌之

芍藥散　治馬吐糞

芍藥　細辛　良薑　丁皮　縮砂　桂心

沒藥　巴戟　青皮　陳皮　黑附子　香附子

已上爲末每服二兩葱三枝飛鹽三錢温酒一升童子便半碗同調灌之

沒藥散　治馬癧搦羅腸痛

沒藥　乳香　白藥子　山藥　自然銅　玄參

杏仁　青皮　五靈脂　當歸　芍藥　陳皮

牽牛　貝母　玄胡索

右爲末每服二兩葱三枝水一升同煎三沸入童便半盞灌之

天麻散　治馬破傷風

天麻　乾蝎炒　蟬退　天南星　烏蛇酒浸取肉　半夏

防風　藿香　川烏炮　蔓荆子　白附子炮

加射香　硃砂　膩粉已上一分另研

右爲末每服三錢入射香硃砂膩粉入少温酒半碗調灌

天麻散　治馬搐搦鞍風及諸風病

天麻一兩　白附子炮半兩　南星炮半兩　蔓荆子酢半　半夏半兩

川烏炮二錢　麻黄　乾蝎炒　烏蛇酒浸　硃砂別研一錢

右爲末每服三錢八硃砂半錢豆淋酒半盞同調灌之豆淋酒用黑豆半升炒令烟出以酒一升入之

玉金散　治馬奔走太急小便窩滯失溺纔作胞轉令馬腹脹蹲腰起卧撒正膀胱尿滯溺出後灌此藥

玉金　甘遂　升麻　紫菀　黄芩　朴硝

已上等分爲末每服一兩蜜一兩猪脂四兩温水一碗同調灌之

滑石散　治馬尿血

滑石　當歸　王瓜根　蒲黄　白礬飛　紅花　荷葉

右等分爲末每服兩半温酒半升同調灌之

吹鼻散　治馬氣脈不通

人參研　藜蘆一　射香仁一　赤小豆三十粒

右爲細末每用一字盛竹筒中吹入鼻內立效

款冬花散　治馬非時啌喘

款冬花　葶藶子　白殭蚕　玉金　皂角　玄參

二母散　治馬卒熱

知母　貝母　瓜蔞根　地骨皮各　山梔子

右爲末每服二兩蜜半兩研細水一升同調草後灌之

當歸散　治馬五勞七傷頭垂鼻冷傷水亦治

當歸　桂　當歸　白芷　青皮　芍藥　檳榔　厚朴

木香　紅藥　枳殼　陳皮　五味子　肉豆蔻

右爲末每服二兩蜜二兩水共一升同煎三五沸候温灌

桂心散　治馬[illegible]

桂心　牛蒡子　甘草炙

右爲末每服一兩半猪脂四兩細切酒一升同煎三五沸空草灌

黄芩散　治[illegible]

玉金　黄芩　[illegible]

右等分爲末每服兩半[illegible]水同調服飽灌之

紫蘇散　治[illegible]肺病不食[illegible]

山梔子 牛蒡子 黄藥子 乾地黄 黄連 王金

右爲末每服兩半蜜二兩同漿少許同和啖之不效加麻子取汁同和啖之

梔子散 治馬肺氣把前把後項脊緊硬胸膈腰胯疼痛低頭不得大便糞緊小便澀滯并皆治之

防風 黄芩 荆芥穗 芍藥 大黄 麻黄 滑石 桔梗

山梔子 石膏 川芎 當歸 甘草 薄荷 連翹 芒硝

右爲末每服一兩生薑一錢搗碎水一升同煎三沸候溫灌之

獨活散 治馬五勞七傷四肢疼痛

當歸 桃仁 連翹各半兩 漢防己二兩 獨活 大黄

羌活 防風 甘草炙 肉桂 黄柏酒 澤瀉

右爲末每服兩半酒半碗水半碗同煎三五沸帶熱灌之

甜葶藶散 治馬感肺經熱喉喘草慢病

甜葶藶 桔梗 貝母 甘草 杏仁去皮尖

已上爲末每服兩半糯米粥一碗調勻入酥油半兩灌之

雄黄散 敷馬諸般腫毒及筋骨脹大

雄黄 川椒 白芨 白蘇 草烏 官桂

大黄 硫黄 白芥子 葶藶子

右爲細末每用一大匙麵一匙醋一碗同熬熟敷腫處效

牡蠣散 塗馬袖口陰腫消腫毒

牡蠣燒 縮砂 天南星 天仙子 木別子

右爲細末每用一火匙醋一盞勻煎熟成膏趁塗腫處消

猪脂膏 治馬枯死瘡 惡毒病

猪脂四兩去膜 生薑二兩 胡桃仁 爐甘石煅各一兩

右件四味文武火熬成膏溫水洗過待乾塗之次日再塗

定粉散 治馬花瘡

定粉五分 砒霜一錢 膩粉五分 菉豆四百

右四味一處不住搗爲細末漿水洗過乾貼之三次效

硼砂散 治馬瘙蹄

硼砂一兩 黄丹二錢

右件二味同研爲細末羊骨髓調勻搽之

乳香散 治馬乾濕瘙

乳香一錢 烏賊魚骨二兩 白礬二兩飛

右三味搗羅爲細末乾瘙油調搽之濕瘙乾貼之

洗疥方 洗馬疥燥瘡

馬腸根 臭椿皮 白蕪荑 荆芥 葶藶 皂角 藜蘆

藺茹

右爲末每用一大匙葦汁三升同煎三二沸入生油少許洗之

塗疥方 治馬乾燥

藺茹 膩粉 藜蘆 牙皂 桔梗 臭椿皮 馬腸根

右等分搗羅爲細末先用瓦子擦破油調勻塗之

擦疥方

狼糞燒 牙皂燒各一兩 巴豆一兩 雄黄二錢 輕粉二錢

右搗羅爲細末以生油燒熟調勻搽之 日再搽之

治馬傷脾方

川厚朴去皮爲末同姜棗煎嚥藥後似笑不食草灌之

治馬堅蹇方

朴硝黄連等分男子頭髮燒灰存性漿水調灌如邪氣衝于

眼皆灼醉口搭頭低嘴此藥甚效

治馬氣喘方

葶藶　黄耆　知母　貝母　玄參　紫菀　升麻　款冬

右爲末每服二兩漿水一升同調草後灌之[illegible]甚効

治馬尿血方

黄芩　烏藥　芍藥　茵陳　猪苓　生地黄　[illegible]

右件各等分爲末每服兩半漿水一升同煎三五沸放冷灌之

治馬[illegible]方

[illegible]　川芎　知母　玉金　薄荷　貝母　牛蒡子炒

已上等分爲末每服二兩蜜二兩漿水一升同調草後灌

治馬結尿方

滑石　木通　朴硝　車前子

右爲末每服一兩温水調灌移時再灌結甚加梔子赤芍

元亨療馬集［卷之］藥方　大本　四六

治馬經發方

大黄　枳殼　黄連　厚朴　皂角燒存性

右爲末每服二兩米泔水一盞同調灌之如不通加蔓荆子

治馬舌硬方

地仙草　梔子　朴硝　青黛　硼砂　款冬花　瞿麥

油調塗　各等分爲末每用半兩貼於舌上凡三上痊矣

治馬流沫方

白术　枳殼　甘草　當歸　菖蒲　澤瀉　厚朴　赤芍

右爲末每服兩半酒一升葱三莖同煎三沸候温灌之

治馬腸痛方

[illegible]子　甜瓜子　羌活　當歸　没藥　芍藥

右爲末每服一兩蜜一兩春夏漿水灌秋冬小便一盞灌

治馬傷蹄方

海桐皮　白芥子　大黄　甘草　五靈脂　商陸　木鱉子

右爲細末黄米一合煮粥調藥攤之帛上於蹄上裹之效

又方

生蘿蔔三五個搗爛罨之立效

治馬打破脊梁方

馬齒莧　石灰

已上共搗爲丸陰乾再碾爲末椒湯洗淨乾貼之

黄礬散　牛黄燒灰　白礬飛

共研爲細末如瘡乾油調塗之瘡濕乾貼之

丹礬散　桐子核五个去皮肉　白礬飛半兩　黄丹半兩

右二味先將白礬于銅銚內溶化入黄丹攪勻令煞稍乾看黄丹色紫爲度後將桐子核搗爛入丹礬同共搗羅爲末臨用先以温漿水將口瘡洗淨温乾用藥末付之極者不過兩次神效

元亨療馬集［卷之］藥方　大本　四七

敗龜散　治馬脊背瘡　敗龜板

右件不拘多少碾爲細末如瘡腫油調塗之有膿水洗淨貼之用帛封甚効

白蘞散　白蘞三錢　天南星

右二味爲末鹽水洗淨乾貼之效

消毒散　治馬悮食毒草口中吐沫悶絕欲死

白礬飛半兩　鹽炒二兩

右爲細末拌勻于舌上塗之良久用甘草末二兩水二升煎至一升灌之

[illegible]黃牛經合併大全卷上

耕牛係養民之道

○論牛係第一

僕聞古今聖帝明王亭國裕民之道莫先於耕種若以勸課耕桑為急務則其富有天下者宜也此民之力稍為勞而耕牛者又以其力而代民之勞者也如此則力田者可不知牧牧飯飽之宜哉苟放牧逆時飲餵失度則致多傷損或承饑而致疾或在患而衝風因此暴病卒生不知察病揀方及時醫療却信巫師詐言鬼崇或燒錢而祭醮或厭禳而書符不但轉加羸瘦且猶損頭伏蹄不田而食生長田間備知養牛之理乃於諸家經內芟煩撮要凡耕牛毛色相貌之吉凶壽夭證納之與同方藥之纖悉皆備論焉扣角牧之庶無不參於飯牛之職耳

○天子籍田勸農第二

傳曰籍者借也天子耕千畝但三推發再三推而止其後借民力治之其所收之穀藏於神倉以供祀天地宗廟神祇之用也天子以身先耕於天下者所以勸農也以建寅之月而郊以北郊即所收之穀而祭也郊而後耕者也郊用辛日而耕用亥日蓋亥之地直止是天倉星又以建辰月祭靈星以求農耕也靈星是天田星此亦值於辰位故農字之辰亦此辰也惜諸侯之耕百畝以祀宗廟所耕在東郊少陽之位自天子以及諸侯皆以身先於農所以重農事也

○論古來有異相牛第三

郭子璞禍寘記曰秦時有獻花蹄牛高六尺尾長繞角生四耳于寶搜神記曰晉天與元年有牛生一犢一頭八足兩尾而共一腹又云昔有人曰叔保患病垂死醫者曰此病須得大白牛厭為藥病方得痊時楊子玄有大白牛求之不得後一日有六白牛從西而來欲見叔保叔保聞之驚惶其疾即愈又關令尹喜傳曰周無極元年老子度關尹喜先誡門吏曰若有乘青牛車而來者勿令過去果有乘青牛板車而來吏白曰乘青牛車者已至喜曰我遇聖人矣即帶印綬而出迎之執弟子之禮以見焉

○辨牛將來有黃并相牛法第四

寗戚相牛經曰任重致遠以利天下牛為利也傳載牛口常有似鳴者當有牛黃又曰牛羊無角者謂之牸（音利）牛眼[illegible]者及牛眼大者及眼中有白線貫入童子者其牛行最快[illegible]欲得闊（骨下之堂也）（堂四蹄之堂也）膺延欲得廣（前千也）（前之色）肩中央欲得下豐岳欲[illegible]（體也）（岳膝）尾下欲得大脚腕下欲得肉覆蹄又宜體緊身促[illegible]相

法之大略也口中斗者肉重千斤唯水牛肚大尾青最是有力最大者肉重千斤最小者亦數百斤出廣州高凉郡也

○相耕田牛第五

須頭小腦大頭長身短角方眼圓脊高臂低食毛不分立齊是乃為可耕力頭欲瘦小不用多肉面欲正長短則命促經云面高正長有齒無旋而君頭低半年損身眼欲得大去角要近有白脉貫瞳吉眼赤者觸人眼下有旋毛名淚滴主喪服鼻欲軟而大易牽鼻上毛逆凶鼻如銹鼻難牽無力口欲方大易旋能食齒欲白君眼有緣腥主災經云齒牙雪白多招田宅角短方大絞浪角形如仰弓吉角向前吉向後凶兩角間有亂毛起名頭咤妨主經云角圓紋細使即遲滯耳去角要近略可容指方好多長毛不耐耳後有旋毛名刺環招盜賊經云牛耳角近促

不用聳鬃耳去角遠千里不轉頭骨欲得長大肩旅目欲得密
制窊則爲雙肩主有有力若不窊者爲單肩少力毛短密而黑
者耐寒疏長如鼠毛者怕寒毛赤堅自害損至倚毛向前大吉
向後大凶肚下有横毛使即到行前脚欲直而濶後脚要曲而
開股瘦小則健快經云前脚如箭後脚如弓蹄欲得大青黑紫
爲鈇蹄吉經云蹄色黄白行不滿百陰虹屬頸者千里牛也前
帶抱喉及臨耳者早死經云前後無帶至老無害後帶半長法
上欄傷乳乳多子吉乳疏黑無子生袋來隱力吉横出者凶尿
射前胯者快直下者鈍尿欲蹲放經云尿如蟹旋用力[illegible]身
欲得圓昭欲得密脊欲尖欲紋角欲厚重尾骨瓶少毛者有力
尾稍長大吉也

○木刻耕夫織婦贊第六

序云神農氏斲木爲耜揉木爲耒耒耨之利以教天下蓋取諸
益黄帝垂衣裳而天下治蓋取諸乾坤是知千乘之城非粟無
以守民之五十非帛無以煖故后稷配廟社之亭蚕室有后妃
之制則耕桑爲當世之先務何可廢也耕於歷山者所以顯重
華之德遷於岐陽者所以表大王之美千畝不敢廢三推之恭
北郊不容罷蚕室之政凡此者皆以開衣食之源興禮節之風
且若夫列五鼎者飽艮稗以紅腐不知稼穡之艱誇盛餙者被
綺羅以文綉不念織耕之苦忘務力本之道以裁成三代風
俗之變哉我
皇家撫安寰宇文德誕敷武功昭著風雨時而五穀登教化行而
兆民泰聖皇聽政之暇端居穆清閑宮中之儀思達三代之好
與勞五色黄屋乃帝堯之心播殖五穀躬耕是禹稷之事所以

身率籍田化民成俗農桑之務乃命有司刻木爲耦人又爲織
婦蚕女之像置於紫薇殿大矣哉聖人功義務本之意歟語不
云乎上有所好下必甚焉風行草偃疾如建瓴將無豳風復盛
同頴九穗之瑞可翹首以待也臣近因召對獲蒙宣示拭目竊
覩拜首稱賀職預司言敢蔽君善銅爵應侯將觀南畝之嘉祥
仙龍繖降願祀東郊之盛禮謹述贊曰

民爲庶本　物無遁情　匠出心計　形逐意生　功爭造化
色奪丹青　像彼緑野　列於彤庭　仙蚕扶桑　徒有虚名
爾耕爾織　人感其情　帝語影轉　條條欲行　當廉風度
札札有聲　吾皇都之　信可經營　井田是念　修心不萌
乾行日健　離照爲明　其道罔息　其德彌馨　神農帝舜
我后遵從　直書史策　敢告寰瀛

○頌美政納牛皮榜示

牛皮榜　牛皮榜　展對公衙南壁上　惻惜農家利益多
讀者聽者皆嘆仰　復誦斯文殊有理　改納恐殺耕牛死
上行下效俗依然　保國安民爲法執　法執行來直恩報
邇邇貴賤欽王化　無皮錢納一千餘　不必須徵此項價
候我皇王闢疆土　深念利田若中苦　秋收春種不曾閑
時當禁殺宜遵古　州縣鄉村知榜意　困茲容辦徵無慾
天時地利一人慈　昇以年年倉廪備　倉廩備兮用却舒
南畝東疇牛莫捨　牛莫捨兮生民蘇　瘦弱尪羸放林野

僕十年前親睹牛皮例默而嘆曰此
朝廷美事可無歌乎遂作此歌補牧養之闕也

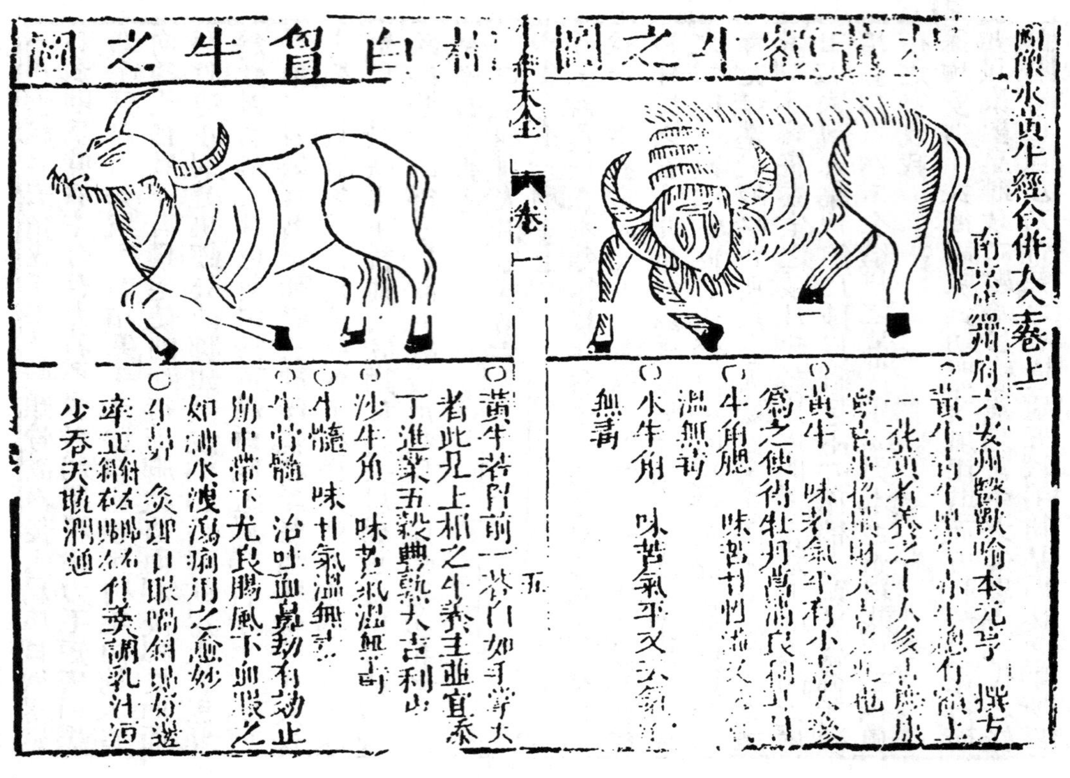

新鐫[illegible]水黃牛經合併大全卷上

南京[illegible] 六安州醫獸喻本元亨 撰

相黃[illegible]牛之圖

○黃牛[illegible]牛[illegible]水牛[illegible]行[illegible]上
一[illegible]黃者養之主人多[illegible]康
寧[illegible]也
○黃牛 味[illegible]氣平有小毒入[illegible]
為之使得牡丹[illegible]良[illegible]
○牛角腮 味[illegible]甘[illegible]又[illegible]
溫無毒
○水牛角 味苦氣平又云氣[illegible]
無毒

相白[illegible]牛之圖

○黃牛若[illegible]前一[illegible]如[illegible]大
者此是上相之牛養主並宜添
丁進業五穀豐熟大吉利也
○沙牛角 味[illegible]氣溫無毒
○牛髓 味甘氣溫無毒
○牛骨髓 治吐血鼻衄有效止
崩中帶下尤良腸風下血服之
如神水瀉痢用之愈妙
○牛鼻 灸[illegible]口眼喎斜[illegible]好[illegible]
[illegible]正[illegible]名[illegible]乳汁[illegible]
少吞天[illegible]潤通

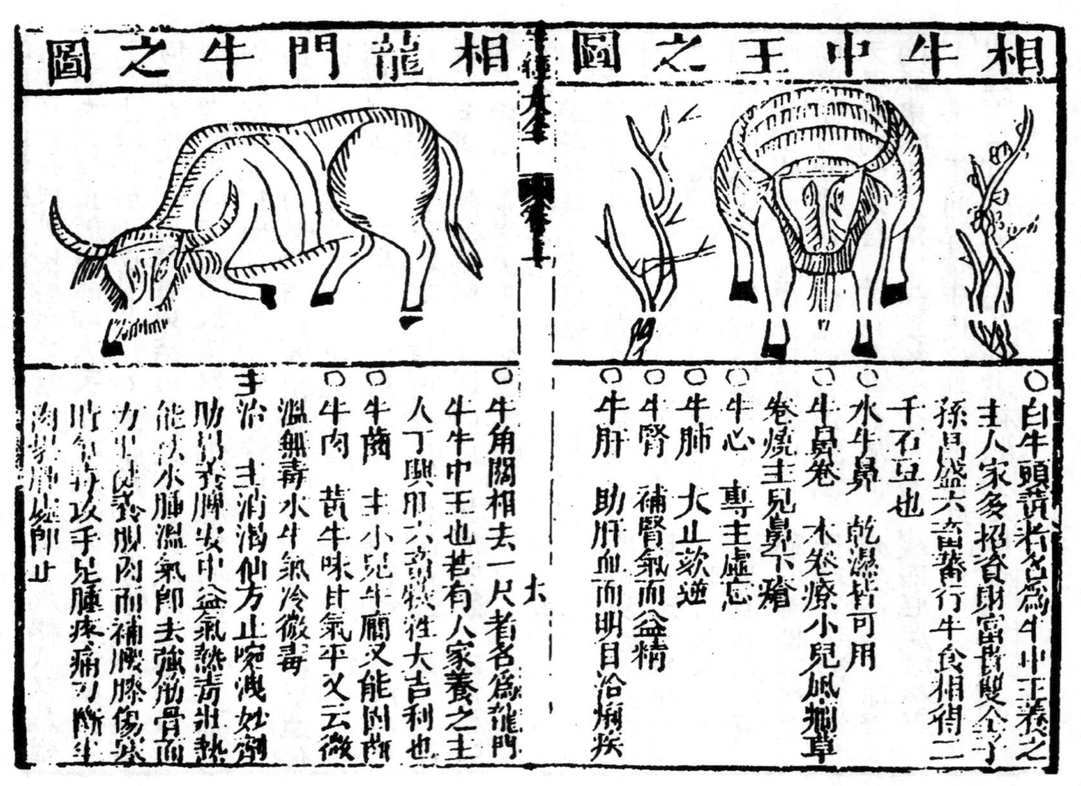

相牛中王之圖

○白牛頭黃者名為牛中王養之
主人家多招資財富貴興今子
孫昌盛六畜蕃行牛食相得二
千石豆也
○水牛鼻 乾濕皆可用
○牛鼻卷 木卷療小兒風痢草
卷燒主兒鼻下瘡
○牛心 專主虛忘
○牛肺 大止欬逆
○牛腎 補腎氣而益精
○牛肝 助肝血而明目治痢疾

相龍門牛之圖

○牛角闊相去一尺者名為龍門
牛牛中王也若有人家養之主
人丁興旺六畜繁性大吉利也
○牛齒 主小兒牛癎又能[illegible]
○牛肉 黃牛味甘氣平又云微
溫無毒水牛氣冷微毒
主治 主消渴仙方止喘[illegible]如[illegible]
助[illegible]養脾安中益氣熱毒出熱
能[illegible]水腫濕氣即去強筋骨而
力[illegible]服肉而補腰膝傷[illegible]
[illegible]以手足腫疾痛刀斷生
[illegible]筋[illegible]止

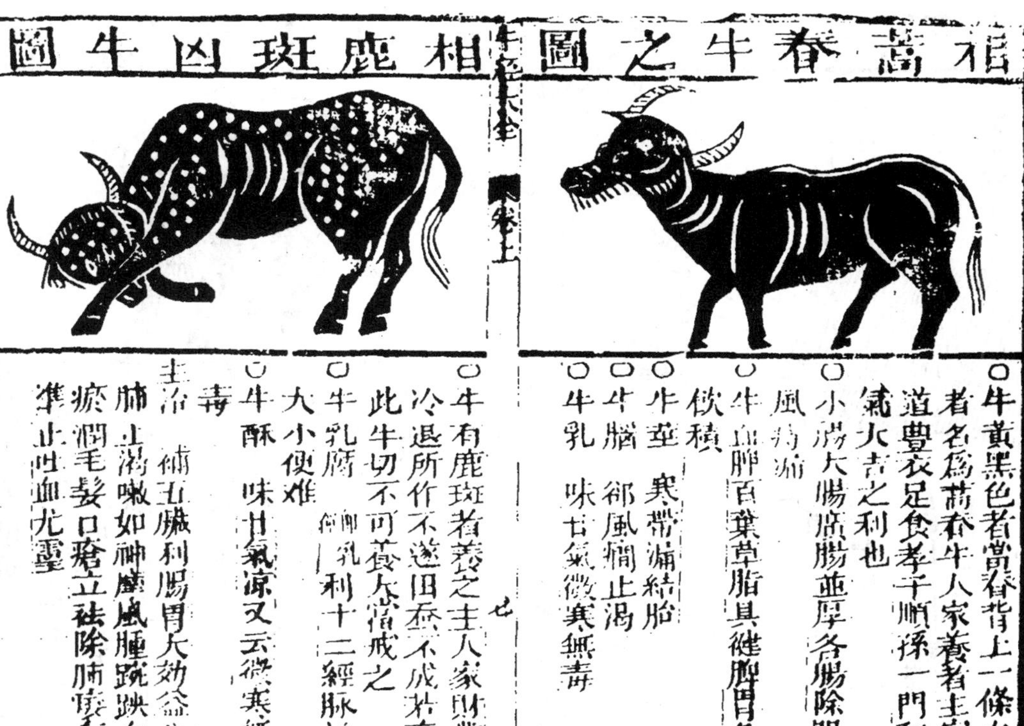

相蒿春牛之圖

○牛黃黑色者當脊背上一條白者名爲蒿春牛人家養者主家道豐衣足食孝子順孫一門和氣大吉之利也

○小腸大腸底腸並厚各腸除腸風痔漏

○牛血脾百葉草脂具健脾胃免飲積

○牛莖 寒帶漏結胎

○牛腦 卻風癇止渴

○牛乳 味甘氣微寒無毒

相鹿斑凶牛圖

○牛有鹿斑者養之主人家財業冷退所作不遂田蚕不成若有此牛切不可養大當戒之

○牛乳腐 潤肌乳利十二經脈通大小便难

○牛酥 味甘氣涼又云微寒無毒

主治 補五臟利腸胃大効益心肺止渴嗽如神療風腫跳踒血瘀潤毛髮口瘡立祛除肺痿有準止吐血尤靈

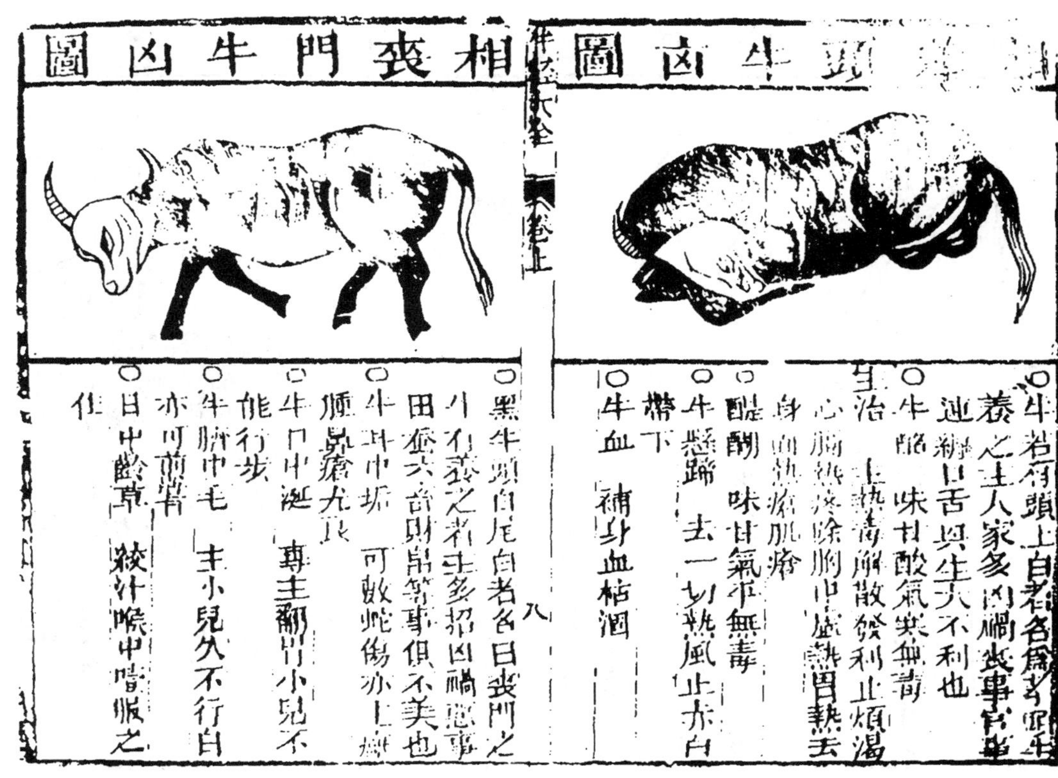

相孝頭牛凶圖

○牛若有頭上白者名爲孝頭牛養之主人家多凶禍喪事官非連綿口舌與生人不利也

○牛膽 味甘酸氣寒無毒

主治 主熱毒解散發利止煩渴心胸熱痰除胸中虛熱胃熱去身面熱瘡肌瘡

○醍醐 味甘氣平無毒

○牛懸蹄 去一切熱風止赤白帶下

○牛血 補身血枯涸

相喪門牛凶圖

○黑牛頭白尾白者名曰喪門之牛有養之者主多招凶禍惡事田蚕六畜財帛等事俱不美也

○牛耳中垢 可敷蛇傷亦上[illegible]便鼻瘡尤良

○牛口中涎 專主翻胃小兒不能行步

○牛臍中毛 主小兒久不行白亦可煎嘗

○日中齡草 絞汁喉中嘈服之住

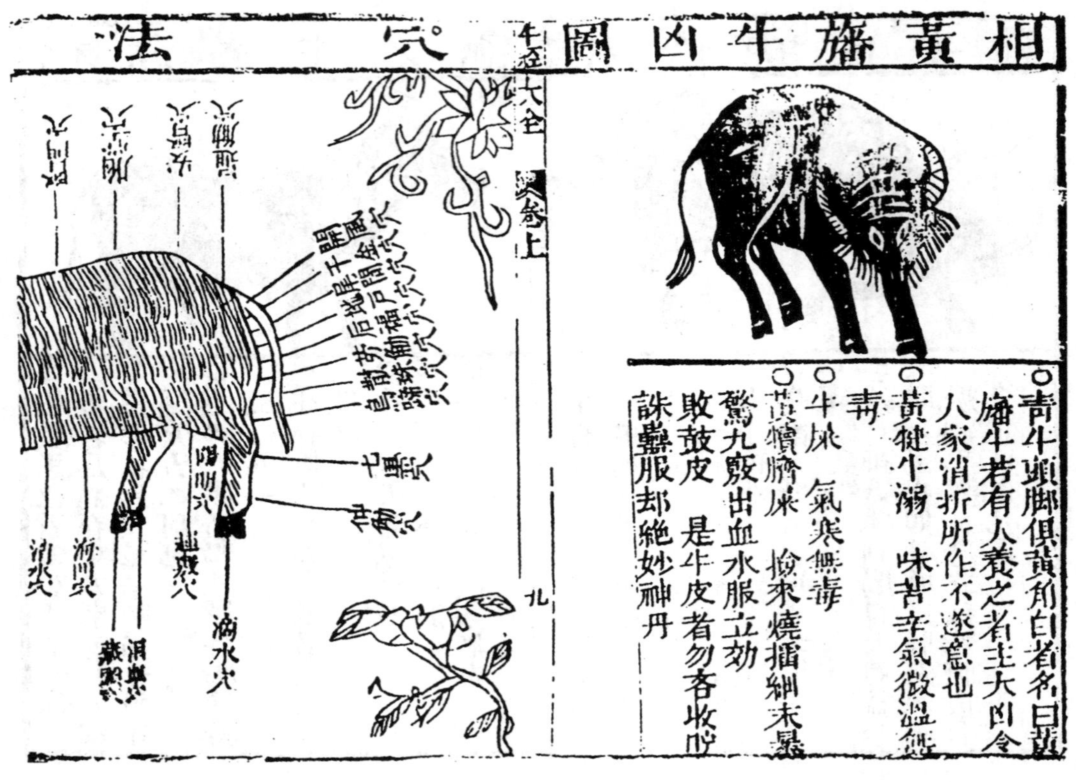

相黃瘋牛凶圖

○青牛頭脚俱黃角白者名曰黃瘋牛若有人養之者主大凶令人家消折所作不遂意也

○黃犍牛溺　味苦辛氣微温無毒

○牛屎　氣寒無毒

○黃犢臍屎　撿來燒擂細末暴驚九竅出血水服立効

敗鼓皮　是牛皮者勿吝收貯誅蠱服却絶妙神丹

牛經大全　卷上　九

穴法

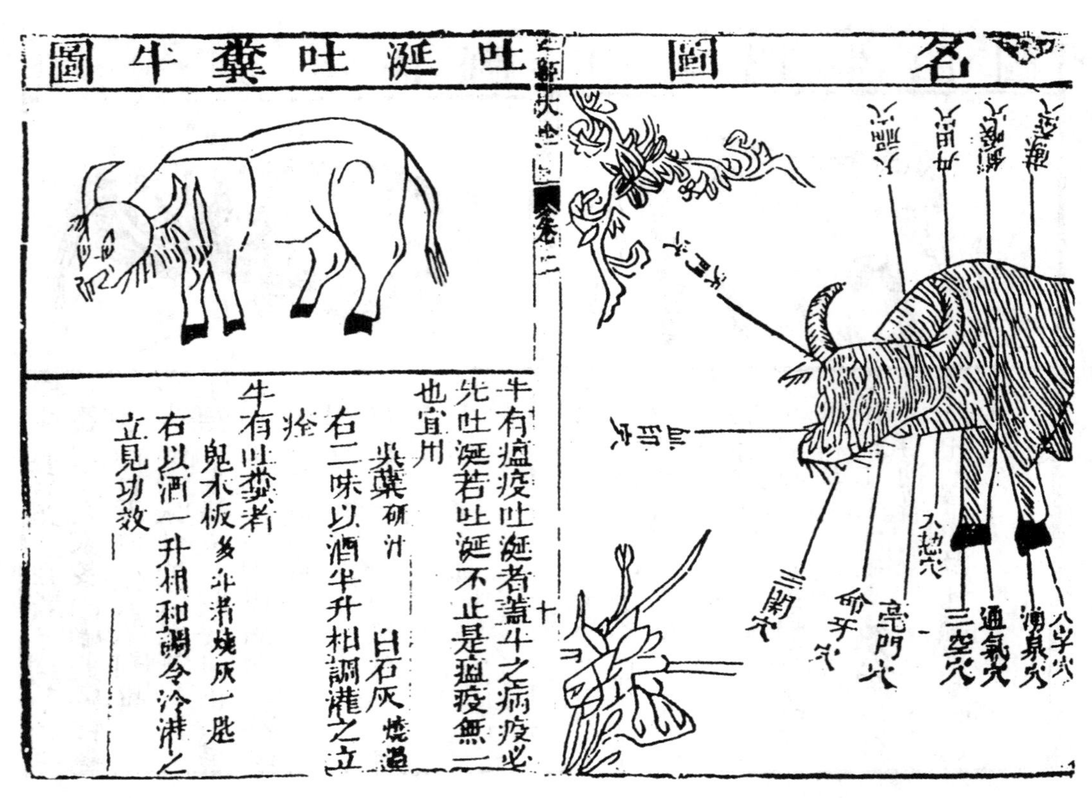

名圖

牛經大全　卷上　十

吐涎吐糞牛圖

牛有瘟疫吐涎者蓋牛之病疫必先吐涎若吐涎不止是瘟疫無一也宜用

皂莢研汁　白石灰燒過

右二味以酒半升相調灌之立

牛有吐糞者　治

鬼木板多年者燒灰一匙

右以酒一升相和調令冷灌之立見功效

食役紫役牛圖　尿血糞血牛圖

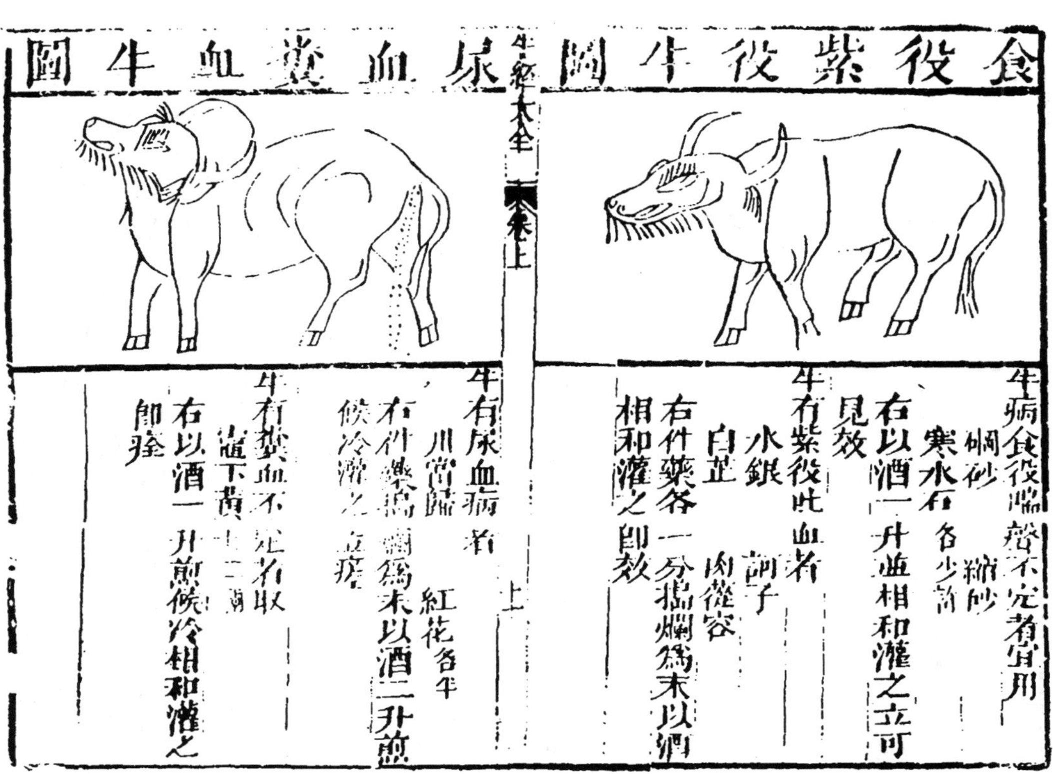

牛病食役臨發不定者宜用

碙砂　硼砂　寒水石各少許

右以酒一升並相和灌之立可見效

牛有紫役吐血者

水銀　訶子　白芷　肉蓯蓉

右件藥各一分搗爛為末以酒相和灌之即效

牛有尿血病者

川當歸　紅花各半

右件藥搗爛為末以酒二升煎候冷灌之立痊

牛有糞血不定者取

道下黃土二兩

右以酒一升煎候冷相和灌之即痊

牛經大全 卷上

乾役肚脹牛圖　眼膜蟲脹牛圖

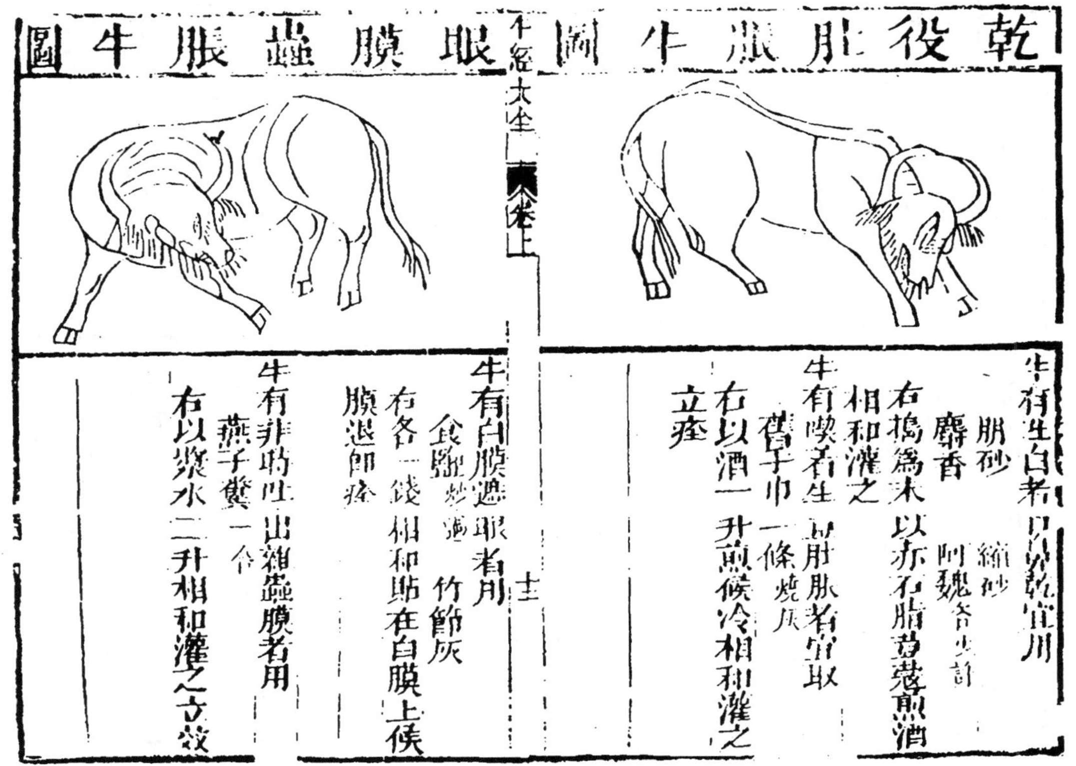

牛有生白者口內乾宜用

朋砂　䃃砂　麝香　阿魏各少許

右擣為末以赤石脂荳蔻煎酒相和灌之

牛有喫着生[illegible]肚脹者宜取

舊手巾一條燒灰

右以酒一升煎候冷相和灌之立痊

牛有白膜遮眼者用

食鹽炒過　竹節灰

右各一錢相和貼在白膜上候膜退即痊

牛有非時吐出雜蟲膜者用

燕子糞一个

右以漿水二升相和灌之立效

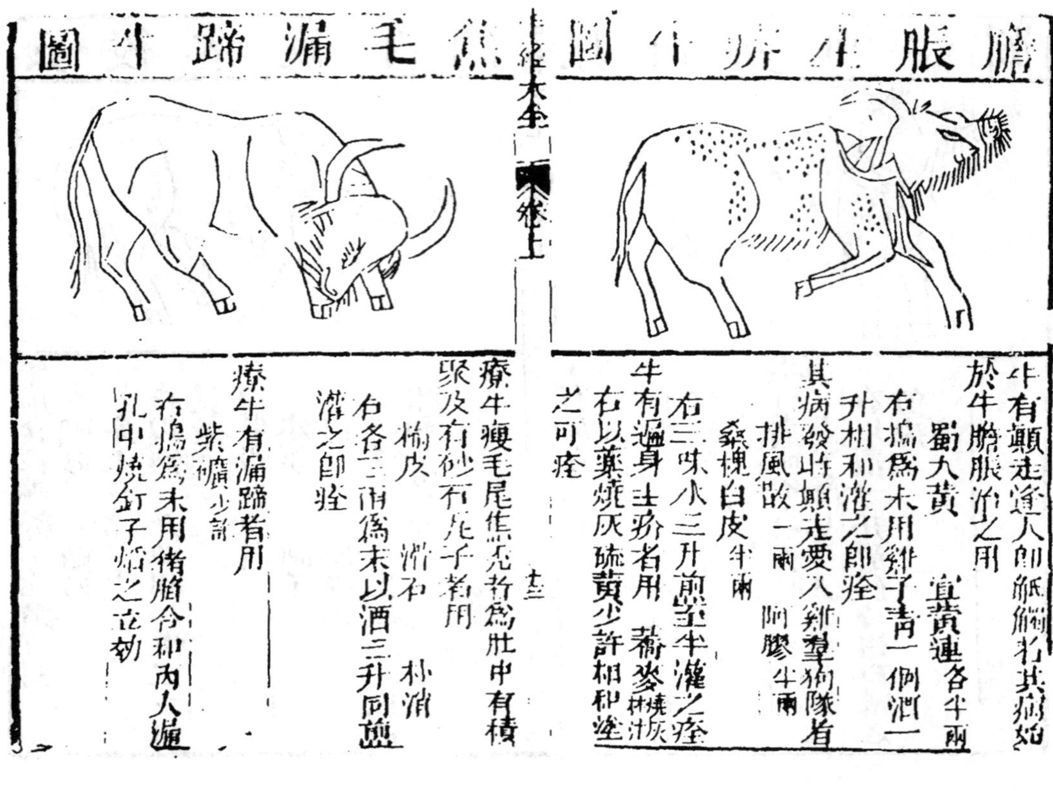

膀脹生疥牛圖

牛有顛走逢人即牴觸者其病始於牛膀脹治之用

劉大黃　宣黃連各半兩

右搗為末用雞子清一個酒一升相和灌之即痊

其病發時顛走要入雞羣狗隊者

排風散一兩　阿膠半兩

桑槐白皮半兩

右三味水三升煎至半灌之痊

牛有遍身生疥者用　蕎麥燒灰淋汁

右以藥燒灰硫黃少許相和塗之可痊

焦毛漏蹄牛圖

療牛瘦毛尾焦死者為肚中有積聚及有砂石死子者用

橘皮　消石　朴消

右各三兩為末以酒三升同煎灌之即痊

療牛有漏蹄者用

紫礦少許

右搗為末用豬脂合和內入漏孔中燒釘子烙之立効

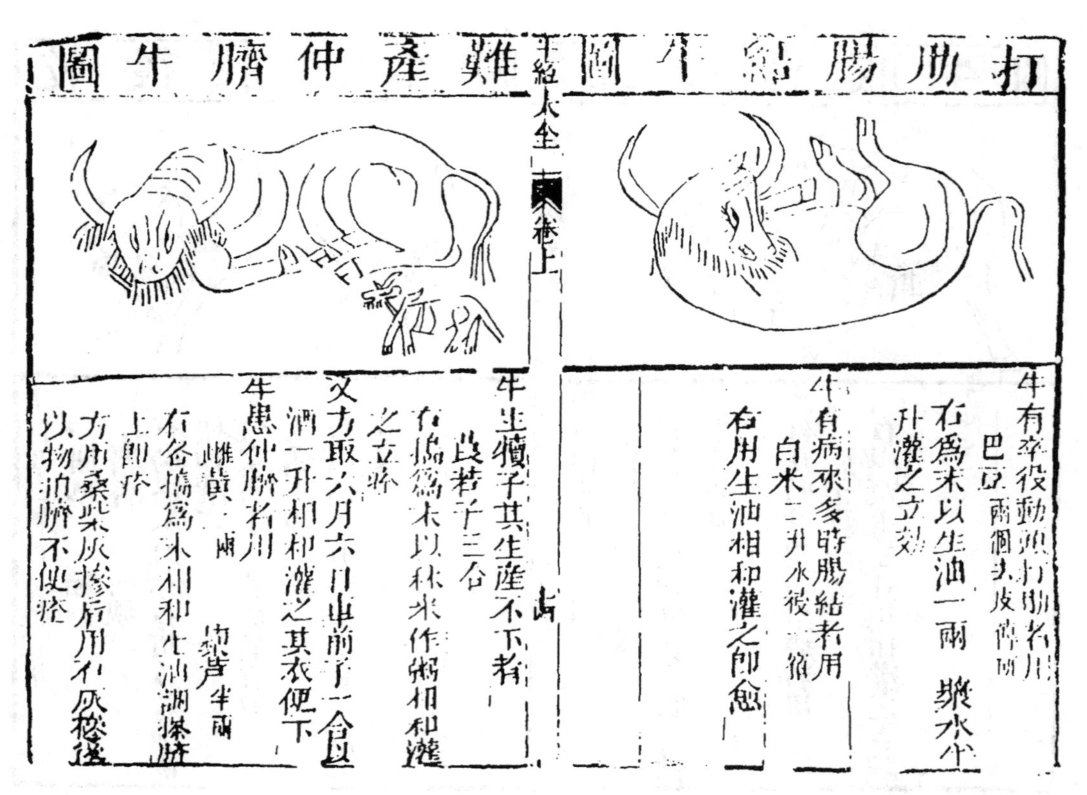

打肋腸結牛圖

牛有卒役動起打肋者用

巴豆兩個去皮膜研

右為末以生油一兩　漿水半升灌之立効

牛有病來多時腸結者用

白米二升水浸一宿

右用生油相和灌之即愈

難產仲臍牛圖

牛生犢子其生產不下者

莨若子三合

右搗為末以秫米作粥相和灌之立効

又方取六月六日申前了一合以酒一升相和灌之其衣便下

牛患仲臍者用

雌黃一兩　葫蘆半兩

右各搗為末相和生油調搽臍上即痊

方用桑柴灰摻后用石灰塗以物抱臍不使痊

氣脹發喧牛圖

牛喫槊根嗜根者

皂角爲末

右吹入鼻中於尾亭骨下着鞋底打便安

牛非時氣脹不消者取

人汗污襪

右洗汗汁一升頭醋半升三味相和灌之立便消止

顫冷咳嗽牛圖

牛有發喘氣身顫出汗口鼻冷者

桃柳樹心

右各一握以水煎候冷灌之立瘥

牛有咳嗽者用

食鹽一兩 淡豉汁一升

葱白一握

右以童小便一升相和灌之立刻見効

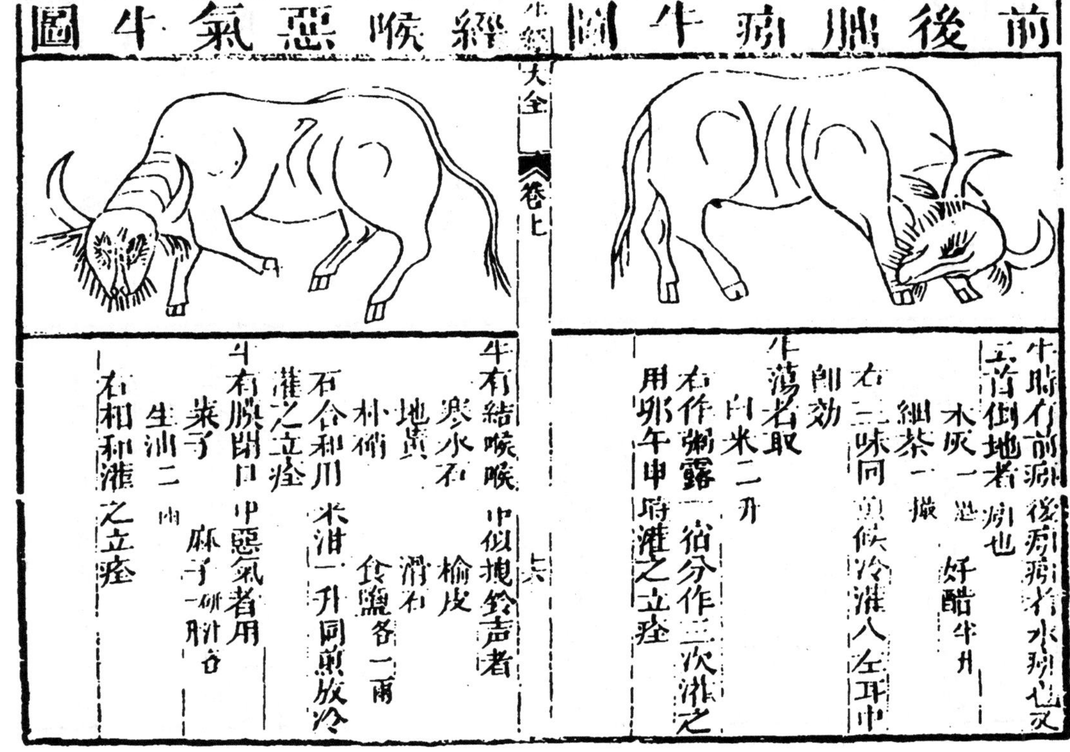

前後脚痛牛圖

牛時有前痛後痛痛者水痛也又云首倒地者痛也

木灰一升 好醋半升

細茶一撮

右三味同煎候冷灌入左耳中即効

牛蕩者取

白米二升

右作粥露一宿分作三次灌之用卯午申時灌之立瘥

纏喉惡氣牛圖

牛有結喉喉中似拽鈴声者

寒水石 榆皮

地黃 滑石

朴硝 食鹽各一兩

右合和用米泔一升同煎放冷灌之立瘥

牛有膜閉口中惡氣者用

萊子 麻子一升研汁合

生油二兩

右相和灌之立瘥

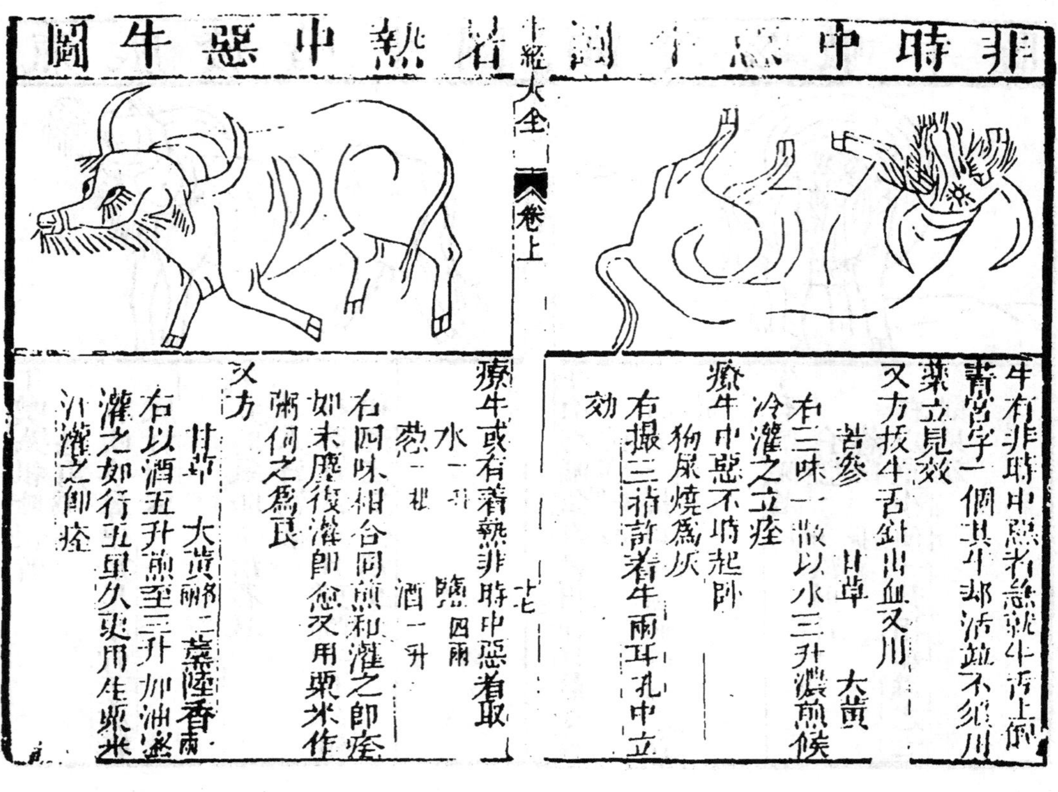

牛有非時中惡者急就牛舌上俱青紫一個其牛即活並不須用藥立見效

又方拔牛舌針出血又用

苦參 甘草 大黃

右三味一散以水三升濃煎候冷灌之立瘥

療牛中惡不時起臥

狗屎燒為灰

右撮三指許着牛兩耳孔中立效

療牛或有着熱非時中惡者取

水一升 鹽四兩

葱一握 酒一升

右四味相合同煎和灌之即瘥如未應復灌即愈又用粟米作粥伺之為良

又方

甘草 大黃各二兩 蘘陸香一兩

右以酒五升煎至三升加油滋灌之如行五里久更用生粟米汁灌之即瘥

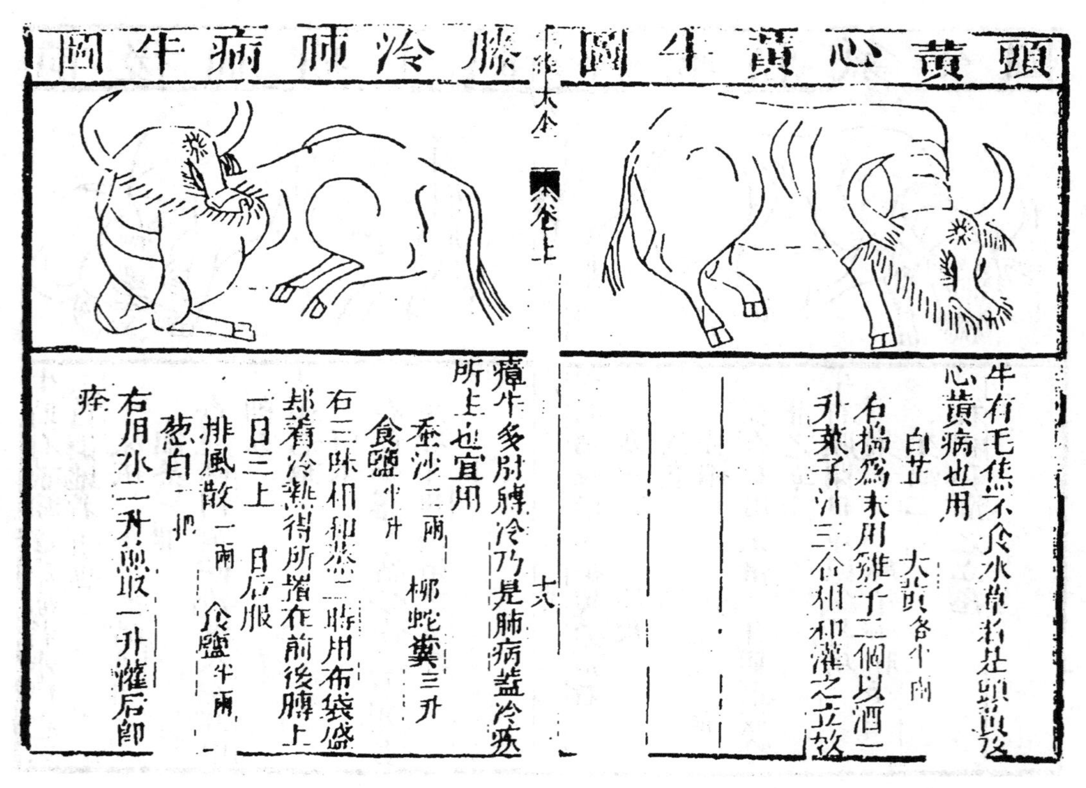

牛有毛焦不食水草者是頭黃及心黃病也用

白芷 大黃各半兩

右擣為末用雞子二個以酒一升葱子汁三合相和灌之立效

療牛多肘髀冷乃是肺病蓋冷疾所上也宜用

蠶沙二兩 榔蛇糞三升

食鹽半升

右三味相和蒸一時用布袋盛却着冷熱得所搭在前後髆上一日三上 日后服

排風散一兩 食鹽半兩

葱白一把

右用水二升煎取一升灌后即瘥

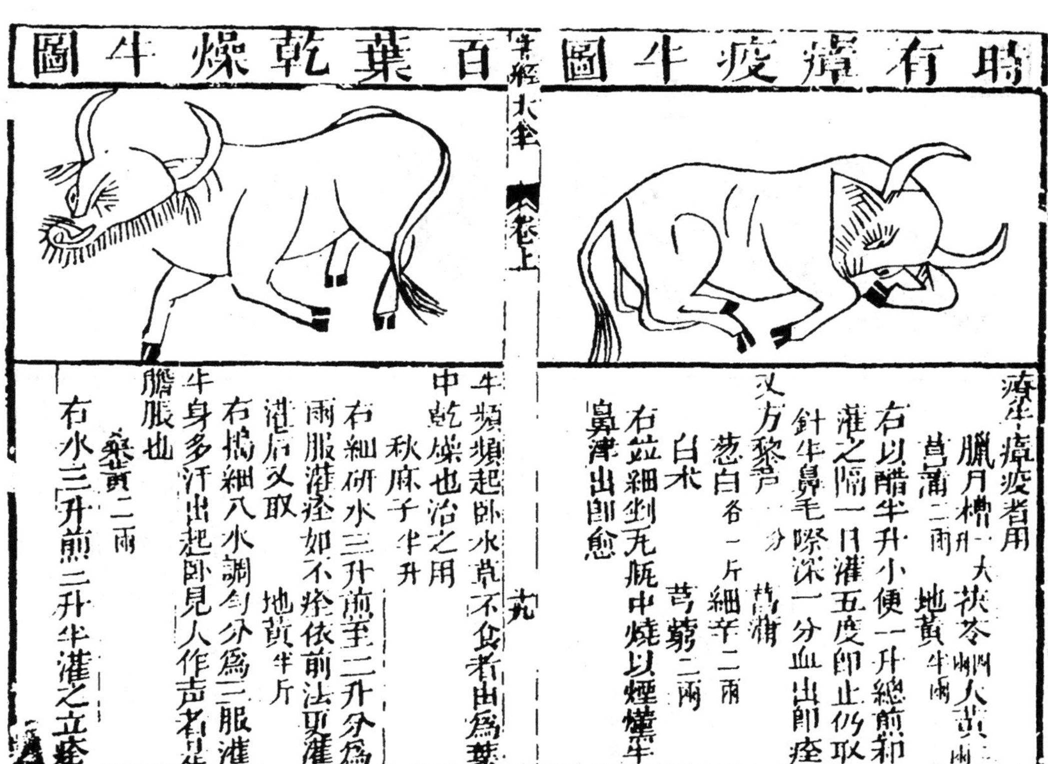

時有瘴疫牛圖

療牛瘴疫者用

臘月糟一大升 茯苓四兩 人黃二兩

菖蒲二兩 地黃半兩

右以醋半升小便一升總煎和灌之隔一日灌五度即止仍取針牛鼻毛際深一分血出即痊

又方黎芦一分 菖蒲

葱白各一斤 細辛二兩

白术 芎藭二兩

右並細剉瓦瓶中燒以煙燻牛鼻津出即愈

百葉乾燥牛圖

牛頻頻起卧水草不食者由爲葉中乾燥也治之用

秋麻子半升

右細研水三升煎至二升分爲兩服灌痊如不痊依前法更灌

滑石又取 地黃半斤

右擣細入水調勻分爲二服灌

牛身多汗出起卧見人作声者是膽脹也

鬱黃二兩

右水三升煎二升半灌之立痊

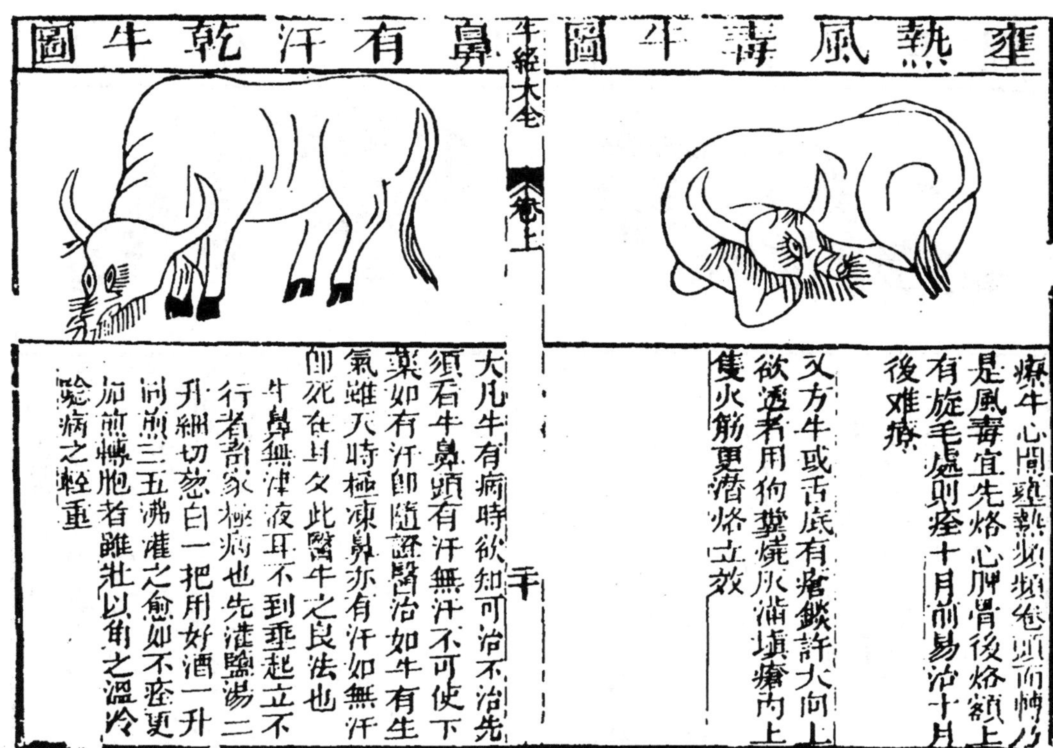

壅熱風毒牛圖

療牛心間壅熱頭頻卷頭而轉乃是風毒宜先烙心胛骨後烙額上有旋毛處則痊十月前易治十月後难療

又方牛或舌底有瘡鐵許大向上欲透者用狗糞燒灰淄填瘡内上隻火筋更潛烙立效

鼻有汗乾牛圖

大凡牛有病時欲知可治不治先須看牛鼻頭有汗無汗不可使下藥如有汗即隨證醫治如牛有生氣雖天時極凍鼻亦有汗如無汗即死在旦夕此醫牛之良法也

牛鼻無津液耳不到垂起立不行者是家瘟病也先灌鹽湯二升細切葱白一把用好酒一升同煎三五沸灌之愈如不痊更加煎檳榔者雖壯以角之溫冷驗病之輕重

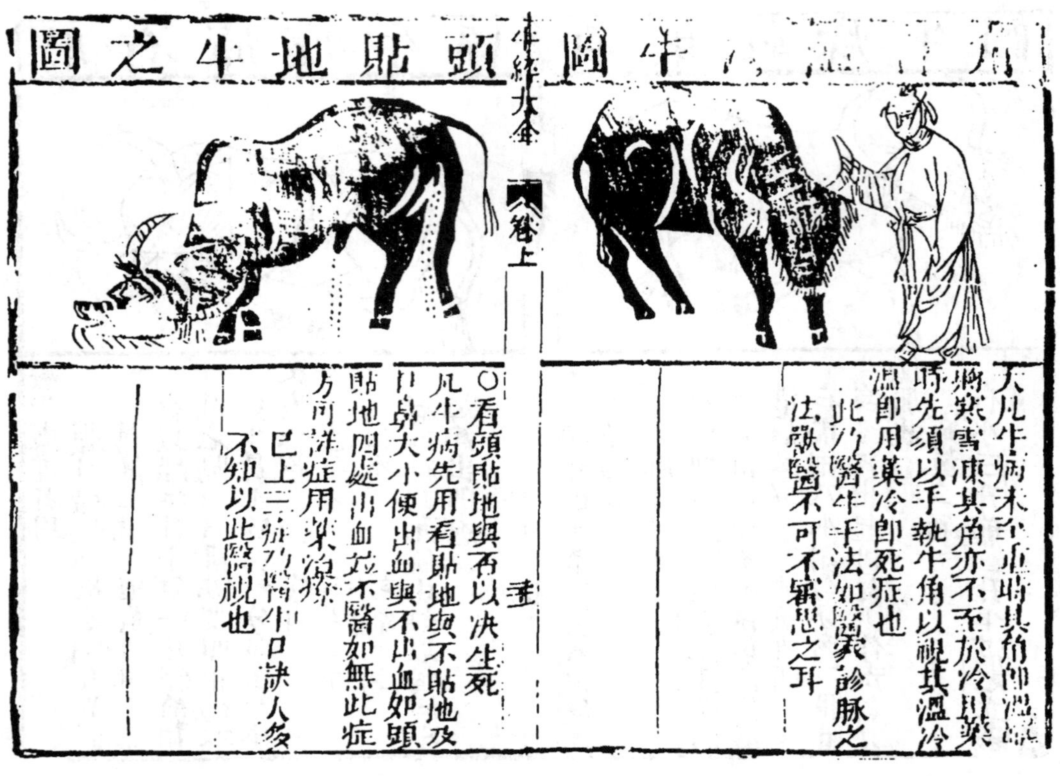

角有溫冷牛圖

大凡牛病未至重時其角即溫將寒雷凍其角亦不至於冷用藥時先須以手執牛角以視其溫冷溫即用藥冷即死症也

此乃醫牛手法如醫家診脈之法獸醫不可不審思之耳

頭貼地牛之圖

〇看頭貼地與否以決生死

凡牛病先用看貼地與不貼地及口鼻大小便出血與不出血如頭貼地四處出血者不醫如無此症方可詳症用藥治療

已上三症乃醫牛口訣人多不知以此醫當視也

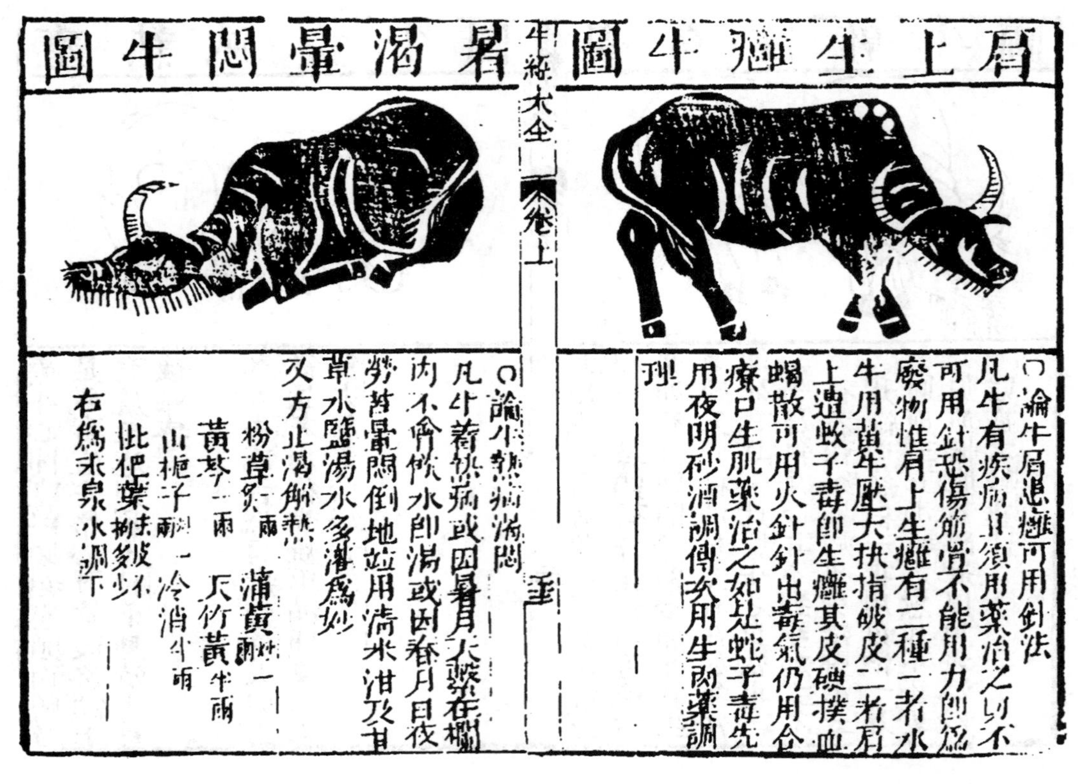

肩上生癰牛圖

〇論牛肩患癰可用針法

凡牛有疾病且須用藥治之切不可用針恐傷筋骨不能用力倒爲廢物惟肩上生癰有二種一者水牛用黃牛壓大執指破皮二者肩上遭蚊子毒即生癰其皮破撲血螞散可用火針針出毒氣仍用合瘡口生肌藥治之如是蛇子毒先用夜明砂酒調傅次用生肉藥調理

暑渴暈悶牛圖

〇論牛熱病渴悶

凡牛著熱病或因暑月大熱在欄內不會飲水即渴或因春月日夜勞苦暈悶倒地並用清米泔及甘草水鹽湯水多灌爲妙

又方止渴解熱

粉草炙一兩　蒲黃炒一兩

黃芩一兩　天竹黃半兩

山梔子炒一兩　冷消半兩

枇杷葉去皮不拘多少

右爲末泉水調下

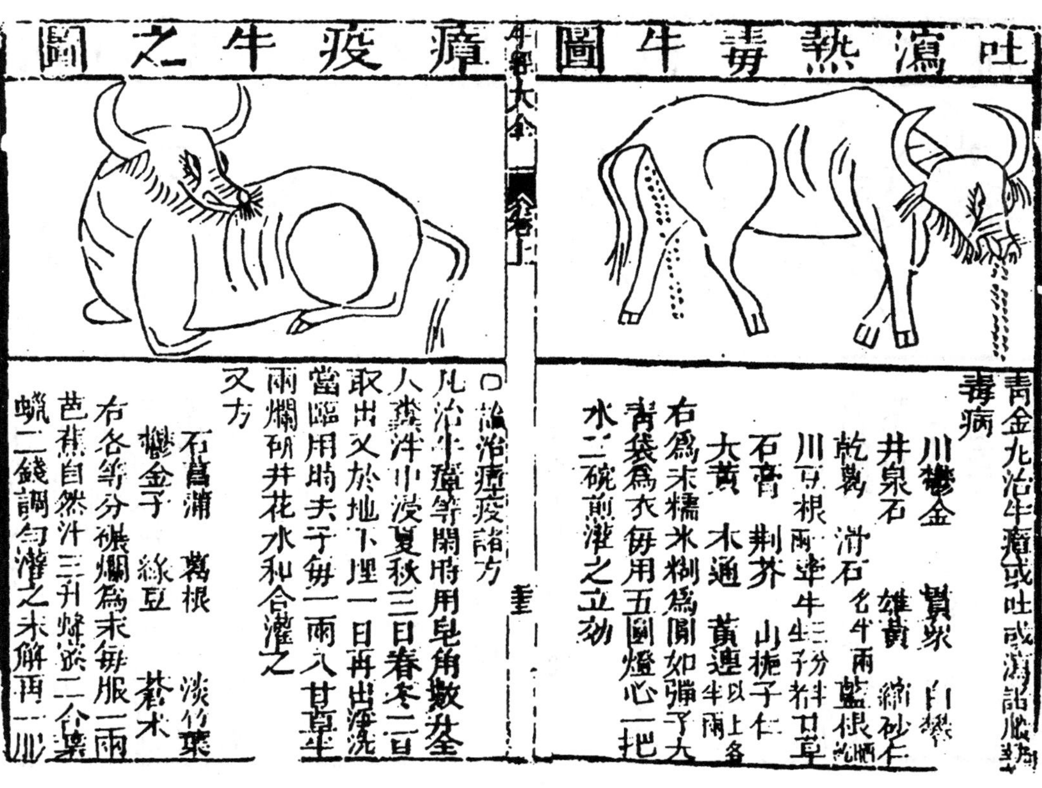

青金丸治牛瘴或吐或瀉諸般熱毒病

川鬱金　貫衆　白礬
井泉石　雄黃　縮砂仁
乾葛　滑石名牛兩　藍根酒洗
川豆根兩半　牛蒡子三分炒　甘草
石膏　荊芥　山梔子仁
大黃　木通　黃連以上各半兩

右為末糯米糊為圓如彈子大青袋為衣每用五圓燈心一把水二碗煎灌之立効

〇論治瘴疫諸方

凡治牛瘴等關將用皂角數莖入糞汁中浸夏秋三日春冬二百取出又於地下埋一日再出深洗當臨用時去干每一兩入甘草半兩爛研井花水和合灌之

又方

石菖蒲　葛根　淡竹葉
鬱金子　綠豆　蒼术

右各等分碾爛為末每服一兩芭蕉自然汁三升煉蜜二合蜂蠟二錢調勻灌之未解再一服

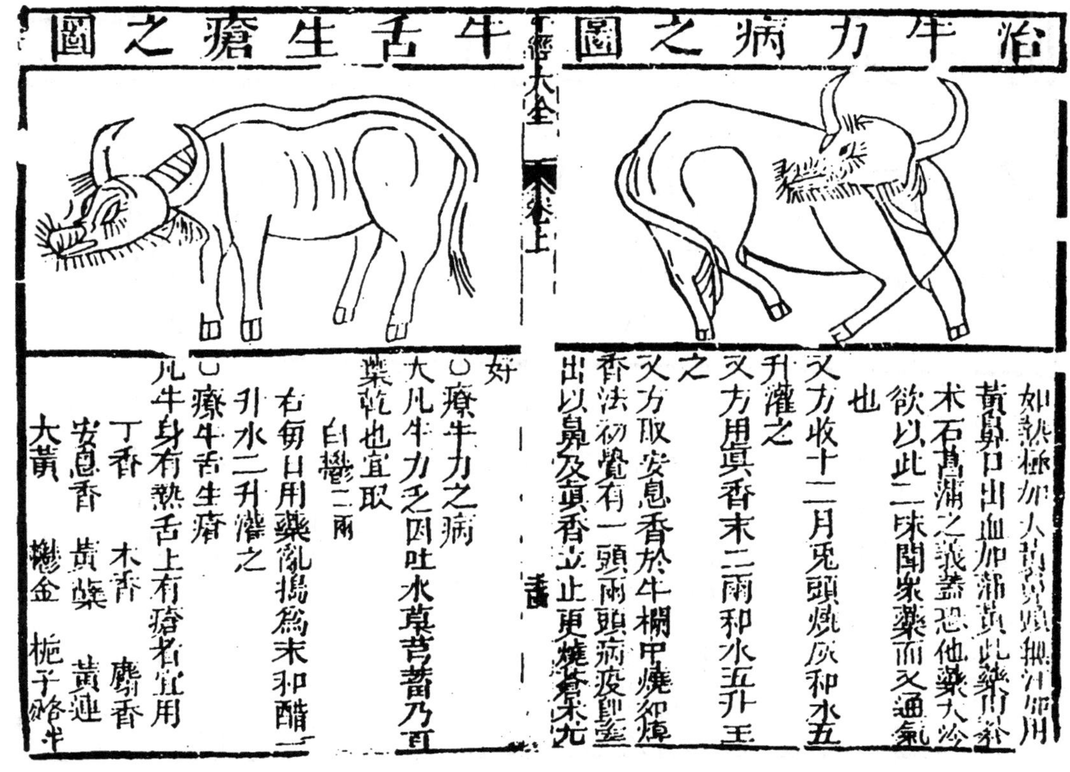

如熱極加大黃[illegible]擣汁和用黃鼻口出血加蒲黃此藥用蒼术石菖蒲之義蓋恐他藥大冷欲以此二味開泉藥而又通氣也

又方收十二月兎頭燒灰和水五升灌之

又方用真香末二兩和水五升王之

又方取安息香於牛欄中燒卻瘟香法初覺有一頭兩頭病疫即鑿出以鼻及真香立止更燒蒼术尤好

〇療牛力之病

大凡牛力乏因吐水草苦蓄乃百藥乾也宜取

白鬱二兩

右每日用藥亂搗為末和醋一升水二升灌之

〇療牛舌生瘡

凡牛身有熱舌上有瘡者宜用

丁香　木香　麝香
安息香　黃蘗　黃連
大黃　鬱金　梔子各半

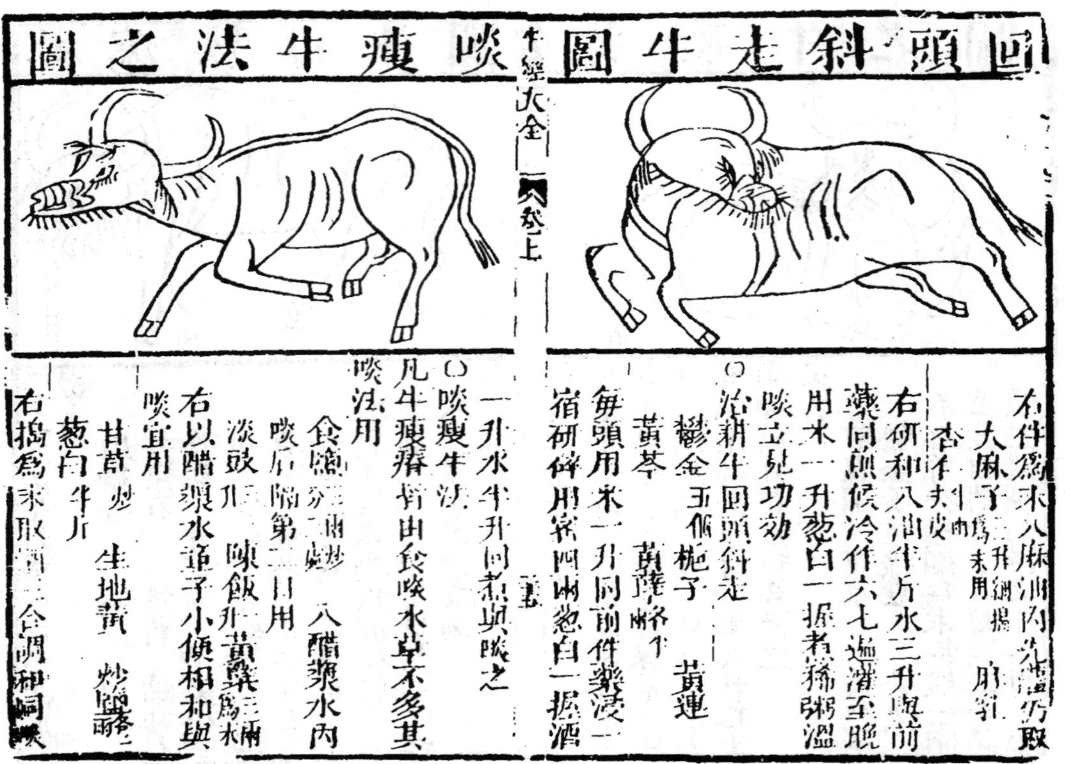

牛經大全　卷上

回頭斜走牛圖

右件爲末入麻油內先灌方取

大麻子二升細擣爲末用　[illegible]

杏仁一斤去皮

右研和入油半斤水三升與前藥同煎候冷作六七遍灌至晚用米一升葱白一握煮稀粥溫啖立見功効

○治耕牛回頭斜走

鬱金五個　梔子　黃連

黃芩　葶藶各半兩

每頭用米一升同前件藥浸一宿研碎用將四兩葱白一握酒

啖瘦牛法之圖

一升水半升同煮粥與啖之

○啖瘦牛法

凡牛瘦瘠皆由食啖水草不多其啖法用

食鹽三兩炒　八醋漿水內

啖后隔第二日用

淡豉三升　陳飯一升　黃蘗三兩爲末

右以醋漿水並子小便相和與啖宜用

甘草炒　生地黃　炒鹽各二兩

葱白半斤

右搗爲末取酒二合調和同灌

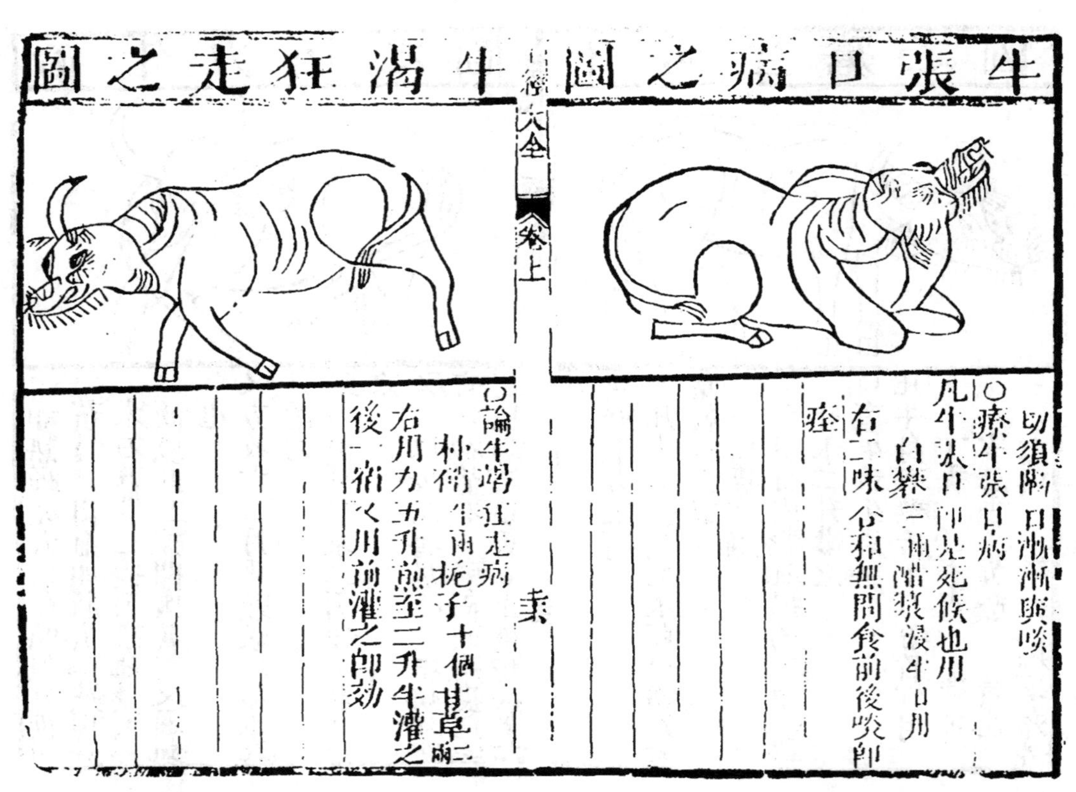

牛經大全　卷上

牛張口病之圖

切須斷口灌淋與啖

○療牛張口病

凡牛張口即是死候也用

白礬二兩　醋漿浸半日用

右二味合和無問食前後啖即痊

牛渴狂走之圖

○論牛渴狂走病

朴硝半兩　梔子十個　甘草二兩

右用水五升煎至二升牛灌之後一宿又用前灌之即効

○專治四時牛瘡加減十三方
第一方或冷或熱者進此春月瘡急宜用地龍散寒熱皆可用
蒼术三錢　川芎三錢　川烏二錢炮　草烏二錢半用
當歸一錢　甘草一錢　藿香一錢　地龍一條
白茯苓二錢　白术二錢　薄荷半錢　荆芥半錢
大黄一錢　山梔半錢　陳皮半錢　青皮五分
香附子五分　麻黄一錢　紫蘇五分　芍藥五分
羗活二兩　滑石一錢　姜蚕二錢炒　黄芩一錢五分
右爲細末水煎灌更加川鬱金少許尤好
第二方純冷及涎多者或微熱交耳倒尾不動者急進此劑兩耳不動不可治
川附子一兩用冷水浸半日要濕開各一蓋入炮內用炭火煨少時取出令焙乾爲末入穴八

雄黄一兩　梅花腦少許別研
右爲末酒一升半温暖調灌之
第三方止瀉
好紅椒一兩　胡椒五錢　山藥五錢　生地黄不拘多少
蚯蚓
右爲末入麝香少許用白米冇粥調藥灌下
第四方進食療吐倒草急宜用之
木通三兩　山梔一錢　晚蚕沙二兩　青皮二錢
山藥一錢　陳皮二錢　瓜蔞根五錢　香附子
南星各一錢　蒼术一兩
右焙乾爲末用酒灌下
第五方止涎理瀉
生硫黄　天南星二兩
右爲末用汲井水調灌如煎爲加半夏車前子二味炒姜水米泔夏用車錢子秋用泉水冬用醋荷冰水調灌下
第六方進食亦專治夏瘴
丁皮　陳皮　白茯苓　製朴　藿香
蒼术　肉桂去皮　人參　檳榔
右爲末用烏梅七個煎湯調灌之立痊
第七方治牛遍身皮戰
白藥煎　蒼术　荆芥　白姜蚕　晚蚕沙
大黄　滑石　半夏姜汁
右爲末用蜀葵根煎湯調灌下一方用毛桃汁二碗麻油一兩灌下治夏瘴進食
第八方專治結草通可治不通難治

大黄　滑石
右爲末用蜀葵根煎湯調灌下
第九方進食
半夏　雄黄　蒼术　滑石　南星
朱砂　茯苓　桂皮　香附子
右爲末用酒三升煎灌如見口內生瘡爛去桂皮香附子二
味加荆芥朴消青黛黄連水調灌下
第十方初乃瘴宜用
蒼术五分　辰砂五錢　好茶末二兩
右爲末用銅錢一串浸泉水調灌之
第十一方
白芍藥　藿香　半夏　蒼术　製朴　甘草　白姜蚕

右爲蔻散水煎灌之

第十二方治重舌重舌退者始治

山豆根　貫衆　硼砂　滑石　寒水石　麝香

海螵蛸　白茯苓

右爲末芭蕉自然汁調抹口瘡

第十三方專治牛青瘴

香附子炒　陳皮　甘草　山梔子　南星　肉桂

柴胡　大腹皮　檳榔

右爲末用泉水同煎灌之如泄瀉腹脹者更加川當歸一兩

殺胡草果散治泉汀下路瘴

柴胡一兩　烏梅五錢　南木香五錢　檳榔五錢　常山一合

知母五錢　草果五個　細辛三錢

牛經大全　卷上　三九

右爲剉散入鹽少許生地火炮悶香氣取出用好酒大碗煎至牛碗灌之

又方治四時牛瘴

人參輕骨散一貼　五苓散二貼　八正散二貼　蜜糖四兩

洗心散二兩　寒水石四兩　大葉薄荷一把　車前子一把

龍膽薄荷一把

右九味交和爲末用冷泉水調灌立效水牛用水四斗黃牛用水三斗

治牛瘴瀉渦及倒草者喫此藥後五日見水下

青皮　丁香　茯苓　甘草　厚朴　陳皮各一兩

麥糵炒　神曲一兩五錢　半夏　白姜炮　桂心　蒼朮

良姜　藿香　白朮五錢

右爲末用好酒四升煎至三升調灌之

治胎散牛有胎患瘴者先灌此藥後用治瘴藥

白芍藥　地黃　肉桂　荊芥　川芎　當歸

柴胡　防風　人參　茅根　甘草

右爲細末用酒煎灌之

活肺散瘴後宜用

枳殼炒　木香　香附子一炒　甘草炙

右爲末酒調灌之

內補散牛下牛子後補藥

當歸酒浸　川續斷酒浸　牡丹皮　蒼朮　赤芍藥　五加皮

白芍藥　蒲黃五錢　烏豆一合炒

右爲末溫酒調下

□治四時膽瘟

牛經大全　卷上　四十

朱砂　乳香　章腦　麝香　朴硝　山梔子

胡黃連　菊花　荊芥　滑石　羌活　獨活

防風　川芎　甘草

右爲末臨時別前胡五味入藥內分作四味薄荷水調灌之

□治雜病諸方

解牛毒

菉豆粉十兩　眞鉛粉　泥礬五兩

右爲細末冷水調灌之

又方

川鬱金　青黛　川朴硝五兩

右爲末水調灌之

治牛口生瘡

南星　朴硝　黃栢皮　鬱金　雄黃　消石
寒水石　生豆
右爲細末蜜水調刷口內
又方
滑石　川消　青黛　白礬　黃栢皮　山豆根寒者炒
右爲細末用漿調扶
治喉熱口內生瘡及眼赤
川鬱金　滑石各一兩　甘草五錢
右爲細末麥門冬飲調灌之立好
治兩眼生屎
銅青　滑石　黃連　杏仁　青皮　蒺藜炒
右爲細末薄荷水調洗兩服即効

治兩眼赤濁
防風　荆芥　滑石　黃連　山梔子　黃菊花
右爲細末用白湯洗後薄荷葉插水調灌下
治兩眼青濁
黃栢皮　黃連　羌活　當歸
右爲細末白湯點洗
治瀉血
桑白皮　蜀葵根　生葛
右[illegible]擣取汁一升灌下
治[illegible]血
川當歸　紅花
右爲細末以酒二升半煎取二升候冷灌下

治[illegible]
[illegible]白皮二兩
右以水煮極滑熟取三升灌又以豉汁調食鹽灌亦効
治生風
生土當歸
右搗[illegible]醋一宿塗之愈　又胡麻油調塗亦可
治沙疥
蕎麥隨多少燒灰
右以灰淋汁入綠礬一合和塗即愈
治肩爛
舊綿絮二兩燒灰
右以[illegible]水五日愈

治糞門爛瘡
雞卵殼炒　茄葉　布瓜葉
右爲細末膩粉麻油調
又方
明礬　雄黃　黃連　連翹　穿山甲
右爲細末以黃丹輕粉和丸先用鹽湯洗患處却以藥末[illegible]
抹瘡上即痊
入山採藥宜用天倉地倉開日除日正月初三二月廿五三月
廿四月廿六五月廿[illegible]六月初六七月初二八月廿三九月廿一十月廿六
十一月十十二月廿[illegible]此即天倉開日採藥靈驗正月子二月丑三月寅四
月卯五月辰六月巳七月午八月未九月申十月酉十一
月戌十二月亥此即是天開地閉[illegible]

[illegible]傷水黃牛經合併大全下卷目錄

直隸廬州府六安州醫獸喻本元亨　傳方

○詩曰

戰馬耕牛總一般　陰陽氣運有多端　五行交宮分逆順
標本虛實用心觀　陽病須當陰藥治　陰病依方陽藥痊
有患便求高士療　失悞之時救活難

○黃牛經病症目錄

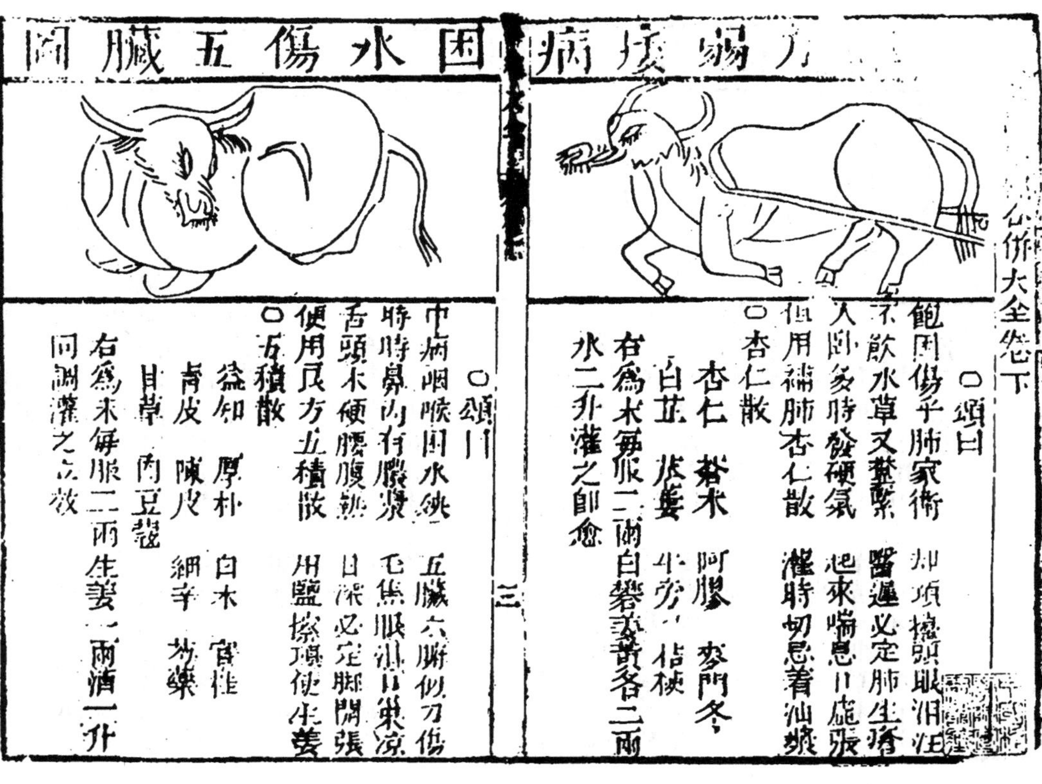

方弱疾病

牛經大全卷下

○頌曰
飽困傷乎肺家衛　抑頃搖頭眼泪注
不飲水草又難緊　醫遲必定肺生瘡
人卧多時發硬氣　起來喘息口虛張
但用補肺杏仁散　灌時切忌着油漿

○杏仁散
杏仁　蒼术　阿膠　麥門冬
白芷　栝蔞　牛蒡子　桔梗
右爲末每服二兩白礬蒸黃各二兩
水二升灌之即愈

三

困水傷五臟圖

○頌曰
中病咽喉因水缺　五臟六腑似刀傷
時時鼻内有膿漿　毛焦眼小口鼻涼
舌頭不硬腰腹熱　日深必定脚開張
便用良方五積散　用鹽擦項使生薑

○五積散
益知　厚朴　白术　官桂
青皮　陳皮　細辛　芍藥
甘草　肉豆蔻
右爲末每服二兩生薑一兩酒一升
同調灌之立效

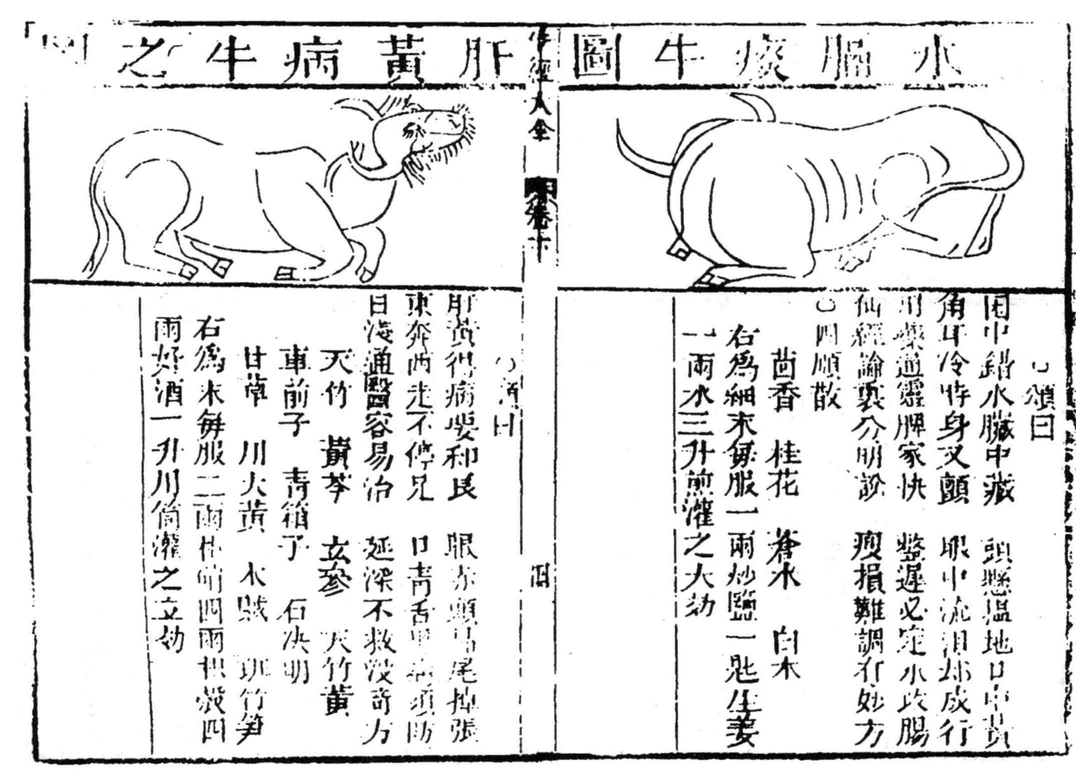

水臟疾牛圖

牛經大全卷下

○頌曰
困中錯水臟中藏　頭懸搵地口中黃
角耳冷時身又顫　眼中流泪亦成行
用藥遲遲脾家快　醫遲必定水攻腸
仙經論裏分明說　瘦損難調有妙方

○四順散
茴香　桂花　蒼术　白术
右爲細末每服一兩炒鹽一匙生薑
一兩水三升煎灌之大効

四

肝黃病牛之圖

○頌曰
肝黃得病要和良　眼赤頭垂尾掉張
東奔西走不停足　口青舌黑須防
日後通醫容易治　延深不救没奇方
天竹　黃芩　玄參　天竹黃
車前子　青葙子　石决明
甘草　川大黃　木賊　班竹笋
右爲末每服二兩竹葉四兩枳殼四
兩好酒一升川芎灌之立效

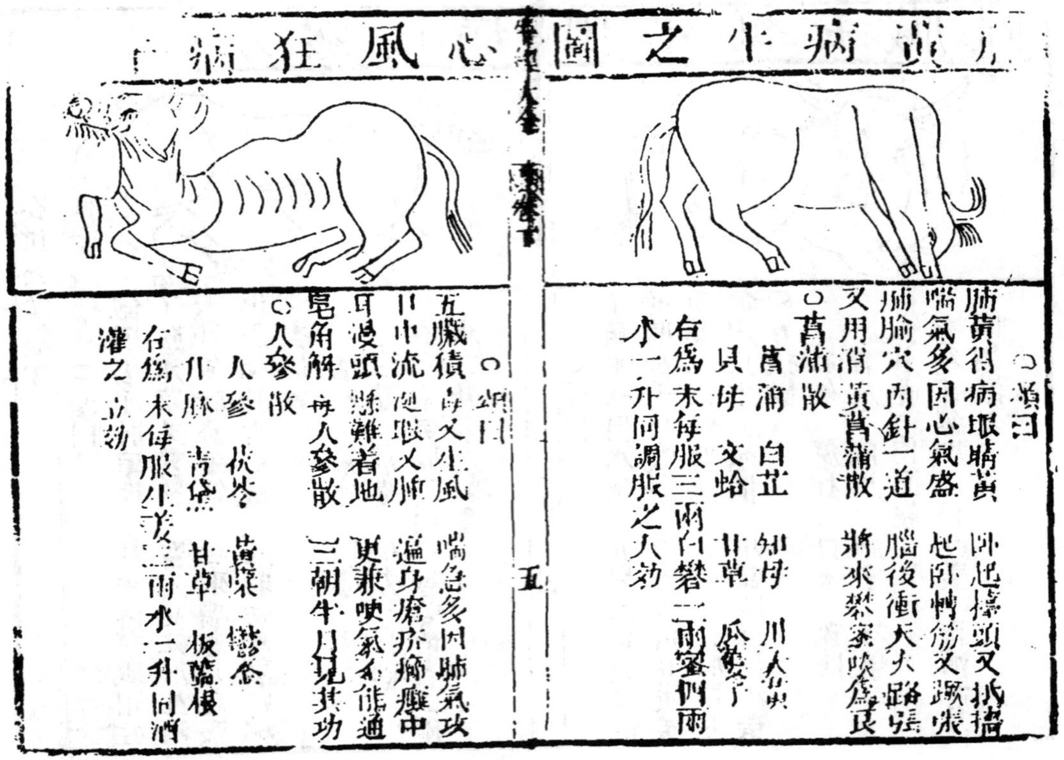

肺黃病牛之圖

○頌曰

肺黃得病眼睛黃　叫起擡頭又抵搐
喘氣多因心氣盛　起臥轉筋又蹶張
肺腧穴內針一道　腦後衝天大路强
又用消黃菖蒲散　將來蔡家喚為良

○菖蒲散

菖蒲　白芷　知母　川大黃
貝母　文蛤　甘草　瓜蔞子

右為末每服三兩白礬一兩蜜四兩水一升同調服之大效

心風狂病

○頌曰

五臟積熱又生風　喘急多因肺氣攻
口中流涎眼又腫　遍身瘡疥癬癧中
耳慢頭低難着地　更兼喉氣不能通
皂角解毒人參散　三朝牛目見其功

○人參散

人參　茯苓　黃藥　鬱金
升麻　青黛　甘草　板藍根

右為末每服小半三兩水一升同酒灌之立效

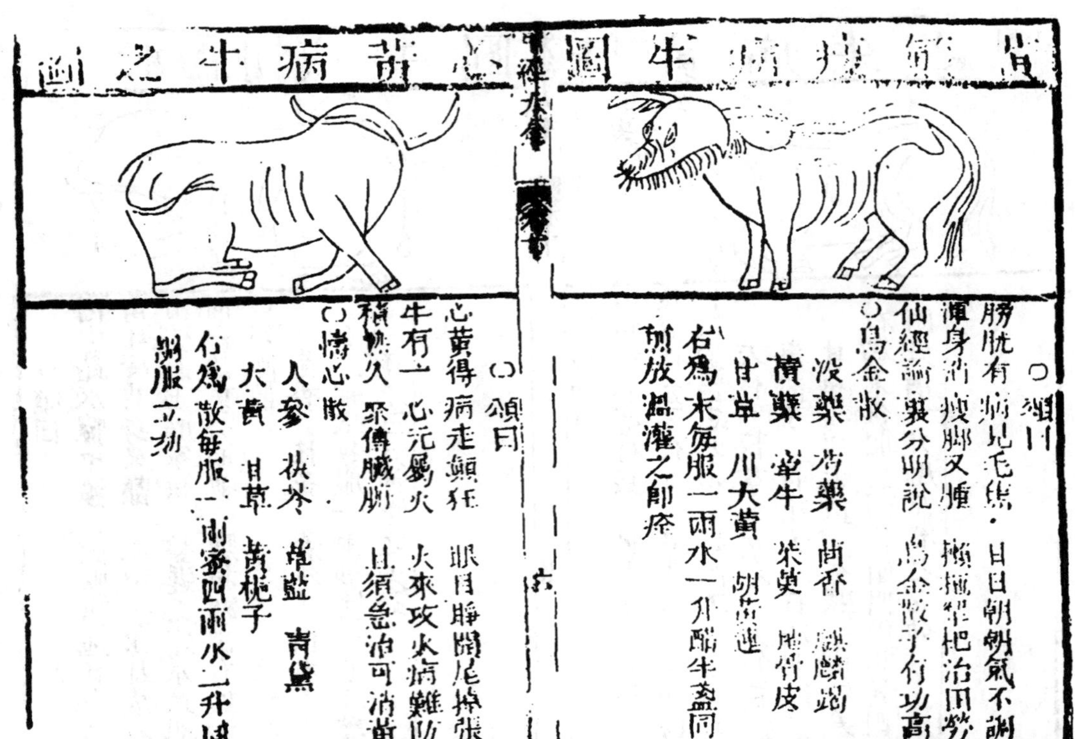

膀胱[illegible]病牛圖

○頌曰

膀胱有病見毛焦　日日朝朝氣不調
渾身消瘦脚又腫　擬擬牢把治因勞
仙經論裏分明說　烏金散子有功高

○烏金散

沒藥　芍藥　茴香　胡蘆
檳榔　牽牛　茱萸　地骨皮
甘草　川大黃　胡黃連

右為末每服一兩水一升醋半盞同煎放溫灌之即痊

心黃病牛之圖

○頌曰

心黃得病走顛狂　眼目睜開尾擺張
牛有一心元屬火　火來攻火病難防
積熱久來傳臟腑　且須急治可消黃

○清心散

人參　茯苓　[illegible]藍　青黛
大黃　甘草　黃梔子

右為散每服二兩蜜四兩水二升同調服立效

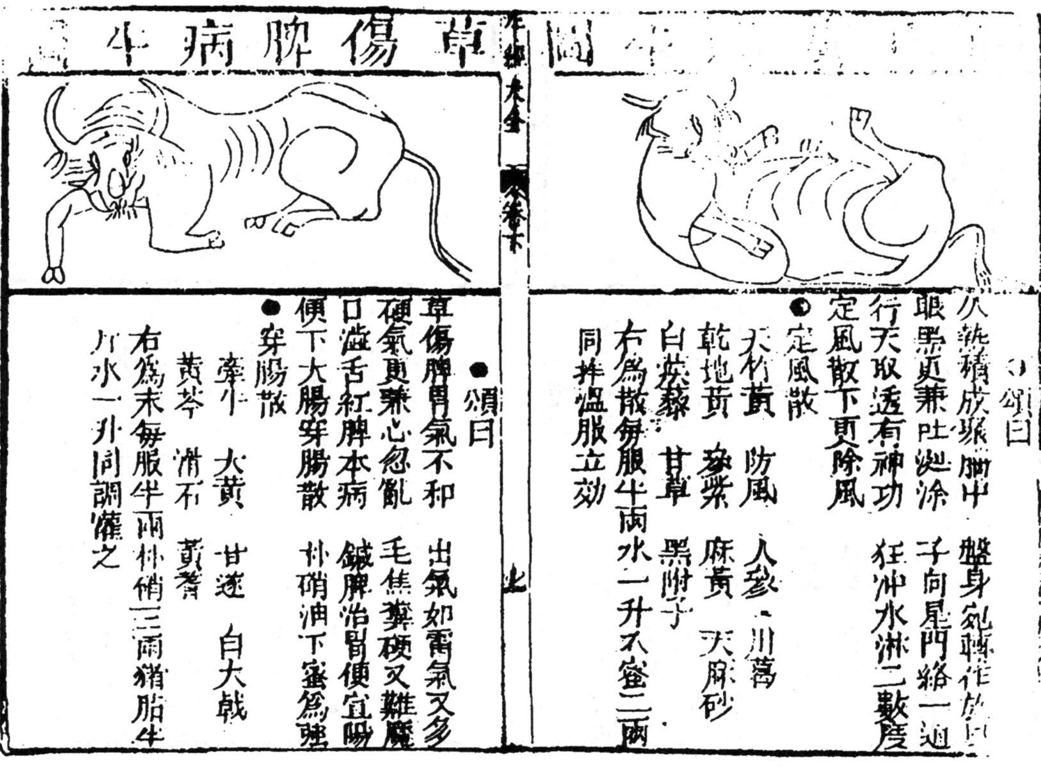

●頌曰

久熱積成塊腑中　盤身臥轉作[illegible]
眼黑更兼吐泄涂　子向尾門絡一遍
行天取透有神功　狂冲水淋二數度
定風散下更除風

●定風散

天竹黃　防風　人參　川芎
乾地黃　參紫　麻黃　天麻砂
白蒺藜　甘草　黑附子
右為散每服半兩水一升不蜜二兩
同拌溫服立効

●頌曰

草傷脾胃氣不和　出氣如喘氣又多
硬氣更兼心忽亂　毛焦糞硬又難屙
口澁舌紅脾本病　鍼脾治胃便宜腸
便下大腸穿腸散　朴硝油下蜜為强

●穿腸散

牽牛　大黃　甘遂　白大戟
黃芩　滑石　葶藶
右為末每服半兩朴硝三兩豬脂半
斤水一升同調灌之

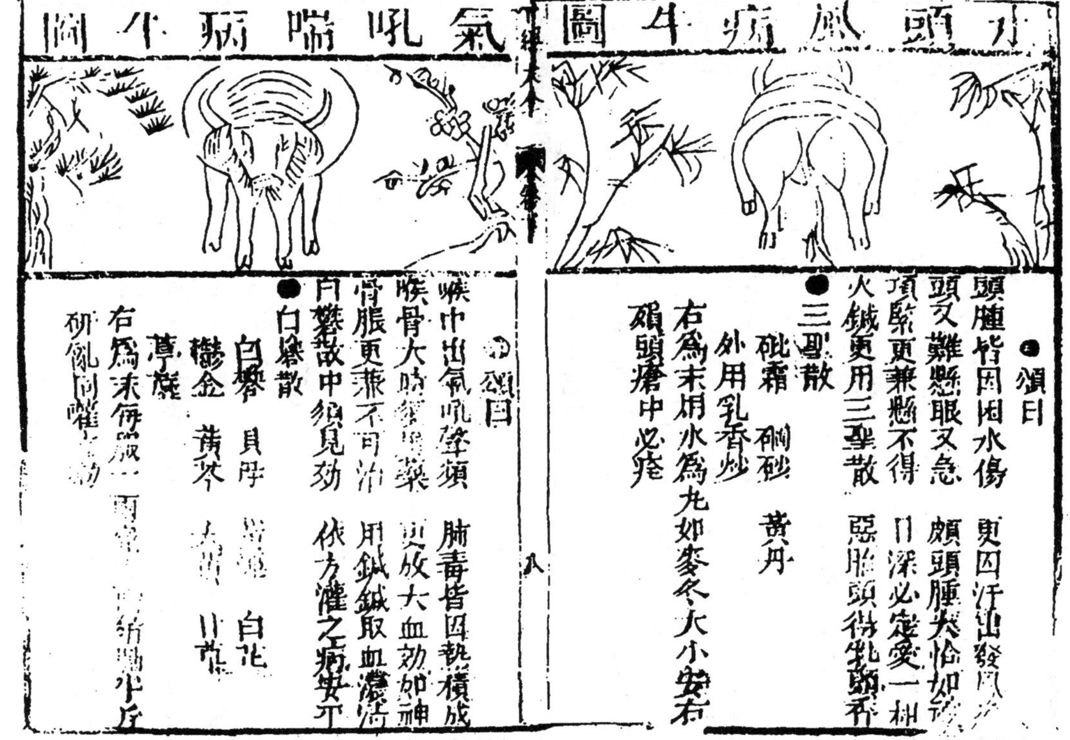

●頌曰

頭腫皆因因水傷　更因汗出發風[illegible]
頭又難懸眼又急　額頭腫大恰如[illegible]
項緊更兼懸不得　口深必定變一[illegible]
火鍼更用三聖散　惡脂頭得乳頭香

●三聖散

砒霜　硇砂　黃丹
外用乳香炒
右為末用水為丸如麥冬大小安右
瘡頭瘡中必痊

●頌曰

喉中出氣吼聲頻　肺毒皆因熱積成
喉骨大時[illegible]藥　更放大血効如神
骨脹更兼不可治　用鍼鍼取血濃清
白礬散中須見効　依方灌之病安寧

●白礬散

白礬　貝母　[illegible]　白芷
鬱金　黃芩　[illegible]　川芎
葶藶
右為末每服一兩[illegible]水[illegible]斤
研亂同灌[illegible]効

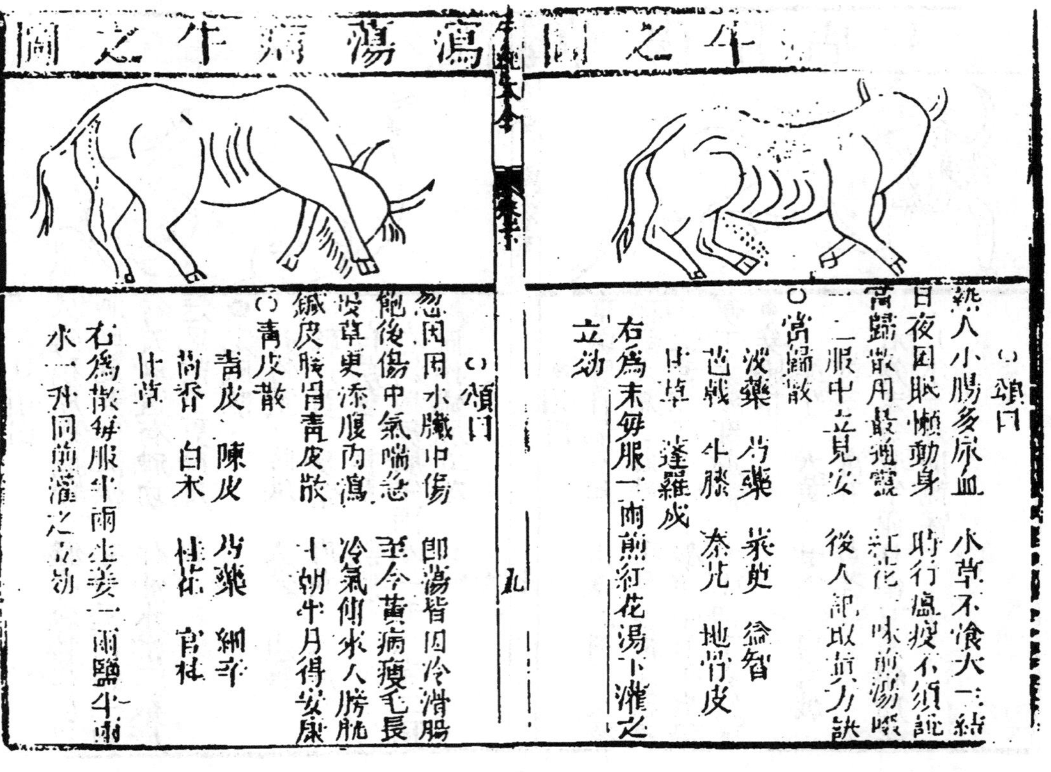

□□牛之圖

○頌曰

熱入小腸多尿血　水草不飡大三結
日夜因眠懶動身　時行瘟疫不須疑
當歸散用最通靈　紅花一味煎湯喫
一二服中立見安　後人記取真方訣

○當歸散

沒藥　芍藥　菟絲　益智
芭戟　牛膝　茶光　地骨皮
甘草　蓬羅戍

右爲末每服一兩煎紅花湯下灌之立効

瀉腸病牛之圖

○頌曰

忽因冷水臟中傷　即瀉皆因冷滑腸
飽後傷中氣喘急　至今黃病瘦毛長
投草更添腹內瀉　冷氣併水入膀胱
鍼皮脈骨青皮散　十朝半月得安康

○青皮散

青皮　陳皮　芍藥　細辛
茴香　白朮　桂花　官桂
甘草

右爲散每服半兩生薑一兩鹽半兩水一升同煎灌之立効

九

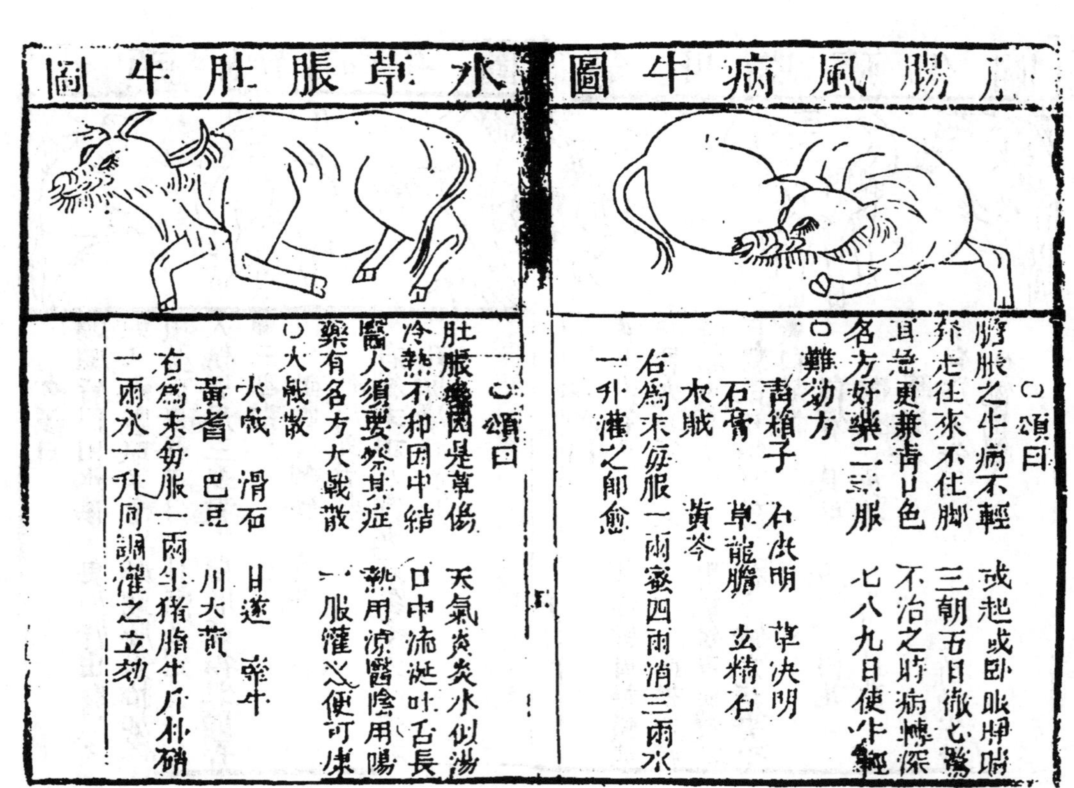

□腸風病牛圖

○頌曰

腸脹之牛病不輕　或起或卧眼脾喘
奔走往來不住脚　三朝五日徹心驚
耳急更兼青口色　不治之時病轉深
名方好藥二三服　七八九日使牛輕

○難効方

青葙子　石決明　草決明
石膏　草龍膽　玄精石
木賊　黃芩

右爲末每服一兩蜜四兩消三兩水一升灌之即愈

水草脹肚牛圖

○頌曰

肚脹蓋因是草傷　天氣炎炎水似湯
冷熱不和因中結　口中流涎吐舌長
醫人須要察其症　熱用涼醫陰用陽
藥有名方大戟散　一服灌之便可康

○大戟散

大戟　滑石　甘遂　牽牛
黃耆　巴豆　川大黃

右爲末每服一兩牛猪脂半斤朴硝一兩水一升同調灌之立効

十

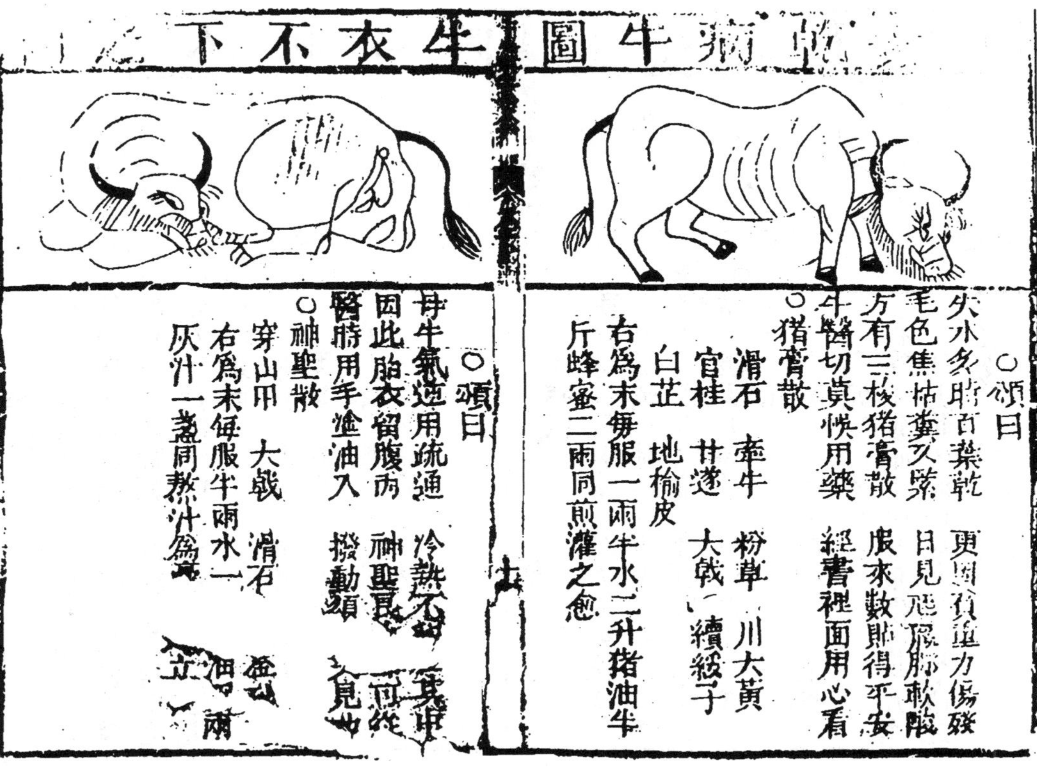

乾病牛圖

○頌曰

夾水多時百藥乾　更因負重力傷發

毛色焦枯糞又緊　日見尫羸腳軟酸

方有三般猪膏散　服來數貼得平安

牛醫切莫慢用藥　經書裡面用心看

○猪膏散

滑石　牽牛　粉草　川大黃

官桂　甘遂　大戟　續綏子

白芷　地榆皮

右爲末每服一兩半水二升猪油半斤蜂蜜二兩同煎灌之愈

牛衣不下之圖

○頌曰

母牛氣逆用疏通　冷熱不[illegible][illegible]

因此胞衣留腹内　神聖散[illegible]可從

醫時用手塗油入　撥動頭[illegible]見功

○神聖散

穿山甲　大戟　滑石　蚕[illegible]

右爲末每服半兩水一[illegible][illegible]

灰汁一盞同熬汁爲[illegible][illegible]

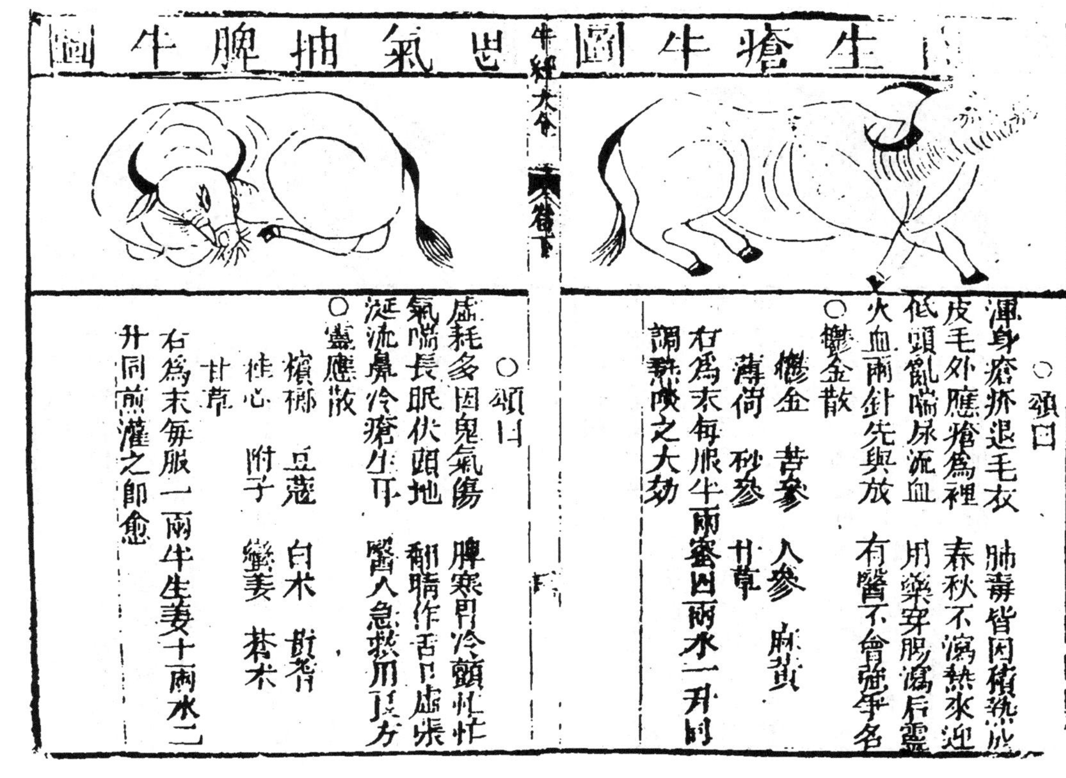

生瘡牛圖

○頌曰

渾身瘡疥退毛衣　肺毒皆因積熱成

皮毛外應瘡爲裡　春秋不瀉熱來迎

低頭亂喘尿流血　用藥穿腸瀉后靈

火血兩針先與放　有醫不會强爭名

○鬱金散

鬱金　苦參　人參　麻黃

薄荷　砂參　甘草

右爲末每服半兩蜜四兩水一升同調熟喂之大効

出氣抽脾牛圖

○頌曰

虛耗多因鬼氣傷　脾寒胃冷顫忙忙

氣喘長眠伏頭地　翻睛作舌口虛張

涎流鼻冷瘡生下　醫人急救用良方

○靈應散

檳榔　豆蔻　白术　茴香

桂心　附子　乾姜　蒼术

甘草

右爲末每服一兩半生姜十兩水二升同煎灌之即愈

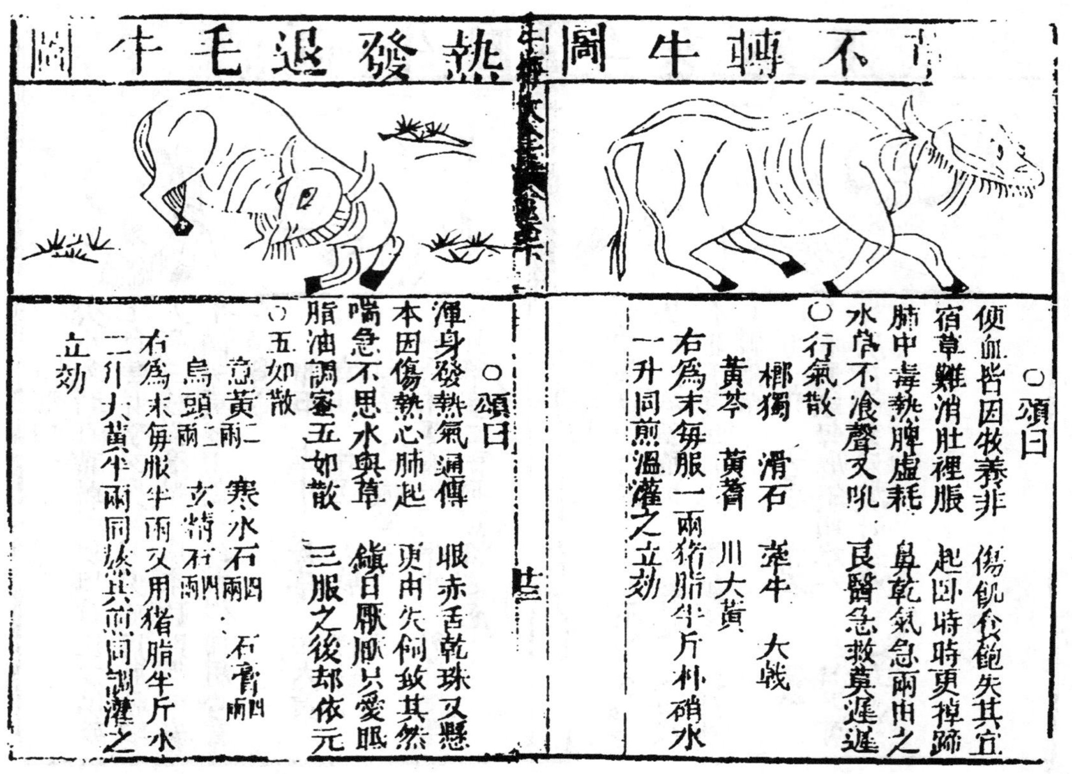

[illegible]不轉牛圖

○頌曰
便血皆因牧養非　傷飢食飽失其宜
宿草難消肚裡脹　起卧時時更掉蹄
肺中毒熱脾虛耗　鼻乾氣急兩由之
水草不飡聲又吼　良醫急救莫遲遲

○行氣散
椰獨　滑石　牽牛　大戟
黃芩　黃耆　川大黃
右為末每服一兩豬脂半斤朴硝水一升同煎溫灌之立効

熱發退毛牛圖

○頌曰
渾身發熱氣涌傳　眼赤舌乾珠又懸
本因傷熱心肺起　更由失飼致其然
喘急不思水與草　鎮日厭厭只愛眠
脂油調蜜五如散　三服之後却依元

○五如散
意黃二兩　寒水石四兩　石膏四兩
烏頭二兩　玄精石四兩
右為末每服半兩又用豬脂半斤水二升大黃半兩同熬共煎同調灌之立効

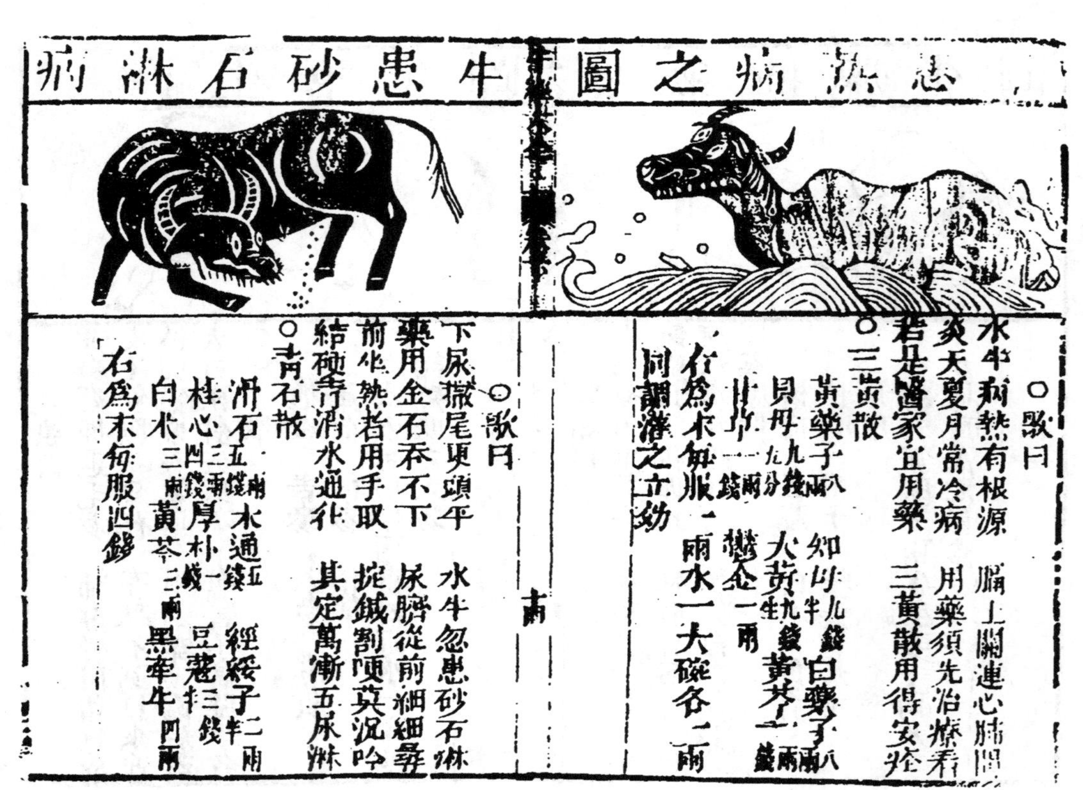

[illegible]患熱病之圖

○歌曰
水牛痢熱有根源　膈上關連心肺間
炎天夏月常冷病　用藥須先治療看
若是醫家宜用藥　三黃散用得安痊

○三黃散
黃藥子八兩　知母半九錢　白藥子八兩
貝母九分九錢　大黃生九錢　黃芩一兩二錢
甘草一兩一錢　鬱金一兩
右為末每服一兩水一大碗各一兩同調灌之立効

牛患砂石淋病

○歌曰
下尿擺尾更頭平　水牛忽患砂石淋
藥用金石吞不下　尿膀從前細細尋
前作熱者用手取　捉鍼割便莫況吟
結硬行消水通作　其定萬衛五尿淋

○青石散
滑石五兩　木通五錢　經絲子二兩半
桂心三四錢　厚朴一錢　豆蔻三錢
白朮三兩　黃芩三兩　黑牽牛四兩
右為末每服四錢

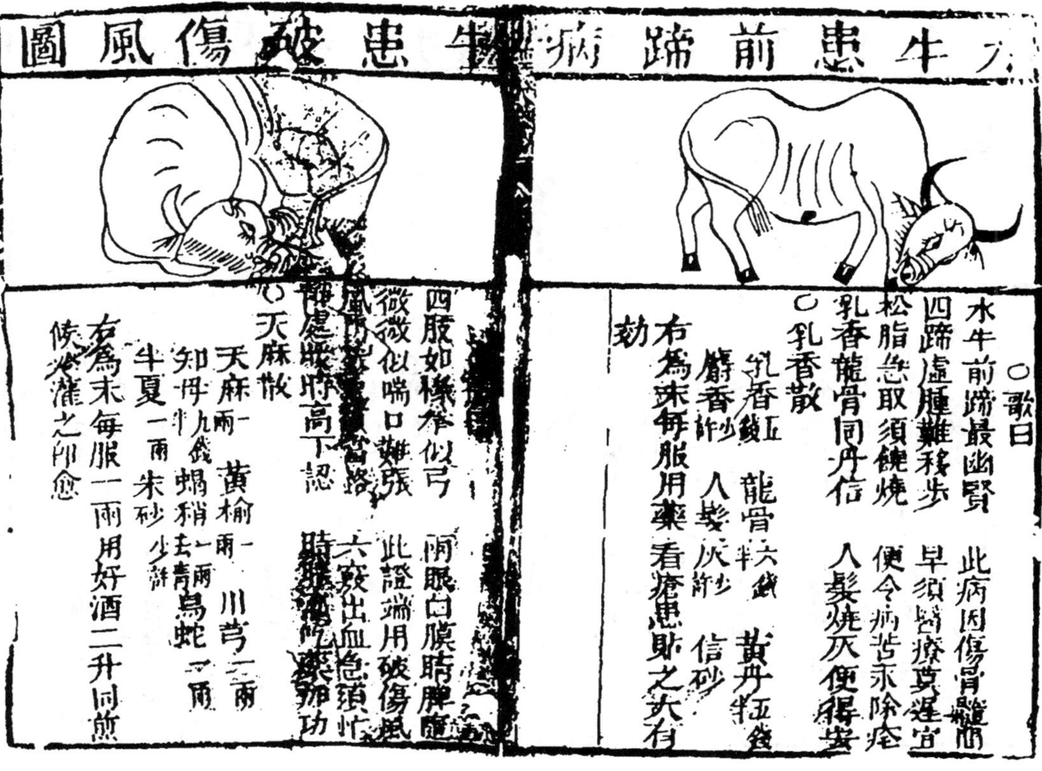

方牛患前蹄病

○歌曰
水牛前蹄最幽賢　此病因傷骨髓間
四蹄虛腫難移步　早須醫療莫遲宜
松脂急取須饒燒　便令病苦永除痊
乳香龍骨同丹信　人髮燒灰便得安

○乳香散
乳香五錢　龍骨半六錢　黃丹半五錢
麝香少許　人髮灰少許　信砂
右為末每服用藥看瘡患貼之大有
効

牛患破傷風圖

四肢如[illegible]身似弓　兩眼白膜睛脾遮
微微似喘口難張　此證端用破傷風
風門[illegible]路　六穴出血急須忙
[illegible]時高下認　時[illegible]吃藥[illegible]功

○天麻散
天麻一兩　黃榆一兩　川芎一二兩
知母半九錢　蝎稍去毒一兩　烏蛇一兩
半夏一兩　朱砂少許
右為末每服一兩用好酒二升同煎
候冷灌之即愈

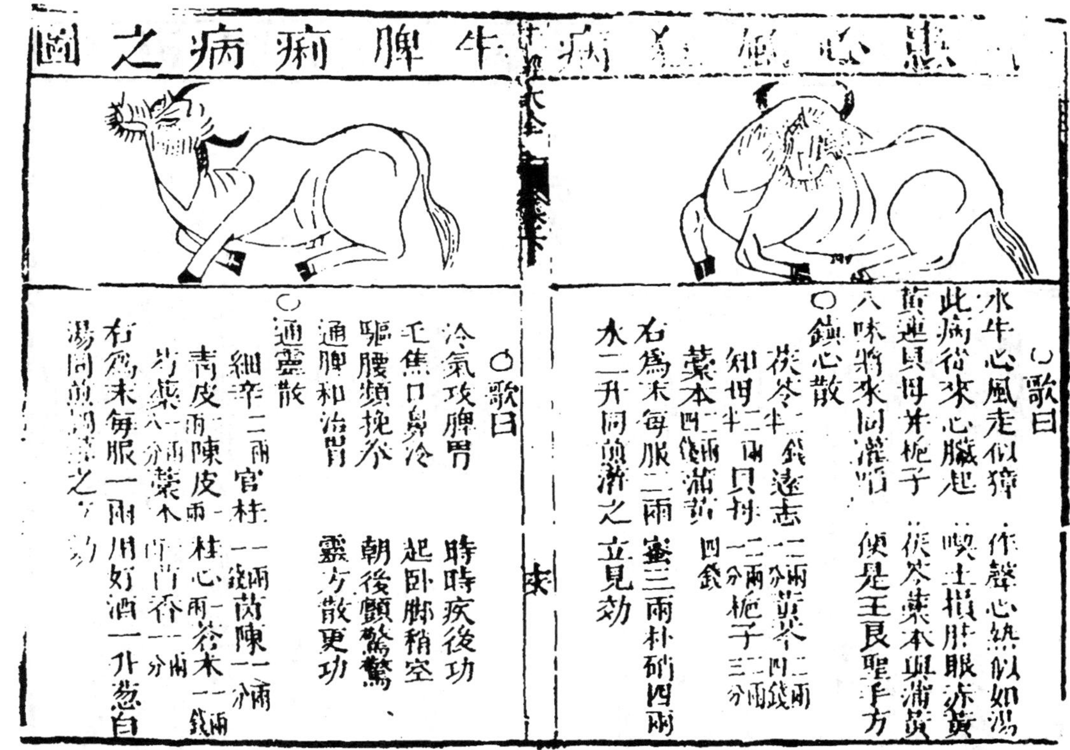

患心風[illegible]病

○歌曰
水牛心風走似獐　作聲心熱似如湯
此病從來心臟起　喫土損肝眼赤黃
黃連貝母并梔子　茯苓藁本與蒲黃
八味將來同灌啗　便是王良聖手方

○鎮心散
茯苓半一二錢　遠志一二兩分　黃芩二兩四錢
知母半二兩　貝母一兩二分　梔子二兩三分
藁本四錢二兩　蒲黃四錢
右為末每服二兩蜜三兩朴硝四兩
水二升同煎濟之立見効

牛脾痢病之圖

○歌曰
冷氣攻脾胃　時時疾後功
三焦口鼻冷　起臥腳稍空
驅腰頻挽膝　朝後頻驚驚
通脾和治胃　靈方散更功

○通靈散
細辛二兩　官桂一兩一錢　茵陳一兩一分
青皮一兩　陳皮一兩　桂心一兩　蒼朮一兩二錢
白芷八分一兩　藁本[illegible]　茴香一兩一分
右為末每服一兩用好酒一升葱白
湯同煎調灌之[illegible]効

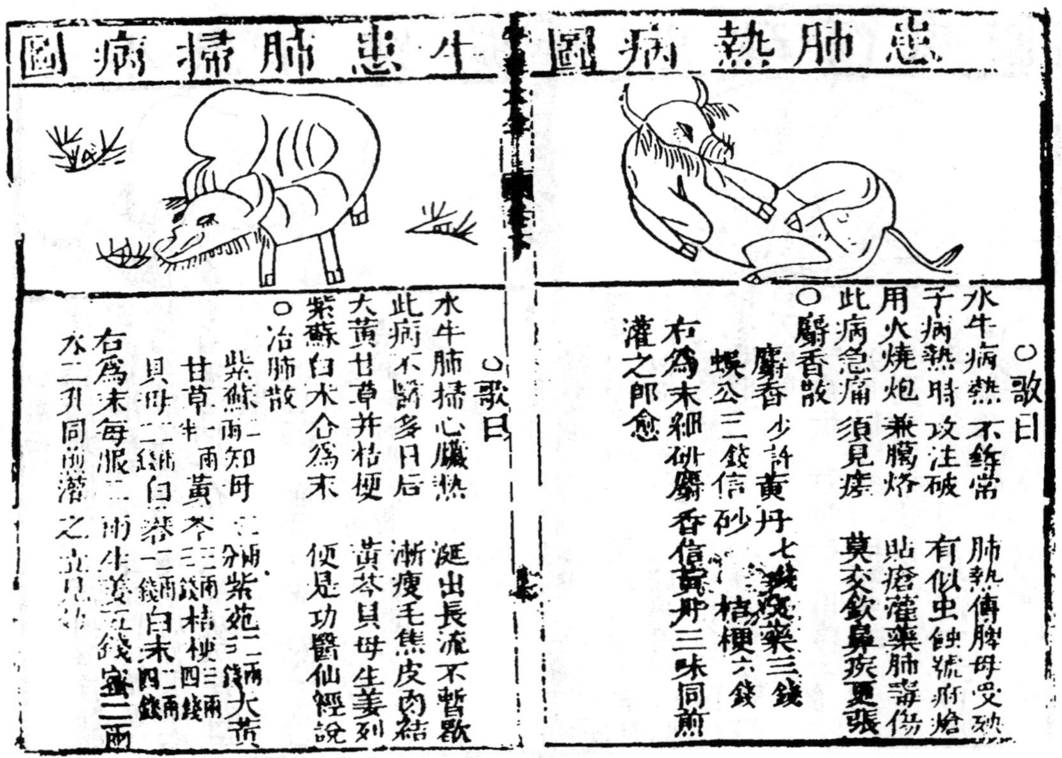

患肺熱病圖

○歌曰

水牛病熱不尋常　肺熱傳脾母受殃
子病熱時攻注破　有似虫蝕號肺瘡
用火燒炮兼膈烙　貼瘡灌藥肺毒傷
此病急痛須見瘥　莫交飲鼻疾更張

○麝香散

麝香少許　黄丹七錢　没藥三錢
蜈公三錢　信砂　桔梗六錢
右爲末細研麝香信黄丹三味同煎
灌之即愈

牛患肺掃病圖

○歌曰

水牛肺掃心臟熱　涎出長流不暫歇
此病不醫多日后　漸瘦毛焦皮肉結
大黄甘草并桔梗　黄芩貝母生姜列
紫蘇白术合爲末　便是功醫仙經說

○治肺散

紫蘇一兩二　知母一兩三分　紫菀二兩三錢　大黄
甘草一兩半　黄芩三兩三錢　桔梗三兩四錢
貝母二兩二錢　白苓二兩一錢　白术二兩四錢
右爲末每服二兩生姜五錢蜜二兩
水二升同煎灌之立見效

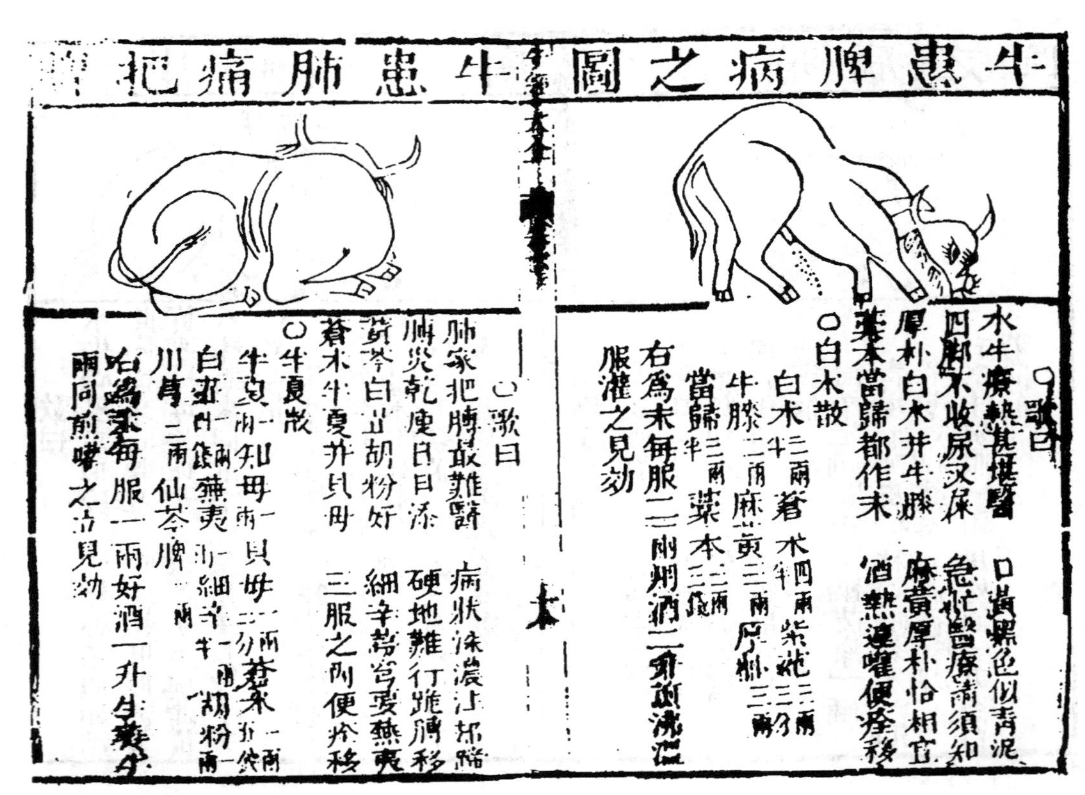

牛患脾病之圖

○歌曰

水牛脾熱甚堪醫　口渴鼻色似青泥
四脚不收尿又屎　急忙醫療須知
厚朴白术并牛膝　麻黄厚朴恰相宜
藁本當歸都作末　酒熱灌嚥便痊移

○白术散

白术二兩半　蒼术四兩半　紫菀三兩三分
牛膝二兩　麻黄三兩　厚朴三兩三分
當歸三兩半　藁本三兩三錢
右爲末每服二兩用酒二升煎沸溫
服灌之見效

牛患肺病把膊

○歌曰

肺家把膊最難醫　病狀深濃汁却腦
肺炎乾便日日添　硬地難行蹄膊移
黄芩白芷胡粉好　細辛芎藭要藥爽
蒼术牛夏并貝母　三服之间便於移

○牛夏散

牛夏一兩　知母一兩　貝母一兩二分　蒼术一兩五錢
白芷一兩四錢　蕪荑一兩　細辛一兩半　胡粉一兩
川芎二兩　仙苓脾一兩
右爲末每服一兩好酒一升生姜半
兩同煎嚥之立見効

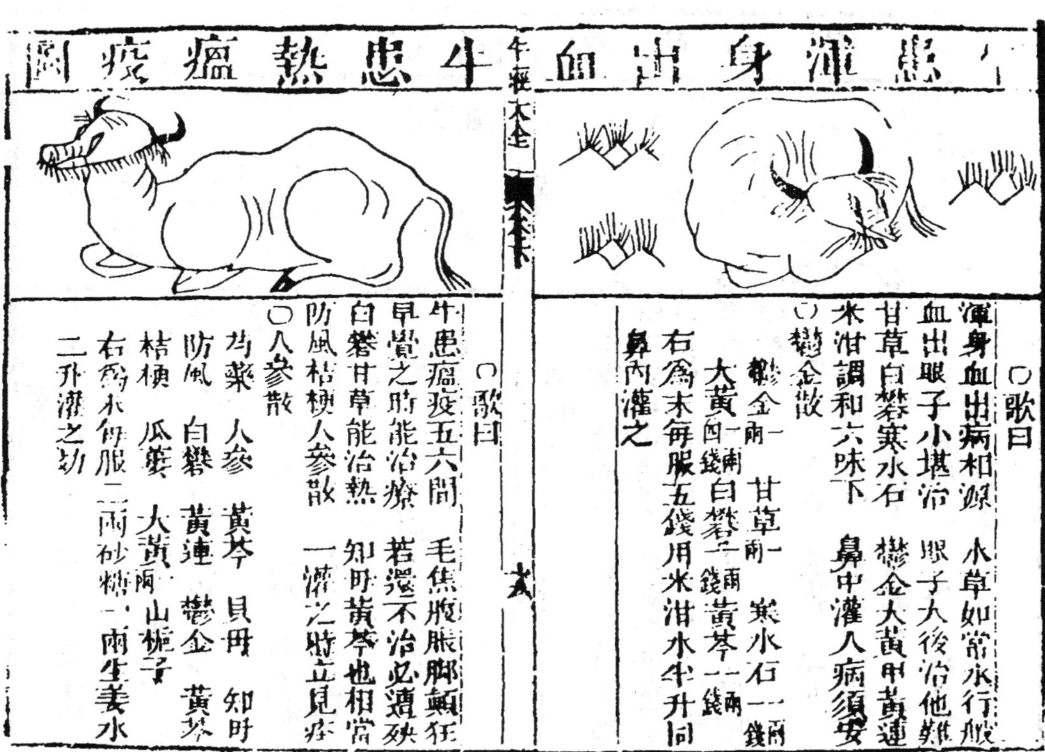

牛患渾身出血圖

〇歌曰

渾身血出病相源　水草如常水行般
血出眼子小堪治　眼子大後治他難
甘草白礬寒水石　鬱金大黃用黃連
米泔調和六味下　鼻中灌入病須安

〇鬱金散

鬱金一兩　甘草一兩　寒水石一兩一錢
大黃一兩四錢　白礬二兩一錢　黃芩一兩一錢

右為末每服五錢用米泔水半升同
鼻內灌之

牛患熱瘟疫圖

〇歌曰

牛患瘟疫五六間　毛焦腹脹脚顛狂
早覺之時能治療　若還不治必遭殃
白礬甘草能治熱　知母黃芩也相當
防風桔梗人參散　一灌之時立見痊

〇人參散

芍藥　人參　黃芩　貝母　知母
防風　白礬　黃連　鬱金　黃芩
桔梗　瓜蔞　大黃一兩　山梔子

右為末每服一兩砂糖一兩生姜水
二升灌之効

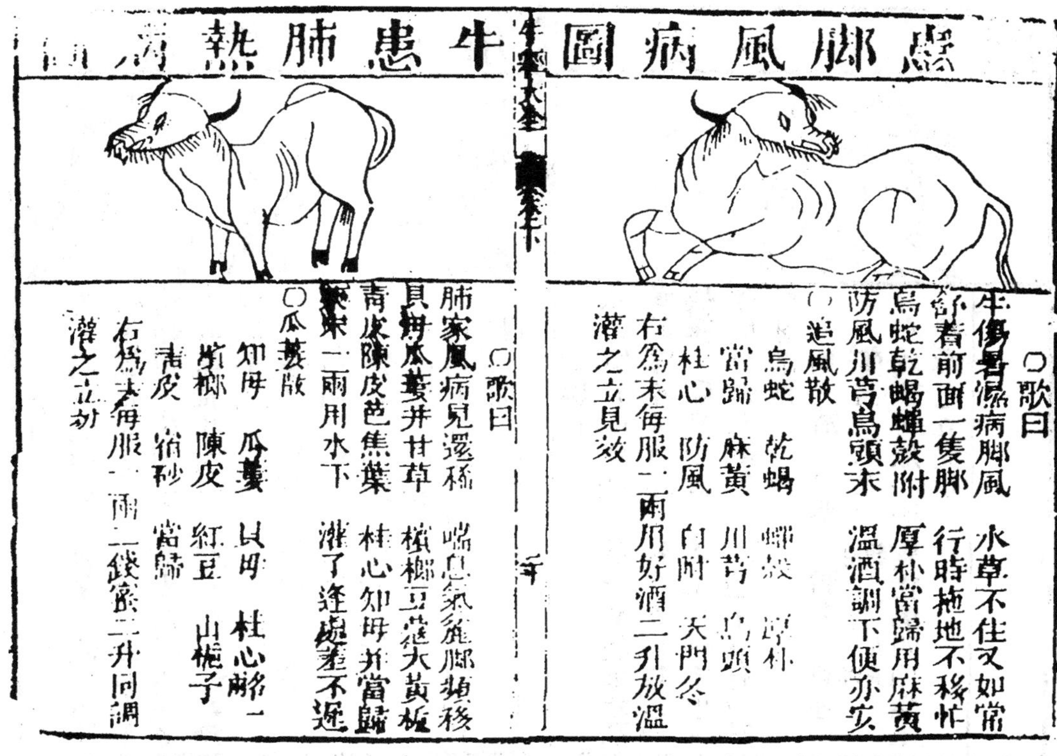

懸脚風病圖

〇歌曰

牛傷暑濕病脚風　水草不住又如常
卧着前面一隻脚　行時拖地不移忙
烏蛇乾蝎蟬殼附　厚朴當歸用麻黃
防風川芎烏頭末　溫酒調下便亦安

〇追風散

烏蛇　乾蝎　蟬殼　厚朴
當歸　麻黃　川芎　烏頭
桂心　防風　白附　天門冬

右為末每服二兩用好酒二升放溫
灌之立見效

牛患肺熱病圖

〇歌曰

肺家風病見還稀　喘息氣麁脚頻移
貝母瓜蔞并甘草　檳榔豆蔻大黃梔
青皮陳皮芭蕉葉　桂心知母并當歸
為末一兩用水下　灌了逢處差不遲

〇瓜蔞散

知母　瓜蔞　貝母　桂心各一兩
檳榔　陳皮　紅豆　山梔子
青皮　縮砂　當歸

右為末每服一兩二錢蜜二升同調
灌之立効

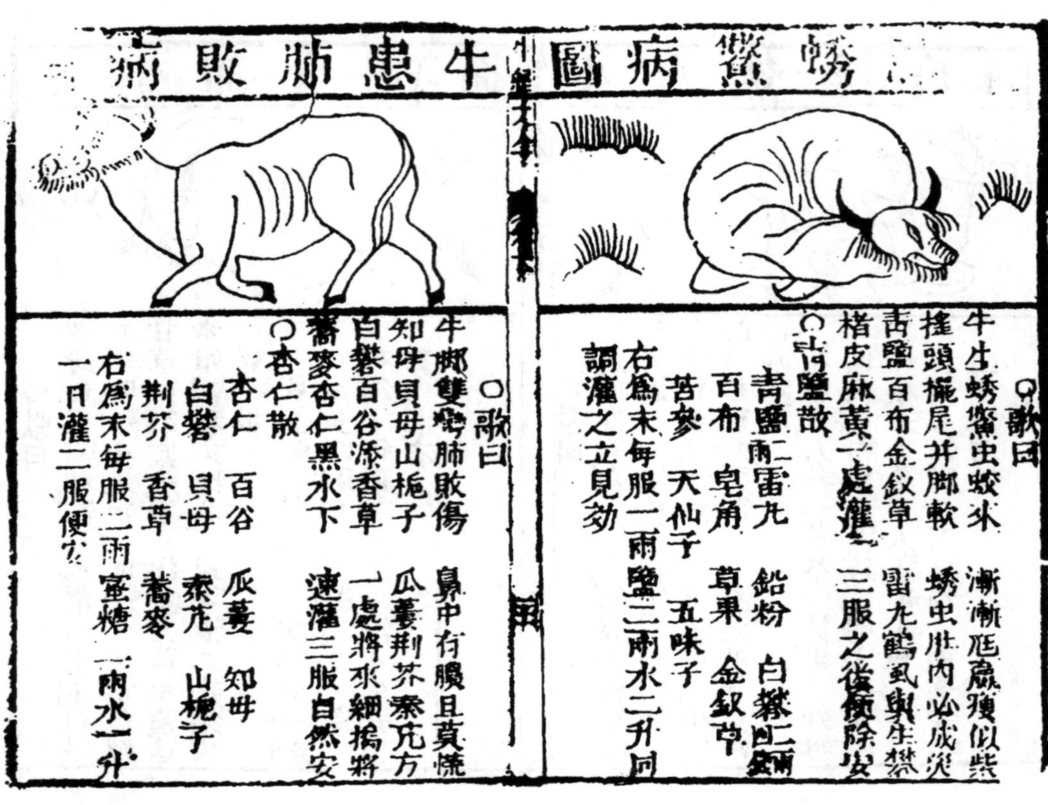

[illegible]蜏鱉病圖

〇歌曰

牛生蜏鱉虫蛟水　漸漸尫羸瘦似柴
搖頭擺尾并脚軟　蜏虫肚内必成災
青鹽百布金釵草　雷丸鶴虱與生漆
楮皮麻黄一處灌　三服之後便除安

〇青鹽散

青鹽二兩　雷丸　鉛粉　白礬二兩
百布　皂角　草果　金釵草
苦參　天仙子　五味子

右爲末每服一兩鹽二兩水二升同調灌之立見効

牛患肺敗病[illegible]

〇歌曰

牛脚雙攣肺敗傷　鼻中有膿且莫慌
知母貝母山梔子　瓜蔞荆芥秦艽方
白礬百谷添香草　一處將來細搗將
蕎麥杏仁黑水下　速灌三服自然安

〇杏仁散

杏仁　百谷　瓜蔞　知母
白礬　貝母　秦艽　山梔子
荆芥　香草　蕎麥

右爲末每服二兩蜜糖一兩水一升一日灌二服便安

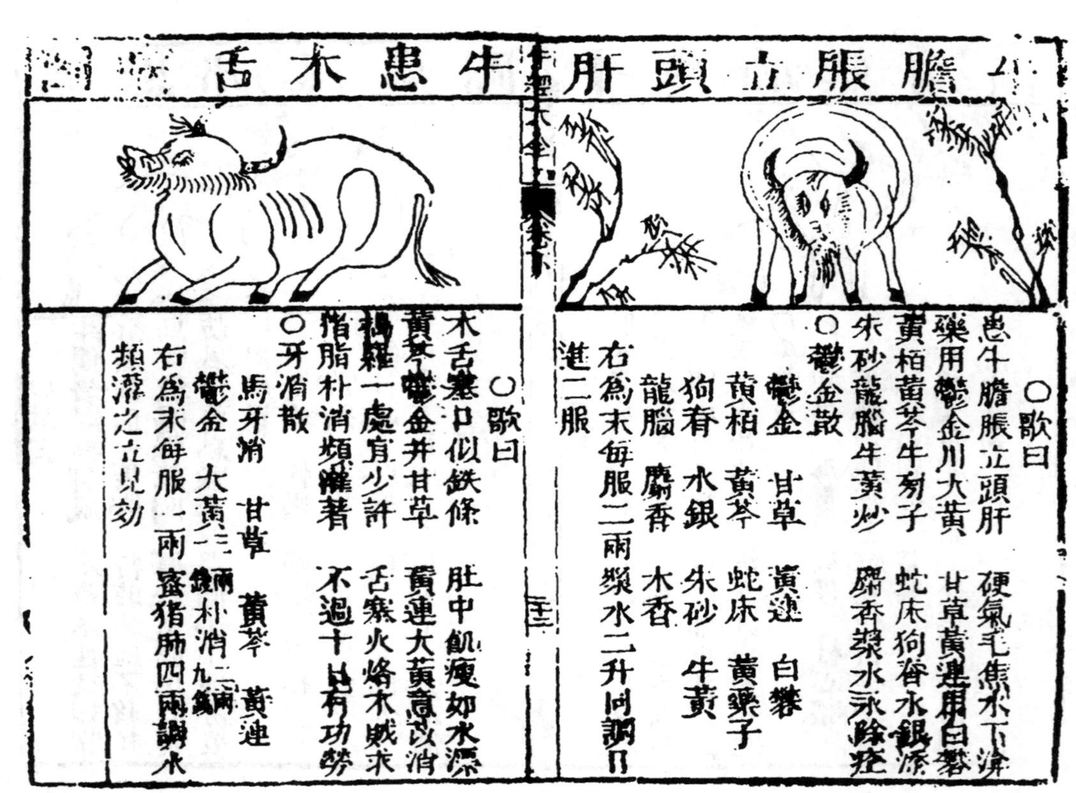

牛患膽脹立頭肝

〇歌曰

患牛膽脹立頭肝　硬氣毛焦水下滑
藥用鬱金川大黄　甘草黄連用白礬
黄柏黄芩牛蒡子　蛇床狗脊水銀添
朱砂龍腦牛黄炒　麝香漿水永除痊

〇鬱金散

鬱金　甘草　黄連　白礬
黄柏　黄芩　蛇床　黄藥子
狗脊　水銀　朱砂　牛黄
龍腦　麝香　木香

右爲末每服二兩漿水二升同調刀進二服

牛患木舌[illegible]

〇歌曰

木舌塞口似鐵條　肚中飢瘦如水漂
黄芩鬱金并甘草　黄連大黄意必消
搗羅一處育少許　舌塞火烙木賊求
猪脂朴消頻頻著　不過十日有功勞

〇牙消散

馬牙消　甘草　黄芩　黄連
鬱金　大黄三兩三錢　朴消二兩九錢

右爲末每服一兩蜜猪肺四兩調水頻灌之立見効

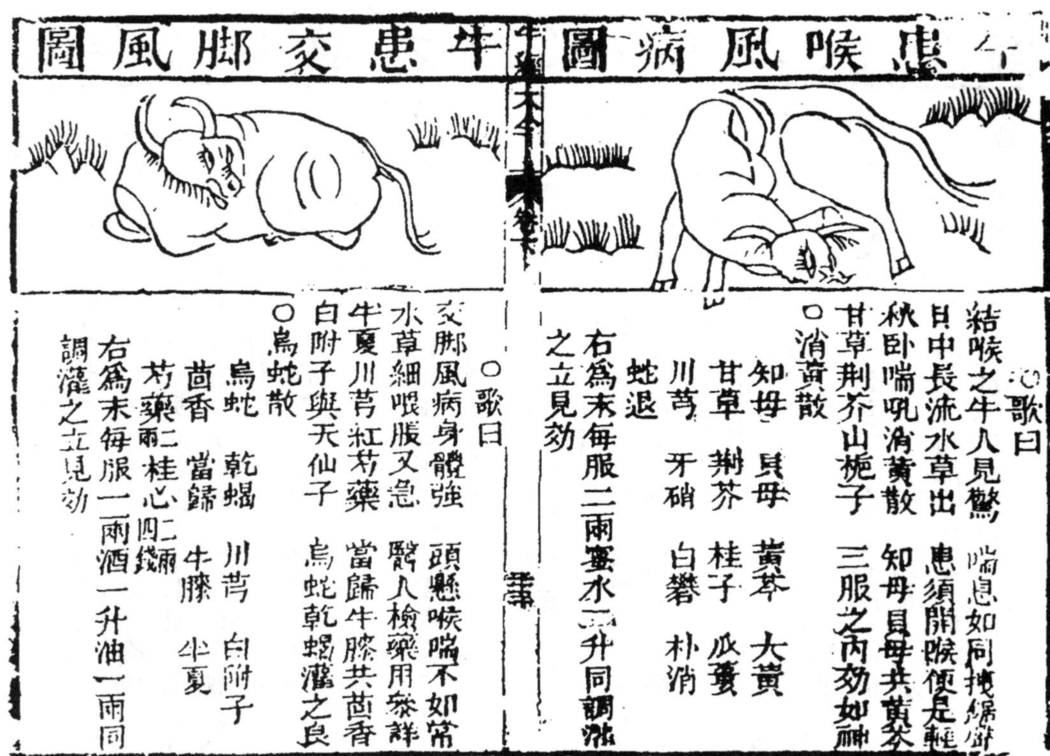

牛患喉風病圖

○歌曰

結喉之牛人見驚　喘息如同拽鋸聲
日中長流水草出　患須開喉便是輕
秋卧喘吼消黄散　知母貝母共黄芩
甘草荆芥山梔子　三服之内効如神

○消黄散

知母　貝母　黄芩　大黄
甘草　荆芥　桂子　瓜蔞
川芎　牙硝　白礬　朴消
蛇退

右爲末每服二兩蜜水二升同調灌之立見効

牛患交脚風圖

○歌曰

交脚風病身體強　頭懸喉喘不如常
水草細咽腹又急　醫人檢藥用參詳
牛夏川芎紅芍藥　當歸牛膝共茴香
白附子與天仙子　烏蛇乾蝎灌之良

○烏蛇散

烏蛇　乾蝎　川芎　白附子
茴香　當歸　牛膝　半夏
芍藥二兩　桂心二兩四錢

右爲末每服一兩酒一升油一兩同調灌之立見効

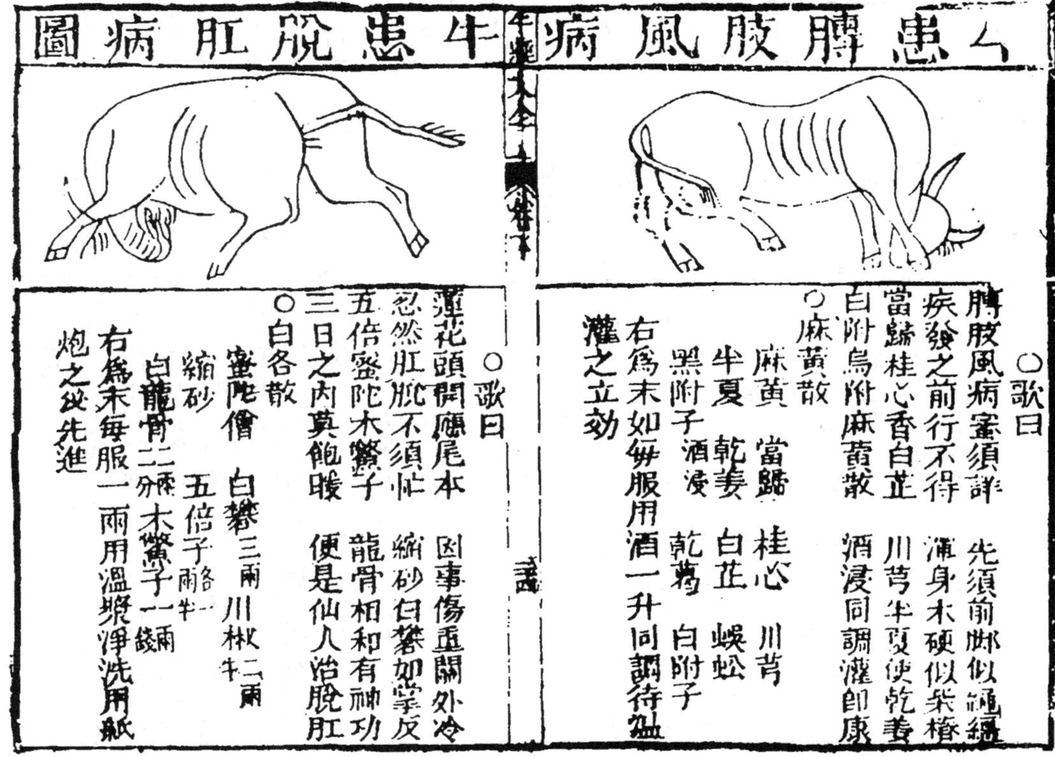

牛患膊肢風病圖

○歌曰

膊肢風病審須詳　先須前脚似纏縛
疾發之前行不得　渾身木硬似柴樁
當歸桂心香白芷　川芎半夏使乾姜
白附烏附麻黄散　酒浸同調灌即康

○麻黄散

麻黄　當歸　桂心　川芎
半夏　乾姜　白芷　蜈蚣
黑附子酒浸　乾葛　白附子

右爲末如每服用酒一升同調待温灌之立効

牛患脫肛病圖

○歌曰

蓮花頭開應尾本　因事傷重關外冷
忽然肛脫不須忙　縮砂白礬如掌反
五倍蜜陀木鱉子　龍骨相和有神功
三日之内莫飽喂　便是仙人治脫肛

○白各散

蜜陀僧　白礬三兩　川椒二兩半
縮砂　五倍子各一兩半
白龍骨二兩二分　木鱉子一兩一錢

右爲末每服一兩用温漿淨洗用紙炮之從先進

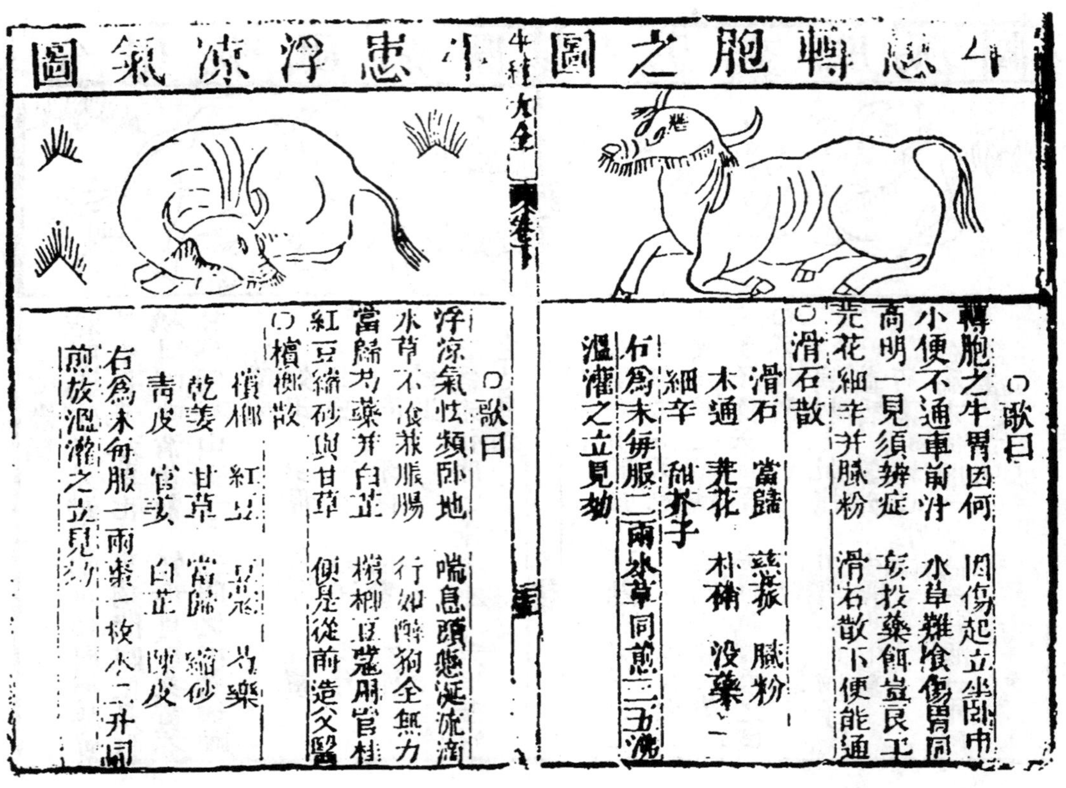

牛患轉胞之圖

○歌曰
轉胞之牛胃因何　因傷起立坐臥中
小便不通車前汁　水草難飡傷胃同
高明一見須辨症　妄投藥餌豈良工
芫花細辛并膩粉　滑石散下便能通

○滑石散
滑石　當歸　蓯蓉　膩粉
木通　芫花　朴硝　沒藥二
細辛　甜芥子
右為末每服二兩水草同煎三五沸溫灌之立見效

牛患浮涼氣圖

○歌曰
浮涼氣牲頻臥地　喘息頭懸涎流滴
水草不飡兼脹腸　行如醉狗全無力
當歸芍藥并白芷　檳榔豆蔻用官桂
紅豆縮砂與甘草　便是從前造父醫

○檳榔散
檳榔　紅豆　豆蔻　芍藥
乾薑　甘草　當歸　縮砂
青皮　官桂　白芷　陳皮
右為末每服一兩棗一枚水二升同煎放溫灌之立見效

牛經大全　卷下　二十六

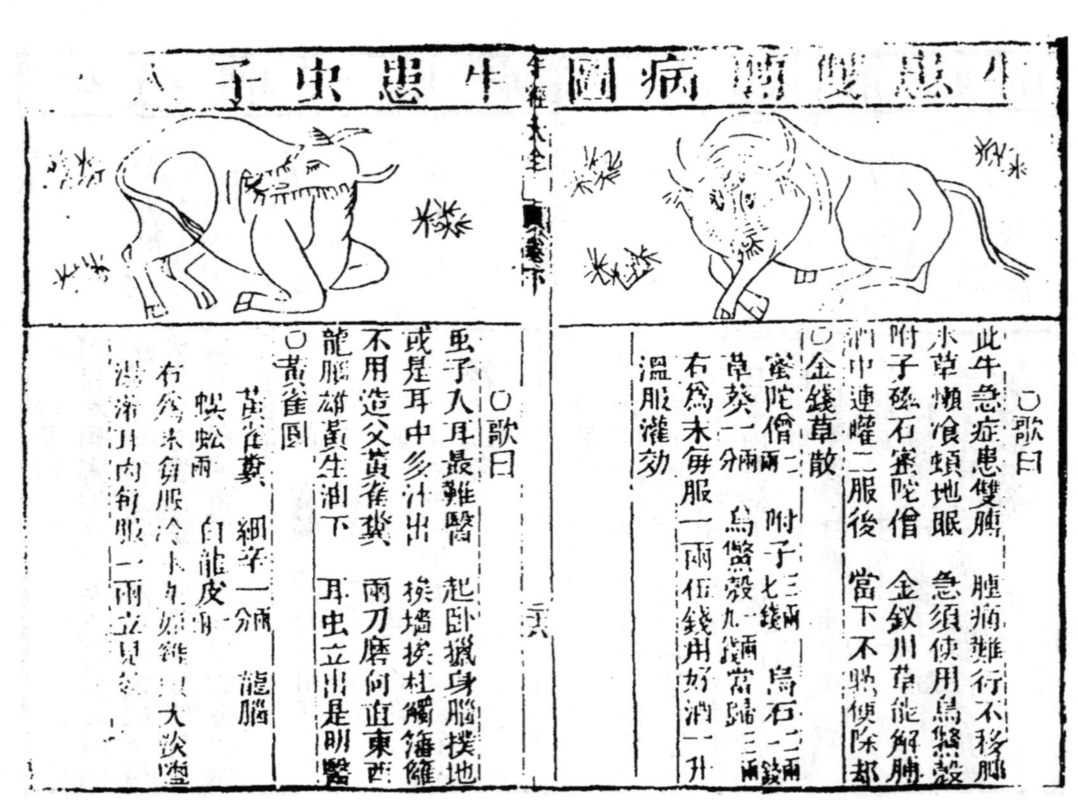

牛患雙膊病圖

○歌曰
此牛急症患雙膊　膊痛難行不移腳
水草懶飡頻地眠　急須使用烏鱉殼
附子磁石蜜陀僧　金釵川草能解膊
酒中連灌二服後　當下不將便除却

○金錢草散
蜜陀僧二兩　附子三兩七錢　烏石二兩二錢
草葵一兩一分　烏鱉殼九兩一錢　當歸三兩
右為末每服一兩伍錢用好酒一升溫服灌效

牛患虫子入耳

○歌曰
虫子入耳最難醫　起臥撤身腦撲地
或是耳中多汁出　挨墻挨柱觸藩籬
不用造父黃雀糞　兩刀磨何直東西
龍腦雄黃生油下　耳虫立出是明醫

○黃雀圓
黃雀糞　細辛一兩一分　龍腦
蜈蚣兩　白龍皮兩
右為末每服冷水下丸如雞[illegible]大搽塗
[illegible]滴耳內每服一兩立見效

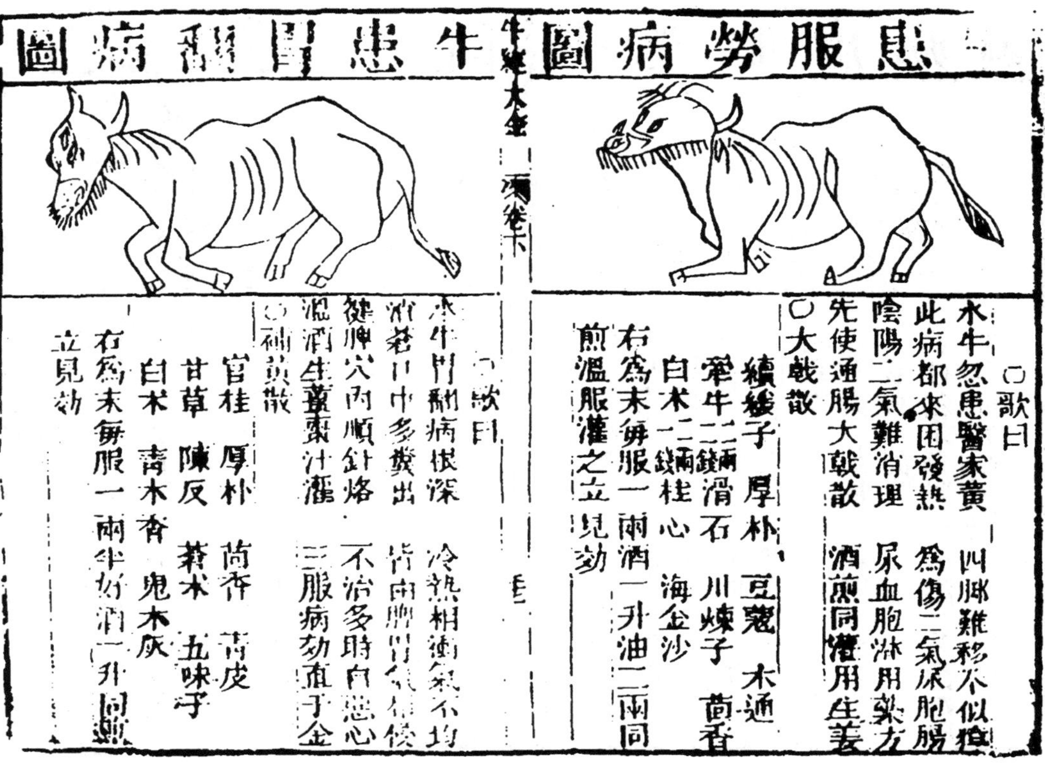

□患服勞病圖

〇歌曰
水牛忽患醫家黄　四脚難移不似瘡
此病都來困發熱　爲傷二氣尿胞腸
陰陽二氣難消理　尿血胞淋用藥方
先使通腸大戟散　酒煎同灌用生姜

〇大戟散
續隨子　厚朴　豆蔻　木通
牽牛二兩二錢　滑石　川楝子　茴香
白朮一兩二錢　桂心　海金沙
右爲末每服一兩酒一升油二兩同煎温服灌之立見効

牛患胃翻病圖

〇歌曰
水牛胃翻病根深　冷熱相衝氣不均
消者口中多發出　皆由脾胃氣相侵
健脾穴内順針烙　不消多時自恶心
温酒生薑葱汁灌　三服病効直千金

〇補益散
官桂　厚朴　茴香　青皮
甘草　陳皮　蒼朮　五味子
白朮　青木香　鬼木灰
右爲末每服一兩半好酒一升同煎立見効

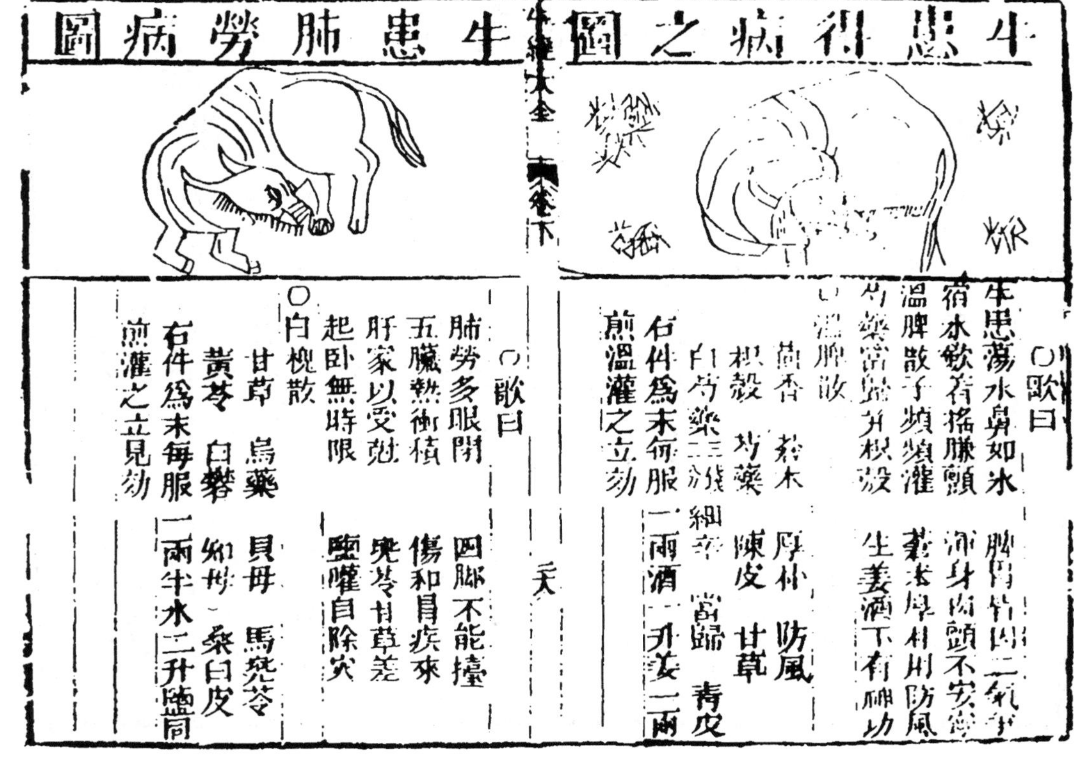

牛患損病之圖

〇歌曰
牛患蕩水鼻如冰　脚胃皆因二氣乎
宿水歡若搖膝顫　渾身肉顫不安寧
温脾散子頻頻灌　蒼朮厚朴用防風
芍藥當歸并枳殼　生姜酒下有神功

〇温脾散
茴香　蒼朮　厚朴　防風
枳殼　芍藥　陳皮　甘草
白芍藥三分錢　細辛　當歸　青皮
右件爲末每服一兩酒一升姜一兩煎温灌之立効

牛患肺勞病圖

〇歌曰
肺勞多眼閉　四脚不能擡
五臟熱衝積　傷和肩疾來
肝家以受熱　兜苓甘草差
起卧無時限　鹽灌自除灾

〇白槐散
甘草　烏藥　貝母　馬兜苓
黄芩　白礬　知母　桑白皮
右件爲末每服一兩半水二升鹽同煎灌之立見効

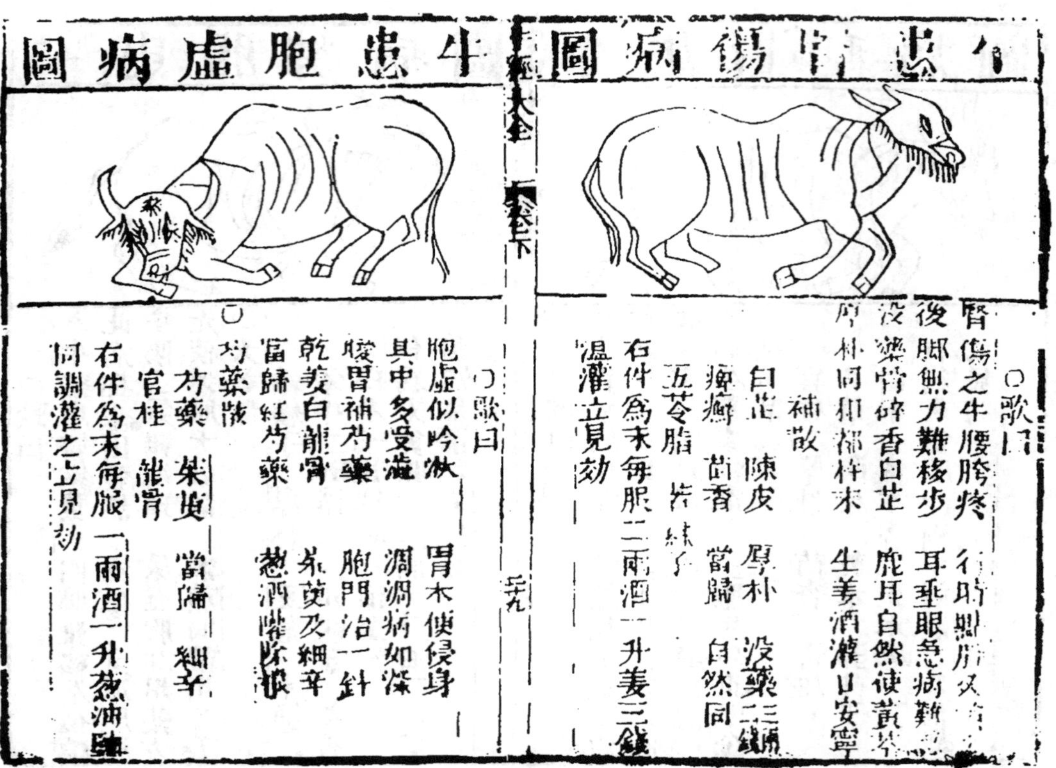

牛患腎傷病圖

○歌曰

腎傷之牛腰胯疼　行時腳胯又[illegible]
後腳無力難移步　耳垂眼急病難[illegible]
沒藥骨碎香白芷　鹿耳自然使黃芩
厚朴同和都杵末　生姜酒灌口安寧

補散

白芷　陳皮　厚朴　沒藥二三錢
[illegible]　茴香　當歸　自然同
五苓脂　各[illegible]

右件為末每服二兩酒一升姜三錢
溫灌立見効

牛患胞虛病圖

○歌曰

胞虛似吟啾　胃木便侵身
其中多受濕　凋凋病如深
腰胃補芍藥　胞門治一針
乾姜白龍骨　茱萸及細辛
當歸紅芍藥　葱酒嚼除根

○芍藥散

芍藥　柴胡　當歸　細辛
官桂　龍骨

右件為末每服一兩酒一升葱油鹽
同調灌之立見効

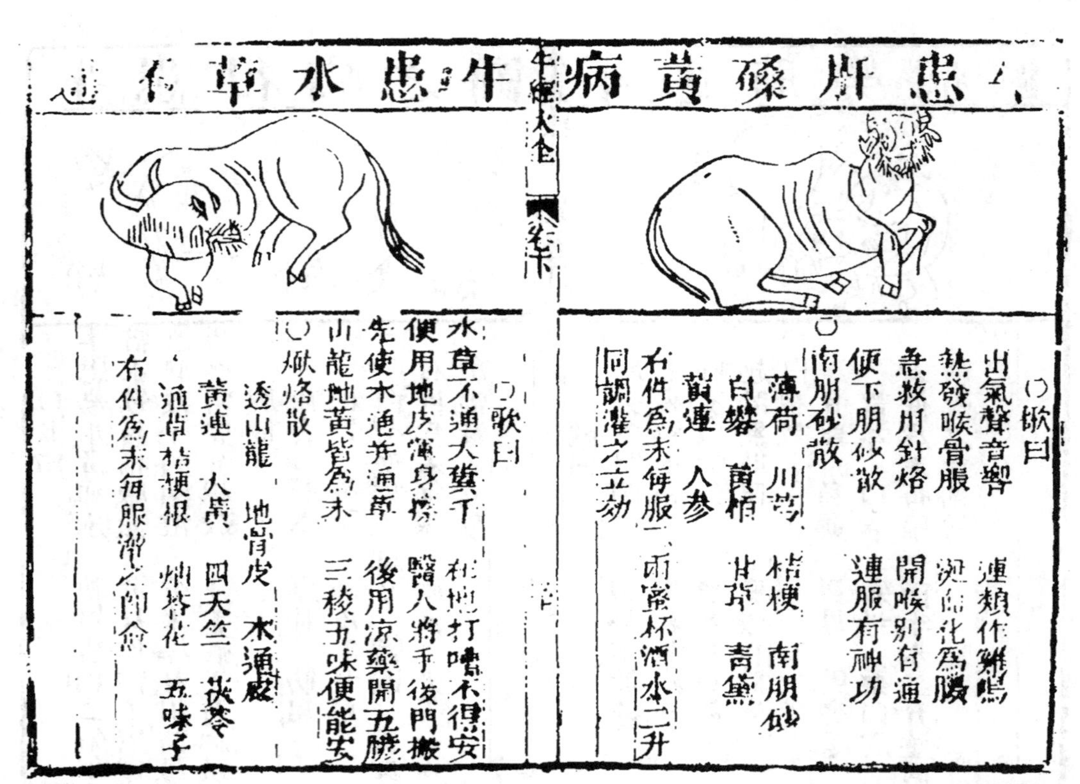

牛患肝發黃病

○歌曰

出氣聲音響　連類作雞鳴
熱發喉骨脹　涎[illegible]化為膿
急救用針烙　開喉別有通
便下硼砂散　連服有神功

○南硼砂散

薄荷　川芎　桔梗　南硼砂
白礬　黃柏　甘草　青黛
黃連　人參

右件為末每服一兩蜜杯酒水一升
同調灌之立効

牛患水草不通

○歌曰

水草不通大糞下　杖柱打噴不得安
便用地皮傳身撲　醫人將手後門搬
先使木通并通草　後用涼藥開五臟
山龍地黃皆為末　三稜五味便能安

○炊烙散

透山龍　地骨皮　木通各
黃連　大黃　四天竺　茯苓
通草　桔梗根　燈草花　五味子

右件為末每服調之同飡

[illegible]海上方
芍藥　牡丹　黃連　重折　花折硃　雄黃　班毛燒
射香　硃砂　猪牙　皂角　雞屎滕　地龍　倒牛牽子根
胡東鄉椒根　黑豕　八瓜金星
右爲末吹入鼻孔中用好酒灌之到吊取出涎即安

軟腳癥方
大細辛　五加皮　八月瓜根　桃條二根　地骨皮
桁條七根燒過灰存　雞卵　茴香　射香一字　芍藥　茴香
右爲末入酒灌之即愈

喉風海上方
雄黃一錢擂水　桑根絞去了退用針舌頭下邊青筋二針出血

疥瘡海上方
牛經大全　卷下　三二
硫黃五錢　花椒二兩　三柰子一兩　洗了皮鍋焙乾搗研細
末猪油調搽好

發汗散方
升麻　當歸　川芎　甘角　麻黃　芍藥肉　人参
紫金皮　香附子　葱三根　姜三片　好酒一升灌之

尿血海上方
雄黃　硃砂　海金砂　馬鞭梢　梔木葉　紅花
當歸　甘子　麻子　風鬼草　甜水滕　五加皮
右爲末用酒灌之大好

瘦皮海上方
心紅　硃砂　海肥子四兩　烏鴉一隻　當歸
猪脮斤鹽一兩　燎之

補藥方　紅豆一升　白礬五兩灰過
治平藥方　大黃　黃連　甘草　防風　枝子　瓜蔞根
黃藥子　知母　貝母

夏季藥方
黃芩　黃連　大黃　鬱金　黃根　黃藥子　白藥子
甘草　知母　貝母　薄荷　兜苓　桔梗　地黃

秋季藥方
枸杞葉　知母　貝母　甘草　兜苓　杏仁　地黃
木通　款冬花　瓜蔞根　紫蘇　麥門冬　秦艽
芍藥　黃連　白藥子　黃藥子　用酒灌之効也

冬季藥方
[illegible]藥　厚朴　青皮　陳皮　細辛　益智仁　山藥
牛經大全　卷下　三三
蒼朮　何首烏　玄胡索　甘草　青箱　用酒灌之

風瘡藥方
黃柏　猪牙　皂角　人言　取[illegible]子根東之麻油
搽擦之

尿血方
稆麥子根　黃藥根　紅淡腠根　厚朴根　山茱萸
四般藥水灌藥引　地骨子根　水火不通
五加皮煎八一煙灌之
[illegible]用好細辛煎一碗　李子[illegible]分煎[illegible]印[illegible]
[illegible]方
[illegible]茶一兩　鹽一兩　椒子[illegible]
[illegible]熱熱又洒姜汁[illegible]

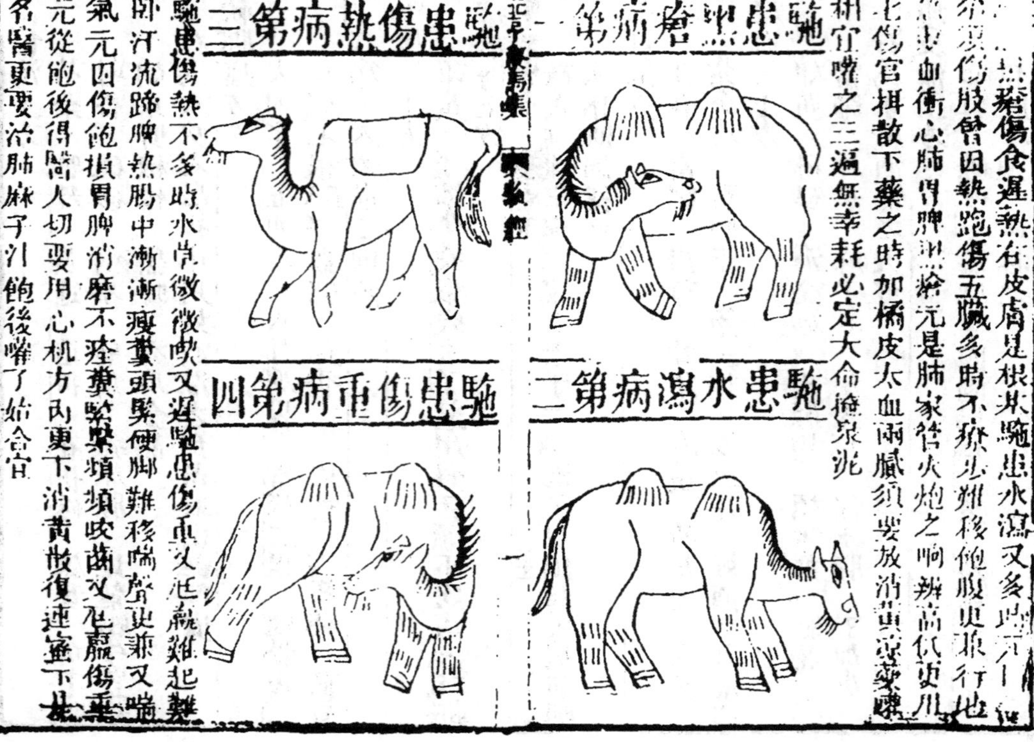

駝患熱瘡病第一

熱□傷食遲熱在皮膚是根來駝患水瀉又多時□□
□□傷脫曾因熱跑傷五臟多時不療步難移飽腹更兼行也
□□血衝心肺胃脾□□元是肺家管火炮之□□□□□
七傷官揖散下藥之時加橘皮太血兩臟須要放消黃□藥□
淋宜喉之三遍無幸耗必定大命掩泉泥

駝患水瀉病第二

駝患傷熱病第三

駝患傷熱不多時水草微微吃又遲駝患傷重又尪羸難起難
臥汗流路脾熱腸中漸漸瘦耷頭緊硬腳難移喘聲更兼又喘
氣元四傷飽損胃脾消磨不痊糞緊緊頻頻咬齒又尪羸傷重
元從飽後得醫人切要用心机方內更下消黃散復速塗下□
名醫更要治肺麻子汁飽後喉了始合宜

駝患傷重病第四

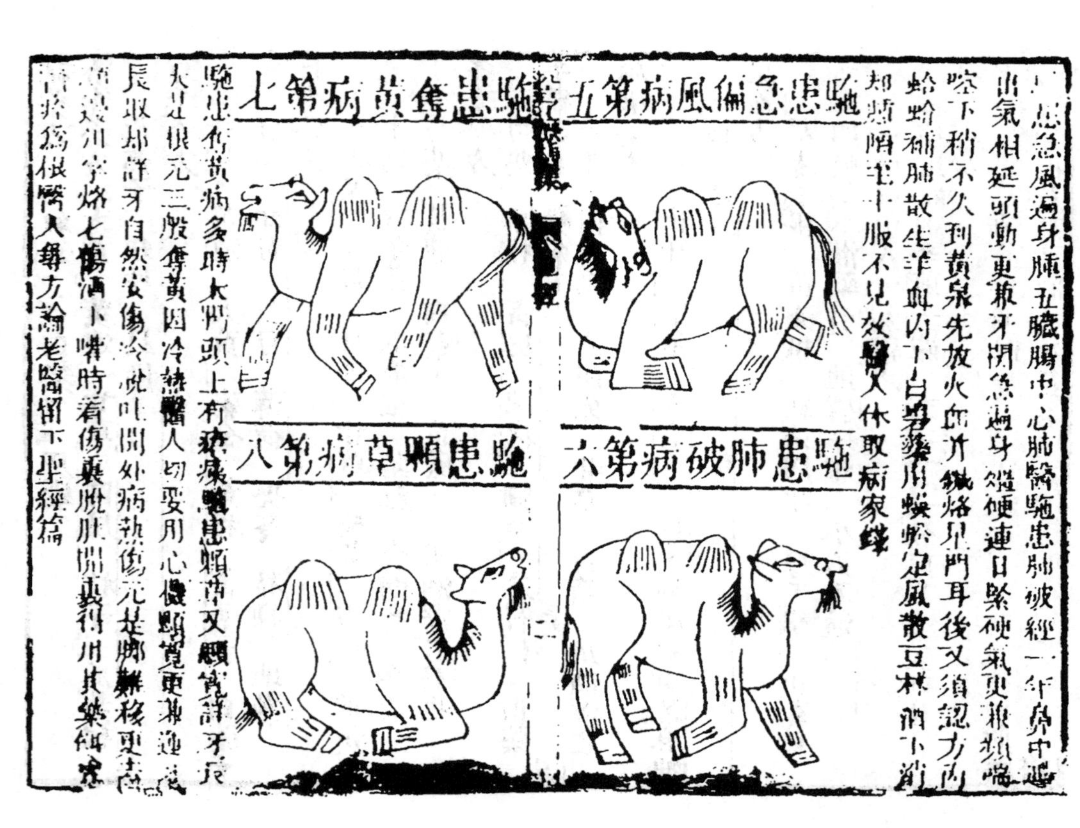

駝患急偏風病第五

□患急風遍身腫五臟腸中心肺□駝患肺破經一□身中遍
出氣相延頭動更兼牙關急遍身縱硬連日緊硬氣更兼頻喘
咳下稍不久到黃泉先放火血斤鐵烙見門耳後又須認方內
蛤蚧補肺散生汁血內下白□藥用蜈蚣定風散豆林酒下前
知□兩□十服不見效醫人休取病家錢

駝患肺破病第六

駝患奪黃病第七

駝患奪黃病多時大□頭上有□□駝患顛草又顛倒牙□
大是根元三般奪黃因冷熱醫人切要用心機點覺更兼□□
長取却牙自然安傷冷□吐開外病熱傷元是腳難移更□□
□□川字烙七傷酒下□時看傷裹脫肚開裹得用其藥□□
□疾爲根醫人尋方論老醫留下□經篇

駝患顛草病第八

駝患腸黃病第九

□□□□則大腸腸內有瘀狹駝牛馬哨眼臊臙□
□□□黃腸家熱時多飲血急撿名方與樂醫煎燭蒸□斗參
□□□濟石內從蓉方內中膝橘皮散茶油湯下莫花花嚨□
□□□□下嚨時針烙有功能飽后消黃蜜裹下便是從前□
丁□□日進一服須見放老醫留下聖經方

駝患腎黃氣不和第十

駝患膁黃第十一

駝患膁黃腫些些不覺肺腫似冬瓜駝患肺痰細意看日朝日
瘦不能行川時疼痛耳骨痛不過半月時此病白沫飽傷肺□
熱積涎便是病數般更使豬脂送日潤頻頻塗貼莫交差更須
消黃蜜裹藥合得經書意內寬必取皮毛如復舊頓令放牧□
谷喉新取牧家休懊惱聊方□□有參詳

駝患肺痰第十二

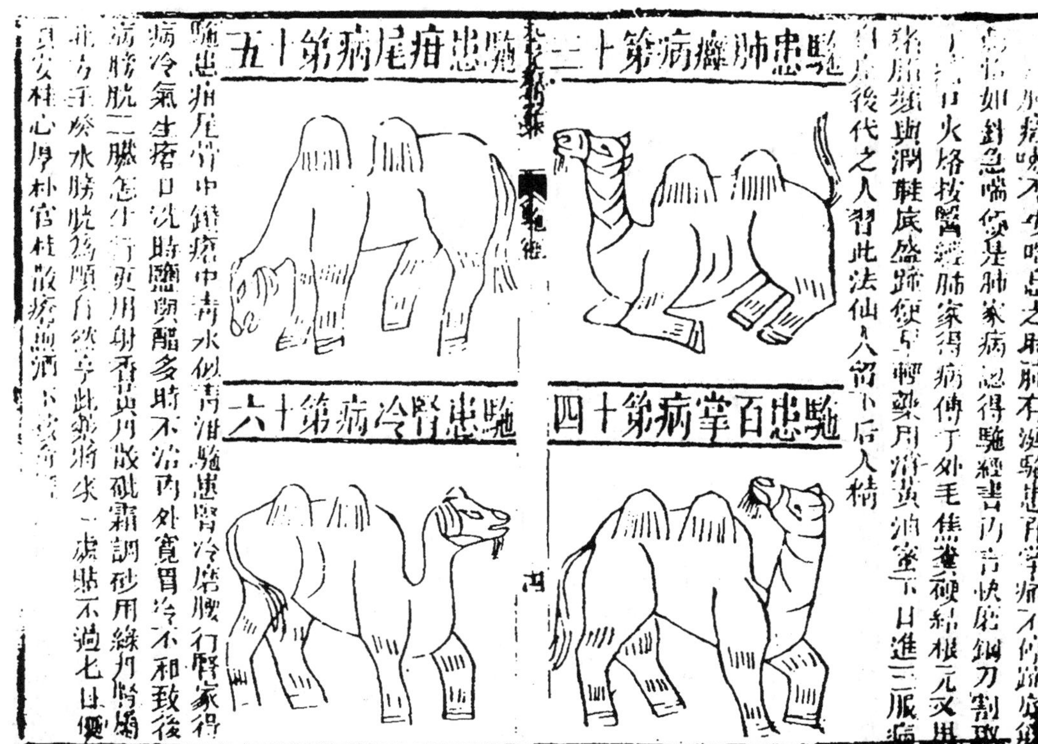

駝患肺癰病第十三

肺痰喉不安喘息之時肺有涎駝患百掌病不停蹄底疼
□□如斜急喘便是肺家病認得駝經書內言快將鋼刀割破
□□□火烙拔醫經肺家得病傳丁外毛焦聳硬結根元又用
豬脂頻與潤蹄底蓋蹄便□輕藥用消黃油蜜下日進三服病
自□後代之人習此法仙人留下后人精

駝患百掌病第十四

駝患痏尾病第十五

駝患痏尾骨中鐵痕中青水似清泔駝患腎冷病腰行臀家得
病冷氣生瘡口洗時鹽與醋多時不治內外寬胃冷不和致後
病膀胱二臟急小行更用射香黃丹散砒霜調砂用綠礬腦
非方子療水膀胱爲頭有效此藥將來一處貼不過七日便
□貝茴桂心厚朴官桂散療病酒下效當□

駝患腎冷病第十六

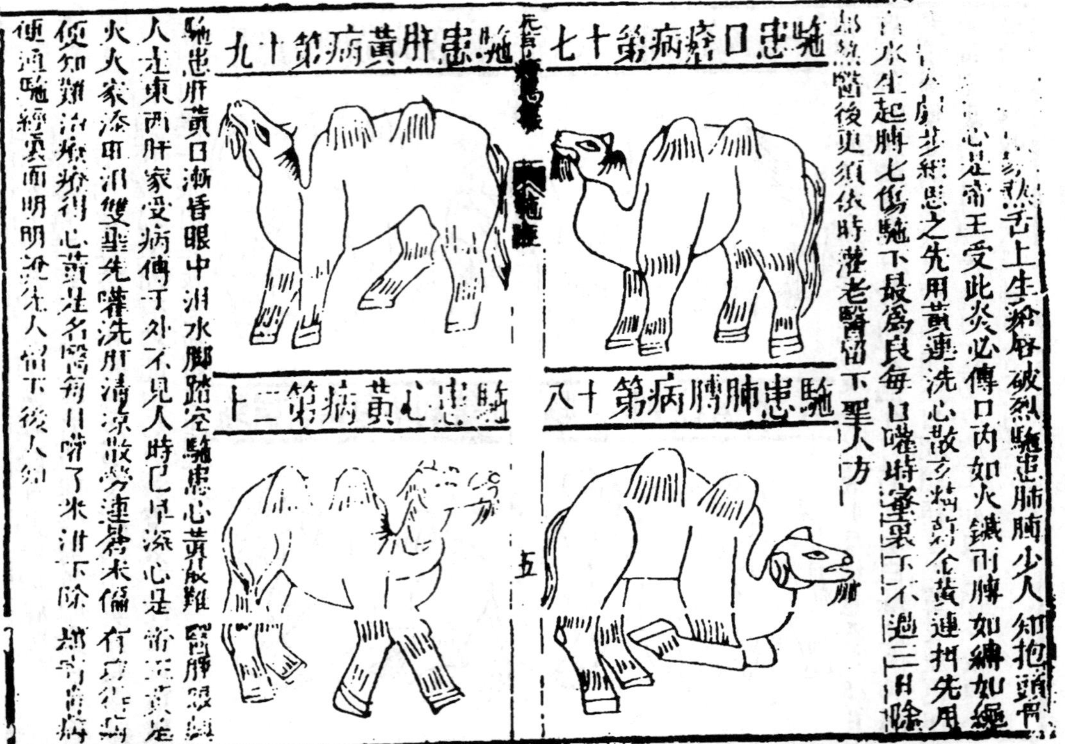

……熱舌上生瘡唇破烈駞患肺膊少人知抱頭胷[illegible]心是帝王受此炎必傳口內如火鐵刑膊如縛如繩[illegible]步緊思之先用黃連洗心散玄精葯合黄連搗先用[illegible]水生起膊七傷駞下最為良每日噇時塗裹下不過三日除[illegible]熱醫後更須依時灌老醫留下聖人方

駞患口瘡病第十七

駞患肺膊病第十八

元亨療馬集　駞經　五

駞患肝黄病第十九

駞患心黄病第二十

駞患肝黄口漸昏眼中淚水脚踏空駞患心黄最難醫[illegible]人在東西肝家受病傳于外不見人時已早深心是帝[illegible]黄是火火家添甲淚雙垂先噇洗肝清涼散勞連[illegible]未偏有[illegible]便知難治療痨得心黄是名醫看日啖了米泔下除[illegible]便通駞經裏面明明說老人留下後人知

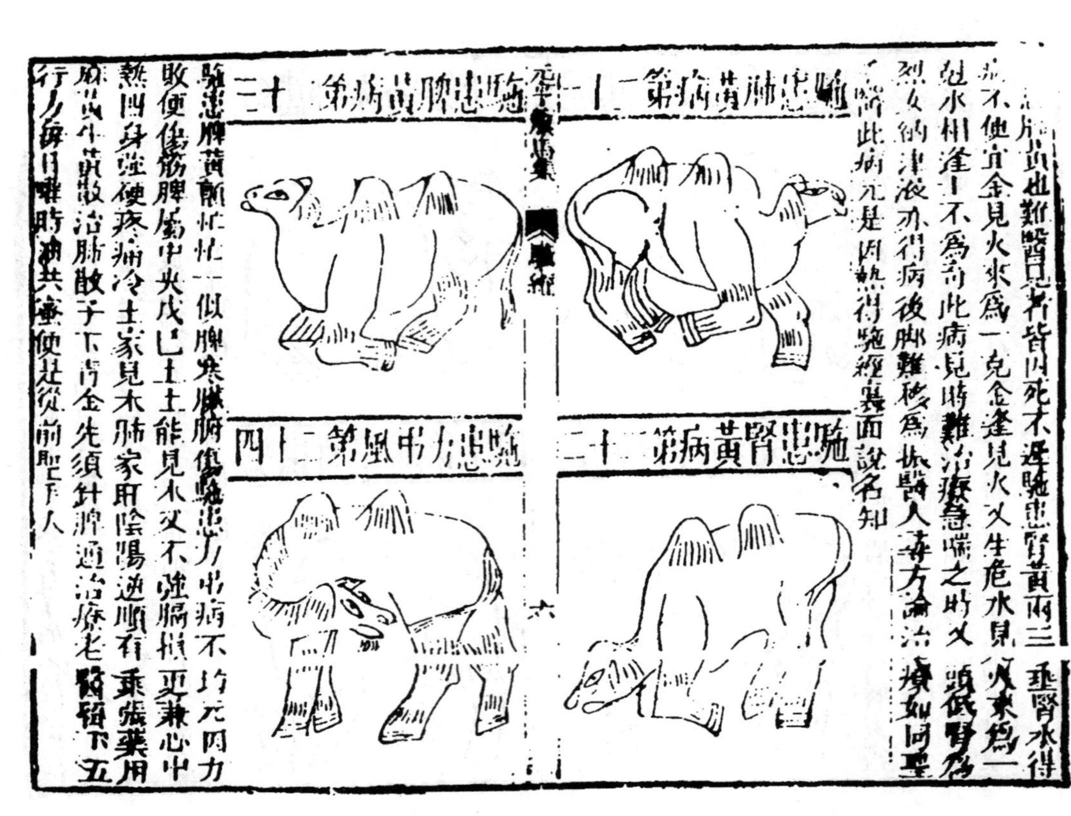

[illegible]肝黄也難醫見者皆因死不遲駞患腎黄兩三垂腎水得[illegible]不使真金見火來為一克金逢見火又生危水見火來為一處水相逢一不為奇此病見時難治療急喘之時又頭低腎為烈女納津液亦得病後脚難移為此醫人毒方論治療如同聖[illegible]腎此病元是因熱得駞經裏面說名知

駞患肺黄病第二十一

駞患腎黄病第二十二

元亨療馬集　駞經　六

駞患脾黄病第二十三

駞患力中風第二十四

駞患脾黄顫忙忙一似脾寒肺腑傷駞患力中病不均元因力敗便傷筋脾屬中央戊己土土能見木又不強膈損更兼心中熱悶身強硬疼痛冷土家見木肺家用陰陽逆順有乘張藥用麻黄牛黄散治肺散子下青金先須針脾通治療老醫留下五行人每日噇時油共蜜便是從前聖手人

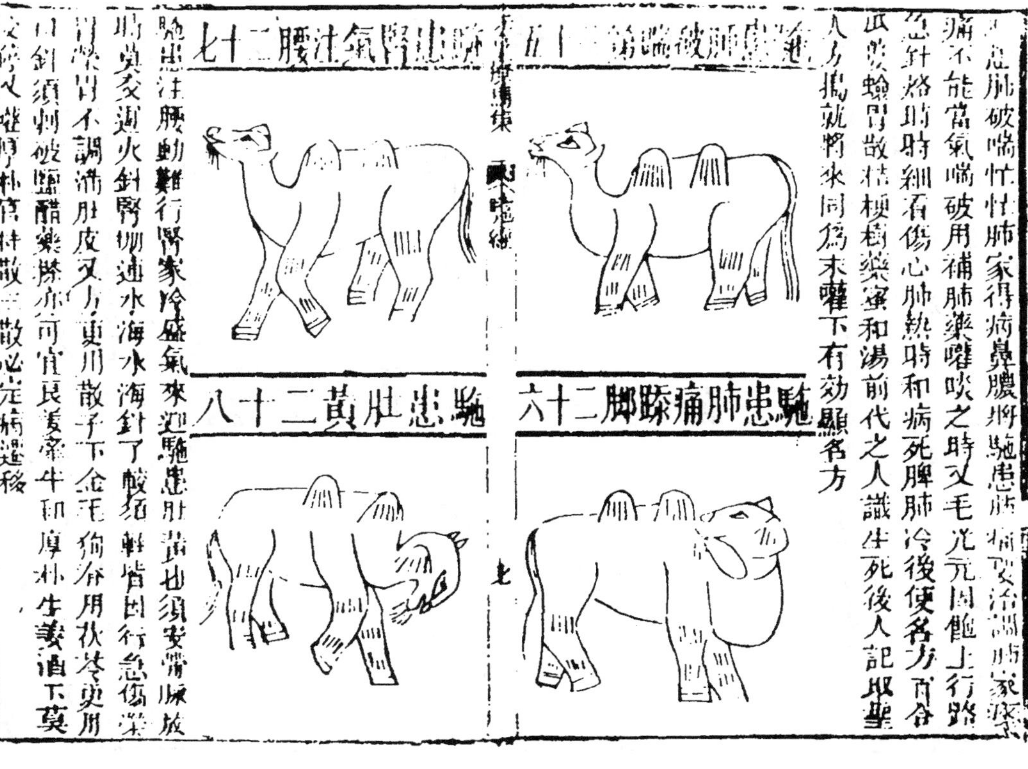

駝患肺破喘第二十五

駝患肺破喘忙忙肺家得病鼻膿淋駝患肺病皆治調肺家喘不能當氣喘破用補肺藥嚨吹之時又毛光元因飽上行路急針烙時時細看傷心肺熱時和病死脾肺冷後便名方首合瓜數蛤蚧散桔梗樹藥蜜和湯前代之人識生死後人記取聖人方揭就將來同為末灌下有劾顯名方

駝患肺痛蹄腳二十六

駝患腎氣注腰二十七

駝患注腰動難行腎家冷盛氣來迎駝患肚黃也須安帶脈放血莫交遲火針腎偷通水海水海針了皎猪軒背因行急傷榮胃榮胃不調滿肚皮又方更用散子下金毛狗脊用茯苓更用白針須刺破鹽醋藥擦亦可宜良姜牽牛和厚朴生姜酒下莫交停又嚨厚朴官桂散三散必定病還移

駝患肚黃二十八

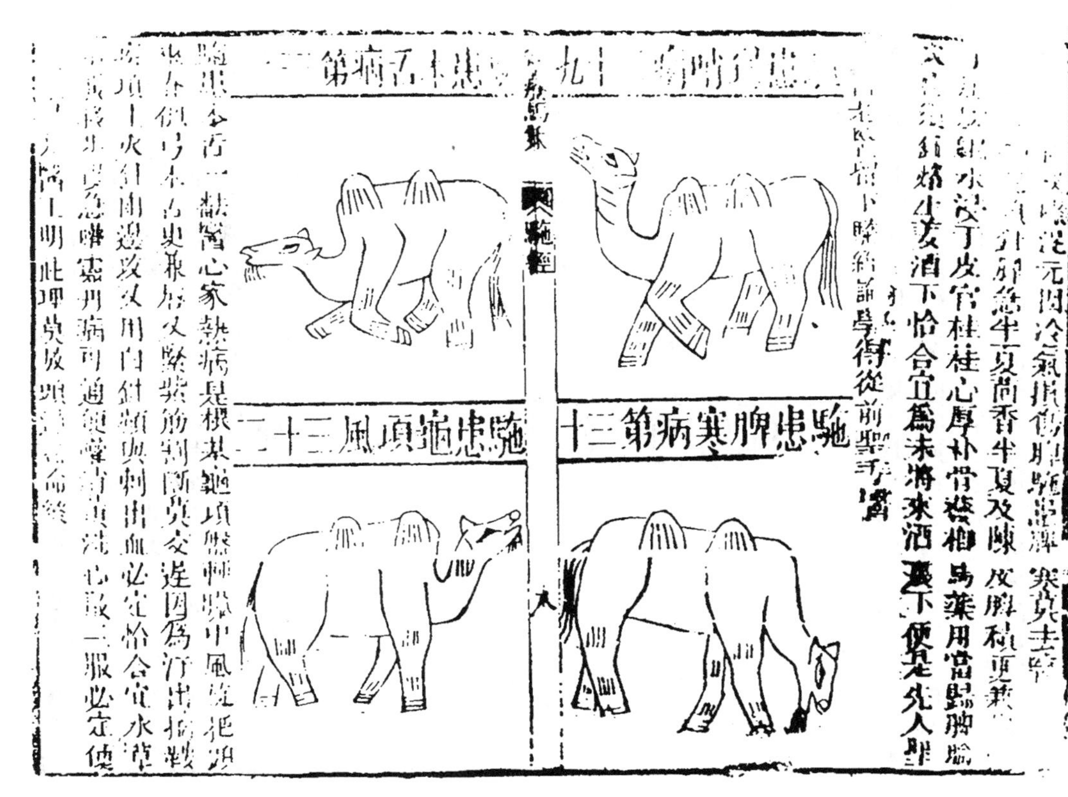

駝患[illegible]第二十九

駝患[illegible]冷元因冷氣損傷胃脾[illegible]寒見去卒[illegible]針脾愈半夏茴香半夏及陳皮腳桔更兼[illegible]水設丁皮官桂桂心厚朴骨碎補馬藥用當歸[illegible]須烙小麥酒下恰合宜為末將來酒灌下便是先人[illegible]下時須論學得從前聖手濟

駝患脾寒病第三十

駝患木舌病第三十一

駝患[illegible]一般心家熱病是根基駝項[illegible]中風在[illegible][illegible]項上火針[illegible][illegible]又用白針頰與刺出血必定恰合宜水草[illegible]可通[illegible]此[illegible]一服必定使[illegible]明此理[illegible]命終

駝患項風三十二

駞患弩絲蟲三十二

□□中有虫生弩絲變化作虫行駞患胸黄急要醫胸前膊
□□大如鷄目中虫生金家病金能尅木眼青白胸上痛時連膊
□□病人切要莫交遲此虫點藥難得効開天穴内火針行胸堂
大血須要出消黄嚥了正相宜後代醫人須記此鹽湯消洗是
功□□鍼刺破須要定莫交不住云時遲

駞患胷黄病三十四

駞患赤瘡病三十五

駞患赤瘡遍身生傳來以鉄亦難行駞患丁喉頭兩邊大小瘡
子□般觀撥破血流黄□色日深不救變火抗丁喉元是心家
□□□不看變來寬先放大血後用藥消黄散下是奇經白針
□□□出血消黄藥子日要看毒藥更兼丸與洗猝日無血必
□□□日以前由可療五日之後不能安

駞患丁喉病三十六

元亨療馬集　駞經　九

駞患水衣不下三十七

□□□八深冷熱不順水□□攻駞患傷中秘澁微瞬倒忽
□□□山梔子當饒滲下熱後主衣又不通大小腸中有餘
□□□不行逆氣陽涎用活胎散子藥水道之中人油忽便嚼
□□□紫金散三服不差命須離此經書内分明説日深必定見
須□后代有人識此病八鹽句動却相宜

駞患小便秘澁三十八

駞患肝膽脹病三十九

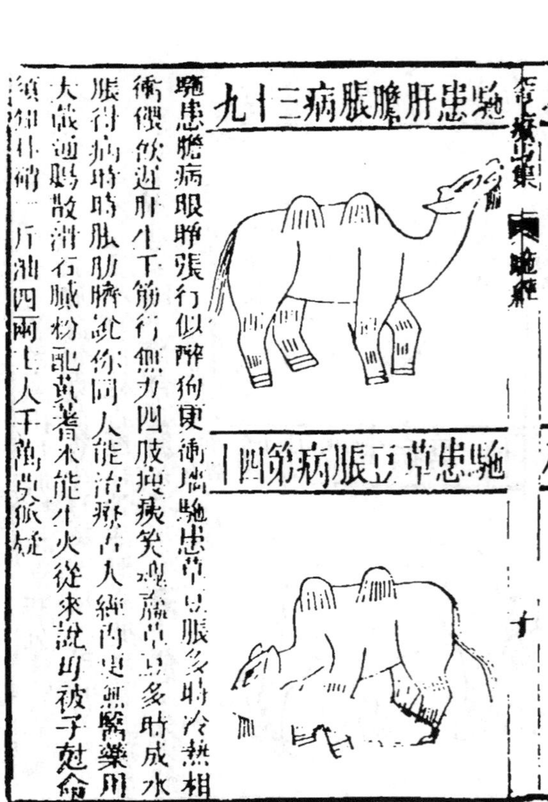

駞患草豆脹病第四十

駞患膽病眼睜張行似醉狗更衝牆駞患草豆脹多時冷熱相
衝便飲過肝不下筋行無力四肢拖瘦笑魂□草豆多時成水
脹得病時時肷肋臍就似同人能治療古人經内更無醫藥用
大戟通腸散滑石膩粉配黄着不能上火從來説由被子尅命
須□□補一斤油四兩□人千般□狐疑

元亨療馬集　駞經　十

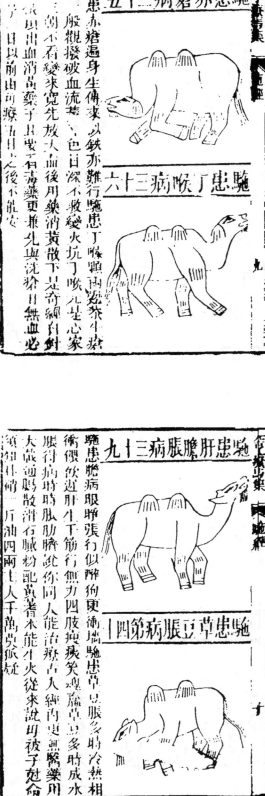

[illegible]花瘡肺風熱盛淹皮將駝患眼暈淚雙流[illegible]
[illegible]發遊肺風元是熱攻破木是肺花瘡白膜遮睛由[illegible]
[illegible]必定不堪醫先吹消黄解毒散后放大血始爲强先點
[illegible]洗肝散青相石决木賊宜更用猪脂類與潤烙時頻用是
名方搗羅存藥同共下後人仔細按奇方

駝患遍身肺花瘡四十一

駝患眼暈熱病四十二

駝患柏葉乾病四十三

駝患躁蹄白掌瘡四十四

駝患失水柏葉乾鼻上無津五七翻駝患燥蹄百掌乾因爲良
東過沙灘元因失水臟中熱日久多時悶連連顛處立時由[illegible]
路[illegible]行風烈膝[illegible]難看便噤脂油活石散藥頭歇後卧觀天但用
[illegible]蹄上[illegible]門出血更頭牽前取皂兒湯取汁莫交結定藥
[illegible]七日之[illegible]須忌使脚踏乾地自然安

[illegible]大傷
斷蹄頭腫大細看觀駝患膝黄要消詳因[illegible]
[illegible]四肢筋重傷筋骨蹺頭出血最爲先毒氣日次[illegible]
散汁[illegible]膝[illegible]骨梁負邪蟲嚼類與裹三日之内要須看[illegible]藥
[illegible]膝上[illegible]鍼出血按名方后代醫人習此理不過數日[illegible]
千金駝經之内分明說便是從前聖手將

駝患失節病四十五

駝患膝黄病四十六

駝患五勞七傷四十七

駝患與馬稍異論四十八

駝患五勞并七傷門爲負重又類盜騾騾之病要消詳[illegible]
百[illegible]當内外五臟相傳得現其形証受其殃受氣成形[illegible]
[illegible]吹乾水草致傷傷經書之内分明說門[illegible]
馬駝爲一類其中妙處不同揚高人留下駝經論至今傳下要
鼓揚本勸後來醫獸子未曾學到勿談揚

[illegible]駝藥方附後

駱駝病症一十九般不可治

喉者喘水草不可治

肺黃內熱發口鼻白沫或生變黑色不可治

或腹脹血脉不行不可治　若生產血聚胎衣不下不可治

糞乾不可治　血脉壅滯生腫不可治

心黃大小便不通不可治　若下喉生水黃至臆不可治

陰黃生血不可治

傷水口中沫水及糞孔中出不可治

若黑汗出風黃及眼不可治

若腦黃發眼赤不可治　臟腑虛及喉糞出不可治

顙黃及眼赤不可治　脾眼赤發黃糞乾澀不可治

腦熱及鼻乾不可治　泄瀉十日不可治

若泄或似灰汁不可治　驗二十里　血不可治

一治駱駝病藥方于後

春三月治七傷藥子散　萊子二合　當歸二兩　甘草二兩　蒿茶一兩

右件四味為末麻子汁五升生姜四兩白麵半斤菉豆粉

兩小油半斤[illegible]作三服飽喂之

夏三月治七傷槐花散　鹽豉四兩　槐花二兩　地黃四兩　大黃四兩　白寄

一斤　白麵一斤

右件六味為末麻子汁五升藥末六兩飽喂之

秋三月治七傷菊花散　菊花四兩　大黃二兩　黃蘗二兩　茶芽半斤　山梔

子二兩　貝母

右件六味為末用麵一斤麻子汁一升荊汁三升油一斤

斤四兩飽喂之

冬三月治七傷款冬花散　款冬花四兩　糯米二升　乾生薑二兩　茯苓二

兩　甘草三兩　黃藥子三兩　右件為末大油一斤水二升牛脂

二斤清油二升每服四兩飽喂之

桑白皮散治駝大小便不通　桑白皮五兩　川大黃四兩　芍藥二兩

滑石二兩　木通二兩　川大甲一兩　甘草五兩

右件七味為末漿水五升油半斤灰汁半斤飼之

大金子散治駝淋澀　大金子二兩　赤麻子二兩　通草二兩　茶芽四兩

白常山一兩　黑牽牛二兩

右六味為末穢汁一合大油一斤藥四兩飢飼之

猪膏散　治駝黑方　猪脂四兩　皂角末半兩　雞子一個

右件為細末攤在瘡上二三日一換

柏子仁散治駱駝疥瘡　柏子仁　赤石脂　烏頭一兩各

右件為末好　為膏作餅子大炙乾杵末油調搽上

石燕子散治駝蹄百穿　石燕子　黃丹　黃　石

右件各等分為末猪脂四兩黃蠟一兩　同熬塗之三日一換

鹿茸散　治駝瘡蹄　茸鹿了　桑木耳　晚蠶沙　白凡木

鱉子各等分　右件五味為末用猪脂慢熬放溫塗在蹄上

石灰膏　治駝漏蹄　人髮灰　石灰　黃丹少許　歷青

右四味為末猪脂熬為膏貼之

大仙子散治駝泄瀉不止　炒鹽四兩　白丸一兩　生姜二兩　仙子一兩

赤石脂　赤黍米　右六味用醋一處同熬飢喂之

紫金石散治駝水瀉　紫金石　地骨皮二兩　雄黃一兩　白薑蚕二兩

寒水石一兩

二個木用　嘴子一個入藥泥了不得氣燒一伏時[illegible]

五錢酒一升飲嚥之

白米散　治驢冷熱不順脹結　白米灰二兩　炒鹽二兩　燒葱二兩

陳醬五兩　雞子十个　右四味為末每服二兩酒五升[illegible]飲[illegible]之

龍肝散　治驢氣腎肥腰　皂角灰[illegible]　皂角[illegible]　[illegible]糯米汁

右三味為末漿汁一升酒一升油半斤同調[illegible]二兩飲嚥之

六灰散　治驢肺壞及胃口冷　鬼木灰四兩　白芷二兩　白麵一斤

白木二兩　乾姜三兩　甘草二兩　右六味為末酒三升　生薑四兩每

服二兩同調一處煎至三五沸放入藥瓶嚥之

貝母散　治驢肺壅熱毒生瘡　貝母四兩　萊菔子四兩　天仙子二兩

防風二兩　黃藥子四兩　鬱金四兩　右六味為末半乳汁二升生薑

四兩麻子一斤麻子汁三升藥末三兩飽嚥之

寒水石散　治驢胞黃病　寒水石二兩　黃藥子二兩　玄精石二兩

川大黃二兩　黃連二兩　右六味為末將水三升油四兩同

調搽腫處

消黃散　治驢肺喘息傷熱　黃藥子一兩　黃連一兩　黃蘗半兩

川大黃二兩　鬱金二兩　甘草半兩

右六味為末漿水三升油二兩每服一兩半飽嚥之

黃藥子散　治驢肺毒外傳食槽腫大　甘草二兩　大黃一兩　黃藥子

二兩　黃蘗二兩　黃芩二兩

右五味為末糯米粥三升白礬一兩鹽一斤藥一兩飽之

鬼臼散　治草脹及豆脹　鬼臼[illegible]　[illegible]石一兩　大戟一兩

右四味各等分為末小油半斤[illegible]之

[illegible]散　治驢眼暈遮睛　[illegible]　銅青

[illegible]　右五味為末燈心點之

木香散　治驢赤瘡　高良姜　黃藥子　草[illegible]灰　木香

當歸

右五味為末油熬為膏塗瘡

[illegible]散　治驢熱水生瘡　山梔子二兩　[illegible]　貝母

知母　遠志　甘草

右六味為末油半斤水五升飽嚥之

[illegible]散　治驢脫肛　白礬　五倍子　[illegible]　木鱉子

龍骨　黃芩

右六味為末水五升煎十沸同藥一處煎三五沸放溫洗之

黃丹散　治驢惡瘡　黃丹　赤石脂　草烏頭　[illegible]

右件為末塗搽之

[illegible]散　治驢口瘡　[illegible]石　桑白皮　黃丹　青黛

右[illegible]味為末入蜜熬膏每服一兩半塗之

消脹散　治驢肚脹疼痛　[illegible]　沒藥　[illegible]　白芷

貝母　秦艽　甘草　右七味為末白礬三兩生姜四兩白

麵一斤入同調麻子汁五升[illegible]半斤藥末四兩飲嚥之

半夏散　治驢[illegible]　荊芥　天南星　半夏　防風　升麻

桔梗　薄荷

右七味為末每一斤酒三升每服二兩飲嚥之

四[illegible]散　治驢脾氣不和到嘴　茴香　官桂　青皮

[illegible]木

右為末生姜二兩炒鹽一兩葱一握[illegible]

嚥之

木通散　治生胎衣不下小便秘澁　木通一兩　朴硝四兩

右用水二升灰汁一升大油一斤飼灌之

粉散　治騾花瘡　砒霜一分　定粉一分　膩粉一分

上□二百粒爲末

右四味件爲細末每用漿水洗淨用藥糝口中之立效

療馬集四卷附錄一卷內府藏本

明喻仁喻傑同撰仁傑皆六安州馬醫其書方論頗簡明附錄一卷則醫駝方也

牛經切要

(清)佚　名　撰

于　船　點校
張克家

《牛經切要》，（清）佚名撰，其書也不見於相關『藝文志』或各家書目著錄，卷首存有簡短序言，略説牛對農業生產的重要作用，書末有『光緒丙戌……雙賢堂刻』等字，應當是刊印的時間。

全書分爲相牛總綱、相牛各論與牛病診療三個部分，對水牛、黄牛都有論述，而關於黄牛的内容略多。相牛部分總結了牛的外形與牛力及役用關係，所述較細，涉及牙齒、毛色、身腰、腹、背、四蹄、頸項、耳、乳、嘴形、眼等項，其中依據牛齒特徵判斷牛齡的經驗總結較具合理性。書中所描述的牛病症狀尤其細緻，還記錄了許多常見病療法、處方等，共載牛病診療内容三十一項，所列的藥方多爲草藥，治未病與辯證施治的思想融入其中。

該書篇幅不大，内容卻多爲民間實踐經驗的總結，言簡意賅，偶引俗語，易學易用。雖是『切要』，但是對某些問題的闡釋比《牛經》更詳明。

該書流傳於民間，刻工欠精細。四川省圖書館藏有坊行本。今據農業出版社于船、張克家點校本影印。

（熊帝兵　惠富平）

牛經切要

于船 張克家 點校

農業出版社

牛經切要

于船
張克家 點校

農業出版社

牛經切要

于　船
張克家　點校

農業出版社出版
北京老錢局一號
（北京市書刊出版業營業許可證出字第106號）
新華書店北京發行所發行　　各地新華書店經售
北京市印刷一廠印刷裝訂
統一書號 16144.1307

1962年10月北京製型
1962年11月初版
1962年11月北京第一次印刷
印數 1—1,000册

開本 850×1168毫米 三十二分之一
字數 10千字
印張 四分之三
定價 (10) 一角六分

目錄

前言

《牛經切要》是一本相牛和醫牛的書，清代曾在民間流傳過。書名不見於歷代藝文或各家書錄。這次據以校勘出版的版本，也未署作者姓名。幸書末附有「光緒丙戌……雙賢堂刻」字樣，由此得知這書刊出年代是清德宗十二年，即公元一八八六年。

原書共三部分。第一部分爲相牛總綱；第二部分爲相牛各論；第三部分爲牛病療法。在校勘之前，曾由王毓瑚、張仲葛、吳學聰、李蘭諸先生過目，並提出了寶貴意見；最後交由校者作了校正、斷句等工作。校勘時，主要參考了《牛經大全》、《圖書集成》、《齊民要術》以及不同版本的《元亨療馬集》等書。校改之處，都附有原文，可資查考。原書每條前均以「〇一」始，爲醒目起見，改爲序號。書前的目錄，也是校者所加。

原書相牛部分，語簡而意賅，在有些問題上，比《牛經》有關部分還要詳明一些。牛病醫療部分所提到的多爲常發病症，並就每一病症提供了醫療的處方。由於本書產生於封建時代，難免流露有封建意識和迷信之處，如「主凶吉」、「主添丁進祿」等，但總的來說，它對研究祖國畜牧獸醫學遺產，以及畜牧工作者、中獸醫工作者都有一定的業務參考價值。

又原書封裹印有「切纂牛經註講生相之形，毛衣口齒骨旋蹄症分明；居家必用存一本，堪畜識者傳後人」等語。書末有「奉勸居家堪畜，年歲太老，不必掉買，所值許多錢文！以免受刀之苦。後於故者，入土安埋，以報耕苦之德；後人榮昌，明去暗來，六畜興旺，永遠富足。存書傳後，敬惜字跡。」這些話與本書內容關係不大，保留在這裏，以存原貌。本書校完以後承農業部金重冶等同志，提了一些寶貴意見，於此均致謝意。

北京農業大學獸醫系中獸醫教研組　一九六一年十二月

牛經切要序

嘗聞自古流傳以來，人生在世，耕種爲本。皇王國土，與民勤耕而食；故所「國以民爲本，民以食爲先。」焉有不耕之理。其耕種者，人之最苦也；故世人，藉養牛畜，用力而且耕。其牛者，自天生之，耕種爲首，生相其形不一，有貴有賤，能主凶吉之形，堪者宜防，其人多有不識，能識之者易，不識者難，恐悮入其中，受害而已。註明方知，以免受屈耳。

一 識認水黃二畜相形之條

〔一〕黃牛、水牛：相形不一，各有分辨①。其黃牛者，只求毛色②、生相、骨氣、口嚙；即有花口、旋水，不忌無防。

〔二〕水牛：皮毛、旋水、角像、蹄爪、口嚙③，必要斟酌④，分明清楚，有主凶吉之形，不可大意。

校記：這二條指出相黃牛和水牛各應注意事項，實際上是相牛的總綱部分。

①原作「變」。 ②去一「生」字。 ③原有一空白。 ④原作「眞着」。

二、居家或買或掉相牛捷總妙法

〔一〕牛有五子：五子俱全，養者不難；嘴如升子，眼如童子，角如錐子，耳如扇子，尾如辮①子。

〔二〕牛有七上一下：其鼻生在嘴上，雙眼生在臉上，角生在頭項上，兩耳生在頸②項上，龍骨生在前膀上，三叉骨生在背上；大小便解③在地下。照形所爲，不得有失。

〔三〕牛圓口，只有八牙。摘④兩個生一對大牙者爲之對牙。生四個大牙者爲之四牙。生六個者爲之六牙。生八個者爲邊牙。八牙居正，爲之齊口。齊口後爲滿黑口。居中一對無黑者，爲六線口。白四牙者爲四黑口。白六牙者爲邊線口。八牙皆白無黑其牙心皆現花也，爲二道口；將其老也。只求口內槽⑤牙，看深淺平穩，深者可使幾年⑥；淺者，堪養幫擔，老之故也。入土安埋，家業興旺，堪畜順遂。若牛有

校記：①原作「邊」；據《齊民要術》所載：「尾上毛少骨多者有力。」《相牛心鏡要覽》：「尾根要緊」，「尾稍長大，吉。」 ②原作「脛」。 ③原作「改」。 ④原作「樀」。 ⑤原作「曹」。 ⑥原作「水」。

七齒爲鬼牙，無用、不吉。有六牙爲天生六齒，無用。有九齒，主吉無疑。上下皆有齒者，大不吉也。

〔四〕牛一①到齊口後，其角根上卽現銅箍②；一年一刻，兩年二刻，三年三刻，將刻數明，方知年壽；共有多數也③。

〔五〕黄牛：黄色、紅色帶④黑，嘴臉黑，蹄脚黑，尾尖、背中有一路黑毛者，養之主吉；扶主出力，百事順遂。

〔六〕黄牛：黑色帶⑤粉，嘴頭中黄色，背中有一路黄毛者，主吉；健⑥性力勇，扶主招財，名爲「油漆裏」。

〔七〕黄牛：週身皆黑，或黄色，胸前有一塔白毛，形如手掌，或背脊中有一路白毛者，名爲「蒿脊牛」⑦，牛中之王，養之大吉；能避官、瘟、火、盜。

〔八〕黄牛：無論黄黑色，不分色道，肚下有白花者，爲「明星過肚」，養之主吉；力勇

校記：①原作「以」。　②按「銅箍」指角輪。　③原書：「共有多數也」，似應爲「共有多少」或「共有多少數也」，未改，故註。　④、⑤原作「代」。　⑥原作「建」。　⑦據《牛經大全》：「牛黄黑色者當脊背上一條白者名爲蒿脊牛。」

二、居家或買或掉相牛捷總妙法 　二

招財。

〔九〕黃牛：草白色帶①黑，嘴臉黑，蹄脚黑，尾巴、背中有一路黑毛者，主吉；扶主出力，養之平順無疑。

〔一〇〕黃牛：虎斑②、毛色似鹿毛色，及六骨不全，名爲「怪牛」③，不祥之形也；養之不吉。

〔一一〕白牛：眼珠要宜黑；珠、玳魚④眼，見日不明，無用。其蹄殼上，宜現針紋⑤，有針紋⑥者美，無針紋⑦者汜。獨於頭上一色毛，爲牛中之王，主富貴雙全。

〔一二〕花牛：週身皆花，頭尾帶⑧一色毛者，主吉。頭尾有花者，主凶。

〔一三〕牛週身一色，頭中一塔白毛，名爲「孝頭牛」；尾大毛白者，爲「喪門牛」，養之主口舌，防孝服。

〔一四〕牛一色，獨生一對白角者，主凶；大不吉也；防火、盜。

〔一五〕牛角像，有寬有窄，有高有低，有前有後。角要宜周正，寬爲「龍門角」⑨，主吉，

校記：①原作「代」。②原作「班」。③《牛經大全》指出：「牛有鹿斑者……切不可養，大當戒之。」④原作「代魚」。⑤、⑥、⑦原作「文」。⑧原作「代」。⑨《牛經大全》指出：「牛角闊相去一尺者名爲龍門牛。」

扶主招財。窄爲「脊箕角」，認主辟生，防打外人。角像一隻①朝天，一隻指地，名爲「指天罵地」，主凶。又有右彎左伸，有左彎右伸，爲霸王開弓，養之不吉。向前者爲火叉角，又爲照水角，主打田坎，常打樹竹。向後者爲「蹼②鵝③角」，主平順。角尖下來吊下項者，主爲不吉。

水牛：宜皮薄，具④青毛，蹄脚宜帶⑤黑毛；膝⑥蓋宜大，膝⑦下脚筒骨宜短，只用五寸，主美，力勇。俗云：「皮薄主健⑧性，青毛主壽長。」

〔一六〕牛身腰⑨宜短，不宜長。俗云：「身長頸⑩短出步遲，身短頸長行如飛。」

〔一七〕牛肚腹宜大，氣膛宜小；肚大膛小⑪主會吃，易養成大。膛大肚小似風櫀，主吃細，難養費力。

〔一八〕牛背宜平且寬；有冬瓜背，脊如瓜也，美。有脊箕背，後寬前窄⑫。有魚脊⑬背，其背單脊也，主牛身狹⑭，定於扁小，味口吃細，常生病症，無力。

校記：①原作「文」。②原作「趴」。③原作「餓」。④原作「用」。⑤原作「代」。⑥、⑦原作「滕」。⑧原作「建」。⑨原作「要」。⑩原作「頊」。⑪原作「下」。⑫此處有一空白，似缺字。⑬原作「脊魚」。⑭原作「夾」。

〔一九〕水牛銅毛色，宜黑。蹄脚背中宜一路黑毛，主壽長力勇，易養成大，扶主招財。

〔二〇〕水牛蘆花毛，頭、尾、蹄脚、背脊無黑毛形者，主壽夭①，牛羓無力，見日哈擔，常生病症。

〔二一〕牛四脚：前夾宜寬，後夾宜窄，俗云：「前夾抱張斗，後夾插隻手。」鷄胸宜大，宜挺，宜正，不宜槽。前槽不出門，後槽②行千里。前脚宜端，後脚宜彎，前脚如打杵，後脚如彎弓。其膝③宜現蓋，主美。

〔二二〕牛頸項宜寬，宜大，小爲蛇頸④；項宜長不宜短，項長主多壽，項短防趺絆。其水牛項下有白帶不宜發岔，發岔者，主招口舌，無帶者，主壽長。項下無帶，到老莫害。其帶形宜小不宜大，宜短不宜長。白帶交耳主壽夭⑤，常⑥生病症。

〔二三〕牛兩耳宜大，不宜小；其形似如蒲扇，耳內中有深毛數寸者，主長壽⑦，其耳有缺無尖者無用。

〔二四〕牛分腰：分在前者美，分在中者主背脊如弓，名爲「天穿地漏」。分在後者，主納

校記：①原作「壽繞」。②原作「曹」。③原作「膝」。④原作「頊」。⑤原作「壽繞」。⑥原作「嘗」。⑦原作「壽長」。

忒。分在蒼者主大小便；屌①在椿②定而不移。

〔二五〕牛奶只有四個，多則有益，少者無用，主爲不祥，宜多不宜少。四奶居中有一奶爲梅花奶，主吉；三奶帶③九齒，爲上牛，主大吉。

〔二六〕牛屁股宜齊宜圓，不宜尖，便門宜向天，其尾插生在背，尾根宜高宜大，尾尖宜小不宜大，宜短不宜長。俗云：「尾生大齊踋，辮④子不要塊，」主美。

〔二七〕牛四蹄：其形如卦，前有八卦，後有八卦，宜圓不宜尖，圓爲木碗蹄，尖爲剪刀蹄，不忌無疑。宜厚不宜薄，厚爲磉爪蹄，薄爲指掐蹄，主無力牛汜。蹄壳上節骨高，其形如包，名爲宗包蹄，又爲美女脚，無用，不祥。其四蹄，有一蹄不合色者爲孤蹄，無用，不吉。其蹄壳尖，宜外包內，主招財；內包外，主退財。前後子蹄，其行如飛，主出力。其四蹄心窩內，似如有四個田字者，爲之上牛，主添丁進祿；富貴雙全。

〔二八〕水牛：花口不一，各有一形，有主凶主吉；生於天堂中，似如尖刀形者，名爲殺喉嚥，招橫事、口舌。生於天堂中，其形如卵一團者，名爲一塊印，不忌平常。生

校記：①原作「局」。②有一空白。③原作「代」。④原作「邊」。

於天堂滿口，形如明星，名爲蒲稻嘸，又爲滿天星，不忌無疑。生於舌尖下，名爲抵舌嘸，主孝服。嘸於嘴皮內，一節者爲黑抵板，無用。嘸於上嘴尖內，一節者，名爲半節瓦，不忌無防。其口內無花，俱黑者爲烏魚口，及通紅色者爲硃砂口，主大吉，百病不生。以下口內有花無名，疑而不用，用而不疑。

〔二九〕牛嘴形宜方不宜尖：方者形如米升，似如虎嘴，主美。尖爲鷄嘴，主吃細。其鼻宜寬不宜窄，寬者主美，窄爲馬皇鼻，主降性紂索；防鼻損傷。

〔三〇〕牛眼宜圓，眼珠宜挺，似如童子。眼珠黑者，性溫；眼珠黃色、紅色，主生性，防打人。兩眼眉毛內，有一路白色毛，其形如蠶，養之主吉，招財避邪。兩眼帶①蠶，主買田園；眼皮宜薄不宜厚，薄者宜健②性，厚者主性皮。

〔三一〕水牛旋形：其背上有四旋，有三旋，有一對旋，亦③有無旋，就爲一披水也。四旋者宜正不宜歪斜，正者主美；四膀四旋，風吹斗轉。三旋者爲丁字旋，不忌無防。生於前膀一對者，不忌可美。生於後三叉④骨上者，爲曬骨旋，不忌。生於背中，名爲肐屍旋，無用、不吉；主招口舌，嘗⑤惹禍生非。生於兩氣膛中者，爲雙打鑼，

校記：①原作「代」。　②原作「建」。　③原作「赤」。　④原作「乂」。　⑤疑爲「常」。

不忌無防。獨生於右氣膛中者爲空脊，無用，退財。生於龍骨膛中者，爲飽蒼，可美。生於龍骨頭上者，爲崔擔旋，主力勇。生於兩耳後中者爲火杷①旋，主招盜賊。生於兩耳根者爲搞摒旋，主打牛捲椿椿。生於頭頂中者，爲羅盤旋，又名一枝花，主不祥。生於兩眼各中者，爲三眼旋，主驚啮，防打人。生於兩眼各下②者，爲滴淚旋，主憂事。生於鼻樑上爲壽旋，一對者爲雙壽旋，不忌。鼻樑無旋，爲狗頭牛，不忌無礙。生於前胸下外前一對者，爲喪門旋，主孝服。生於後腿外一對者，爲拖屍旋，防招横事。生於糞門，爲抽脹旋，主壽夭③。其背並無旋者，爲披毡牛，不忌無礙。以下有旋無名，不忌無防。

校記：①疑爲「把」。據《心鏡要覽》：「耳後有旋，名刺環旋。」　②原作「中」。據《三農紀》：「目下有旋紋，傷主。」　③原作「壽繞」。據《心鏡要覽》：「糞門下半指有雙旋，名後三眼。妨壽。」

三、相牛內外病症主治藥方奇妙如神

〔一〕牛掉買，恐有血屎、血尿，不能得見，其症內病，難以得知。急得將牛邀於水內，其牛下水，屎尿卽過，便知明白。

〔二〕牛受病，其症不一，有輕有重，分明清楚，主治藥方，不可胡①行，見症審的，主方可矣，謹之慎之。

〔三〕牛無病，常服蕎子、大麥、食米，炒焦加姜用火燒黑，金銀②花，共熬水灌下，少生病症，其效有功。能除胃③寒、消食及溫熱毒。其牛大便出稀④，加百草霜、淘米水，和爲餅，火煆爲灰，合藥灌下，百發百中⑤。

〔四〕牛受病，病重形容，主鼻甘無汗，角冷如冰，口中不能回嚼⑥，眼珠無神，口鼻內涎水自流，身冷毛聳，睡臥不起，將頭靠地，頭尾不動，兩耳無力，氣從鼻孔而出，

校記：①原作「糊」。②原作「艮」。③原作「味」。④原作「浠」。⑤原作「百中百發」。⑥原作「醮」。

十有九不治。症防死，急用通關散：皂角、細辛、雄黃，共爲末，吹入鼻孔內。有噴則救，無噴主死。有救者卽服：蒼朮、陳皮、黃芩①、山梔②、連翹③、薄荷、桔梗、石羔、滑石、荆芥、防風、白芷、川芎、枳殼、茯苓、當歸④、法夏⑤、芍藥、白朮，冬春天用麻黃、大黃、毛硝（另包、另熬）和藥服，一⑥過不用。後三味，夏天不用，加焦軍。

〔五〕牛被汗，主不思草食，周身無力，行走不穩，其鼻微汗，其耳微力。宜服：白芷、陳皮、厚朴、桔梗、枳⑦殼、川芎、白芍、茯苓、蒼朮、當歸、法夏⑧、桂枝、麻黃（少用）、甘草、燒姜、葱引。

〔六〕牛四脚寒及軟脚瘟，宜服：防風、苡仁、木瓜、秦艽、升麻、麻黃、法夏⑨、當歸、茯苓、蒼朮、川芎、赤芍、枳⑩殼、陳皮、白芷、桔梗、木通、花粉、苦參⑪（多用）、乾姜、香附、肉桂、附片、厚朴；後五味夏天少用，六骨根引。

〔七〕牛瘟疫及火症，主大小便不通，週身寒冷不思草食，宜服：防風、川芎、當歸、芍藥、

校記：①原作「岺」。②原作「枝」。③原作「召」。④原作「歸」。⑤原作「下」。⑥原作「以」。⑦原作「只」。⑧原作「下」。⑨原作「下」。⑩原作「只」。⑪原作「多」。

薄荷、連翹①、黃芩②、桔梗、石羔、山梔③、白朮、滑石、荆芥、麻黃、大黃、毛硝（三味另包）另熬和藥服。冬春天用，夏天不用，加焦軍。

〔八〕牛痧症，主肚腹疼痛不止，恍忽不定，起卧不安，急將鷄一隻，不分公母，刺殺取血一小碗，用白礬④一、二錢，爲末，入血内；加食鹽一並灌下卽好。其牛中⑤毒，肚脹如鼓及卧心黃，此症同方，亦治卽效。又方：用食鹽一酒杯，甜醋一小碗，鷄蛋二、三個，亦並灌下，卽消。

〔九〕牛咽喉腫痛及爛舌黃：卽用兒茶、黃栢、枯礬⑥，共爲末，搽於舌上。如舌腫，用樸⑦硝、白礬⑧爲末，搽於舌上，妙方。又方：用食鹽、藍靛搽於舌上，卽服荆芥、防風、梔⑨子、連翹、黃芩⑩、桔梗、薄荷、黃連、元參⑪、大力、甘草、大黃、毛硝（另包，另熬）和藥服，一過不用，金銀花引。

〔一〇〕牛閃癡，恐傷筋、損骨。赤芍三錢酒炒、歸尾三錢、紅花三錢、香附三錢酒炒、桃仁十三粒去皮、自然銅

校記：①原作「召」。②原作「岑」。③原作「枝」。④原作「凡」。⑤原作「重」。⑥原作「凡」。⑦原作「磺」。⑧原作「凡」。⑨原作「枝」。⑩原作「岑」。⑪原作「多」。

三錢火煅醋碎七次、生地三錢、玄胡三錢、三稜①三錢、莪②朮三錢、乳香一錢五、沒藥一錢五、土巴戟五錢酒炒、血竭③三錢、木通三錢、羌活三錢、骨碎補三錢、麻黃三錢、續斷三錢酒炒、山甲三片炒、蘇④木三錢、散血草，白金條引。外用紅酸匕草樹、良姜搗爛炒，酒熱包。

〔一一〕牛小便不通：豬苓⑤、澤瀉⑥、滑石、麥冬、黃栢、瞿麥、萹蓄、甘草、牛夕，炖水服。

〔一二〕牛白膜遮睛，眼藥：銀珠、上片、龍衣、枯礬⑦，共爲細末⑧，點眼內其膜卽退；或加有麝（少用）亦可。如眼內生翳，用生茨菇，搗爛汁，去水，用茨粉加上片，爲細末⑨點入卽效。後服用：蒺藜⑩、羌活、當歸、赤芍⑪、檳榔、木賊、蔓荆⑫、防風、菊花、桔⑬梗、枳殼、蟲退、柴胡、荆芥、黑丑、梔⑭子、知母、甘草。金銀⑮花引。

〔一三〕牛生黃，多生於嘴臉上，名爲「箍嘴黃」。其形如瘡，不穿不爛，能長高、腫。腫在喉關，將氣閉塞，其牛主死。急用石灰、食鹽調水搽上，留頂。卽用針⑯或刀將黃

校記：①原作「林」。②原作「峩」。③原作「通」。④原作「蕉」。⑤原作「峇」。⑥原作「下」。⑦原作「凡」。⑧、⑨加一「末」字。⑩原作「疾梨」。⑪原作「勺」。⑫原作「京」。⑬原作「拮」。⑭原作「枝」。⑮原作「艮」。⑯原作「或針刀」。

頭劃①開，用大糞糊於口上，如又生合攏②，再劃③再④糊。卽服：羌活、防風、黄芩、黄連、大黄、連翹、白芷、荆芥、當歸、花粉、大力、甘草；金銀⑤花引。

〔一四〕牛大便出稀⑥：蒼朮、菖⑦蒲、茣萸⑧、滑石、石黑、官桂、豬苓、澤瀉、前胡、獨活、陳皮、胡椒、苦害子；生姜引。又一方：用甘胡豆桿，燒灰，淘米水服；卽便就下。

〔一五〕牛大便下血：用當歸、白芍、川芎、生地、黄連、黄栢、黄芩、槐花、梔⑨子；炖水服。

〔一六〕牛大便不通：用當歸、法夏⑩、麻仁、桃仁、杏仁、枳⑪殼、厚朴、黄芩、大黄、甘草，炖水服。又方：皂角燒灰，研末三錢和米湯服下，卽通。

〔一七〕牛大腸脱出，宜服：當歸、生地、白芍、荆芥、防風、升麻、酒芩、黄連、川芎、香附、甘草。又方：木賊燒存性，爲末乾擶。又方：浮萍草爲末，乾⑫擶。

〔一八〕牛血尿，宜⑬用：當歸、紅花、灶心土，爲末，酒引。又方：用推豆腐鍋巴，焙乾，新瓦片上炙焦，研細，加黄連爲末，開水泡服。

校記：①原作「化」。②原作「隴」。③原作「化」。④原作「在」。⑤原作「艮」。⑥原作「浠」。⑦原作「蒼」。⑧原作「吳于」。⑨原作「枝」。⑩原作「下」。⑪原作「只」。⑫原作「甘」。⑬原作「草」。

〔一九〕牛吐草：用陳皮、法夏①、丁香、炙草、茯苓、白朮、砂②仁；藿③香引。

〔二〇〕牛哐：用香油、蜂蜜、姜汁水，同炒微黑色，服下。

〔二一〕牛防吞釘針：用樸④硝、磁石、爲末，生豬油煎，加蜂蜜服即下。

〔二二〕牛瘋狗咬傷：楊雀花根、狗屎椒根、茅⑤草根、苦蕎根、韮菜根、澤南根，有虎骨眞的先服，後將前幾味藥用米酒水煨服。

〔二三〕牛母豬瘋：用七里香上寄生包，加白礬⑥、枯礬⑦，爲末，將酒米爲稀粥，和藥服下。

〔二四〕牛膝⑧花，生於膝⑨蓋，前爲膝⑩花，後爲尿淋。用萬年灰火煅、枯礬⑪、白蠟，爲末，乾擦。又一方：用山上黃土，打過霜雪，加乾牛糞，爲末，乾擦；其效如神。

〔二五〕牛僁音潘，用搽藥。蕎子、大麥子火煅、硫磺、土硝、花椒、白芷、黃栢；共爲末，煎生豬油，搽稀稀處，乾擦亦可。即服：羌活、獨活、柴胡、前胡、枳⑫殼、桔梗、連翹⑬、

校記：①原作「下」。 ②原作「沙」。 ③原作「合」。 ④原作「朴」。 ⑤原作「苿」。 ⑥、⑦原作「凡」。 ⑧、⑨、⑩原均作「膠」。 ⑪原作「凡」。 ⑫原作「只」。 ⑬原作「召」。

三、相牛內外病症主治藥方奇妙如神　二三

黄芩、薄①荷、防風、甘草、金銀②花；焦姜引。

〔二六〕牛脱蹄壳方：用百節蟲十幾條打破入桐油內，煎開將布帕包，將油滴入壳內。謹防牛餂，此藥有毒。

〔二七〕牛生鼻蟲，不治，將鼻吃斷。用嫩麻、柳樹皮，纏於鼻索，裹傷蟲處，其蟲卽除。

〔二八〕牛尾尖生旋蟲，不治，將尾尖旋落，卽用針放出血。將鷄虱子草，入桐油內煎搽。外用布帕纏包，防牛餂。又一方：用棉花葉搗爛，包更妙。

〔二九〕牛枷擔打皮：用舊毡帽一片，火煅爲灰，乾撚。

〔三〇〕牛熱積子，生於通身，形如羊子，不穿不潰，用針刺破出血，將食鹽、枯礬③澁口自消。

〔三一〕牛背上火癬：用豬精肉，切爲片，入膽水內浸七日，取出，加明雄、花椒，清油煎搽。

校記：①原作「卜」。 ②原作「艮」。 ③原作「凡」。

抱犢集

（清）佚名撰

《抱犢集》，（清）佚名撰。作者生平及成書年代不可考，是相關學者於一九五六年在民間搜集到的中獸醫古籍。原爲抄本，保存在江西省新建縣中獸醫萬熙慶手中。據推測，該書可能成於清嘉慶至光緒年間。

全書分爲看病入門、全身針法、藥性配方、牛病症候等四大篇。彙集了當時諸多民間經驗良方，其中《全身針法》中載有三十五個穴位名稱，詳述了有關穴位、針法、主治以及禁忌等，還專列了火針法；《藥性方篇》一百零二方；《牛病症候篇》有六十三方；補瀉溫涼藥性配方中，列有藥味一百四十八種，以及四季用藥和成方九十六個，對症施治，言之甚詳。《牛病症候篇》中，載有江西常見多發病，如内科感冒、風濕、泄瀉、膨脹等及外科的黃症、『三脱』症、眼病等四十三個針藥治療方法。

該書總結了明清兩朝牛病治療理論與經驗，從中獸醫整體觀念出發，對江南常見牛病的診治技術作了系統論述，充分反映了地區特色，也可以補充《元亨療馬集》之『牛經』的不足。

該書於一九五六年農業出版社影印本，今據此本影印。

（熊帝兵）

抱犢集

看病入門篇

牛經論說

經云：牛有病痛，形色有五。一曰心、肝、脾、肺、腎，一曰膽、胃、大腸、小腸、膀胱、三焦是也。瘴氣十症，大小染症二十四，心脾肺膽五十一，南大春夏秋冬变換之症，大共一百零三症。曾先賢有言曰：春旺於木，木病肝；夏旺於火，火病心；秋旺於金，金病肺；冬旺於水，水病腎。脾属土，旺於四季之末，又有說旺於中央，大暑至白露。又云鼻病於肺，肺主皮毛，耳病於腎，齒乃腎之餘，上唇病脾，下唇病胃，舌乃心之苗。不究其情，不識其症，妄施針藥，悞於死地，反言該病其恶不能医治，此医者之咎也。

刊行抱犢集序

抱犢集及養耕集、均為我所於一九五六年在民間搜集到的中獸醫學古籍、抱犢集原書為手抄本、保存於我省新建縣著名中獸醫萬慶熙老先生家中、因其徒鄧竹林同志的開導、得以問世、書中對醫牛實踐經驗有獨特豐富之處、新建縣舊隸南昌府、人文極盛、耕牛繁息、且地濱鄱陽湖岸、隨大水漲落常多發炭疽與出敗等牛流行疾病及一般雜症、以故歷代名醫迭出、很多經驗是符合科學道理的、本書根據獻書人所述及証以書中內容風格、選方配藥、資料增補等、均可認為是清代的著作、但書中未載作者姓名、經調查再三、惜乎無從查考、由于原抄本有部分的字跡不清、篇頁残缺、且多错誤遺漏、因此有整理補正的必要、一九五六年九月、全國民間獸醫座談會上、曾由我所負責人楊宏道同志携送各地中西獸醫專家傳閱、給以評價很高、都希望把他整理出板、通過一九五八年七月第一次全國中獸醫研究工作座談會、更對于現存古籍的整理和出板工作做出了具體規劃、這兩部古籍就由我所在今年内負責完成校刊工作、從改錯補漏斷句、直到插圖、增加目錄、(按原本無目錄)、都進行了全部有關工作、但必須鄭重聲明、除部分修正外、大部分不加更改、以保存原書形式、俾供各地對我省地方獸醫經驗、作學術上的交流推廣和參考研究、這次我省醫牛古籍的陸續整理出板、再一次說明了黨對祖國文化遺産的高度重視、當前全國獸醫界正在熱烈響應黨所號召的「中西結合、土洋並舉、創造消滅各種家畜疫病、大力發展畜牧業生産」的精神、應用現代科學、進行綜合性的整理、分析總結、以發揚提高祖國醫學遺産、使中西獸醫融滙為一流、而成為我國獨特的在世界上最先進的獸醫科學、由于時間怱促、未能對本書作更詳細的校勘、又未及作出校註、同時限于我們的技術水平和領悟能力、其中錯誤之處在所難免、尚望各地中西獸醫專家們隨時給以指正、

江西省農業廳中獸醫實驗所

二

一九五八年十月于南昌蓮塘

目錄

三

看病入門篇

牛經論說

經云、牛有疾病、形色有五、一曰心、肝、脾、肺、腎、二曰膽胃、大腸、小腸、膀胱、三焦是也、瘴氣十症、大小染症二十四、心脾肺膽五十一、與夫春夏秋冬變換之症、大共一百零三症、曾聞先賢者有言曰、春旺於木、木屬肝、夏旺於火、火屬心、秋旺於金、金屬肺、冬旺於水、水屬腎、脾屬土、旺於四季之末、又有說旺於中央大暑至白露、又云、鼻屬於肺、肺主皮毛、耳屬於腎、齒乃腎之餘、下唇屬脾、上唇屬胃、舌乃心之苗、不究其情、不識其症、妄施針葯、悞於死地、反言得病甚惡、不能醫治、此醫者之咎也、精業人務要識症明白、詳察五臟所出之病源因、現於何症、方可下手施治、如眼黃觸人是心黃、叫者無治、眼赤流泪生眵者、是肝火、肝黃竄膽之速、膽則驚恐、驚則叫、叫則無治、眼藍心走血、是膽瘴病、眼青眼白不轉動者、是損肺病、眼瞎如流淚不生眵者、是肺風、鼻屬肺、肺乃開竅於鼻、經云、喉有九節、以呼吸肺之氣、風入四肢、不時淚出、兩目皆爛、但凡牛肚之氣、皆屬於肺、肺氣喘而不定、以開肺火、以收肺氣、氣定則血行、氣不定則血不行、則閉而成病、故春季之牛、多感濕熱、而閉成疾、當用退熱除濕並發表之藥治之、蒼朮除濕、甘葛瀉脾火、正此之謂也、膁貼瘴有三、此乃牛之大症、一曰氣脹、二曰血脹、三曰火脹、氣脹針下立效、血脹火脹者、雖針無全效、可解一半、但凡牛有起立不行者此畜極病也、經云、尾動人中有生氣、病不深、再看前倉心肺肝膽二倉熱與不熱、熱者針破前倉以除火其牛自安、凡牛黄名有七、眼黄是心黄、一曰雷尖、二曰横過管、三曰獨子、四曰核項下、五曰悶耳、六曰雙子、七曰閉喉、又銜牙腮、托舌拓腮、木舌、肺氣竄耳、肺經之風、通身可串、此皆火閉内經、經云、心黄跳膽、黄叫、肺黄、滲為鼓症、此之謂也、凡牛傷肺者、口鼻流涎不止、牛雖吃草動迴、此病不可醫也、經云、口流清水鼻流涎、任是仙家醫不痊、鼻冷如鐵死症、三關無汗死症、四足無力、病傷内經、頭貼地如卧、是心火走腦、重者頭懸不起、欲卧欲起是火閉肚中疼痛、又有火閉心經、肺中火熱、亦如其形、但眼之不同耳、針口流血不止、難治、夾陰帶脹、難治、牛有狂走如馬奔、難治、中膈難通、而葯不能通、難治、小腸血結、難治、口唇冷者、難治、大腸中結、難治、鼻乾皮毛無血氣、難治、牽爐反張口、難治、痴立不行、難治、喉黄不吃、難治、病後小便出瘀血、難治、氣喘不止、口流清水、難治、並且走丹上身、死症、悶脚身腫、難治、雷失火急腫至眼端、死症、耳核不破不吊、難治、悶耳黄、宜消宜吊、穿鑐黄走腎袋、死症、喉閉不食、即時而亡、肺經積熱、一身大疾、爭爪不吊、七日死亡、春雨不起、其形有涎、氣血走筋、其筋有形、軟脚之黄、宜吊在先、肚臍之黄、陰前亦是、陰後于穿鑐、凡醫者察之

慎之、切不可以穿于陰也、小便不通、或是閉結、或是砂淋、即開

取之、發狂者不治、至于大頭風、非所以黄認、腳成血壺、皆因七

寸未清、漏蹄之黄、因血至蹄底、牙腮之黄、藥針能消、雙子單子

其症相類、如相反、牛之空尾、其病在肺、病後不回、又恐血骨相

傳、後蹄之黄、其病甚惡、早則可醫、遲則難治、脱肛之症、冰片水

能醫、偏爪股接、宜用針先、胃火嘔草、藿香帶表、鼻血不止、宜醫

肺經、陰分之症、其形不同、頭低帶振、四足如冰、且又腳攢、宜用

桂附之藥、再與急治之方、縮陽者、雖為陰相同、如其針法各别、

出鞭者腎火也、再看别經起病之源、捺腰脹、就是腰黄、即以腰

黄急治之法、外以針、內以藥、其症即時而止、大便閉皆少表、加

以大表之散、涼葯之方、何愁不愈、症有血皮脹、其病甚速、醫家不能以妙手、何以能愈之、河豚之脹、遍身起泡、不可以黄認、若作黄認治其症即死、青蛙脹者、肚大口流涎水、後脚無力、其症易治、臁貼脹者、草肚大水肚畧消、欲卧欲起、用針而痊愈、肚脹者、或草脹氣脹者、以針蘇其氣、草脹以葯攻其食、眼藍者是膽病、經云、膽脹之病甚不輕、或起或卧眼睛青、奔走往來不住脚、三朝五日澈心驚、若牛之氣脹、酒針一用陡然痊、子宫之症、凶甚且異、皆因氣血不和、以氷片水用之、可以美哉、牛之乳發裂、皆因血不調和、要用表裏生肌散以痊之、至于牛婆胞衣不下、皆屬虛弱之症、須用十全大補湯、加桃仁　赤芍　紅花　歸尾其衣自下、肺風竄眼者、兩眼不仁、兩耳浮腫、得消風之劑而痊咳嗽無聲者、兼清肺之葯、 條芩 馬兜鈴以主之、肺風竄皮通身浮腫、不可用針、針者無治、又有氣喘不收、鼻內作叫、可用桑白皮以主之、若是黄竄喉風不可治、轉以風竄足其牛易治、又有肺經自來黄、以針破之、敗毒痊愈、火竄心經、或生耕田地而起、或受暑熱而起、一散而痊在乎急救、緩則難治、症患交脚風、其形猛、其症有涎水、病起之時、察其真方可動針、銼齒風、其病俱同、毛滲皮震、頭低有黄、宜吊、皆因是心經所致也、至于時疫十難痊一、初起之時、吃草打迴、待等三五日、不吃草口又爛、鼻又臭、後門泄瀉無止、雖有仙丹醫不痊、見效以綠豆 大

七

黄 雄黄 雲連、三黄湯痊之、其言謬也、曾見眼縮咳嗽、肝肺之火、鼻捲眼縮、純肝火也、眼上生眵、遍身掣震、心肝火、若是痢症、該從上言、又有鼠子痢、又名魚腸痢、大腸火、清水痢肝經火、又有莧菜水、肝火也、又有紅白相兼痢症、肺與大腸病也、又加毛滲皮震、心火也、以上之症、稍略而言之、

五臟六腑生尅

五行相生為金生水、水生木、木生火、火生土、土生金、此為五行相生、相生者生也、五行相尅為金尅木、木尅土、土尅水、水尅火、火尅金、此為五行相尅、相尅者死也、五臟為陰、屬水主寒、心屬丁火主紅、肝屬乙木主青、脾屬己土 主黄、肺屬辛金主白、腎屬

癸水主黑、六腑為陽、屬火主熱、小腸屬丙火主淡紅、膽屬甲木主淡青、胃屬戊土主淡黄、大腸屬庚金主淡白、膀胱屬壬水主淡黑、三焦為上中下之脂網膜、

五臟六腑受病論

心經受病論

在天為熱、在地為火、在牛為心、在時為夏、肝木為母、脾土為子、尅之肺金、心主生血、熱則傷心、歌曰、

心為南方丙丁火、 注于心上只偏靈、 大小即如雞子樣、

一斤十二旺珠明、 受其津液部五合、 注潤魂魄得安寧、

心即善能納苦味、 小腸同腑脈長榮、

八

舌乃心之苗、舌尖主生血、舌根主肺管之氣、如舌頭及口中火盛發燒者、是心中實火、宜下火也、舌如不發燒舌下青筋不開乂者、心經少病也、

肝經受病論

在天為風、在地為木、在牛為肝、在時為春、腎水為母、心火為子、尅之脾土、肝木主風、風盛傷肝、歌曰、

肝為東方甲乙木、　三斤十二似荷形、　左短右長都五葉、

肝垂心下若鈴鈴、　肝即善能納酸味、　氣引風牽膽腑行、

遇得咽關皆有處、　似水通流每潤經、

肝者眼之源也、夫眼者、乃五臟精華所生也、目和則兩眼精靈、

活動無淚、如牛患病眼内黑珠一根綫大者、切不可治、眼内如藍靛者晚悶必泄血也、

脾經受病論

在天為濕、在地為土、在牛為脾、在時為季末、心火為母、肺金為子、魁之腎水濕則傷脾、歌曰、

脾屬中央戊己土、　日夜垂磨不暫停、　脾即善能納甘味、
胃口相生佐土星、　下得咽喉皆有别、　陰陽生魁配五行、
五行相稱牛康健、　陰陽衰盛病相侵、

脾開竅于下唇、唇中順平和、則水草入口有味、涎水不出無病、唇冷者陰症也、唇向上翹、脾經發脹、翻胃吐草脾内虚、

肺經受病論

在天為燥、在地為金、在斗為肺、在時為秋、脾土為母、腎水為子、尅之肝木、肺金主氣、燥則傷肺、歌曰、

肺屬西方庚辛金、　色似蓮花傘蓋形、　皮肉毛竅肺金管、

肺納辛味體浮輕、　肺合大腸為傳送、　通連水穀自安寧、　三斤十二分為相、　本住耶宅佛國城、

鼻為肺之外竅、鼻和則進出氣匀、鼻又不卷則好斗之形也、鼻冷者肺竅不通、鼻無汗者氣血自閉也、毛退皮爛、肺內受毒、大腸受冷則腹鳴、搖頭鼻塞、肺受寒、

腎經受病論

在天為寒、在地為水、在斗為腎、在時為冬、肺金為母、肝木為子、魁之心火、腎經主水、寒則傷腎、歌曰、

腎本北方壬癸水、膀胱相隨坎水宮、左管大腸蟠四積、一丈二尺不交併、右管小腸蟠八積、二丈四尺絶其形、腎為烈女分左右、一斤十二古來論、一切鹹味其中納、內注風勞亦不停、

腎主津液、外應耳聯齒、耳和則不披倒、運血三關、耳尖和煖不冷、腎病縮陽陰症、咬牙耳冷搭下和不搧動則腎有病、

論斗健康歌

脈跳如弦下手知、一來一往不數遲、寸關尺脈皆純正、

三合中和道平宜、陰陽雨脈俱相配、再加一至更無虞、舌如蓮花鮮明潤、唇似桃花色更輝、四肢輕健行有勁、奔走速度象龍飛、臚肷活動增軟滑、屎潤尿清自胖肥、皮毛光彩精神好、鼻氣温和來往隨、頭高尾昂血脈壯、四季如斯百病無、

陰陽外應染病歌

五臟相傳于外應、陰陽衰盛説須知、陽盛生黄多腫毒、陰盛多癩遍發疽、陽虚雨日流清淚、陰虚腿腫步難移、熱盛生風冷生氣、飢飽風寒氣血凝、暑傷六腑風傷肺、役傷氣部瘦傷肌、寒傷腰胯飢傷肉、行傷筋骨

又傷蹄、勞傷心血濕傷腎、飽傷五臟困傷脾、遠來飽草多傷胃、乘飢喂急臟必虧、飲後吐草要翻胃、空腸過飲泄無疑、驟行飲急先傷肺、停耕帶汗浴虧皮、伏雨苦淋秋有疾、霜宵久露敗體軀、酒糟多喂斗受刺、大盛熱睡燥毛皮、迎風飽飲喉咳嗽、濕地久卧腿難移、熱料充腸應草結、水潭落浴腎多虛、老衰血弱難行走、冰草飢飧胃必寒、熱盛喘噎心肺掃、蹇唇似笑冷傷脾、咬齒低頭心腎痛、收腰不起腎經虧、急卧急起脾經痛、口吐清涎胃冷虛、蹲腰踏地尿胞轉、擺尾搖頭痛可知、迴頭觀腹腸中痛、氣虛腸冷腹如雷、胸堂

十一

嘔噎關前結、鼻膿腥臭肺經虧、血脈閉塞風寒起、肝
風臂大極專蹄、膘肥肉重生腰腿、咳連喘急變瘡痍、
氣血不通成惡疾、料傷過分腸黃痰、屎泥聚久多生泄、
積氣無行血注蹄、久渴空心飲過濁、毛焦肉瘦水停
臍、飢飲餓殘生水臂、誤食羽毛咳聲催、遠來有汗休
急飲、繫拴莫近巷簷前、熱燥忌牧高崗地、洪過勿放
污草嘔、外傷一切少沾染、內感各症自輕移、牛病症
多難分辨、醫人仔細用心推、
風、寒濕熱虛實六症

風症

風有内風外風之分、内風者、肝經動風、主四肢麻木不仁、脚跛行、眼中流淚、外風者外感風寒、渾身氷冷、尾搽頭低、鼻鏡無汗、耳搭鼻冷、此爲傷風之症、

寒症

寒症者、渾身寒冷、耳搭頭低、尾捲唇口氷冷、渾身發抖、腹鳴泄瀉、口流白涎、此爲傷寒之症、

濕症

濕症者、皆因春雨連綿不止、或被大雨淋濕、或在濕地久卧、或受欄中濕氣、日久透入肌肉、傳至臍經而病、其病症、則是泄瀉、脚軟節腫、行走跛拐、有時水腫之症、

熱症

熱症者、燒熱之症、初病之時、水草不食、渾身發熱異常、頭止地、尾捲耳搭、鼻汗時有時無、站得多、卧得少、病主肚盤黄腫病症、以及吐舌、皆係傷熱之症、

虛症

虛症者、勞傷之症、皆因耕田用力太過、日夜勞苦甚急、未得休息一日、口中無味、少食水草、以至漸漸瘦弱、身體沉重、脚軟難行、此爲虛勞之症、

實症

實症者、切實之症、只因血氣充足、多食粗糙草料、停滯肚中不

容易消化、又有脇股間腫脹堅如石者、一時不易趕散、此為實症也、

臨症看病須知

凡牛有病、先看眼内黑珠一綫穿過、不治、

凡牛病眼如藍靛者、必泄血也、

凡牛病背脊一條冷者、病屬陰也、

凡牛皮内裂起者、砂虫蛀皮也、

凡牛皮不扇動、沉砂閉汗也、

凡牛毛枯、色不鮮者、水草不均也、

凡牛頭貼地、是心大走腦也、

凡牛病皮風抽肉、一日瘦一日也、

凡牛鼻冷如鉄者、津液枯絶也、

凡牛鼻中氣出如烟、肺心肝毒火極盛、

凡牛口中流涎與白汩者、胃虛氣不均、

凡牛眼色青不轉動者、損肺病也、

凡牛捲鼻者肺金絶也、

凡牛毛翻轉者、肺金火也、

凡牛黄水穿皮毛、似油浸也、黄即水、水即黄毒血變成水是也、

凡牛血皮脹者、渾身燒熱極盛、陡然不吃水草、左右旋轉、四肢軟倦、起卧不安、先吐舌、尾結脹出、肚腹脹、死後毛眼有血流出、

凡牛晚閉吃飽進槽、突然死者、陰陽水火絶、陰腎水也、陽心火也、

凡牛患穿襠黄、乃是險症、腎子腫大不治、如黄在左起穿過右、從右起穿過左、從後起穿過尿臍門邊腫大者、其牛死在旦夕、

凡牛下針血流鮮紅者、病不重也、

凡牛行針血不流者、或血帶紫色、其病難醫、

凡牛發病身體沉重而脚軟、血帶胭脂色、眼不關神、身上温熱異常、頭低毛頓、不治之病、

凡牛腫者、只可吊黄、不可用針、針者無治、

凡牛病患雞心黄、押板黄、箭箕黄、穿襠黄、瓜藤黄、鎖喉黄、托舌

黄宜用火針治之、

凡牛腫者、是真黄可吊、但别病不可吊黄、除咳嗽脹氣爛肌肉拐脚脱膊兒腸翻出脱肛砂淋等之外、一般可吊黄、

凡牛患病口流黄涎者、兼咳嗽、乃是肺内生癰、口臭肺經爛壞也、無治、

凡牛病渾身起疹者、乃是肺經風火獨盛、走皮肤也、兼之不吃水草、疹上毛頓、頭低耳搭、重者口流涎水、要肚泄者、可治、肚不泄者不可治、先吃荆防敗毒散、後吃黄連解毒湯、疹上用桐油調鴨蛋清敷、

凡牛患上坎唇腫、不歸左右者、定是雷尖黄、如有腫至眼邊者、

必死症也、如有下坎唇腫者、是為托舌黄、不可作雷头黄治、此二症、要將界限分清治之、決不悞也、

凡兩牛相鬬者、先跌脚後病者、定是瘀血攻心、較難醫治、先用散瘀活血湯治之、

凡牛病四脚皆軟者、此是風濕之症、風在肝、濕在腎、適宜疏風除濕之葯治之、

凡牛病之時、如渾身冷者、則外感風寒、要用表葯治之、

凡牛病時、如渾身熱者、則内感風寒暑濕、得用清裏之葯、

凡牛病之時、如渾身熱帶震陽症、則風火攻心、久成危症、宜用清涼葯、

凡牛病渾身冷者、帶震陰症、寒濕走腎、宜用温熱葯、

凡牛始初發病、其耳必蔫不痛、或左冷右熱、外感則冷、内傷則熱、寒則發冷、燥則燒熱、或耳尖冷根熱、或通耳俱冷、初起病輕、耳根尚熱、挨到全冷、病必重矣、時往上豎、此是脹攻内外、心風發狂之症、時又下垂、此是受寒受濕、心怯膽顫之症、

凡牛有托舌者、一名脫舌、心火極旺、又名扎舌、因虫蛀傷所得、治宜泄心火為主、以犀角地黄湯治之、

牛全身針法篇

天福三台并丹田、　蘇氣安腹肚角弦、　腎門安腎千斤穴、
龜尾開風尾後根、　通膊前後通四膊、　地户散珠垂珠尖、

承山追風兼滴水、
寸子筈子湧泉連、
陽明穴在後襠内、
海門正在肚臍邊、
胸堂跪膝鎖喉穴、
人中牙關知甘連、
精靈顋門血印穴、
或有腫處用針先、
倘有膿腫不論穴、
要用烙鉄似神仙、

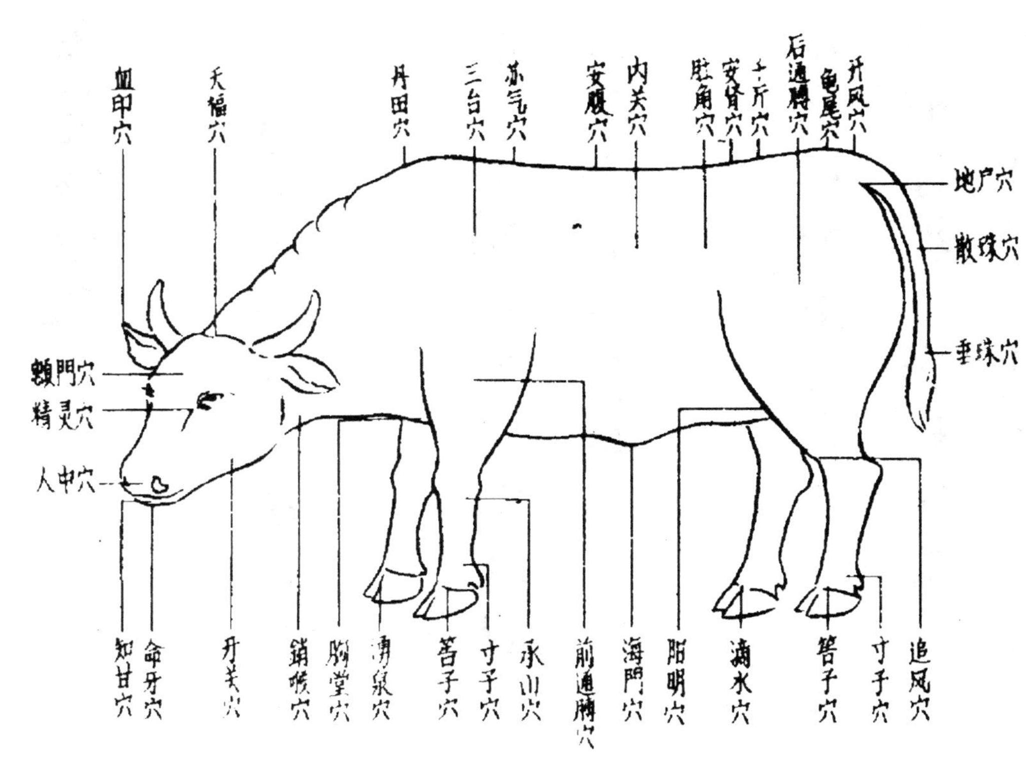

天福穴、即為天門穴、在兩角背後、距離
正中、此穴不用針、
血印穴、在兩耳離尖一寸、治閉結血脉不行、百病可用、病重連
排三針、以穿為度、
顋門穴、在兩耳根部、橫過眉心中間、此處穴不用針、
精靈穴、在兩眼角下眶上、治閉淋乾燥、氣血枯竅等症、刺二分
深、共二針、
人中穴、穴在鼻梁正中毛根處一針、亦色括鼻下口上唇平排
三針、刺三分深、治閉汗咳嗽暑熱、百病都可用、
知甘穴、穴在舌頭底下居中、并排刺三針、針半分深、治懶食水

草木舌喉黄等症、

命牙穴、穴在下唇中間、刺三分深、專治乾燥閉結和嘔吐等症、

鎖喉穴、穴在喉節下此處本非用針之處、若此處生核在喉管外、可開刀割去、

牙關穴、穴在槽牙後的窩中、左右各一針、針八分深、治牙關緊閉不開口症、

胸堂穴、穴在前倉的前膊脇眼一、左右各一針、針三分至一寸深、能治一切皮風閉澁、膽肝心肺脚肚飽脹等症、

湧泉穴、穴在兩前蹄叉中間、針三分深、治麻痺軟脚之症、

筶子穴、穴在蹄殼與毛之間、四蹄共有八針、針三分深、治四脚

十七

麻痺症、

寸子穴、穴在四蹄露水爪上半寸、將脚彎之即有岩骨縫即可針、針七分深、治軟脚並脚蹄黄麻木不仁等症、

承山穴、穴在前脚後面腕中、針四分深、專治勤斷黄之來路、

海門穴、穴在肚臍眼邊、只防肚臍黄用、不用針之穴、

陽明穴、穴在牛陰囊處、患穿襠黄用、亦為不用針之穴、

追風穴、穴在後兩脚彎處腕中、與承山穴同、

滴水穴、穴在後蹄叉中間、與湧泉穴同、

丹田穴、穴在肩之高峯脊處、針六分深、治傷力傷氣等症、

三台穴、穴在前膊頂高脊下肩胛骨縫中下針、針一寸深、專為

寄膊之用、

蘇氣穴、穴在前身背脊、正中一針、背脊左右邊各三針、針八分深、但左右邊只能針四分深、治咳嗽呼氣急張、前倉臟腑等症、

内關穴、穴在左邊第三根肋骨縫中横去脊梁一掌處、恰在連貼居中針刺、針一寸二分深、見針左右擺動為止、專治連貼脹和肚脹等症、

肚角穴、穴在餓眼正中、針時用手提起皮斜刺、專治肚脹用之、

安腹穴、穴在背脊正中與肚臍並齊處、針刺六分深、治通身各樣症狀、

腎門穴、穴正在腰子眼處、離背脊左右一寸六分是穴、針刺約三寸深、專治腰子脹、須謹記不可造次亂用、

千斤穴、穴在後身八字并排的背脊正中窩内、針刺一寸深、治一切症狀的疾病、

龜尾穴、穴在尾根上兩節骨縫中、針三分深、百病皆可用、

開風穴、穴在尾根第一節骨縫中、針三分深、治後肢麻痺閉汗等症、

地户穴、穴在肛門上尾根下窩中、針五分深、治泄瀉久痢并腸胃熱結各症、

散珠穴、穴在尾節中、每一尾節縫内都可針、針三分深、治氣血

閉澁不通等症、

垂珠穴、穴在尾尖頭上、能治一切病症、

前通膊穴、穴在左右前膊軒骨下首縫中、針一寸深、治血皮脹

並失膊等症、

後通膊穴、穴在左右八字骨下一掌處、針斜刺八分深、治一切

諸症皆善、

以上各穴、細心推詳、葯有寒熱、針有深淺、下針之時、必須察其

穴下針之時、不能用力太猛、恐傷筋骨、須謹記在心、

火針法

火針用法、是要先備硫黄一兩、用桐油點燈一盞、燈盞內多放

燈芯、用兩枚針輪流在燈火上燒紅拿起、往硫黄一插、針必通紅再按定穴位針刺、兩針輪流使用、此法用經頸黄筲箕黄雞心黄拓腮黄而水黄在週圍用火針圈之、火針一用、黄可立消、病亦退矣、

論補瀉温涼藥性配方篇

補心　棗仁　貝母　遠志　玄胡　茯神

温心　麥門冬　當歸　天竹黄　公丁　菖蒲

涼心　淡竹葉　牛黄　犀角　連翹　獨活

補肝　木瓜　阿膠　大棗

瀉肝　青皮　柴胡　芍藥　青黛　膽草

温肝 木香 肉桂 吴茱萸

凉肝 甘菊 車前 黄連 膽草 川芎 青皮

瀉脾 芒硝 大黄 枳實

温脾 藿香 丁香 白豆蔻 良薑 香附 厚朴

凉脾 滑石 石斛 天花粉 甘葛 升麻 玄參 白芷

補肺 人參葉 麥冬 茯苓 黄芪 阿膠 山藥

瀉肺 防風 葶藶 桑白皮 枳殻 澤瀉 蘇子

温肺 乾薑 生薑 款冬花 木香 白豆蔻

凉肺 沙參 玄參 天冬 貝母 瓜蔞 黄芩 山梔
童便 葱白 白芷 升麻

補腎　芡實　龜板　龍骨　桑蛸　牛膝　虎骨　生地
牡蠣　五味　枸杞
溫腎　附子　肉桂　沉香　破故紙　膃肭臍
涼腎　黄柏　知母　丹皮　橘皮　獨活
補膽　龍骨　木通　青皮　柴胡　海桐皮
涼膽　黄連　竹茹　川芎　青皮　柴胡
補胃　人參　蓮子
瀉胃　白术　黄柏　扁豆　甘草　陳皮　山葯
溫胃　枳殼　青皮　附子　良薑　丁香　藿香
涼胃　滑石　玄明粉　升麻　白芍

補大腸　牡蠣　肉菓　五倍子　龍骨　訶子　罌粟殼
瀉大腸　枳殼　麻仁　桃仁　檳榔
涼大腸　芒硝　大黄　石斛　石膏
溫大腸　乾薑　肉桂　升麻　葛根　白芷
補小腸　牡蠣　石斛　小茴　烏藥　大茴
涼小腸　天花粉　黄芩　藁本　羌活　黄柏
療風　防風　荊芥　薄荷　全蝎　白附子　獨活　天麻
發汗　麻黄　細辛　附子　桂枝　蒼术　甘葛
消腫　生梔仁　生川烏　生草烏　生南星　生半夏
强筋　桑寄生　五加皮　南蛇　獨活　牛膝　秦艽　續

斷　鈎藤　大活血　風藤

壯骨　枸杞　兔絲子　杜仲　破故紙　地骨皮　當歸

去痰　南星　半夏　貝母　化橘紅　前胡　白礬

治喉　薄荷　荆芥　牛蒡子　射干　桔梗　板藍根

上焦有寒、用麻黄桂枝、中焦有寒、用肉桂乾薑、下焦有寒、用沉香附子、上焦有熱、用黄芩赤芍、中焦有熱用黄連梔子、下焦有熱、用黄柏知母、

春季用葯方

麻黄　杏仁　防風　荆芥　茵陳　連翹　川芎　赤芍

車前　蒼术　薄荷　獨活　淮香子　木通

夏季用藥方

黄連 生地 梔仁 知母 黄芩 木通 潤玄參 白藥子 黄藥子 生甘草

秋季用藥方

知母 山梔 蛤蚧 升麻 天冬 麥冬 秦艽 百合 兜鈴 防己 枇杷葉 天花粉 蘇子 山藥

冬季用藥方

茴香 厚朴 玄胡 白芍 當歸 益智 陳皮 枳殼 青皮 木通 川楝子 粉甘草

消風散 治牛肝經風熱病

黄連　青葙子　防風　杭菊　木賊　蟬蜕　蒼术　决明子　黄芩　車前　甘草　白芍　龍膽草　井泉石　石膏　米泔水冲服

二十二

平胃散　此是胃寒、治牛胃寒不食草嘔屎、

蒼术　甘草　前胡　陳皮　厚朴　砂仁　草菓　山查肉　枳實　山葯　扁豆　青皮　牽牛子　車前　木通　生薑　煎水灌服

益胃散　治牛翻胃嘔草、此是胃熱、

益智　大白　白豆蔻　白术　白芍　陳皮　細辛　五味　當歸　厚朴　砂仁　官桂　甘草　木香　川芎

草菓　枳壳　藿香

清肺散　治牛咳喘、

桔梗　貝母　白矾　葶藶　甘草　車前　大白　玉金

桑白皮　杏仁　款冬花　百部　麻黄　細辛　蒼朮

牙皂　白蜂蜜　煎水冲服

青皮散　治牛脾虚泄瀉

厚朴　當歸　青皮　焦白朮　川芎　豬苓　澤瀉　枳壳　滑石　山查肉　木通　粉甘草　米泔水煎水冲服

秦艽散　治牛脱肛

秦艽　當歸　白朮　厚朴　茴香　肉桂　陳皮　川楝

子　縮砂仁　白礬　地龍　蒼朮　赤芍　煎水冲服

白朮散　治牛安胎方

白朮　當歸　熟地　川芎　白芍　人參　紫蘇　甘草

砂仁　陳皮　黄芩　阿膠麵炒　生薑五片　煎水冲

服

消食散　治牛水草脹肚、

焦楂　麥芽　枳殼　枳實　厚朴　丁香　草菓　青皮

淮山藥　神麯　大黄　車前　木通　蒼朮　炒蘿卜

子半升煎水冲服

追風順氣散　治牛吊黄吃、

生黄芪　天丁刺　連翹　白芷　甲珠　枳殼　木香

銀花　桔梗　台烏　青皮　甘草　如果振得兇者、加參冬八錢、硃砂二錢、陳葫蘆殼、煎水沖服、

壯陽散　治牛夾陰方、

五味子　蒼术　茴香　枸杞子　木通　覆盆子　條芩

蘇葉　牙皂　甘草梢　車前子　如果振得兇、加附子肉桂、如果渾身冷者、加麻黄、淫羊藿、食鹽一兩、煎水沖服、

青石散　治牛沙淋尿血方

滑石八錢　甘草二錢　豬苓　澤瀉　淡竹葉　車前

木通　枳殼　青皮　生地　麥冬　知母　黑牽牛　川

黄柏　生石膏煎水冲服、

鬱金散　治牛生癩方

鬱金　苦參　銀花　茯苓　朴花　荊芥　黄芩　梔仁

枇杷葉　美水草　防風　桔梗　茵陳　白蜜煎水冲服、

穿腸散　治牛大腸閉結糞便不通

生西莊　風化硝　枳實　青皮　山查肉　牙皂　麥芽

厚朴　蒼术　車前　木通　蜣螂、如果不通、加巴豆八

錢、通了不用、炒蘿卜子半升、煎水冲服、

大白散　治牛虚症各脹方

大白　枳殼　貫衆　蒼术　青皮　山查肉　淮山葯

木通　車前　茯苓　前胡　麥芽　滑石、另加陳葫壳、舊草帽汗圈煎水冲服、

破血散　治牛血皮脹方

生蒲黄　當歸尾　粉丹皮　大生地　炒紅花　陳枳壳　淡竹葉　花大白　茯苓皮　淨二寶即（金銀花）、小木通　澤瀉　枯黄芩　生石膏　燈芯草煎水冲服

甘桔散　治牛喉風方

甘草　桔梗　玄參　生地　淡竹葉　車前仁　射干　山豆根　炒牛蒡子　薄荷葉　荊芥穗　枯黄芩　杭麥冬　花大白　陳枳壳　地骨皮　雪裏青六錢　萬年青

二十五

五錢、如有痰涎者、加貝母白礬、熱盛者加大黄芒硝玄明粉、
如有氣喘者加桑白皮馬兜鈴白蘆根、煎水沖服、

又吹藥方

青黛　硼砂　白礬　冰片　熊膽共研末、如無熊膽、用青
魚膽代亦可、

又敷藥方

黄丹　大薊　紫花地丁　蒲公英用白蜜調敷、

洗肝散　治牛眼痛吐肉、

防風　荆芥　木賊　白菊　白芷　川芎　膽草　朴花
歸尾　紅花　車前　黄芩　蔓荆子共研末和開水沖

服

又洗眼藥方

楊柳葉　冬桑葉　野菊花　金銀花煎水洗之、

三黄散　治牛糞血久者痢症、

黄連　白朮　槐花　川朴　訶子　黄芩　枳殼　青皮

黄柏　川芎　歸尾　地榆去梢　桑白皮　葵花根煎

水冲服

十全大補湯　治牛瘦弱及胞衣不下、

先結六錢　當歸身六錢　黄芪六錢　川芎六錢　炙甘

草六錢　白芍八錢　靈仙四錢　白朮六錢　香附米六

二十六、

錢　雲苓八錢水酒引、煎水沖服、注、光結、即西洋參、也可用黨參代之、

獨活寄生湯　治牛拐腳筋骨脹各症、

羌活　獨活　防風　當歸　桂枝　五加皮　防己　秦艽　續斷　川芎　杜仲　車前仁　桑寄生水酒燜服

雄黃散　治牛諸般腫毒、及筋骨脹方、

雄黃　川椒　白芨　白蘞　草烏　大黃　硫黃　官桂　白芥子共研末、和麵粉調藥熬熟、敷腫處立效、

大七傷散　治牛瘦弱添膘方

知母　貝母　防風　青皮　陳皮　乾薑　白芍　當歸　瓜蔞　桔梗　豆蔻　故紙　光結　茯苓　甘草　茴

香　大白　官桂　廣木香　生猪油煎水冲服、

咳嗽呼吸不伸方

杏仁去皮尖　桔梗　桑白皮　台烏藥　貫衆　大白

麥冬　枳殼　甘草　款冬花　青木香共研末、旋覆花八錢、另包不研、用布包扎、和井水燜熱、待水冷取出、對藥吃服、

治斗打轉轉方

川黃柏　川黃連　尖大白　北細辛　百部草　肥烏梅

條黃芩　龍膽草　北柴胡　生枝仁　生白芍　廣木香　貫衆八錢為引、

先便後血方

白頭翁　真阿膠　川黃連　廣陳皮　川黃柏　條黃芩　焦白术　土貫衆　生地黃　生甘草　伏龍肝煎水冲服、

先血後便方

赤小豆開水泡過　枇杷葉刷淨毛　淨地榆去稍　大台黨　冬桑葉　黑芝蔴　杭寸冬　條黃芩　真阿膠　粉甘草　杏仁去皮尖(打成霜)　銀花藤煎水冲服、

麻黃桂枝湯　治牛咳嗽閉症四肢口鼻冷方

麻黃　桂枝　陳皮　枳殼　雲苓　冬花　麥冬　杏仁　蒼术　大白　桔梗　蘇葉　細辛　車前　木通　白

果仁六錢、此方冬天可用、春天重用、夏秋天少用妙、

脱肛洗藥方

縮砂仁　枯白矾　五倍子　木鱉子　白龍骨　薄荷葉、

煎水時時洗之立效、洗後油紙包紮、

脱肛敷藥方

白項地龍十條　白糖二兩　共搗爛敷在患處、用油紙包紮、

又方

冰片一錢　白項地龍八條、待化水和匀、用鴨毛倒上即效、

脱肛吃藥方

二十八

桔黄芩八錢　當歸　川芎　蒼术　葛根　薄荷　枳殼

陳皮　黄連　枝仁　赤芍　砂仁　白礬　荆芥　炙

卷柏六錢　煎水冲服

麻黄細辛湯　治牛渾身氷冷閉症方

麻黄　細辛　雲苓　葛根　桔梗　蒼术　枳殼　白芍

車前　薄荷　木通　柴胡　桂枝　白术　牙皂　厚

朴　枳實　青皮　青葱七根，煎水冲服。

附子炮薑湯　治牛夾陰症方

附子　肉桂　五味　前仁　茯苓　澤瀉　薄荷　蒼术

茴香　覆盆　枸杞　熟地　甘草稍　如振得兇者，重

加附子或細辛、如不還陽者重加淫羊藿、

扶脾散 治牛連貼脹方

淮山 扁豆 枳實 台烏 貫衆 蒼朮 白朮 大白

薄荷 荆芥 車前 白芍 木香 大黄 歸尾 牙

皂 焦楂 青皮 葛根、氣脹用木香、台烏、蘿卜兜煎水冲服、火脹用甘葛、茵陳、葫蘆殼、煎水冲服、

犀角地黄湯 治牛心黄狂風病、如叫者有痰、吃土者無治、

犀角 生地黄 丹皮 黄連 淡竹葉 石菖蒲 黄芩

雲苓 豬苓 澤瀉 瓜蔞仁 山梔仁 遠志肉 車前仁 淮木通 黑牽牛 川貝母 白礬 麥門冬 燈

芯　灶心土煎水冲服、大便結加大黄八錢、枳實八錢、

黄連瀉心湯　治牛心熱吐舌木舌、

川黄連　大生地　淡竹葉　枯黄芩　花大白　白桔梗　車前仁　淮木通　陳青皮　荆芥穗　薄荷　台烏、如火盛大便結者、加西莊枳實生甘草、生石膏煎水冲服、

解毒湯　治牛先吃此藥後、肥膘滿壯、

蒼术　淮山　苡仁　芡實　蘇葉　當歸　砂仁　川芎　六粬　枳壳　羌活　陳皮　杜仲　甘草　厚朴　前胡　白蔻仁　公丁香　水酒一盃、煎水冲服、

洩瀉方　治牛盪瀉方

玉米殼　煨訶子　廣木香　廣陳皮　白芍藥　宣澤瀉

炙大白　土貫衆　粉甘草　炒白术　車前仁　煨薑

一塊、煎水冲服、

泄瀉兼痢症方

訶子肉　生地黄　漂白术　條黄芩　宣澤瀉　川黄連

玉米殼　土貫衆　粉丹皮　肥烏梅　粉甘草　飛滑

石八錢　伏龍肝煎水冲服、

牽牛散　治牛小便出血、

黑白五（牽牛）　豬苓　澤瀉　車前　木通　枳殼　青皮

黄柏　大白　茵陳　貫衆　滑石　紅花　槐角　生

地歸尾　甘草梢　生石膏一兩、煎水冲服、

咳嗽兼肚瀉方

杏仁　桔梗　川厚朴　桑白皮　烏葯　貫衆　麥冬　枳殼　木通　甘草　白术　款冬花　旋覆花用布包和葯烱另包、

紅白痢方

生黄芩　川黄連　炒白芍　全當歸　花大白　真阿膠　杭麥冬　芽桔梗　廣木香　軟秦艽　土貫衆　粉甘草　赤小豆開水泡過、淘米汁水煎冲服、

咳嗽兼紅白痢方

桔梗　桑白皮　黄芩　烏葯　麥冬　枳殻　蘇子　玄參　知母　前胡　木香　炒白芍　貫衆　甘草　川芎　當歸　白朮　枇杷葉八錢去淨毛不研、煎水冲服、

風寒葯方

川芎　蘇葉　枳殻　陳皮　桔梗　桂枝　防風　荆芥　薄荷　大白　貫衆　蒼朮　威靈仙　細辛　連根葱頭七根煎水冲服

舌根喉嚨腫硬方

生地黄　芽桔梗　牛蒡子　潤玄參　皂角刺　甘草稍　北防風　土貫衆　荆芥穗　香白芷　北連翹　蘇薄荷

青竹葉一把、煎水冲服、

發表青龍湯　治牛患雨淋閉症瘦弱方、

麻黄　杏仁　川芎　桂枝　蘇葉　陳皮　枳殼　桔梗

乾薑　貫衆　茯苓　甘草　蒼朮　厚朴　前胡　舊

草帽汗圈、煎水冲服、

磨牙嘔屎軟脚方

知母　黄柏　竹茹　熟石膏　天花粉　貫衆　車前

木通　牛膝　木瓜　茯苓　蒼朮　當歸　甘草　水酒

一盃煎水冲服、

治牛渾身出血方

三十一

鬱金　黄芩　白礬　大黄　梔仁　枳殼　薄荷　寒水石　生蒲黄　米泔水煎水冲服、但此药吃一半、從鼻中灌一半立愈、

生癩措毛方

山柰子　石硫黄　蕎麥稭灰　生豬油和药擦爛調搽、

又方

蛇床子　木鱉子　絲瓜殼燒灰、共研末乾搽立效、

鎮風散　治牛遍身掣跳、兼之麻脚、脚上之筋、亦掣跳也、

姜虫　荆芥　薄荷　威靈仙　甲珠　獨活　車前　牙皂　桂枝　全蝎　川芎　炮川烏　伸筋藤　虫退去頭脚、

煎水冲服、

清暑散　治牛中暑熱方

香茹　扁豆　麥冬　薄荷　木通　牙皂　藿香　茵陳

白菊　銀花　茯苓　甘草　人參葉　石菖蒲煎水冲服、

活血散　治牛筋脹方

五加皮　續斷　枳殼　大白　蒼术　細辛　茜草　獨活　羌活　桂枝　鈎藤　當歸　大活血　茵陳　沒葯各六錢　當門子三分、水酒一盃為引、煎水冲服、

肺熱發疹方

防風　荊芥　連翹　梔子　桔梗　當歸　川芎　白芍　薄荷　滑石　貫衆　大青　黄芩　升麻（少用）　如實火盛，加大黄風化硝石膏小枳實肚泄瀉不用。

瘋狂病方

北柴胡　龍膽草　淮木通　大生地　宣澤瀉　生梔仁　車前仁　條黄芩　粉甘草　川黄連　西莊黄　小枳實　淡竹葉　生石膏爲引。

牛流精方

豬苓　澤瀉　雲苓　木通　枳殼　車前仁　黄柏　生梔仁　龍膽草　淡竹葉　甘草稍　生石膏　滑石煎水

冲服、

牛出瘢方

酒知母　川黄柏　西茵陳　薄荷葉　川萆薢　生石膏

赤茯苓　車前仁　生梔仁　黑玄參　寒水石　米泔水

煎水冲服、

牛吐舌方

珍珠　蒲黄　薄荷　硼砂　青黛　白礬　冰片五分共

研末擦舌即縮、

流鼻血方

生地一兩　丹皮八錢　炒白芍八錢　黄芩五錢　甘草

五錢　柏樹葉（炒黑）共煎水内服、

兒腸外翻吃葯方

黄芪六錢　黨參六錢　當歸六錢　柴胡四錢　升麻二錢　陳皮四錢　甘草六錢

兒腸外翻洗葯方

椿皮六錢　荊芥二錢　薄荷二錢　藿香葉六錢、共煎水洗之、

兒腸外翻搽葯方

冰片　縮砂仁　寒水石　三味葯等分、共研末、調蔴油後、用鴨毛刷上、

兒腸外翻藥末乾搽方

白礬六錢　地龍六條　冰片一錢、共研末乾搽翻出之兒腸上面、

五虎丹　治牛拐脚紅腫用外敷、

生川烏六錢　生草烏六錢　生梔子三錢　生半夏二錢

生南星二錢　如紅腫不消退、加白芥子三錢、

麻黄桂枝湯　治牛渾身冰冷、氣血閉澁之病、

麻黄　桂枝　細辛　羌活　防風　桔梗　蒼术　牙皂

荆芥　蘇葉　薄荷　甘草　大白　枳殼　青葱十根

共煎服

杏仁貝母湯　治牛咳嗽和呼吸促迫、

杏仁　貝母　桑白皮　葶藶　薄荷　蘇葉　牙皂　冬花　羌活　桂枝　麥冬　甘草　蒼朮　枇杷葉　蜂蜜二兩為引

牛脾胃虛冷吃草不消脹氣方

卷柏　麥芽　大白　丁香　草菓　陳皮　木通　淮山葯　枳實　薄荷　山查肉　甘草　炒蘿卜子半升、共煎水内服、

貝母鬱金湯　治牛時症肚中夾氣喘急方、

真尖貝　鬱金　甜葶藶　花大白　粉葛根　生甘草

三十五

天台烏　白桔梗　漂白术　正川芎　枯黄芩　淨銀花

土茯苓　車前仁　肥烏梅四個、共煎水服、

扶脾消食散

厚朴八錢　蒼术八錢　枳實八錢　車前八錢　木通六錢　山查肉八錢　麥芽八錢　台烏六錢　青皮六錢

貫衆八錢　大白八錢　茯苓八錢　牙皂八錢　淮山六錢　川芎六錢　炒蘿卜子半升、共煎水内服、

黄連泄心湯　治斗氣喘吐舌捲鼻麻脚、

川黄連八錢　大生地八錢　杭麥冬八錢　淡竹葉八錢

山梔仁六錢　潤玄參六錢　酒知母六錢　川黄柏六錢

車前仁六錢　淮木通六錢　正川芎六錢　花大白六錢
枯黄芩六錢　白桔梗六錢　蘇薄荷六錢　甘草梢六錢
生石膏一兩　共煎水内服

刀下黄方　此為牛在騸後、因刀割而生黄得名、
前胡四錢　防風四錢　菖蒲六錢　香茹六錢　木通四
錢　車前六錢　銀花六錢　青皮六錢　麥冬六錢　枳
殼四錢　當歸三錢　薄荷四錢　茯苓六錢　甘草六錢
水酒冲服

又方
防風六錢　荆芥六錢　前胡六錢　銀花八錢　茯苓四

錢　車前四錢　木通四錢　青皮四錢　枳殼四錢　蒼朮四錢　牙皂四錢　川芎四錢　當歸六錢水酒煎水沖服

牛患大腸燥結及胃火膨脹小便不利方

大黄八錢　枳實八錢　桃仁六錢　黄芩八錢　黄連八錢　大白六錢　豬苓八錢　澤瀉八錢　白芍八錢　前六錢　雲苓八錢　梔仁六錢　連翹六錢　木通六錢　熟石膏一兩、共煎水沖服、

牛喘唧肺掃病方

桔梗六錢　條芩六錢　桑白皮六錢　天門冬六錢　馬

兜鈴六錢　青蒿四錢　甘草三錢　陳皮四錢　枳殼四
錢　大白四錢　括蔞六錢　白礬四錢　白蜜一兩爲引、
涼胃散　治牛患吐草流涎、肚腸不打回、身上平穩、鼻出冷汗、
此是胃火嘔草症、
藿香　厚朴　枳殼　陳皮　白朮　竹茹　桔梗　大白
香茹　扁豆　車前　木通　砂仁　甘草　生石膏共
煎水冲服
羌活桂枝湯　治牛肚脹軟脚四蹄冰冷鼻上無汗
羌活　桂枝　細辛　牙皂　蒼朮　麥芽　山查肉　大
白　貫衆　五加皮　茯苓　枳殼　陳皮　當歸　牛膝

三十七

木瓜　車前　木通　石菖蒲　陳葫蘆殼　舊草帽汗圈
煎水對服

牛患心瘋病以頭觸人方

川黃連八錢　大生地八錢　荊芥穗六錢　蘇薄荷六錢
杭麥冬六錢　酒知母六錢　川尖貝五錢　尖大白六
錢　銀柴胡六錢　龍膽草八錢　北連翹六錢　生梔仁
八錢　正川芎六錢　遠志肉八錢　柏子仁八錢　生蒲
黃六錢　白蘆根一兩　煎水沖服

荊防敗毒散　治牛患癱瘓軟脚不起症

防風六錢　銀花八錢　五加皮八錢　荊芥六錢　茯苓

六錢　白术六錢　薄荷六錢　牛膝六錢　桂枝四錢
當歸六錢　秦艽八錢　甘草四錢　水酒煎水冲服

牛患磨牙軟脚症方

酒知母六錢　建澤瀉四錢　漂白术四錢　川黄柏六錢
五加皮六錢　小木通四錢　綿杜仲四錢　粉甘草四
錢　白蘚皮四錢　車前仁四錢　土貫衆四錢　酒當歸
三錢　水酒冲服、

牛患吐泡泊脚軟後身不起方、

蒼术六錢　木通八錢　車前八錢　獨活八錢　五加皮
八錢　川牛膝六錢　木瓜六錢　白芍四錢　雲苓六錢

三十八

當歸六錢　水酒對服、

喉瘋内吹藥方

氷片三分　硼砂六分　青黛八分　膽礬八錢　殭蠶一
錢　皂角八分　薄荷一錢　全蝎六分　共研末吹入喉
内立效、

外敷藥方

牽牛子四錢　生蒲黄五錢　燕子窠五箇、米醋一斤、將
前三味藥共研細末、放在醋内攪匀、敷在患處、

防風通聖散　治牛五臟七結不通、

正西莊六錢　風化硝八錢　杭白芍六錢、蘇薄荷八錢

黑梔仁六錢　荆芥穗六錢　酒當歸四錢　北連翹四錢　飛滑石八錢　正川芎四錢　枯黄芩六錢　川枳實六錢　北防風四錢　苦桔梗四錢　生甘草六錢　共研細末沖服、

發表湯　治牛咳嗽

光杏仁　北細辛　炙麻黄　漂蒼术　酒知母　嫩桂枝　廣陳皮　炒枳殼　炙桑白皮　括蔞仁　馬兜鈴　款冬花　白蜂蜜為引

烏金散　治牛腫毒破爛膿水及疔瘡

巴豆一錢　烏頭一錢　瀝青一錢　血竭五分、甲珠三

錢　龍骨三錢　皂壳二錢　葶藶二錢　杏仁二錢　紅娘子二錢　共研細末先用防風四錢煎水洗淨膿血後乾搽上藥末

搽塗癩方

樟腦四錢　硫黃四錢　膽礬四錢　青黛四錢　黃柏四錢　山奈二錢　木鱉子二錢　大風子二錢　蛇床子二錢　共研細末、和桐油調勻搽塗、但不可一次揮身塗搽、要做幾次逐塊搽塗、宜天晴搽藥、陰天落雨不宜搽塗、

洗諸瘡黃破爛流膿血方

防風二錢　荆芥二錢　花椒一錢　薄荷二錢　茯苓三

錢　銀花四錢　苦參二錢　黄柏二錢　芽茶一撮　食
鹽一撮共煎水洗之
脫膊先服藥方
歸尾　赤芍　澤蘭　紅花　白芷　川芎　牛膝　羌活
桂枝　土别　細辛　共研末水酒冲服
脫膊次服方
乳香　沒藥　地榆　白芷　肉桂　陳皮　續斷　威靈
仙　杜仲　川芎　當歸　破故紙　水燗内服
生肌散　治牛破爛膿血不止
龍骨二錢　黄丹三錢　輕粉二錢　石脂三錢　冰片五

分　甘石二錢　紅粉一錢　寒水石一錢　海螵蛸五錢

共研末、先洗後搽藥末、

牛被火燒爛皮肉方

先用洗藥方　佛甲草　水萍草（即浮萍）　柳樹葉　食鹽少許米醋一盃煎水、洗被燒爛處、

次用敷藥方　劉寄奴　赤石脂　寒水石、三味研末　柏樹葉　蛇莓草二味燒灰　共調桐油搽敷患部、

再用服藥方　生地　當歸　苦參　大黃　梔子　薄荷　荆芥　甘草　共研末童便冲服、

追黃順氣湯　治牛先吊黃後服藥方、

生黄芪　天丁刺　甲珠　枳壳　陳皮　連翹　白芷稍
土茯苓　銀花　台烏　甘草節　共煎水内服、如黄不
腫硬、加蘿卜兜及蜈蚣十條、

消毒飲　治牛先放黄後服藥方

淨銀花、　土茯苓　北防風　車前仁
荆芥穗　小木通
白雲苓　滑石　蒲公英　甘草　黑
豆　共煎水内服

牛病症候篇

瘟疫時症

時疫流行图

牛患瘟疫遍流傳、火毒相攻不可當、多發三春秋夏候、

四十一

冬天亦會染瘟癀、

此係危症、急者絶症、無治症、炒早米煎水、砂糖對水冲服、

如有白砂糖更好、

吃藥方

川厚朴　砂仁　雲苓　苦參　青皮　葛根　銀花　豬苓　澤瀉　寒加附子乾薑、熱加黄連、木香、氣陷加柴胡升麻、裏急血實腸者、加歸尾、紅花、槐花、木香、噤口流沫者、加川朴花、石蓮肉、煨訶子、肥烏梅、共研末、陳早米煎水冲服、

勞傷病症

傷力原來耕作多、毛枯骨瘦怎奈何、
四肢無力形容變、倦頭撲地背又駝、
可憐本是勞傷症、補脾養血去沉疴、

吃藥方

熟地　川芎　細辛　牙皂　白芍
白术　川厚朴　雲苓　枳壳　甘
草　薄荷　當歸　陳皮　共研末、
水酒冲服、亦可加黄芪六錢、沙參六錢、

力弱病图

困水膈疾症

疾瘦之牛困水傷、脾濕膈疾腹内藏、冷熱不和因中結、脾虛

肉落瘦如柴、決用扶脾白术散、連服
數劑得安康、

吃藥方

蒼术四錢　茴香四錢　生薑三片
拆虫窠四個　七釐散二錢　共炒
研末、酒對服、

又方

甘遂　海藻　茵陳　白矾　法半
夏　枳殼　陳皮　蒼术　薄荷　蘇葉、共研末、水萍煎
水冲服、亦可加貝母六錢、白术六錢、應去蒼术、

四十二

痰瘦病图

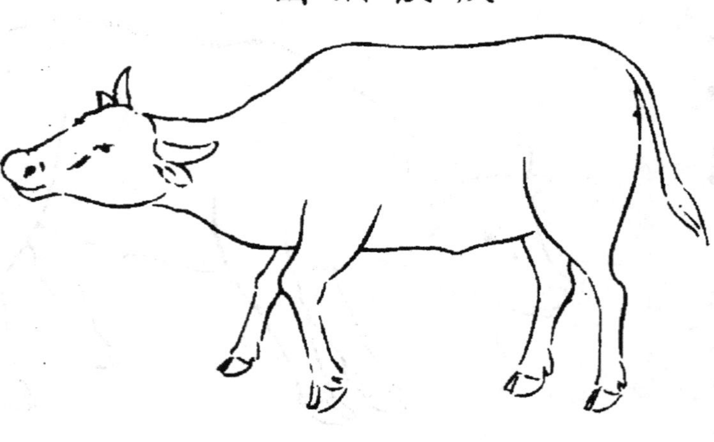

脾胃冷泄症

蕩泄原来冷水傷、脾冷胃寒自滑腸、
慢草更添腹内濕、冷氣傳来入膀胱、
健脾暖胃青皮散、三朝五日得平安、

吃藥方

玉米殻四錢　煨訶子五錢　廣木香四錢　廣陳皮三錢　炒白芍四錢　宣澤瀉四錢　尖大白四錢　土貫衆四錢　粉甘草五錢　杭白芍四錢　共研末、煨薑一塊、煎水冲服、如不效者、加砂仁四

蕩泄病图

錢椿白皮六錢、厚朴四錢、

雞心黄症

牛生押板號雞心、腦憧惡脹人見驚、生在腹部筲箕症、一切黄腫性情同、若有先腫不忍火、火針針下要仔細、除濕解毒為妙劑、消風散腫用火針、此症平針没有用、要用火針出毒與吊黄、如腫不盛、不可用火針、要吊黄、腫盛用火針治之、筲箕黄險症、宜慎之、

外治葯方

四十三

鷄心黄图

雄黄　白芨　大黄　白蘞　龍骨　蒼术　蒲黄　共研末、和桐油調敷、

吃藥方

酒知母　黄藥子　小梔子　條黄芩　北連翹　川黄連　川鬱金　生甘草　潤玄參　大生地　如火盛加大黄朴硝、如腫不消、加甘草頭六錢、米泔水對服、

瓜藤黄症

牛發穿襠甚險危、肺經毒火滲毛皮、

瓜藤黄图

左邊黄腫左邊是、右邊黄腫右邊存、若是左右相參過、靈丹妙藥亦難醫、此症要吊黄、用冷針不通、只用火針圈之、但火針不可亂下、要看病輕重行之、先用火針圈三匝、出血、取毒、

吃藥方

黄連　赤芍　薄荷　地榆　甘草　尖貝　連翹　銀花

白芷　茯苓　桔梗　丹皮　黄柏　荆芥　防風　如腫不消、加甘草頭四錢、共研末、米泔水冲服、或用絲瓜子煎、水冲服、

外治用燕子窠搗碎、調淡醋敷、或用絲瓜殼燒灰調醋敷、

風火走筋症

風火走筋脚軟酸、四肢沉重走難行、
肝風搐動筋還跳、腎水虧傷脚不移、
若是口中吃草慢、即宜醫早莫醫遲、

吃藥方

醋青皮　酒條芩　北柴胡　川黄連　粉丹皮　地骨皮　秦艽　升麻　草烏　防風　虫蛻尾　鈎籐　共研末、水酒對服、換方加萬草八錢、牛膝八錢、

毒血穿皮症

筋骨脈圖

四十五

毒火穿皮氣血傷、五臟六腑似刀鎗、渾身燒熱皆如火、為有皮肤鉄石藏、渾身血出如湧泉、吐舌出來命歸陰、此症除頭尾四脚外、渾身遍腿輪針刺、以取惡血、如延至半日不死、可望再生、

吃药方

生蒲黄　生白芍　粉丹皮　川黄連　薄荷葉　犀角尖　山梔子　北連翹　當歸尾　胡麻仁　共煎水灌服如熱盛者、加炒紅花八錢香白芷四錢、

血皮脈图

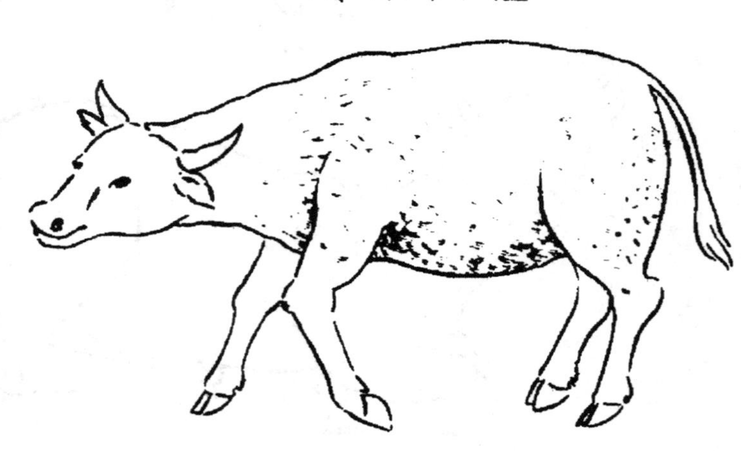

地膚子八錢

渾身出血者吃后方

川鬱金　生甘草　寒水石　正西莊　條黄芩　川黄連

白明礬　山梔子　共研細末、和

米泔水冲服、

食疫症

食疫原来氣不均、東倒西歪不住停

口中長長吐白沫、磨牙軟脚又難當、

氣盛開口而吐白沫、用米泔水洗口

去沫涎、將食鹽少許擦口、

四十六

食疫病图

吃藥方

川厚朴　白术　薄荷　貫衆　枳殼　五加皮　牛膝

羌活　桂枝　青皮　台烏藥　共

研末、文貞草煎水冲服、如長卧不起、

加茵陳、白蘚皮、百節藕、

托舌黄症

托舌之黄、人見驚、病熱水草亦如常、

若還腦腫透兩耳、舌下猶如重千斤、

病重不思水和草、頸項阻塞命必喪、

此症可吊黄、亦可用燕子窠搗碎調

托舌黄图

醋敷、

吃藥方

防風　荆芥　薄荷　銀花　茯苓

大白　桔梗　玄參　生地　丹皮

黃葯　川芎　藁本　共煎水内服、

如有腫不消、加甘草頭六錢、紅花四錢、

紫疫吐血症

紫疫之病牛不安、口中血出似熱湯、

渾身温暖頭低下、本是肺金陰分傷、

四十七

紫疫病图

葯用止血黄連散、也爲此病好葯方、

吃葯方

黄芩　麥冬　梔子　黄連　赤芍

知母　丹皮　黄柏　連翹　白芨

共煎水内服、

血虚脱肛症

脱肛之牛較難醫、皆因氣血兩般虚、

大腸氣虚肛下陷、血虚不蔭脱肛危、

風吹硬売關前冷、早請醫師莫延遲、

用巻柏煎水洗滌脱出部份、次用葯

脱肛病图

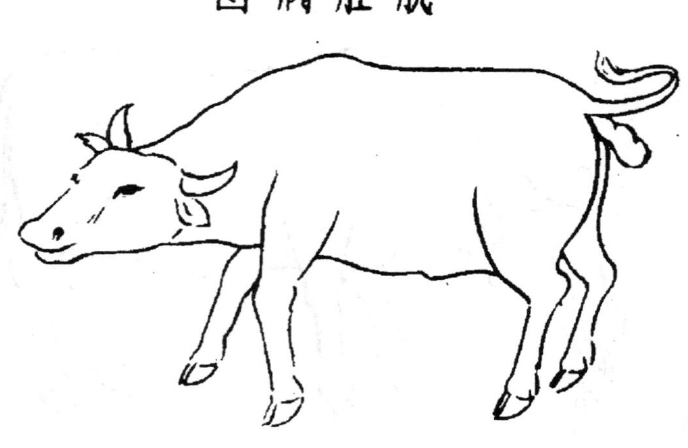

末搽敷、葯末方、五倍子二錢、木鱉子二錢、白龍骨四錢、密陀僧二錢五分、共研末外搽、

吃葯方

百葯煎六錢　烏梅四錢　木瓜四錢　卷柏四錢　玉米殼八錢　苧蔴根　共煎水內服

磨牙嘔屎症

胃翻之牛病源深、冷熱相冲氣不均、
口中多吐涎糞出、皆因脾胃氣相侵、
四、脚無力長時卧、要用平胃散效功、

嘔屎病图

吃藥方

川厚朴　桂枝　台烏藥　菖蒲　白术　枳殼　陳皮

車前　貫衆　甘草　共研末燈芯

草煎水冲服、

又方

川厚朴　桂枝　茴香　青皮　甘

草　蒼术　枳殼　木香　五味

牛膝　共研末水酒對服、

血虛納茄症

納茄之症産血虛、無腫無黄不覺知、

兒腸脫出病图

氣血兩虛茄納出、風吹硬売水淋漓、
十全大補方爲妙、醫者掌握療效功、
洗葯方
椿白皮六錢　荆芥四錢　薄荷四錢　藿香葉六錢　忍
冬花八錢　共煎水洗患部、
搽葯方
冰片五錢　縮砂二錢　寒水石二錢　共研末、和蘇油調
勻、用鴨毛刷搽患部、
吃葯方
黄芪六錢　黨參六錢　當歸六錢　柴胡四錢　升麻五

錢　陳皮四錢　甘草四錢　川芎五錢　共煎水内服

四十九

膁貼脹症

牛患膁貼脹三般、氣脹犬脹血脹難、氣脹之時針立效、犬脹血脹治宅難、藥用三稜並莪术、大黄枳實有功效、内關穴一針、專治膁貼脹、但此針不可亂下此症脹出尾結吐舌者難治、如果尾結怒出、舌頭吐出外不收者、無治、

吃藥方

膁貼脈图

莪术　三稜　白术　厚朴　砂仁　枳實　赤苓　廣陳皮　草菓　台烏葯　大黄　共研末、大蒜梗、葫蘆殼煎水冲服、如腹大不消者、加大戟六錢、芫花六錢、

血痢症

糞血原來痢症多、腸風肺火氣呵呵、
只因濕熱兩相摶、脾虛胃弱無奈何、
除濕厚腸三黄散、補脾扶胃要當先、

吃葯方

歸尾　青皮　苦參　厚朴　白术

血痢症图

葛根　蒼术　大白　桔梗　桑白皮、黄連　茯苓　炒槐花、炒地榆　共研末早米一撮煎水對服、

三十

非時中惡症

軟脚翻身病不輕、非時中惡一般形、久積毒火肝經裏、一時作熱便翻身、心中煩燥無休息、快用良方病自愈、先用艾葉大酒炒熱敷在腰上、

吃藥方

川芎　製草烏　縮砂　紅豆蔻
熟地　蒼术　升麻　牛膝　木瓜

软脚翻身图

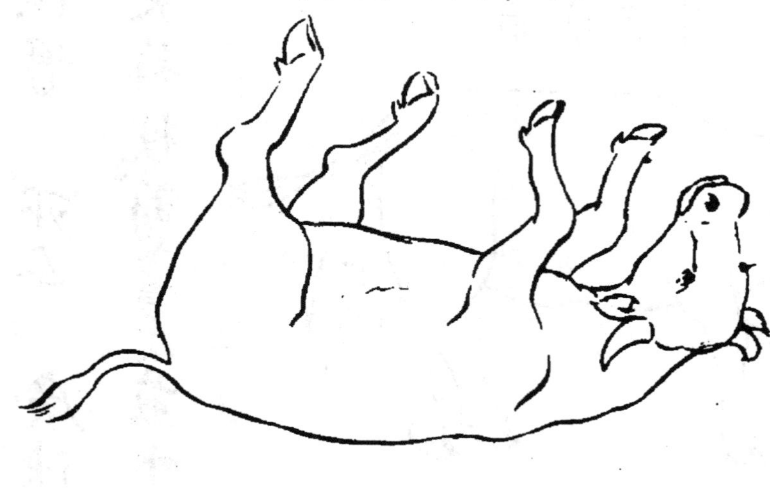

陳皮　茜草　甘草　共研末、水酒對服、如不效者、加豨薟草六錢、白蘚皮四錢、桑寄生六錢、獨活六錢、

夾陰縮子症

夾陰帶脹甚堪憂、症發三春夾在秋、本是腎家寒濕症、渾身耳鼻冷如冰、頭低帶振毛如刺、熱附乾薑醫得痊、此症如不還陽、用艾葉大酒同炒熱、對腰子湯之、并用桐油燈燒陰袋、知痛者可治、不知痛者不可治、

吃藥方

五十一

腎子縮腰图

黑附片　煨乾薑　上肉桂　五味子　懷香子　枳壳

蒼朮　桂枝　甘草　共研末、食鹽煎水對服、如不還陽加

沉香六錢、仙靈脾八錢、

心黄發瘋症

心經得病走顛狂、叫聲不住眼中黄、

四脚跺空口吐沫、眼赤頭高又撞墻、

若是損肝吃泥土、治療沒有好妙方、

此症用針不通、急用螺螄搗細化井

水和童便對服、

吃葯方

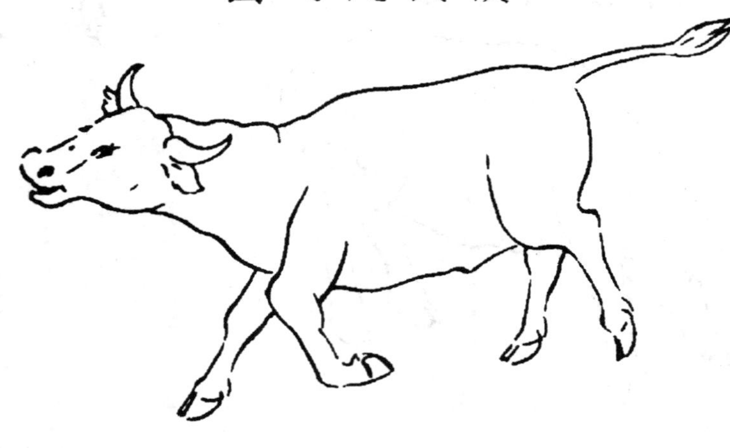

痰火迷心图

人參　茯苓　草菓　青黛　硃砂　大黃　枳實　梔子
連翹　黃連　白礬　製南星　共研末用灶心土煎水
冲服、如不見效、加大青六錢、鬱金五錢、
板藍根五錢、

乾瘦脹肚症

乾瘦脹肚不尋常、冬食稈草受風霜、
積草不消肚怕脹、恰到春季便成殃、
早請先生能治療、用針舒暢免災殃、
針肚角穴、內關穴、用蘿卜子炒過煎水
服、

五十二

水草不消圖

吃藥方

川厚朴、 枳實 焦楂肉 煨草菓 炒麥芽 神麯 陳皮 大白 貫衆 台烏葯 白术 共研末、大蒜梗煎水對服、如不消加西莊一兩、朴硝四兩、

肺寒咳嗽症

咳嗽聲從肺經來、肺聲鋸銼實哀哉、

鼻中清涕因風感、呼吸之間氣不調、

使用補肺杏仁散、氣均風散自平安、

吃藥方

青皮 大白 枳殼 桔梗 貫衆

呼吸不順图

天門冬　瓜蔞　桑白皮　木香　酒黄芩　有寒者加半夏、有熱加貝母白实、氣喘者加蘇子六錢木香四錢台烏六錢、

膽脹亂跳症

膽脹之牛病不輕、或起或卧眼睛青、
東奔西走不住脚、好似獐跳一般行、
此病本是危險症、醫者治療宜謹慎、

此症用針不通眼變藍色者無治、

吃葯方

白矾　鬱金　甘草　黄連　黄柏

胆胀病图

五十三

黄芩　硃砂　原寸　牛黄　龍膽　共研末、用桃竹子煎水冲服、

板腸三結症

板腸之症病如何、只因氣血不調和、
前不通行後不化、草結胃中脾不磨、
糞如石塊脹內聚、此是險症仔細醫、

吃藥方

正西莊　風化硝　小枳實　川厚朴　火麻仁　青蒿　青皮　貫衆　苦參　歸尾　砂仁　如不通加巴

水草結肚图

豆仁六錢、共研末、蘇油冲服、

又方

大黄　滑石　皂角　木通　白术　雲苓　當歸　瞿麥　鼠糞　共研末、花生油對服、

風犬喉瘋症

喉瘋之症、人見驚、出氣好似鋸銼聲、口中長流涎、與水、項腫如肥病不輕、早覺之時能治療、醫遲定然救無方、此症頸腫透兩耳、毒火攻至咽喉、喉

喉瘋恶气图

五十四

閉即死、

吃藥方

甘草　桔梗　山豆根　射干　玄參　牛蒡子　薄荷　荊芥　黄芩　大黄　朴硝　共研末六月霜煎水對服

吹藥方

冰片五錢、硼砂二錢　白礬三錢　青黛二錢共研末用竹筒吹入喉内、

敷藥方

黄丹四錢　大薊六錢　紫花地丁六錢　蒲公英六錢共研細末、和白蜜調敷、

肝熱翳膜症

肝經積熱眼矇腫、火盛肝經翳膜紅、
脾胃兩臟虛火盛、眼中流淚水淋淋、
眼内常用煎藥洗、服藥數劑才安寧、

洗眼藥

野菊花　水楊柳　食鹽共煎水洗之、

吃藥方

蔓荆子　防風　白芷　歸尾　紅花　白菊　木賊　薄荷　川芎　連翹　大黄　谷精草　共煎水内服、

害眼病图

春來氣不均症

牛患春來氣不均、草木萌芽土氣昇、喘噎喉中吃不下、口中吐沫水淋滴、後脚無力難移走、順氣湯中及早尋、

吃藥方

台烏藥　枳殼　陳皮　大白　貫衆　當歸　蘇子　條芩　馬兜鈴　桑白皮　青木香　共研末、白蜜一兩對服、

敗肺病症

喘气发噎病

敗肺之牛毒氣傷鼻中膿出似魚腸、口中長滴清泉水、脚軟更兼口虛張、硬氣出隨唇似笑、此症未有妙治方、

吃藥方

杏仁　款冬花　條芩　桑白皮

五味子　馬兜鈴　桔梗　大白

法半夏　麥冬　雲苓　葶藶　共研末、白蜜蛋清對服、肺寒加麻黄、金沸草、

又方

五十六

张口病图

五十六

杏仁　百合　瓜蔞　知母　白矾　貝母　秦艽　梔子

荆芥　香草　蕎麥　二合磨粉

蜂蜜　煎水對服

毒火攻心症

暑傷之牛六腑間、又燒又熱實艱難、

脚軟兼之皮不搧、頭低耳搭少精神、

醫者快用針與藥、香茹散内有功效、

凡中暑之牛先用螺螄搗碎和井水

對服、

吃藥方

中暑病图

川厚朴　香茹　扁豆　梔子　連翹　黄芩　枳殼　大白　桔梗　黄連　生甘草　共研末、薄荷煎水對服、

軟脚黄症

軟脚黄症病勢凶、皆因風濕骨筋中、卧多站少難移走、全在疏風活血中、葯用除濕壯筋湯、一二劑下有效用、

吃葯方

當歸　没葯　青皮　牛膝　台烏

羌活　獨活　防風　黄柏　蒼术

知母　金鈴子　共研末水酒對服、

五十七

软脚病图

百葉碟黄症

百葉碟黄失水多、勞累過度不奈何、毛色焦枯肌肉減、身體沉重脚軟酸、口中無味吃草慢、潤葉消黄吃葯方、

吃葯方

大戟　芫花　甘遂　菖蒲　大黄　枳實　川厚朴　貫衆　當歸　川芎　滑石　共研末、青油炒柏葉煎水對服、如效不見快、加朴硝車前木通、

百叶乾病图

春雨閉汗症

閉症原是血不行、牧在荒郊被雨淋、

四肢軟倦渾身冷、腹内温和口似冰、

醫時扶用針和藥、麻黄湯内有通靈、

吃藥方

麻黄　桂枝　杏仁　蒼术　朴花

蘇葉　陳皮　葛根　細辛　牙皂

雲苓　共研末帽汗圖煎水對服、

陰陽錯亂症

陰陽錯亂真元敗、氣血凝結臟腑傷、毛焦氣喘渾身顫、

五十八

角有温冷图

精神恍惚汗有無、調順陰陽真元正、三朝五日得安平、

吃葯方

當歸　白芍　川芎　白芷　台烏

枳殼　陳皮　細辛　雲苓　甘草

共研末、冷水與開水各半冲服、

又方

桔梗　升麻　鬱金　生地　牛蒡

子　當歸　雲苓　白芷　川芎

甘草　共研末帽汗圈煎水對服、

氣血不通症

鼻汗時有時无图

氣血不通熱毒風、穴在週身百脈中、
氣凝血者渾身熱、血凝氣者冷如冰、
氣血不行成黑汗、醫用針刺血流通、

吃藥方

當歸　白芷　川芎　銀花　茯苓
枳殼　陳皮　貫衆　台烏　車前
牛膝　木通　共研末、米泔水對服、

趕節黄症

趕節原因濕氣傷、冬來寒冷受風霜、
破皮節腫流膿血、一到來春定發生、

热毒風病图

洗葯方

芽茶　食鹽　忍冬籐　清風籐共煎水、洗淨患部血壳、用桐油燈照過患部後搽葯、

搽葯方

桐油二兩　蜜陀僧四錢　氷片五分　白矾四錢　雞蛋黄四個　先將桐油蜜陀僧蛋黄先熬、次將氷片白矾放下、用桃或柳枝攪匀、取出冷後、用鴨毛刷上患部、

吃葯方

骨节破烂图

乳香　連翹　白芷　牛膝　歸尾　桂枝　銀花　茯苓

荆芥　薄荷　地榆　澤蘭　劉寄奴　共煎水内服、

破肩病症

肩上生癰氣血凝、用力過度損傷皮、

蚊虫蠅子米叮咬、毒在皮膚未得消、

洗葯方

芽茶　甘草　忍冬藤共煎水洗淨

患部膿血、再用敷葯、

敷葯方

舊棉絮燒灰　大黄　麻油調敷、

肩上生癰图

又敷方

乳香　沒藥　冰片　兒茶　龍骨　白蜡　松香　甘石　十十

白芷　白矾　共研細末、蘇油調敷、

吃藥服荊防敗毒散

大頭瘋症

頭腫皆因困水傷、更因汗出發瘡黄、
頭又難抬眼又急、顋頰頭大恰如囊、
頸項更兼懸不得、日深必定受灾殃、

吃藥方

藁本　白芷　防風・荊芥　薄荷

大头瘋病图

川芎　升麻　丹皮　威靈仙　玄參　蔓荊子　甘草
地骨皮　共煎水內服

肺毒生癩症

渾身瘡疥退毛衣、肺毒皆因熱積成、
皮毛外症毒爲裏、用藥穿腸泄後靈、
此病先用韮菜渾身擦、擦後用蕎麥稈燒灰、絲瓜殼燒灰、和蔴油調敷、

吃藥方
歸尾　赤芍　白芷　連翹　丹皮
防風　荊芥　銀花　茯苓　甘草

肺毒退毛病图

黄芩　地膚子　共研末蜂蜜對服

肺氣作脹症

肺氣作脹不尋常、肺毒傳脾母受傷、
氣喘皆因心臟熱、四肢軟倦叫聲忙、
鼻冷更兼涎水滴、眼中青白即時亡、

吃藥方

杏仁　桔梗　台烏藥　貫衆　大白　麥冬　枳殼　甘草　木香　款冬花　炙桑白皮　共研末、旋覆花六錢、另包不研、用布包紮和井水燜後取出和藥末對服、

肺气作胀图

産後氣血兩虛症

産血攻心有幾般、或寒或熱或脚酸、疏風補血方爲妙、血調氣順自能安、

吃葯方

熟地　白芍　當歸　川芎　白术　雲苓　砂仁　香附　黨參　炙甘草　玄胡索　共研末、水酒沖服、

又方

歸尾　赤芍　丹皮　桃仁　枳殼　陳皮　白术　紅花　台烏　雲苓　共研末、米泔水對服、

产后气血虚病图

砂虫蛀蹄症

漏蹄之症切要醫、皆因毒血穿蛀蹄、
蹄上發熱如虫蛀、行時點脚也難移、
此病先行用水洗淨蹄、用刀把爛蹄挖去、再用桐油火燒過患部、最後用白醋血竭和桐油煮熱攪勻、待不燙手、將此葯塗平蹄空處、外用棕皮包紮、即此一次會痊愈、

風濕脚腫症

春泠兼之雨連綿、欄中寒濕兩般全、

六十二

漏蹄病图

四肢軟倦難行走、卧欄不起病較嚴、
退濕除寒為妙葯、活血通筋針在先、
此症要用湯針寸子穴、不可少針、

吃葯方

製草烏　川芎　當歸　白芍　蒼
术　牛膝　木瓜　杜仲　茵陳
紅豆蔻　苡米仁　桂枝　共研末、
水酒為引、松節煎水冲服、

木舌黄症

木舌塞口　似鉄條、肚中飢餓如水漂、

四肢浮腫图

舌上生瘡像粟米、心中猶如火來燒、
早期治療收效大、末期醫治少功勞、

搽藥方

硼砂　山豆根　貫衆　滑石　寒水石　海螵蛸　共研末芭蕉汁調勻搽在舌上

吃藥方

黄連　知母　連翘　梔子　玄參
麦冬　黄芩　大黄　芒硝　甘草　燈芯草　青竹葉
共煎水内服、

木舌病图

肚角氣脹症

草傷脾胃氣不和、出氣如雷氣又多、硬氣更兼心忽亂、毛焦糞硬病難磨、脚軟又兼腹內脹、針刺肚角或內關、

吃藥方

台烏药 枳壳 陳皮 大白 貫衆 焦山楂 草菓 蘇葉 麥芽 甘草 神麯 共研末、銅錢一吊、煎水冲服、如不消脹、加三稜四錢、莪朮六錢、桃仁四錢、

肚角胀病图

六十四

抱　犢　集

江西省農業廳中獸医实驗所校勘

•

农业出版社出版

（北京西总布胡同7号）

北京市書刊出版業营業許可証出字第106号

新华書店上海发行所发行　各地新华書店經售

农业杂志社印刷厂印刷

•

1959年6月第1版

1959年6月上海第1次印刷 0.84元

印数：00,001--7,300　定价：（9）0.48元

統一書号：16144.699　59.6.膠印

哺記

（清）黄百家 撰

《哺記》，（清）黄百家撰。黄百家，字主一，浙江餘姚人，黄宗羲之子。黄氏初爲國子監生，康熙年間入明史館，從事史志著述，曾繼其父志續編《宋元學案》。該書是國内最早的家禽人工孵化的專著，約寫於康熙十三年（一六七四），是黄氏居住在客星山兄長處時撰成的。當地附近多『哺坊』，黄氏經常到那裏參觀、訪問，向富有經驗的『哺者』學習，隨時記錄而成書。

該書所記述的是鴨蛋人工缸孵的經驗及技術措施，涉及孵房的設置、供暖、翻動等技術環節，尤其是『照蛋』法技術較爲周詳，即利用陽光透視鴨蛋，觀察胚胎發育生長狀況，從入孵的『止見黄白』直至第二十九、三十日，『破殼齊出矣』，對蛋内胚胎的整個發育及其生理、生態變化的全過程觀察細緻入微，與現代觀察胚胎發育相差無幾。

該書言簡意賅，内涵極爲豐富而又實用，時人楊復吉評價説：『《哺記》篇幅無多，而神全味别，落落大方。』極具珍貴的史料價值。書中所總結的家禽人工孵化技術，設備簡易，成本低，孵化率高，流行於江南尤其是江、浙一帶，充分反映出三百多年前傳統的家禽繁育所取得的成就。

該書被收在《昭代叢書·别集》中。今據國家圖書館藏《昭代叢書》本影印。

（熊帝兵）

哺記

餘姚黃百家主一著

卵生爲四生之一而卵生之奇特甚鶴以聲交烏以氣交鵁鶄以睛交鶺鴒以雌合雄鼈之哺以目姑惡之哺以喚然皆其類之各爲哺惟鴨則不能自哺必待乎人與火今年甲寅余兄棄疾館于客星山側余過候之其鄰皆哺坊也細詢其久于哺者故知哺事特詳其始必擇卵擇其狀之圓者大者蓋牧人貴雌而賤雄以圓者雌而長者雄也其竈編藁爲之泥塗

其內而置火焉置缸其上爲釜又編藁爲門以閉火氣懼其過于火也則釜內藉以糠粃置筐其中實以卵上復編藁以蓋之懼其火候之不勻也又以一筐上其下下其上以易如是者日五十五日上攤攤狀如床設薦席焉列卵其上絮以綿覆以被日轉八次而不用火蓋十五日以前內未生毛必藉溫于火十五日以後毛自能溫但轉之覆之而已卵雖外包以殼而老于哺者其殼中之情形纖悉時刻後先歷歷不爽問其何以知之則皆由于照也其照法盡塈其

室穴壁一孔以卵映之若水精丸纖微必燭未哺以前止見黃白也其次日卽見一小珠熠燿其中甚亮而白三日其珠漸紅而稍大四日色正紅如小錢樣五日如大錢而絡以血線六日見血生頭狀如蜘蛛是日或間有壞而退者是爲六日卮七日生眼一隻黑細如菜子雄左而雌右八日兩隻九日其眼忽懸下蕩漾不定十日定十一日一邊白亮有光亦左右如前十二日兩邊十三日生足翼十四日生尾毛十五日色微黑蓋身初生毛而尚不可辨是日上攤疊

以三層亦間有壞者爲上攤戹十六日見微毛十七日生翼毛疊兩層十八日一層間半十九日一層蓋至是毛愈長不必照而止于轉時聽聲至廿五日身猶着殼滴滴然其聲實也廿六日如擊核桃漸離殼矣廿七日索索然不麗于殼矣廿八日收黄子腹孚頭是時照之其頭昂起彈指有聲是曰有蟠頭戹廿九三十日破殼齊出矣客有問曰物以羣分而鴨獨藉人以生使不以人其類何由傳乎黄子曰而不見夫野鴨乎野鴨不自哺聚卵百千腐爛其上下而中

者育矣余嘗問字義于叔父播余曰鴨者甲也以鳥
以甲言于鳥中獨如草木之甲宅也容曰鴨之物甚
微也其卵之哺何所關係而子肩肩然記之乎曰噫
子言過矣大易之係中孚特言卵也其孚字之義以
爪以子鳥之抱子也子而在中是未離㲉而爲卵也
故曰燕曰鶴曰爵曰翰音言其類也曰虞曰有他虞
其前之厄也曰或鼓或罷慮其中之厄也曰攣慮其
終之厄也曰登天謂離㲉見天而將爲小過之飛鳥
也聖人于此憫育子之恩勤卽以之議獄緩死烏得

以卵而遂輕其瑣屑乎且夫鴨其性喜羣于類不爭待育于人故聖王以爲有類于庶民而以之爲庶人之贄焉夫聖王知斯民之不能自遂其生也爲之井田以哺其身知斯民之不能自復其性也爲之學校以哺其心凡其所以爲之恤孤養老卵育而翼覆者無不備至夫亦以蚩蚩之民苟失其哺亦將如野鴨晨鳧自生自息而貪汚牧令膺哺民之責者且從而罝之羅之破卵取子不盡其類不止也嗟乎其哺斯民之術安得不如哺斯鴨之周詳精悉乎是爲記

哺記跋

自張茂先著禽經獸經以後唐段氏則有鷹譜宋秦氏有蠶書汪氏有麟書傅氏有蝌譜明王氏有虎苑郭氏有馬記袁氏有促織志蔣氏有鶴經　國朝王氏有龍經張氏有鴿經陳氏有蛇譜可知雕蟲刻鵠亦博雅君子所不廢也哺記篇幅無多而神全味別落落大方蓋作者爲梨洲先生肖子淵源不墜于此略見一斑矣乙未夏日震澤楊復吉識

鴿經

（明）張萬鍾 撰

《鴿經》，（明）張萬鍾撰。張萬鍾，字扣之，明末清初山東鄒平人，貢生，出身於官僚世家，曾任南明鎮江府推官。他可能飼養過大量家鴿，在經常觀察、研究的基礎上，借鑒前人養鴿經驗，撰成此書。

全書不分卷。分爲論鴿、花色、飛放、翻跳、典故、賦詩六個部分。『論鴿』講述鴿的性情、習性、種類及其分佈、産卵、孵化、形態特徵、疾病防治等。『花色』着重介紹了中國觀賞家鴿品種三十多個。『飛放』專門記述近十種著名傳書鴿的品種特徵、生理習性和翱翔本領。『翻跳』介紹七個小體型具空中翻筋斗本領的家鴿品種。中國養鴿歷史悠久，該書是我國現存惟一的一部古代養鴿專書，值得重視。

此書流傳不廣，今僅見收載於《檀几叢書》第二集第五帙卷五十中。今據國家圖書館藏民國間新篁館刻本影印。

（惠富平）

鴿經

鄒平張萬鍾扣之著

論鴿

性鴿陽鳥鳩屬其頸若癭不雜交每孕必二卵伏十有八日而化埤雅云鴿喜合凡鳥雄乘雌惟此鳥雌乘雄

德五倫之中以鴛鴦配夫婦謂其交頸有别守節不亂也鴿鵰雄不離飛鳴相依有唱隨之意焉觀之興人鐘鼓琴瑟之想凡家有不肥之歎者當養斯禽

種類鴿之種類最繁總分花色飛放翻跳三品若曲檻雕欄碧桐修竹之下玩其文彩賞其風韻去人機械之懷動人隱逸之興莫若花色如樓角橋頭斜陽夕月之下看六翮之冲霄聽懸哨之清籟起天涯蓴羹鱸膾之思動空閨錦衾角枕之歎莫若飛放至於翻跳小技止宜婦人女子女紅之暇一博嘻笑未可與二者比也

羽毛五色各分爲質五色相間爲文聚如繡錦散如落花各合所宜方稱佳品如尖不宜藍鶴袖不宜土

合腋蝶不宜青花狗眼不宜瓦灰班點之類

飛 花色論致飛放論骨有若柳絮隨風流螢點翠蹁躚時匝芳樹窈窕忽上廻欄有如孤鶩横空落霞飄彩或來如奔馬去若流星至翻跳之宜則均斯二者

鳴 夜半寒鐘言其清宮殿風鈴言其韻蛩吟苔砌言其細瀑布泉聲言其宏若鸕鷀則傷於巧倉庚則傷於媚别鶴離鴻起人悲寒猿征雁動人愁備中和之韻逸人之情悦人之性惟此聲與琴音相類

宿 秋鴿力軟夏鴿毛希春生者得震巽之氣乃能乘

風淩漢辨飛之格先論眼次論宿有聳肩縮項鶴夢鷹棲者譬之奇駿伏櫪神閒氣定聽鼓鼙之聲則奮然而怒若交頸比翼夜半啼鳴丰采畢露者不能摩雲搏霧

〔食〕一日三時使知節聚粒一器使不渙五色聚散雌雄卵壘倏如覆瞰倏如旋螺逼之不懼撫之不驚饑則相依飽不颺去是以取之

〔眼〕諸格俱備如雙睛違式亦不入選飛放論神目光如電者其神旺花色論韻眼橫秋水者其韻遠皂者

宜銀白者宜火蘆花宜金狗眼宜豆點子插尾宜碧

銀灰宜銀沙土合藍紫宜淡金射宮宜丹砂惟紅沙

紅金磁白三種諸色不宜

嘴或如瓦雀之形或如金玉之屑或如年麥或如稲

粱或勾曲如雁隼或寬博如象鼻狀各不同均爲上

品若烏喙鶴箝之類不可入格夫鸜鵒以能言被樊

籠百舌以多語致反聲金人三緘其口猶防不謹嘴

舌之取短棄長宜乎

脚有毛脚有雀爪有鷹拳有鴨掌大都色宜紅質宜

嫩骨宜短三者入格更饒態度方云嘉種態有美女搖肩王孫舞袖春風擺柳魚游上水等類昔水仙淩波於洛浦潘妃移步於金蓮千載之下猶想其風神如閒庭芳砌鉤簾獨坐玩其嫵媚不減麗人

鳳頭鴿之有鳳如美人簪髻丈夫加冠雌長多於雄有卷舒自如可與尾齊者有額羽分瓣如蓮花者有前後兩開如梳背者有繽紛如菊花者有細旋如鸜鴿者有左右披拂爲眼鳳者有頭毛上逆爲後鳳者皆可增花色之態助翻跳之媚若千里摶風者反滋

贅疣

地產野鴿逐隊成羣海宇皆然若夫異種各有產地坤星銀稜產於晉鞓韃鶴秀產於魯腋蝶產蜀黔翻跳產大梁諸尖產於粵西鳳尾齊不生中國產於烏撒烏蒙射宮原無種乃間氣所生在狗眼巢中惜其晝視不清乳哺艱難有黑花白地眼如丹砂如芙蓉者可與鳳尾齊媲美

沐浴春秋日一次夏日二次即隆冬嚴寒亦不可廢浴氣須佳態方畢露初如征雁蜥蘆繼如野鷗映水

終如風度芙蕖嬌娲不勝觀鴿之妙止於此矣稽五代黄筌好畫金盆圖蓋本此也

作巢　昔臧孫氏山節藻梲以藏蔡龜君子謂之不智禽獸之居取避風雨可矣房當向陽勿太宏濶週以木版以防鼠鼬以鐵線以避雁更宜近讀書臥室鳴能司晨惰者知儆

療治　鴿性嗜豆菉豆性冷多食則病受烟火之氣則病不見陽光則病不獲沐浴則病飲啄不得沙石則病熱病作喘冷病下希熱療以鹽冷療以甘草按禽

鳥之療治方書不載窮之以理察之以情木石可格其性況蠢動者乎

花色

諸禽鳥中惟鴿於五色俱備參差錯綜成文不亂是以有花色之目大凡色者貴純花者貴辨羽毛既美嘴眼合宜便爲佳品翩之剛柔非所論也置於園林池館馴順不驚飛鳴依人較霍家鴛鴦殆日過之

鳳尾齊 短嘴矮脚鳳卷如輪飛則舒於尾齊有黑白

鳳白黑鳳或紫鳳二色又有藍紫土合三色皆本色

鳳品格少遜眼宜銀金他色均不入格

巫山積雪金銀短嘴紐鳳雀爪肩寬尾狹音中角其

聲最高純黑無間背上有白花細紋如雪故名一名

㚇背有一種豆眼項上有老鴉翎者不入格

金井玉欄杆金眼鳳頭翅末有白稜二道如欄若銀

眼豆碧等眼者不入格一名銀稜

亮翅紐鳳雀爪翅左右有白羽各半如鶴秀宜銀眼

玉眼如他色則爲皂子

坤星金眼鳳頭背有星七如銀左三右四按坤星與銀稜亮翅麩背皆純黑白斑其名雖異其種則一銀稜巢中間產麩背

尖高不踰寸長倍之一茶器可覆雌雄鴿中之小惟遜丁香嘴宜稻粱脚宜雀爪有皂銀眼玉嘴藍豆眼銀嘴紫碧眼蠟嘴銀淡金眼鐵嘴四色凡尖雌紐鳳雄光頭如土合雜斑高脚長嘴等雖小不入格

十二玉欄杆有銀灰青灰二種紐鳳短嘴自腹下前後平分二色白尾十二故名形較尖稍大鴿之小者

此其一也一名半邊宜豆眼他者不入格又一種黑者純黑背有銀毛梳背最佳如止尾白者爲插尾

玉帶圍長身矮脚金眼紐鳳音中宫其鳴悠長横有白羽一道如帶有黑宜白圍白宜黑圍紫圍紫宜白圍一名紫袍玉帶三色

平分春色一名劈破玉紐鳳金眼形如腋蝶自頭至尾分異色羽一條如線有紫宜白分黑宜紫分或白分白宜紫分或黑分三色沙眼銀眼俱不入格

鶴秀銀嘴鴨掌菊鳳頭尾俱白有黑紫土合藍四色

羽毛如鶴之秀故云宜豆眼金眼兩腋稍見雜色者不入格

大尾他鴿尾皆十二以象十有二月惟此種二十四條以按二十四氣長身短嘴有黑白紫三色惟白色豆眼者最佳

靴頭自項平分前後二色高脚雁隼金眼紐鳳他種鳳頭雌多於雄惟此種雄多於雌有黑紫藍三色沙眼銀碧等眼俱不入格又一種兩頭烏白身頭尾俱黑嘴類點子形如靴頭鳳頭金眼者佳豆眼碧眼者

次之又一種兩頭紫最佳

鵰尾短嘴白身插黑尾十二宜金眼豆眼

點子額上有黑毛如點嘴上黑下白一名陰陽嘴沙眼銀眼不宜間有紫點藍點者最佳又一種鳳頭點若重辦水仙者不佳

大白金眼紐鳳一隻可重觔餘其大者如雞鳴音若鐘可達四鄰㦲冠博帶氣象巖巖鴿中之大者此種第一

皂子短嘴矮脚形如鶴秀有菊花鳳紐鳳一種金眼

蓮花鳳銀眼梳背鳳者可稱絶品按鳳頭惟皂子蘆花二種各格俱全

蘆花白毛澤如玉間以淡紫紋若秋老蘆花故名菊花鳳或蓮花鳳金眼銀嘴身長脚短格如鶴秀者佳有一種銀眼者名明月蘆花精妙不遜射宫若長嘴高脚小頭沙豆眼者爲雜花白不入格

石夫石婦種出維揚土人云石夫無雌石婦無雄石夫黑花白地色如灑墨玉石婦純白質若雪裏梅短嘴圓頭豆眼鴿之小者此其一種

臥陽溝肰似腋蝶聲更清越自頭至尾左右二色如醉臥溝中水濕半體鐵嘴雁拳鸎鴿鳳或菊花鳳其種最佳有紫白分者有黑白分者有藍白分者俱宜淡銀金眼玉眼他眼不宜

鵲花銀嘴金眼長身短脚文理與喜鵲無别故名馴順不減腋蝶鴿中之良此其一種有紫鸎鴿鳳淡紫者佳尾末有雜毛者不入格黑項下有老鴉翎者不入格二色諸鴿嘴俱宜短惟此種不拘

紫腋蝶白質紫紋嘴有灰色毛四瓣如蝶之形腋有

錦羽二圍如蝶之色故名銀嘴淡金眼者第一此種不待調養天性依人良種也又有黑白質黑花藍白質藍花淺藍色者佳翅後有紫稜者爲斑子二色又一種青花最類斑點以嘴叮蝶故列腋蝶之後

夽玉環色宜純環宜細狀若靴頭者次形如銀稜者佳紐鳳短嘴金眼有黑白環紫白環藍白環三色一種白質紫環或黑環者最佳惜不恒有一名夽項

狗眼雀喙鷹拳寬肩狹尾頭圓眼大眼外突肉如丹高於頭者方佳止宜豆眼碧眼外肉白者用手頻拭

則紅有黑純黑如墨又一種爛柑眼如蜜羅柑皮皂黑如百草霜紫有滾紫淡紫二種白忌小頭藍忌尾有灰色五花毛五色羽相間如錦蓮花白自頭至項紫白相間黑花白地此種最佳眼大者品同射宮鷹背色最潤背有鱗文者佳銀灰翅末無皂稜者佳十色按狗眼乃象物命名之義以狗之眼多紅故名實爲西熬睛俗多不知姑仍舊呼可耳

射宮其頭空洞可照紅光直射腦宮因名之眼紅如琥珀火燈隔照彩若懸星晝視最艱故交在夜一名

夜合鴿頭比狗眼更大項較狗眼微長行如美麗又名美人鴿有藍白紫黑四色惟白最佳初無產地生於狗眼巢中又一種睛稍暗者爲火睛狗眼非射宮也

丁香

嘴如牟麥頭如核桃體如瓦雀聲中羽其鳴最細脚紅如丹砂鳳起若紐絲鴿中之小者此其最也有皂玉眼項有綠毛者爲紅青不入格紫玉眼銀嘴尾有灰色者不入格藍玉眼鐵嘴身有白毛者不入格銀金眼鐵嘴四色按丁香產於荆襄皂者更佳色

不宜雜花眼不宜沙豆

麒麟斑即腋蝶嘴無雜羽腋無異色背上斑文如麟甲因名翅末有稜二道短嘴矮脚金眼豆眼者佳有紫斑白斑淡藍斑三種

韃靼夜分即鳴聲可達旦因以名之雄聲高雌聲低高者如撾鼓低者如沸湯千百方止有菊花鳳遮眼鳳後鳳三種脚羽如扇故飛不能出牆垣較大白稍遜鴿中之大者此其次也宜金眼豆眼有藍豆眼白金眼者佳紫豆眼土合豆眼雪頭純黑頭有白羽一

名落雪五色

賽鳴其形如鳩惟嘴短頭大豆眼碧眼鷹背色者佳他色不入格

金眼白形類銀稜頭微小銀嘴紐鳳

鸚鵡白形類鶴秀有菊花鳳梳背鳳惟蓮花鳳最佳

宜豆眼碧眼淡金眼三種鴿中之嬌媚者此其冠也

飛放

文鴿飛不離庭軒此種六翮剛勁直入雲霄鷹鸇不能搏擊故可千里傳書不論羽毛嘴脚睛有光

彩翅有骨力即爲佳品

皂子項有綠毛者爲夏鴿不耐遠飛銀沙眼象鼻嘴者爲佳又有銀襠腹下有白毛一團玉腿兩腿有白羽雪眉兩眼上有白毛二道如眉玉翅兩翅白羽左七右八四色按皂子之種最多惟此數種入格如單劍雙劍銀稜等羽毛雖美非飛放之選

銀灰串子色如初月翅末有灰色線二條此種飛最高一日可數百里飛放之中此其冠也一種丸灰稜線微粗飛稍遜之眼多紅沙金沙二種如銀眼者更

佳

雨點斑墨青有皂文如雨點

紫葫蘆金眼毛脚飛不能遠高可入雲短嘴矮脚有

蓮花鳳者可爲花色

信鴿不拘顔色大都皂白爲佳身比丁香稍大雙睛

突出光芒四射雌雄不雙飛雌飛不踰百里旅人多

攜雄遠出數千里外終日可至其性戀巢故中途不

肯留連

夜遊凡鳥皆夜棲惟此種夜間能視故名短嘴矮脚

身長不踰銀稜翅與尾齊眼光如電離巢不落樹太樓臺冲霄直上毫無倚傍方入格有鷹背豆眼墨花豆眼墨青豆眼白金眼火斑沙眼火眼有白紫二色六種按夜遊原無種信鴿同鳩哺子即能夜飛昔人懸哨者此種

翻跳

翻者飛至空中如輪轉動也有三種自左至右平飛轉動者爲高翻自上至下半空轉動者爲腰翻飛不踰丈逼簷牆而轉動者爲簷翻肩寬尾狹者

翻高肩狹頭小者翻腰身長尾狹者翻簷跳者飛不踰尺不離堦砌跳躍旋轉一種肩寛身短無倚附即轉有憑藉方止者名滚跳一種身長頭小行動四顧聞聲響即轉者爲戲跳一種進退維谷逐尾即跳者爲打跳總之翻跳原一種其名不同其致則一

鳳頭白宜淡金眼菊花鳳

鳳頭皂宜銀沙眼菊花鳳

毛脚紫毛不宜長豆眼者佳

蓮花白毛脚豆眼者入格

沙眼銀灰後稜細者佳

毛脚白豆眼短嘴長身者佳

土合毛脚眼鳳

按翻多光頭跳多毛脚跳子交合極艱故哺雛最難須加人力調護方能生化

典故

蜀有蒼鴿狀如春花

北齊李繪字敬之河間太守崔諶恃其弟暹勢從繪

乞麋角鴿羽繪答書云鴿有六翮飛則冲天麋有四足走便入海下官膚體疎懶手足遲鈍不能近逐飛走遠事佞人按麋當作麋

崔光爲司徒晝坐誦經有鴿飛集膝前入懷中緣臂上久之乃去

楊素見赤鴿高三尺

隋帝晏可汗使者有鴿鳴於梁上帝命崔彭武射之中帝大悦由是彭武以善射名

并州石壁釋明度者貞觀末有鴿巢楹乳二雛度每

以餘粥就哺之曰乘我經力羽翼速成忽一日學飛墮地俱死度爲瘞之旬餘夢二小兒曰兒本鴿也今轉生寺東某家矣度往訪求果孿生二子入視之呼曰鴿兒一時迴顧應諾後俱成立

徐浩有文辭張説見其喜雨五色鴿賦曰後來之英也

張九齡家養羣鴿每與親知書繫鴿足上飛往投之曰爲飛奴開元天寶遺事

陳誨嗜鴿馴養千餘隻誨自南劍牧拜建州觀察使

去郡前一月羣鴿先之富沙舊所無子遺矣又嘗早衙有一鴿投誨懷袖中爲鷹所擊故也誨感之不食鴿

雲光寺有七聖畫初有少年兄弟七人至寺閉室畫之曰七日愼勿啟門至六日發其封有七鴿飛去西北隅未畢畫工見之曰神筆也

王丞相生日鞏大卿籠雀鴿放之每一放祝曰願相公百二十歲

慶曆中夏元昊寇渭川環慶副總管任福率都監出

六盤山下與夏軍遇勢不可留都監於道旁得數銀盆中有揺動聲不敢發福至發之乃懸哨家鴿百餘自中起盤桓軍上於是夏兵四合

宋高宗好養鴿躬自飛放太學諸生題詩曰萬鴿盤旋遶帝都暮收朝放費工夫何如養取南來雁沙漠能傳二聖書高宗聞之即命補官

魏公張浚嘗按視曲端軍以軍禮相見寂無一人公異之謂欲點視端以所部五軍籍進公命點其一部於庭間開籠縱一鴿以往而所點之軍隨至公爲愕

然既而欲盡觀於是悉縱五鴿則五軍頃刻而集戈甲煥爍旗幟精明浚雖獎而心實忌之

舶船發海必養鴿如舶沒雖數千里亦能歸其家

宗汝得一鴿性甚靈慧能致書千里之外

顔子四十八世孫清甫嘗卧病其幼子偶彈一鴿歸以供膳於嘯翎間得一小函題云家書付男郭禹禹乃曲阜尹也其父自家寄至者時禹改授遠平去鴿未及知盤桓尋覓蓋被彈云清甫滚責其子更取木匣函死鴿抵禹官所獻書且語其故禹戚然曰畜此

鴿已十七年矣凡有家音雖隔數千里亦能傳致命

左右瘞之

宣和御府新藏所有邊鸞梨花鵓鴿圖木筆鵓鴿圖

寫生鵓鴿圖花苗鵓鴿圖

黄筌海棠鵓鴿圖牡丹鵓鴿圖芍藥家鴿圖瑪瑙盆

鵓鴿圖白鴿圖竹石金盆鵓鴿圖鵓鴿引雛雀竹圖

黄居寶桃花鵓鴿圖竹石金盆戲鴿圖

黄居寀桃花鵓鴿圖海棠家鴿圖牡丹雀鴿圖躑躅

鵓鴿圖藥苗引雛鴿圖湖石金盆鵓鴿圖

徐熙牡丹鵓鴿圖蟬蝶鵓鴿圖雛鴿藥苗圖紅藥石鴿圖

徐崇嗣牡丹鵓鴿圖藥苗鵓鴿圖

趙昌海棠鵓鴿圖桃花鵓鴿圖

易元吉芍藥鵓鴿圖俱宣和畫譜

昔薩婆達王普施衆生恣其所索天恐奪位往而視之帝釋即現命邊王曰薩婆達王慈潤滂沛福德巍巍懼奪吾位即化爲鷹邊王作鴿趣王足下恐怖告曰哀哉大王吾命窮矣王曰莫恐吾今活汝鷹尋後

至云鴿此來鴿是吾食願王見還王曰鴿來逃命終始無違苟欲得肉即當相與鷹曰唯願得鴿不用餘肉王曰以何等物令汝置鴿歡喜而去鷹曰若王慈惠憫衆生者割王肥肉而以易鴿吾當欣受王乃大喜自割髀肉對鴿稱之令與鴿等鴿之愈重割身肉盡故未能敵瘡痛無量王以慈忍又命近臣曰殺我稱髓令與鴿等吾奉佛戒濟衆危厄雖有衆惱由如微風焉能動太山耶鷹復本身稽首問曰大王何志苦惱若茲曰吾不志天帝釋及飛行皇帝吾觀衆生

沒于盲冥誓願求佛救度彼衆帝釋驚曰我謂大王欲奪吾位是以相試王曰使我身瘡瘳復如舊志常布施天藥傅之瘡痍頓愈稽首繞王三匝歡喜而去度無極經

鉢有三色孔雀色鴿色咽色咽般同禪考

滄州東光縣寶觀寺有蒼鶻集重閣閣有鴿數千冬曰鶻每夕輒取一鴿以煖足至曉放之而不殺自餘鷹鶻不敢侵焉辟寒錄

魯獵者能以計得狐設竹穽茂林縛鴿于穽中而傚

其戶獵者疊樹葉爲衣棲于樹以索繫機俟狐入取鴿輒引索閉穽遂得狐一夕月微朗有老翁幅巾縞裳支一笻傴僂而來且行且詈曰何讐而掩取我子孫殆盡也獵初以爲人至穽所徘徊久之月墮而瞑乃亦入取鴿亟引索閉穽則一白毦老狐也製爲裘比常倍温同上

南昌信果觀有三官殿夾紵塑像乃唐明皇時所作體製妙絶常患雀鴿糞穢其上道士厲歸真乃畫一鷂於壁間自是雀鴿無復棲止圖畫見聞誌

薛紹彭道祖有花下一金盆盆旁鶉鴿謂之金盆鶉鴿畫史

鳥之中惟鴿性最馴人家多愛蓄之每放數十里或百里外皆能自返亦能爲人傳書昔人謂之飛奴一友言家有老僕正統間嘗以事往淮陽一日大風雨有鴿墜逆旅主人屋上困甚主人將取烹之見其足繫書一封裹以油紙視其封蓋此鴿自京師來才三日耳主人憐之不敢啟封乾其羽毛縱使飛去畜德錄

賦詩

賦

惟中國之珍禽有茲羽之殊質貌皦皦而自分性溫然其如一秋則籬菊並麗於潯陽春則木藥均華於洛室指末易屈譜不能悉爾乃玉嘴朱眸危冠卑趾或氷質而彩其雙翅或雪毛而黔其首尾或若漢繡之就機或若商彝之出水山雞莫調家雉無文爾獨馴狎雲錦成羣饑而兒女之眤眤飽矣童稚之欣欣方捐心以委質忽聳身而入雲舒徐兮停霞之碎剪熛疾兮奔星之疊發忽天樂之鎗鋐知傳鈴於尻末

始順風而揚聲奈廻飈之錯節若夫昂首聳肩周旋中規婉態柔音逐雄媚雌無別羞慚乎匹鴛滔滔少愧乎關雎然而知足知止毋乃天機當抱卵之綿綿若返聽乎玄府憐弱雛之艱食更嘔哺而不辭苦感主人之微祿曰徬徨兮未忍去嗟德曜之肥醜恐終罹乎鼎俎彼夫好水之敗以爲爾罪端陽之射與器俱碎霜風洌野鷹隼方厲托慈蔭於佛日指招提而趨避曷若狂夫袵鐵思婦流黃遼陽一信爲致君傍辭曰洛中黃耳爲日長上林鷹素竟茫茫不辭天衢

遠。斲恩酬稻粱。王世貞○辭當作亂

詩

影盡歸依鴿。餐迎守護龍。徐孝克

魚慣齋時分淨食。鴿能聞處傍禪牀。皮日休

往有寫經僧。舟靜心精專。感彼雲外鴿。羣飛何翩翩。

來添研中水。去吸巖底泉。李青蓮

還見窗中鴿。日暮遶庭飛。韋蘇州

候禪青鴿乳。窺講白猿參。沈佺期

石鏡山精怯。禪枝怖鴿棲。孟浩然

入禪從鴿遠，說法有龍聽。宋之問

孤來有野鴿，嘴眼肖春鳩。饑腸欲得食，立我南屋頭。我見如不見，夜去向何求。一日偶出羣，盤桓恣喜遊。誰惜風鈴響，朝朝聲不休。饑色猶未改，翻翅如我仇。炳哉有靈鳳，夭折爲爾儔。翕翼處其間，顧我獨遲畱。

梅聖俞

去年柳絮飛時節，記得金籠放雪衣。蘇東坡

豪家富屋托幽棲，凡鳥紛紛似爾稀。日影躍翻金眼目，花紋粧點錦毛衣。將雛幾見成羣去，引類猶能識

主歸莫爲佳賓充味品四時共翫近庭闈　顔潛庵

隴頭池凍閑牛鐸天向無風響鴿鈴　朱孝廉

清風習習鈴猶響曉日遲遲翅愈輕　朱孝廉

詞

晴鴿試鈴風力軟雛鶯弄舌春寒薄　張子野

出版後記

早在二〇一四年十月，我們第一次與南京農業大學農遺室的王思明先生取得聯繫，商量出版一套中國古代農書，一晃居然十年過去了。

十年間，世間事紛紛擾擾，今天終於可以將這套書奉獻給讀者，不勝感慨。

當初確定選題時，經過調查，我們發現，作爲一個有著上萬年農耕文化歷史的農業大國，我們整理的農業古籍叢書只有兩套，且規模較小，一是農業出版社自一九五九年開始陸續出版的《中國古農書叢刊》，收書四十多種；一是農業出版社一九八二年出版的《中國農學珍本叢刊》，收書三種。其他點校整理的單品種農書倒是不少。基於這一點，王思明先生認爲，我們的項目還是很有價值的。

經與王思明先生協商，最後確定，以張芳、王思明主編的《中國農業古籍目録》爲藍本，精選一百五十二種中國古代最具代表性的農業典籍，影印出版，書名初訂爲『中國古農書集成』。接下來就是正常的流程，先確定編委會，確定選目，再確定底本。看起來很平常，實際工作起來，卻遇到了不少困難。

古籍影印最大的困難就是找底本。本書所選一百五十二種古籍，有不少存藏於南農大等高校圖書館。但由於種種原因，不少原來准備提供給我們使用的南農大農遺室的底本，當時未能順利複製。最後所有底本均由出版社出面徵集，從其他藏書單位獲取。

本書所選古農書的提要撰寫工作，倒是相對順利。書目確定後，由主編王思明先生親自撰寫樣稿，副主編惠富平教授（現就職於南京信息工程大學）、熊帝兵教授（現就職於淮北師範大學）及編委何彦超博士（現就職於江蘇開放大學）及時拿出了初稿，爲本書的順利出版打下了基礎。

本書於二〇二三年獲得國家古籍整理出版資助，二〇二四年五月以『中國古農書集粹』爲書名正式出版。

二〇二二年一月，王思明先生不幸逝世。没能在先生生前出版此書，是我們的遺憾。本書的出版，或可告慰先生在天之靈吧。

是爲出版後記。

鳳凰出版社

二〇二四年三月

《中國古農書集粹》總目

六

七

八

菊譜　（宋）范成大　撰
百菊集譜　（宋）史鑄　撰
菊譜　（明）周履靖、黄省曾　撰
菊譜　（清）葉天培　撰
菊説　（清）計楠　撰
東籬纂要　（清）邵承照　撰

十三

揚州芍藥譜　（宋）王觀　撰
金漳蘭譜　（宋）趙時庚　撰
王氏蘭譜　（宋）王貴學　撰
海棠譜　（宋）陳思　撰
缸荷譜　（清）楊鍾寶　撰
汝南圃史　（明）周文華　撰
北墅抱甕録　（清）高士奇　撰
種芋法　（明）黄省曾　撰
筍譜　（宋）釋贊寧　撰
菌譜　（宋）陳仁玉　撰

十四

荔枝譜　（宋）蔡襄　撰
記荔枝　（明）吴載鰲　撰
閩中荔支通譜　（明）鄧慶寀　輯
荔譜　（清）陳定國　撰
荔枝譜　（清）陳鼎　撰
荔枝話　（清）林嗣環　撰
嶺南荔支譜　（清）吴應逵　撰
龍眼譜　（清）趙古農　撰
水蜜桃譜　（清）褚華　撰
橘録　（宋）韓彦直　撰
打棗譜　（元）柳貫　撰
檇李譜　（清）王逢辰　撰

十五

竹譜　（南朝宋）戴凱之　撰
竹譜詳録　（元）李衎　撰

竹譜　（清）陳鼎　撰
桐譜　（宋）陳翥　撰
茶經　（唐）陸羽　撰
茶録　（宋）蔡襄　撰
東溪試茶録　（宋）宋子安　撰
大觀茶論　（宋）趙佶　撰
品茶要録　（宋）黄儒　撰
宣和北苑貢茶録　（宋）熊蕃　撰
北苑别録　（宋）趙汝礪　撰
茶箋　（明）聞龍　撰
羅岕茶記　（明）熊明遇　撰
茶譜　（明）顧元慶　撰
茶疏　（明）許次紓　撰

十六

治蝗全法　（清）顧彦　撰
捕蝗考　（清）陳芳生　撰
捕蝗彙編　（清）陳僅　撰
捕蝗要訣　（清）錢炘和　撰
安驥集　（唐）李石　撰
元亨療馬集　（明）喻仁、喻傑　撰
牛經切要　（清）佚名　撰　于船、張克家　點校
抱犢集　（清）佚名　撰
哺記　（清）黄百家　撰
鴿經　（明）張萬鍾　撰

十七

蜂衙小記　（清）郝懿行　撰
蠶書　（宋）秦觀　撰
蠶經　（明）黄省曾　撰
西吴蠶略　（清）程岱葊　撰
湖蠶述　（清）汪曰楨　撰
野蠶録　（清）王元綎　撰
柞蠶雜誌　增韞　撰
樗繭譜　（清）鄭珍　撰（清）莫友芝　注
廣蠶桑説輯補　（清）沈練　撰（清）仲學輅　輯補
蠶桑輯要　（清）沈秉成　編
豳風廣義　（清）楊屾　撰

養魚經　（明）黄省曾　撰

異魚圖贊　（明）楊慎　撰

閩中海錯疏　（明）屠本畯　撰　（明）徐𤊹　補疏

蟹譜　（宋）傅肱　撰

糖霜譜　（宋）王灼　撰

酒經　（宋）朱肱　撰

飲膳正要　（元）忽思慧、常普蘭奚　撰

十八

救荒活民補遺書　（宋）董煟　撰　（元）張光大　增

（明）朱熊　補遺

荒政叢書　（清）俞森　撰

荒政輯要　（清）汪志伊　纂

救荒簡易書　（清）郭雲陞　撰

十九

孚惠全書　（清）彭元瑞　撰

二十

欽定康濟録　（清）陸曾禹　原著　（清）倪國璉　編録

救荒本草　（明）朱橚　撰

野菜譜　（明）王磐　撰

野菜博録　（明）鮑山　撰

二十一

全芳備祖　（宋）陳詠　撰

南方草木狀　（晉）嵇含　撰

二十二

植物名實圖考（全二册）　（清）吴其濬　撰